江苏省高等学校重点教材（编号：2021-2-061）

塑料成型工艺与模具设计

主　编　吴梦陵　张　振　王　鑫

副主编　熊　桑　王　辛

参　编　刘　飞　孙小庆

电子工业出版社

Publishing House of Electronics Industry

北京·BEIJING

内 容 简 介

本教材是根据应用型本科材料成型及控制工程专业高级工程技术人才培养目标的要求组织编写的。全书共 16 章。第 1 章至第 3 章是塑料模具设计的基础，分别介绍了高分子聚合物的结构特点与性能、塑料的组成与工艺特性和塑料成型制件的结构工艺性设计。相对其他塑料模具而言，注射模具的设计最为复杂和困难，同时塑料注射成型的方法应用也最为广泛，因此第 4 章至第 11 章为本教材的主要内容，介绍注射成型工艺和注射模的设计，使读者能够攻克塑料模具设计的难点，其内容包括：注射成型原理及工艺特性、注射模结构、分型面的选择与浇注系统设计、成型零部件设计、注射模标准件、推出机构设计、侧向分型与抽芯机构、温度调节系统。为了让读者能够了解国内外塑料成型的先进技术和新工艺，第 12 章介绍了注射成型新技术的应用。第 13 章至第 16 章分别介绍了压缩成型工艺与压缩模设计、压注成型工艺与压注模设计、挤出成型工艺与挤出模设计、气动成型工艺与模具设计。

为适应新常态线上教学、线上+线下混合式教学模式，本教材配有涵盖所有知识点（包括成型实验、模具设计实例）的微课视频，并以二维码的形式在章节首页呈现，读者通过电子设备扫描即可观看学习。同时本教材将部分重要的、复杂的成型工艺与模具结构制成三维动画或真实工作视频，也以二维码的形式在相关配图旁边呈现，读者通过电子设备扫描即可观看学习。同时，本教材还配有 PPT 电子教案及试题库以供读者使用。

本教材每章后都有知识扩展阅读部分，将社会主义核心价值观的思想观念、家国情怀、职业荣誉感与社会责任感、敬业精神、工匠精神及创新精神用深入浅出、通俗易懂的故事形式表达出来。

本教材强调实用性、实践性和可读性，并具有一定的创新性，可作为高等院校机械类和材料成型专业的教学用书，尤其适合应用型本科院校的相关专业。除此之外，本教材也可作为高职高专院校机械、材料类专业的教材，以及工程技术人员的参考用书。

未经许可，不得以任何方式复制或抄袭本书之部分或全部内容。
版权所有，侵权必究。

图书在版编目（CIP）数据

塑料成型工艺与模具设计 / 吴梦陵，张振，王鑫主编. —北京：电子工业出版社，2022.4
ISBN 978-7-121-43164-7

Ⅰ. ①塑… Ⅱ. ①吴… ②张… ③王… Ⅲ. ①塑料成型－工艺－高等学校－教材②塑料模具－设计－高等学校－教材 Ⅳ. ①TQ320.66

中国版本图书馆 CIP 数据核字（2022）第 047108 号

责任编辑：李　洁　　　　　　特约编辑：田学清
印　　　刷：北京市大天乐投资管理有限公司
装　　　订：北京市大天乐投资管理有限公司
出版发行：电子工业出版社
　　　　　北京市海淀区万寿路 173 信箱　　邮编：100036
开　　本：787×1092　1/16　印张：26　字数：649 千字
版　　次：2022 年 4 月第 1 版
印　　次：2022 年 4 月第 1 次印刷
定　　价：75.00 元

凡所购买电子工业出版社图书有缺损问题，请向购买书店调换。若书店售缺，请与本社发行部联系，联系及邮购电话：(010) 88254888，88258888。
质量投诉请发邮件至 zlts@phei.com.cn，盗版侵权举报请发邮件至 dbqq@phei.com.cn。
本书咨询联系方式：lijie@phei.com.cn。

前　　言

　　模具是工业产品生产中的重要工艺装备，被称为"工业之母"。模具技术是一种综合性很强的技术，而模具产业是近年来飞速发展的产业之一。按照现代模具工业技术人员必须具备正确设计塑料成型模具和合理编制塑料成型工艺的知识、技术和能力的人才培养目标要求，本教材分为 16 章，在介绍塑料成型技术的基础上，较详细地分析了塑料成型工艺、塑料成型模具的结构及零部件设计，并介绍了注射模新技术，包括气体辅助注射成型、精密注射成型与模具设计、随形冷却技术、模内热切技术、塑料制品金属化技术等。除此之外，本教材还分析了塑料、塑料制品设计、模塑工艺、塑料模具、塑料成型设备之间的关系。

　　本教材的总体特色如下。

　　（1）电子资源丰富，为实现"处处能学、时时可学"提供资源保障。本教材配有涵盖所有知识点（包括成型实验、模具设计实例）的微课视频，以及部分重要的、复杂的成型工艺与模具结构的三维动画或真实工作视频，它们均以二维码的形式呈现，读者使用电子设备扫描即可观看学习。此外，本教材还配有 PPT 电子教案及 20 套试题库以供读者使用。

　　（2）本教材通过人物故事传递核心价值观、生态文明理念、工匠精神、职业道德及工程伦理。

　　（3）在介绍各类模具的设计时，本教材提供了模具的实物图或三维图。

　　（4）本教材从专业的人才培养目标出发，在编写内容、结构等方面体现了应用型教育的特点，同时反映了近年来科技发展的新内容、新技术，注重系统性与实用性相结合；强调实际应用和能力培养，在各类模具结构设计介绍之后分别列举了相应模具结构的应用实例。

　　本教材共 16 章，绪论和第 5、第 6、第 7、第 10 章及附录由南京工程学院吴梦陵老师编写，第 1、第 2、第 9、第 12 章由南京工程学院张振老师编写，第 3、第 4、第 8、第 13 章由南京工程学院王鑫老师编写，第 15 章由南京工程学院熊桑老师编写，第 16 章由哈尔滨理工大学王辛高级工程师编写，第 11、14 章由南京奥联汽车电子电器股份有限公司刘飞高级工程师和扬州鼎通模具有限公司孙小庆高级工程师共同编写。全书由南京工程学院吴梦陵老师负责统稿。

　　编者在编写本教材的过程中得到了南京工程学院及兄弟院校、有关企业专家的大力支持和帮助，在此表示感谢，同时感谢所引用文献的作者，他们辛勤研究的成果也使得本教材增色不少。

　　由于编者水平有限，书中难免存在不足之处，恳请广大读者批评指正。

编　者
2021 年 6 月

目 录

绪论 ·· 1

第1章 高分子聚合物的结构特点与性能 ················· 10
1.1 高分子聚合物的结构特点 ····· 10
1.2 聚合物的热力学性能 ············ 12
1.3 聚合物的流变学性质 ············ 15
1.4 聚合物成型过程中的物理化学变化 ·· 18
1.5 可降解塑料 ····························· 23

第2章 塑料的组成与工艺特性 ········· 28
2.1 塑料的基本组成与分类 ········ 29
2.2 塑料成型的工艺特性 ············ 32
2.3 常用塑料简介 ························· 37

第3章 塑料成型制件的结构工艺性设计 ·· 48
3.1 尺寸和精度 ····························· 48
3.2 表面粗糙度 ····························· 51
3.3 形状 ··· 51
3.4 斜度 ··· 52
3.5 壁厚 ··· 53
3.6 加强肋及其他增强防变形结构 ····································· 55
3.7 支承面 ····································· 57
3.8 圆角 ··· 58
3.9 孔的设计 ································· 58
3.10 螺纹的设计 ··························· 60
3.11 齿轮的设计 ··························· 62
3.12 嵌件和自攻螺钉孔的设计 ···· 63
3.13 铰链 ······································ 67
3.14 标记、符号、文字 ·············· 68

第4章 注射成型原理及工艺特性 ····· 71
4.1 注射成型原理 ························· 71
4.2 注射成型工艺过程 ················· 72
4.3 注射成型的工艺参数 ············ 76
4.4 注塑机械手 ····························· 82

第5章 注射模结构 ······························· 86
5.1 注射模的分类及结构组成 ···· 86
5.2 注射模的典型结构 ················· 90
5.3 注射模与注射机 ··················· 100

第6章 分型面的选择与浇注系统设计 ·· 112
6.1 分型面及其选择 ··················· 112
6.2 普通浇注系统的设计 ·········· 115
6.3 热流道浇注系统 ··················· 136
6.4 模内热切技术 ······················· 147
6.5 排气系统的设计 ··················· 149

第7章 成型零部件设计 ······················ 152
7.1 成型零部件的结构设计 ······· 152
7.2 成型零部件的工作尺寸计算 ································· 159

第8章 注射模标准件 ·························· 168
8.1 注射模的标准模架 ·············· 168
8.2 支承零部件设计 ··················· 172
8.3 合模导向机构设计 ·············· 175

第9章 推出机构设计 …… 185

- 9.1 推出机构的结构组成与分类 …… 185
- 9.2 脱模力的计算 …… 187
- 9.3 简单推出机构 …… 189
- 9.4 二次推出机构 …… 199
- 9.5 定、动模双向顺序推出机构 …… 203
- 9.6 浇注系统凝料推出机构 …… 205
- 9.7 带螺纹塑件的脱模 …… 210

第10章 侧向分型与抽芯机构 …… 215

- 10.1 侧向抽芯机构的分类及组成 …… 215
- 10.2 抽芯力与抽芯距的确定 …… 218
- 10.3 斜导柱侧向分型与抽芯机构 …… 219
- 10.4 弯销侧向分型与抽芯机构 …… 243
- 10.5 斜导槽侧向分型与抽芯机构 …… 245
- 10.6 斜滑块侧向分型与抽芯机构 …… 247
- 10.7 斜导杆导滑侧向分型与抽芯机构 …… 251
- 10.8 液压或气动侧向分型与抽芯机构 …… 256

第11章 温度调节系统 …… 259

- 11.1 模具温度与塑料成型温度的关系 …… 259
- 11.2 常见冷却系统的结构 …… 262
- 11.3 模具的加热系统 …… 270

第12章 注射成型新技术的应用 …… 274

- 12.1 气体辅助注射成型 …… 274
- 12.2 精密注射成型与模具设计 …… 282
- 12.3 反应注射成型 …… 289
- 12.4 共注射成型 …… 291
- 12.5 塑料制品金属化 …… 294
- 12.6 高光无熔痕模具技术 …… 299

第13章 压缩成型工艺与压缩模设计 …… 303

- 13.1 压缩成型工艺 …… 303
- 13.2 压缩模设计 …… 308

第14章 压注成型工艺与压注模设计 …… 333

- 14.1 压注成型工艺 …… 333
- 14.2 压注模设计 …… 336

第15章 挤出成型工艺与挤出模设计 …… 350

- 15.1 挤出成型工艺 …… 350
- 15.2 挤出模的结构组成及分类 …… 356
- 15.3 挤出机 …… 360
- 15.4 管材挤出机头 …… 363
- 15.5 异型材挤出机头 …… 370
- 15.6 电线电缆挤出机头 …… 374
- 15.7 片材挤出机头 …… 376

第16章 气动成型工艺与模具设计 …… 381

- 16.1 中空吹塑成型工艺与模具设计 …… 381
- 16.2 抽真空成型工艺与模具设计 …… 397

附录A 塑料模用材料 …… 406

附录B 注射成型塑件成型缺陷分析 …… 408

参考文献 …… 410

绪　　论

绪论（上、下）

一、模具和模具工业

　　以加工制造业为典型代表的工业是强国之基。我国经过数十年的发展，加工制造业成功实现了由无到有、由小到大、由弱到强的历史跨越，我国由一个贫穷落后的农业国成了一个拥有完整工业体系的制造业大国。

　　模具被称为"工业之母"，是对原材料进行加工，赋予原材料完整构型和精确尺寸的加工工具。其是制造业的重要基础。模具产业也是衡量制造业发展水平的重要产业，大量应用于各种结构件和内饰件的高效率、大批量生产。模具也是工业产品生产使用的重要工艺装备，在现代工业生产中，60%~90%的工业产品需要使用模具，模具工业已成为工业发展的基础，许多新产品的开发和研制在很大程度上都依赖模具生产，特别是汽车、摩托车、轻工、电子、航空等行业尤为突出。例如，汽车产业对注塑及冲压模具的依赖度就非常高。模具工业已经成为国民经济的重要基础工业。模具工业发展的关键是模具技术的进步。模具作为一种高附加值和技术密集型产品，其技术水平的高低已成为衡量一个国际制造水平的重要标志之一。

　　世界上许多国家，特别是一些工业发达国家都十分重视模具技术的研发，大力发展模具工业，积极采用先进技术和设备，提高模具制造水平并且已经取得了显著的经济效益。美国工业界认为"模具工业是美国工业的基石"，日本把模具誉为"进入富裕社会的原动力"，德国则称其为"加工工业中的帝王"，而在欧美其他发达国家中模具被称为"磁力工业"。由此可见模具工业在各国国民经济中的重要地位。

　　中国、日本、美国、欧盟等国家和地区为全球主要的模具生产及使用国家和地区，而我国的模具产销量为世界之最，占世界模具行业的三分之一。在2018年全球模具市场规模已达1 150亿美元。2018年，我国模具销售总额突破2 200亿元人民币。随着各国工业升级战略的实施，我们可以预见，世界模具行业必将继续保持其良好的发展态势。因此，研究和发展模具技术，提高模具技术水平，对于促进国民经济的发展有着十分重要的意义。

　　随着我国加工制造业的升级发展及欧、美、日主要加工制造企业转移生产线，我国逐渐成为全球制造业基地，全球制造业产业链在我国布局更集中，竞争更充分。2019年，我国冲模出口额为12.05亿美元，占比19.30%，进口额为7.93亿美元，占比40.92%；塑料模出口额为39.67亿美元，占比63.51%，进口额为8.70亿美元，占比44.89%。

以上海为龙头，江浙为两翼的长江三角洲地区，经济基础雄厚，区域条件优越，增长势头良好，发展潜力巨大，其中汇集了 2 万余家模具企业，且增长势头迅猛，商业渠道覆盖了海内外的广阔市场，已成为全国模具产品的主要集散地。模具工业的发展给制造模具机床和设备的研制和生产带来了前所未有的机遇，国内的模具制造设备及机床也已经逐步走上了规模化、专业化、国际化的发展道路，这反过来又为我国广大模具企业提供了良好的发展契机。

二、塑料成型工业在生产中的重要地位

塑料自被发明以来，以其质量轻、性能好且耐久而被大量使用，塑料给人们的生活带来了极大的便利，成为近些年来发展速度最快的大类材料。我国塑料成型工业在近几十年也同样发展迅速。据统计，我国 1990 年的塑料制品产量仅为 550 万吨，到 2019 年全国塑料制品产量已达 8 184 万吨。

塑料成型所用的模具被称为塑料成型模具，是用于成型塑料制件的模具，它是型腔模具的一种类型。塑料成型工业是新兴的工业，是随着石油工业的发展应运而生的。目前，塑料制件几乎已经进入了一切工业部门及人民日常生活的各个领域。塑料工业又是一个飞速发展的工业领域，世界塑料工业从 20 世纪 30 年代前后开始研制到目前塑料产品系列化、生产工艺自动化、连续化及不断开拓功能塑料新领域，经历了 20 世纪 30 年代以前的初创阶段、20 世纪 30 年代的发展阶段、20 世纪 50 至 60 年代的飞跃发展阶段和 20 世纪 70 年代至今的稳定增长阶段。

我国塑料工业的发展也同样经历着这些阶段。图 1 是中国石化上海石化聚乙烯生产基地。我国是全球最大的聚乙烯消费国，占全球聚乙烯消费量的 30%，2019 年我国仅聚乙烯产能就达 1 942 万吨。塑料作为一种新的工程材料，其不断被开发与应用，加之成型工艺的不断成熟、完善与发展，极大的地促进了塑料成型方法的研究与应用进程和塑料成型模具的开发与制造进程。随着工业塑料制件和日用塑料制件的品种和需求量日益增加，这些产品更新换代的周期越来越短，这就对塑料的品种、产量和质量都提出了越来越高的要求，而塑料模具的开发、设计与制造的水平也必须越来越高。

图 1　中国石化上海石化聚乙烯生产基地

在现代塑料成型生产中,塑料制件的质量与塑料成型模具、塑料成型设备和塑料成型工艺这三项因素密切相关,在这三项因素中,塑料成型模具最为关键,它的功能是双重的,一是赋予塑料熔体形状、性能、质量;二是冷却并推出成型的制件。模具是决定最终产品性能、规格、形状及尺寸精度的载体,塑料成型模具是使塑料成型生产过程顺利进行,保证塑料成型制件质量不可缺少的工艺装备,是体现塑料成型设备高效率、高性能和合理先进塑料成型工艺的具体实施者,也是新产品开发的决定性环节。

有关统计资料表明,在国内模具工业中,各类模具销售额占模具总销售额的比例大致如下:塑料模具占比最大,约占45%;冲压模具约占37%;铸造模具约占9%;其他各类模具,如粉末冶金模、陶瓷模、玻璃模共计约9%。随着塑料制件的需求快速上升,模具设计与制造和塑料成型的各类企业日益增多,塑料成型工业在基础工业中的地位不断提高,对国民经济的影响日益明显。

三、塑料成型技术的发展趋势

目前为止,我国在塑料模的制造精度、模具标准化程度、制造周期、模具寿命及塑料成型设备的自动化程度和精度等方面已经有了长足的进步。

模具工业的发展也受到国家重视,在国家发展改革委发布的《产业结构调整指导目录(2011年本)》中"精密模具(冲压模精度≤0.02mm,型腔模精度≤0.05mm)"被列为鼓励性行业,而予以优先发展。但与工业先进国家相比,我国仍有一定的差距,许多精密技术、大型薄壁和长寿命塑料模具自主开发的生产能力还较薄弱。要加速发展模具工业,应在模具先进的设计技术、先进的制造技术和开发研制优质的模具材料等方面下功夫,以提高我国模具的整体制造水平和模具在国内外的市场竞争能力。

根据国内外模具工业的现状及我国国民经济和现代工业品生产中模具的地位,从塑料成型模具的设计理论、设计实践和制造技术出发,塑料成型模具大致有以下几个方面的发展趋势。

1. CAD/CAE/CAM 技术在模具设计与制造中的应用

模具设计"软件化"和模具制造"数控化"在我国模具企业中成为常态。采用 CAD/CAE/CAM 技术是模具技术发展的一个显著特点。引用模具 CAD/CAE/CAM 系统后,模具设计可以借助计算机完成传统设计中各个环节的设计工作,大部分设计与制造信息由系统直接传送,图纸不再是设计与制造环节的分界线,也不再是制造、生产过程中的唯一依据。近年来,CAD/CAE/CAM 技术发展主要有以下几个特点。

1)CAD/CAE/CAM 一体化系统结构更加成熟

随着人工智能的发展和知识工程的建设,人工智能的时代已经到来,各大软件的界面也将更加直观,设计者利用语音提示或语音"向导",就能进行简单的操作。计算机处理图形的能力大幅度提高,塑料模具 CAD/CAE/CAM 技术涉及大量的设计方案、专业知识,人工智能和知识工程可根据需要自动选择合理、适当的方案,并判断计算结果是否合理。

2)CAD/CAE/CAM 技术网络化和集成化发展

随着信息全球化,以及 5G 时代的到来,计算机技术和网络正渗透到社会的各个方面,并且改变了人们的学习和生活习惯,如并行工程。并行工程的主要特点有设计过程十分复杂、设计因素众多、信息含量大、分工细致、计算及分析过程烦琐。另外,现代模具设计制造技术依赖于高速发展的计算机技术,CAD、CAE、CAM 和 PDM 的高度集成,使模具设计制造向数字化方向发展。

为了满足发展需要,CAD/CAE/CAM 技术将着眼于全社会的公开网络环境,开放更加专业化的虚拟网络服务环境,并建立起相关的产业链,实行网络经销与服务,造福人类社会。

3)CAD/CAE/CAM 的智能化程度正在逐渐提高

CAD/CAE/CAM 与先进制造技术的结合日益紧密,可以很好地解决模具开发上的关键问题,其内涵越加丰富,外延日益扩大。由于现阶段模具设计和制造在很大程度上仍然依靠模具设计和制造的经验,任何一个企业,要掌握全部先进的技术,成本都将非常昂贵,要培养并且留住掌握这些技术的人才也会非常困难。于是,模具 CAD 的 ASP 模式就应运而生了,应用服务包括逆向设计、快速原型制造、数控加工外包、模具设计和模具成型过程分析等,这样使得许多用于模具加工数控机床统一化、一体化,使整个社会的模具制造企业按照价值链和制造流程分工,将制造资源最优发挥。

2. 大力发展快速成型与快速制造技术

塑料模具是型腔模具中的一种类型,其模具型腔是由凹模和凸模组成的。对于具有形状复杂的曲面塑料制件,为了缩短研制周期,在现代制造模具技术中,可以先不直接加工出难以测量和加工的模具凹模和凸模,而是采用快速原型制造技术,先制造出与实物相同的样品,看该样品是否满足设计要求和工艺要求,然后再开发模具,图 2 为 3D 打印制造的随形水路模具工件。

图 2 3D 打印制造的随形水路模具工件

快速成型(Rapid Prototyping,简称 RP),诞生于 20 世纪 80 年代后期,是基于材料堆积法的一种新型技术,被认为是数十年来制造领域的一个重大成果。它集机械工程、CAD、逆向工程技术、分层制造技术、数控技术、材料科学、激光技术于一身,可以自动、直接、快速、精确地将人的设计思想转变为具有一定功能的原型或成品零件,从而为零件原型制作、新设计思想的校验等提供了一种高效低成本的实现手段。国内习惯把快速成型技术叫作"3D打印",显得比较生动形象,但是实际上,"3D打印"只是快速成型的一个分支。

快速制造(Rapid Manufacturing,简称 RM),有狭义和广义之分,狭义上它是指基于激光粉末烧结快速成型技术的全新制造理念,实际上它属于快速成型技术的一个分支,它是指由产品的三维 CAD 模型数据直接驱动,组装(堆积)材料单元而制造出任意复杂且具有使用功能的零件的科学技术。

国际上喜欢用"AddiTIve Manufacturing"(简称 AM)来概括 RP 和 RM 技术,翻译为增量制造、增材制造或添加制造,即一种与传统的材料去处加工方法截然相反的,通过增加材料,基于三维 CAD 模型数据采用逐层制造方式直接制造与相应数学模型完全一致的三维物理实体模型的制造方法。

3. 研究和应用模具的快速测量技术与逆向工程

在产品的开发设计与制造过程中,设计与制造者往往面对的并非是由 CAD 模型描述的复杂曲面实物样件,人们就必须通过一定的三维数据采集方法,将这些实物原型转化为 CAD 模型,从而获得零件几何形状的数学模型,使之能利用 CAD、CAM、RPM 等先进技术进行处理或管理。这种从实物样件获取产品数学模型的相关技术,称为逆向工程或反求工程技术。

对于具有复杂自由曲面零件的模具设计,可采用逆向工程技术。首先要获取其表面几何点的数据,然后通过 CAD 系统对这些数据进行预处理,并考虑模具的成型工艺性再进行曲面重构以获得模具凹模和凸模的型面,最后通过 CAM 系统进行数控编程,完成模具的加工。原型实样表面三维数据的快速测量技术是逆向工程的关键。三维数据采集可采用接触式(如三坐标测量机测量和接触扫描测量)和非接触式(如激光三维扫描法等)方法进行,图3 为利用手持式三维激光扫描仪进行数据采集。采用逆向工程技术不但可缩短模具设计周期,更重要的是可以提高模具的设计质量,提高企业快速应变市场的能力。

图3 利用手持式三维激光扫描仪进行数据采集

4. 发展优质模具材料和采用先进的热处理及表面处理技术

模具材料的选用在模具的设计与制造中是一个涉及模具加工工艺、模具使用寿命、塑料制件成型质量和加工成本等内容的重要问题。国内外的模具材料研究工作者在分析模具的工作条件、失效形式和如何提高模具使用寿命的基础上进行了大量的研究工作，开发研制出具有良好使用性能并且加工性能好、热处理变形小、抗热疲劳性能好的新型模具钢种，如预硬钢、耐腐蚀钢等。另外，模具成型零件的表面抛光处理技术和表面强化处理技术的发展也很快。模具热处理的发展方向之一是真空热处理。模具表面处理除完善并普及常用表面处理方法如渗碳、渗氮、渗硼、渗铬、渗钒，更应发展设备昂贵、工艺先进的气相沉积和等离子喷涂等技术。

5．提高模具标准化水平和模具标准件的使用率

模具的标准化是指模具设计标准化、模具生产及管理的标准化，这在模具产品生产的过程中具有重要意义。模具的标准化水平在某种程度上也体现了一个国家模具工业发展的水平。采用标准模架和使用标准零件可以满足大批量制造模具和缩短模具制造周期的需要。

对模具进行标准化设计，主要存在以下几方面的发展意义。

1）减少产品生产中各种夹具、工装零件的使用

企业生产人员在产品生产过程中，可以根据模具的标准化规范，选择合适的模具生产流程，科学组织塑料制品生产，尽可能在减少夹具、工装零件使用的情况下，保证各生产工序有条不紊地进行。

2）明确不同工作人员的生产任务

注塑模具设计、生产及管理过程中会分配给不同工作人员相应的任务，并对整个生产工序做出合理的协调与管理，以实现生产内容、人员之间的科学配置。

3）促进模具评估与报价

评估与报价是对注塑模具产品生产成本的综合核算，只有做好所有生产环节的评估和报价，才能保证企业有着可观的营收利润。通常多数公司都会根据模具生产的难易程度构建模具报价体系，对某一塑料或塑料制品的生产进行合理报价。

6．模具的复杂化、精密化与大型化

为了满足塑料制件在各种工业产品中的使用要求，塑料成型技术正朝着复杂化、精密化与大型化方向发展，如汽车的保险杠和某些内装饰件等塑料件的成型。大型塑料件和精密塑料件的成型除了必须研制开发或引进大型的、精密的成型设备，更需要采用先进的模具CAD/CAE/CAM技术来设计与制造。

四、塑料成型模具的分类

按照塑料制件成型的方法不同，塑料成型模具通常可以分成以下几类。

1）注射模具

注射模具又称注塑模具。塑料注射成型是在金属压铸成型的基础上发展起来的，成型所使用的设备是注射机。该方法通常适用于热塑性塑料的成型，热塑性塑料的注射成型方法正在推广和应用中。塑料注射成型是塑料成型生产中自动化程度最高、采用最广泛的一种成型方法。

2）压缩模具

压缩模具又称压塑模具或压胶模具。塑料压缩成型是塑件成型方法中较早采用的一种方法。成型所使用的设备是塑料成型压机，是热固性塑料通常采用的成型方法之一。与塑料注射成型相比，其成型周期较长，生产效率较低。

3）压注模具

压注模具又称传递模具。压注成型所使用的设备和塑料的适应性与压缩成型完全相同，只是模具的结构不同。

4）挤出模具

挤出模具是安装在挤出机料筒端部进行生产的，因此也称为挤出机头。成型所使用的设备是塑料挤出机，只有热塑性塑料才能采用挤出成型制造。

5）气动成型模具

气动成型模具是指利用气体作为动力介质成型塑料制件的模具。气动成型包括中空吹塑成型、抽真空成型和压缩空气成型等。与其他模具相比较，气动成型模具结构最为简单，只有热塑性塑料才能采用该成型。

除了上述介绍的几种常用的塑料成型模具，还有浇铸成型模具、泡沫塑料成型模具、聚四氟乙烯冷压成型模具和滚塑模具等。

五、塑料制品环境性分析

塑料工业的蓬勃发展必然会带来环境污染。众所周知，普通塑料制品的主要成分是聚乙烯、聚丙烯和聚氯乙烯等稳定物质及少量添加剂，而以这些原料生产的塑料制品不易分解，现在主要是通过填埋和焚烧进行处理，塑料废物的处理使得塑料产品饱受争议，"白色革命"变成了"白色污染"。

据相关统计，仅塑料袋这一种塑料制品，每年人均使用 200 个以上，如果通过垃圾填埋，这些塑料制品需要 100 至 400 年才能降解。因此怎样解决塑料的污染问题，让塑料对环境的可持续发展起到积极的作用是从业者当前面临的最大挑战。除此之外，提高人们的环保意识，尽量少用、重复使用、不用塑料包装，加大塑料分类回收，这些都是防治"白色污染"的重要措施。

目前，全球只有 14% 的塑料包装得到回收，加上处理中的损耗，最终被有效回收的塑料包装只有 10%。另外 30% 的塑料包装（按质量计算）的归宿就是填埋、焚烧或能量回收。

未来人们的塑料需求量还要增长，如果我们无法改变它的处理方式，那就意味着未来海里的塑料将比鱼还多。

为解决塑料制品给环境造成的严重污染问题，近年来，人们一直试图研制和完善各种可生物降解塑料。但就目前而言，世界各国生产的可生物降解塑料所使用的原料不一，有的含有纤维素，有的含有淀粉和人造聚合物，还有的含有亚麻、大麻、椰子壳等天然纤维。然而，不管怎样，这些所谓的可生物降解塑料都不能 100% 降解，而且降解程度和降解所需时间均与周围温度、湿度、土质等有直接关系。同时可降解塑料的成本是普通塑料的 2~3 倍。

"新塑料经济"是人们在循环经济理论基础上探索出的全新理念，即通过设计恢复和再生工业系统来实现塑料工业的可持续发展。新塑料经济的三个主要目标是：

（1）通过提高回收、再利用和塑料应用品的降解控制，创造一个有效的塑料用后经济；

（2）阻止塑料渗透到各个自然系统（特别是海洋）中；

（3）减少循环损失和非物质化，探索和采用可再生来源的原料，逐渐将塑料与化石原料分离。

六、课程的任务与要求

塑料件主要是靠成型模具获得的，其质量好坏与成本高低取决于模具的结构、质量和使用寿命。随着各行各业对大型、复杂、精密、美观、长寿命成型模具需求的日益增长和计算机技术在现代模具工业的广泛应用，模具行业正向着理论知识深化、学科知识复合、技术更新活跃的方向发展，这对模具设计工作提出了更高的要求。模具作为重要的工艺装备，对其设计、制造和技术开发方面人才的培养已得到国内外相关人员的普遍重视。"塑料成型工艺与模具设计"课程是模具设计与制造方面人才培养的重要内容，是其人才培养体系的主干课程之一。

本教材系统地介绍了塑料成型工艺的基本理论和工艺知识，紧密结合模具技术的新发展，阐述了模具设计的理论、方法和技术。塑料成型加工及其模具技术是一门不断发展的综合学科，不仅随着高分子材料合成技术的发展、成型机械与设备的革新、成型工艺的成熟而进步，而且还随着计算机技术、数值模拟技术等在塑料成型加工领域的渗透而发展。

通过本门课程学习，应达到如下目的：

（1）了解塑料模具的分类及其发展；

（2）了解聚合物的物理性能、流动特性，以及成型过程中的物理、化学变化及塑料组成、分类及其性能；

（3）掌握塑料成型的基本原理和工艺特点，熟悉成型设备对模具的要求，正确分析成型工艺对塑件结构和塑料模具的要求；

（4）掌握典型塑料成型模具结构特点与设计计算方法，通过训练，学生能够结合工程实际进行模具设计；

（5）使学生初步掌握运用计算机进行塑料模具设计与分析的能力；

（6）使学生初步掌握分析、解决现场成型问题的能力，包括初步掌握分析成型制件缺陷产生的原因和提出解决措施的能力。

"塑料成型工艺与模具设计"是一门实践性很强的课程，其主要内容都是在生产实践中逐步积累和丰富起来的，因此学习本课程除了要重视基本理论知识学习，还要特别强调理论联系实际，进行现场教学、实践教学。

扩展阅读：辉煌的中国古代模具技术

模具的概念来源于一种人们对复制物品的意识，"范"是我国古代对模具的称呼。在古代，随着铸造技术的不断进步，曾先后出现石范、泥范、陶范、铜范及铁范等。在我国，泥范、铁范、熔模铸造被称为先秦"三绝"。泥范因易损坏，古代世界使用较少，但在我国却大量使用，是先秦时期铜器铸造的基本范型，并一直沿用到近代的砂型之前。铁范出现较晚，但因其质地坚硬、难以损坏，而成为大量重复铸造的首选范型。熔模铸造是一项更为先进的铸造技术。具体用作塑模的材料较多，中国古代最先创造的是用蜡制成模具的方法，称为"失蜡法"。泥范铸造法大体要经过制模、塑出花纹、翻制泥范、高温焙烧、浇注金属液体及加工修整等工艺过程。泥范需要有很高的清晰度和准确度，这样制作出来的成品才美观漂亮、线条错落有致。泥又分单合范、双合范，多用来制造刀、戈等器件；复杂的就用三合范或三块以上的多合范制成，如鼎、壶等日常用品。著名的后母戊大方鼎就是由三块外范制成的，鼎耳事先铸好，鼎耳、鼎足中空，然后再铸在鼎身上面。

中国古代的青铜器制造可以追溯到 4 000～5 000 年以前，即夏、商开始。中国古代的青铜器主要有三个用途：一是礼器，如鼎、编钟等，主要是为了祭祀用的；二是武器，如剑、钺等；三是工具。青铜器的制作过程是：采矿、冶炼、合金配制、制范、浇铸与后期处理等。其中的制范其实就是制作模具。像青铜大立人、利簋（gui）、后母戊鼎、四羊方尊、曾侯乙铜尊盘、曾侯乙铜冰鉴、曾侯乙编钟，这些瑰宝充分体现了中国古代高超的模具制造技术，如图 4 所示。

图 4　中国古代模具及青铜器

第 1 章 高分子聚合物的结构特点与性能

塑料是以高分子聚合物（树脂）为主要成分的物质，高分子聚合物也称高聚物。要了解塑料的性能和特点，研究塑料成型工艺，正确设计塑料成型模具，就必须认识高分子聚合物的结构、热力学性能、流变学性质、成型过程中的物理及化学变化等。

高分子聚合物的结构特点

聚合物成型过程中的物理化学变化

1.1 高分子聚合物的结构特点

任何物质的性质都是由结构决定的，高分子材料也不例外。为了改进高分子材料的某种性能，首先从改变其结构入手。高分子材料结构与性能间的关系是确定其加工成型工艺的依据。了解高聚物的结构与物理性能的关系，就可以正确地选择和使用成型材料，改进成型材料性能，合成新的成型材料，从而成功地进行塑料成型工艺的研究。

高聚物的结构是非常复杂的，在早期由于受生产和科学技术水平的限制和认识上的错误理解，人们曾把高分子看成是小分子的简单堆积，随着高分子工业的发展及近代科学技术的进步，人们对高分子结构的研究也在不断深化。

1.1.1 高分子与低分子

一切物质都是由分子构成的，而分子又是由原子构成的。无论是有机物单体还是无机物，它们分子中的原子数都不是很多，从几个到几百个不等。例如，氧分子 O_2 由 2 个原子组成，相对分子质量为 32；酒精分子 C_2H_5OH 由 9 个原子组成，相对分子质量为 46；而一种比较复杂的有机物三硬脂酸甘油酯，其分子 $C_{57}H_{110}O_6$ 中也不过只有 173 个原子，相对分子质量为 890。无论多么复杂的单体化合物，其所含原子数最多也不过几百个，它们都属于低分子化合物。而高聚物的结构非常复杂，高聚物的大分子是由很大数目（$10^3 \sim 10^5$ 数量级）的小分子结构单元组成的，但又不是小分子的简单堆积。这些结构单元可以是一种（均聚物），也可以是几种（共聚物），它们以共价键相连接，形成线型分子、支化分子（带有支链的线型分子）或网状分子。一个聚合物分子中含有成千上万，甚至几十万个原子。例如，尼龙大分子中大约有 4 000 个原子，相对分子质量大约为 2.3 万。天然橡胶分子中含有 5 万～6 万个原子，相对分子质量大约为 40 万。从相对分子质量来看，低分子化合物其相对分子量只有几十到几百，而高聚物的相对分子质量比低分子化合物高得多。由于聚合物的高分子含有很多原子数，相对分子质量很高，分子是很长的巨型分子。低分子与高分子聚合，如图 1.1 所示。表 1.1 是高分子与低分子的比较，聚合物复杂的结构使得其热力学性能、流变学性质、成型过程中的流动行为和物理及化学变化等方面有其自身的特点。

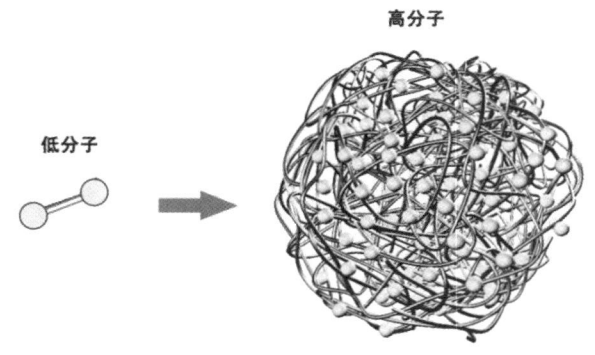

图 1.1　低分子与高分子聚合

表 1.1　高分子与低分子的比较

名称	原子数目/个	相对分子质量	分子长度/μm
低分子	少（1～10^3）	低（1～10^3）	短（10^{-7}～10^{-4}）
高分子	多（10^3～10^5）	高（10^4～10^8）	长（1～10）

1.1.2　高分子链结构特点

高分子的链结构又可分为高分子链的近程结构和远程结构。高分子链的近程结构是指链结构单元的化学组成、链接方式、空间立构、支化和交联、序列结构等，这些近程结构与高聚物的凝聚态结构和性能是密切相关的。高分子链结构单元的化学组成是指聚合成高分子链的结构单元的化学结构，比如，聚乙烯分子式为$[-CH_2-CH_2-]_n$。其中$-CH_2-CH_2-$即为聚乙烯的单元体，n 为结构单元（单元体）的个数，称为聚合度。由聚乙烯分子式可见，其主要是由碳原子、氢原子组成的，聚乙烯大分子就是由两千多个乙烯单体构成的。聚合物的分子链可呈现出不同形状，如线状、支链状或网状，线形分子链组成的高分子称作线型聚合物，网状分子链组成的高分子称体型聚合物。

下面简单介绍高聚物链结构的几个主要特点。

1）高分子呈现链式结构

从施陶丁格（H.Staudinger）提出大分子学说以来，现在人们已经知道各种天然高分子、合成高分子和生物高分子都具有链式结构,即高分子是由多价原子彼此以主价键结合而成的长链状分子,长链中的结构单元很多($10^3 \sim 10^5$数量级),一个结构单元相当于一个小分子,具有周期性,高分子长链可以由一种(均聚物)或几种(共聚物)结构单元组成。

2)高分子链具有柔性

柔性是指一种分子链卷曲的一种现象,由单键键合而成的高分子主链一般都具有一定的内旋转自由度,结构单元间的相对转动使得分子链成卷曲状,这种现象就被称为高分子链的柔性,由内旋转而形成的原子空间排布称为构象,分子链内结构的变化可能使旋转变得困难或不可能,这样的分子链被认为变成了刚性链。

3)高聚物的多分散性

高分子材料聚合物反应的产物一般是由长短不一的高分子链所组成的,聚合物分子的分子量是不均一的,这就是人们所说的高聚物的多分散性。如果合成时所用单体在两种以上,则共聚反应的结果不仅存在分子链长短的分布,而且每个链上的化学组成也有一个不同的分布,因此合成高分子材料的聚合物反应是一个随机过程。

聚合物分子的链结构不同,其性质也不同,聚合物的分子结构类型有线型和体型两大类,其中线型聚合物[见图1.2(a)]还包括带有支链的线型聚合物[见图1.2(b)],其具有弹性和塑性,在适当的溶剂中可溶胀或溶解。随着温度不断升高,聚合物微观表现为分子链逐渐由链段运动变为整个分子链的运动,宏观表现为聚合物逐渐开始软化乃至熔化流动,这些特性随温度的降低而呈现逆向性。体型聚合物的大分子链之间形成了立体网状结构[见图1.2(c)],其物理特性是脆性大、弹性较高和塑性很低,成型前是可溶可熔的,一旦成型固化后,就成为既不溶解也不熔融的固体。即使在更高的温度下(甚至被烧焦碳化)其也不会软化,因此人们认为这种材料具有热固性。

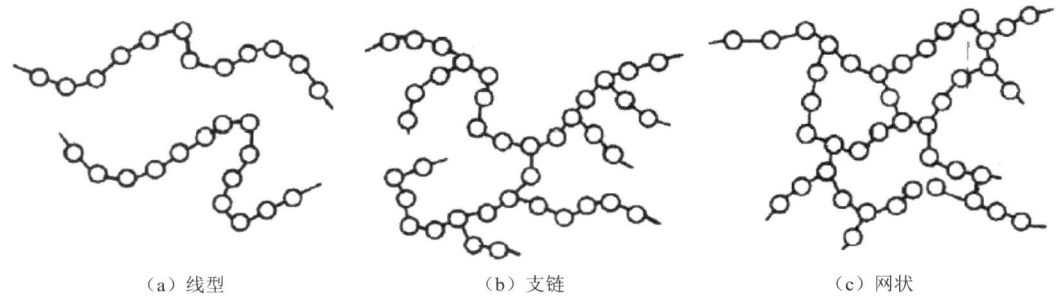

(a)线型　　　　　　(b)支链　　　　　　(c)网状

图1.2　聚合物分子的链结构图

1.2　聚合物的热力学性能

1.2.1　聚合物分子运动单元的多重性

聚合物性能是高聚物微观分子运动的宏观表现,而聚合物的物理、力学性能与温度密切相关，因而要想了解高分子宏观上的热力学性能，就必须通过材料内部的分子热运动才能揭示不同高分子材料性能的真正本质。例如，热塑性塑料加热熔化后再经冷却还可回收利用，而热固性塑料加热熔化成型后，一经冷却，便不能再被回收利用；再有，对于同一种聚合物，如果所处的温度不同，分子热运动状况就不同，材料所表现出的宏观物理性质也不大相同。这里简单介绍分子热运动规律，以便读者了解聚合物的热力学性能，并且这对于合理选用材料、确定加工工艺条件及材料改性等都非常有用。

从高分子结构角度来看，高分子有很多运动单元，除了高分子主链可以运动，分子链上的侧基、支链、链节、链段等都可以产生相应的各种运动。一般来说，高分子运动主要包括四种类型。

（1）分子链的整体运动。这是分子链质量中心的相对移动，它的宏观表现就是高分子熔体的流动。

（2）链段的运动。这种运动是高分子的特殊运动形式，它是指高分子链在质量重心不变的情况下，一部分链段通过单键内旋转而相对于另一部分链段的运动，这种运动可导致高分子主链伸展或卷曲，宏观表现有橡皮的回弹、拉伸等。

（3）链节、支链和侧基的运动。实验表明，这类运动对聚合物的韧性有很大影响。

（4）晶态聚合物的晶区内存在的分子运动。

在这几种运动中，整个分子链的运动称作大尺寸单元运动，链段及链段以下的运动单元习惯上被称为小尺寸单元运动。

1.2.2 聚合物的热力学性能

1. 非晶态高聚物的热力学性能

固体聚合物可划分为晶态聚合物和非晶态聚合物，当取一块线型非晶态（无定形）聚合物，对它施加一个恒定应力之后我们可发现试样的形变和温度的关系如图 1.3 所示，其中横坐标 θ 指非晶态聚物温度，这种描述高聚物在恒定应力作用下形变随温度改变而变化的关系曲线称为热力学曲线。

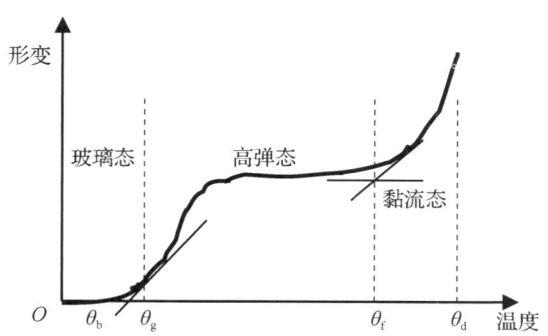

图 1.3 非晶态高聚物温度形变曲线

由图中可以看出，当温度较低时，试样为刚性固体状态，在外力作用下只发生较小变化。当温度升到某一范围后，试样的形变明显增加，并在随后的温度区间达到一种相对稳定的形变状态，在这一区域中，试样变成柔软的弹性体，温度继续升高时，形变基本保持不变；温度再进一步升高，则形变量又逐渐加大，试样最后完全变成黏性的流体。根据这种变化特征，我们可以把非晶态高聚物按温度区域不同划分为三种力学状态——玻璃态、高弹态和黏流态。

玻璃态和高弹态之间的转变被称为玻璃化转变，对应的转变温度即玻璃化温度，通常用θ_g表示。高弹态与黏流态之间的转变温度被称为黏流温度，用θ_f表示。

非晶态高聚物随温度变化出现的这三种力学状态是高聚物分子内部处于不同运动状态的宏观表现。一般非晶态高聚物在25℃左右，基本是处于玻璃态。在玻璃态下，由于温度较低，分子运动的能量很低，不足以克服主链内旋转的位垒，因此不足以激发起链段的运动，链段处于被冻结的状态，只有那些较小的单元，如侧基、支链和小链节能运动，所以高分子链不能实现从一种构象到另一种构象（构象是指由于单键内旋转而产生的分子在空间的不同形态）的转变。此时，高聚物所表现的力学性质和小分子玻璃差不多，当非晶态高聚物在较低的温度下受到外力时，由于链段运动被冻结，只能使主链的键长和键角有微小的改变，因此宏观上表现为高聚物受力后，形变很小，而且是可逆的，弹性模量较高，聚合物处于刚性状态。此时，物体受力的变形符合虎克定律，即应力与应变成正比，并在瞬时达到平衡。聚合物处于玻璃态时硬而不脆，可做结构件使用，但对使用温度是有要求的，不能太低，否则会发生断裂，使塑料失去使用价值，通常有一个温度极限θ_b，这个温度被称作脆化温度，它是塑料使用的下限温度。

玻璃态有一个玻璃化温度θ_g，当$\theta>\theta_g$（θ为非晶态高聚物温度）时，随着温度的升高，分子热运动的能量逐渐增加。当达到某一温度时，虽然整个分子的移动仍不可能，但分子热运动的能量已足以克服分子内旋转的位垒，这时就激发了链段运动。链段可以通过主链中单键的内旋转不断改变构象，甚至可以使部分链段产生滑移，也就是说，当温度升高到某一温度，链段的运动都可以被觉察到了，则高聚物便进入高弹态。在高弹态下，高聚物受到外力时，分子链可以通过单键的内旋转和链段的改变构象以适应外力的作用。例如，受到拉伸力时，分子链可以从卷曲状态变为伸展状态，因而宏观上表现为弹性回缩，即除去外力，变形量可以恢复，弹性是可逆的。由于这种变化是外力作用促使高聚物主链发生内旋转的过程，它所需的外力显然比高聚物在玻璃态时变形（改变化学键的键长和键角）所需的外力要小得多，而形变量却很大，弹性模量显著降低，这是非晶态高聚物在此状态下特有的力学性质，我们称这种状态为高弹态。由于高弹态时有链段和整个分子链两种不同的运动单元，因而这种聚集态具有双重性，既表现出液体的性质又表现出固体的性质，这是因为，就链段运动而言，它是固体，就整个分子链来说，它是液体。高弹态的弹性模量远远小于普弹态，而形变量却远大于普弹态。有一些高分子材料在常温下就处于高弹态，如橡胶。

当温度继续升高，$\theta>\theta_f$时，高分子链不仅链段的松弛时间缩短了，而且整个分子链也开始滑动，整个分子链相互滑动的宏观表现为高聚物在外力作用下发生黏性流动。这种流动同低分子流动类似，是不可逆变形，当外力除去后，形变再不能自发恢复。但当温度继续上升，超过某一温度极限θ_d时，聚合物就不能保证其尺寸的稳定性和使用性能，通常将θ_d称为热分解温度。高聚物在$\theta_f\sim\theta_d$之间是黏流态，塑料的成型加工就是在此范围内进行的。由此可见，塑料的使用温度范围为$\theta_b\sim\theta_g$，而塑料的成型加工范围为$\theta_f\sim\theta_d$。若想使高聚物达到黏流状态，加热是主要方法。θ_f是塑料成型加工的最低温度，通过加入增塑剂可以降低聚合物黏流温度，黏流温度不仅与聚合物结构有关，而且与其相对分子质量有关，一般分子质量越高，黏流温度也越高，塑料成型加工中，选择加工温度时首先要先进行塑料熔融指数及黏度的测定，黏度值小、熔融指数大的塑料，其加工温度相对要低一些，但这种材料制成的产品强度不高。对于高度交联的体型聚合物（热固性树脂），由于其分子运动阻力大，一般温度对其力学状态的改变较小，因此通常不存在黏流态甚至高弹态。

2. 晶态高聚物的热力学性能

由于晶态高聚物通常都存在非晶区，非晶部分在不同的温度条件下，也一样要发生上述两种转变，但随着结晶度的不同，结晶高聚物的宏观表现是不一样的。在轻度结晶的高聚物中，微晶体起着类似交联点的作用，这种试样仍然存在明显的玻璃化转变；当温度升高时，非晶部分从玻璃态转变为高弹态，试样也会变成柔软的皮革状。随着结晶度增加（相当于交联度增加），非晶部分处在高弹态的结晶高聚物的硬度将逐渐增加，当结晶度达到 40% 时，微晶体彼此衔接，形成贯穿整个材料的连续结晶相，此时结晶相承受的应力要比非晶相大得多，使材料变得坚硬，宏观上人们将觉察不到它有明显的玻璃化转变，其温度曲线在 $\theta < \theta_m$（熔点）以前不出现明显的转折，晶态高聚物的热力曲线如图 1.4 所示。总之，晶态高聚物的热力学性能会随着结晶度的改变而不断变化，而其结晶度有时效性（随时间的变化而变化），所以说晶态高聚物的热力学性能也有时效性，很难用具体曲线表达。

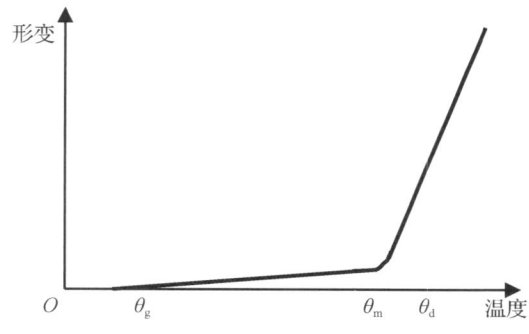

图 1.4　晶态高聚物的热力曲线

1.3　聚合物的流变学性质

流变学是研究物质变形与流动的一门科学。由于聚合物的各种成型方法必须依靠聚合物自身的变形和流动来实现，所以也相应产生了聚合物的流变学。聚合物流变学研究的是聚合物材料在外力作用下产生的力学现象，如应力、应变及应变速率等与聚合物流动时的自身黏度之间的关系。注射成型时，聚合物的成型依靠的是聚合物自身的变形和流动，故我们有必要了解聚合物流变学，以便应用流变学理论正确地选择和确定合理的成型工艺条件，设计合理的注射成型浇注系统和模具结构。

1.3.1 聚合物的流变应力

聚合物流体的流动和变形都是应力作用的结果。在实际生产和加工过程中，聚合物流体所受应力往往是三种简单应力的组合，根据受力方式的不同，应力分为三种类型：剪切应力、拉应力和压应力，如表1.2所示。一般剪切流动是聚合物流动的主要形式。

表1.2 高聚物流体所受应力的种类及主要应用场合

应力种类	引起的流动	主要应用场合
剪切应力	剪切流动	挤出成型、注射成型
拉应力	拉伸流动	吹塑成型
压应力	压差流动	压缩成型、压注成型

1.3.2 牛顿流体与非牛顿流体

流体在管内一般有层流和湍流两种流动状态。层流的特征是流体质点的流动方向与流道轴线平行，与管边壁等距离的液层，其流动速度也相同，所有流体的质点的流动轨迹均相互平行，如图1.5（a）所示。湍流的特点是管内的流体质点除了在与轴线平行的方向流动，还在管内的横向上做不规则的任意流动，质点的流动轨迹呈紊乱状态，如图1.5（b）所示。

英国物理学家雷诺提出的流体的流动状态转变条件（由层流变为湍流）如下。

$$Re = dv\rho/\eta > Re_c \tag{1.1}$$

式中，Re——雷诺数，为一无量纲的数群；

　　　d——管道直径，单位为 mm；

　　　ρ——流体的密度，单位为 kg/m^3；

　　　v——流体的速度，单位为 m/s；

　　　η——流体的动力黏度，单位为 Pa·s；

　　　Re_c——临界雷诺数。

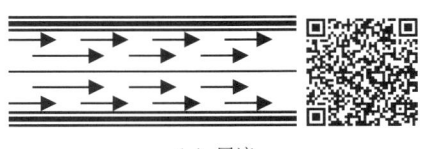
（a）层流

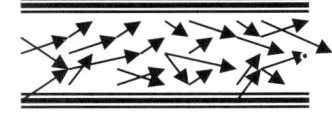
（b）湍流

图1.5 流体质点在管内流动的轨迹示意图

其中临界雷诺数 Re_c 的大小与流道的断面形状和流道壁的表面粗糙度有关，对于光滑的圆管，Re_c=2 000～2 300，故只有当 Re 的值大于 2 000～2 300 时，流体流动的状态才能转变为湍流。大多数聚合物熔体的黏度都很高，成型时的流速不大，流体流动的 Re 值远小于 Re_c，一般为 10 左右，因此通常可将聚合物熔体的流动视为层流状态来进行研究。

所谓的牛顿流体是指当流体以切变方式流动时，其切应力与剪切速率间存在线性关系。牛顿流体的流变方程式如下。

$$\tau = \eta \dot{\gamma} \tag{1.2}$$

式中，$\dot{\gamma}$——单位时间内流体所产生的切应变，一般称作剪切速率，单位为 s^{-1}；

η——比例常数，也被称为牛顿黏度，单位为 Pa·s（η 的大小反映了牛顿流体抵抗外力引起流动变形的能力）；

τ——是剪切应力，单位为 N/m^2。

由于大分子的长链结构和缠结，聚合物熔体的流动行为远比低分子液体复杂。在广阔的剪切速率范围内，这类液体流动时，剪切应力和剪切速率不再成正比关系，熔体的黏度也不再是一个常数，因而聚合物熔体的流变行为不服从牛顿流动规律。我们通常把不服从牛顿流动规律的流动称为非牛顿型流动，具有这种流动行为的液体被称为非牛顿流体。在注射成型中，只有少数聚合物熔体的黏度对剪切速率不敏感，如聚酰胺、聚碳酸酯等，除经常把它们近似视为牛顿流体，其他绝大多数的聚合物熔体都表现为非牛顿液体。这些聚合物熔体都近似地服从奥士瓦·迪威（Qstwald-De Waele）提出的指数流动规律，其表达式如下。

$$\tau = K\left(\frac{dv}{dr}\right)^n = K\left(\frac{d\gamma}{dt}\right)^n = K\dot{\gamma}^n \tag{1.3}$$

式中，K——与聚合物和温度有关的常数，可以反映聚合物熔体的粘稠性，称为粘度系数；

n——与聚合物和温度有关的常数，可以反映聚合物熔体偏离牛顿流体性质的程度，称为非牛顿指数；

$\dfrac{dv}{dr}$——速度梯度；

$\dfrac{d\gamma}{dt}$——速度梯度，单位时间内流体所产生的切应变。

上式也可改写为如下格式。

$$\tau = K\dot{\gamma}^{n-1}\dot{\gamma} = \eta_a \dot{\gamma} \tag{1.4}$$

$$\eta_a = K\dot{\gamma}^{n-1} \tag{1.5}$$

式中，η_a——非牛顿液体的表观粘度，单位为 g/cm·s。

就表观黏度的力学性质而言，它与牛顿黏度相同。但是，表观黏度表征的是服从指数流动规律的非牛顿流体在外力的作用下抵抗剪切变形的能力。由于非牛顿流体的流动规律比较复杂，表观黏度除与流体本身及温度有关，还受到剪切速率的影响，这就意味着外力的大小及其作用时间也能够改变流体的黏稠性。

式（1.3）中的 K 值及 n 值均可由实验测定。之所以说 n 的大小反映了聚合物熔体偏离牛顿性质的程度，是因为当 $n=1$ 时，$\eta_a = K = \eta$，这时非牛顿流体就转变为牛顿流体。当 $n \neq 1$ 时，绝对值 $|1-n|$ 越大，流体的流动性越强，剪切速率对表观黏度 η_a 的影响也越大。当其他条件一定时，K 值的大小反映了流体黏稠性的程度。

1.3.3 假塑性液体的流变学性质

非牛顿流体也称为黏性液体，当公式（1.3）中的 $n<1$ 时，这种黏性液体称为假塑性液体，大多数注射成型用的聚合物熔体都具有近似假塑性液体的流变学性质。假塑性液体的非牛顿指数 n 通常为 0.25~0.67，当剪切速率较大时，n 值可降至 0.2。注射成型中近似具有假塑性流体性质的高聚物有聚乙烯（PE）、聚氯乙烯（PVC）、聚甲基丙烯酸甲酯

（PMMA）、聚丙烯（PP）、ABS、聚苯乙烯（PS）、聚酯及热塑性弹性体等。假塑性液体的剪切速率与剪切应力及表观黏度与剪切速率的关系如图1.6所示。图1.6（a）为剪切应力τ与剪切速率γ的关系，图1.6（b）为表观黏度η_a与剪切速率γ的关系。由图可以看出，聚合物熔体黏度对剪切速率具有依赖性，且剪切速率的增大可导致熔体黏度降低。

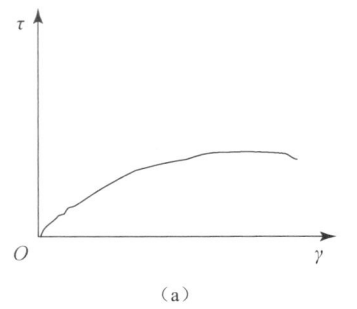 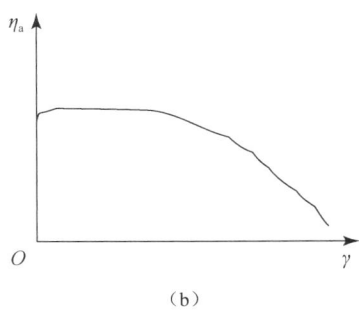

图1.6　假塑性液体的$\tau-\gamma$、$\eta_a-\gamma$关系图

一般来说，对于假塑性流体而言，当流体处于中等剪切速率区域时，流体变形和流动所需的切应力随剪切速率而变化，并呈指数规律增大；流体的表观黏度也随剪切速率而变化，呈指数规律减小。这种现象被称为假塑性液体的"剪切稀化"。这是因为聚合物具有大分子结构，当熔体进行假塑性流动时，剪切速率的增大使熔体所受的切应力加大，从而导致聚合物大分子结构伸长、解缠和滑移的运动加剧。这时大分子链段的运动相对减少，分子间的相互作用力（范德华力）逐渐减弱，熔体内的自由空间增加，从而导致相对运动加大，宏观上体现为表观黏度相对降低。注射成型中，多数聚合物的表观黏度对熔体内部的剪切速率具有敏感性，对于这些聚合物，我们可以通过调整剪切速率来控制聚合物的熔体黏度。

通常，在注射成型中，聚合物熔体发生剪切稀化效应是一个普遍现象，这是因为大多数热塑性聚合物都具有近似假塑性液体的流变学性质。在注射成型过程中确定成型工艺条件时，人们必须根据聚合物的结构性质，选取最佳的注射温度、注射压力、注射速度等，模具结构的设计也应考虑聚合物本身的特点，从而保证产品的成型质量。

1.4　聚合物成型过程中的物理化学变化

在塑料的成型加工过程中，聚合物会发生物理和化学变化，聚合物可能产生结晶和取向等物理变化现象，还可能在聚合物内部产生化学交联和降解等化学变化，这些物理化学变化对成型制件的性能和质量有很大的影响，因此很有必要对聚合物的物理化学变化进行深入研究，以便更好地控制、调整工艺参数，获得高质量、高性能的产品。

1.4.1　聚合物在成型过程中的物理变化

聚合物在成型过程中发生的物理变化主要是结晶和取向，处理不好结晶和取向这两个问题，制件的质量将会受到很大影响。因此，人们在生产中对结晶和取向的问题很重视。

1. 聚合物的结晶

由前面的知识可知,固体聚合物可划分为结晶态高聚物和非晶态高聚物,其中非晶态聚合物又被称为无定形聚合物。在高聚物微观结构中存在一些具有稳定规整排列分子的区域,这些分子有规则紧密排列的区域被称为结晶区,存在结晶区的高聚物被称为结晶态高聚物。图1.7(a)是结晶态高聚物的缨状微束模型示意图;而在非晶态高聚物的本体中,分子链的构象呈现无规线团状,线团分子之间是无规缠结的。图1.7(b)是非晶态高聚物的缨状胶束粒子模型示意图。

一般来说,高聚物的结晶是从非晶态熔体中形成的。结晶态高聚物中实际上仍包含着非晶区,其结晶的程度可用结晶度来衡量。所谓的结晶度是指聚合物中的结晶区在聚合物中所占的质量百分数。当分子结构简单、对称性高的聚合物及分子间作用力较大的聚合物等从高温向低温转变时,都能结晶。例如聚乙烯(PE),其分子结构简单,对称性好,故当温度由高到低转变时,易发生结晶;又如聚酰胺,其分子链虽比较长,但由于其分子结构中的"酰胺"的存在,使得分子之间容易形成氢键,增大了分子间的作用力,因此当温度由高到低转变时,也容易出现结晶现象。由图1.7(a)我们可以看出,高聚物的结晶与低分子结晶区别很大,晶态高聚物的晶体结晶不完全,而且晶体也不及小分子晶体整齐,结晶速度慢,且没有明显的熔点,而是一个熔融的温度范围,通常称为熔限。聚合物的结晶有很多不同的形态,但以球晶形态居多。

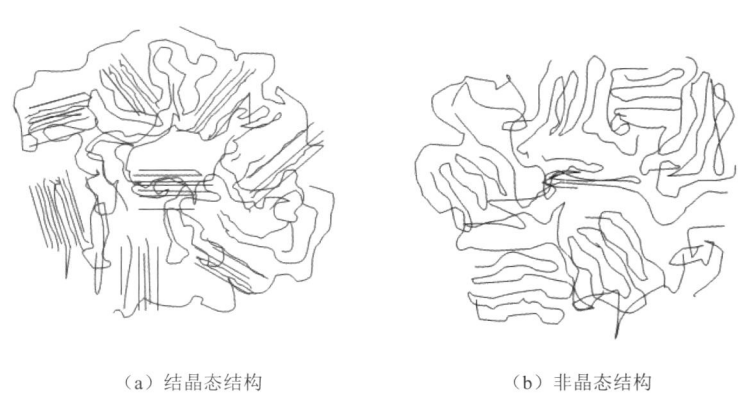

(a)结晶态结构　　　　　　　(b)非晶态结构

图1.7　结晶态高聚物本体与非晶态高聚物本体微观结构示意图

聚合物一旦发生结晶,则其性能也将随之产生相应变化。结晶可导致聚合物的密度增加,这是因为结晶使得聚合物本体的微观结构变得规整而紧密。这种由结晶而导致的规整而紧密的微观结构还可使聚合物的拉伸强度增大,冲击强度降低,弹性模量变小。同时,结晶还有助于提高聚合物的软化温度和热变形温度,使成型的塑件脆性加大,表面粗糙度降低,而且还会导致塑件的透明度降低甚至丧失。

注射成型后的塑件是否会产生结晶及结晶度的大小都与成型过程中塑件的冷却速率有很大关系。一般来说随着冷却速率提高,聚合物的结晶时间减少,结晶度就降低。同时加入成核剂有利于分子的结晶形核,图1.8是不同冷却速率下聚合物分子的结晶示意图。由于结晶度对塑件的性能有很大影响，工业上常采用热处理方式来提高塑件的性能。

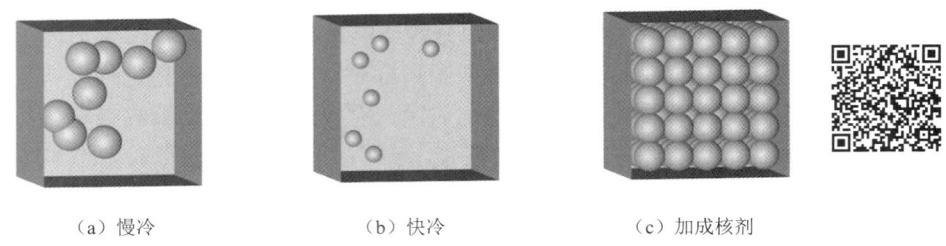

（a）慢冷　　　　　　　　（b）快冷　　　　　　　　（c）加成核剂

图 1.8　不同冷却速率下聚合物分子的结晶示意图

2. 聚合物的取向现象

所谓聚合物的取向是指当线型高分子受到外力而充分伸展的时候，其长度远远超过其宽度，这种结构上的不对称性，使它们在某些情况下很容易沿某特定方向做占优势的平行排列，这种现象就称为取向。宏观上取向一般分为拉伸取向和流动取向两种类型。拉伸取向是由拉应力引起的，取向方位与应力作用方向一致；而流动取向是在切应力作用下沿着熔体流动方向形成的。图 1.9 是高分子链在扇形制品中的流动取向。经测试表明，扇形试样在切向方向上的抗拉强度总是小于径向方向的，同时切向方向上的收缩率和后收缩率也小于径向。

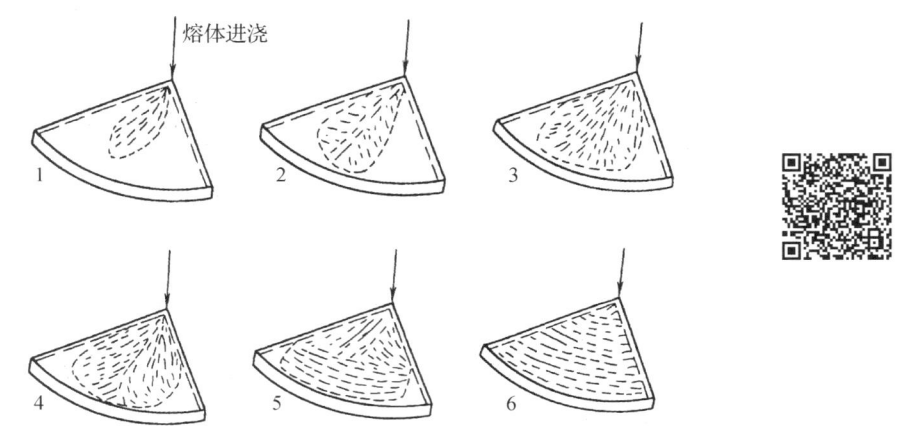

图 1.9　高分子链在扇形制品中的取向

高聚物的取向现象从微观上来看主要是高聚物分子的分子链、链段，以及结晶高聚物的晶片、晶带沿特定方向的择优排列。取向的高聚物分子，它的链段在某些方向上是择优取向的，因此材料性质呈现出各向异性。这是因为高分子有链段与高分子链两种运动单元，因此微观上非晶态高聚物可以有链段和高分子链两种取向。链段的取向只要在高弹态下便可完成，它主要通过单键的内旋转来使链段运动完成取向。而整个分子链的取向是需要链段的协同运动来完成的，这只有当高聚物处于黏流态时才可完成。在外力作用下，高聚物一般先发生链段取向，然后才是整个分子的取向。总之取向过程是一种分子的有序化过程。结晶态高聚物的取向在非晶区中除了可能发生链段取向与分子取向，还可能发生晶粒的取向，在外力作用下，晶粒将沿外力方向做择优取向。但是值得注意的是取向态与结晶态虽然都与高分子的有序程度有关，但它们的有序程度不同。取向态是一维或二维有序，而结晶态是三维有序。

聚合物取向的结果是导致高分子材料在力学性质、光学性质及热性能等方面发生了显著的变化。力学性能中，抗张强度和挠曲疲劳强度在取向方向上显著增加，而与取向方向相垂直的方向上则显著降低，同时冲击强度、断裂伸长率等也发生相应的变化，聚合物的光学性质也将呈现各向异性。

聚合物的取向性质已被广泛应用于工业生产中，如合成纤维中使用的牵伸工艺就是利用了取向机理来大幅度地提高纤维的强度。由于塑料制件往往外形复杂，一般无法再进行拉伸取向，但取向对塑料制件仍具有现实意义。例如，塑料制件在成型过程中易产生流动取向，这对制件的质量有很大影响。如果成型的塑料制件内部有内应力存在，则可能导致制件出现裂缝，裂缝又会导致应力集中，从而使裂缝扩大，最终导致制件破裂。还有一种可能是裂缝导致的应力集中有可能使高分子链段沿应力方向取向，使高聚物在应力方向的强度加强，挡住了裂缝的发展。由此可见，制件是否会破裂取决于裂缝发展速度与取向速度发展快慢的对比，如果取向速度来得快，则可以阻止裂缝的发展。对于一般的塑料制件，不要求有高的取向度，但要求有良好的取向能力。一般添加增塑剂的塑料取向速度会加快，因此增塑后的塑料制件往往比未增塑的塑料制件强度要大。由于取向可以提高聚合物的某些力学性质，故一般塑料制件的工业生产中，常利用取向来提高制件的强度，如塑料制件的吹塑成型工艺设计中就常利用取向来提高塑件的强度。

1.4.2 聚合物在成型过程中的化学变化

降解和交联是聚合物成型过程中发生的主要化学反应。它们对制件的质量也有很大的影响。

1. 聚合物的降解

降解是指聚合物在某些特定条件下发生的大分子链断裂、侧基的改变、分子链结构的改变及相对分子质量降低等高聚物微观分子结构的化学变化。导致这些变化的条件有：高聚物受热、力、氧化作用，或者受水、光及核辐射等，按照聚合物产生降解的不同条件可把降解分为很多种，主要有热降解、水降解、氧化降解、应力降解等。热降解主要是由于高聚物长时间高温受热时引起的降解；当聚合物分子中含有容易被水解的化学基团时，高聚物就可能在成型加工过程中遇到水分而被分解，这种成型生产中出现的现象称为水降解；而当高聚物与空气中的氧接触后产生的降解现象称为氧化降解；应力降解是指聚合物受到外力时微观分子结构发生化学变化，同时导致聚合物分子量降低的现象。

在成型过程中时，聚合物发生降解是难以避免的，这是因为聚合物中如果存在某些杂质如加入一些引发剂、催化剂、酸、碱等，或是在贮运等过程中吸水或混入某些机械杂质等都会导致降解发生。在注射成型中，特别要注意避免热降解发生。通常，为了确保成型塑件的质量，成型时必须将成型温度及加热时间控制好，一般加热温度不得高于热降解温度（即热稳定性温度），否则易导致聚合物的热降解，并且成型温度和时间控制不好也可能导致氧化降解，这会使高聚物分子结构中某些化学结合力较弱的部位产生过氧化结构，最终导致热降解。通常在注射成型中，成型物料一般都要采取烘干等干燥措施，这对一些吸湿性较强的聚合物来说尤为必要，因为这是为了避免水降解的发生。当然在注射成型中，也要尽力避免压力降解的发生。有时工业上也采用在聚合物配方中增加一些助剂的方法来提高聚合物的抗降解能力。总之，大多数降解都对成型件的质量有负面影响。但合理利用聚合物的降解不仅方便人们的生活，同时可有效防治"白色污染"，如生物降解塑料的使用。图1.10是可降解聚合物产品的降解过程。

图1.10 可降解聚合物产品的降解过程

2．聚合物的交联

聚合物的交联通常是针对热固性塑料而言的。在热固性塑料的树脂成分中，聚合物的大分子主要是线型结构，但这种线型聚合物与热塑性塑料中的树脂聚合物不同，热固性塑料在进行成型加工后，其内部的聚合物分子结构会发生化学变化，聚合物的大分子与交联剂作用后，其线型分子结构能够向三维体型结构发展，并逐渐形成巨型网状的三维体型结构，这种化学变化便被称为交联反应。图1.11是酚醛树脂单元体及交联反应过程。

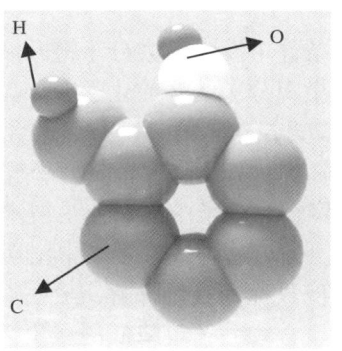

图1.11 酚醛树脂单元体及交联反应过程

在工业生产中，交联通常也被硬化代替，但值得注意的是，硬化不等于交联，工业上说的"硬化得好"或"硬化得完全"并不是指交联的程度就越高，而是指交联程度达到一种最适宜的程度，这时塑件各种物理机械性能达到了最佳状态。衡量交联程度的物理量称为交联度。因此，并不是交联度越高越好。通常情况下，聚合物的交联反应是很难完全的，因此交联度不会达到 100%。但硬化程度是可以大于 100% 的。生产中一般将硬化程度大于 100% 称为"过熟"，反之称为"欠熟"。

热固性塑料经过合适的交联后，聚合物的强度、耐热性、化学稳定性、尺寸稳定性均能有所提高。一般来讲，不同热固性聚合物的交联反应过程也不同，但交联的速度随温度升高而加快，最终的交联度与交联反应的时间有关。当交联度未达到最适宜的程度时，即产品"欠熟"时，产品质量会大大降低。这将会使产品的强度、耐热性、化学稳定性和绝缘性指标等下降，热膨胀、后收缩、残余应力增大，塑件的表面光泽性降低，甚至可能导致翘曲变形。但如果交联度太大，超过了最佳的交联程度，产品"过熟"时，塑件的质量也会受到很大的影响，可能出现强度降低、脆性加大、变色、表面质量降低等现象。因此，人们在工业生产中很重视对交联度的控制，通常为了使产品能够达到一个最适宜的交联度，常从原材料的各种配比及成型工艺条件的控制等方面入手，反复检测产品的质量（或者说硬化程度），然后确定最佳原料配比及最佳生产条件，以求生产出的产品能够满足用户需求。

1.5 可降解塑料

塑料垃圾污染问题最重要的原因在于塑料的化学性质。塑料是单体聚合而成的高分子化合物，其结构中的碳分子长链十分牢固，不易断裂，这是造成普通塑料难以分解的主要原因。可降解塑料的原理便是降低碳分子长链的断裂难度，使其易由聚合体分解为小片段，再进一步降解为二氧化碳和水。与普通塑料相比，可降解塑料的降解过程更快速，条件要求更低。因此，使用可降解塑料，是目前公认的能够有效解决塑料污染问题的途径之一，可降解塑料是指塑料制品在储存、使用期限内满足使用性能要求，使用后，可在自然条件下自行降解成为对环境无害的小分子化合物的塑料。可降解塑料将成为未来塑料制品发展的新趋势。

1.5.1 可降解塑料的种类

塑料主要是以石油为原料，通过聚合反应获得的一类高聚物，其特点是高聚物主链含有碳—碳 σ 单键，碳—碳 σ 单键较为牢固，不易断裂，这也是塑料制品不易降解的主要原因。普通塑料经过特殊处理后，其分子链易断裂，最终分解为对环境无毒无害的小分子化合物，而目前，可降解塑料主要有生物降解塑料、光降解塑料、化学降解塑料三大类。

1. 生物降解塑料

生物降解塑料是指能在真菌、细菌、藻类等微生物作用下发生大分子链的断裂，从而发生降解，最终分解为二氧化碳、水等代谢产物的一类塑料。根据微生物与塑料之间的作用机理及塑料的性能，生物降解塑料分为生物破坏性降解塑料和全生物降解塑料。

生物破坏性降解塑料是微生物与塑料之间发生物理分解作用，即微生物附着于塑料表面进行增殖，在高分子材料上发生电离、水解等一系列物理分解过程，使高分子材料分解成低聚物片段的一类塑料，因此生物破坏性降解塑料也叫不完全性生物降解塑料。该类塑料主要是在传统塑料中加入淀粉、纤维素、小麦粉等天然物质,制成淀粉型、蛋白质型、纤维素型塑料。这类塑料降解时,只是将大分子链降解成了低聚物片段,并未将碳链以二氧化碳、水的形式释放于环境中,即碎片中的石油基塑料仍然残留于环境中,仍然会引发土壤板结、水土流失等环境问题。

全生物降解塑料是微生物与塑料之间发生生物化学作用,即高分子材料在微生物代谢产生的酶等化合物作用下逐渐发生氧化分解作用,最终被降解为二氧化碳、水等小分子化合物的一类塑料。该类塑料主要由纤维素、淀粉等天然高分子材料制备而来。其主要包含三个类别,第一类为微生物代谢酶作用下合成的,具备生物降解性能的微生物合成塑料,如聚酯;第二类为天然高分子塑料,具有热塑、可降解性能,如全淀粉塑料;第三类为以淀粉为原料,经结构改造后合成的,具有良好机械性能、生物可降解等性能的生物降解塑料,如聚乳酸(PLA),图 1.12 是 PLA 的分子式。由玉米、木薯等作物提取出的淀粉都可成为聚乳酸的原料,因此其来源充足且可循环再生,是最具前景的可降解塑料之一。聚乳酸具有优良的物理性能、可降解性、生物相容性和抑菌及抗霉性,因而聚乳酸在农用、医用、纺织等领域皆有广阔的发展空间和巨大的应用潜力。

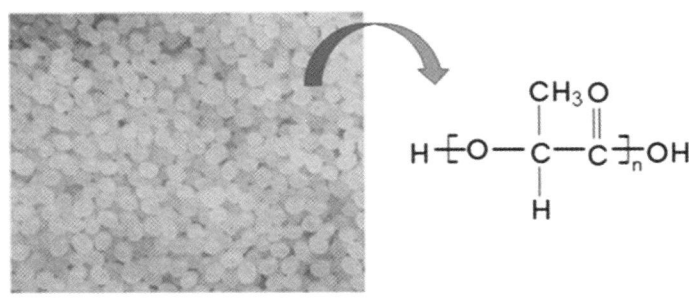

图 1.12　聚乳酸的分子式

2. 光降解塑料

光降解塑料是指吸收光能后,高分子链发生断裂,从而发生降解的一类塑料。根据吸光基团引入方式不同,光降解塑料分为共聚型光降解塑料和添加型光降解塑料两种。不论是共聚型光降解塑料还是添加型光降解塑料,因受其降解反应条件的限制,如该类塑料被埋入土中或接受光照不足则无法发生降解,所以该类塑料的使用有一定的局限性,无法大范围推广使用。

1.5.2　可降解塑料的应用

1. 农业领域的应用

农业领域应用最为广泛的塑料是能够保湿、保温的地膜。据统计,我国 2015 年地膜覆盖面积高达 0.18 亿公顷,预计 2024 年可达 0.22 亿公顷,使用量将高于 200 万吨,且每年新增 30 万吨左右不可降解的残留地膜。传统地膜使用后,若没有及时清理,会导致土地板结,甚至影响农作物生长。而可降解塑料尤其是生物降解塑料的出现,可以使该问题得到解决。地膜使用时及使用后，绝大部分需要用土壤覆盖，而这种环境恰巧为生物可降解塑料提供了良好的降解环境，使其在使用废弃后被微生物降解，生成小分子化合物，极大避免了地膜使用后的污染问题。例如，巴斯夫公司研发制备的可降解聚酯高分子材料的寿命为 3 个月，在使用的 3 个月内会被降解，而作物损失量仅为 5%。图 1.13 是农业种植中使用的塑料地膜。

图 1.13　农业种植中使用的塑料地膜

2．医药领域的应用

随着社会的进步，在医药领域，塑料制品的使用量逐年增大，随之而来的是较大的废弃量带来的环境污染压力。可降解塑料的出现，极大地缓解了因不可降解废弃塑料引发的环境污染问题的压力。可降解塑料在满足其降解条件的情况下，可在一定时间内发生降解，由大分子化合物降解为小分子化合物，进入环境循环体系或生物循环体系，如具有加工性能好、热稳定性高、溶解性好等优良特性的聚乳酸，使用废弃后可通过自然降解的方式处理，也可焚烧处理，焚烧处理时无有毒有害气体释放，因此其在医药领域如手术缝合、骨科固定等方面应用广泛。另外，目前全球产业化生产的聚羟基烷酸在心脏膜瓣、血管等组织工程中得到了广泛应用。图 1.14 是医用聚乳酸手术缝合线。

3．食品包装领域的应用

传统食品包装材料具有力学性能好、耐热能力强等优势，但绝大部分为不可降解塑料，从而引发了严重的环境污染问题，如餐饮行业的外卖盒，因其不可降解的性能，一度造成严重的环境问题。目前已经有多种可降解塑料应用于食品包装行业。例如，将聚 3－羟基丁酸酯－co－4－羟基丁酸酯与木质素结合制备而成的、用于包装的复合型材料，既能有效阻隔二氧化碳、氧气渗透，又有较强的韧性，解决包装问题的同时也解决了塑料降解问题。图 1.15 是超市中使用的可降解塑料袋。

4．纺织领域

以聚乳酸为原料制成的面料相对传统面料有更好的阻燃性，经过实验对比，聚乳酸面料遇到明火只会收缩聚拢，且无烟、无异味，而普通面料遇明火就被点燃了，刺鼻气味较重。据悉，目前聚乳酸面料已应用于校服、无纺布、家纺、航空毛毯等领域。

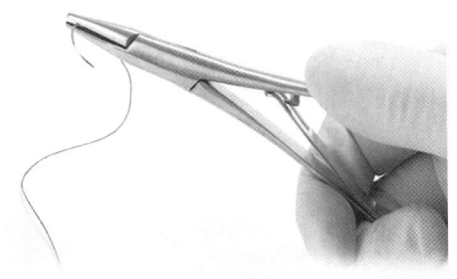
图1.14 医用聚乳酸手术缝合线

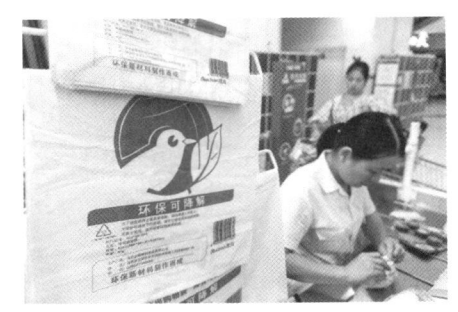
图1.15 超市中使用的可降解塑料袋

思考题

1. 高聚物链结构有哪些特点？
2. 在线型非晶态（无定形）聚合物的热力学曲线上，可以分为哪三种力学状态的区域？温度点 θ_b、θ_g、θ_f、θ_d 有什么意义？
3. 绝大多数的聚合物熔体都表现为非牛顿液体，试写出非牛顿液体的指数流动规律，并表述其意义。
4. 什么是结晶型高聚物？结晶型高聚物与非结晶型高聚物相比，其性能特点有什么不同？
5. 什么是聚合物的取向？聚合物的取向对其成型物的性能有什么影响？
6. 什么是聚合物的降解？如何避免聚合物的降解？
7. 什么是可降解塑料？主要包括哪几类？
8. 可降解塑料有哪些优点？

扩展阅读：新型高分子聚合物

——月球上的中国国旗材料

2020年12月3日，中国探月工程"嫦娥五号"探测器顺利完成月球表面采样工作，踏上返航之旅。起飞前，着陆器携带的五星红旗在月面成功展开，一抹鲜艳的中国红令国人振奋、感动。科研团队在选材上花费的时间超过1年（见图1.16），挑选出了二三十种纤维材料，通过热匹配性、耐高低温、防静电、防月球尘埃等试验，最终使用了某企业生产的芳纶高性能纤维材料。着陆器携带的一面"织物版"五星红旗在月面成功展开，与"嫦娥三号""嫦娥四号"及玉兔月球车上的国旗采用喷涂方式不同，"嫦娥五号"国旗是一面真正的旗帜。这标志着，在中国航天历史上，第一面在没有温控的严酷环境条件下的织物国旗，成功在月球展示。

五星红旗展示系统项目指挥马威表示："虽然只是一面薄薄的国旗，但它的科技含量十分高。"据了解，该面国旗以国产高性能芳纶纤维材料为主。那什么是芳纶纤维呢？芳纶全称为芳香族聚酰胺纤维，是当今世界三大高科技纤维之一。它具有超高强度、高模量和耐高温、耐酸、耐碱、质量轻、绝缘、抗老化、生命周期长等优良性能，其强度是钢丝的5~6倍，模量为钢丝或玻璃纤维的 2~3 倍，韧性是钢丝的 2 倍，而质量仅为钢丝的 1/5。在 560℃的温度下，不分解，不融化。芳纶纤维是中国战略性新兴产业中重点发展的材料品种之一，国家和地方政府积极鼓励芳纶产品的开发及产业化。全球芳纶纤维的产能约为 82 000 吨/年，生产企业较集中，主要有陶氏杜邦、帝人、科隆、泰和新材等。芳纶纤维属于国内短缺的高技术产品，因为其技术、资金门槛极高，研发周期极长，生产过程中对仪器设备要求高、行业集中度高，核心技术被巨头垄断，产能主要集中在美国、日本、欧洲等国家和地区，我国起步晚且生产技术较为落后，进口依赖度较高，而且多数国家把芳纶纤维作为战略物资，在技术等方面进行严格的管制（涉及军工、航天等敏感领域），相关产品和技术都受到国外严格封锁，因此我国的采购成本居高不下，产品价格也较高。2019 年国内芳纶需求为 12 000 吨左右，目前国内芳纶纤维有效产能约为 3 000 吨/年，国内供需缺口较大，进口依赖性较高。因此，有关部门不断呼吁相应企业加快芳纶纤维创新成果转化，让庞大的市场需求拉动国内产能提升，发展出有竞争力的芳纶产品。

图 1.16　中国航天科工国旗展示系统设计团队开展技术研讨

第 2 章　塑料的组成与工艺特性

塑料是以单体为原料，通过加聚或缩聚反应聚合而成的高分子化合物。由于其制造工艺过程和用途不同，导致塑料制件的形状复杂多变。同一种塑料可用多种方法加工成型。塑料的应用范围可以说非常广泛，各行各业都有塑料的存在。塑料之所以用途如此广泛，是因为塑料有很多实用性能。

（1）塑料一般比较轻，普通塑料的密度一般为 $0.9\sim2.3\text{g/cm}^3$。

（2）大多数塑料具有良好的电气绝缘性，不少塑料即使在高压、高频条件下，也能用作电气绝缘和电容器介质材料。

（3）由于塑料柔顺而富有弹性，当它受到外在的机械冲击振动或频繁的声音振动或机械振动等机械波作用时，材料内部产生黏弹内耗，将机械能转变为热能，因此塑料还具有减振消音性能。

（4）大多数塑料具有优良的减磨、耐磨和自润滑特性，很多由工程塑料制成的摩擦零件可以在各种液体摩擦（包括油、水和腐蚀介质等）、边界摩擦和干摩擦等条件下有效地工作。

（5）塑料具有耐腐蚀性，对特定的化学介质或腐蚀环境，不同塑料可以有完全不同的耐腐蚀能力，大多数塑料在一般的酸、碱盐类介质中都具有良好的耐腐蚀性能，聚四氟乙烯甚至能耐过氧化氢等具有很强腐蚀性的电解质腐蚀。

（6）有些塑料还具有透光性能力，成型的塑料制件可以是透明或半透明的，甚至有些塑料在某些特殊环境下可以代替玻璃。

此外，塑料还有很多其他的优良性能，因此塑料已成了我们生产和生活中不可缺少的一种材料。与此同时，塑料的热稳定性较差，容易受到温度变化而影响尺寸的稳定性，一般仅能在 100℃ 以下使用。同时塑料易老化，在光、热、应力等环境作用下，使用寿命会大大降低。因此，在某些领域塑料的应用会受到限制，但随着新型工程塑料和复合塑料的出现，塑料的应用范围将更为广泛。

塑料的基本组成

塑料的成型工艺特性

常用塑料简介

2.1 塑料的基本组成与分类

2.1.1 塑料的基本组成

塑料是一种以合成树脂（高分子聚合物）为基体的固体材料，除了合成树脂作为基体，还有某些特定用途的添加剂（少数情况下可以不加添加剂），如增塑剂、填料、热稳定剂、润滑剂、着色剂、阻燃剂、偶联剂、发泡剂、抗氧剂等，图2.1是塑料的成分构成。由于合成树脂是塑料最基本、最重要的组成部分，所以它决定了塑料的基本性能。

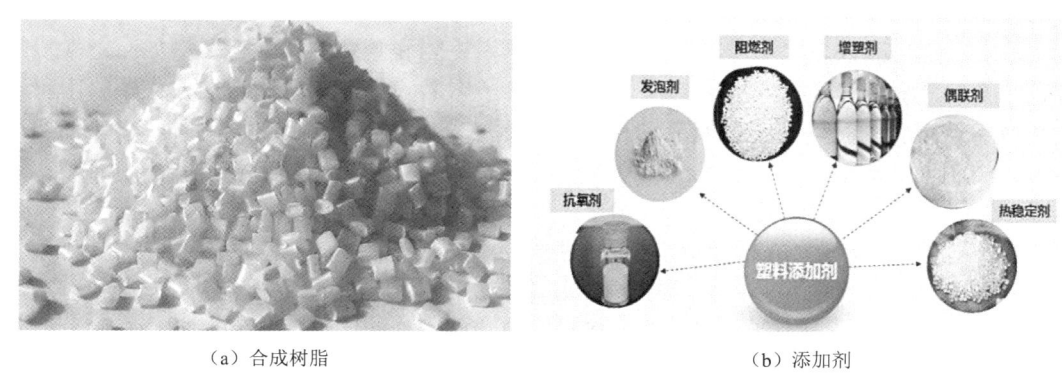

（a）合成树脂　　　　　　　　　（b）添加剂

图 2.1　塑料的成分构成

1．合成树脂

合成树脂实质上是高分子物质或其预聚体，它是塑料的基材，对塑料的物理、化学性能起着决定作用。合成树脂常呈液体状、粉状或颗粒状，不能直接应用，需通过一定的加工工艺将它转化为塑料和塑料制件后才能使用，这种塑料的制造过程也就是塑料成型加工。对于热塑性树脂，一般是首先加入一定的添加剂，经过捏合或混合，再经过混炼或挤出塑化造粒等工艺过程生成塑料原材料。热塑性高分子量的分散液体或溶液只有在涂覆、浸渍等加工过程中才被直接利用，否则都得制成粉粒料树脂。热固性的黏液态树脂、热塑性预聚体和待聚单体，多数在配料和某种预处理后进行浇注、涂布、浸渍操作，并进行进一步反应，以制取浇注品、黏合体、涂层和玻璃纤维增强塑料等。

2．塑料添加剂

1）增塑剂

凡添加到聚合物中能使聚合物体系的塑性增加的物质都可以称为增塑剂。增塑剂的主要作用是削弱聚合物分子间的作用力（范德华力），增加聚合物分子间的移动性，降低聚合物分子链的结晶性，即增加了聚合物的塑性。同时，因为增塑剂一般为小分子物质，在高分子链间易于移动，也相对为高分子链的运动起了润滑作用。添加增塑剂后聚合物的硬度、模量、软化温度、脆化温度下降，而伸长率、曲挠性和柔韧性提高。塑料所使用的增塑剂就是为了改进树脂的柔顺性、延伸性和可塑性等，以达到降低其熔融黏度和熔融温度，改善加工性能的目的。

选用增塑剂时，最基本的要求是其与聚合物的相容性要好、挥发性要低、化学稳定性要好。除此之外，在尽可能的情况下，要求增塑剂对光、热稳定性好，还要求无害、无毒、无臭、不易燃烧、吸水性差、价廉物美等。增塑剂的优良作用使得其在人们的生活中无处不在，但要注意的是增塑剂的过量和错误使用会对人的健康产生严重损害，会使人内分泌失调，影响生殖系统，导致性别错乱等，如2011年中国台湾出现在食品添加物起云剂中加入塑化剂（DEHP）事件，在中国台湾引起轩然大波。

2）填料

填料在充填过程中一般显示两种功能：首先增加容量，降低塑料成本；其次是改善塑料性能，即用以塑料改性，提高塑料的物理性能、加工性能和塑件的质量等。例如，把木粉加入酚醛树脂中，既能起到降低成本的作用，又改善了它的脆性；把玻璃纤维加入塑料中可以大幅度提高塑料的机械强度；在聚乙烯（PE）、聚氯乙烯（PVC）中加入钙质填料后，便可得到物美价廉且具有刚性和耐热性的钙塑料，有的填料还可使塑料具有树脂没有的性能，如导电性、导磁性、导热性等。

填料一般是粉末状的物质，而且对树脂聚合物都呈现惰性。填料有很多种，按其化学结构可分为有机填料和无机填料；按照来源又可分为矿物性填料、植物性填料、合成填料等；按照其外观形状又可分为粉状填料、粒状填料、薄片状填料、实心微球和中空微球填料；按照功能可分为增量型填料、增强型填料、阻燃型填料、导电型填料、着色型填料、耐热型填料、耐候性填料和抗黏型填料等。常用的填充剂有玻璃纤维、碳酸钙（$CaCO_3$）、滑石粉、木粉等。

3）稳定剂

工业上，为了提高树脂在热、光和霉菌等外界因素作用时的稳定性，常在树脂中加入一些添加剂，这些阻碍塑料变质的物质被称为稳定剂。稳定剂的加入量很少，一般仅为千分之几，但作用却很大。选择稳定剂首先要求和树脂相容性好，对树脂的稳定效果佳，其次还要求在成型过程中最好不分解、挥发性小、无色、耐油、耐化学药品及耐水等。常用的稳定剂有光稳定剂和热稳定剂等

4）润滑剂

润滑剂是为了改进高聚物的流动性、减少摩擦、降低界面黏附而在树脂中使用的一种添加剂。这是因为聚合物熔体黏度高，聚合物在加工过程中其熔体的分子内摩擦及聚合物熔体与加工机械表面的外摩擦等易影响塑件的外观质量。因此，在树脂中加入润滑剂以改善其流动性。同时，润滑剂还可以起到促进熔融、防粘连、防静电、有利于脱模等作用。润滑剂分为外润滑和内润滑两种。同一种润滑剂在不同的聚合物或不同的加工条件下会表现出不同的润滑作用，如高温、高压下内润滑会被挤压出来变成外润滑。润滑剂的用量一般为0.5%～1%。

5）着色剂

着色剂就是能使塑料制件具有各种颜色的物质。现代塑料成型加工中，塑料着色已变得

越来越重要，所有的塑件中约有 80%是经过着色的，塑件的着色不仅能够使塑件外观绚丽多彩、美艳夺目，还能提高塑件的商品价值，图 2.2 是塑料着色剂。此外人们还可根据不同的用途给塑件配以合适的颜色，起到特殊的作用。例如，军用塑料制品的着色大多与自然界中的物质颜色相近，以便增加其隐蔽性，用起来方便又安全。此外，着色剂还可改善塑件的性能，如可以提高耐候性、力学强度、电性能及光学性能等。着色剂一般有无机颜料、有机颜料及染料三大类，后两类又统称为有机着色剂。表 2.1 是三类着色剂的性能比较。

图 2.2　塑料着色剂

表 2.1　三类着色剂性能比较

指　标	无机颜料	有机颜料	染　料	指　标	无机颜料	有机颜料	染　料
色　相	不鲜明	鲜明	鲜明	耐热性	好	差	差
着色力	小	大	大	耐迁移性	好	差	差
遮盖力	大	小	小	耐溶剂性	好	差	差
分散性	好	好	好	耐药品性	好	差	差
耐光性	差	差	差				

一般来说，理想的着色剂应具备色彩鲜艳，着色力大；具有良好的分散性，能够均匀地分散在树脂中，不结块；在树脂的加工温度和最高使用温度下具有良好的热稳定性，不变色、不分解，且能长期耐热；光稳定性好，尤其耐日光照射；耐溶剂性，有良好耐酸、耐碱性，并且具有良好的化学稳定性；不影响塑料的加工性能和使用性能；价格便宜，对产品成本影响不大，等等的优点。

除了以上几种典型的塑料添加剂，随着塑料的应用领域越来越广泛，还出现了其他的添加剂，如抗静电剂、阻燃剂、耐冲击改质剂、抗菌剂等，其中抗静电剂的主要功能是赋予塑料导电性，以使其避免因摩擦而造成静电的积累；阻燃剂是指当塑料暴露于火焰时，能自行抑制火焰的蔓延，防止烟雾的形成；耐冲击改质剂通常是以混炼的方式添加具有特殊性的树脂，从而改善塑料的耐冲击性；抗菌剂是指能够在一定时间内，使自然界微生物（细菌、真菌、酵母菌、藻类及病毒等）的生长或繁殖保持在必要水平以下的材料。随着塑料添加剂种类的不断增多，塑料的应用也将越来越广泛。

2.1.2 塑料的分类

塑料工业发展很快，到目前为止，塑料的品种已近 300 种，常用的也有约 30 种。根据塑料的制造方法和应用角度等不同可把塑料分为不同的种类，如图 2.3 所示。通常从应用角度来说，塑料可分为普通塑料（如聚乙烯、聚丙烯、聚苯乙烯、聚氯乙烯、ABS 等）和工程塑料（如聚碳酸酯、聚酰胺、聚甲醛、聚砜、聚苯醚等），其中工程塑料又可分为通用工程塑料和特种工程塑料。近年来，人们对用于特种环境塑料的研究中，又出现了功能塑料，其中有医用塑料、光敏塑料等。按照制造方法又可将塑料分为缩聚型塑料和加聚型塑料。最常用的分类方法是按照塑料树脂的大分子类型和特性将塑料分为热塑性塑料和热固性塑料两大类。热塑性塑料主要由合成树脂（分子为线型或带有支链的线型结构）制成，其成型过程是物理变化的。热塑性塑料受热可软化或熔融，成型加工后冷却固化，再加热仍可软化，该塑料可回收利用。热固性塑料主要是以缩聚树脂（分子为立体网状结构）为主，加入各种助剂制成的，但它的成型过程不仅是物理变化，更主要的是化学变化。热固性塑料成型加工时也可受热软化或熔融，但一旦成型固化后便不再能够软化，也不可回收利用。

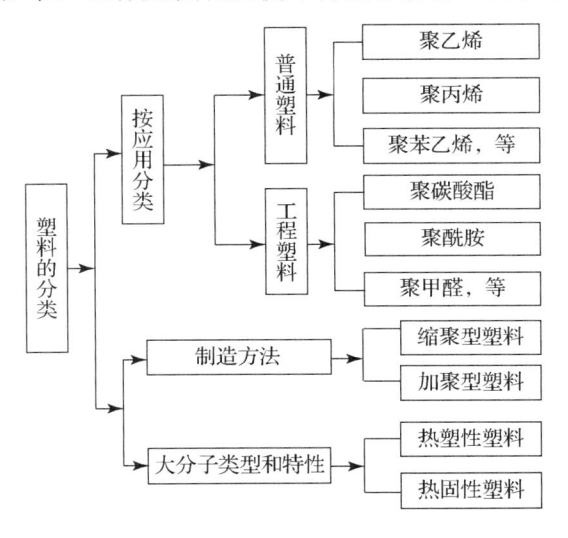

图 2.3 塑料的分类

2.2 塑料成型的工艺特性

塑料的成型工艺性有很多，除了前面讨论过的热力学性能、结晶性及取向性，塑料的收缩性、流动性、相容性、热敏性及吸湿性等都属于它的成型工艺特性。

2.2.1 塑料的成型收缩性

塑料制件从模具中取出冷却后一般都会出现尺寸收缩的现象，这种塑料成型冷却后发生体积收缩的特性被称为塑料的成型收缩性。影响收缩的因素很多，如塑料本身的热胀冷缩性、模具结构及成型工艺条件等。

一般塑料收缩性的大小常用实际收缩率 S_s 和计算收缩率 S_j 来表示。

$$S_s=(a-b)/b\times100\% \tag{2.1}$$

式中，a——模具型腔在成型温度时的尺寸，单位为 mm；

b——塑料制品在常温时的尺寸，单位为 mm。

$$S_j=(c-b)/b\times100\% \tag{2.2}$$

式中，c——塑料模具型腔在常温时的尺寸，单位为 mm。

通常，实际收缩率 S_s 表示成型塑件从其在成型温度时的尺寸到常温时的尺寸之间实际发生的收缩百分数，常用于大型及精密模具成型塑件的计算。S_j 则常用于小型模具及普通模具成型塑件的尺寸计算，这是因为这种情况下，实际收缩率 S_s 和计算收缩率 S_j 差别不大。

影响收缩率的因素有很多，如塑料品种、成型特征、成型条件及模具结构等。首先，不同种类的塑料，收缩率也各不相同，同一种塑料，由于塑料的型号不同，收缩率也会发生变化。其次，收缩率与所成型塑件的形状，内部结构的复杂程度，是否有嵌件等都有很大关系。最后，成型工艺条件也会影响塑件的收缩率，如成型时如果料温过高，则塑件的收缩率增大；成型压力增大，塑件的收缩率则减小。总之，影响塑料成型收缩性的因素很复杂，要想改善塑料的成型收缩性，不仅需要我们在选择原材料时就十分慎重，而且在模具设计、成型工艺的确定等多方面都需认真考虑，这样才能使我们生产出的产品质量更高，性能更好。常用塑料的收缩率如表 2.2 所示，从表中可以看出，聚甲醛（POM）的收缩率较大，其高结晶程度导致了它有相当高的收缩率。

表 2.2 常用塑料的收缩率

名称	聚乙烯	聚丙烯	聚氯乙烯	聚苯乙烯	丙烯腈（A）+丁二烯（B）+苯乙烯（S）	聚碳酸酯	聚甲基丙烯酸甲酯	聚甲醛
缩写	PE	PP	PVC	PS	ABS	PC	PMMA	POM
收缩率/%	1.2～1.28	1.2～2.5	0.4～0.7（硬质）1.0～5.0（软质）	0.3～0.6	0.4～0.7	0.6～0.8	0.3～0.7	1.8～3

2.2.2 塑料的流动性

塑料的流动性实质上是指树脂聚合物所处的温度大于其黏流温度 θ_f 时发生的大分子之间的相对滑移现象。其表现为在成型过程中，在一定温度和一定压力下塑料熔体充填模具型腔的能力。塑料的品种、成型工艺和模具结构等是影响流动性的主要因素。塑料的流动性与塑料树脂本身的分子结构、塑料原材料的组成（即所用的各种塑料添加剂的种类、数量等）有很大关系，不同的塑料流动性也各异，同一种塑料，型号不同，流动性也各异。成型工艺条件对塑料的流动性有很大影响，熔体和模具温度提高、成型压力增大，都会使流动性提高。

此外，模具型腔简单，成形表面光滑，有利于改善流动性。

热塑性塑料用熔融指数的大小来表示流动性的好坏，熔融指数采用熔融指数测定仪［见图 2.4（a）］进行测定。将被测定的定量热塑性塑料原材料加入测定仪中，上面放入压柱，在一定压力和一定温度下，10 分钟内以测定仪下面的小孔中挤出塑料的克数表示熔融指数的大小。挤出塑料的克数越多，流动性越好，反之则越差。在测定几种塑料相对流动性的大小时，也可以采用螺旋线长度法进行测定，即在一定温度下，将定量的塑料以一定的压力注入阿基米德螺旋线模腔［见图 2.4（b）］中，测其流动的长度即可判断它们流动性的好坏。表 2.3 是热塑性塑料流动性的一般分类。在新型冠状病毒肺炎肆虐全球的当下，口罩成了人们的必需品，我们了解到口罩的核心材料是熔喷布，熔喷布的品质直接决定了口罩的品质，具体来说，普通的聚丙烯熔融指数在 30MVR^3/10min 左右，而熔喷无纺布专用聚丙烯要求熔融指数为 1 500～1 800MVR^3/10min，口罩用的熔喷无纺布的纤维直径范围是 1～5μm，纤维直径是头发丝的三十分之一，这样的熔喷料制作的熔喷无纺布才能阻隔病毒细菌。

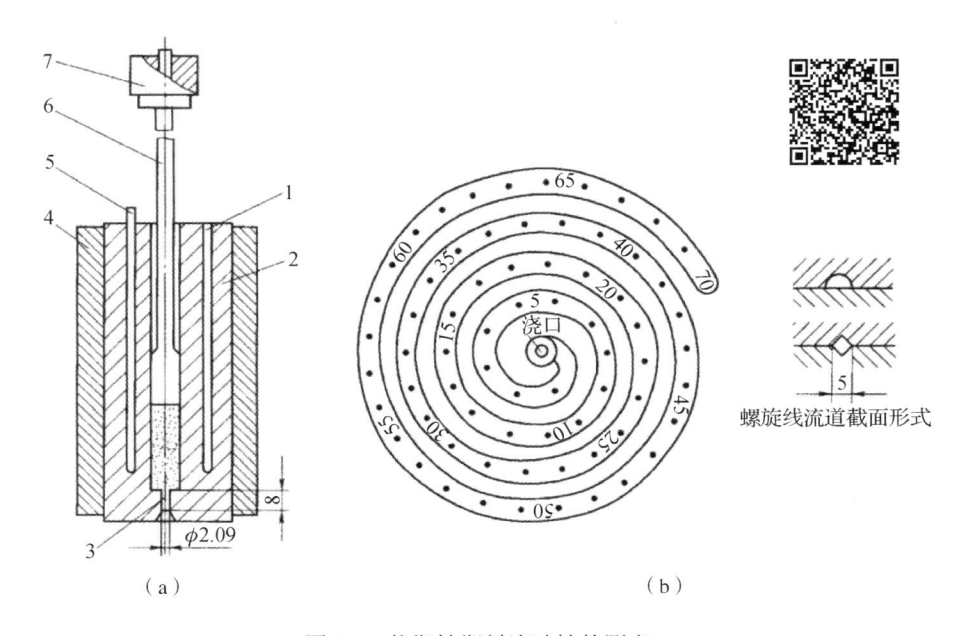

图 2.4　热塑性塑料流动性的测定

表 2.3　热塑性塑料流动性的一般分类

流动性	塑　料　名　称
好	尼龙（PA）、聚乙烯（PE）、聚苯乙烯（PS）、聚丙烯（PP）、醋酸纤维素
一般	聚甲基丙烯酸甲酯（PMMA）、ABS、聚甲醛（POM）、聚氯醚
差	聚碳酸酯（PC）、硬聚氯乙烯（PVC）、聚苯醚（PPO）、聚砜（PSU）、氟塑料

热固性塑料采用如图 2.5 所示的拉西格流动性测定模测定其流动性，将定量的塑固塑料原材料放入拉西格测定模中，在一定压力和一定温度下，测定其从拉西格压模下面小孔中挤出塑料的长度值（mm）来表示热固性塑料流动性的好坏。挤出的塑料越长，塑料流动性越好。

此外，表观黏度和流动距离比的大小也能衡量某种塑料流动性的好坏。

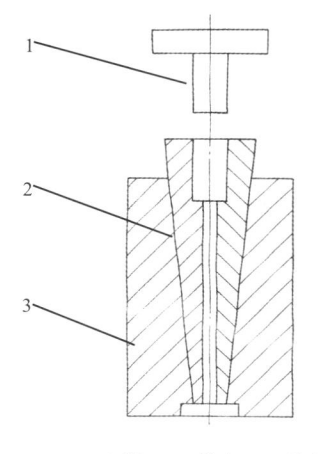

1—压柱；2—模腔；3—模套

图 2.5　拉西格流动性测定模

2.2.3　塑料的相容性

塑料的相容性又称为塑料的共混性，这主要是针对高聚物共混体系而言的。我们知道，不同金属可以做成金属合金，从而得到性能优良的新材料。同样，不同的塑料进行共混以后，也可以得到单一塑料所无法拥有的性质。这种塑料的共混材料通常被称为塑料合金。相容性就是指两种或两种以上的塑料共混后得到的塑料合金在熔融状态下，各种参与共混的塑料组分之间不产生分离现象的能力。如果它们的相容性好，则可能形成均相体系，如果相容性不好，塑料共混体系可能会形成多相结构，如图 2.6 所示。当然，在一定条件下也可能形成均匀的分散体系。因此，相容性对塑料合金的结构影响很大，判断共混体系的相容性是研究高分子合金一个非常重要的问题。利用塑料的相容性可制备多种改性塑料，如聚芳硫醚砜（PASS）作为一种高分子聚合材料，是特种工程塑料聚苯硫醚（PPS）的结构改性产物，有着良好的强度、耐热性、耐腐蚀性、绝缘性和耐辐射性能，被广泛应用于军工航空航天、核潜艇、家电和汽车制造等领域，由于 PASS 材料具有较高的军事价值，目前国际上一直对我国实行技术封锁和原材料禁运，仅有美国、日本等少数国家具备产业化生产能力，我国某技术团队通过十多年的技术研发，攻克了技术难关，并通过国内企业实现了工业化生产。目前我国投产的聚芳硫醚砜一号生产线的年产量为 1 000 吨，项目全部建成后，将彻底打破国外行业垄断。

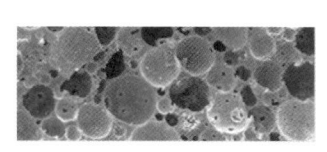

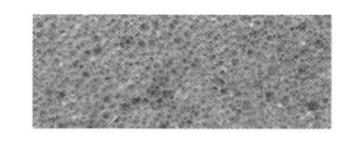

（a）均相体系　　　　　　　（b）多相结构　　　　　　　（c）分散体系

图 2.6　塑料共混体系

2.2.4 塑料的热敏性和吸湿性

热敏性是指塑料在受热、受压时的敏感程度，也可称为塑料的热稳定性。通常，当塑料在高温或高剪切力等条件下时，树脂高聚物本体中的大分子热运动加剧，有可能导致分子链断裂，导致聚合物分子微观结构发生一系列的化学、物理变化，宏观上表现为塑料的降解、变色等缺陷，具有这种特性的塑料称为热敏性塑料。塑料的热敏性对塑料的加工成型影响很大，因此生产中为了防止热敏性塑料在成型过程中受热分解等现象发生，通常在塑料中添加一些抗热敏的热稳定剂，并且控制成型生产的温度，同时合理的模具设计也可有效降低塑料的热敏反应。

吸湿性是指塑料对水的亲疏程度。有的塑料很容易吸附水分，有的塑料吸附水分的倾向不大，这与塑料本体的微观分子结构有关。一般具有极性基团的塑料对水的亲附性较强，如聚酰胺、聚碳酸酯等，而具有非极性基团的塑料对水的亲附性较小，如聚乙烯等，这类塑料对水几乎不具有吸附力。塑料的吸湿性对塑料的成型加工影响也很大，会导致塑料制品表面产生银丝、气泡等缺陷，严重影响了塑料制品的质量，图2.7是水汽浮在塑料表面而形成的料花。因此，在塑料成型加工前，通常都要对那些易吸湿的塑料进行烘干处理，以确保塑料制件的质量令人满意。

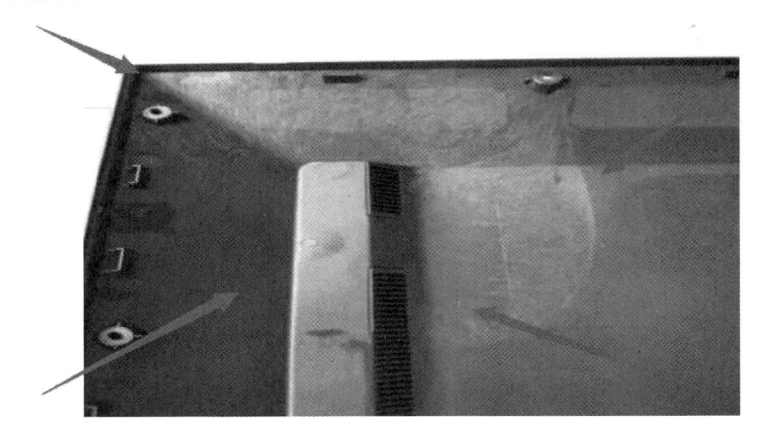

图 2.7 水汽浮在塑料表面而形成的料花

2.2.5 塑料的比容和压缩率

比容和压缩率主要是针对热固性塑料而言的。比容是指单位质量的松散塑料所占有的体积，其单位为 cm^3/g；压缩率是指塑料的体积与塑件的体积之比，其值恒大于 1。比容和压缩率都表示粉状和纤维状塑料的松散性，在热固性塑料压缩或压注成型时，用它们来确定模具加料室的大小。比容和压缩率较大时，塑料内气体多，成型时排气困难，成型周期变长，生产效率降低；比容和压缩率较小时，压缩和压注容易。但是，比容太小会影响塑料的松散性，因此以容积法装料时会使塑件质量不准确。

2.3 常用塑料简介

2.3.1 热塑性塑料

1. 聚乙烯

聚乙烯（PE）是由乙烯聚合而成的，属于烯烃类聚合物，它是塑料工业中产量最大的塑料。聚乙烯无毒、无味、呈乳白色，密度为 $0.91 \sim 0.96 \text{g/cm}^3$，聚乙烯有优良的绝缘性、耐化学腐蚀性及耐低温性能，它还有很高的耐水性，长期与水接触时其性能可保持不变。这种塑料很容易加工成各种形状（管、桶、袋、盆等）的塑料制件。它已被广泛应用于电器、食品、机械制造等方面。

聚乙烯的聚合方法按压力可分为低压法、中压法、高压法，所得到的聚合物相应地被称为低压聚乙烯、中压聚乙烯和高压聚乙烯。高压法制备的聚乙烯，其聚合物本体中的分子结构支链较多，密度和结晶度较低，质地柔软、透明性好，可以用于制薄膜和日用品，这种聚乙烯也被称作低密度聚乙烯，如图 2.8（a）所示。而低压法和中压法制备的聚乙烯由于密度和结晶度较高，所以刚性大，机械强度高，但透明性较差，适用于制备各种工业配件，如图 2.8（b）所示，这种聚乙烯又称为高密度聚乙烯。聚乙烯的绝缘性能优异，但和其他塑料相比，聚乙烯机械强度低，表面硬度差。聚乙烯成型时，在流动方向和垂直方向上收缩性差异较大，易产生变形、缩孔。此外，聚乙烯质地柔软且易脱模，塑件有浅的侧凹时可强行脱模。

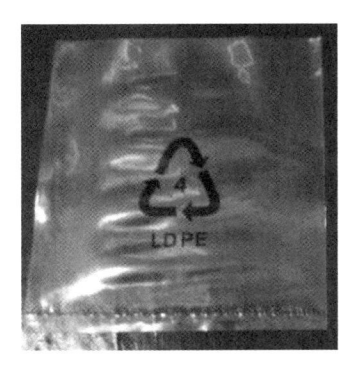

（a）低密度聚乙烯制成的塑料袋 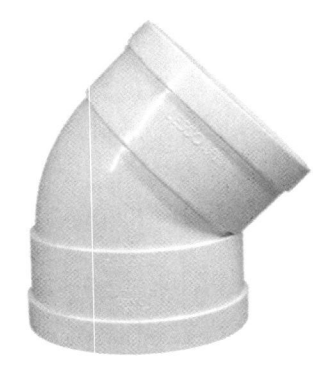　　　　（b）高密度聚乙烯制成的水管接头

图 2.8　聚乙烯产品

2. 聚丙烯

聚丙烯（PP）也属于线型烯烃类聚合物，它是 20 世纪 60 年代发展起来的热塑性塑料。聚丙烯密度低，无色、无味、无毒，外观和聚乙烯很相似，呈白色蜡状，密度为 $0.9 \sim 0.91 \text{g/cm}^3$。但和聚乙烯相比，它的透明性更高，透气性更低。此外，聚丙烯的弹性、屈服强度、硬度及抗拉、抗压强度等都高于聚乙烯，其中拉伸强度甚至高于聚苯乙烯和 ABS。聚丙烯吸水率

小于 0.02%，几乎不吸水，因此聚丙烯的高频绝缘性能好，绝缘性能不受湿度的影响。此外，聚丙烯耐热性好，能在 100℃以上的温度下进行消毒灭菌，熔点为 164～170℃，聚丙烯最高使用温度可达 150℃，最低使用温度为-15℃，当温度低于 35℃时会脆裂。其在氧、热、光的作用下极易降解、老化，所以必须加入防老化剂。定向拉伸后聚丙烯可制作铰链，抗弯曲疲劳强度特别高。聚丙烯成型加工时成型收缩率较大，易导致成型加工出来的制件出现变形、缩孔等缺陷。

由于聚丙烯具有上述许多优良特性，因此常用它来制作各种机械零件，如法兰、接头、泵叶轮、汽车零件和自行车零件等。聚丙烯不能直接用作汽车配件，轿车中使用的均为改性聚丙烯产品，如保险杠等，如图 2.9 所示。此外，聚丙烯也可用作水，蒸汽，各种酸碱等的输送管道、盖和箱壳及各种绝缘零件，此外还可用于医药工业等。

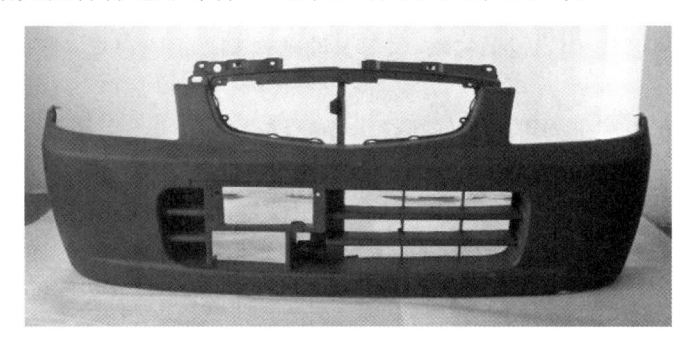

图 2.9　改性聚丙烯制备的汽车保险杠

3．聚氯乙烯

聚氯乙烯（PVC）是世界上产量仅次于聚乙烯的塑料。聚氯乙烯树脂为白色或浅黄色粉末，由于其分子结构中含有氯原子，因此聚氯乙烯通常不易燃烧，离火即灭，火焰呈黄色，燃烧时塑料可变软，同时发出刺激性气味，滴下胶质，且胶质可拉丝。常用的聚氯乙烯有硬质聚氯乙烯和软质聚氯乙烯之分。硬聚氯乙烯不含或含有少量的增塑剂，有较好的抗拉、抗弯、抗压和抗冲击性能，它可单独用作结构材料。其脆化温度在-50～60℃，在 75～80℃之间变软。软聚氯乙烯含有较多的增塑剂，它的柔软性、断裂伸长率、耐寒性增加，但脆性、硬度、抗拉强度降低。此外，PVC 是无定形高聚物，没有明显的熔点，加热到 120～150℃时具有可塑性，它的热稳定性较差，在一定温度下会有少量的氯化氢气体（HCl）放出，会促使其进一步分解变色，因此需加入碱性稳定剂防止其裂解，它的使用温度范围也较窄，一般在-15～55℃。但是 PVC 的化学稳定性比较高，电器绝缘性能优良。在成型加工时聚氯乙烯在成型温度下容易分解放出氯化氢，所以必须加入稳定剂，并严格控制温度及熔料的滞留时间。

聚氯乙烯因其化学稳定性高，可用于制作防腐管道、管件、输油管、离心泵、鼓风机等。聚氯乙烯的硬板广泛用于化学工业，用于制作各种贮槽的衬里。其还可以用于制作建筑物的瓦楞板、门窗结构、墙壁装饰物等建筑用材，如图 2.10（a）所示。由于聚氯乙烯的电气绝缘性能优良而在电气、电子工业中应用广泛，用于制造插座、插头、开关、电缆，而在日常生活中，用于制造凉鞋、雨衣、玩具、人造皮革等，如图 2.10（b）所示。

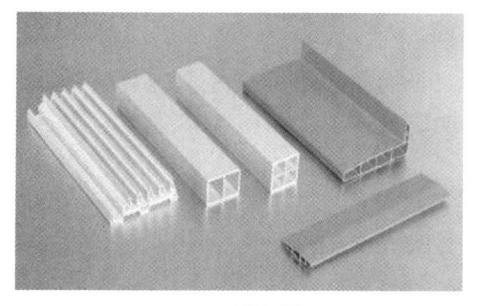

(a)建筑用材 　　　　　　　　　　　(b)人造皮革

图 2.10　聚氯乙烯产品

4．聚苯乙烯

聚苯乙烯（PS）是仅次于聚氯乙烯和聚乙烯的第三大塑料品种。聚苯乙烯是一种无定形高聚物，它无色、无味、透明，密度为 1.05g/cm³，容易染色和加工，尺寸稳定，电绝缘性和热绝缘性较好；聚苯乙烯的刚性很大，质地硬而脆，落地时会发出的声音清脆，类似金属声。聚苯乙烯的透明性也好，但若长时间存放或受到光照易出现混浊和发黄的现象；此外，聚苯乙烯还有优良的电性能（尤其是高频绝缘性能）和一定的化学稳定性，能耐碱、硫酸、磷酸、10%～30%的盐酸、稀醋酸及其他有机酸，但不耐硝酸及氧化剂的作用。聚苯乙烯能溶于苯、甲苯、四氯化碳、氯仿、邻二氯苯、酮类（不包含丙酮）及酯类和一些油类等，但耐热性低，热变形温度一般在 70～98℃，只能在较低的温度下使用。

成型加工中，聚苯乙烯的流动性好，易成型且成品率高，浇注系统很适宜采用点浇口形式。由于热膨胀系数高，塑件中不宜有嵌件，否则会因两者的热膨胀系数相差太大而导致开裂，适用于壁厚均匀的塑件。

由于聚苯乙烯的刚性大、透明度好、电性能优良，而且成本低、易成型，近几十年来，发展了改性聚苯乙烯和以苯乙烯为基体的共聚物，使它的用途更加广泛。聚苯乙烯在工业上可做仪表外壳、灯罩、透明模型、化学器皿等，如图 2.11（a）所示；在电气方面可做接线盒、电池盒等电器零件；在日用品方面则广泛用于包装材料、玩具、一次性餐具等，如图 2.11（b）所示。

(a)化学器皿 　　　　　　　　　　　(b)一次性餐具

图 2.11　聚苯乙烯产品

5. ABS

ABS 是由丙烯腈、丁二烯、苯乙烯共聚而成的聚合物。因此，ABS 具有良好的综合力学性能。丙烯腈使 ABS 有良好的耐化学腐蚀性及表面硬度，丁二烯使 ABS 坚韧，苯乙烯使 ABS 有良好的加工性和染色性能。

ABS 外观为粒状或粉状，呈浅象牙色，不透明但成型的塑料件有较好的光泽。无毒、无味，易燃烧，无自熄性，密度为 1.08~1.2 g/cm³。ABS 具有较高的抗冲击强度，且在低温下也不迅速下降；有良好的机械强度和一定的耐磨性、耐寒性、耐油性、耐水性、化学稳定性和电气性能。ABS 有一定的硬度和尺寸稳定性，易于成型加工，且易着色。ABS 几乎不受酸、碱、盐及水和无机化合物的影响，可以溶于酮、醛、酯、氯代烃中，不溶于大部分醇类及烃类溶剂，但与烃长期接触会软化溶胀。ABS 塑料表面不耐受冰醋酸、植物油等的侵蚀，否则会引起应力开裂。此外，ABS 的热稳定性差，热变形温度为 93℃，脆化温度为-27℃，使用的温度范围为-40~100℃。而且 ABS 的耐候性也差，紫外线作用下容易氧化降解，从而会导致制件变硬变脆。

ABS 具有良好的成型性和综合力学性能，因此用途广泛，在机械工业上用来制造水箱外壳、蓄电池槽、冷藏库、冰箱衬里、管道、电机外壳、仪表壳、齿轮、泵叶轮、轴承和把手等。ABS 在汽车工业上的用途也日趋增多，用 ABS 可制造汽车挡泥板、扶手、热空气调节导管、加热器等，还有用 ABS 夹层板制小轿车车身。此外，ABS 还可用来制作水表壳、纺织器材、家用电器外壳、文教体育用品、玩具、电子琴及收录机壳体、食品包装容器、农药喷雾器及家具等。ABS 塑料还是 3D 打印材料中最常用且十分稳定的一种材质，图 2.12 是用 ABS 塑料打印的工艺品。

6. 聚酰胺

聚酰胺（PA）通称尼龙，它在世界上的消费量居工程塑料之首。聚酰胺由二元胺和二元酸通过缩聚反应制取或由氨基酸自聚而成，分子结构中都有酰胺基（—NHCO—）。尼龙的命名由二元胺与二元酸中的碳原子数来决定，如己二胺和癸二酸反应所得的缩聚物称尼龙 610，并规定前一个数指二元胺中的碳原子数，而后一个数为二元酸中的碳原子数；若由氨基酸的自聚来制取，则由氨基酸中的碳原子数来定，如己内酰胺中有 6 个碳原子，故自聚物称尼龙 6。常见的尼龙品种有尼龙 1010、尼龙 610、尼龙 66、尼龙 6、尼龙 9、尼龙 11 等。

尼龙有优良的力学性能，其抗冲击强度比一般塑料显著提高，其中尼龙 6 尤为突出。尼龙本身无毒、无味、不易霉烂。其吸水性强、收缩率大，常常因吸水而引起尺寸变化。尼龙具有良好的消音效果和自润滑性能，耐化学性能良好，对酸、碱、盐性能稳定，耐溶剂性能和耐油性也好，但其电性能不是很好。其稳定性较差，一般只能在 80~100℃ 使用。

成型加工时，尼龙具有较低的熔融黏度和良好的流动性，生产的制件容易产生飞边。因其吸水性强，成型加工前必须进行干燥处理。熔融状态的尼龙热稳定性较差，因此在高温料筒内停留时间不宜过长。

由于尼龙有较好的力学性能，被广泛地应用在工业上制作各种机械、化学和电气零件，如轴承、齿轮、滚子、辊轴、滑轮、泵叶轮、风扇叶片、蜗轮、高压密封扣圈、垫片、阀座、输油管、储油容器、绳索、传动带、电池箱、电器线圈等零件，图 2.13 是常用的尼龙绳产品。

图 2.12　ABS 塑料材质的 3D 打印工艺品　　　　图 2.13　聚酰胺尼龙绳

7. 聚甲基丙烯酸甲酯

聚甲基丙烯酸甲酯（PMMA）是聚丙烯酸酯类塑料中最重要的一类，俗称有机玻璃。它是一种无定形聚合物，故成型收缩率不大，仅为 0.8%。它的密度为 1.19～1.22g/cm³，具有很高的透明性，透光率为 90%～92%，有较强的耐化学腐蚀性，力学性能中等，电性能和耐候性能优良，但耐磨性能差。聚甲基丙烯酸甲酯的玻璃化温度为 105℃，熔融温度为 160～200℃，热变形温度在 115℃左右，具体与压力有关。其最高使用温度为 65～95℃。聚甲基丙烯酸甲酯很容易燃烧，火焰呈浅蓝色，顶端白色，同时发出强烈的花果臭和腐烂的蔬菜臭味。

聚甲基丙烯酸甲酯可用来制造具有一定透明度的防震、防爆零件，如油杯、光学镜片、车灯灯罩、油标及各种仪器零件，透明模型、透明管道、汽车和飞机的窗玻璃、飞机罩盖，也可用于制作广告名牌、绝缘材料等，图 2.14 是由聚甲基丙烯酸甲酯（亚克力）板制作的产品。

8. 聚碳酸酯

聚碳酸酯（PC）是一种性能优良的热塑性工程塑料，本色微黄，而加点淡蓝色着色剂后可以得到无色透明的塑件，密度为 1.2g/cm³。它具有良好的韧性和刚性，抗冲击性极好。成型收缩率一般为 0.5%～0.8%，因此成型零件可达到很好的尺寸精度并在很宽的温度变化范围内保持其尺寸的稳定性。其具有良好的抗蠕变、耐磨、耐热、耐寒和耐气候性，而且电性能优良。聚碳酸酯吸水率较低，当在室温条件下时，它耐水、耐稀酸、耐氧化剂和还原剂，并且耐盐、油、脂肪烃，但不耐碱、胺、酮、脂、芳香烃，脆化温度小于-100℃，热变形温度为 135～143℃，用玻璃纤维增强后还可提高 15℃左右，平常工作温度可达 120℃。但是未增强聚碳酸酯的缺点是塑件易开裂，耐疲劳强度较差。用玻璃纤维增强的聚碳酸酯具有更好的力学性能和尺寸稳定性，成型收缩率还会降低，耐热性和耐药性却有所增加，同时还能降低成本，提高产品质量。

在加工成型时，聚碳酸酯吸水率小，但当温度达到一定高度时，它对水分比较敏感，因此加工前物料必须干燥处理，否则会出现银丝、气泡及强度下降现象；聚碳酸酯熔融温度高，熔融黏度大，流动性差，所以成型时要求有较高的温度和压力，而且温度对 PC 的熔融黏度影响较大，所以可用提高温度的办法来增加融熔塑料的流动性。

聚碳酸酯是一种性能优良的工程塑料，用途也很广泛，在机械上主要用于制作各种节流阀、润滑油输油管、芯轴、轴承、齿轮、蜗轮、蜗杆、齿条、凸轮、滑轮、泵叶轮、铰链、螺母、垫圈、容器、冷冻与冷却装置零件、灯罩及各种外壳和盖板等。在电器方面，其用于制作电机零件、电话交换器零件、信号用继电器、风扇部件、拨号盘、仪表壳、接线板等。其还可制作照明灯、高温透镜、视孔镜、防护玻璃等光学零件，图 2.15 是由聚碳酸酯制成的光学镜片。

图 2.14　聚甲基丙烯酸甲酯（亚克力）板产品 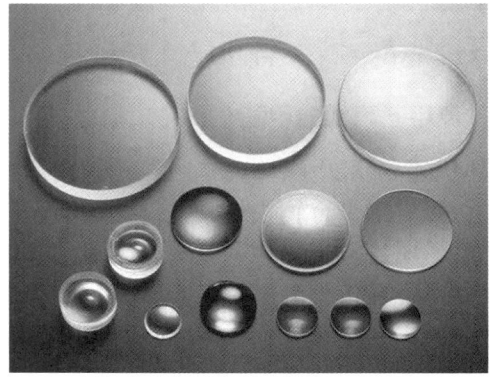　　图 2.15　聚碳酸酯制成的光学镜片

9．聚甲醛

聚甲醛（POM）是继尼龙之后发展起来的，一种性能优良的热塑性工程塑料。它是一种无侧链的高密度、高结晶性的线型聚合物，其性能不亚于尼龙，而价格却比尼龙低廉。

聚甲醛外观呈淡黄或白色，既硬又滑，薄壁部分半透明，抗拉及抗压性能较好，耐疲劳强度突出。常温下其一般不溶于有机溶剂，能耐醛、酯、醚、烃、弱酸、弱碱，但不耐强酸；耐汽油及润滑油性能也很好；有较好的电气绝缘性能。聚甲醛吸水率小，尺寸稳定，具有优良的减摩、耐磨性能；能耐扭变，有突出的回弹能力。聚甲醛熔点为 153～160℃。其缺点是成型收缩率大，在成型温度下的热稳定性较差，加工温度范围窄，所以要严格控制成型温度，以免温度过高或在允许温度下长时间受热而引起分解。

聚甲醛特别适用于制作轴承、凸轮、滚轮、辊子、齿轮等耐磨传动零件，还可用于制造汽车仪表板、汽化器、各种仪器外壳、罩盖、箱体、化工容器、泵叶轮、鼓风机叶片、配电盘、线圈座、各种输油管、塑料弹簧等，图 2.16 是由聚甲醛制成的工业齿轮。

10．聚砜

聚砜（PSU）是 20 世纪 60 年代出现的工程塑料，又称聚苯醚砜，属于非结晶型塑料。外观有的呈透明而微带琥珀色，也有的是象牙色的不透明体。聚砜具有较好的化学稳定性，有很高的力学性能，很好的刚性和优良的介电性能。聚砜的尺寸稳定性较好，可进行一般机械加工和电镀，通常其使用温度范围为-100～150℃，热变形温度为 174℃。其抗蠕变性能比聚碳酸酯还好,但其耐气候性较差。聚砜的本体微观结构决定了它的收缩率较小,但成型加工前仍要预先将原料进行充分干燥,否则塑件易产生银丝、云母斑、气泡甚至开裂。聚砜的成型性能酷似聚碳酸酯,但热稳定性不如聚碳酸酯好,而且聚砜熔体不仅流动性差,还对温度非常敏感,冷却速度较快。因此,模具设计时要尽可能考虑降低浇口的阻力,成型时要注意模具需加热。

聚砜可用于制造电气和电子零件,如断路元件、恒温容器、开关、绝缘电刷、电视机元件、整流器插座、线圈骨架、仪器仪表零件等;也可用来制造需要有良好的热性能、耐化学性和刚性的零件,如转向柱轴环、电机罩、飞机导管、电池箱、汽车零件、齿轮、凸轮等,图 2.17 是由聚砜制备的电气元件。

图 2.16　由聚甲醛制成的工业齿轮　　　　图 2.17　由聚砜制备的电气元件

11. 聚四氟乙烯

聚四氟乙烯(PTFE)是氟塑料(主要包括聚三氟乙烯、聚全氟乙丙烯、聚偏氟乙烯等)中最重要的一种,俗称塑料王。聚四氟乙烯树脂为白色粉末,外观蜡状、光滑不黏,平均密度为 $2.2g/cm^3$,聚四氟乙烯具有卓越的性能,它的化学稳定性是其他任何塑料都无法比拟的,强酸、强碱及各种氧化剂甚至沸腾的"王水"和原子工业中用的强腐蚀剂(五氟化铀)等腐蚀性很强的介质对它都不起作用,其化学稳定性超过金、铂、玻璃、陶瓷及特种钢等。目前在常温下还未发现一种能溶解它的溶剂。它的耐热耐寒性能优良,可在-195～250℃范围内长期使用而不发生性能变化。聚四氟乙烯具有良好的电气绝缘性,且不受环境湿度、温度和电频率的影响。聚四氟乙烯的缺点是容易热膨胀,且不耐磨、机械强度差、刚性不足且成型困难。一般将其粉料冷压成坯件之后再烧结成型。

聚四氟乙烯在防腐化工机械上用于制造管子、阀门、泵、涂层衬里等,图 2.18 是由聚四氟乙烯制备的产品。聚四氟乙烯广泛应用在要求有良好高频性能并能高度耐热、耐寒、耐腐蚀的场合,如喷气式飞机、雷达等上面的某些零件;也可用于制造自润滑减摩轴承、活塞环等零件。由于它具有不粘性,在塑料加工及食品工业中被广泛地用作脱模剂,在医学上还可用作代用血管、人工心肺装置等。

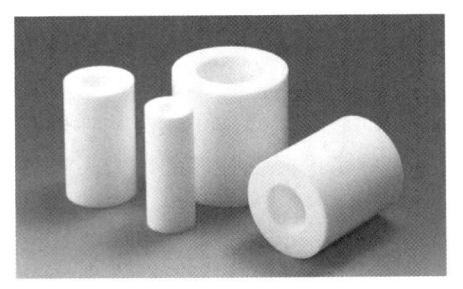

(a)聚四氟乙烯管　　　　　　　　　　(b)有聚四氟乙烯涂层的不粘锅

图 2.18　聚四氟乙烯制品

2.3.2　热固性塑料

1. 酚醛树脂

酚醛树脂（PF）是最早工业化的塑料产品，它属于热固性塑料，在我国热固性塑料中占第一位。酚醛树脂通常由酚类化合物和醛类化合物缩聚而成。酚醛树脂本身很脆，呈琥珀玻璃态。必须加入各种纤维或粉末状填料后才能获得具有一定性能要求的酚醛塑料。酚醛塑料大致可分为层压塑料、压塑料、纤维状压塑料、碎屑状压塑料等。与一般热塑性塑料相比，酚醛塑料具有刚性好、变形小、耐热、耐磨等性能，能在 150～200℃温度范围内长期使用。其具有良好的电绝缘性能，在水润滑条件下，有极低的摩擦系数。但它的冲击强度较差，质地较脆。酚醛塑料具有良好的成型性能，常用于压缩成型。模具的温度对其流动性有较大影响。其在硬化时会放出大量热，厚壁大型塑件内部温度易过高，从而发生硬化不匀及过热现象。

酚醛层压塑料所用填料不同，有纸质、布质、木质、石棉和玻璃布等，可用来制成各种型材和板材。布质及玻璃布酚醛层压塑料具有优良的力学性能、耐油性能和一定的介电性能，用于制造轴瓦、导向轮、无声齿轮、轴承及电工结构材料和电气绝缘材料，图 2.19 是由酚醛树脂制成的导向环。

图 2.19　酚醛树脂导向环

木质层压塑料适用于制作水润滑冷却下的轴承及齿轮等。石棉布层压塑料适用于制作高温下工作的零件。酚醛纤维状压塑料具有优良的电气绝缘性能，耐热、耐水、耐磨，可以用加热模压成各种复杂的机械零件和电器零件，还可制作各种线圈架、接线板、电动工具外壳、风扇叶子、耐酸泵叶轮、齿轮、凸轮等。

2. 氨基塑料

氨基塑料是由氨基化合物与醛类（主要是甲醛）经缩聚反应而制得的塑料，主要包括脲—甲醛、三聚氰胺—甲醛和环氧树脂等。氨基塑料常用于压缩、压注成型，压注成型时收缩率大。氨基塑料含水分及挥发物多，使用前需预热干燥，且成型时有弱酸性分解及水分析出，因此模具应镀铬防腐，并注意排气；该塑料的熔体流动性好，硬化速度快，因此预热及成型温度要适当，尽快进行装料、合模及加工。

1）脲—甲醛塑料

脲—甲醛塑料（UF）是由脲—甲醛树脂和漂白纸浆等制成的压塑粉。其易着色，可染成各种鲜艳的色彩，外观明亮，部分透明，具有较高的表面硬度，耐电弧性能好，耐矿物油、耐霉菌的作用，但耐水性较差，在水中长期浸泡后电气绝缘性能下降。脲—甲醛塑料大量用于压制日用品及电气照明用设备的零件、电话机、收音机、钟表外壳、开关插座及电气绝缘零件。

2）三聚氰胺—甲醛塑料

三聚氰胺—甲醛塑料（MF）是由三聚氰胺—甲醛树脂与石棉滑石粉等制成的。三聚氰胺—甲醛塑料可用来制作耐光、耐电弧、无毒的塑件，这些塑件的颜色繁多。此外，三聚氰胺—甲醛塑料在-20～100℃的温度范围内性能变化小，能耐沸水，而且耐茶、咖啡等污染性强的物质，还可能像陶瓷一样方便地去掉茶渍一类污染物，具有质量轻、不易碎的特点。

3）环氧树脂

环氧树脂（EP）是含有环氧基的高分子化合物。未固化之前，是线型的热塑性树脂，只有在加入固化剂（如胺类和酸酐等）之后，才交联成不熔的体型结构的高聚物。

环氧树脂有许多优良的性能，其最突出的特点是黏结能力很强，是人们熟悉的"万能胶"的主要成分，图2.20是环氧树脂胶。此外，环氧树脂还耐化学药品、耐热，电气绝缘性能良好，收缩率小。与酚醛树脂相比，环氧树脂具有较好的力学性能。其缺点是耐气候性差、耐冲击性低，质地脆。成型时，环氧树脂具有良好的流动性，硬化速度快，但用于浇注时，其脱模困难，需使用脱模剂。该树脂硬化时不析出任何副产物，成型时不需排气。

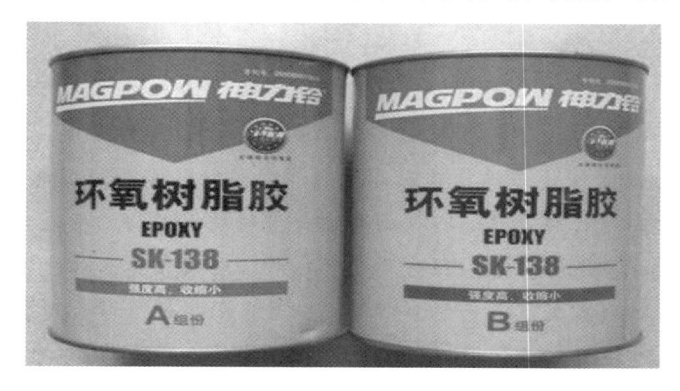

图2.20　环氧树脂胶

环氧树脂种类繁多，应用广泛，可用作金属和非金属材料的黏合剂，用于封装各种电子元件，还可用作防腐涂料。

思考题

1. 塑料一般由哪些成分所组成？各自起什么作用？
2. 塑料是如何进行分类的？热塑性塑料和热固性塑料有什么区别？
3. 什么是塑料的计算收缩率？影响塑料收缩率的因素有哪些？
4. 什么是塑料的流动性？影响流动性的因素有哪些？
5. 测定热塑性塑料和热固性塑料的流动性分别使用什么仪器？如何进行测定？
6. 什么是热固性塑料的比容和压缩比？热固性塑料的硬化速度是如何定义的？
7. 什么是塑料的热敏性？成型过程中如何避免热敏现象发生？
8. 阐述常用塑料的性能特点。

扩展阅读：绿水青山就是金山银山

2005年，习近平同志在浙江安吉余村调研时提出了"两山"理念（见图2.21），该理念现已载入党章，成为我党治国理政的重要理念之一，惠及神州大地八方百姓。"两山"理念深刻揭示了经济发展与生态环境的辩证关系，对选择什么样的发展路子提出了明确要求。坚持"生态论"，通过科技创新，打开绿水青山向金山银山的转换通道，是科技工作者践行习近平同志关于科技创新的重要论述应当履行的重要社会责任。

塑料制品形状多样、色彩斑斓，同时特别经久耐用，而且塑料加工方便，容易大规模生产。因此塑料制件相比金属或木头制件也更便宜，所以应用越来越广泛。然而，大量的使用背后，伴随着大量的废弃物。塑料，已经变成了当前全球的第一大污染源。全球一年使用接近4亿吨塑料，而一次性塑料就占了1.7亿吨。废旧塑料包装物进入自然环境后，由于其很难降解，会产生长期的、深层次的生态环境问题。据调查，地球表面上几乎任何地方都能找到塑料的存在，哪怕在最深的大洋底部，最远的南极北极都不例外。塑料给海洋环境和海洋生物都带来了巨大的伤害。首先，废旧塑料包装物混在土壤中会影响农作物吸收养分和水分，导致农作物减产；其次，若动物吃了塑料膜，会引起动物的消化道疾病，甚至死亡。混入生活垃圾中的废旧塑料包装物很难处理，填埋处理将会长期占用土地，混有塑料的生活垃圾不适合堆肥处理，分拣出来的废塑料也因无法保证质量而很难回收利用。如果要阻止塑料继续污染环境，最好的方法是停止每年将数以百万吨计的塑料继续倾倒入大自然。同样，焚烧、填埋也并非更好的方式。比较起来，回收利用才是塑料垃圾最好的处理方式。要想有效地回收利用塑料袋和大量的塑料制品，垃圾分类是第一步。垃圾分类是对垃圾收集处置传统方式的改革，是对垃圾进行有效处置的一种科学管理方法。面对日益增长的垃圾产量和环境状况恶化的局面，如何通过垃圾分类管理，最大限度地实现垃圾资源利用，减少垃圾处置的数量，改善生存环境状态，是当前世界各国共同关注的迫切问题。

图 2.21　绿水青山就是金山银山

第3章 塑料成型制件的结构工艺性设计

要获得优质的塑料制件（即塑件），除合理选用塑件的原材料，还必须考虑塑件的结构工艺性，良好的结构工艺性不仅可使成型工艺顺利进行，而且还能满足塑件和模具的经济性要求。塑件结构工艺性设计应该注意以下几点。

（1）设计塑件时，应考虑原材料的成型工艺性，如流动性、收缩率等。

（2）设计塑件的同时应考虑模具的总体结构，使模具型腔易于制造，模具抽芯和推出机构简单。

（3）在保证塑件使用性能、物理性能、电性能、力学性能、耐化学腐蚀性能和耐热性能等的前提下，力求结构简单，壁厚均匀，使用方便。

（4）当设计的塑料件外观要求较高时，应先造型然后逐步绘制图样。

塑件结构工艺性设计需要考虑的主要内容有：尺寸和精度、表面粗糙度、形状、斜度、壁厚、加强肋、支承面、圆角、孔、螺纹、齿轮、嵌件、铰链、文字、符号及标记等。

塑料成型制件的结构工艺性（上、下）

3.1 尺寸和精度

塑件的尺寸是指制品的总体尺寸，而不是壁厚、孔径等结构尺寸。塑件的尺寸的大小取决于塑料的流动性。对于流动性差的塑料（玻璃纤维增强塑料等）或薄壁制品进行注射成型时，制品尺寸不宜过大，以免熔体不能充满型腔或形成熔接痕，从而影响制品外观和强度。注射成型的塑件尺寸也会受到注射机注射量、锁模力和模板尺寸及脱模距离的限制。

塑件的精度不仅与模具制造精度及其使用后的磨损有关，还与塑料收缩率的波动、成型工艺条件的变化、塑件或模具的形状等有关。由此可见，塑件的尺寸精度一般不高，因此在保证使用要求的前提下应尽可能选用低精度等级。目前我国已颁布了工程塑料模塑料尺寸公差的国家标准《塑料模塑件尺寸公差》（GB/T14486—2008），部分内容如表3.1所示。

表 3.1 塑件公差数值表（GB/T14486—2008）

公差等级	公差种类	基本尺寸/mm																			
		>0~3	3~6	6~10	10~14	14~18	18~24	24~30	30~40	40~50	50~65	65~80	80~100	100~120	120~140	140~160	160~180	180~200	200~225	225~250	250~280	280~315	315~355	355~400	400~450	450~500

标注公差的尺寸公差值/mm

公差等级	公差种类	>0~3	3~6	6~10	10~14	14~18	18~24	24~30	30~40	40~50	50~65	65~80	80~100	100~120	120~140	140~160	160~180	180~200	200~225	225~250	250~280	280~315	315~355	355~400	400~450	450~500
MT1	A	0.07	0.08	0.09	0.10	0.11	0.12	0.14	0.16	0.18	0.20	0.23	0.26	0.29	0.32	0.36	0.40	0.44	0.48	0.52	0.56	0.60	0.64	0.70	0.78	0.86
	B	0.14	0.16	0.18	0.20	0.21	0.22	0.24	0.26	0.28	0.30	0.33	0.36	0.39	0.42	0.46	0.50	0.54	0.58	0.62	0.66	0.70	0.74	0.80	0.88	0.96
MT2	A	0.10	0.12	0.14	0.16	0.18	0.20	0.22	0.24	0.26	0.30	0.34	0.38	0.42	0.46	0.50	0.54	0.60	0.66	0.72	0.76	0.84	0.92	1.00	1.10	1.20
	B	0.20	0.22	0.24	0.26	0.28	0.30	0.32	0.34	0.36	0.40	0.44	0.48	0.52	0.56	0.60	0.64	0.70	0.76	0.82	0.86	0.94	1.02	1.10	1.20	1.30
MT3	A	0.12	0.14	0.16	0.18	0.20	0.24	0.28	0.32	0.36	0.40	0.46	0.52	0.58	0.64	0.70	0.78	0.86	0.92	1.00	1.10	1.20	1.30	1.44	1.60	1.74
	B	0.32	0.34	0.36	0.38	0.40	0.44	0.48	0.52	0.56	0.60	0.66	0.72	0.78	0.84	0.90	0.98	1.06	1.12	1.20	1.30	1.40	1.50	1.64	1.80	1.94
MT4	A	0.16	0.18	0.20	0.24	0.28	0.32	0.36	0.42	0.48	0.56	0.64	0.72	0.82	0.92	1.02	1.12	1.24	1.36	1.48	1.62	1.80	2.00	2.20	2.40	2.60
	B	0.36	0.38	0.40	0.44	0.48	0.52	0.56	0.62	0.68	0.76	0.84	0.92	1.02	1.12	1.22	1.32	1.44	1.56	1.68	1.82	2.00	2.20	2.40	2.60	2.80
MT5	A	0.20	0.24	0.28	0.32	0.38	0.44	0.50	0.56	0.64	0.74	0.86	1.00	1.14	1.28	1.44	1.60	1.76	1.92	2.10	2.30	2.50	2.80	3.10	3.50	3.90
	B	0.40	0.44	0.48	0.52	0.58	0.64	0.70	0.76	0.84	0.94	1.06	1.20	1.34	1.48	1.64	1.80	1.96	2.12	2.30	2.50	2.70	3.00	3.30	3.70	4.10
MT6	A	0.26	0.32	0.38	0.46	0.54	0.62	0.70	0.80	0.94	1.10	1.28	1.48	1.72	2.00	2.20	2.40	2.60	2.90	3.20	3.50	3.80	4.30	4.70	5.30	6.00
	B	0.46	0.52	0.58	0.68	0.74	0.82	0.90	1.00	1.14	1.30	1.48	1.68	1.92	2.20	2.40	2.60	2.80	3.10	3.40	3.70	4.00	4.50	4.90	5.50	6.20
MT7	A	0.38	0.48	0.58	0.68	0.78	0.88	1.00	1.14	1.32	1.54	1.80	2.10	2.40	2.70	3.00	3.30	3.70	4.10	4.50	4.90	5.40	6.00	6.70	7.40	8.20
	B	0.58	0.68	0.78	0.88	0.98	1.08	1.20	1.34	1.52	1.74	2.00	2.30	2.60	3.10	3.20	3.50	3.90	4.30	4.70	5.10	5.60	6.20	6.90	7.60	8.40

未注公差的尺寸允许偏差/mm

公差等级	公差种类	>0~3	3~6	6~10	10~14	14~18	18~24	24~30	30~40	40~50	50~65	65~80	80~100	100~120	120~140	140~160	160~180	180~200	200~225	225~250	250~280	280~315	315~355	355~400	400~450	450~500
MT5	A	±0.10	±0.12	±0.14	±0.16	±0.19	±0.22	±0.25	±0.28	±0.32	±0.37	±0.43	±0.50	±0.57	±0.64	±0.72	±0.80	±0.88	±0.96	±1.05	±1.15	±1.25	±1.40	±1.55	±1.75	±1.95
	B	±0.20	±0.22	±0.24	±0.26	±0.29	±0.32	±0.35	±0.38	±0.42	±0.47	±0.53	±0.60	±0.67	±0.74	±0.82	±0.90	±0.98	±1.06	±1.15	±1.25	±1.35	±1.50	±1.65	±1.85	±2.05
MT6	A	±0.13	±0.16	±0.19	±0.23	±0.27	±0.31	±0.35	±0.40	±0.47	±0.55	±0.64	±0.74	±0.86	±1.00	±1.10	±1.20	±1.30	±1.45	±1.60	±1.75	±1.90	±2.15	±2.35	±2.65	±3.00
	B	±0.23	±0.26	±0.29	±0.33	±0.37	±0.41	±0.45	±0.50	±0.57	±0.65	±0.74	±0.84	±0.96	±1.10	±1.20	±1.30	±1.40	±1.55	±1.70	±1.85	±2.00	±2.25	±2.45	±2.75	±3.10
MT7	A	±0.19	±0.24	±0.29	±0.34	±0.39	±0.44	±0.50	±0.57	±0.66	±0.77	±0.90	±1.05	±1.20	±1.35	±1.50	±1.65	±1.85	±2.05	±2.25	±2.45	±2.70	±3.00	±3.35	±3.70	±4.10
	B	±0.29	±0.34	±0.39	±0.44	±0.49	±0.54	±0.60	±0.67	±0.76	±0.87	±1.00	±1.15	±1.30	±1.45	±1.60	±1.75	±1.95	±2.15	±2.35	±2.55	±2.80	±3.10	±3.45	±3.80	±4.20

模塑件尺寸公差的代号为 MT，公差等级为 7 级，每一级又可分为 A、B 两部分，其中 A 为不受模具活动部分影响尺寸的公差，B 为受模具活动部分影响尺寸的公差；该标准只规定标准公差值，上下偏差可根据塑件的配合性质来分配。

塑件精度等级的选用与塑料品种有关，塑件精度等级的选用如表 3.2 所示。

表 3.2 塑件精度等级的选用

类别	塑料品种	公差等级		
		标注公差尺寸		未注公差尺寸
		高精度	一般精度	
1	聚苯乙烯（PS） 聚丙烯（PP、无机填料填充） ABS 丙烯腈—苯乙烯共聚物（AS） 聚甲基丙烯酸甲酯（PMMA） 聚碳酸酯（PC） 聚醚砜（PESU） 聚砜（PSU） 聚苯醚（PPO） 聚苯硫醚（PPS） 聚氯乙烯（硬）（RPVC） 尼龙（PA、玻璃纤维填充） 聚对苯二甲酸丁二醇酯（PBTP、玻璃纤维填充） 聚邻苯二甲酸二丙烯酯（PDAP） 聚对苯二甲酸乙二醇酯（PETP、玻璃纤维填充） 环氧树脂（EP） 酚醛塑料（PF、无机填料填充） 氨基塑料和氨基酚醛塑料（VF/MF 无机填料填充）	MT2	MT3	MT5
2	醋酸纤维素塑料（CA） 尼龙（PA、无填料填充） 聚甲醛（≤150mm POM） 聚对苯二甲酸丁二醇酯（PBTP、无填料填充） 聚对苯二甲酸乙二醇酯（PETP、无填料填充） 聚丙烯（PP、无填料填充） 氨基塑料和氨基酚醛塑料（VF/MF 有机填料填充） 酚醛塑料（PF、有机填料填充）	MT3	MT4	MT6
3	聚甲醛（>150mm POM）	MT4	MT5	MT7
4	聚氯乙烯（软）（SPVC） 聚乙烯（PE）	MT5	MT6	MT7

对孔类尺寸可取表 3.1 中数值冠以"+"号作为上偏差，下偏差为零；对轴类尺寸可取表中数值冠以"-"号作为下偏差，上偏差为零；对中心距尺寸及其他位置尺寸可取表中数

值的一半冠以"±"号。一般配合部分尺寸精度高于非配合部分尺寸精度,模具尺寸精度比塑件尺寸精度高 2~3 级。

3.2 表面粗糙度

塑件的表面粗糙度是决定其表面质量的主要因素。塑件的表面粗糙度主要与模具型腔表面的粗糙度有关。模具表面的粗糙度数值要比塑件低 1~2 级。注射成型塑件的表面粗糙度通常为 $Ra\ 0.02$~$1.25\mu m$,模腔表面的粗糙度数值为 $Ra\ 0.01$~$0.63\mu m$。透明塑件要求型腔和型芯的表面粗糙度相同,而不透明塑件则根据使用情况决定它们的表面粗糙度。

3.3 形状

塑件的内外表面形状应尽可能保证有利于成型。塑件设计时应尽可能避免侧向凹凸,如果有侧向凹凸,则在模具设计时应在保证塑件使用要求的前提下,适当改变塑料制件的结构,以简化模具的结构。表 3.3 为改变塑件形状以利于塑件成型的典型实例。

表 3.3 改变塑件形状以利于塑件成型的典型实例

序号	不合理	合理	说明
1			改变形状后,不需采用侧向抽芯机构,使模具结构简单
2			应避免塑件表面横向凸台,以便于脱模
3			当塑件有外侧凹时,需要采用瓣合凹模,造成模具结构复杂,并且塑件外表面会产生熔接痕,因此应尽量避免
4			内凹侧孔改为外凹侧孔,有利于抽芯

续表

序号	不合理	合理	说明
5			改变塑件形状,可避免轴向抽芯
6			横向孔改为纵向孔,可避免轴向抽芯
7			将制件表面的菱形花纹改为直条花纹,即方便塑件从型腔中顺利脱模,又避免了瓣合模具结构

塑件内侧凹陷或凸起较浅并允许有圆角时,可以采用整体式凸模并采取强制脱模的方法。这种方法要求塑件在脱模温度下应具有足够的弹性,以保证塑件在强制脱模时不会变形。例如,聚甲醛、聚乙烯、聚丙烯等允许模具型芯有 5%的凹陷或凸起时采取强制脱模。图 3.1(a)为塑件内侧有凸起或凹陷的强制脱模[$(A-B)/B \leqslant 5\%$];图 3.1(b)为塑件外侧有凸起或凹陷的强制脱模[$(A-B)/C \leqslant 5\%$]。大多数情况下塑件侧凹不能强制脱模,此时应采用侧向分型抽芯机构的模具。

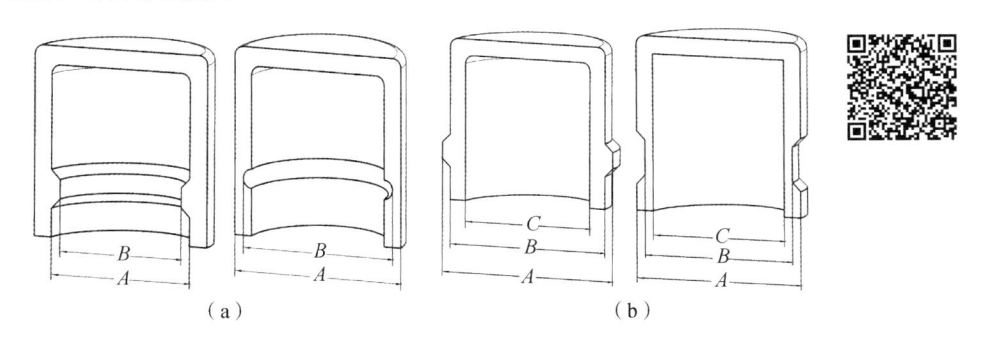

图 3.1 可强制脱模的侧向凸、凹形状

3.4 斜度

塑件冷却时的收缩会使它包紧模具型芯或型腔中的凸起部分,因此为了便于从塑件中抽出型芯或从型腔中脱出塑件,并防止脱模时拉伤塑件,在设计时,必须使塑件内外表面沿脱模方向留有足够的斜度 α,在模具上称为脱模斜度,如图 3.2 所示。

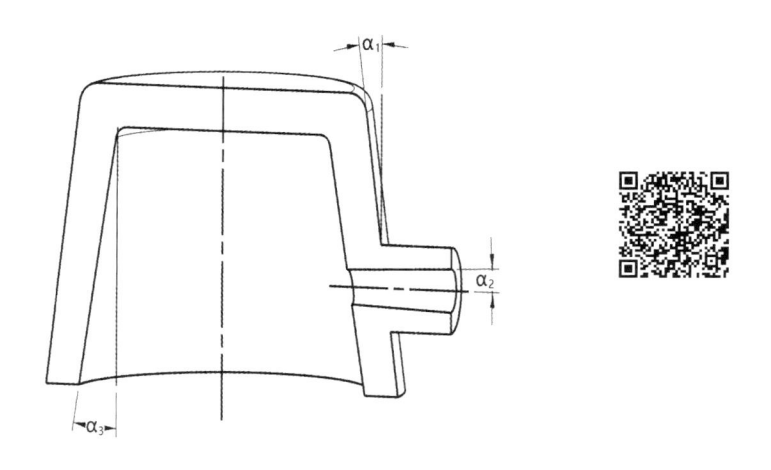

图 3.2　脱模斜度

　　脱模斜度大小取决于塑件的形状、壁厚及塑料的收缩率，在通常情况下，脱模斜度为 30′～1°30′；当塑件精度要求较高时，应选用较小的斜度，外表面斜度可小至 5′，内表面可小至 10′～20′；硬质塑料比软质塑料脱模斜度大；形状较复杂、成型孔较多的塑件，引起脱模阻力较大时，取较大的脱模斜度，可选用 4°～5°；塑件高度较高、孔较深时，取较小的脱模斜度；壁厚增加，应选用较大的斜度；塑件上的加强肋单边应有 4°～5°的脱模斜度。常用塑件的脱模斜度如表 3.4 所示。

表 3.4　常用塑件的脱模斜度

塑 料 名 称	脱 模 斜 度	
	型 腔	型 芯
聚乙烯（PE）、聚丙烯（PP）、软聚氯乙烯（LPVC）、聚酰胺（PA）、氯化聚醚（CPT）	25′～45′	20′～45′
硬聚氯乙烯（HPVC）、聚碳酸酯（PC）、聚砜（PSU）	35′～40′	30′～50′
聚苯乙烯（PS）、有机玻璃（PMMA）、ABS、聚甲醛（POM）	35′～1°30′	30′～40′
热固性塑料	25′～40′	20′～50′

3.5　壁厚

　　塑件应有一定的壁厚，这不仅是为了保证塑件在使用中有足够的强度和刚度，而且是为了使其在脱模时能经受脱模机构的冲击，装配时能承受紧固力，而且也为了塑料在成型时能保持良好的流动状态。壁厚的大小对塑料的成型影响很大。壁厚过大，则浪费材料，还易产生气泡、缩孔等缺陷；壁厚过小，则成型时流动阻力大，难以充型，因此应合理选择塑件的壁厚。

　　热塑性塑料较易成型薄壁制件，壁厚可以设计为 0.25mm，但一般不宜小于 0.6～0.9mm，常选取 2～4mm。表 3.5 是几种常见热塑性塑料的壁厚常用值。

表 3.5　热塑性塑料的最小壁厚及常用壁厚推荐值

塑料名称	50mm 流程最小壁厚/mm	小型塑件推荐壁厚/mm	中型塑件推荐壁厚/mm	大型塑件推荐壁厚/mm
聚乙烯	0.6	1.25	1.6	2.4~3.2
聚丙烯	0.85	1.45	1.75	2.4~3.2
硬聚氯乙烯	1.2	1.6	1.8	3.2~5.8
聚苯乙烯	0.75	1.25	1.6	3.2~5.4
改性聚苯乙烯	0.75	1.25	1.6	3.2~5.4
尼龙	0.45	0.76	1.5	2.4~3.2
聚甲醛	0.8	1.4	1.6	3.2~5.4
聚碳酸酯	0.95	1.8	2.3	3~4.5
氯化聚醚	0.9	1.35	1.8	2.5~3.4
有机玻璃	0.8	1.5	2.2	4~6.5
丙烯酸类	0.7	0.9	2.4	3~6
聚苯醚	1.2	1.75	2.5	3.5~6.4
醋酸纤维素	0.7	1.25	1.9	3.2~4.8
乙基纤维素	0.9	1.25	1.6	2.4~3.2
聚砜	0.95	1.8	2.3	3~4.5

热固性塑料的小型制件壁厚一般取 1.6~2.5mm，大型制件取 3.2~8mm。布基酚醛塑料等流动性较差的品种应取较大值，但一般不宜大于 10mm。脆性塑料（比如矿粉填充的酚醛塑料）制件壁厚不应小于 3.2mm。表 3.6 是几种常见热固性塑料的壁厚常用值。

表 3.6　热固性塑料壁厚推荐值

塑料名称	塑料外形高度/mm		
	~50	>50~100	>100
粉状填料的酚醛塑料	0.7~2.0	2.0~3.0	5.0~6.5
纤维状填料的酚醛塑料	1.5~2.0	2.5~3.5	6.0~8.0
氨基塑料	1.0	1.3~2.0	3.0~4.0
聚酯玻璃纤维填料的塑料	1.0~2.0	2.4~3.2	>4.8
聚酯无机物填料的塑料	1.0~2.0	3.2~4.8	>4.8

塑件壁厚设计的另一基本原则是同一塑件的壁厚应尽可能均匀一致。否则会因冷却和固化速度不均产生附加内应力，引起翘曲变形，热塑性塑料会在壁厚处产生缩孔；热固性塑料则会因未充分固化而鼓包或因交联度不一致而造成性能差异。通常，塑件壁厚的不均匀容许在一定范围内变化，对于注射及压注成型塑件，壁厚变化一般不应超过 1∶3。为了消除壁厚的不均匀，设计时可考虑将壁厚局部挖空或在壁面交界处采用适当的半径过渡以减缓厚薄部分的突然变化，如表 3.7 所示。

表 3.7 改变塑件壁厚以利于成型的几个例子

序号	不合理	合理	说明
1			为消除壁厚不均匀,设计时可考虑将厚壁部分局部挖空
2			为消除壁厚不均匀,设计时可以在壁面交界处采用适当的半径过渡,以减缓厚、薄部分的突然变化
3			壁厚不均匀,易产生气泡、缩孔、凹陷等缺陷,通过改变塑件壁厚,可改善塑件质量
4			
5			

3.6 加强肋及其他增强防变形结构

多数塑料的弹性模量和强度较低,受力后容易变形甚至破坏,单纯采用增加塑件壁厚的方法来提高其刚度和强度是不合理的,也是不经济的。所以,设计塑件时可在塑件相应位置设置加强肋,从而在不增加壁厚的情况下提高塑件刚度和强度避免翘曲变形,沿着料流方向的加强肋还能改善成型时塑料熔体的流动性,避免气泡、缩孔和凹陷等缺陷的形成。图 3.3(a)所示塑件因壁厚不均可能产生缩孔,改为图 3.3(b)带有加强肋的结构后,利用加强肋方向的改变来降低熔体的充模阻力,也避免了可能产生的翘曲变形。图 3.4(a)中塑件过高,应设置加强肋,以减薄塑件壁厚,如图 3.4(b)所示。图 3.5(a)的加强肋过高,应设计得矮些,与支承面的间隙应大于 0.5mm,如图 3.5(b)所示。加强肋的尺寸如图 3.6 所示。

在设计加强肋尺寸时应注意：加强肋不宜过厚，$b \leq t$，否则其对应壁上会容易产生凹陷；加强肋设计不应过高（$h \leq 3t$），否则塑件在较大弯矩或冲击负荷作用下会受力破坏；加强肋必须有足够的斜度，$\alpha = 2° \sim 5°$，肋的顶部应为圆角，底部也应呈圆弧过渡 $R \geq 0.25t$；加强肋之间的中心距应大于 $3t$。

加强肋在布置时方向尽量应与熔体充模流动方向一致，以免熔体流动干扰，影响成型质量，加强肋的设置应避免或减少塑料局部集中，否则会产生缩孔、气泡等缺陷，如图 3.7 所示，图 3.7（b）的结构设计比图 3.7（a）合理。

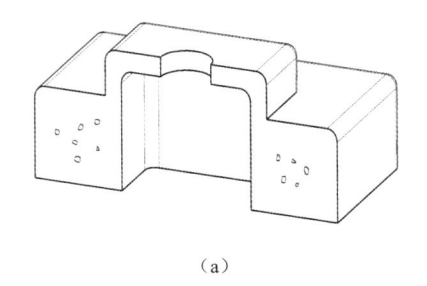

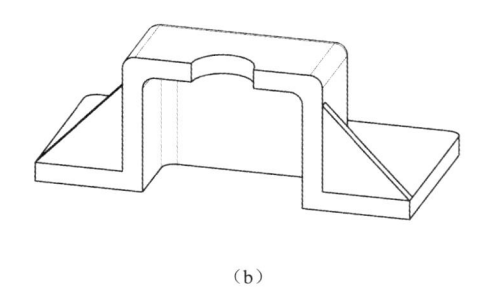

（a）　　　　　　　　　　　　　　　（b）

图 3.3　加强肋实例一

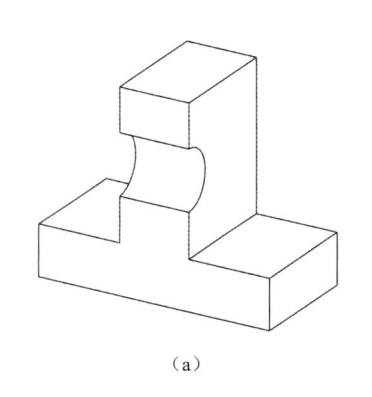

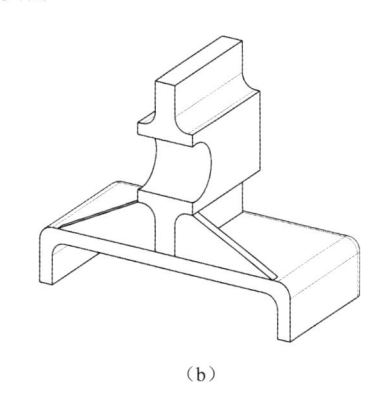

（a）　　　　　　　　　　　　　　　（b）

图 3.4　加强肋实例二

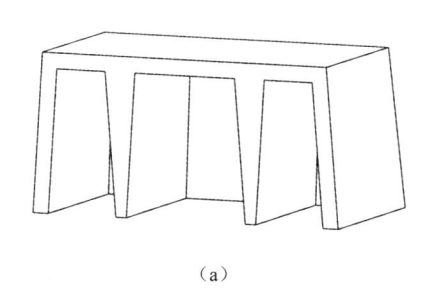

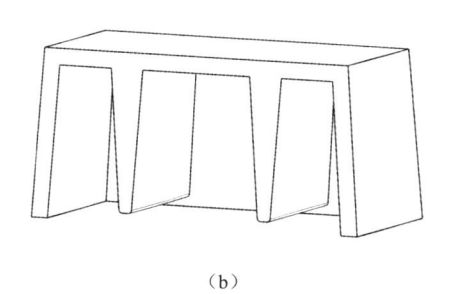

（a）　　　　　　　　　　　　　　　（b）

图 3.5　加强肋实例三

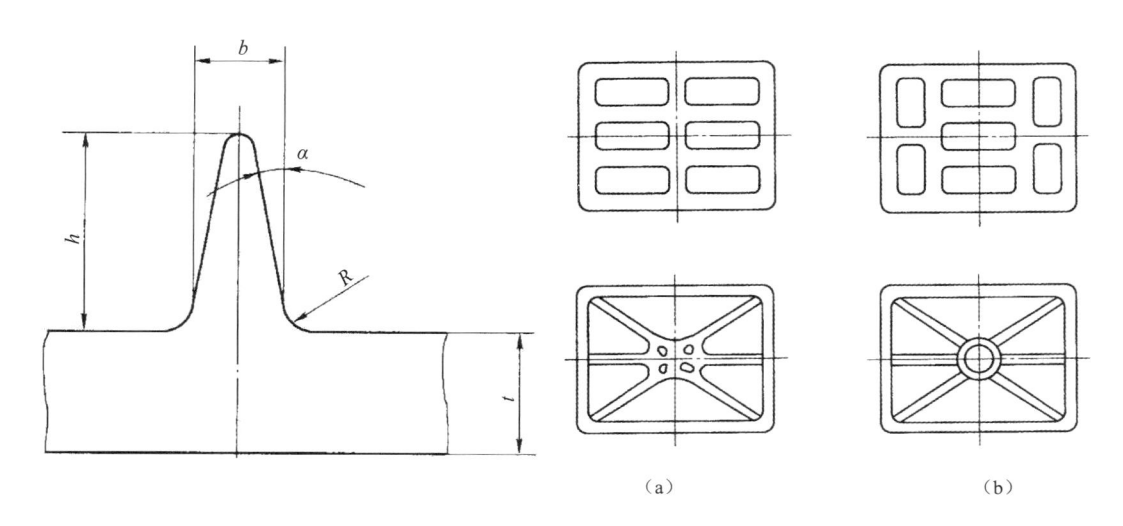

图 3.6　加强肋尺寸　　　　　　　　图 3.7　加强肋的布置

除了采用加强肋，薄壁容器或壳类件可以通过适当改变其结构或形状，达到提高其刚度、强度和防止变形的目的。图 3.8 为容器底与盖的加强，图 3.9 为容器边缘的加强。

图 3.8　容器底与盖的加强

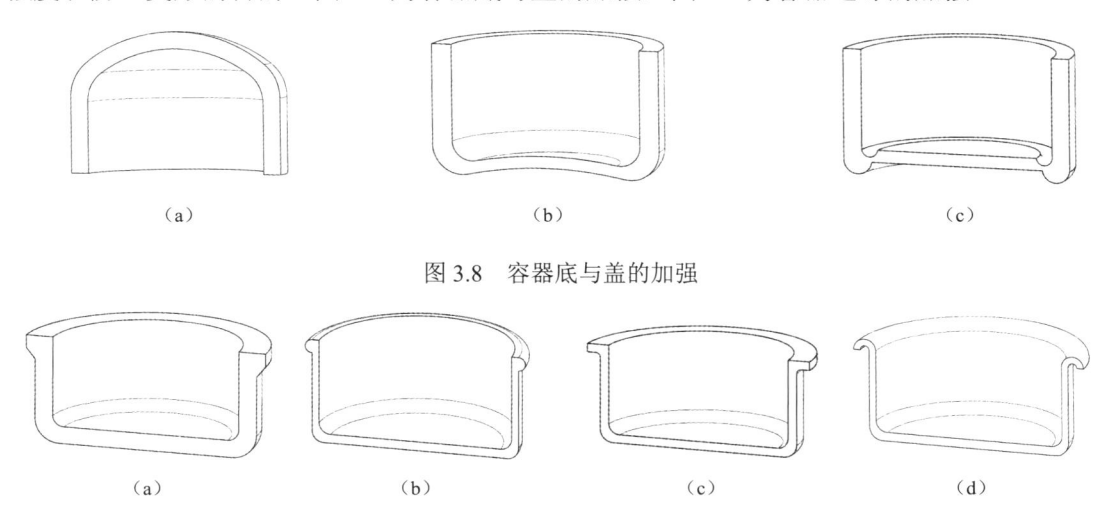

图 3.9　容器边缘的加强

3.7　支承面

支承面是用于放置物体的平面，要求物体放置后平稳。图 3.10（a）中的塑件以整个底面作为支承是不合理的，因为塑件稍有翘曲变形就会使底面不平。通常采用的是以凸出的边框支承或底脚（三点或四点）支承，如图 3.10（b）～（e）所示。

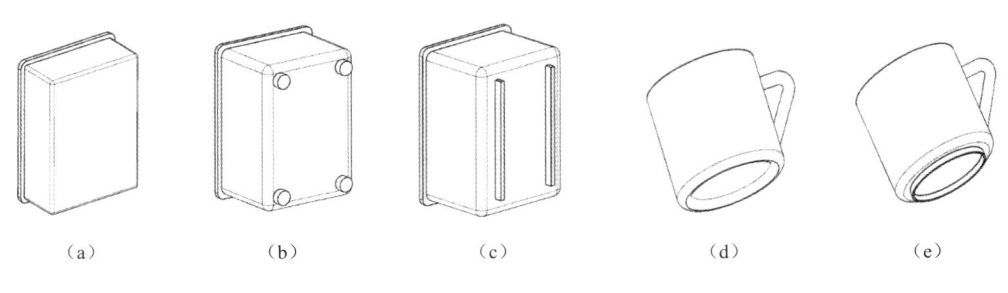

图 3.10 支承面的结构

3.8 圆角

带有尖角的塑件往往会在尖角处产生应力集中,影响塑件强度,同时还会出现凹痕或气泡,影响塑件外观质量,因此塑件除了使用上要求必须采用尖角之处,其余所有转角处应尽可能采用圆弧过渡。这不仅避免了应力集中,提高了强度,而且增加了塑件的美观,有利于塑料充模时的流动,使模具在淬火或使用时不致应力集中而开裂。采用尖角会给凹模型腔加工带来麻烦,使钳工劳动量增大。一般圆角半径不应小于 0.5mm,理想的内圆角半径应为壁厚的 1/3 以上,如图 3.11 所示。

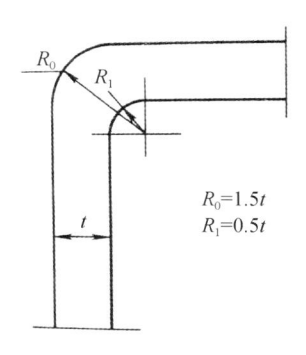

$R_0=1.5t$
$R_1=0.5t$

图 3.11 塑件上的圆角

3.9 孔的设计

塑件上的孔是用模具的型芯成型的,理论上可以成型任何形状的孔,但若形状复杂的孔用模具成型则模具制造困难,成本高,因此用模具成型的孔应采用工艺上易于加工的孔。塑件上常见的孔有:通孔、盲孔、异形孔。孔应设置在不易削弱塑件强度的地方,孔之间和孔与边缘之间应留有距离(应大于孔径)。一般孔与孔的边缘或孔边缘与制件外壁的距离应不小于孔径。塑件上固定用孔和其他受力孔的周围可设计一个凸台来加强,如图 3.12 所示。

热固性塑件两孔之间及边壁之间的关系如表 3.8 所示。

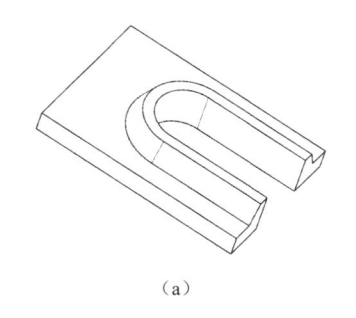

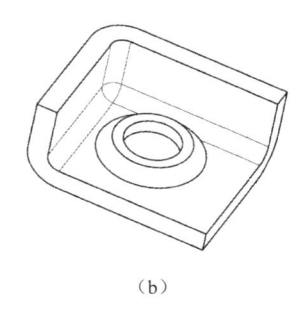

图 3.12 孔的加强

表 3.8 热固性塑料孔与边壁最小厚度

孔径/mm	孔与边壁最小距离/mm	孔与孔之间剩下净距离/mm	孔径/mm	孔与边壁最小距离/mm	孔与孔之间剩下净距离/mm
1.6	2.4	3.6	6.4	6.4	11.1
2.4	2.8	4.8	8	8	14.3
3.2	4	6.4	9.5	8.7	18.2
4.8	5.5	8	12.8	11.1	22.2

1. 通孔

进行通孔设计时孔深不能太大，通孔深度不应超过孔径的 3.75 倍，压缩成型时犹应注意。成型通孔用的型芯一般有以下 3 种安装方法，如图 3.13 所示。在图 3.13（a）中，型芯一端固定，这种方法虽然简单，但会出现不易修整的横向飞边，且当孔较深或孔径较小时型芯易弯曲；在图 3.13（b）中，用两个型芯来成型，并使一个型芯径向尺寸比另一个大 0.5～1mm，这样即使稍有不同心也不致引起安装和使用上的困难，其特点是型芯长度缩短了一半，稳定性增加，这种成型方式适用于孔较深且孔径要求不是很高的场合；在图 3.13（c）中，型芯一端固定，另一端导向支撑，这种方法使型芯既有较好的强度和刚度，又能保证同心度，较为常用，但导向部分因导向误差发生磨损后，会产生圆周纵向溢料。

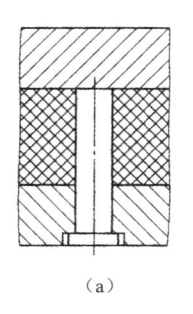

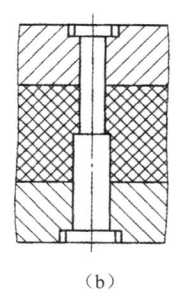

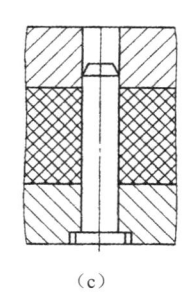

图 3.13 成型通孔用的型芯安装方法

2. 盲孔

盲孔只能用一端固定的型芯来成型，因此其深度应浅于通孔。注射成型或压注成型时，孔深不应超过孔径的 4 倍；压缩成型时，孔深应浅些，平行于压制方向的孔深一般不超过孔径的 2.5 倍，垂直于压制方向的孔深一般不超过孔径的 2 倍。直径小于 1.5mm 的孔或深度太大（大于以上值）的孔最好用成型后机械加工的方法获得。

3. 异形孔

当塑件孔为异形孔（斜度孔或复杂形状孔）时，常常采用拼合的方法来成型，这样可以避免侧向抽芯。图 3.14 为几个用拼合型芯成型异形孔的典型例子。

（a）　　　　　　　　　　　　　　（b）

（c）

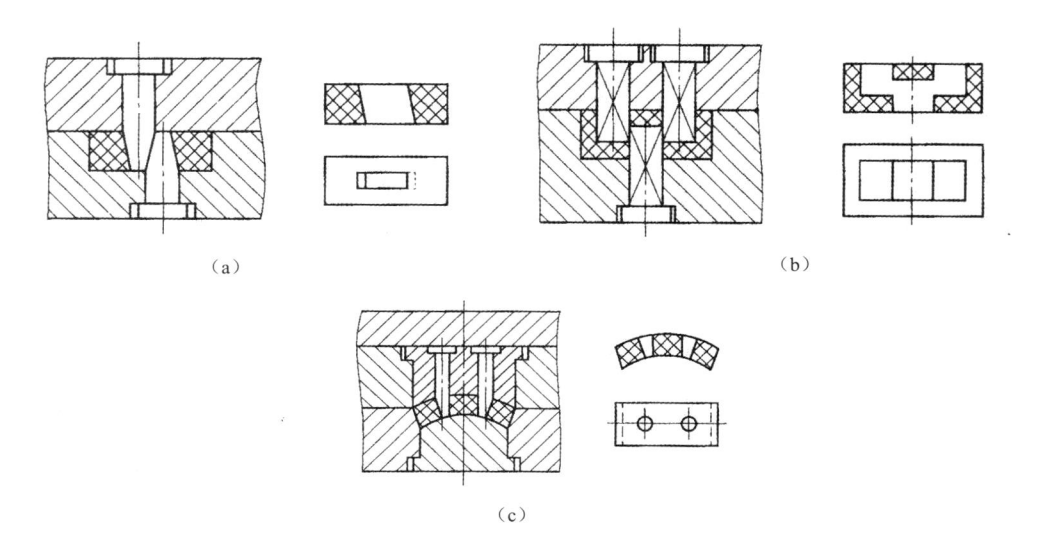

图 3.14　异形孔型芯的拼合形式

3.10　螺纹的设计

塑件上的螺纹既可以直接用模具成型，也可以在成型后用机械加工方法成型。对于需要经常拆装和受力较大的螺纹，应采用金属螺纹嵌件。塑件上的螺纹一般应选用较大的螺牙尺寸，直径较小时也不宜选用细牙螺纹，否则会影响使用强度。表 3.9 列出了塑件螺纹的选用范围。

表 3.9　塑件螺纹的选用范围

螺纹公称直径 /mm	螺纹种类				
	公制标准螺纹	1 级细牙螺纹	2 级细牙螺纹	3 级细牙螺纹	4 级细牙螺纹
<3	+	−	−	−	−

续表

螺纹公称直径/mm	螺纹种类				
	公制标准螺纹	1级细牙螺纹	2级细牙螺纹	3级细牙螺纹	4级细牙螺纹
3～6	+	−	−	−	−
6～10	+	+	−	−	−
10～18	+	+	+	−	−
18～30	+	+	+	+	−
30～50	+	+	+	+	+

注：表中"+"号表示能选用螺纹"—"表示不建议采用。

塑件上螺纹的直径不宜过小，外径不应小于 4mm，内径不应小于 2mm，精度不超过 3 级。如果模具上螺纹的螺距未考虑收缩值，那么塑件螺纹与金属螺纹的配合长度则不能太长，一般不大于螺纹直径的 1.5～2 倍，否则会因干涉而造成附加内应力，使螺纹连接强度降低。为了防止螺纹最外圈崩裂或变形，应使螺纹最外圈和最里圈留有台阶。内螺纹与外螺纹的正误形状，如图 3.15 和图 3.16 所示。

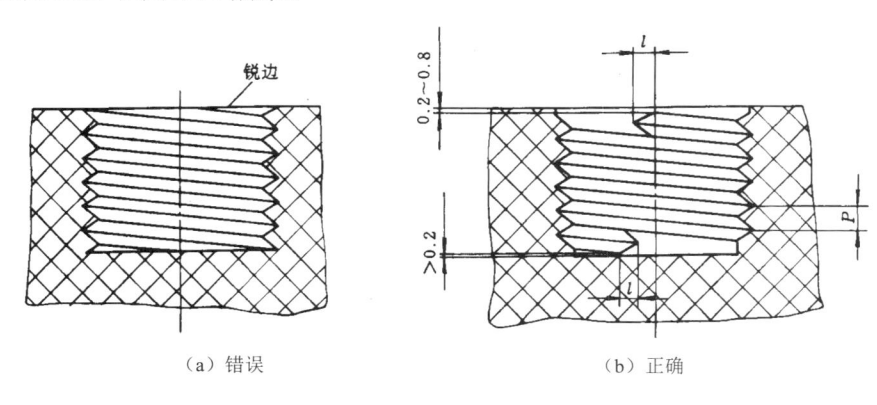

图 3.15 塑件内螺纹的正误形状

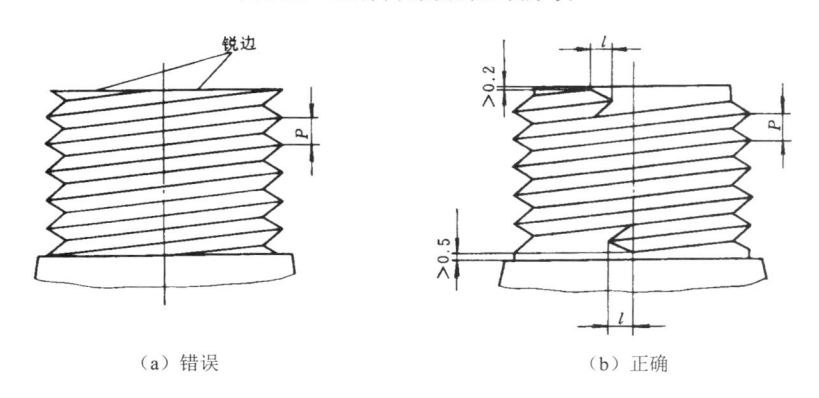

图 3.16 塑件外螺纹的正误形状

螺纹的始端和终端应逐渐开始和结束，有一段过渡长度 l，其数值可按表 3.10 选取。

表 3.10 塑件螺纹始末端的过渡长度

螺纹直径/mm	螺距 P/mm		
	<0.5	0.5~1/mm	>1
	始末端的过渡长度 l/mm		
≤10	1	2	3
10~20	2	3	4
20~34	2	4	6
34~52	3	6	8
>52	3	8	10

注：始末端长度相当于车制金属螺纹型芯或型腔时的退刀长度。

螺纹直接成型的方法有：外螺纹采用瓣合模方法，该方法成型效率高，但精度较差，且有飞边；采用螺纹型芯或螺纹型环在成型之后将塑件旋下；要求不高的软塑件成型内螺纹时，可强制脱模，这种螺纹浅，断面呈椭圆形，如图 3.17 所示。

在同一型芯（或型环）上，当前后两段都有螺纹时，应使两段螺纹的旋向相同，螺距相等，如图 3.18（a）所示，否则无法使塑件从型芯（或型环）上旋下来。当螺距不等或旋向不同时，则应采用两段型芯（或型环）组合在一起的方法，成型后分别旋下来，如图 3.18（b）所示。

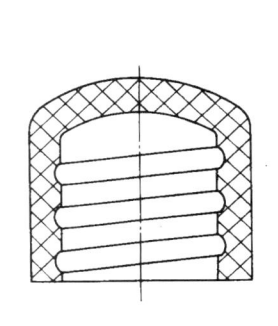

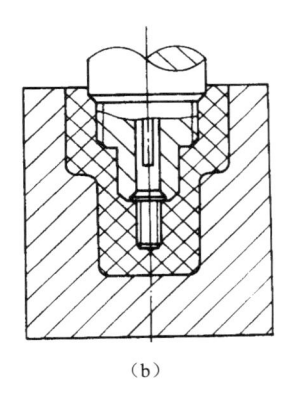

图 3.17 可强制脱模的圆牙螺纹

图 3.18 两段同轴螺纹的不同设计

3.11 齿轮的设计

塑料齿轮目前主要用于精度和强度不太高的传动机构，其主要特点是质量轻、传动噪音小，可制作齿轮的塑料有尼龙、聚碳酸酯、聚甲醛、聚砜等。为了使塑料齿轮适应注射成型工艺，齿轮的轮缘、辐板和轮毂均应有一定的厚度，齿轮各部分尺寸，如图 3.19 所示。

齿轮各部分的尺寸关系如下：

（1）最小轮缘宽度 t_1 应为齿高 t 的 3 倍；

(2) 辐板厚度 H_1 应不大于轮缘厚度 H;
(3) 轮毂厚度 H_2 应不小于轮缘厚度 H;
(4) 最小轮毂外径 D_1 应为轴孔直径 D 的 1.5～3 倍;
(5) 轮毂厚度 H_2 应相当于轴径 D。

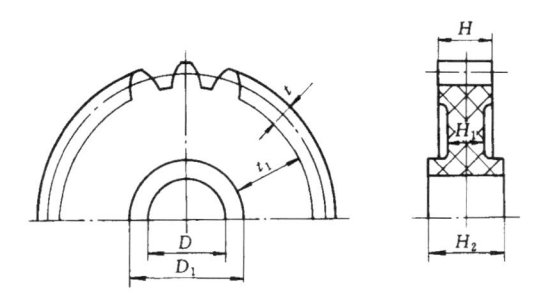

图 3.19 齿轮各部分尺寸

为了减少尖角处的应力集中及齿轮在成型时内部应力的影响,应尽量避免截面的突然变化,尽可能加大圆角及过渡圆弧的半径。为了避免装配时产生内应力,轴与孔的配合应尽可能不采用过盈配合,而采用过渡配合。图 3.20 为塑料齿轮的两种固定形式,其中用月形孔配合［如图 3.20（a）所示］比用销孔固定形式［如图 3.20（b）所示］要好。

对于薄型齿轮,如厚度不均匀,则会引起齿型歪斜,用无轮毂无轮缘的齿轮可以很好地解决这种问题。另外,当辐板上有较大的孔时［如图 3.21（a）所示］,因孔在成型时很少向中心收缩,所以也会使齿轮歪斜；若轮毂和轮缘之间采用薄肋［如图 3.21（b）所示］,则能保证轮缘向中心收缩。由于塑料的收缩率大,所以一般只宜用收缩率相同的塑料齿轮相互啮合。

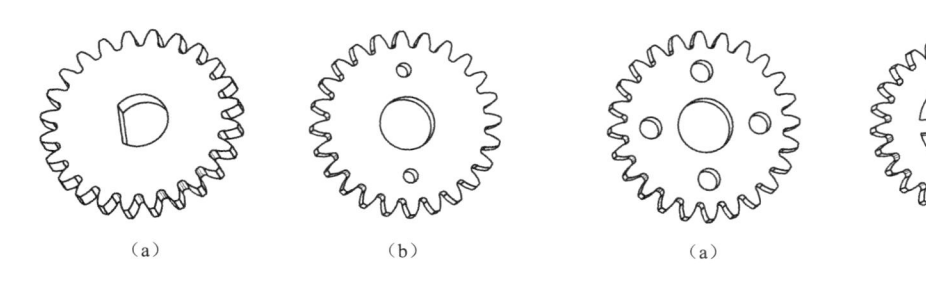

（a） （b） （a） （b）

图 3.20 塑料齿轮的两种固定形式　　图 3.21 塑料齿轮腹板和轮辐结构

3.12 嵌件和自攻螺钉孔的设计

1. 嵌件的设计

在塑件中嵌入其他零件形成不可拆卸的连接时,所嵌入的零件被称为嵌件。塑件中嵌入嵌件的目的是提高塑件的强度、硬度、耐磨性、导电性、导磁性等,或者是增加塑件尺寸和形状的稳定性，或者是降低塑料的消耗。嵌件的材料可以是金属材料，也可以是玻璃、木材和已成型的塑件等非金属材料，其中金属嵌件的使用最为广泛，常见的嵌件形式如图 3.22 所示。图 3.22（a）为圆筒形嵌件，图 3.22（b）为带螺纹孔的嵌件（它常用于经常拆卸或受力较大的场合及导电部位的螺纹连接），图 3.22（c）为带台阶圆柱形嵌件，图 3.22（d）为片状嵌件，图 3.22（e）为细杆状贯穿嵌件。图 3.23 为常见嵌件实物图。

图 3.22　常见的嵌件形式

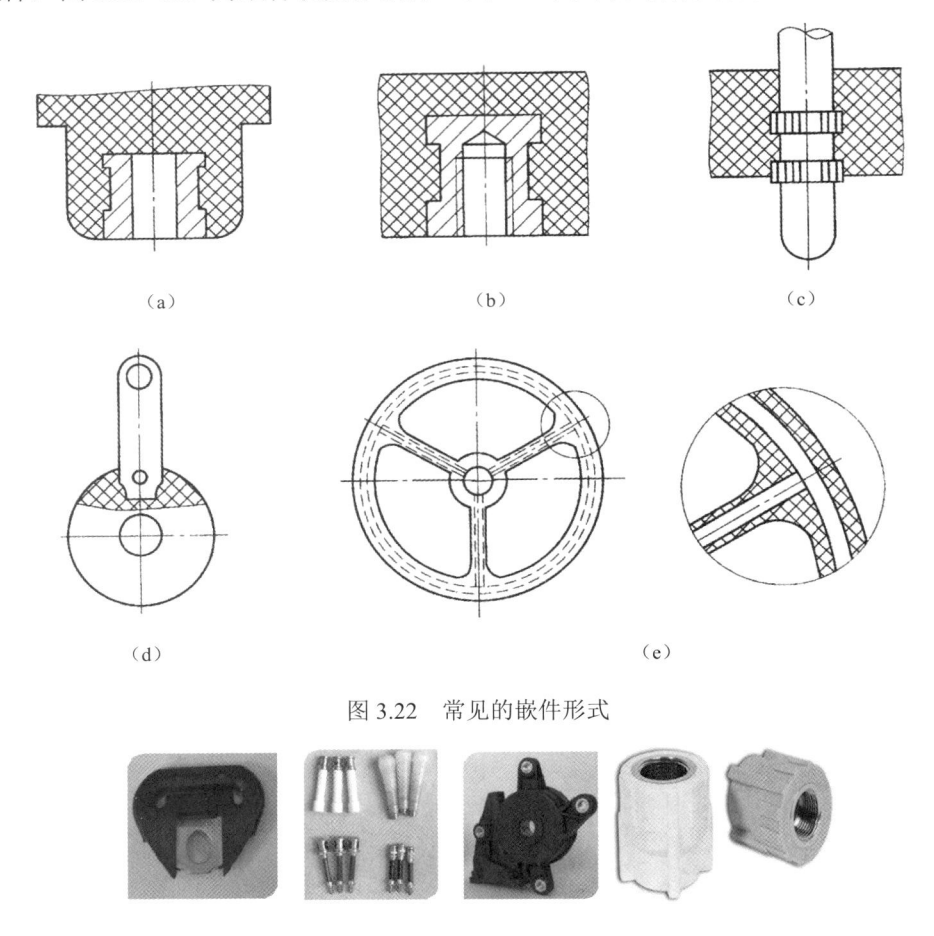

图 3.23　常见嵌件实物图

金属嵌件的设计原则如下。

1）嵌件固定应可靠

为了防止嵌件受力时在塑件内转动或脱出，嵌件表面必须设计有适当的凹凸形状。图 3.24（a）为最常用的菱形滚花，其抗拉和抗扭强度都比较大；图 3.24（b）为直纹滚花，这种滚花在嵌件较长时允许塑件沿轴向少许伸长，以降低这一方向的内应力，但在这种嵌件上必须开设环形沟槽，以免受力时被拔出；图 3.24（c）为六角形嵌件，因其尖角处易产生应力集中，故较少采用；图 3.24（d）为用孔眼、切口或局部折弯来固定的片状嵌件；薄壁管状嵌件也可用边缘折弯方法固定，如图 3.25（e）所示；针状嵌件可采用将其中一段砸扁或折弯的办法固定，如图 3.24（f）所示。

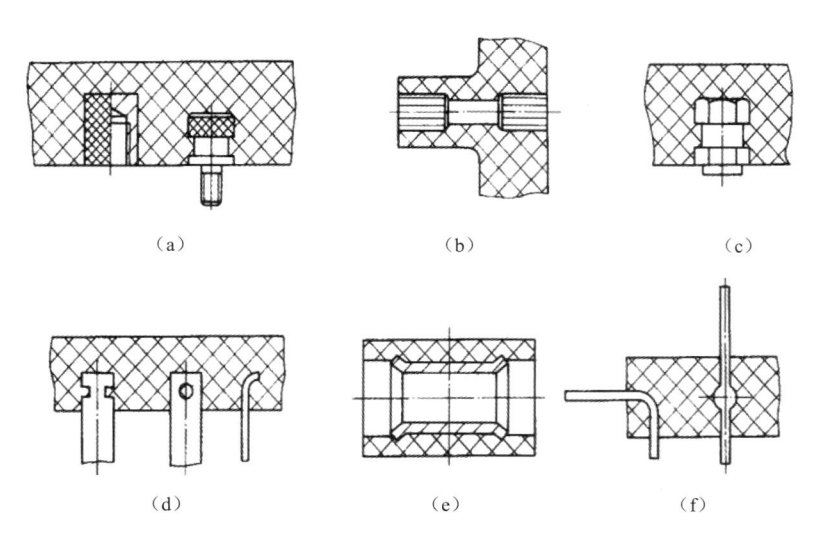

图 3.24　金属嵌件在塑件内的固定方法

2）模具中嵌件应定位可靠

模具中的嵌件在成型时会受到高压熔体流的冲击，可能发生位移和变形，同时熔料还可能挤入嵌件上预制的孔或螺纹线中，影响嵌件的使用，因此嵌件必须在模具中可靠定位。图 3.25 和图 3.26 分别为外螺纹嵌件和内螺纹嵌件在模具内的固定方法。一般情况下，注射成型时，嵌件与模板安装孔的配合为 H8/f8；压缩成型时，嵌件与模板安装孔的配合为 H9/f9。当嵌件过长或呈细长杆状时，应在模具内设支承以免嵌件弯曲，但这时在塑件上会留下支承孔，如图 3.27 所示。

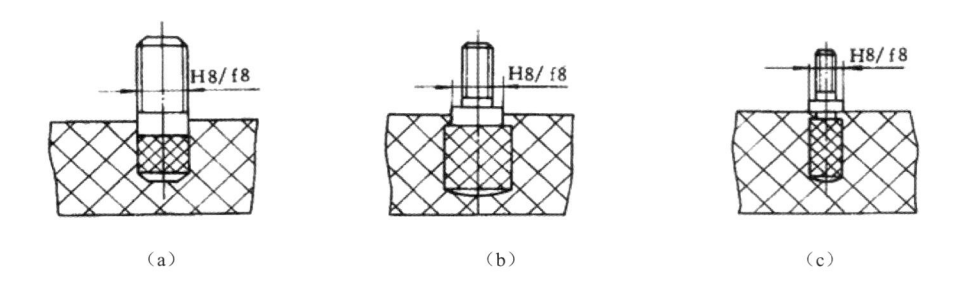

图 3.25　外螺纹嵌件在模具内的固定方法

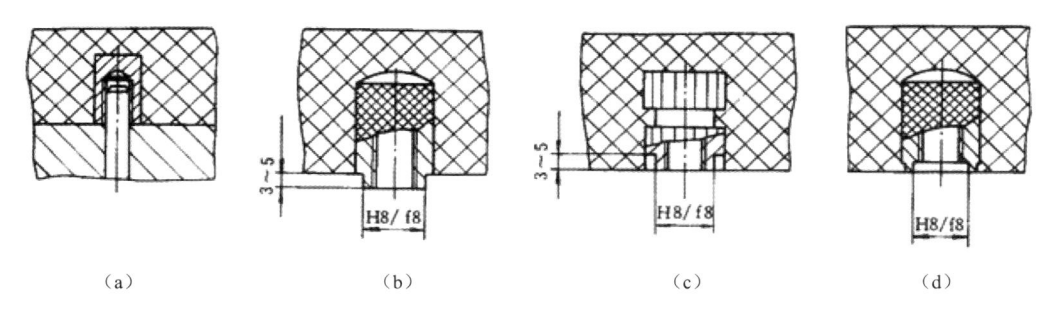

图 3.26　内螺纹嵌件在模具内的固定方法

1—嵌件；2—支承柱

图 3.27 细长嵌件在模具内的支承固定

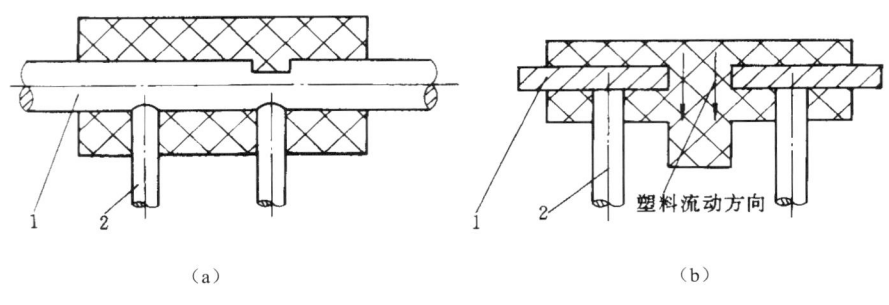

3）嵌件周围的壁厚应足够大

由于金属嵌件与塑件的收缩率相差较大，致使嵌件周围的塑料存在很大的内应力，如果设计不当，则会造成塑件开裂，而保持嵌件周围适当的塑料层厚度可以减少塑件的开裂倾向。对于酚醛塑料及与之相类似的热固性塑料的金属嵌件周围的塑料层厚度如表 3.11 所示。另外，嵌件不应带有尖角，以减少应力集中。

热塑性塑料注射成型时，应将大型嵌件预热到接近物料温度。对于应力难以消除的塑料，可在嵌件周围覆盖一层高聚物弹性体或在成型后进行退火。嵌件的顶部也应有足够的塑料层厚度，否则会出现鼓泡或裂纹。

表 3.11 金属嵌件周围的塑料层厚度

图 例	金属嵌件直径 D/mm	周围塑料层最小厚度 C/mm	顶部塑料层最小厚度 H/mm
	≤4	1.5	0.8
	>48	2	1.5
	8～12	3	2
	12～16	4	2.5
	16～25	5	3

成型带嵌件的塑件会降低生产效率，使生产不易实现自动化，因此在设计塑件时应尽可能避免使用嵌件。

2．自攻螺钉孔

塑件上大量采用嵌件的重要原因是各种螺纹连接的结构要求，目前对塑件上装拆次数不多的螺纹通常采用自攻螺钉的形式，即用光孔代替内螺纹嵌件，从而大大提高了模塑效率。

自攻螺钉孔有两种形式，即切割螺纹螺钉孔和旋压螺纹螺钉孔。切割螺纹螺钉孔适用于硬度、刚性较大的材料（如 PS、ABS 等）和承受载荷、振动较小的场合，这种螺钉孔的侧面开有沟槽，成锋利的切削刀状，螺钉旋入时像攻丝一样在光孔内一面旋入一面切削出螺纹槽，孔的深度要比螺钉长，以便存储切屑。旋压螺纹螺钉孔常用于弹性较好的塑料（如 PE、PP 等）和装拆次数要求较多的场合，由于旋压螺纹螺钉在旋入时会产生很大的侧向压力，故应用于弹性模量大的材料（如 PS、ABS，PC 等）时，应避免可能发生的应力开裂。

自攻螺钉孔在设计时，对于切割螺纹的螺钉孔，其孔径等于螺钉的中径，旋压螺纹的螺钉孔的孔径等于螺钉中径的 80%。为保证足够的连接强度，螺钉旋入的最小深度必须等于或大于螺钉外径的 2 倍。自攻螺钉的孔一般设计成圆管状，为承受旋压产生的应力和变形，圆管外径约为内径的 3 倍，高度为圆管外径的 2 倍，孔深应超过螺钉的旋入长度。以自攻螺钉 M3 的孔为例，其底孔支座尺寸如表 3.12 所示。

表 3.12 自攻螺钉底孔支座典型尺寸

简　图	固定部分尺寸/mm			脱模斜度/°
	T	2.5～3		3.5
	D'	7	7	8
	D	6	6.5	7
	t	$T/2$ 或 1.0～1.5		
	d	2.6		
	d'	2.3		$\dfrac{0.5(D-D')}{H} = \dfrac{1}{30} \sim \dfrac{1}{20}$

注：H 以小于 30mm 为宜。

3.13 铰链

利用某些塑料的特性，它们可以直接成形为铰链形结构。常用的塑料如聚丙烯、乙丙烯共聚物，某些品种 ABS 等，均可直接制成铰链。

常用的铰链截面形式如图 3.28 所示。铰链部分厚度应减薄，一般为 0.25～0.4mm，而且熔体流向必须通过铰链部分，使线性分子能沿其主链方向折弯。如果流向不对，则铰链部位容易折断。铰链部分的截面长度不可过长，否则弯折线不在一起，闭合效果不佳。壁厚的减薄过渡处，应以圆弧过渡，在制模时应使之均匀，而且此处的模具温度也必须保持始终一致，否则会减少其弯折寿命。图 3.29 为常见塑料铰链实物图。

(a) (b) (c) (d)

图 3.28　常用的铰链截面形式

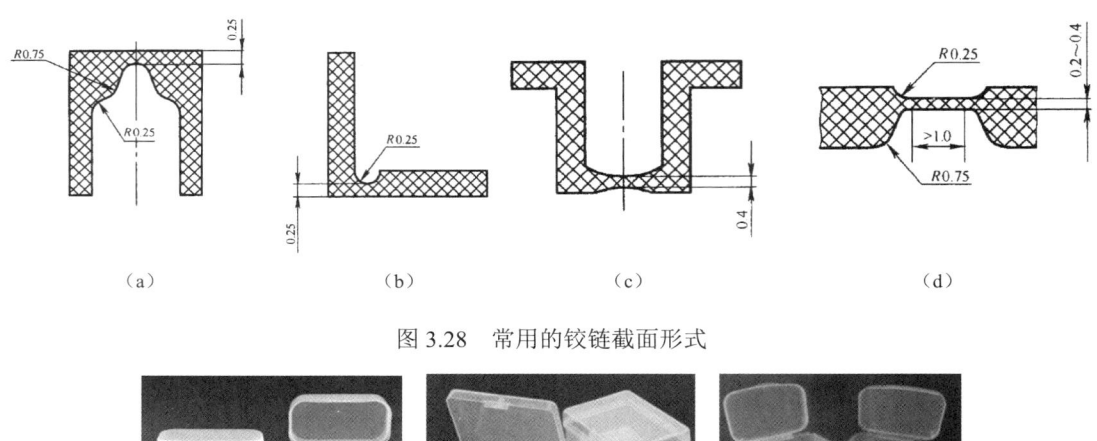

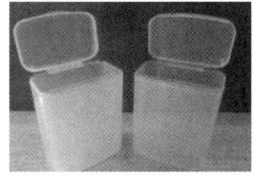

图 3.29　常见塑料铰链实物图

3.14　标记、符号、文字

由于装潢或某些特殊要求，塑件上有时需要带有文字或图案符号的标志，如图 3.30 所示。标志应放在分型面的垂直方向上，并有适当的斜度以便脱模。当塑件上的标记、符号为凸形时，模具上就相应为凹形，如图 3.30（a）所示，它在制模时比较方便，可直接在成型零件上用机械或手工雕刻或电加工等方法成型。当塑件上的标记、符号为凹形时，模具上就相应地为凸形，如图 3.30（b）所示，它在制模时要将标记符号周围的金属去掉，是很不经济的，制造也比较困难。当标记符号为凸形时，为了便于成型零件表面的抛光及避免标记、符号损坏，一般尽量在有标记、符号的地方于模具上镶上相应的镶块，为避免镶嵌的痕迹，可将镶块周围的结合线作为边框，如图 3.30（c）所示。塑件上标记的凸出高度不小于 0.2mm，线条宽度一般不小于 0.3mm，通常以 0.8mm 为宜。两条线的间距不小于 0.4mm，边框可比字高出 0.3mm 以上，标记的脱模斜度可大于 10°。图 3.31 为塑料制件上的标记符号实物图。

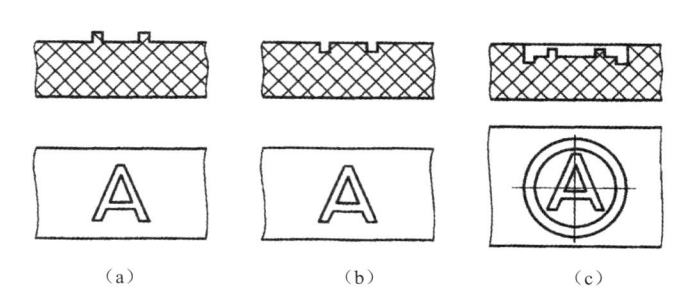

(a)　(b)　(c)

图 3.30　塑料制件上的标记符号

(a)　　　　　　　　　　　(b)　　　　　　　　　　　(c)

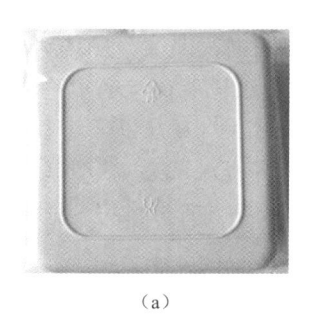

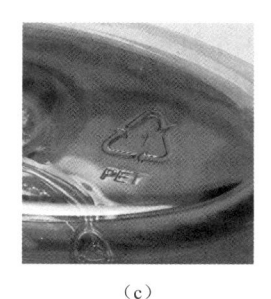

图 3.31　塑料制件上的标记符号实物图

思考题

1. 影响塑件尺寸精度的主要因素有哪些？
2. 什么是塑件的脱模斜度？脱模斜度的选取应遵循哪些原则？
3. 为什么应尽量使塑件壁厚均匀？
4. 绘出成型通孔用的型芯的 3 种安装方法。
5. 什么是嵌件？嵌件在设计时应注意哪几个问题？
6. 简述塑件上标记、符号的设计原则。

扩展阅读：大国工匠

——中国航天科工六院三五九厂钳工组一线工人郑朝阳的工匠精神

锉削、锯切、攻丝……，一次次钳工作业展现着他过硬的专业技术；自治区首批"北疆工匠"、自治区优秀共产党员、自治区道德模范……，一项项荣誉彰显出他始终如一的坚守；一名高级技师、三名技师、五名高级工……，他带出来的徒弟个个都是独当一面的技术骨干。他就是中国航天科工六院三五九厂钳工组一线工人郑朝阳（见图3.32）。

郑朝阳工作的中国航天科工六院，在20世纪80年代还叫作第七机械工业部第四研究院驻内蒙指挥部。冬季低至零下三十摄氏度的气温，初春沙尘漫天的景象都是郑朝阳对六院最初的记忆。郑师傅是一个"航二代"，随着父亲支援二线的脚步从沈阳来到内蒙古，一待就是四十多年。"那个时候生产条件比较落后，生活条件也非常艰苦。大家吃的是玉米面，住的是干打垒，副食只有白菜、土豆、萝卜'老三样'。但就是在那样艰苦的条件下，六院人却自主研制生产出了发射'东方红一号'卫星、'长征一号'运载火箭的第三级固体发动机，第一代航天人的贡献值得永远被铭记。"

"我们这一行生产的是航天设备发动机，责任重大。不论是产品的高质量要求，还是航天人的职责，都要求我们一定要把手头的工作做好，做到精益求精。"

既是对航天精神的传承，也是父辈的不断鼓励，大学毕业后的郑朝阳进入了航天科工六院三五九厂钳工组，接过了老一辈航天人的接力棒，继续追求航天事业的梦想。钳工是一个难度系数很高的工种，发动机的钳工工序、装配和调试返修过程都要严之又严，细之又细，有时候加工零件的公差需要控制在头发丝的六分之一到八分之一。从刚上手的年轻工人到不差毫厘的钳工组组长，郑朝阳用了32年。但技术的更新总是不断提出新的挑战。2019年底，三五九厂提出了一个颇具难度的设备研制任务，郑朝阳所在的钳工小组抱着试试的心态接下了这个任务。经过小组成员们一个星期通宵达旦工作，终于啃下了这块"硬骨头"。看着自己制造出来的设备，郑朝阳说就像看着自己的孩子长大了一样，非常有成就感。"现在新的技术新的设备层出不穷，我们也要与时俱进，不能躺在功德簿上吃老本，要有进取心，给年轻人带个好头。"

图3.32　郑朝阳在车间工作

一代人终将老去，但总有人正年轻。"大学毕业刚来厂里的时候，很年轻，很浮躁，干什么都不细心。后来我师父每天带着我，教我技术技能，教我沉着沉稳，就像小树苗成长一样，根扎得越深，树长得越高，基础打好了，就什么也不怕了。"郑朝阳的徒弟、钳工组组员郭小伟这样说到。除了工作上，生活中的郑朝阳也是个实打实的热心肠。老车间门坏了、锁坏了，他拿起工具就去修；徒弟们家里有难处，他二话不说就出钱出力。提起郑朝阳，车间工人都竖起大拇指称赞。

第 4 章 注射成型原理及工艺特性

注射成型原理与工艺过程　　注射成型的工艺参数　　注射成型工艺

4.1 注射成型原理

注射成型主要应用于热塑性塑料。以螺杆式注射机为例，注射成型原理如图 4.1 所示。

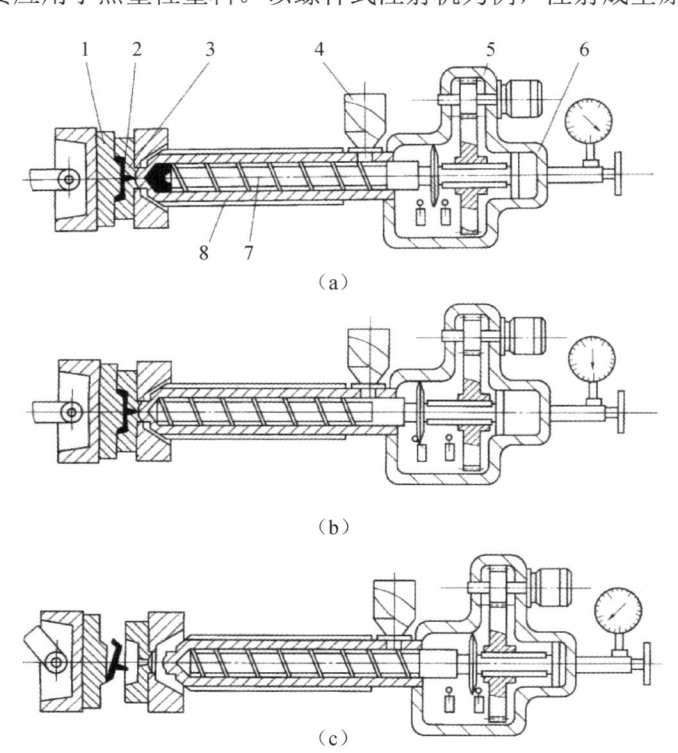

1—动模；2—塑件；3—定模；4—料斗；5—传动装置；6—液压缸；7—螺杆；8—加热器

图 4.1　注射成型原理

注射成型的原理是将颗状或粉状塑料从注射机的料斗送进料筒中,在料筒内经加热熔化呈流动状态后,在柱塞或螺杆的推动下,通过料筒前端的喷嘴以较快的速度注入温度较低的闭合模具型腔中,经冷却固化后获得成型塑件。当料筒前端的熔料堆积对螺杆产生一定的压力时(称为螺杆的背压),螺杆就在转动中后退,直至与调整好的行程开关接触,具有模具一次注射量的塑料预塑和储料(即料筒前部熔融塑料的储量)结束。接着注射液压缸开始工作,与液压缸活塞相连接的螺杆以一定的速度和压力将熔料通过料筒最前端的喷嘴注入温度较低的闭合模具型腔中,保压一定时间,熔融塑料冷却固化即可保持模具型腔所赋予的形状和尺寸。开合模机构将模具打开,在推出机构的作用下,即可取出注射成型的塑料制件。

注射成型生产周期短、生产效率高,能成型形状复杂、尺寸精确或带嵌件的制品,成型塑料品种多,易于实现自动化,因此广泛用于各种塑料制品的生产过程中。其成型制品占目前全部塑料制品的 20%~30%。注射成型是一种比较先进的成型工艺,目前正继续向着高速化和自动化方向发展。

4.2 注射成型工艺过程

注射成型工艺过程包括成型前的准备、注射成型过程、注射成型塑件后处理。

4.2.1 成型前的准备

为了保证注射成型的正常进行和塑件质量,在注射成型前应做一定的准备工作。

1. 塑料原材料的检验和预处理

对吸水性强的塑料(聚碳酸酯等)要进行干燥处理,去除设备中过多的水分及挥发物,防止成型后塑件表面出现斑等缺陷。图 4.2 是一种微电脑型料斗干燥机,图 4.3 是一种箱式干燥机。

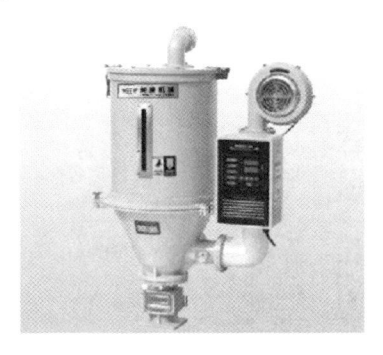

图 4.2 微电脑型料斗干燥机　　　　图 4.3 箱式干燥机

2. 嵌件的预热

金属和塑料收缩率相差较大。冷却时,嵌件周围会产生较大的内应力,导致嵌件周围塑料层强度下降和出现裂纹，因此成型前可对嵌件进行预热，以减少它在成型时与塑料熔体的温差，避免或抑制嵌件周围的塑料出现收缩应力和裂纹。图 4.4 是一种嵌件预热车，图 4.5 是一种井式预热炉。

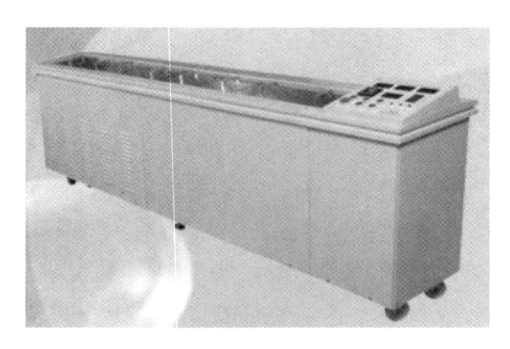

图 4.4　嵌件预热车

图 4.5　井式预热炉

3. 料筒的清洗

在注射成型过程中，若需要改变塑料品种、更换制品颜色，发现塑料中有分解、碳化现象，或者首次使用注射机及注射机长期封存后重新启用时，都需要对注塑机（主要是料筒）进行清洗或拆换。柱塞式注塑机料筒的清洗比螺杆式注塑机困难，由于柱塞式料筒内的存料量较大，物料不易移动，必须拆卸清洗或采用专用料筒。

螺杆式注塑机通常是直接换料清洗。换料清洗时使用的清洗料，可以是需更换塑料或是需更换塑料及清洗母料的混合物，或者先使用其他塑料过渡清洗，再使用更换塑料。由于清洗机筒需要耗费大量的塑料，在安排制品生产次序时，尽量用深颜色塑料更换浅颜色塑料，用不透明塑料更换透明塑料，用高黏度塑料更换低黏度塑料。在清洗热固性塑料注射机料筒时，最好使用不含固化剂的类似品种的塑料或其混合物。在清洗价格昂贵的塑料时，最好使用清洗母料混合物。清洗料筒时建议使用的塑料如表 4.1 所示。

表 4.1　清洗料筒时建议使用的塑料

被清洗的塑料	建议使用的清洗料
聚烯烃（PO）	需更换使用型号的聚烯烃或 HDPE
PS	丙烯酸类塑料、PS
PVC	通用 PS、ABS、丙烯酸类塑料、PVC
ABS	PS、ABS、丙烯酸类塑料
PA	PS、低黏度 HDPE、丙烯酸类塑料
PET	需更换使用型号的 PET
PBT	PS、低黏度 HDPE、丙烯酸类塑料、PBT
聚砜-ABS	PC、挤出级 PP、聚砜-ABS
聚砜	PC、挤出级 PP、聚砜
聚苯醚	通用 PS、丙烯酸类塑料、聚苯醚
热固性聚酯	不含固化剂的类似混合物

为节省时间和原料，换料清洗应采取正确的操作步骤。操作人员应掌握塑料的热稳定性、成型温度范围和各种塑料之间的相容性等技术资料。当欲换塑料的成型温度远比料筒内存留塑料的温度高时，应先将料筒和喷嘴温度升高到欲换塑料的最低加工温度，然后加入欲换料（或欲换料的回料）并连续进行对空注射，直至全部存料清洗完毕时再调整温度进行正常的生产。如欲换塑料的成型温度远比料筒内塑料的温度低，则应将料筒和喷嘴温度升高到料筒内塑料的最好流动温度后，切断电源，用欲换塑料在降温下进行清洗。如果欲换塑料的成型温度高，熔融黏度大，而料筒内的存留料又是热敏性的，如聚氯乙烯、聚甲醛或聚三氟氯乙烯等，为预防塑料分解，应选用流动性好，热稳定性高的聚苯乙烯或高压聚乙烯塑料作为过渡换料。

此外，料筒的清洗也可采用料筒清洗剂。操作时，首先后退喷嘴，排空之前的原料，设定最大背压及射胶量，然后在下一种原料中添加 1%的清洗剂，立即开始清洗，直至射胶换色完成。之后喷嘴推进至模具，在开模状态下射出发泡膨胀的塑胶，最后使用干料开始生产。使用料筒清洗剂进行清洗可节约大量原料，缩短时间，取得较好的效果。图 4.6 为螺杆图。

4．脱模剂的选用

由于工艺条件控制的不稳定性或塑件本身的复杂性，可能造成脱模困难，所以在实际生产中通常使用脱模剂。常用的脱模剂有三种：硬脂酸锌、液体石蜡（石油）和硅油。图 4.7 为耐高温硅油脱模剂。

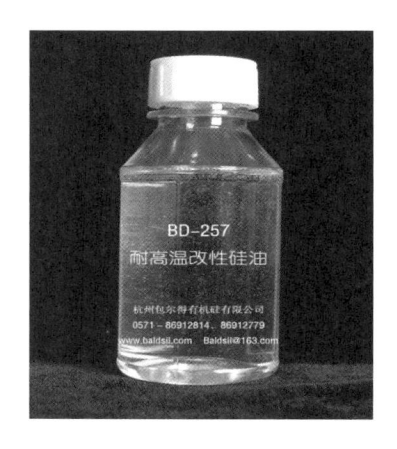

图 4.6　螺杆图　　　　　　　　图 4.7　耐高温硅油脱模剂

4.2.2　注射成型过程

完整的注射过程包括加料、塑化、充模、保压、倒流、冷却和脱模等阶段。

1．加料

将颗粒状或粉状塑料加入注射机料斗，由柱塞或螺杆带入料筒进行加热。图 4.8 为加料场景。

图 4.8　加料场景

2. 塑化

成型塑料在注射机料筒内经过加热、混料等操作以后，由松散的粉状颗粒或粒状的固态转变成熔融状态并具有良好的可塑性，这一过程称为塑化。

3. 充模

塑化好的塑料熔体在注射机柱塞或螺杆的推进作用下，以一定的压力和速度经过喷嘴与模具的浇注系统进入并充满模具型腔，这一阶段称为充模。

4. 保压

充模结束后，在注射机柱塞或螺杆推动下，熔体仍然保持压力进行补料，使料筒中的熔料继续进入型腔，以补充型腔中塑料的收缩，从而成型出形状完整、质地致密的塑件，这一阶段称为保压。

5. 倒流

保压结束后，柱塞或螺杆后退，型腔中的熔料压力解除，这时型腔中的熔料压力将比浇口前方的压力高，如果此时浇口尚未凝固，型腔中熔料就会通过浇口流向浇注系统，使塑件产生收缩、变形及质地疏松等缺陷，这种现象称为倒流。如果撤除注射压力时，浇口已经凝固，则倒流现象就不会发生。由此可见，倒流是否发生或倒流的程度如何，均取决于浇口是否凝固或浇口的凝固程度。

6. 冷却

塑件在模内的冷却过程是指从浇口处的塑料熔体完全凝固起到将塑件从模具型腔内推出止的全部过程。在此阶段，补缩或倒流均不再继续进行，型腔内的塑料继续冷却、硬化和定型。实际上冷却过程从塑料注入模具型腔起就开始了，它指从充模完成、保压开始到脱模前的这一段时间。

7. 脱模

塑件冷却到一定的温度即可开模，然后在推出机构的作用下将塑件推出模外。

4.2.3 注射成型塑件的后处理

由于塑化不均匀或塑料在型腔内的结晶、取向和冷却及金属嵌件的影响等原因，塑件内部不可避免地存在一些内应力，从而导致塑件在使用过程中产生变形或开裂。为了解决这些问题，可对塑件进行一些适当的后处理。常用的后处理方法有退火和调湿两种。

1. 退火处理

退火处理是将塑件放在定温的加热介质（如热水、热油、热空气和液体石蜡等）中保温一段时间然后缓慢冷却的热处理过程。利用退火时的热量，能加速塑料中大分子松弛，从而消除塑件成型后的残余应力。退火温度一般在塑件使用温度以上 10～20℃至热变形温度以下 10～20℃之间进行选择和控制。

2. 调湿处理

调湿处理是一个调整塑件含水量的后处理工序，主要用于吸湿性很强且又容易氧化的聚酰胺等塑件。调湿处理除了能在加热条件下消除残余应力，还能使塑件在加热介质中达到吸湿平衡，以防止在使用过程中发生尺寸变化。调湿处理所用的介质一般为沸水或醋酸钾溶液（沸点为 121℃），加热温度为 100～121℃。

4.3 注射成型的工艺参数

正确的注射成型工艺过程可以保证塑料熔体塑化良好，顺利充模、冷却与定型，从而生产出合格的塑料制件，而温度、压力和时间是影响注射成型工艺的重要参数。

4.3.1 温度

在注射成型过程中需要控制的温度有料筒温度、喷嘴温度和模具温度三种温度，其中料筒温度、喷嘴温度主要影响塑料的塑化和流动，模具温度则影响塑料的流动和冷却定型。

1. 料筒温度

为了保证塑料熔体的正常流动，不使物料发生过热分解，料筒最适合的温度范围为黏流态或熔点温度 $\theta_{f(m)}$ 和热分解温度 θ_d 之间的范围。料筒的温度分布一般采用前高后低的原则，即料筒的加料口（后段）处温度最低，喷嘴处的温度最高。料筒后段温度应比中段、前段温度低 5～10℃。对于螺杆式注射机，料筒前段温度应略低于中段，以防止由于螺杆与熔料，熔料与熔料，熔料与料筒之间剪切摩擦生热而导致塑料产生热降解现象。

2．喷嘴温度

喷嘴温度一般略低于料筒的最高温度，喷嘴温度太高，熔料会在喷嘴处产生流涎现象，塑料易产生热分解现象；但喷嘴温度也不能太低，否则易产生冷块或僵块，使熔体产生早凝，使凝料堵塞喷嘴或是将冷料注入模具型腔，导致成品缺陷。

3．模具温度

模具温度对熔体的充模流动能力、塑件的冷却速度和成型后的塑件性能等有着直接的影响。

4.3.2 压力

注射成型过程中的压力包括塑化压力、注射压力和保压压力三种，它们直接影响塑料的塑化效果和塑件质量。

1．塑化压力

塑化压力又称螺杆背压，它是指采用螺杆式注射机注射时，螺杆头部熔料在螺杆转动后所受到的压力。在保证塑件质量的前提下，塑化压力应越低越好，其具体数值随所用塑料的品种而定，一般为 6～20MPa。

2．注射压力

注射压力是指柱塞或螺杆轴向前移动时其头部对塑料熔体所施加的压力。

3．保压压力

型腔充满后，继续对模内熔料施加的压力称为保压压力，保压压力的作用是使熔料在压力下固化，并在收缩时进行补缩，从而获得健全的塑件。

4.3.3 时间（成型周期）

完成一次注射成型过程所需的时间称为成型周期。它包括合模时间、注射时间、保压时间、模内冷却时间和其他时间。

（1）合模时间。合模时间是指注射之前模具闭合的时间。

（2）注射时间。注射时间是指从注射开始到塑料融体充满模具型腔的时间（柱塞或螺杆前进时间）。

（3）保压时间。保压时间是指型腔充满后继续施加压力的时间（柱塞或螺杆停留在前进位置的时间）。

（4）模内冷却时间。模内冷却时间是指塑件保压结束至开模以前所需的时间（柱塞后撤或螺杆转动后退的时间均在其中）。

（5）其他时间。其他时间是指开模、脱模、喷涂脱模剂、安放嵌件等时间。

常用塑料的注射成型工艺参数如表 4.2 所示。

表 4.2 常用塑料的注射工艺参数

项目		LDPE	HDPE	乙丙共聚PP	PP	玻纤增强PP	软PVC	硬PVC	PS	HIPS	ABS	高抗冲ABS	耐热ABS	电镀级ABS	阻燃ABS	透明ABS	ACS
注射机类型		柱塞式	螺杆式	柱塞式	螺杆式	螺杆式	柱塞式	螺杆式	柱塞式	螺杆式	螺杆式	螺杆式	螺杆式	螺杆式	螺杆式	螺杆式	螺杆式
螺杆转速/(r/min)			30~60		30~60	30~60		20~30		30~60	30~60	30~60	30~60	20~60	20~50	30~60	20~30
喷嘴	形式	直通式	直通式	直通式	直通式	直通式	直通式	直通式	直通式	直通式	直通式	直通式	直通式	直通式	直通式	直通式	直通式
	温度/°C	150~170	150~180	170~190	170~190	180~190	140~150	150~170	160~170	160~170	180~190	190~200	190~200	150~210	180~190	190~200	160~170
料筒温度/°C	前段	170~200	180~190	180~200	180~200	190~200	160~190	170~190	170~190	170~190	200~210	200~210	200~220	210~230	190~200	200~220	170~180
	中段		180~200	190~220	200~220	210~220		165~180			210~230	210~230	220~240	230~250	200~220	220~240	180~190
	后段	140~160	140~160	150~170	160~170	160~170	140~150	160~170	140~160	140~160	180~200	180~200	190~200	200~210	180~190	190~200	160~170
模具温度/°C		30~45	30~60	50~70	40~80	70~90	30~40	30~60	20~60	20~50	50~70	50~80	60~85	40~80	50~70	50~70	50~60
注射压力/MPa		60~100	70~100	70~100	70~120	90~130	40~80	80~130	60~100	60~100	70~90	70~120	85~120	70~120	60~100	70~100	80~120
保压压力/MPa		40~50	40~50	40~50	50~60	40~50	20~30	40~60	30~40	30~40	50~70	50~70	50~80	50~70	30~60	50~60	40~50
注射时间/s		0~5	0~5	0~5	0~5	2~5	0~8	2~5	0~3	0~3	3~5	3~5	3~5	0~4	3~5	0~4	0~5
保压时间/s		15~60	15~60	15~60	20~60	15~40	15~40	15~40	15~40	15~40	15~30	15~30	15~30	20~50	15~30	15~40	15~30
冷却时间/s		15~60	15~60	15~50	15~50	15~30	15~30	15~40	15~60	10~30	15~30	15~30	15~30	15~30	10~30	10~30	15~30
成型周期/s		40~140	40~140	40~120	40~120	40~100	40~80	40~90	40~90	40~90	40~70	40~70	40~70	40~90	30~70	30~80	40~70

第4章 注射成型原理及工艺特性

续表

项目	塑料类型	SAN	PMMA	PMMA	PMMA/PC	氯化聚醚	均聚POM	共聚POM	PET	PBT	玻纤增强PBT	PA6	玻纤增强PA6	PA11	玻纤增强PA11	PA12	PA66
注射机类型		螺杆式	螺杆式	柱塞式	螺杆式	螺杆式	螺杆式	螺杆式	螺杆式	螺杆式	螺杆式	螺杆式	螺杆式	螺杆式	螺杆式	螺杆式	螺杆式
螺杆转速/(r/min)		20~50	20~30		20~30	20~40	20~40	20~40	20~40	20~40	20~40	20~50	20~40	20~50	20~40	20~50	20~50
喷嘴	形式	直通式	直通式	直通式	直通式	直通式	直通式	直通式	直通式	直通式	直通式	直通式	直通式	直通式	直通式	直通式	自锁式
	温度/℃	180~190	180~200	180~200	220~240	170~180	170~180	170~180	250~260	200~220	210~230	200~210	200~210	180~190	190~200	170~180	250~260
料筒温度/℃	前段	200~210	180~210	210~240	230~250	180~200	170~190	170~190	260~270	230~240	230~240	220~230	220~240	185~200	200~220	185~220	255~265
	中段	210~230	190~210		240~260	180~200	170~190	180~200	260~280	230~250	240~260	230~240	230~250	190~220	220~250	190~240	260~280
	后段	170~180	180~200	180~200	210~230	180~190	170~180	170~190	240~260	200~220	210~220	200~210	200~210	170~180	180~190	160~170	240~250
模具温度/℃		50~70	40~80	40~80	60~80	80~110	90~120	90~100	100~140	60~70	65~75	60~100	80~120	60~90	60~90	70~110	60~120
注射压力/MPa		80~120	50~120	80~130	80~130	80~110	80~130	80~120	80~120	60~90	80~100	80~110	90~130	90~120	90~130	90~130	80~130
保压压力/MPa		40~50	40~60	40~60	40~60	30~40	30~50	30~50	30~50	30~50	40~50	30~50	30~50	30~50	40~50	50~60	40~50
注射时间/s		0~5	0~5	0~5	0~5	0~5	2~5	2~5	0~5	0~5	2~5	0~4	2~5	0~4	2~5	2~5	0~5
保压时间/s		15~30	20~40	20~40	20~60	15~50	20~80	20~90	20~50	10~30	10~20	15~50	15~40	15~50	15~40	20~60	20~60
冷却时间/s		15~30	20~40	20~40	20~40	20~50	20~60	20~60	20~30	15~30	15~30	20~40	20~40	20~40	20~40	20~40	20~40
成型周期/s		40~70	50~90	50~90	50~90	40~110	50~150	50~160	50~90	30~70	30~60	40~100	40~90	40~100	40~90	50~110	50~70

续表

项目	塑料	玻纤增强PA66	PA610	PA612	PA1010 螺杆式	PA1010 柱塞式	玻纤增强PA1010 螺杆式	玻纤增强PA1010 柱塞式	PC 螺杆式	PC 柱塞式	PC/PE 螺杆式	PC/PE 柱塞式	玻纤增强PC	透明PA	PSU	改性PSU	玻纤增强PSU
注射机类型		螺杆式	螺杆式	螺杆式	螺杆式	柱塞式	螺杆式	柱塞式	螺杆式	柱塞式	螺杆式	柱塞式	螺杆式	螺杆式	螺杆式	螺杆式	螺杆式
螺杆转速/(r/min)		20～40	20～50	20～50	20～50		20～40		20～40		20～40		20～30	20～50	20～30	20～30	20～30
喷嘴	形式	直通式	自锁式	自锁式	自锁式	自锁式	直通式	直通式	直通式	直通式	直通式	直通式	直通式	直通式	直通式	直通式	直通式
喷嘴	温度/℃	250～260	200～210	200～210	190～200	190～210	180～190	180～190	230～250	240～250	220～230	230～240	240～260	220～240	280～290	250～260	280～230
料筒温度/℃	前段	260～270	220～230	210～220	200～210	230～250	210～230	210～240	240～280	270～300	230～250	250～280	260～290	240～250	290～310	260～280	300～320
料筒温度/℃	中段	260～290	230～250	210～230	220～240		230～260		260～290		240～260		270～310	250～270	300～330	280～300	310～330
料筒温度/℃	后段	230～260	200～210	200～205	190～200	180～200	190～200	190～200	240～270	260～290	230～240	240～260	260～280	220～240	280～300	260～270	290～300
模具温度/℃		100～120	60～90	40～70	40～80	40～80	40～80	40～80	90～110	90～110	80～100	80～100	90～110	40～60	130～150	80～100	130～150
注射压力/MPa		80～130	70～110	70～120	70～100	70～120	90～130	100～130	80～130	110～140	80～120	80～130	100～140	80～130	100～140	100～140	100～140
保压压力/MPa		40～50	20～40	30～50	20～40	30～40	40～50	40～50	40～50	40～50	40～50	40～50	40～50	40～50	40～50	40～50	40～50
注射时间/s		3～5	0～5	0～5	0～5	0～5	2～5	2～5	0～5	0～5	0～5	0～5	2～5	0～5	0～5	0～5	2～7
保压时间/s		20～50	20～50	20～50	20～50	20～50	20～50	20～50	20～80	20～80	20～80	20～80	20～60	20～60	20～80	20～70	20～50
冷却时间/s		20～40	20～40	20～40	20～40	20～40	20～40	20～40	20～50	20～50	20～50	20～50	20～50	20～40	20～50	20～50	20～50
成型周期/s		50～100	50～100	50～110	50～100	50～90	50～90	50～90	50～130	50～130	50～140	50～140	50～110	50～110	50～140	50～130	50～110

续表

项目	塑料类型	聚芳砜	聚醚砜	PPO	改性PPO	聚芳酯	聚氨酯	聚苯硫醚	聚酰亚胺	醋酸纤维素	醋酸丁酸纤维素	醋酸丙酸纤维素	乙基纤维素	F46
注射机类型		螺杆式	螺杆式	螺杆式	螺杆式	螺杆式	螺杆式	螺杆式	螺杆式	柱塞式	柱塞式	柱塞式	柱塞式	螺杆式
螺杆转速/(r/min)		20~30	20~30	20~30	20~50	20~50	20~70	20~30	20~30					20~30
喷嘴	形式	直通式	直通式	直通式	直通式	直通式	直通式	直通式	直通式	直通式	直通式	直通式	直通式	直通式
	温度/℃	380~410	240~270	250~280	220~240	230~250	170~180	280~300	290~300	150~180	150~170	160~180	160~180	290~300
料筒温度/℃	前段	385~420	260~290	260~280	230~250	240~260	175~185	300~310	290~310	170~200	170~200	180~210	180~220	300~330
	中段	345~385	280~310	260~290	240~270	250~280	180~200	320~340	300~330					
	后段	320~370	260~290	230~240	230~240	230~240	150~170	260~280	280~300	150~170	150~170	150~170	150~170	270~290
模具温度/℃		230~260	90~120	110~150	60~80	100~130	20~40	120~150	120~150	40~70	40~70	40~70	40~50	170~200
注射压力/MPa		100~200	100~140	100~140	70~110	100~130	80~100	80~130	100~150	60~130	80~130	80~120	80~130	110~130
保压压力/MPa		50~70	50~70	50~70	40~60	50~60	30~40	40~50	40~50	40~50	40~50	40~50	40~50	80~130
注射时间/s		0~5	0~5	0~5	0~8	2~8	2~6	0~5	0~5	0~3	0~5	0~5	0~5	50~60
保压时间/s		15~40	15~40	30~70	30~70	15~40	30~40	10~30	20~60	15~40	15~40	15~40	15~40	0~8
冷却时间/s		15~20	15~30	20~60	20~60	15~40	30~60	20~50	30~60	15~40	15~40	15~40	15~40	20~60
成型周期/s		40~50	40~80	60~140	60~130	40~90	70~110	40~90	60~130	40~90	40~90	40~90	40~90	50~130

4.4 注塑机械手

注塑机械手是为注塑生产自动化专门配备的机械，它能模仿人的手和手臂的某些动作，在制品脱模时可以对一些人工脱模不便、形状复杂、薄壁、易碎、外观要求特别高的注射制品，按固定程序完成抓取、搬运或操作工具，如图 4.9 所示。

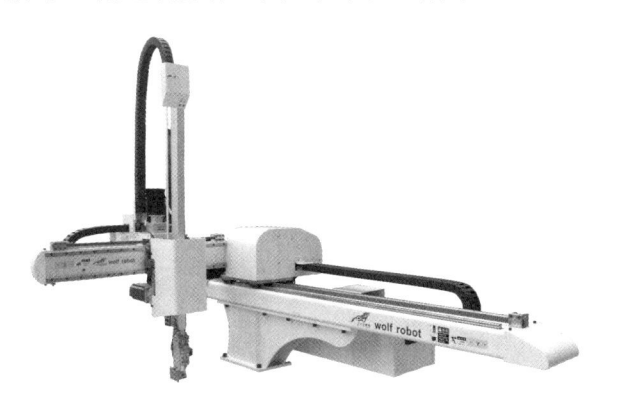

图 4.9 注塑机械手

4.4.1 机械手组成及分类

注塑机械手一般由执行系统、驱动系统、控制系统等组成。执行系统和驱动系统主要是为了完成手臂的正常功能而设计的，通过气动或液压动力来驱动机械部件的运转，达到取物的目的。控制系统则是通过对驱动系统进行控制，使执行系统按照预定的工艺进行操作。

（1）在注塑工业中适用的机械手按其智能程度可以分为以下两种类型。

第一，基本型注塑机械手。该类型机械手一般包括固定模式程序和教导模式程序。固定模式程序涵盖了注塑生产的几种标准工艺，利用工业控制器来做简单、规则和重复的动作。教导模式程序适用于生产工艺特殊的注塑机，通过有序而安全地编排基本动作达到成功取物的目的。

第二，智能型注塑机械手。该类型机械手一般包括多点记忆置放、任意点待机等功能，一般采用伺服驱动，能够最大限度模仿人手执行比较复杂的操作，还可以通过配备先进的传感器，让其具有视觉、触觉和热觉功能，使其成为具有很高智能的注塑机器人。

（2）按其他分类方式的分类如下。

① 按驱动方式分为气动、变频、伺服。
② 按机械结构分为旋转式、横行式、侧取式。
③ 按手臂结构分为单截、双截。
④ 按手臂多少分为单臂和双臂。
⑤ 按 X 轴结构分为挂臂式和框架式。

⑥ 按照控制程序的不同分为多套固定程式和可自主编辑程式。
⑦ 按手臂可移动距离区分设备大小，一般以 100mm 递增。

4.4.2 使用注意事项

在机械手使用过程中最重要的是与注射机的动作配合问题，我们主要注意以下几个问题：
（1）机械手离开模具后，机械手与注射机应能够各自继续动作以缩短成型周期；
（2）在选择机械手时，应考虑物品的夹持要求；
（3）机械手运动速度越快，则越容易产生振动，要考虑机械手产生的惯性振动能否被注射机合模机构所吸收。

4.4.3 机械手的应用

为了减轻工人繁重的体力劳动、改善工人的劳动条件和安全生产，以及提高生产率和降低人工生产成本，稳定和提高注塑产品的质量，降低废品率，避免因人为的操作失误而造成损失，增强企业的竞争力，在注塑生产中要尽量应用机械手，其主要用途体现在以下几方面：
（1）机械手取出模内产品，将原来半自动生产转向全自动化生产；
（2）机械手模外取产品，模内埋入产品（如贴标签、埋入金属、二次成型等）；
（3）机械手取出后完成自动包装，自动入库；
（4）成型原料自动供料系统，废料回收系统；
（5）整厂生产控制系统。

国内的机械手类型比较简一，且大都用于取件。随着注塑成型工业的发展，以后将有越来越多的机械手用在上料、混合、自动装卸模具、回收废料等各个工序上，而且机械手将朝着智能化方向发展。

思考题

1. 阐述螺杆式注射机注射成型原理。
2. 阐述注射成型的工艺过程。
3. 注射成型工艺参数中的温度控制包括哪些？选取范围是什么？
4. 注射成型过程中的压力包括哪三部分？选取范围是什么？
5. 注射成型周期包括哪几部分？

扩展阅读：李德群院士的注塑人生

"成功的关键在于，你是否敢于拼搏，敢于啃硬骨头。"作为 20 世纪 40 年代出生的知识分子，在李德群院士（见图 4.10）的心中，"占领学术的制高点"已经成为他和他的学生们选择研究方向的立足点。制造业是国民经济的主体，是立国之本、兴国之器、强国之基。李德群教授在 30 余年的科研生涯中，一直致力于材料成形技术智能化、塑料注射机智能技术及应用研究，历经 20 余载研发了华塑 CAE 软件，研究塑料熔体的模拟仿真运动，打破了国外软件 MOLDFLOW 垄断塑料成型 CAE 市场的局面。先后获国家科技进步二等奖，国家自然科学二等奖、省部级奖 6 项，国家发明专利 12 项，主撰著作 14 部，李德群院士一直引领我国"智能制造"行业的发展，是我国"智能制造"行业的领军人物。

图 4.10　李德群院士

1978 年，离开武汉 15 年的李德群，拿着华中工学院（今华中科技大学）的研究生录取通知书百感交集。当时他的导师肖景容教授结合学科前沿和实际需要，为李德群确定了塑料注射成形模拟的研究方向。"科学研究一开始找准方向十分重要"，李德群认为正是导师的高瞻远瞩和循循善诱，让自己走上了研究的快车道。他从此走上了塑料注射成形模拟和模具 CAD/CAE/CAM 的科研之路。1986 年，李德群应邀前往美国康奈尔大学担任访问学者。一年多的美国之行，大大拓宽了他的视野，提高了他的研究能力，让他认准了塑料注射成形模拟技术的发展方向。带着改变这种状况的决心，从美国归来的李德群带领其团队开始了数十年如一日的科学攻关。

针对中面模型的缺陷，李德群经过深入的思考和调研，提出了表面模型的概念。他认为，可以不必构造中心面，直接采用产品表面表征熔体流动，这样能够显著提高分析精度，突破中面模型的应用局限。在提出概念后，李德群和他的博士研究生通力合作，开发出基于表面模型的模拟软件，并首先在国际上发表相关论文。国际专业杂志《现代塑料》(Modern Plastics)随后用整版篇幅专题报道了该研究成果。李德群的这一成果很快成为国际研究热点。来自美、英、德、日等国家的 50 多个国际研究团体引用了其表面模型的论文，其中包括一批国际知名学者。美国佐治亚理工学院的 Cardozo 教授在综述论文中评价："表面模型的概念是创新和激动人心的，是注射成形模拟历史上一个重要里程碑。"

成形模拟是实现塑料成型工艺优化的关键技术，它能够使模具的设计周期和成本大幅下降，使材料和设备利用率大幅上升，但长期以来，我国缺乏的正是具有自主知识产权的模拟软件。李德群和他的团队在 20 世纪 90 年代初率先开发出国产塑料注射成形模拟软件并实现了工程应用。塑料注射成形集成模拟软件——华塑 CAE 成了李德群的又一成果。该软件覆盖了充填、保压、冷却、应力、变形模拟的全过程，并且经过了严格的实验验证和工程测试，预测精度达到工程应用的允许范围。

2005 年，李德群将目光放在了成形装备智能制造方向上。当时我国塑料注射机保有量为 100 万台，传统技术普遍陈旧，无法实现能量按需供给与精确控制，产品质量的一致性难以保障。李德群在成形模拟的基础上将工艺参数自动设置、自适应注射等智能技术应用到注射机上，提出了在线反演的注射速度平滑优化、工艺曲线的二级闭环控制等方法，成功开发出智能型注射机。经国家权威机构测试，李德群所开发的智能型注射机能耗低于我国及欧洲最高能耗标准，响应时间、位置精度等关键指标均达到国际先进水平，显著提高了注塑产品的重复精度、良品比例和生产自动化程度。目前，智能型注射机不仅在国内推广应用，还远销海外。2012 年，塑料注射机智能技术及应用成果获教育部技术发明一等奖。熟悉李德群的同事们说：当初很少有人看好智能成形装备的研究，都觉得耗神费力不讨好，但李德群和他的团队明知山有虎，偏向虎山行，经过多年的悉心研究，终于把智能控制系统和智能型注射机研制成功，不得不令人佩服。而当前，智能制造都是全社会关注的热点话题，李德群又一次走在了学科的前沿。

第 5 章 注射模结构

塑料注射成型模具（即注射模）主要用于热塑性塑料制件的成型。注射成型的特点是生产率高，容易实现自动化生产，由于注射成型的工艺优点显著，所以塑料注射成型的应用十分广泛。随着成型技术的发展，热固性塑料的注射成型应用也日趋广泛。本章主要介绍热塑性塑料注射模的典型结构、注射模与注射机之间的关系。

注射模的分类及结构组成

注射模的典型结构

注射模与注射机

注射机工艺参数的校核

5.1 注射模的分类及结构组成

5.1.1 注射模的分类

注射模有很多的分类方法，按浇注系统的结构形式分类，可分为普通流道注射模（如图 5.1 所示）、热流道注射模（如图 5.2 所示）；按注射模具的典型结构特征可分为单分型面注射模、双分型面注射模、斜导柱（弯销、斜导槽，斜滑块、齿轮齿条）侧向分型与抽芯注射模、带有活动镶件的注射模、定模带有推出装置的注射模和自动卸螺纹注射模等；按注射模具所用注射机的类型可分为卧式注射机用模、立式注射机用模和角式注射机用模；按塑料的性质分类，可分为热塑性塑料注射模、热固性塑料注射模；按注射成型技术可分为低发泡注射模、精密注射模、气体辅助注射成型注射模、双色及多色注射模等。

图 5.1 普通流道注射模

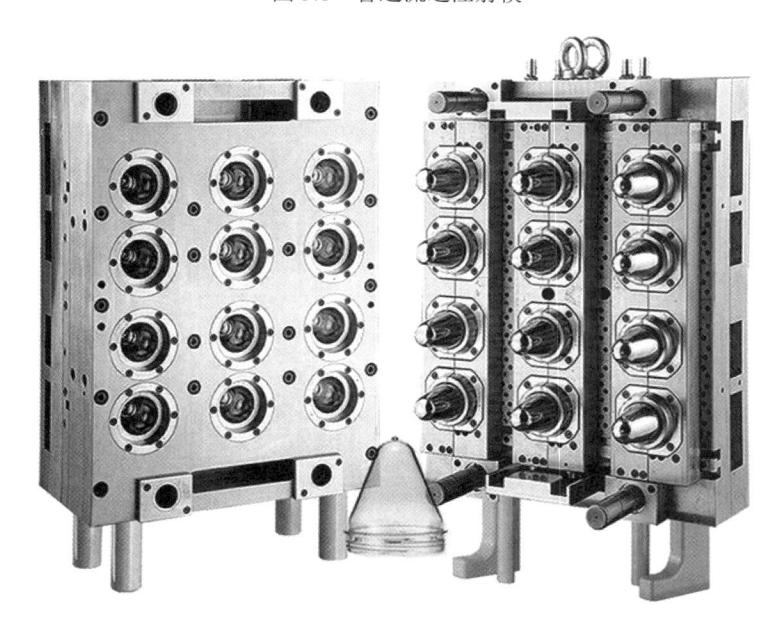

图 5.2 热流道注射模

5.1.2 注射模的结构组成

注射模的结构是由塑件的复杂程度及注射机的结构形式等因素决定的，注射模可分为定模和动模两大部分，定模部分安装在注射机的固定模板上，动模部分安装在注射机的移动模板上，安装于注射机上的注射模，如图 5.3 所示。注射时，定模与动模闭合构成浇注系统和型腔。开模时，定模与动模分离，取出塑件。

图 5.3 安装于注射机上的注射模

根据模具上各个部分所起的作用，注射模的总体结构组成如图 5.4 所示。

1．成型部分

成型部分是指与塑件直接接触，成型塑件内、外表面的模具部分，它由凸模（型芯）、凹模（型腔）及嵌件和镶块等组成。凸模（型芯）形成塑件的内表面形状，凹模形成塑件的外表面形状。合模后凸模和凹模便构成了模具模腔。图 5.4 所示的模具中，模腔是由动模板 1、定模板 2、凸模 7 等组成的。

（a）

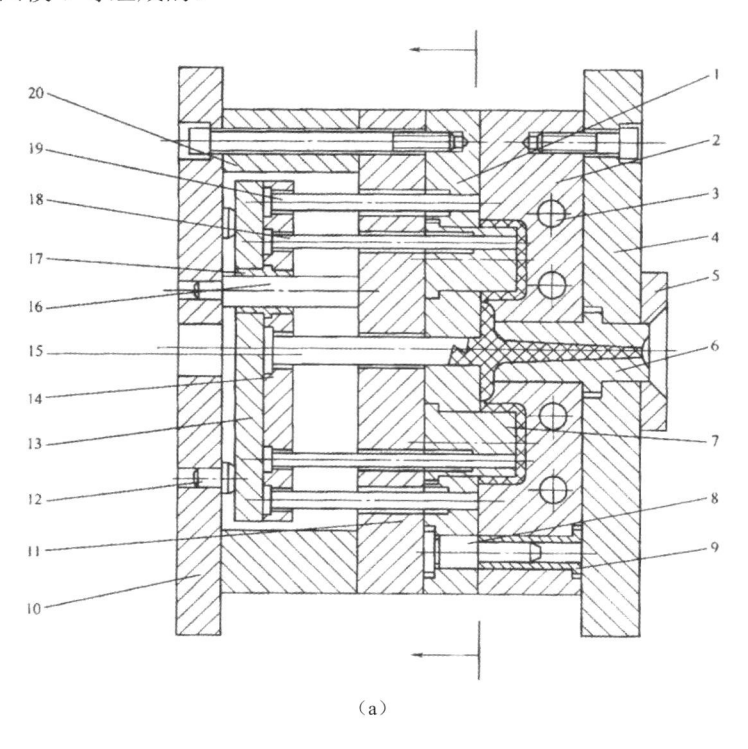

图 5.4 注射模的结构

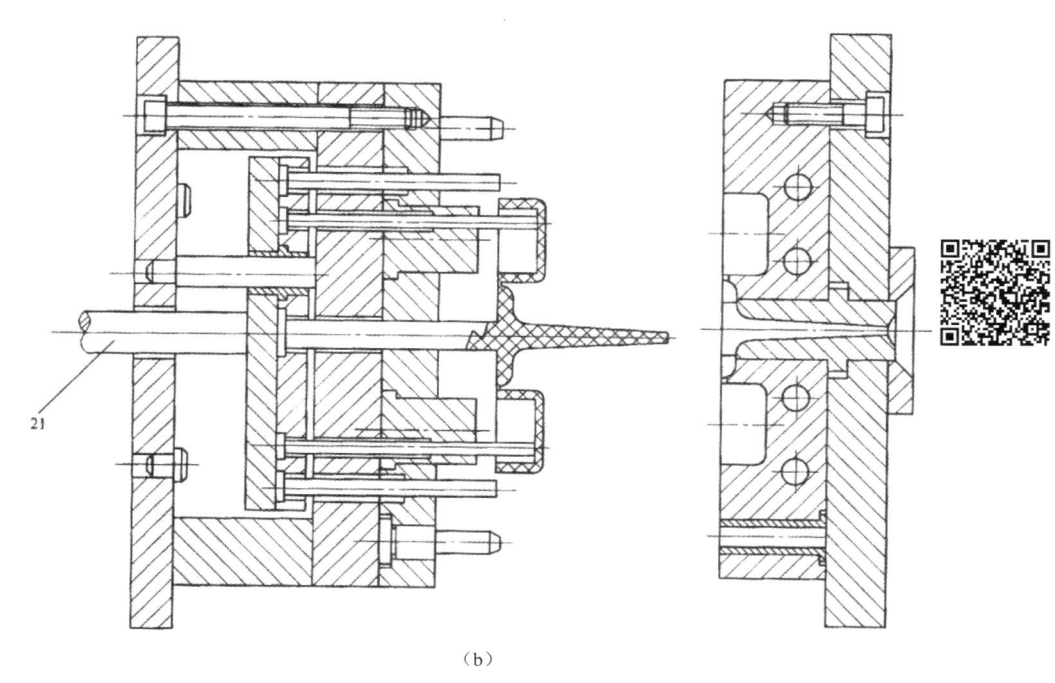

(b)

1—动模板；2—定模板；3—冷却水道；4—定模座板；5—定位圈；6—浇口套；7—凸模；8—导柱；9—导套；10—动模座板；11—支承板；12—支承柱；13—推板；14—推杆固定板；15—拉料杆；16—推板导柱；17—推板导套；18—推杆；19—复位杆；20—垫块；21—注射机顶杆

图 5.4 注射模的结构（续）

2．浇注系统

浇注系统是熔融塑料在压力作用下充填模具型腔的通道（熔融塑料从注射机喷嘴进入模具型腔所流经的通道）。浇注系统由主流道、分流道、浇口及冷料穴等组成。浇注系统对塑料熔体在模内流动的方向与状态、排气溢流、模具的压力传递等起到重要的作用。

3．导向机构

为了保证动模、定模在合模时准确定位，模具必须设计有导向机构。导向机构分为导柱、导套导向机构与内外锥面定位导向机构两种形式。图 5.4 中的导向机构由导柱 8 和导套 9 组成。此外，大中型模具还要采用推出机构导向，图 5.4 中的推出导向机构由推板导柱 16 和推板导套 17 所组成。

4．侧向分型与抽芯机构

塑件上的侧向如有凹凸形状及孔或凸台，这就需要有侧向的型芯或成型块来成型。在塑件被推出之前，必须先抽出侧向型芯或侧向成型块，然后方能顺利脱模。带动侧向型芯或侧向成型块移动的机构称为侧向分型与抽芯机构。

5. 推出机构

推出机构是将成型后的塑件从模具中推出的装置。推出机构由推杆、复位杆、推杆固定板、推板、拉料杆及推板导柱和推板导套等组成的。图5.4中的推出机构由推板13、推杆固定板14、拉料杆15、推板导柱16、推板导套17、推杆18和复位杆19等零件组成。

6. 温度调节系统

为了满足注射工艺对模具的温度要求，必须对模具的温度进行控制，模具结构中一般都设有对模具进行冷却或加热的温度调节系统。模具的冷却方式是在模具上开设冷却水道（图5.4中3），加热方式是在模具内部或四周安装加热元件。

7. 排气系统

在注射成型过程中，为了将型腔内的气体排出模外，常常需要开设排气系统。排气系统通常是在分型面上有目的地开设几条排气沟槽，另外许多模具的推杆或活动型芯与模板之间的配合间隙可起排气作用。小型塑件的排气量不大，因此可直接利用分型面排气。

8. 支承零部件

用来安装固定或支承成型零部件及前述各部分机构的零部件均称为支承零部件。支承零部件组装在一起可以构成注射模的基本骨架。图5.4中的支承零部件由定模座板4、动模座板10、支承板11和垫块20等组成。

根据注射模中各零部件的作用，上述八大部分中的零部件可以分为成型零部件和结构零部件两大类。

5.2 注射模的典型结构

5.2.1 单分型面注射模

单分型面注射模是注射模中最简单、最常见的一种结构形式，也称二板式注射模。单分型面注射模只有一个分型面，其典型三维结构如图5.5所示，从图5.5（a）中能看清动模部分结构，从图5.5（b）中能看清定模部分结构。单分型面注射模根据结构需要，既可以设计成单型腔注射模，也可以设计成多型腔注射模，应用十分广泛。

1. 工作原理

注射模的结构如图5.4所示。合模时，在导柱8和导套9的导向与定位作用下，注射机的合模系统带动动模部分向前移动，使模具闭合，并提供足够的锁模力锁紧模具。在注射液压缸的作用下，塑料熔体通过注射机喷嘴经模具浇注系统进入型腔，待熔体充满型腔并经保压、补缩和冷却定型后开模，如图5.4（a）所示；开模时，注射机合模系统带动动模向后移动，模具从动模和定模分型面分开，塑件包在凸模7上随动模一起后移，同时拉料杆15将浇注系统主流道凝料从浇口套中拉出，开模行程结束，注射机顶杆 21 推动推板 13，推出机构开始工作，推杆 18 和拉料杆 15 分别将塑件及浇注系统凝料从凸模 7 和冷料穴中推出，如图 5.4（b）所示，至此完成一次注射过程。合模时，复位杆使推出机构复位，模具准备下一次注射。

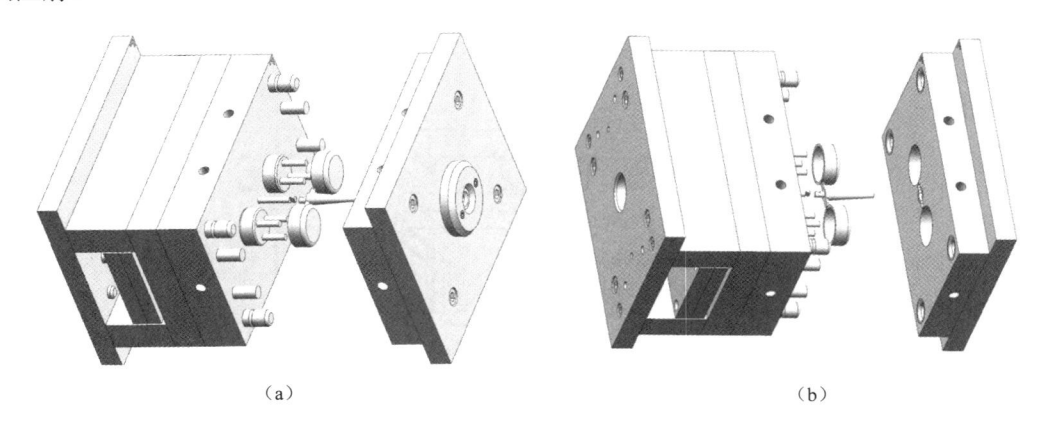

图 5.5　单分型面注射模三维结构图

2．设计注意事项

1）分流道位置的选择

分流道开设在分型面上，它可单独开设在动模一侧或定模一侧，也可以开设在动、定模分型面的两侧。

2）塑件的留模方式

由于注射机的推出机构一般设置在动模一侧，为了便于塑件推出，所以塑件在分型后应尽量留在动模一侧。因此，一般将包紧力大的凸模或型芯设在动模一侧，包紧力小的凸模或型芯设置在定模一侧。

3）拉料杆的设置

为了将主流道浇注系统凝料从模具浇口套中拉出，避免下一次成型时堵塞流道，动模一侧必须设有拉料杆。

4）导柱的设置

单分型面注射模的合模导柱既可设置在动模一侧，也可设置在定模一侧，根据模具结构的具体情况而定，通常设置在型芯凸出分型面最长的那一侧。标准模架的导柱一般都设置在动模一侧。

5）推杆的复位

推杆有多种复位方法，常用的机构有复位杆复位和弹簧复位两种形式。

5.2.2　双分型面注射模

双分型面注射模的结构特征是有两个分型面，常常用于点浇口浇注系统的模具，也叫三板式（动模板、中间板、定模座板）注射模。弹簧分型拉板定距分型面注射模，如图 5.6 所示。在定模部分增加一个分型面（A 型面），分型的目的为取出浇注系统凝料，便于下一次注射成型；B 分型面为主分型面，分型的目的是打开模推出塑件。双分型面注射模与单分型面注射模具比较，其结构较复杂。

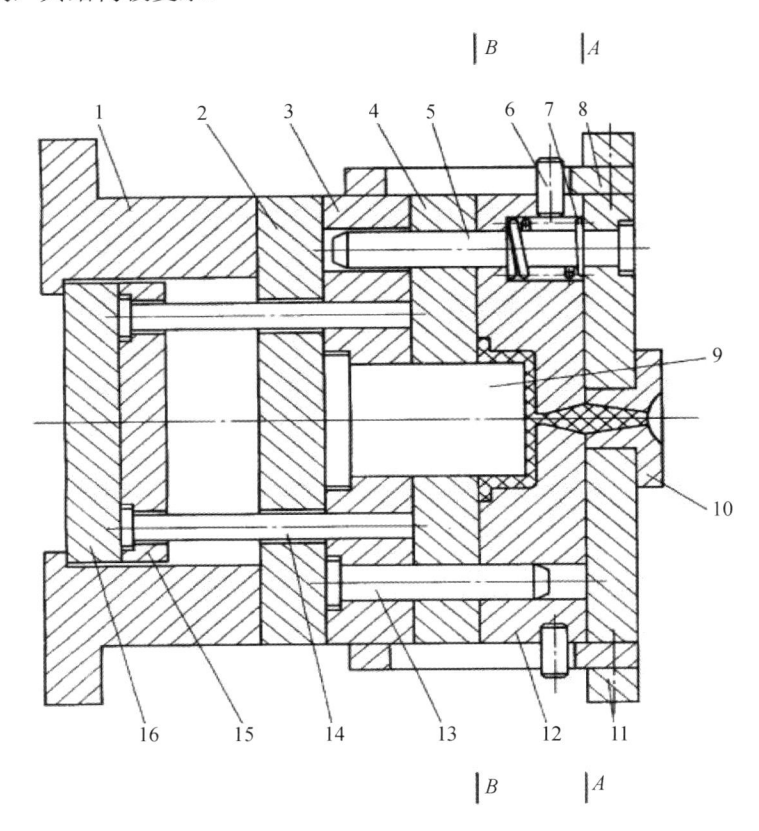

1—支架；2—支承板；3—型芯固定板；4—推件板；5—导柱；6—限位销；7—弹簧；8—定距拉板；9—型芯；10—浇口套；11—定模座板；12—中间板（定模板）；13—导柱；14—推杆；15—推杆固定板；16—推板

图 5.6　弹簧分型拉板定距双分型面注射模

1. 工作原理

开模时，动模部分向后移动，由于弹簧 7 的作用，模具首先在 A 分型面分型，中间板（定模板）12 随动模一起后退，主流动道凝料从浇口套 10 中随之拉出。当动模部分移动一定距离后，固定在中间板（定模板）12 上的限位销 6 与定距拉板 8 左端接触，使中间板停止移动，A 分型面分型结束。动模继续后移，B 分型面分型。因塑件包紧在型芯 9 上，这时浇注系统凝料在浇口处拉断，然后在 B 分型面之间自行脱落或由人工取出。动模部分继续后移，当注射机的顶杆接触推板 16 时，推出机构开始工作，推件板 4 在推杆 14 的推动下将塑件从型芯 9 上推出，塑件在 B 分型面之间自行落下。

弹簧分型拉板定距双分型面注射模的三维结构如图 5.7 所示。该图展现了模具的开模推出取件状态。

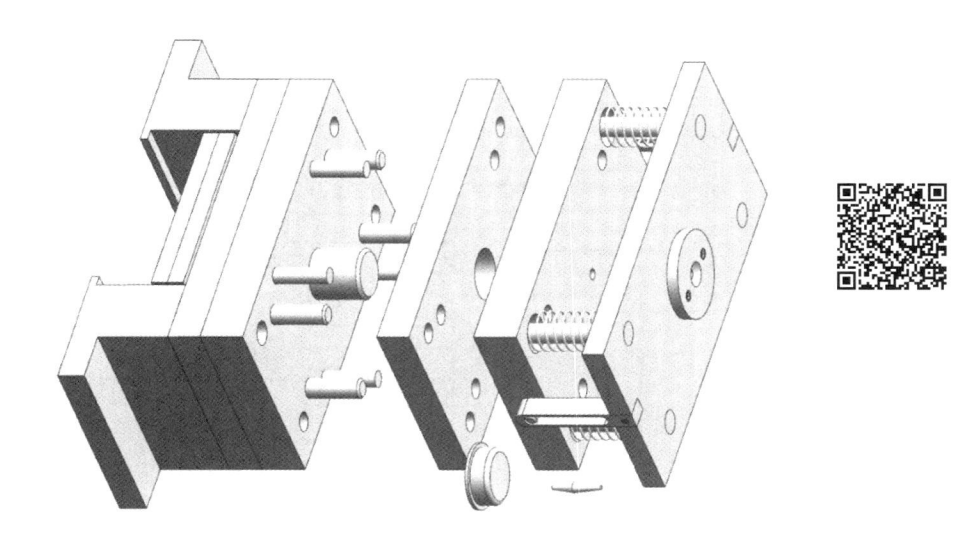

图 5.7 弹簧分型拉板定距双分型面注射模的三维结构图

2. 设计注意事项

1) 浇口的形式

三板式点浇口注射模具的点浇口截面积较小，直径只有 0.5～1.5mm，由于浇口截面积太小，导致熔体流动阻力太大。

2) 导柱的设置

三板式点浇口注射模具在定模一侧一定要设置导柱，用于对中间板的导向和支承，加长该导柱的长度，也可以对动模部分进行导向，那么动模部分就可以不设置导柱。如果是推件板推出机构，动模部分也一定要设置导柱。

3. 双分型面注射模的分型形式

由于双分型面注射模在开模过程中要进行两次分型，必须采取顺序定距分型机构，即定模部分先分开一定距离，然后主分型面分开型。一般 A 分型面分型距离按下式计算。

$$S=S'+（3～5） \tag{5.1}$$

式中，S——A 分型面分型距离，单位为 mm；

S'——浇注系统凝料在合模方向上的长度，单位为 mm。

双分型面注射模顺序定距分型的方法较多。弹簧分型拉板定距两次分型机构适用于一些中小型的模具。在分型机构中，弹簧至少应 4 个，弹簧的两端应并紧且磨平，弹簧的高度应一致，并对称布置于分型面上模板的四周，以保证分型时，中间板受到的弹力均匀，移动时不被卡死。定距拉板一般采用 2 块，对称布置于模具两侧。

图 5.8 是弹簧分型拉杆定距双分型面注射模。其工作原理与弹簧分型拉板定距双分型面注射模基本相同，只是定距方式不同，其采用拉杆端部的螺母来限定中间板的移动距离。限位拉杆还常兼作定模导柱，此时它与中间板应按导向机构的要求进行配合导向。

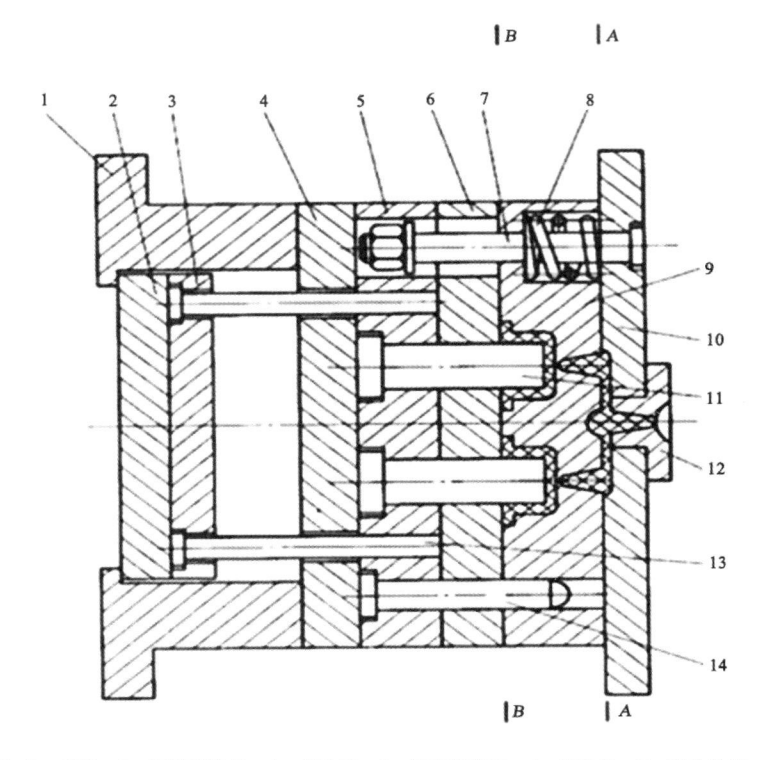

1—支架；2—推板；3—推杆固定板；4—支承板；5—型芯固定板；6—推件板；7—限位拉杆；8—弹簧；9—中间板（定模板）；10—定模座板；11—型芯；12—浇口套；13—推杆；14—导柱

图 5.8　弹簧分型拉杆定距双分型面注射模

弹簧分型拉杆定距双分型面注射模的三维结构如图 5.9 所示。该图展现了模具的开模推出取件状态。

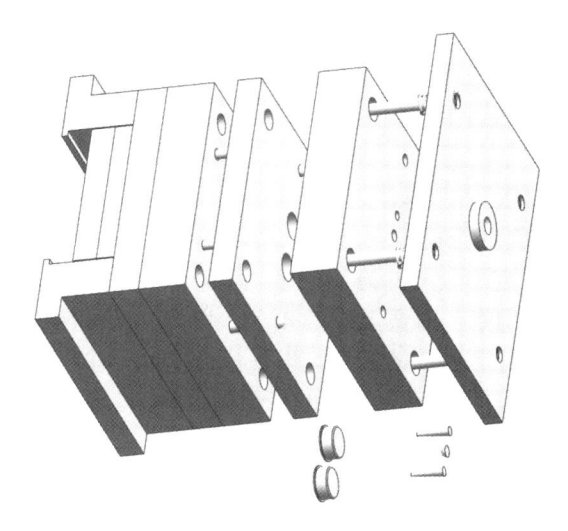

图 5.9　弹簧分型拉杆定距双分型面注射模的三维结构图

图 5.10 是导柱定距式双分型面注射模。开模时，由于弹簧 16 的作用使顶销 14 压紧在导柱 13 的半圆槽内，以便模具在 A 分型面分型，当定距导柱 8 上的凹槽与定距螺钉 7 相碰时，中间板停止移动，强迫顶销 14 退出导柱 13 的半圆槽。接着，模具在 B 分型面分型。这种定距导柱既是中间板的支承和导向，又是动、定模的导向，可以使模板面上的杆孔大为减少。对模具分型面比较紧凑的小型模具来说，这种结构是十分经济合理的。

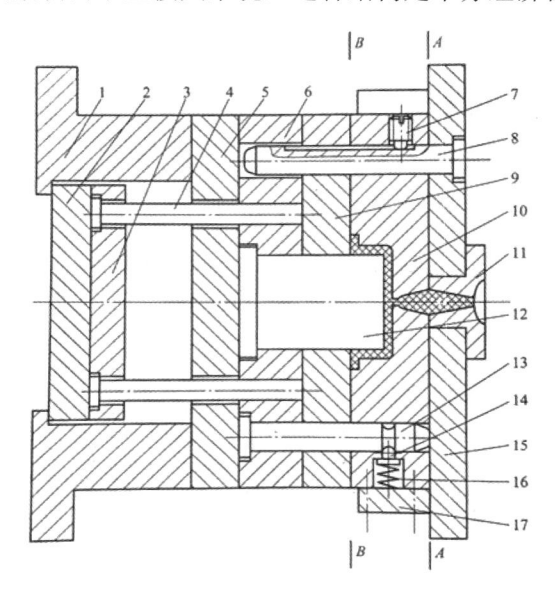

1—支架；2—推板；3—推杆固定板；4—推杆；5—支承板；6—型芯固定板；7—定距螺钉；
8—定距导柱；9—推件板；10—中间板（定模板）；11—浇口套；12—型芯；13—导柱；
14—顶销；15—定模座板；16—弹簧；17—压块

图 5.10　导柱定距式双分型面注射模

导柱定距式双分型面注射模的三维结构如图 5.11 所示。该图展现了模具的开模推出取件状态。

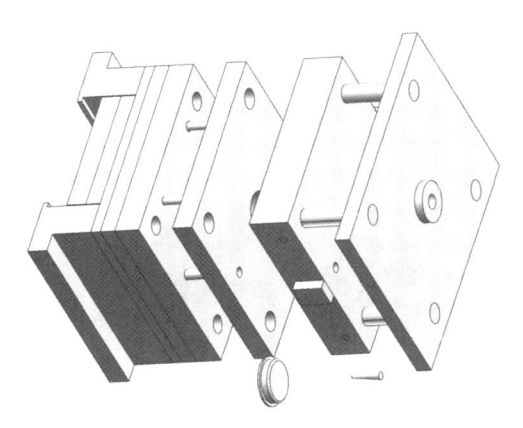

图 5.11　导柱定距式双分型面注射模的三维结构图

图 5.12 是摆钩分型螺钉定距双分型面注射模。两次分型的机构由挡块 1、摆钩 2、压块 4、弹簧 5 和限位螺钉 12 等组成。开模时，由于固定在中间板（定模板）7 上的摆钩 2 拉住支承板 9 上的挡块，模具从 A 分型面分型。分型到一定距离后，摆钩在压块的作用下产生摆动而脱钩，同时中间板（定模板）7 在限位螺钉的限制下停止移动，B 分型面分型。设计时摆钩 2 和压块 4 等零件应对称布置在模具的两侧，摆钩 2 拉住动模上挡块 1 的角度取 1°～3° 为宜。

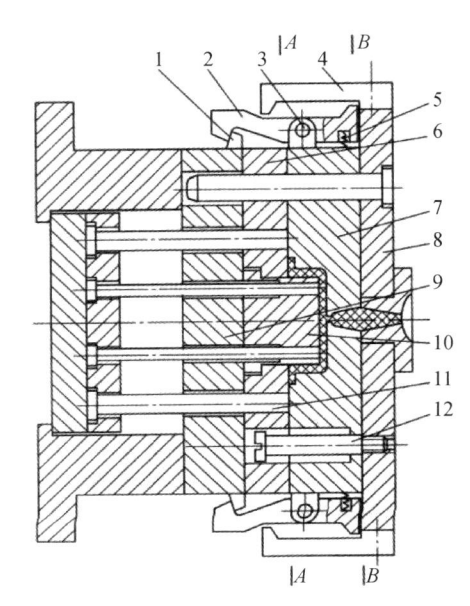

1—挡块；2—摆钩；3—转轴；4—压块；5—弹簧；6—动模板；7—中间板（定模板）；
8—定模座板；9—支承板；10—型芯；11—推杆；12—限位螺钉

图 5.12 摆钩分型螺钉定距双分型面注射模

摆钩分型螺钉定距双分型面注射模的三维结构如图 5.13 所示。该图展现了模具的开模推出取件状态。

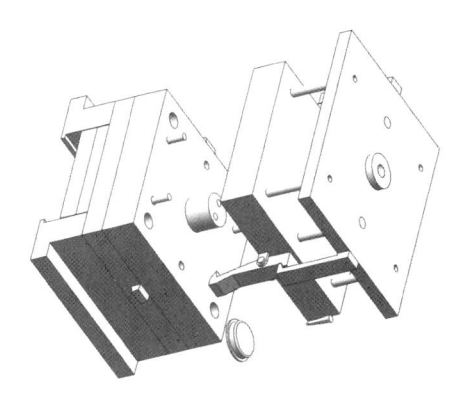

图 5.13 摆钩分型螺钉定距双分型面注射模的三维结构图

5.2.3 斜导柱侧向分型与抽芯注射模

当塑件侧壁有孔、凹槽或凸起时，其成型零件必须制成可侧向移动的，否则塑件无法脱模。带动侧向成型零件进行侧向移动的整个机构称为侧向分型与抽芯机构。斜导柱侧向分型与抽芯注射模是一种比较常用的侧向分型与抽芯结构形式，如图 5.14 所示。侧向抽芯机构是由挡块 5、螺母 6、弹簧 7、滑块拉杆 8、楔紧块 9、斜导柱 10、侧型芯滑块 11 等零件组成的。

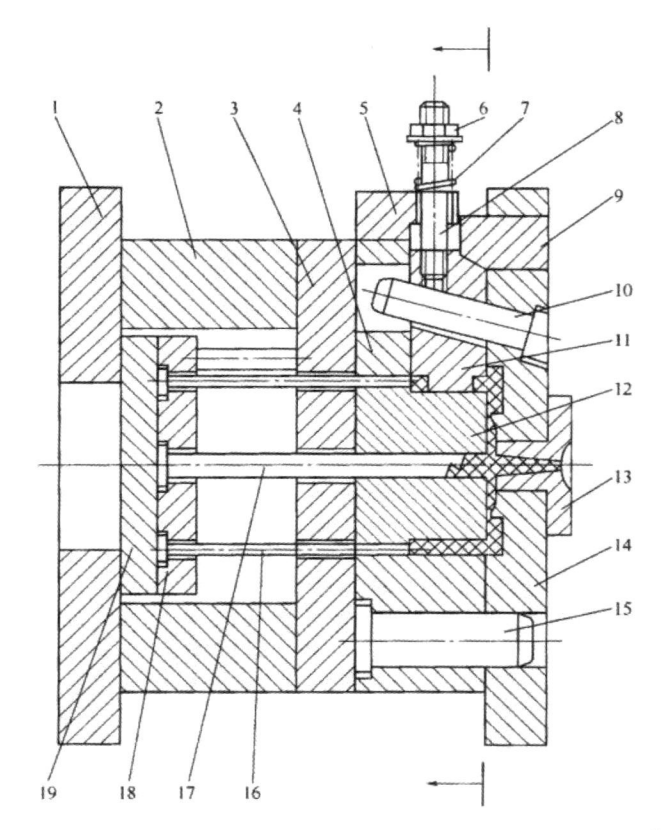

1—动模座板；2—垫块；3—支承板；4—动模板；5—挡块；6—螺母；7—弹簧；
8—滑块拉杆；9—楔紧块；10—斜导柱；11—侧型芯滑块；12—型芯；13—浇口套；
14—定模座板；15—导柱；16—推杆；17—拉料杆；18—推杆固定板；19—推板

图 5.14 斜导柱侧向分型与抽芯注射模

开模时，动模部分向后移动，开模力通过斜导柱 10 带动侧型芯滑块 11，使其在动模板 4 的导滑槽内向外滑动，直至侧型芯滑块 11 与塑件完全脱开，完成侧向抽芯动作。塑件包在型芯 12 上，随动模继续后移，直到注射机顶杆与推板 19 接触，推出机构开始工作，推杆 16 将塑件从型芯上推出。合模时，复位杆（图中未画出）使推出机构复位，斜导柱 10 使侧型芯滑块 11 向内移动复位，最后侧型芯滑块由楔紧块 9 锁紧。

斜导柱 10 侧向抽芯结束后，为了保证滑块不会侧向移动，且合模时斜导柱 10 能顺利地插入滑块的斜导孔中使滑块复位，侧型芯滑块应有准确的定位，图 5.14 中的定位装置是由挡块 5、螺母 6、弹簧 7、滑块拉杆 8 和垫片等组成的。楔紧块的作用是防止注射时熔体压力使侧型芯滑块 11 产生位移，楔紧块的斜面应与侧型芯滑块上斜面的斜度一致。

5.2.4 斜滑块侧向分型与抽芯注射模

斜滑块侧向分型与抽芯注射模也是一种比较典型的模具结构形式，它与斜导柱侧向分型与抽芯注射模作用相同，是用来成型塑件上带有侧向凹槽或凸起的侧向分型与抽芯的注射模具。斜滑块侧向分型与抽芯注射模的作用力由推出机构提供，动作是由可斜向移动的斜滑块来完成的，一般用于侧向分型面积较大、抽芯距离较短的场合。

图 5.15 是斜滑块侧向分型与抽芯注射模。开模时，动模部分向左移动，塑件包在型芯 5 上一起随动模后移，拉料杆 9 将主流道凝料从浇口套 4 中拉出。当注射机顶杆与推板 13 接触时，推杆 7 推动斜滑块 3 沿着动模板 6 的斜向导滑槽滑动，塑件在斜滑块带动下从型芯 5 上脱模的同时，斜滑块 3 从塑件中抽出。合模时，动模部分向前移动，当斜滑块 3 与定模座板 2 接触时，定模座板 2 迫使斜滑块推动推出机构复位。

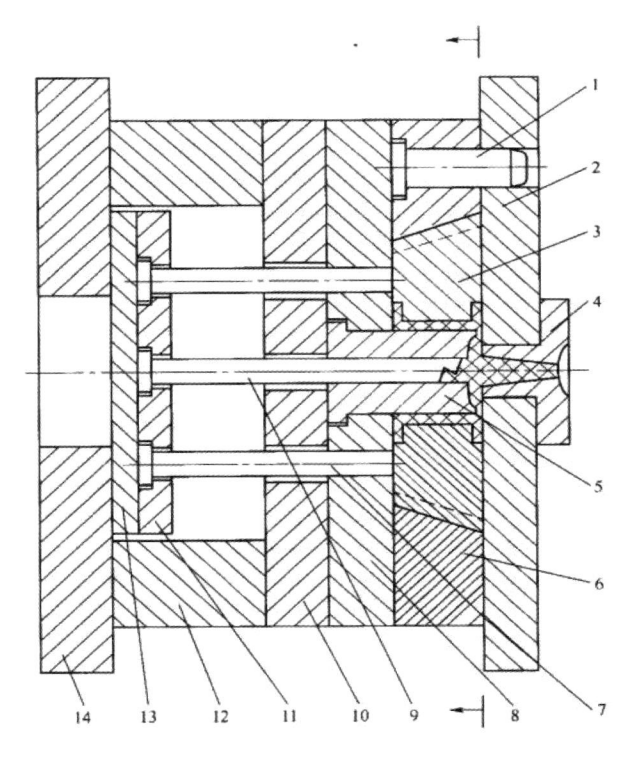

1—导柱；2—定模座板；3—斜滑块；4—浇口套；5—型芯；6—动模板；7—推杆；8—型芯固定板；
9—拉料杆；10—支承板；11—推杆固定板；12—垫块；13—推板；14—动模座板

图 5.15 斜滑块侧向分型与抽芯注射模

也有斜滑块安装在定模板斜导槽内的斜滑块侧向分型与抽芯注射模，不过这时，斜滑块侧向分型与抽芯注射模的动力一般由固定在定模上的液压缸提供。

斜滑块侧向分型与抽芯注射模的特点是，斜滑块进行侧向分型抽芯的同时塑件从型芯上脱出，即侧抽芯与脱模同时进行。但侧抽芯的距离比斜导柱侧抽芯机构短。在设计、制造斜滑块侧向分型与抽芯注射模注射模时，要求斜滑块移动可靠、灵活，不能出现停顿及卡死现象，否则侧抽芯将不能顺利进行，甚至会将塑件或模具损坏。

5.2.5 带有活动镶件的注射模

塑件上除了有侧向的孔及凹、凸形状，一些特殊的塑件上还有螺纹孔及外螺纹表面等，这样的塑件成型时，即使采用侧向抽芯机构也无法实现侧向抽芯的要求，在设计中为了简化模具结构，可以将局部的成型零件设置成活动镶件，而不采用斜导柱、斜滑块等机构。开模时，这些活动镶件在塑件脱模时连同塑件一起被推出模外，然后通过手工或专门的工具将活动镶件与塑件分离，在下一次合模注射之前，再重新将活动镶件放入模具内。还有一些带有活动镶件结构形式的模具，其特点是省去了斜导柱、斜滑块等复杂结构的设计与制造，模具结构简单，外形缩小，模具的制造成本降低，另外在某些无法安排斜导柱、斜滑块结构的场合，使用活动镶件这种形式更为灵活。带有活动镶件的注射模的缺点是生产效率较低，操作时安全性差，无法实现自动化生产。

图 5.16 是带有活动镶件的点浇口双分型面注射模。由于塑件的内侧有一局部圆环，所以无法设置斜导柱或斜滑块，故采用活动镶件的机构。合模前人工将活动镶块 11 定位于动模板 15 的对应孔中。为了便于安装镶件，应使推出机构先复位，为此在四只复位杆上安装了四个弹簧。开模时，动模部分向后移动，A 分型面首先分型，点浇口凝料从浇口套中脱出，定距导柱 16 左端限位挡圈接触中间板 14 时，A 分型面分型结束，B 分型面分型，塑件包在型芯 12 和活动镶块 11 上随着动模一起后移，分型结束，推出机构开始工作，推杆 17 和 9 将塑件及活动镶块 11 一起推出模外。合模时，弹簧 5 使推杆复位后，工人将与塑件分离后的活动镶件 11 重新放入模具内合模，然后再进行下一次注射成型。

对于成型带螺纹塑件的注射模可以采用螺纹型芯或螺纹型环。螺纹型芯或螺纹型环实质上也是活动镶件。开模时，活动螺纹型芯或型环随塑件一起被推出机构推出模外，然后用手工或专用工具将螺纹型芯或型环从塑件中旋出，再将其放入模具中进行下一次注射成型。

设计带有活动镶件的注射模时应注意：活动镶件在模具中应有可靠的定位和正确的配合。除了和安放孔有一段 5～10mm H8/f8 的配合，其余应设计成 3°～5°的斜面以保证配合间隙；由于脱模工艺的需要，有些模具在活动镶件的后面需要设置推杆，开模时将活动镶件推出模外后，为了下一次安放活动镶件，推杆必须预先复位，否则活动镶件将无法放入安装孔内。图 5.16 中的弹簧 5 便能起到使推出机构先复位的作用。弹簧一般为 4 个，安装在复位杆上。此外，也可以将活动镶件设计成在合模时部分与定模分型面接触，在推杆将其推出时并不全部推出安装孔，还保留一部分（但应方便取件），以便安装活动镶件，合模时由定模分型面将活动镶件全部压入所安放的孔内的样式。这种设计方法往往将推杆与活动镶件用螺纹连接。活动镶件放在模具中容易滑落的位置（如立式注射机的上模或受冲击振动较大的卧式注射机的动模一侧）时，活动镶件插入弹性连接装置加以稳定，以免合模时镶件落下或移位造成塑件报废或模具损坏。

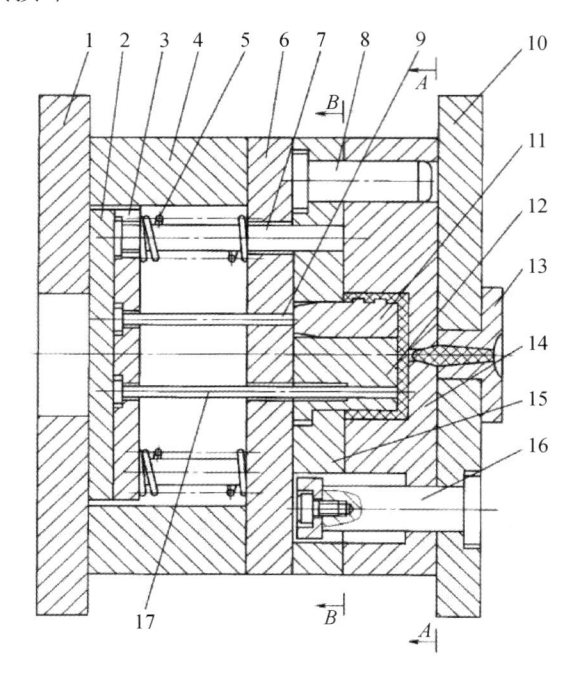

1—动模座板；2—推板；3—推杆固定板；4—垫块；5—弹簧；6—支承板；7—复位杆；8—导柱；9—推杆；10—定模座板；11—活动镶块；12—型芯；13—浇口套；14—中间板；15—动模板；16—定距导柱；17—推杆

图5.16　带有活动镶件的点浇口双分型面注射模

5.3　注射模与注射机

注射机是注射成型的设备，注射模是安装在注射机上进行生产的。注射机选用得是否合理，将直接影响模具结构的设计，因此在进行模具设计时，设计人员必须对所选用注射机的相关技术参数有全面的了解。

5.3.1　注射机的分类

注射机发展很快，类型不断增加，注射机的分类方法较多，通常按注射机外形特征分类，这种分类法的主要根据是注射装置和合模装置的排列方式，据此它可以分为卧式注射机、立式注射机、角式注射机和多色注射机等。

1．卧式注射机

卧式注射机是使用最广泛的注射成型设备，它的注射装置和合模装置的轴线呈一条直线并水平排列,如图 5.17 所示。卧式注射机具有便于操纵和维修,机器重心低,比较稳定,成型后的塑件推出后可利用其自重自动落下,容易实现全自动操作等优点。卧式注射机对大、中、小型模具都适用,注射量 60cm³ 及以上的注射机均为螺杆式注射机。其主要缺点是模具安装较困难。

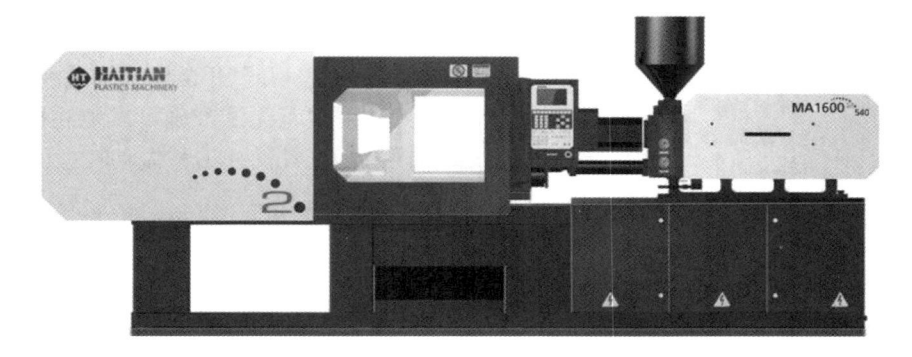

图 5.17 卧式注射机

2. 立式注射机

立式注射机如图 5.18 所示。它的注射装置与合模装置的轴线呈一条直线并与水平方向垂直排列。立式注射机一般具有占地面积小、模具拆装方便、安放嵌件便利等优点。其缺点是塑件顶出后要用手或其他方法取出,不易实现全自动化操作,机身重心较高,机器的稳定性差。其多为注射量在 60cm³ 以下的小型柱塞式注射机。

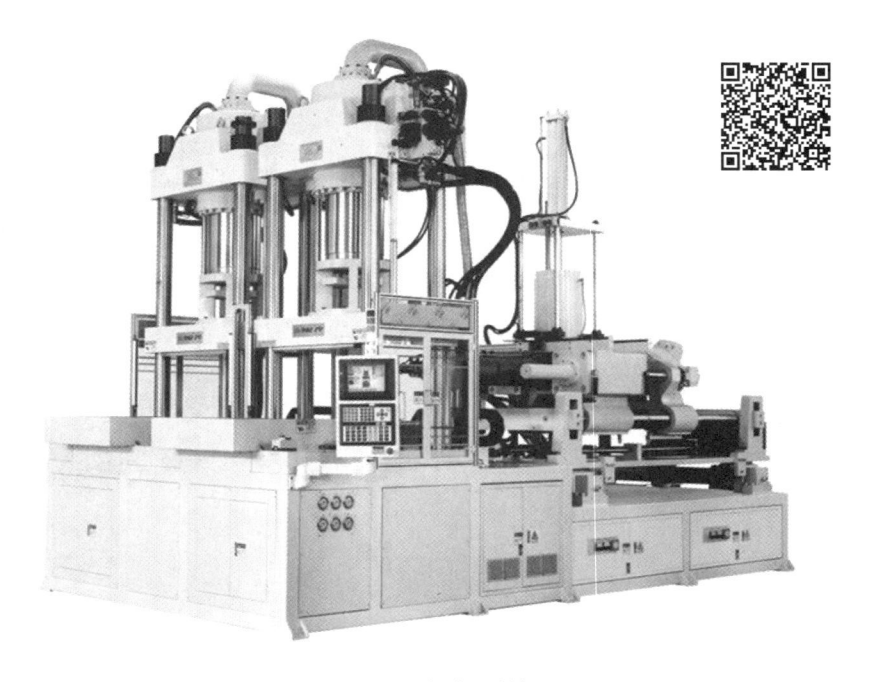

图 5.18 立式注射机

塑料成型工艺与模具设计

3．角式注射机

角式注射机一般为柱塞式注射机，它的注射装置和合模装置的轴线相互垂直排列，如图 5.19 所示。其优点介于卧、立两种注射机之间，主要是注射量为 45cm³ 以下的小型注射机，特别适合成型自动脱卸有螺纹的塑件。

角式注射成型模具的特点是熔料沿着模具的分型面进入型腔。由于开合模机构是纯机械传动，所以角式注射机有无法准确可靠地注射和保持压力及锁模力，模具受冲击和振动较大的缺点。

4．多色注射机

使用两个或两个以上注射系统的注射机，将不同品种或不同色泽的塑料同时或先后注射入模具型腔内的成型方法，称为共注射成型。该成型方法可以生产多种色彩或多种塑料的复合塑件。共注射成型用的注射机称多色注射机。国内使用的多为双色注射机，它实际上是一种专用注射机，如图 5.20 所示。

根据注射成型工艺和成型技术的不同，专用型注射机还可以分成热固性塑料型注射、发泡注射、排气注射、高速注射、多色注射、精密注射、气体辅助注射等类型注射机。我国生产的注射机主要是热塑性塑料通用型和部分热固性塑料注射机。

图 5.19　角式注射机

（a）

图 5.20　双色注射机

（b）

图 5.20　双色注射机（续）

5.3.2　注射成型机型号规格的表示法

注射机型号标准表示法主要有注射量、合模力、注射量与合模力同时表示三种方法。

1. 注射量表示法

注射量表示法是用注射机的注射容量来表示注射机的规格方法，即注射机以标准螺杆（常用普通型螺杆）注射时的 80%理论注射量表示。这种表示法比较直观，规定了注射机成型制件的体积范围。由于注射容量与加工塑料的性能、状态有着密切的关系，所以注射量表示法不能直接用来判断规格的大小。

常用的卧式注射机型型号有：XS－ZY－30、XS－ZY－60、XS－ZY－125、XS－ZY－500、XS－ZY－1000 等。其中，XS 表示塑料成型机械；Z 表示注射成型；Y 表示螺杆式（预塑式）；500、125 表示注射机的最大注射量（cm^3 或 g）。

2. 合模力表示法

合模力表示法是用注射机最大合模力（kN）来表示注射机的规格方法，此表示法直观、简单，注射机合模力不会受到其他取值的影响而改变，可直接反映出注射机成型制件面积的大小。合模力表示法不能直接反映注射机注射量的大小，也就不能反映注射机的全部加工能力及规格的大小。

3. 合模力与注射量表示法

合模力（kN）与注射量（cm^3 或 g）表示法目前是国际上通用的表示方法，用注射量为分子，合模力为分母表示设备的规格。如 XZ－63/50 型号注射机，其中 X 表示塑料机械，Z 表示注射机，63 表示注射容量为 63cm^3，合模力为 50×10 kN。

国家标准采用注射量表示法（XS－ZY－注射量—改进型表示法），如 XS－ZY－125 型号的注射机，其中 XS 表示塑料成型机械；Z 表示注射成型；Y 表示螺杆式（无 Y 则表示为柱塞式）；125 表示公称注射量（cm^3 或 g）。

部分国产和注射机主要技术规格见表 5.1。

表 5.1 常用国产注射机的规格和性能

项目\型号	XS—ZS—22	XS—Z—30	XS—Z—60	XS—ZY—125	G54—S200/400	SZY—300	XS—ZY—500	XS—ZY—1000	SZY—2000	XS—ZY—4000
额定注射量/cm³	30、20	30	60	125	200~400	320	500	1 000	2 000	4 000
螺杆直径/mm	25、20	28	38	42	55	60	65	85	110	130
注射压力/MPa	75、115	119	122	120	109	77.5	145	121	90	106
注射行程/mm	130	130	170	115	160	150	200	260	280	370
注射方式	双柱塞式(双色)	柱塞式	柱塞式	螺杆式	螺杆式	螺杆式	螺杆式	螺杆式	螺杆式	螺杆式
锁模力/kN	250	250	500	900	2540	1500	3 500	4 500	6 000	10 000
最大成型面积/cm²	90	90	130	320	645	340	1 000	1 800	2 600	3 800
最大开合模行程/mm	160	160	180	300	260	355	500	700	750	1 100
模具最大厚度/mm	180	180	200	300	406	285	450	700	800	1 000
模具最小厚度/mm	60	60	70	200	165		300	300	500	700
喷嘴圆弧半径/mm	12	12	12	12	18	12	18	18	18	
喷嘴孔直径/mm	2	2	4	4	4		3、5、6、8	7.5	10	
顶出形式	四侧设有顶出,机械顶出	两侧设有顶出,机械顶出	中心设有顶出,机械顶出	两侧设有顶出,机械顶出		中心及上下两侧设有顶出,机械顶出	中心液压顶出,两侧顶杆机械顶出	中心液压顶出,两侧顶杆机械顶出	中心液压顶出,两侧顶杆机械顶出	中心液压顶出,两侧顶杆机械顶出
动定模固定板尺寸/mm	250×280	250×280	330×340	428×458	532×634	620×520	700×850	900×1 000	1 180×1 180	1 050×950
拉杆空间/mm	235	235	190×300	260×290	290×368	400×300	540×440	650×550	760×700	
合模方式	液压—机械	液压—机械	液压—机械	液压—机械	液压—机械	液压—机械	液压作液压式	两次动作液压式	液压—机械	两次动作液压式
液压泵 流量/(L/min)	50	50	70、12	100、12	170、12	103.9、12.1	200、25	200、18、1.8	175.8×1 214.2	50、50
液压泵 压力/MPa	6.5	6.5	6.5	6.5	6.5	7.0	6.5	14	14	20
电动机功率/kW	5.5	5.5	11	11	18.5	17	22	40、5.5、5.5	40、40	17、17
螺杆驱动功率/kW				4	5.5	7.8	7.5	13	23.5	30
加热功率/kW	1.75		2.7	5	10	6.5	14	16.5	21	37
机器外形尺寸/mm	2 340×800×1 460	2 340×850×1 460	3 160×850×1 550	3 340×750×1 550	4 700×1 400×1 800	5 300×940×1 815	6 500×1 300×2 000	7 670×1 740×2 380	10 908×1 900×3 430	11 500×3 000×4 500

5.3.3 注射机有关工艺参数的校核

模具设计时，设计者必须根据塑件的结构特点、塑件的技术要求确定模具结构，模具的结构与注射机之间有着必然的联系，模具定位圈尺寸、模板的外围尺寸、注射量的大小、推出机构的设置及锁模力的大小等必须参照注射机的类型及相关尺寸进行设计，否则模具就无法与注射机合理匹配，注射过程也就无法进行。

1．型腔数量的确定和校核

型腔数量的确定是模具设计的第一步，型腔数量与注射机的塑化速率、最大注射量及锁模力等参数有关。另外，型腔数量还会直接影响塑件的精度和生产的经济性。型腔数量的确定方法有很多种，下面介绍根据注射机的额定锁模力确定型腔的数量方法。

根据注射机的额定锁模力确定型腔的数量 n。

$$p(nA+A_j) \leqslant F_n \tag{5.2}$$

式中，F_n——注射机的额定锁模力，单位为 N；

A ——单个塑件在模具分型面上的投影面积，单位为 mm^2；

A_j ——浇注系统在模具分型面上的投影面积，单位为 mm^2；

p ——塑料熔体对型腔的成型压力，单位为 MPa（其大小一般是注射压力的 80%，注射压力大小见表 5.2）。

表 5.2 常用塑料注射成型时所需的型腔压力

塑料品种	高压（PE）/MPa	低压聚乙烯（PE）/MPa	聚苯乙烯（PS）/MPa	AS/MPa	ABS/MPa	聚甲醛（POM）/MPa	聚碳酸酯（PC）/MPa
型腔压力	10~15	20	15~20	30	30	35	40

2．最大注射量的校核

最大注射量是指在注射机对空注射的条件下，注射螺杆或柱塞做一次最大注射行程时，注射装置所能达到的最大注射量。设计模具时，应使注射成型塑件所需的总注射量小于所选注射机的最大注射量，即

$$nm+m_j \leqslant km_n \tag{5.3}$$

式中，n——型腔数目；

m——单个塑件的体积或质量，单位为 cm^3 或 g；

m_j——浇注系统凝量，单位为 cm^3 或 g；

m_n——注射机最大注射量，单位为 cm^3 或 g；

k——注射机最大注射量的利用系数，一般取 0.8。

注塞式注射机的允许最大注射量是以一次注射聚苯乙烯的最大克数（g）为标准的；螺杆式注射机是以体积（cm^3）表示最大注射量。

3. 锁模力的校核

注射时塑料熔体进入型腔内仍然存在较大的压力,它会使模具从分型面胀开。为了平衡塑料熔体的压力,保证塑件的质量,注射机必须提供足够的锁模力。它同注射量一样,也反映了注射机的加工能力,是一个重要参数。胀模力等于塑件和浇注系统在分型面上不重合的投影面积之和乘型腔的压力,它应小于注射机的额定锁模力 F_n,这样才能使注射时不发生溢料和胀模现象,即满足下式。

$$(nA+A_j)p \leqslant F_n \tag{5.4}$$

式中,F_n——注射机的额定锁模力,单位为 N;
  A——单个塑件在模具分型面上的投影面积,单位为 mm^2;
  A_j——浇注系统在模具分型面上的投影面积,单位为 mm^2。

型腔内的压力一般为注射机注射压力的 80%左右,常用塑料注射成型时所选用的型腔压力值见表 5.2。

4. 注射压力的校核

塑料成型所需要的注射压力是由塑料品种、注射机类型,喷嘴形式、塑件形状及浇注系统的压力损失等因素决定的。对于黏度较大的塑料及形状细薄、流程长的塑件,注射压力应取大些。由于柱塞式注射机的压力损失比螺杆式大,所以注射压力也应取大些。注射压力的校核是核定注射机的额定注射压力是否大于成型时所需的注射压力。常用塑料注射成型时所需的注射压力见表 5.1。

5. 模具与注射机安装部分相关尺寸的校核

模具是安装在注射机上进行生产的,在设计模具时,必须使模具的有关尺寸与注射机相匹配。与模具安装的有关尺寸包括浇口套球面尺寸、定位圈尺寸、模具的最大和最小厚度及模板上的安装螺孔尺寸等。

1)浇口套球面尺寸

设计模具时,浇口套内主流道始端的球面必须比注射机喷嘴头部球面半径略大一些,如图 5.21 所示,即 R 比 r 大 1~2mm;主流道小端直径要比喷嘴直径略大,即 D 比 d 大 0.5~1mm。

2)定位圈尺寸

为了使模具在注射机上的安装准确、可靠,定位圈的设计很关键。模具定位圈的外径尺寸必须与注射机的定位孔尺寸相匹配,如图 5.22 所示。通常采用间隙配合,以保证模具主流道的中心线与注射机喷嘴的中心线重合,一般模具的定位圈外径尺寸应比注射机固定模板上的定位孔尺寸小 0.2mm。

3)模具的最大、最小厚度

模具的总高度必须位于注射机可安装模具的最大模厚与最小模厚之间,同时应校核模具的外形尺寸,使模具能从注射机的拉杆之间装入。注射机的拉杆,如图 5.23 所示。

4)安装螺孔尺寸

模具在注射机上的安装方法有两种,一种是用螺钉直接固定;另一种是用螺钉、压板固定,如图 5.24 所示。当用螺钉直接固定时,模具动、定座板与注射机模板上的螺孔应完全吻合;而用压板固定时,只要在模具固定板需安放压板的外侧附近有螺孔时就能紧固,因此压板固定具有较大的灵活性。

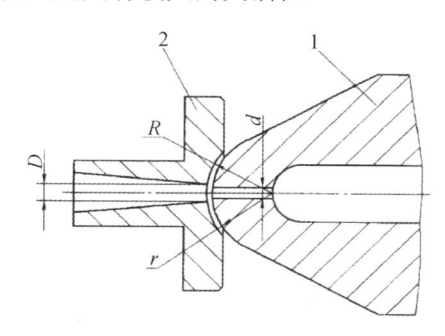

1—注射机喷嘴；2—浇口套

图 5.21 浇口套球面与注射机的配合

图 5.22 定位圈与注射机的定位孔匹配

图 5.23 注射机的拉杆

图 5.24 螺钉、压板固定

6. 开模行程的校核

注射机的开模行程是受合模机构限制的,注射机的最大开模距离必须大于脱模距离,否则塑件无法从模具中取出。由于注射机的合模机构不同,开模行程可按下面三种情况校核。

1) 注射机的最大开模行程与模具厚度无关的校核

当注射机采用液压和机械联合作用的合模机构时,最大开模程度由连杆机构的最大行程所决定,并不受模具厚度的影响。对于图 5.25 所示的单分型面注射的模开模行程可按下式校核。

$$s \geqslant H_1 + H_2 + (5 \sim 10) \text{ mm} \tag{5.5}$$

式中,s——注射机最大开模行程,单位为 mm;

H_1——推出距离(脱模距离),单位为 mm;

H_2——包括浇注系统在内的塑件高度,单位为 mm。

对于图 5.26 所示的双分型面注射模,需要在开模距离中增加定模板与中间板之间的分

开距离 a，a 的大小应保证可以方便地取出浇注系统的凝料，此时开模行程可按下式校核。

$$s \geq H_1 + H_2 + a + (5 \sim 10) \text{ mm} \tag{5.6}$$

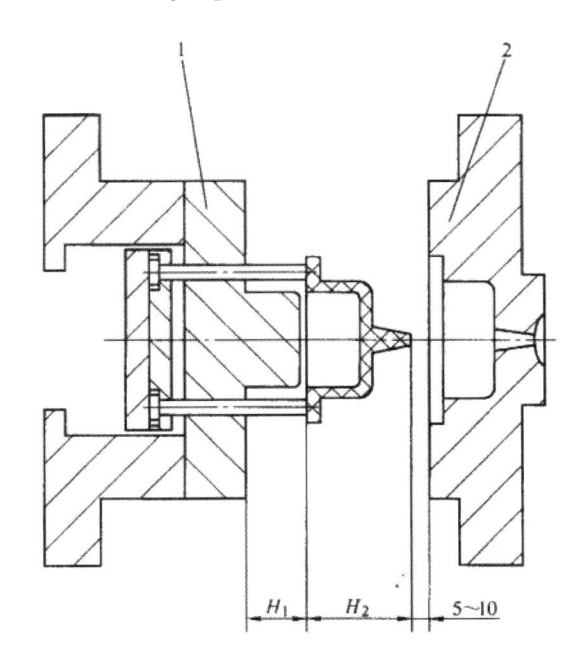

1—动模；2—定模座板

图 5.25 单分型面注射模开模行程

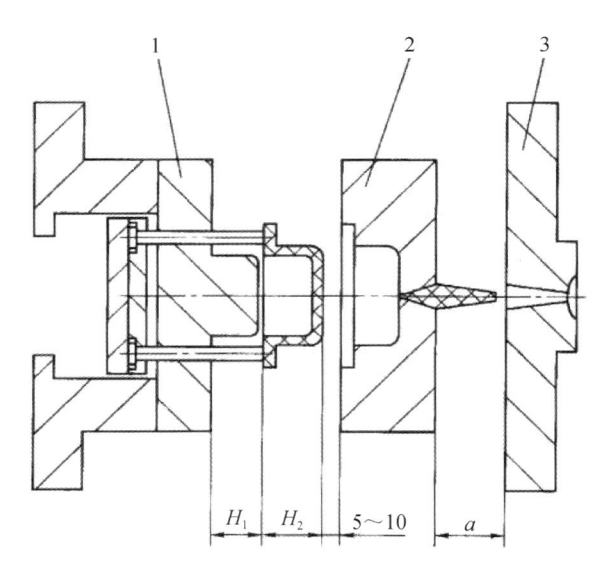

1—动模板；2—中间板；3—定模座板

图 5.26 双分型面注射模开模行程

2）注射机最大开模行程与模具厚度有关的校核

对于全液压式合模机构的注射机和带有丝杠开模合模机构的直角式注射机，其最大开模行程受模具厚度的影响。此时，最大开模行程等于注射机移动模板与固定模板之间的最大距离 s 减去模具厚度 H_m；对于单分型面注射模，校核公式如下。

$$s-H_m \geqslant H_1+H_2+（5\sim10）\text{mm} \tag{5.7}$$

对于双分型面注射模，校核公式为：

$$s-H_m \geqslant H_1+H_2+a+(5\sim10)\text{mm} \tag{5.8}$$

3）具有侧向抽芯机构时的校核

当模具需要利用开模动作完成侧向抽芯时，开模行程的校核应考虑侧向抽芯所需的开模行程，如图 5.27 所示。若设完成侧向抽芯所需的开模行程为 H_c，当 $H_c \leqslant H_1+H_2$ 时，H_c 对开模行程没有影响，仍用上述各公式进行校核。当 $H_c > H_1+H_2$ 时，可用 H_c 代替前述校核公式中的 H_1+H_2 进行校核。

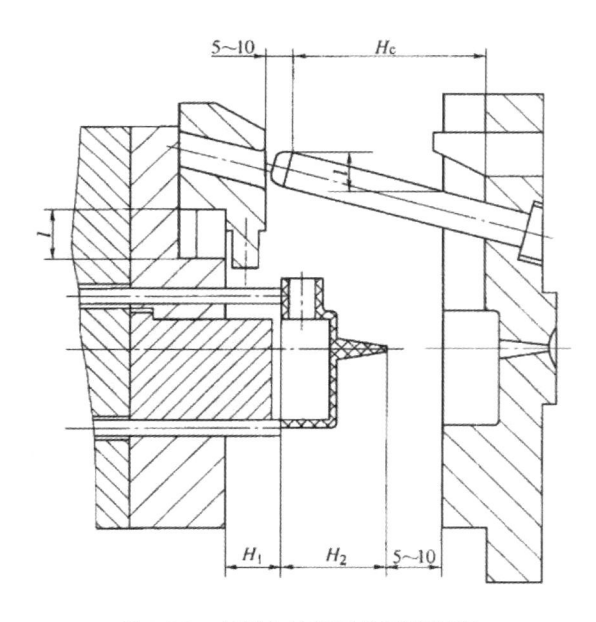

图 5.27 有侧向抽芯时的开模行程

思考题

1．注射模按其各零部件所起的作用，一般由哪几部分结构组成？

2．点浇口进料的双分型面注射模，定模部分为什么要增设一个分型面？其分型距离是如何确定的？定模定距顺序分型有哪几种形式？

3．点浇口进料的双分型面注射模如何设置导柱？

4．斜导柱侧向分型与抽芯注射模由哪些零部件组成？各部分作用是什么？

5．简述斜滑块侧向分型与抽芯注射模的工作原理。

6．带有活动镶件的注射模设计时应注意哪些问题？

7. 根据注射装置和合模装置的排列方式进行分类，注射机可以分成哪几类？各类的特点是什么？

8. 设计注射模时，应对哪些注射机的有关工艺参数进行校核？

扩展阅读：打破垄断——国产塑料成型仿真软件

2008 年 9 月 27 日，航天员翟志刚身着我国自行研制的"飞天"宇航服在太空中留下了中国宇航员的身影，这也让中国成为世界上第三个掌握太空出舱技术的国家。当翟志刚透过头盔上的航天面窗看到太空，向太空伸出双臂时，申长雨院士（见图 5.28）作为航天面窗的研制者，感到了无上的荣耀！头盔面窗组件是宇航员在外太空活动时观察外界的窗口，可以说是宇航员的"眼睛"，它不仅要给宇航员提供一个清晰、良好的视野，也是航天员生命保障最关键的部件之一。航天面窗的材料是一种工程塑料，一种与我们戴的眼镜、汽车车灯灯罩一样的树脂——聚碳酸酯或聚碳酸酯的共聚混合物。在多种实验研究后，申长雨院士等人决定采用一种最通用的工程塑料成型方式——注塑成型。围绕这个课题，从 2007 年始，郑州大学国家橡塑模具工程研究中心科研团队，开始了宇航服头盔航天面窗的研发工作。从神舟七号到神舟十二号飞船，航天员使用的出舱宇航服头盔面窗和相关塑料件都是由郑州大学的团队所研制的。

图 5.28　申长雨院士

目前，我国模具设计和制造技术与国外发达国家相比仍有较大差距。早在 1976 年澳大利亚 Moldflow 公司就发布了世界上第一套塑料注射成型流动分析软件 MPI。20 世纪 80 年代初期，美国 AC-Tech 公司也发布了注射成型分析软件 C-Mold。而同一时期我国在塑料成型仿真软件领域还是一片空白，国外 CAE 软件垄断了市场，大大限制了我国模具行业的发展。作为学术带头人，申长雨院士十分注重科研成果的集成与应用。他组织 30 多名年轻的博士和硕士，经过十余年的努力，主持开发出了具有我国自主版权的橡塑制品成型过程计算机模拟及模具优化设计集成系统（Z-MOLD），现已在轻工、化工、汽车、电子等行业数十家企业的近百套精密复杂注塑模具及制品的设计和制造中得到成功应用,并被国家版权局批准为具有自主版权的软件系统。经过第十届中国高新技术成果交易会组委会专家评审组对所有参展产品与项目的认真评审,橡塑模具中心开发研制的"Z-MOLD 注射模计算机辅助工程分析软件"荣获第十届中国高新技术成果交易会的优秀产品奖。

  模具制造属立体交叉学科,在发达国家被视为工业的命脉,模具技术水平是衡量一个国家工业制造水平的重要标志之一。我国在此领域起步较晚,空白很多。但申长雨院士团队以超人的胆识和智慧,经过不懈的努力,在模具理论研究、橡塑制品成型工艺的研究及开发等方面创造了一个又一个的辉煌成就。

第 6 章　分型面的选择与浇注系统设计

注射模由导向机构（导柱与导套）导向与定位的动模和定模两个部分组成。注射成型后，塑件从动、定模部分的接合面之间取出，这个接合面称为分型面。分型面确定后，塑件在模具中的位置也就确定了。浇注系统是指熔融塑料从注射机喷嘴射入注射模具型腔所流经的通道。浇注系统分为普通浇注系统和热流道浇注系统。通过浇注系统，塑料熔体充填满模具型腔并且使注射压力传递到型腔的各个部位，使塑件密实并防止缺陷产生。通常浇注系统的分流道开设在动、定模的分型面上，因此分型面的选择与浇注系统的设计是密切相关的。

分型面及其选择　　普通浇注系统设计　　浇口的设计　　热流道浇注系统（上、下）

6.1　分型面及其选择

分型面是决定模具结构形式的一个重要因素，分型面的类型、形状及位置与模具的整体结构、浇注系统的设计、塑件的脱模和模具的制造工艺等有关，不仅直接关系到模具结构的复杂程度，而且对塑件成型质量都有影响。图 6.1 为塑件及其分型面。

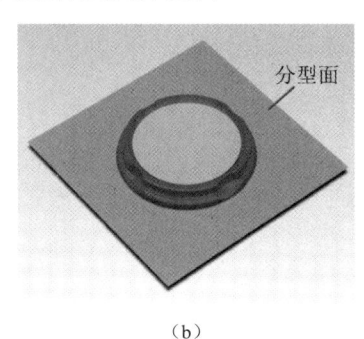

(a)　　(b)

图 6.1　塑件及其分型面

6.1.1 分型面的选择

分型面是决定模具结构形式的一个重要因素，它与模具的整体结构、浇注系统的设计、塑件的脱模和模具的制造工艺等有关，因此选择分型面是注射模设计中的一个关键。

1. 分型面的形式

注射模具有的只有一个分型面，有的有多个分型面。注射模有时为了结构的需要，在定模或动模部分会增加辅助的分型面，因此在多个分型面的模具中，将脱模时取出塑件的分型面称为主分型面，其他的分型面称为辅助分型面，辅助分型面均是为了达到某种目的而设计的。分型面的形式如图 6.2 所示，图 6.2（a）为平直分型面；图 6.2（b）为倾斜分型面；图 6.2（c）为阶梯分型面；图 6.2（d）为曲面分型面；图 6.2（e）为瓣合分型面，也称垂直分型面。图 6.3 中的模具采用的就是瓣合分型面。

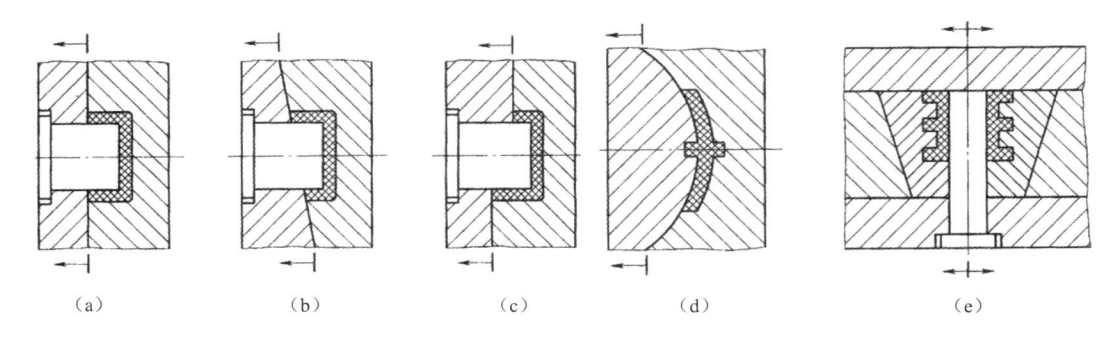

图 6.2 分型面的形式

图 6.3 采用瓣合分型面的塑件与模具

在模具的装配图上，分型面的标示一般采用如下方法：当模具分型时，若分型面两边的模板都移动，用"←+→"表示；若其中一方不动，另一方移动，用"├→"表示，箭头指向移动的方向；多个分型面应按分型的先后次序，标示出"A""B""C"等。

2. 分型面的设计原则

由于分型面受到塑件在模具中的成型位置、浇注系统设计、塑件结构工艺性及尺寸精度、嵌件的位置、塑件的推出、排气等因素的影响，因此在选择分型面时应综合分析比较，以选出较为合理的方案。选择分型面时，应遵循以下几项基本原则。

1）分型面应选在塑件外形最大轮廓处

塑件在动、定模的方位确定后，其分型面应选在塑件外形的最大轮廓处，否则塑件会无法从型腔中脱出，这是最基本的选择原则。

2）分型面的选择应有利于塑件的顺利脱模

由于注射机的顶出装置在动模一侧，所以分型面的选择应尽可能使塑件在开模后留在动模一侧，这样有助于在动模部分设置的推出机构工作，若在定模内设置推出机构就会增加模具的复杂程度。如图6.4（a）所示，塑件在分型后由于收缩包紧在定模的大型芯上而留在定模，这样就必须在定模部分设置推出机构，增加了模具复杂性；若按图6.4（b）分型，分型后塑件留在动模，利用注射机的顶出装置和模具的推出机构就很容易推出塑件。

3）分型面的选择应保证塑件的尺寸精度和表面质量

同轴度要求较高的塑件，选择分型面时最好把有同轴度要求的部分放置在模具的同一侧。如图6.5所示的塑件，两个外圆的圆柱面与中间的孔要求有较高的同轴度，若采用图6.5（a）的形式，型腔要在动、定模两块模板上分别加工出，孔则分别采用两个型芯单支点固定在动、定模两侧，精度不易保证，而采用图6.5（b）的形式，型腔同在定模内加工出，内孔用一个型芯成型，精度容易保证。

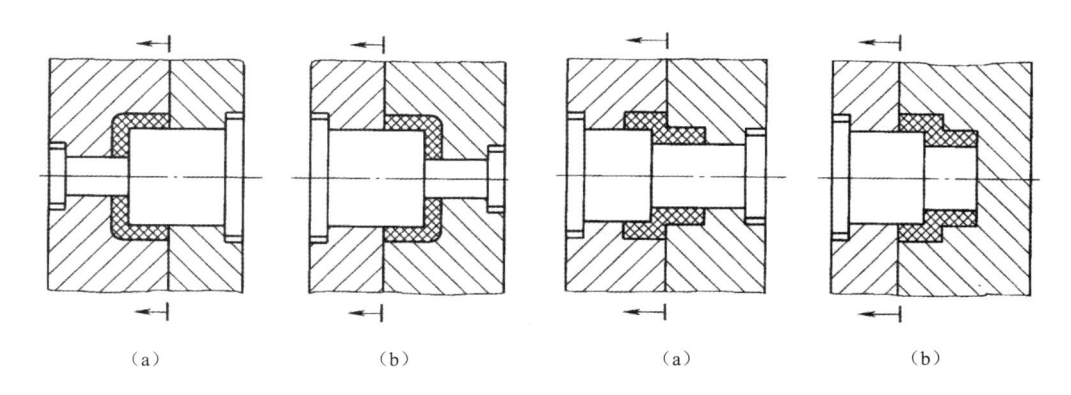

图6.4　分型面对脱模的影响　　　　图6.5　分型面对同轴度的影响

另外，与分型面有关的合模方向尺寸，其尺寸精度因分型面在注射过程中有胀开的趋势而受到影响，如图6.6所示，塑件若采用图6.6（a）所示的分型面，L的尺寸精度不易保证；而采用图6.6（b）的形式，则该尺寸与分型面没有关系，精度就比较容易保证。

4）分型面的选择应有利于模具的加工

通常在模具设计中，选择平直分型面居多。但为了便于模具的制造，人们应根据模具的实际情况选择合理的分型面。如图6.7所示，塑件若采用图6.7（a）的形式，推管的工作端部需要制出塑件下部的阶梯形状，而这种推管制造困难，且推管还需要止转。另外，在合模时，推管会与定模型腔配合接触，模具制造难度大；而采用图6.7（b）所示的阶梯分型形式，则模具加工十分方便。

（a）　　　　　（b）　　　　　　　　　　（a）　　　　　（b）

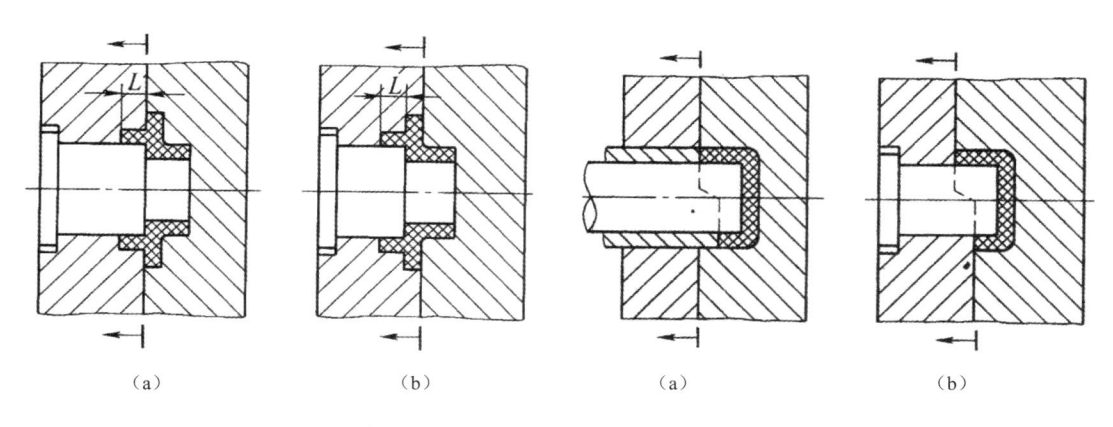

图 6.6　分型面对尺寸精度的影响　　　　图 6.7　分型面对模具加工的影响

5）分型面的选择应有利于排气

分型面的选择与浇注系统的设计应同时考虑，为了使型腔有良好的排气条件，分型面应尽量设置在塑料熔体流动方向的末端，如图 6.8 所示，塑件若采用图 6.8（a）的形式，融体充填型腔时会先封住分型面，在型腔深处的气体就不易排出；而采用图 6.8（b）的形式，分型面处最后充填就形成了良好的排气条件。

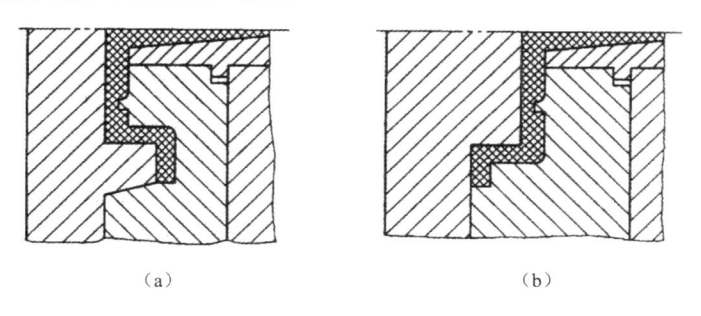

（a）　　　　　　　　　　（b）

图 6.8　分型面对排气的影响

以上阐述了选择分型面的一般原则及部分示例，但在实际的设计中，塑件不可能全部满足上述原则，应抓主要矛盾，从而较合理地确定分型面。

6.2　普通浇注系统的设计

6.2.1　普通浇注系统的组成及设计原则

浇注系统是指模具中注射机喷嘴到型腔之间的进料通道。普通浇注系统一般由主流道、分流道、浇口和冷料穴四部分组成。图 6.9 为安装在卧式注射机上生产的注射模具所用的浇注系统。图 6.10 为普通浇注系统实物图。

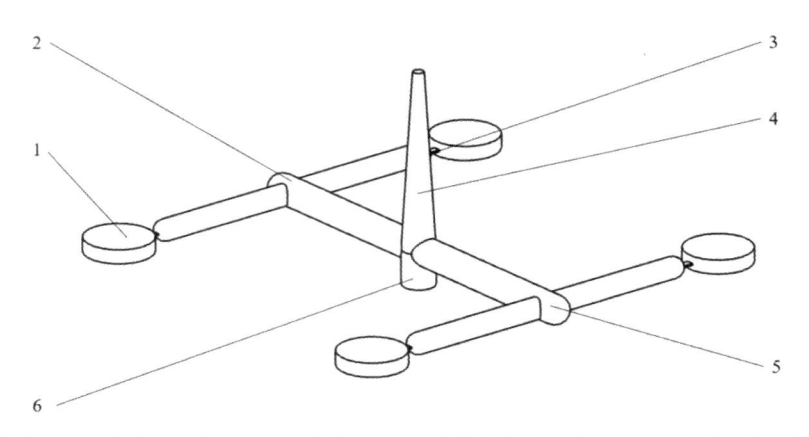

1—塑件；2—分流道；3—浇口；4—主流道；5—（分流道末端）冷料穴；6—（主流道末端）冷料穴

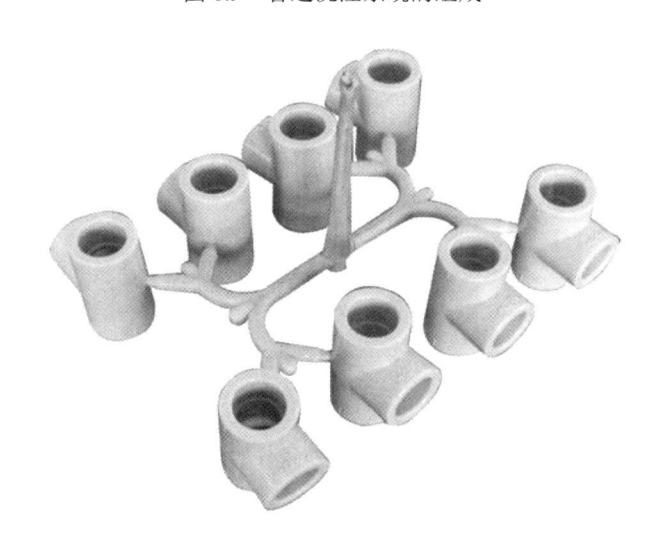

图 6.9　普通浇注系统的组成

图 6.10　普通浇注系统实物图

浇注系统的设计是模具设计的一个重要环节，其设计合理与否对塑件的性能、尺寸、内外在质量、模具的结构、塑料的利用率等有较大影响。对浇注系统进行设计时，一般应遵循以下基本原则。

1．了解塑料的成型性能

了解被成型的塑料熔体的流动特性、温度、剪切速率对黏度的影响等十分重要，浇注系统一定要适合所用塑料原材料的成型性能，保证成型塑件的质量。

2．尽量避免或减少熔接痕

在选择浇口位置时，应注意避免熔接痕的产生。熔体流动时应尽量减少分流的次数，因为分流熔体的汇合之处必然会产生熔接痕,尤其是在流程长、温度低时,汇合之处对塑件熔接强度的影响就更大。

3. 有利于型腔中气体的排出

浇注系统应能顺利地引导塑料熔体充满型腔的各个部分,使浇注系统及型腔中原有的气体能有序排出,避免因气阻产生凹陷等缺陷。

4. 防止型芯的变形和嵌件的位移

浇注系统设计时应尽量避免塑料熔体直冲细小型芯和嵌件,以防止熔体的冲击力使细小型芯变形或嵌件位移。

5. 尽量采用较短的流程充满型腔

在选择浇口位置的时候,对于较大的模具型腔,一定要力求以较短的流程充满型腔,使塑料熔体的压力损失和热量损失减小到最低限,以保持较理想的流动状态并有效地传递最终压力,保证塑件良好的成型质量。

6. 流动距离比的校核

对于大型或薄壁塑料制件,塑料熔体有可能因其流动距离过长或流动阻力太大而无法充满整个型腔。为此,在模具设计过程中,除了考虑采用较短的流程,还应对其注射成型时的流动距离比进行校核,这样就可以避免型腔充填不足现象发生。

流动距离比简称流动比,它是指塑料熔体在模具中进行最长距离的流动时,其截面厚度相同的各段料流通道及各段模腔的长度与其对应截面厚度之比值的总和,其计算公式如下:

$$\phi = \sum \frac{L_i}{t_i} \tag{6.1}$$

式中,ϕ——流动距离比;

L_i——模具中各段料流通道及各段模腔的长度,单位为 mm;

t_i——模具中各段料流通道及各段模腔的截面厚度,单位为 mm。

6.2.2 主流道设计

主流道是指浇注系统中从注射机喷嘴与模具浇口套接触处开始到分流道为止的塑料熔体的流动通道,是熔体最先流经模具的部分,它的形状与尺寸对塑料熔体的流动速度和充模时间有较大的影响,因此在设计时必须使熔体的温度降和压力损失最小。

在卧式或立式注射机上使用的模具中,主流道垂直于分型面。主流道通常设计在模具的浇口套中,如图 6.11 所示。为了让主流道凝料能顺利从浇口套中拔出,主流道设计成圆锥形,锥角 α 为 2°～6°,小端直径 d 比注射机喷嘴直径大 0.5～1 mm,小端的前面是球面,其深度为 3～5mm,注射机喷嘴的球面在此与浇口套接触并且贴合,因此要求浇口套上主流道前端球面半径比喷嘴球面半径大 1～2mm。流道的表面粗糙度 $Ra \leqslant 0.8\mu m$。浇口套一般采用碳素工具钢,如 T8A、T10A 等材料制造,热处理淬火硬度为 53～57HRC。浇口套三维图如图 6.12 所示。

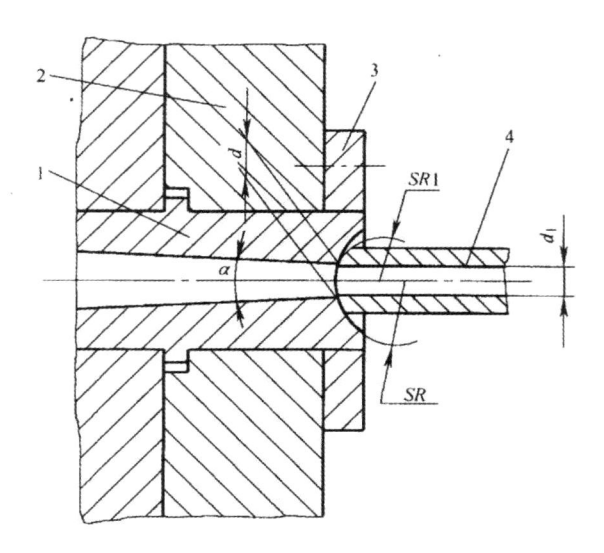

1—浇口套；2—定模座板；3—定位圈；4—注射机喷嘴

图 6.11　主流道形状及其与注射机喷嘴的关系

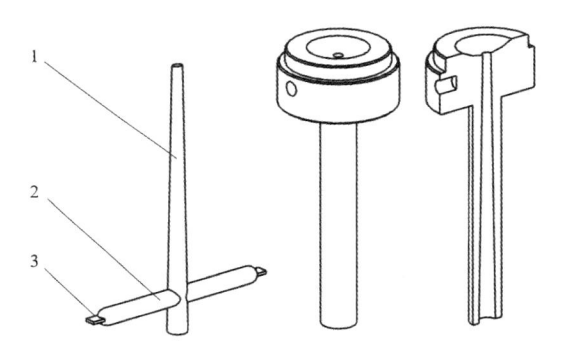

1—主流道；2—分流道；3—浇口

图 6.12　浇口套三维图

浇口套的实物结构形式如图 6.13 所示。

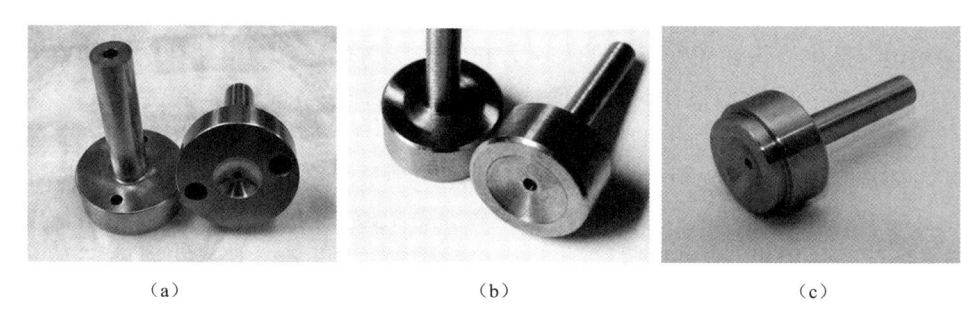

（a）　　　　　　　　　（b）　　　　　　　　　（c）

图 6.13　浇口套的实物结构形式

浇口套与模板间配合采用 H7/m6 的过渡配合。浇口套与定位圈采用 H9/f9 的配合。定位圈（如图 6.14 所示）在模具安装调试时插入注射机固定模板的定位孔内，用于模具与注射机的安装定位。定位圈外径要比注射机定模板上的定位孔小 0.2mm。

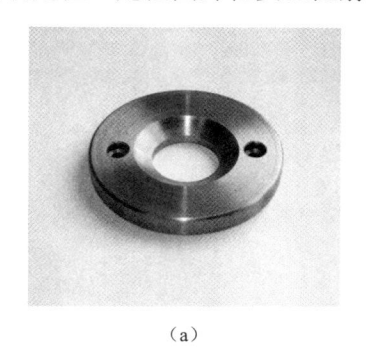

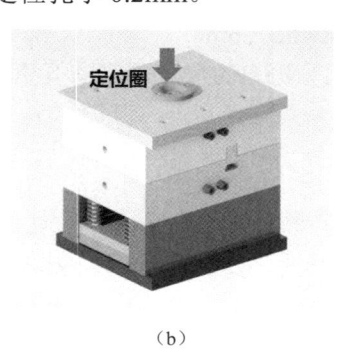

（a）　　　　　　　　　　　　　　　　（b）

图 6.14　定位圈结构

6.2.3　分流道设计

分流道是指主流道末端与浇口之间的一段塑料熔体的流动通道。分流道的作用是改变熔体流向，使其以平稳的流态均衡地分配到各个型腔。设计时应注意尽量减少流动过程中的热量损失与压力损失。

1. 分流道的形状与尺寸

分流道开设在动定模分型面的两侧或任意一侧，其截面形状应尽量使其比比表面积（流道表面积与其体积之比）小，减少温度较高的塑料熔体和温度相对较低的模具之间的接触面积，以减少热量损失。常用的分流道截面形状有圆形、梯形、U 形、半圆形及矩形等，如图 6.15 所示。其中，圆形截面的比表面积最小，但需开设在分型面的两侧，制造时一定要注意模板上两部分形状对中吻合；梯形及 U 形截面分流道加工较容易，且热量损失与压力损失均不大，为较常用的形式；半圆形截面分流道需用球头铣刀加工，其比表面积比梯形和 U 形截面分流道略大，在设计中也有采用；矩形截面分流道因其比表面积较大，且流动阻力也大，故在设计中不常采用。

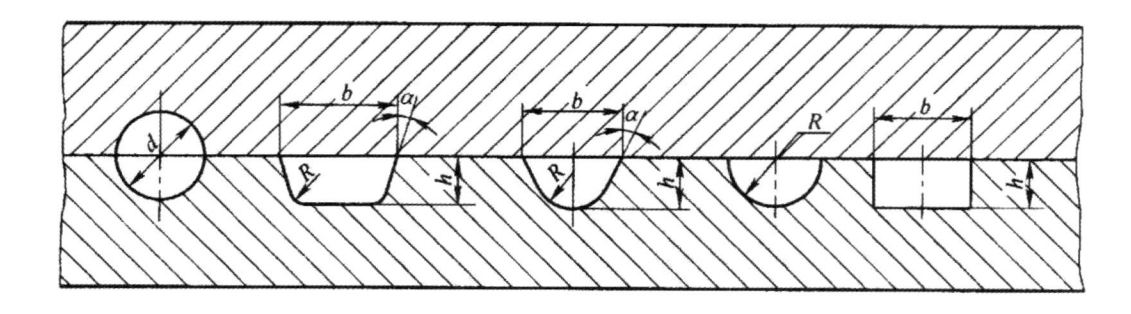

图 6.15　分流道截面形状

分流道截面尺寸由塑料品种、塑件尺寸、成型工艺条件及流道的长度等因素来确定。对流动性较好的尼龙、聚乙烯、聚丙烯等塑料，圆形截面的分流道在长度很短时，直径可小到 2mm；对流动性较差的聚碳酸酯、聚砜等塑料，直径可大至 10mm；对于大多数塑料，分流道截面直径常取 5～6mm。

T 形截面分流道的尺寸可按以下经验公式确定

$$b=0.265\,4\sqrt{m}\sqrt[4]{L} \tag{6.2}$$

$$h=\frac{2}{3}b \tag{6.3}$$

式中，b——T 形大底边宽度，单位为 mm；

m——塑件的质量，单位为 g；

L——分流道的长度，单位为 mm；

h——梯形的高度，单位为 mm。

T 形的侧面斜角 α 常取 5°～10°，底部以圆角相连。式（6.3）的适用范围为塑件壁厚小于 3.2mm，塑件质量小于 200g，且计算结果 b 应在 3.2～9.5mm 范围内才合理。按照经验，根据成型条件不同，b 可在 5～10mm 内选取。

U 形截面分流道的宽度 b 也可在 5～10mm 内选取，半径 $R=0.5\,b$，深度 $h=1.25R$，斜角 $\alpha=5°～10°$。

2．分流道的长度

根据型腔在分型面上的排布情况，分流道可分为一次分流道、二次分流道甚至三次分流道。分流道的长度要尽可能短，且弯折少，以便减少压力损失和热量损失，节约塑料的原材料和能耗。

图 6.16 为分流道的长度尺寸的设计参数，其中 $L_1=6～10$mm，$L_2=3～6$mm，$L_3=6～10$mm，L 的尺寸根据型腔的多少和型腔的大小而定。

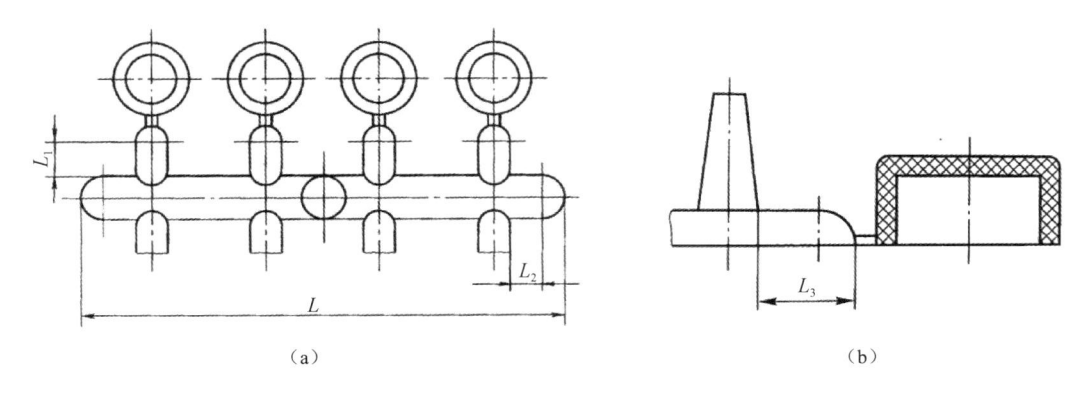

图 6.16 分流道的长度尺寸

3．分流道在分型面上的布置形式

分流道常用的布置形式有平衡式和非平衡式两种。多型腔模具的型腔在模具分型面上的排布形式如图 6.17 所示。图 6.17（a）、（b）的形式称为平衡式布置，其特点是从主流道到各型腔浇口的分流道的长度、截面形状与尺寸均对应相同，可实现各型腔均匀进料和同时充满型腔的目的，从而使所成型的塑件内在质量均一稳定，力学性能一致。图6.17（c）、（d）的形式称为非平衡式布置，其特点是从主流道到各型腔浇口的分流道的长度不同，因而不利于均衡进料，但可以明显缩短分流道的长度，节约塑件的原材料。为了使非平衡式布置的型腔也能达到同时充满的目的，往往各浇口的截面尺寸要制造得不相同。在实际多型腔模具的设计与制造中，对于精度要求高、物理与力学性能要求均衡稳定的塑料制件，应尽量选用平衡式布置。

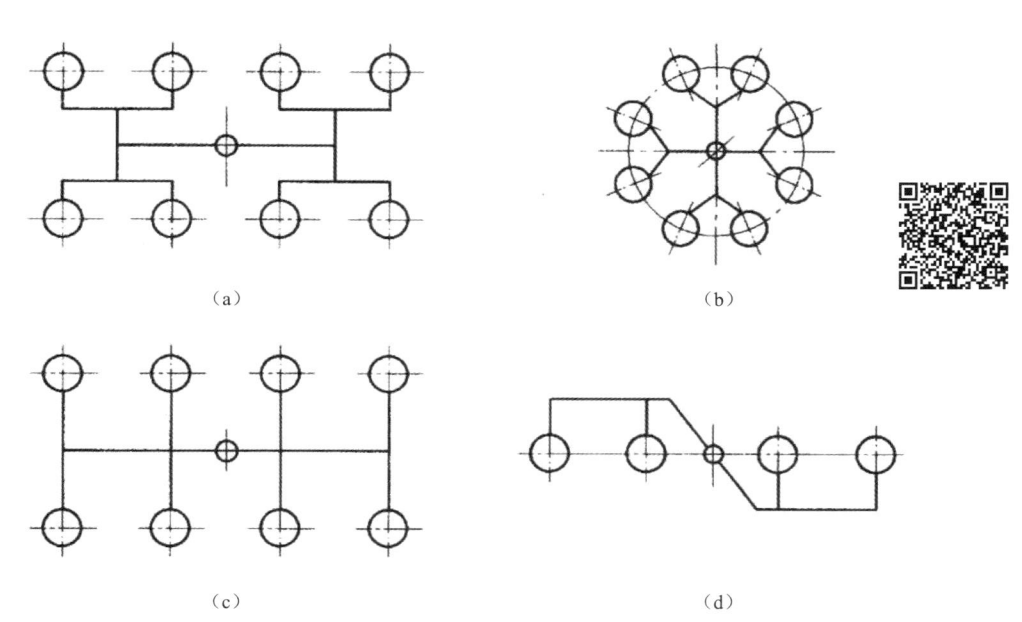

图6.17 多型腔模具型腔的排布

平衡式和非平衡式布置实物图如图6.18和图6.19所示。

图6.18 平衡式布置实物图　　图6.19 非平衡式布置实物图

4. 分流道的表面粗糙度

由于分流道中与模具接触的外层塑料迅速冷却，只有内部的熔体流动状态比较理想，因此分流道表面粗糙度不要求太低，一般 Ra 取 1.6μm，这可增加分流道表面对外层塑料熔体的流动阻力，使外层塑料冷却皮层固定，形成绝热层。

6.2.4 浇口的设计

浇口亦称进料口，是连接分流道与型腔的熔体通道。浇口的设计与位置的选择恰当与否，直接关系到塑件能否被完好且高质量地注射成型。

按浇口截面尺寸大小的结构特点，浇口可分成限制性浇口和非限制性浇口两大类。限制性浇口是整个浇注系统中截面尺寸最小的部位，通过截面积的突然变化，使分流道送来的塑料熔体产生突变的流速增加，提高剪切速率，降低黏度，使其成为理想的流动状态，从而迅速均衡地充满型腔。对于多型腔模具，调节浇口的尺寸还可以使非平衡布置的型腔达到同时进料的目的，提高塑件的均一质量。另外，限制性浇口还起着较早固化以防止型腔中熔体倒流的作用。非限制性浇口是整个浇注系统中截面尺寸最大的部位，它主要对中大型筒类、壳类塑件型腔起引料和进料后的施压作用。

按浇口的结构形式和特点，常用的浇口可分成以下几种形式。

1. 直接浇口

直接浇口又称主流道型浇口，它属于非限制性浇口，实物如图 6.20 所示，形式如图 6.21 所示。塑料熔体由主流道的大端直接进入型腔，因而具有流动阻力小、流动路程短及补缩时间长等特点。直接浇口的浇注系统有着良好的熔体流动状态，塑料熔体从型腔底面中心部位流向分型面，有利于消除深型腔处气体不易排出的缺点，使排气通畅。这样的浇口形式，使塑件和浇注系统在分型面上的投影面积最小，模具结构紧凑，注射机受力均匀。由于注射压力直接作用在塑件上，易在进料处产生较大的残余应力而导致塑件翘曲变形。这种形式的浇口截面大，去除较困难，去除后会留有较大的浇口痕迹，影响塑件的美观。这类浇口大多用于注射成型大、中型长流程深型腔筒形或壳形塑件，尤其适用于如聚碳酸酯、聚砜等高黏度塑料。另外，这种形式的浇口只用于单型腔模具。例如，日常生活当中的垃圾篓、簸箕、烧水煲身均可以采用该浇口成型，如图 6.22 所示。

（a）　　　　　　　　　　　　　　　（b）

图 6.20　直接浇口实物图

(a)　　　　　　　　　　(b)

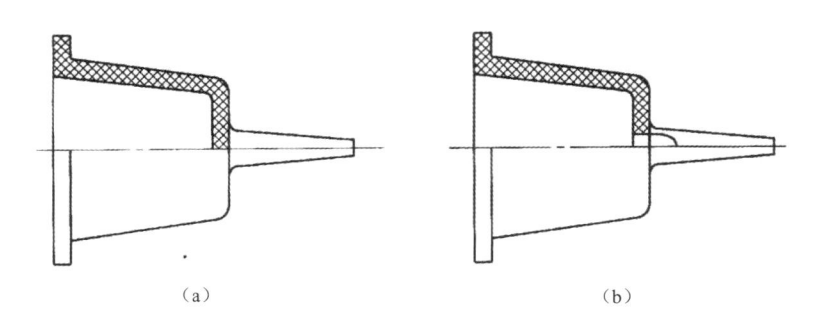

图 6.21　直接浇口的形式

在设计直接浇口时,为了减小与塑件接触处的浇口面积,防止该处产生缩孔、变形等缺陷,一方面应尽量选用较小锥度的主流道锥角 α($\alpha=2°\sim4°$),另一方面应尽量减小定模板和定模座板的厚度。

当底筒类或壳类塑件的中心或接近于中心的部位有通孔时,内浇口就开设在该孔口处,同时中心设置分流锥,这种类型的直接浇口被称为中心浇口,如图 6.21(b)所示。中心浇口实际上是直接浇口的一种特殊形式,它具有直接浇口的一系列优点,而解决了直接浇口易产生缩孔、变形等缺陷的问题。在设计时,环形的厚度一般不小于 0.5mm。当进料口环形的面积大于主流道小端面积时,浇口为非限制性型;反之,则浇口为限制性型。

2. 侧浇口

侧浇口国外称为标准浇口,实物如图 6.23 所示。

图 6.22　采用直接浇口的塑件　　　　图 6.23　侧浇口实物图

如图 6.24 所示,侧浇口一般开设在分型面上,塑料熔体从内侧或外侧充填模具型腔,其截面形状多为矩形(扁槽),改变浇口的宽度与厚度可以调节熔体的剪切速率及浇口的冻结时间。这类浇口可以根据塑件的形状特征选择位置,加工和修整方便,因此它是应用较广泛的一种浇口形式,普遍用于中小型塑件的多型腔模具,且对各种塑料的成型适应性均较强。由于浇口截面小,同时去除浇口较容易,所以不留明显痕接。但这种浇口成型的塑件往往有熔接痕存在,且注射压力损失较大,对深型腔塑件排气不利。

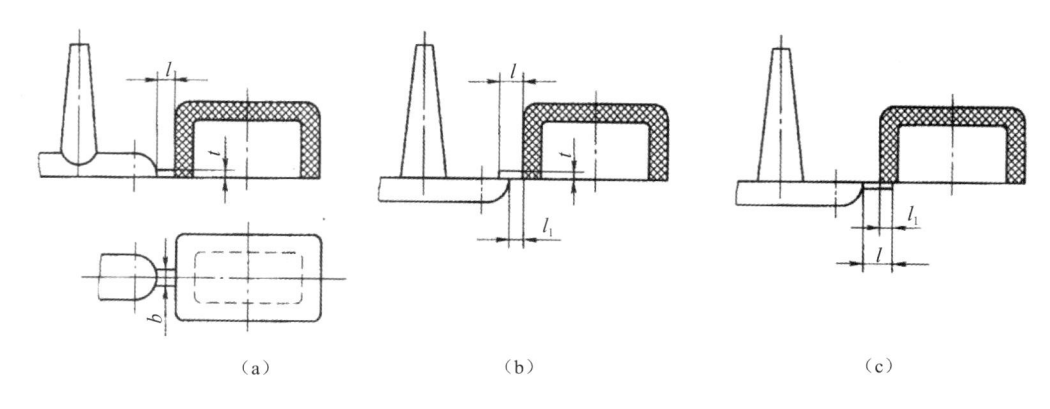

图 6.24 侧浇口的形式

图 6.24（a）为外侧进料的侧浇口、分流道、浇口与塑件在分型面同一侧的形式；图 6.24（b）为外侧进料但分流道与浇口和塑件在分型面两侧的形式，浇口搭接在分流道上；图 6.24（c）为端面进料的侧浇口、分流道和浇口与塑件在分型面两侧的形式。设计时选择侧向进料还是端面进料，要根据塑件的具体形状而定。

侧浇口宽度和侧浇口深度尺寸计算的经验公式如下：

$$b = \frac{(0.6 \sim 0.9)}{30}\sqrt{A} \tag{6.4}$$

$$t = (0.6 \sim 0.9)\delta \tag{6.5}$$

式中，b——侧浇口的宽度，单位为 mm；

A——塑件的外侧表面积，单位为 mm^2；

t——侧浇口深度，单位为 mm；

δ——侧浇口处塑件的壁厚，单位为 mm。

侧向进料的侧浇口［见图 6.24（a）］，对于中小型塑件，一般深度 $t=0.5\sim2$mm（或取塑件壁厚的 1/3～2/3），宽度 $b=1.5\sim5$mm，浇口的长度 $l=0.8\sim2$mm；侧面进料的搭接式浇口［见图 6.24（b）］，搭接部分的长度 $l-l_1=(0.6\sim0.9)+b/2$mm，浇口长度 l 可适当加长，取 $l=2\sim3$mm；端面进料的搭接式侧浇口［见图 6.24（c）］，其浇口长度选择可参考侧面进料的搭接式侧浇口。

侧浇口有两种变异的形式，即为扇形浇口和平缝浇口，下面分别介绍。

1）扇形浇口

扇形浇口实物如图 6.25 所示。扇形浇口是一种沿浇口方向宽度逐渐增加而厚度逐渐减小呈扇形的侧浇口，如图 6.26（a）所示。其常用于浇注扁平而较薄的塑件，如盖板、标卡和托盘类等。通常在与型腔接合处形成长 $l=1\sim1.3$mm，深 $t=0.25\sim1$mm 的进料口，进料口的宽度 b 视塑件大小而定，一般取 6 mm 以上，整个扇形的长度 L 可取 6 mm 左右。塑料熔体通过它进入型腔。采用扇形浇口，使塑料熔体在宽度方向上的流动得到更均匀的分配，塑件的内应力因此较小，还可避免流纹及定向效应所带来的不良影响，降低带入空气的可能性，但浇口痕迹较明显。

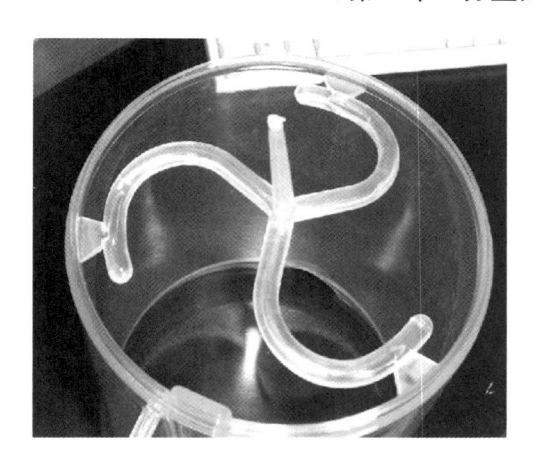

图 6.25 扇形浇口实物图

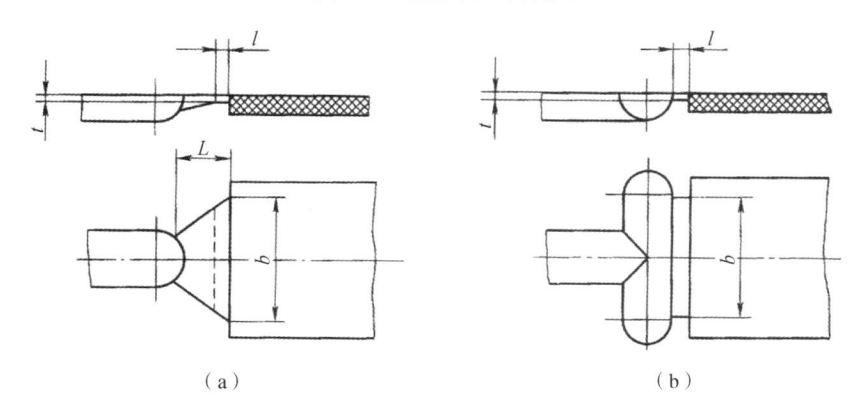

图 6.26 扇形浇口和平缝浇口的形式

2）平缝浇口

平缝浇口又称薄片浇口，如图 6.26（b）所示。这类浇口宽度很大，深度很浅，几何上成一条窄缝与特别开设的平行流道相连。熔体通过平行流道与窄缝浇口得到均匀分配，以较低的线速度平稳均匀地流入型腔，降低了塑件的内应力，减少了因取向而造成的翘曲变形。这类浇口的宽度 b 一般取塑件宽度的 25%～100%，深度 $t=0.2$～$1.5mm$，长度 $l=1.2$～$1.5mm$，这类浇口主要用来成型扁平塑件，但浇口的去除比扇形浇口更困难，浇口在塑件上的痕迹也更明显。平缝浇口实物如图 6.27 所示。

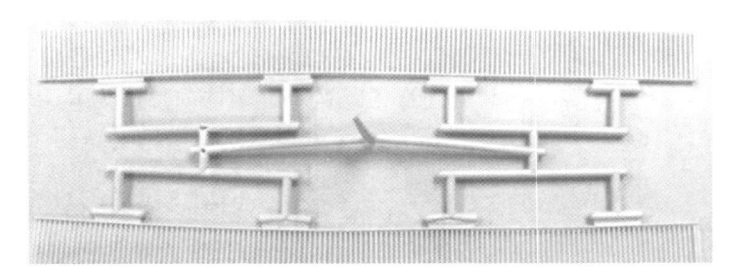

图 6.27 平缝浇口实物图

3. 环形浇口

采用圆环形进料形式充填型腔的浇口称为环形浇口，如图 6.28 所示。环形浇口的特点是进料均匀，圆周上各处流速大致相等，熔体流动状态好，型腔中的空气容易排出，熔接痕基本可以避免。图 6.28（a）为内侧进料的环形浇口，浇口设计在型芯上，浇口的深度 $t=0.25\sim1.6$mm，长度 $l=0.8\sim1.8$mm；图 6.28（b）为端面进料的搭接式环形浇口，搭接长度 $l_1=0.8\sim1.2$mm，总长 l 可取 $2\sim3$mm。图 6.28（c）为外侧进料的环形浇口，其浇口尺寸可参考内侧进料的环形浇口。其实，前述的中心浇口也是一种端面进料的环形浇口。环形浇口主要用于成型圆筒形无底塑件，但浇注系统耗料较多，浇口去除较难，浇口痕迹明显。

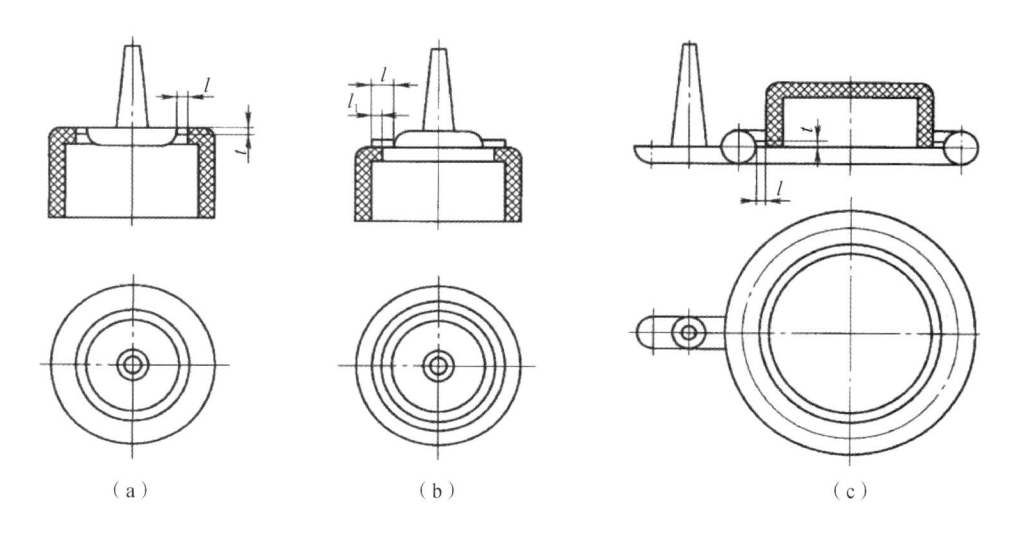

图 6.28 环形浇口的形式

4. 轮辐式浇口

轮辐式浇口实物如图 6.29 所示。轮辐式浇口是在环形浇口基础上改进而成的，由原来的圆周进料改为几小段圆弧进料，浇口尺寸与侧浇口类似，如图 6.30 所示。这种形式的浇口耗料比环形浇口少得多，且去除浇口容易。这类浇口在生产中比环形浇口应用广泛，多用于底部有大孔的圆筒形或壳形塑件。其缺点是增加了熔接痕，这会影响塑件的强度。图 6.30（a）为内侧进料的轮辐浇口；图 6.30（b）为端面进料的搭接式轮辐浇口；图 6.30（c）为塑件内部进料的轮辐浇口，开设主流道的浇口套伸进塑件内部成为其上部的型芯。

图 6.29 轮辐式浇口实物图

5. 点浇口

点浇口又称针点浇口或菱形浇口，是一种截面尺寸很小的浇口，俗称小浇口，实物图如图 6.31 所示。这类浇口由于前后两端存在较大的压力差，能增大塑料熔体的剪切速率并产生较大的剪切热,从而导致熔体的表观黏度下降,流动性增加,有利于型腔的充填,因而对于薄壁塑件及如聚乙烯、聚丙烯等表观黏度随剪切速率变化而敏感改变的塑料成型有利,但不利于成型流动性差及热敏性塑料,也不利于成型平薄易变形及形状非常复杂的塑件。

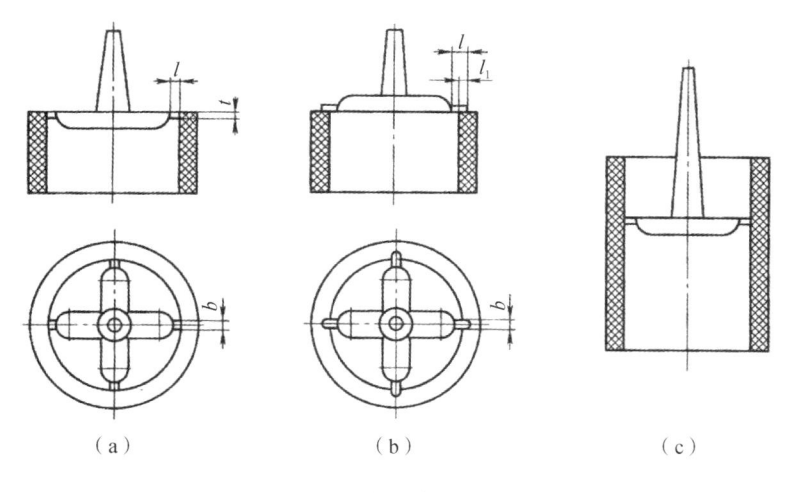

图 6.30 轮辐浇口的形式

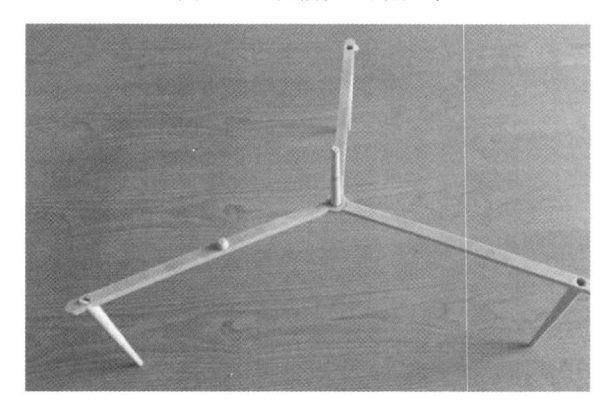

图 6.31 点浇口实物图

  点浇口的设计形式有多种,图 6.32(a)为直接式,直径为 d 的圆锥形的小端直接与塑件相连;图 6.32(b)为点浇口的另一种形式,圆锥形的小端有一段直径为 d、长度为 l 的点浇口与塑件相连。这种形式的浇口直径 d 不能太小,浇口长度 l 不能太长,否则脱模时浇口凝料会断裂而堵塞住浇口,影响注射的正常进行。上述两种形式的点浇口制造方便,但去除浇口时容易损伤塑件,浇口也容易磨损,仅适用于批量不大的塑件成型和流动性好的塑料。图 6.32(c)为圆锥形小端带有圆角 R 的形式,其截面积相应增大,塑料冷却减慢,注射过程中型芯受到的冲击力要小些,但加工不如上述两种方便;图 6.32(d)为点浇口底部增加一个小凸台的形式,其作用是保证脱模时浇口断裂在凸台小端处,使塑件表面不受损伤,但塑件表面遗留有高起的凸台,影响其表面质量。为了防止这种缺陷,可让小凸台低于塑件的表面;图 6.32(e)是适用于一模多件或一个较大塑件多个点浇口的形式。

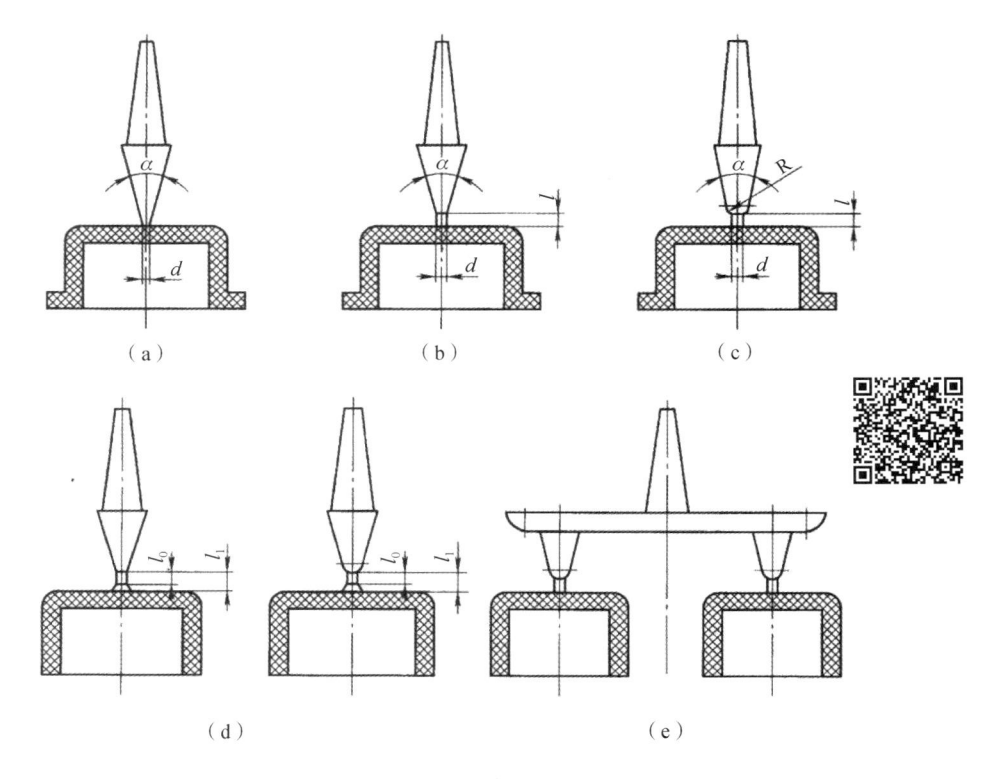

图 6.32 点浇口的各种形式

点浇口的各种尺寸见图 6.32，$d=0.5\sim1.5$mm，最大不超过 2mm，$l=0.5\sim2$mm，常取 $1\sim1.5$mm，$l_0=0.5\sim1.5$mm，$l_1=1\sim2.5$mm，$\alpha=6°\sim15°$。点浇口的直径也可以用下面的经验公式计算。

$$d=(0.14\sim0.2)\sqrt[4]{\delta^2 A} \tag{6.6}$$

式中，d——点浇口直径，单位为 mm；

δ——塑件在浇口处的壁厚，单位为 mm；

A——型腔表面积，单位为 mm^2。

采用点浇口进料的浇注系统，在定模部分必须增加一个分型面，用于取出浇注系统的凝料。

6．潜伏浇口

潜伏浇口又称剪切浇口，是由点浇口变异而来的，实物图如图 6.33 所示。这类浇口的分流道位于模具的分型面上，而浇口却斜向开设在模具的隐蔽处，塑料熔体通过型腔的侧面或推杆的端部注入型腔，因而塑件外表面不受损伤，不致因浇口痕迹而影响塑件的表面质量与美观效果。潜伏浇口的形式如图 6.34 所示，图 6.34（a）为潜伏浇口开设在定模部分的形式；图 6.34（b）为潜伏浇口开设在动模部分的形式；图 6.34（c）为潜伏浇口开设在推杆的上部而进料口开设在推杆上端的形式。

图 6.33 潜伏浇口实物图

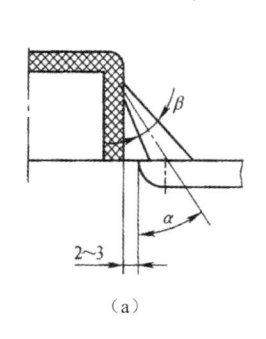

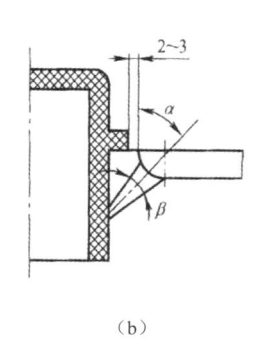

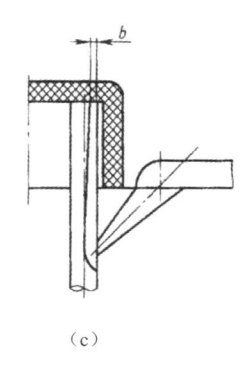

图 6.34 潜伏浇口的形式

潜伏浇口一般是圆形截面，其尺寸设计可参考点浇口。潜伏浇口的锥角取 10°～20°，倾斜角 α=45°～60°，推杆上进料口宽度 b=0.8～2mm，具体视塑件大小而定。

由于浇口成一定角度与型腔相连，形成了能切断浇口的刃口，这一刃口在脱模或分型时形成的剪切力可以将浇口自动切断，不过对于较强韧的塑料则不宜采用。

7．香蕉形浇口

香蕉形浇口如图 6.35 所示，其是注塑模浇注系统中潜伏浇口的一种特殊的形式，因其曲线形状似牛角或香蕉，故称之为牛角形浇口或香蕉形浇口。与普通潜伏浇口相比，此类浇口进点的位置与流道的距离可以更远，进点的位置选择更灵活。但是该浇口加工困难，顶出也较困难。香蕉形浇口在制品表面不允许留有任何浇口痕迹又不能使用普通潜伏浇口的情况下常采用。

综上所述，不同的浇口形式对塑料熔体的充填特性、成型质量及塑件的性能会产生不同的影响。各种塑料因其性能的差异而对不同形式的浇口会有不同的

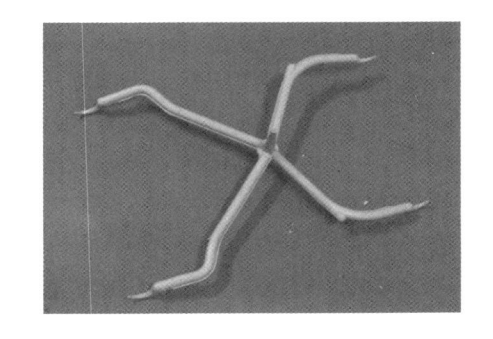

图 6.35 香蕉形浇口

适应性，设计模具时可参考表 6.1 所列部分塑料所适应的浇口形式。

表 6.1 常用塑料所适应的浇口形式

浇口形式 塑料种类	直接浇口	侧浇口	平缝浇口	点浇口	潜伏浇口	环形浇口
硬聚氯乙烯（HPVC）	O	O				
聚乙烯（PE）	O	O		O		
聚丙烯（PP）	O	O		O		
聚碳酸酯（PC）	O	O		O		
聚苯乙烯（PS）	O	O		O	O	
橡胶改性苯乙烯					O	
聚酰胺（PA）	O	O		O		
聚甲醛（POM）	O	O	O	O	O	O
丙烯腈—苯乙烯	O	O				
ABS	O	O	O	O	O	O
丙烯酸酯	O	O				

注："O"表示塑料适用的浇口形式。

需要指出的是，表 6.1 只是生产经验的总结，如果针对具体生产实际，能处理好塑料的性能、成型工艺条件及塑件的使用要求，即使采用表中所列不适应的浇口，也仍有可能注射成型成功。

6.2.5　浇口的位置选择与浇注系统的平衡

1. 浇口的位置选择

浇口的形式很多，但无论采用什么形式的浇口，其开设的位置对塑件的成型性能及成型质量影响很大，因此合理选择浇口的开设位置是提高塑件质量的一个重要设计环节。另外，浇口位置不同还会影响模具的结构。选择浇口位置时，人们需要参考塑件的结构与工艺特征和成型的质量要求，并分析塑料原材料的工艺特性与塑料熔体在模内的流动状态、成型的工艺条件，综合进行考虑。

1）尽量缩短流动距离

在选择浇口位置时，应保证塑料熔体能迅速和均匀地充填模具型腔，尽量缩短熔体的流动距离，这对大型塑件更为重要。

2）避免熔体破裂现象引起塑件的缺陷

小的浇口如果正对着一个宽度和厚度较大的型腔，则熔体经过浇口时，由于受到很高的剪切应力，将产生喷射和蠕动等熔体断裂现象。有时塑料熔体直接从型腔的一端喷射到型腔的另一端，造成折叠，在塑件上产生波纹状痕迹或其他表面缺陷。要克服这种现象，可适当地加大浇口的截面尺寸，或者采用浇口对着大型芯的冲击型浇口，避免熔体破裂现象的产生。

3）浇口应开设在塑件壁厚处

当塑件的壁厚相差较大时，若将浇口开设在薄壁处，这时塑料熔体进入型腔后，不但流动阻力大,而且还易冷却,影响熔体的流动距离,难以保证熔体充填满整个型腔。从收缩角度考虑,塑件壁厚处往往是熔体最晚固化的地方,如果浇口开设在壁薄处,那么壁厚的地方因液体收缩得不到补缩而会形成表面凹陷或缩孔。为了保证塑料熔体顺利充填型腔,使注射压力得到有效的传递,而在熔体液态收缩时又能得到充分的补缩,一般浇口的位置应开设在塑件的壁厚处。

4) 考虑分子定向的影响

塑料熔体在充填模具型腔期间,会在其流动方向上出现聚合物分子和填料的取向。垂直于流向和平行于流向之处的强度和应力引起的开裂倾向是有差别的,往往垂直于流向的方位强度低,容易产生应力开裂,在选择浇口位置时,应充分注意这一点。图 6.36 中的塑件,底部圆周带有一金属环形嵌件,如果浇口开设在 A 处(直接浇口或点浇口),则此塑件使用不久就会开裂,因为塑料与金属环形嵌件的线收缩系数不同,嵌件周围的塑料层有很大的周向应力;若浇口开设在 B 处(侧浇口),由于聚合物分子沿塑件圆周方向定向,则可以使应力开裂现象大为减少。

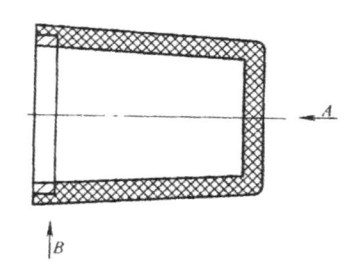

图 6.36 浇口位置对定向的影响

5) 减少熔接痕,提高熔接强度

由于浇口位置的原因,塑料熔体充填型腔时会造两股或两股以上的熔体料流的汇合,汇合之处料流前端是气体,且温度最低,所以在塑件上就会形成熔接痕。熔接痕会降低塑件的熔接强度,影响塑件外观,在成型玻璃纤维增强塑料制件时尤其严重。如无特殊需要最好不要开设一个以上的浇口,以免增加熔接痕。图 6.37(a)为方环形塑件,开设两个侧浇口,在塑件上有两处可能会产生熔接痕,而图 6.37(b)为同一塑件开设一个侧浇口,则只有一处可能会产生熔接痕。

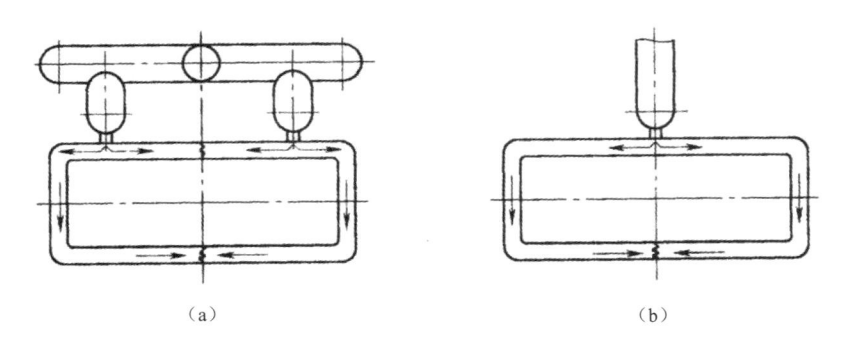

(a)   (b)

图 6.37 浇口位置对熔接痕的影响

为了提高熔接强度，可以在料流汇合之处的外侧或内侧设置一个冷料穴（溢流槽），将料流前端的冷料引入其中，如图 6.38 所示。

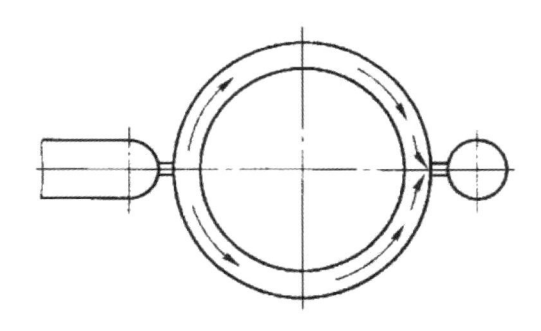

图 6.38　开设冷料穴以提高熔接强度

2. 浇注系统的平衡

为了提高生产效率，降低成本，小型（包括部分中型）塑件往往采取一模多腔的结构形式。在这种结构形式中，浇注系统应使所有的型腔能同时均匀充填塑料熔体。换句话说，应尽量采用从主流道到各个型腔分流道的形状及截面尺寸相同的设计，即型腔平衡式布置的形式。若根据某种需要要设计成型腔非平衡式布置的形式，则需要通过调节浇口尺寸，使各浇口的流量及成型工艺条件达到一致，这就是浇注系统的平衡，亦称浇口的平衡。如果对分流道的尺寸进行调节，则称之为流道平衡，如图 6.39 所示。

图 6.39　流道平衡

浇口平衡计算的思路是通过计算多型腔模具各个浇口的 BGV（Balanced Gate Value）值进行判断或计算，浇口平衡时，BGV 值应符合下述要求：相同塑件的多型腔，各浇口计算出的 BGV 值必须相等；不同塑件的多型腔，各浇口计算出的 BGV 值必须与其塑件型腔的充填量成正比。

型腔浇口的 BGV 值计算方式如下。

$$\mathrm{BGV} = \frac{A_\mathrm{g}}{\sqrt{L_\mathrm{r} L_\mathrm{g}}} \tag{6.7}$$

式中，A_g——浇口的截面积，单位为 mm^2；

L_r——从主中心至浇口的分流道的长度，单位为 mm；

L_g——浇口的长度，单位为 mm。

相同塑件多型腔成型的 BGV 值可用下式表示。

$$BGV_a = BGV_b \tag{6.8}$$

不同塑件多型腔成型的 BGV 值可用下式表示。

$$\frac{W_a}{W_b} = \frac{BGV_a}{BGV_b} = \frac{A_{ga}\sqrt{L_{rb}}L_{gb}}{A_{gb}\sqrt{L_{ra}}L_{ga}} \tag{6.9}$$

式中，W_a、W_b——分别为型腔 a、b 的充填量（熔体质量或体积），单位为 g 或 cm^3；

A_{ga}、A_{gb}——分别为型腔 a、b 的浇口截面积，单位为 mm^2；

L_{ra}、L_{rb}——分别为从主流道中心到型腔 a、b 的流动通道的长度，单位为 mm；

L_{ga}、L_{gb}——分别为型腔 a、b 的浇口长度，单位为 mm。

在一般多型腔注射模浇注系统设计中，浇口截面通常采用矩形或圆形点浇口，浇口截面积 A_g 与分流道截面积 A_r 的比值应取：

$$A_g : A_r = 0.07 \sim 0.09 \tag{6.10}$$

矩形浇口的截面宽度 b 为其厚度 t 的 3 倍，即 $b=3t$，各浇口的长度为相等。在上述前提下，进行浇口的平衡计算。

【例1】图 6.40 为相同塑件 8 个型腔的模具流道分布简图，各浇口为矩形窄浇口，各段分流道直径相等，分流道直径 $d_r=6mm$，各浇口的长度 $L_g=1.25mm$，为保证浇口平衡进料，确定浇口截面的尺寸。

解：从图 6.40 的型腔排布可看出，A_1、A_2 型腔对称布置，流道的长度相同；A_3、A_4 型腔对称布置，流道的长度也相同。为了避免两端浇口和中间浇口的截面相差过大，先以 A_1、A_2 为基准，求出这两组浇口的截面尺寸，然后再求另外两组浇口的截面尺寸。

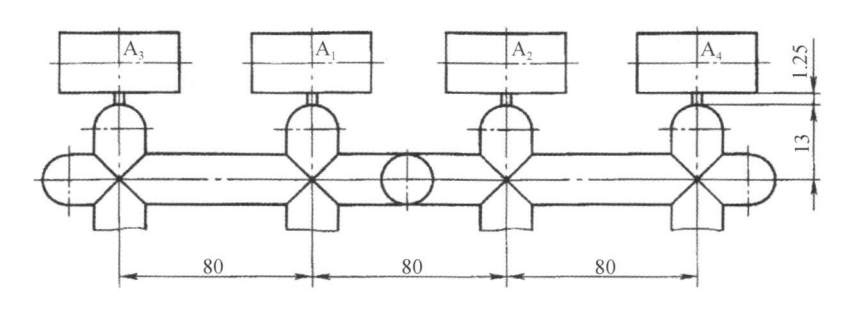

图 6.40 浇口平衡计算实例

（1）分流道截面积 A_r。

$$A_r = \frac{d_r^2}{4}\pi = \frac{6^2}{4}\pi mm^2 \approx 28.27 mm^2$$

（2）基准浇口 A_1、A_2 这两组浇口截面尺寸（取 $A_g=0.07A_r$）。

由 $A_{g1,2} = 0.07A_r = 3t_{1,2}^2 = 0.07 \times 28.27 mm^2 \approx 1.98 mm^2$

求得 $t_{1,2} \approx 0.81mm$，$b_{1,2} = 3t_{1,2} = 2.43mm$

(3) 其他两组浇口的截面尺寸。

根据 BGV 值相等原则

$$\mathrm{BGV} = \frac{A_{g3,4}}{\sqrt{13+80+\frac{80}{2}} \times 1.25} = \frac{A_{g1,2}}{\sqrt{13+\frac{80}{2}} \times 1.25} \approx \frac{1.98}{\sqrt{13+\frac{80}{2}} \times 1.25} \approx 0.22$$

$A_{g3,4} = 3\,t_{3,4}^2 \approx 3.17\mathrm{mm}^2 \qquad t_{3,4} \approx 1.03\mathrm{mm} \qquad b_{3,4} = 3t_{3,4} \approx 3.09\mathrm{mm}$

把上述计算结果列于表 6.2 中，以予比较。

表 6.2 平衡后的各浇口尺

浇口尺寸 \ 型腔	A_1, A_2	A_3, A_4
长度 L_g/mm	1.25	1.25
宽度 b/mm	2.43	3.09
厚度 t/mm	0.81	1.03

目前，在实际的注射模设计与生产中，常采用试模的方法来达到浇口的平衡。

第一，将各浇口的长度、宽度和厚度加工成对应相等的尺寸。

第二，试模后检验每个型腔的塑件质量，检查晚充满的型腔的塑件是否产生补缩不足所导致的缺陷。

第三，将晚充满塑件有补缩不足缺陷型腔的浇口宽度略微修大。尽可能不改变浇口厚度，因为浇口厚度改变对压力损失较为敏感，浇口冷却固化的时间也就不一。

第四，用同样的工艺方法重复上述步骤直至塑件质量合格为止。

在上述试模的整个过程中，注射压力、熔体温度、模具温度、保压时间等成型工艺应与正式批量生产时的工艺条件一致。

6.2.6 冷料穴和拉料杆的设计

冷料穴是浇注系统的结构组成之一。主流道下端的冷料穴如图 6.9 所示，多型腔模具冷料穴在分型面的设置形式如图 6.41 所示。冷料穴的作用是容纳浇注系统流道中料流的前锋冷料，以免这些冷料注入型腔，因为它们既影响熔体充填的速度，又影响成型塑件的质量。

主流道末端的冷料穴除了上述作用，还便于在该处设置主流道拉料杆，注射结束模具分型时，在拉料杆的作用下，主流凝料从定模浇口套被拉出，最后推出机构开始工作，将塑件和浇注系统凝料一起推出模外。这里需要指出的是，点浇口形式浇注系统的三板式模具在主流道末端是不允许设置拉料杆的，否则定模部分不能分型，模具将无法工作。

主流道拉料杆有两种基本形式，一种是推杆形式的拉料杆，固定在推杆固定板上，如图 6.42（a）、(b) 所示，其中 Z 字形拉料杆 [见图 6.42（a）] 是其典型的结构形式，工作时依靠 Z 字形结构将主流道凝料拉出浇口套，推出时，推出结构带动拉料杆将主流道凝料推出模外，但推出后由于 Z 字形结构的方向性而不能自动脱落，需要人工取出。图 6.42（b）为在动模板上开设反锥度冷料穴的形式，它的后面设置有推杆，分型时靠动模板上的反锥度冷料穴的作用将主流道凝料拉出浇口套,推出时靠后面的推杆强制将其推出。

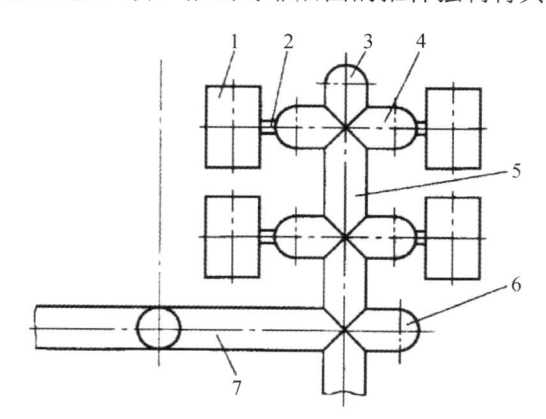

1—型腔；2—浇口；3、6—冷料穴；4—三次分流道；5—二次分流道；7—一次分流道

图 6.41　多型腔模具分型面上的冷料穴

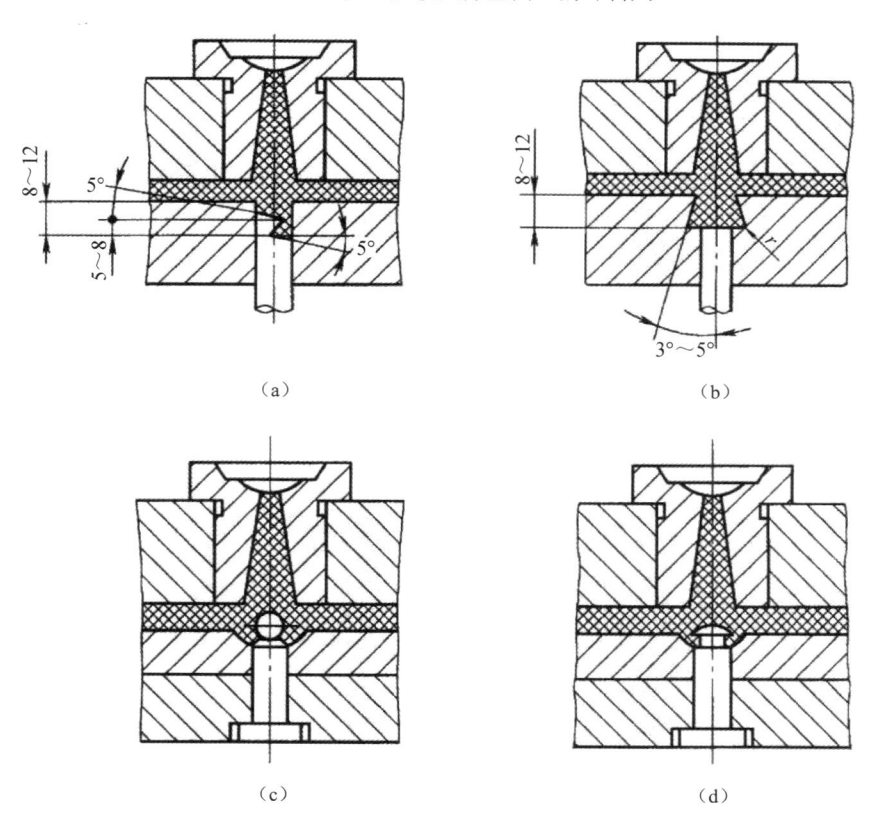

图 6.42　主流道冷料穴和拉料杆的形式

另一种是仅适用于推件板脱模的拉料杆,固定在动模板上,如图 6.42（c）、（d）所示。图 6.42（c）是典型的球头拉料杆,其实物图如图 6.43 所示。图 6.42（d）为菌形头拉料杆,它们是靠头部凹下去的部分将主流道凝料从浇口套中拉出来,然后推件板推出时,将主流道

凝料从拉料杆的头部强制推出。在以上各种形式的拉料杆中，图 6.42（b）至（d）结构形式中的主流道凝料都能在推出时自动脱落。

图 6.43　球头拉料杆实物图

6.3　热流道浇注系统

6.3.1　热流道浇注系统概述

热流道浇注系统亦称无流道浇注系统，图 6.44 为热流道浇注系统模具。它是注射模浇注系统的重要发展方向。早在 1940 年 12 月，E.R.Knowles 就取得了热流道技术的专利权。在美国、日本等工业发达国家，热流道模具技术已基本普及，其在我国推广应用的程度也越来越高。热流道技术是应用于塑料注塑模浇注系统的一种先进技术，是塑料注塑成型工艺发展的一个热点方向。热流道浇注系统是指在塑料模具内安装加热器，利用加热和温度控制的原理使从注射机喷嘴送往浇口的塑料始终保持熔融状态，犹如注塑机的喷嘴直接延伸到产品型腔的进胶点，浇注系统每次开模时不需要将塑料固化作为废料取出，滞留在浇注系统中的熔料在下一次注射时被注入型腔。热流道模具技术使产品可以更直接、轻松地成型。

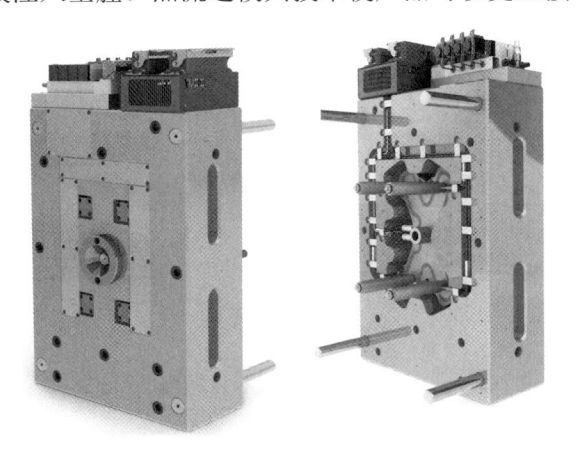

图 6.44　热流道浇注系统模具

热流道浇注系统与普通浇注系统的区别为，在整个生产过程中，浇注系统内的塑料始终处于熔融状态，压力损失小，可以对多点浇口、多型腔模具及大型塑件实现低压注射；没有浇注系统凝料，实现了无废料加工，省去了去除浇口的工序，节约了原材料，降低了成本，缩短了成型周期，改善了制品表面质量和力学性能。同时，其还有可以不必用三板式模具就能使用点浇口，可经济地以侧浇口成型单个制品，提高了自动化程度，可用针阀式浇口控制浇口封冻等特点。

热流道浇注系统一般由热喷嘴（如图 6.45 所示）、分流道板（如图 6.46 所示）、温控箱（如图 6.47 所示）和附件等部分组成。温控箱是安装在模具之外的元器件，用于调节和控制热喷嘴和分流道板中塑料融体的温度。

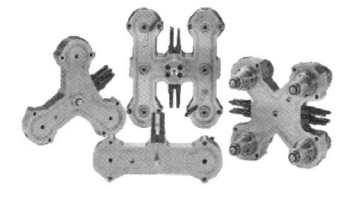

图 6.45　热喷嘴　　　　　图 6.46　分流道板　　　　　图 6.47　温控箱

热流道浇注系统主要分为开放式热流道系统和针阀式热流道系统。目前，针阀式热流道系统使用较普遍。针阀式热流道系统的热喷嘴又称开关式喷嘴，其喷嘴流道中有一个阀针，依靠气压或液压驱动完成浇口的开、闭动作。当阀针打开时，塑料熔体进行充填，充填和保压结束之后，阀针封住浇口，使喷嘴关闭。如图 6.48 所示，针阀式热流道系统的热喷嘴有弹簧阀式喷嘴［图 6.48（a）］、气压阀式喷嘴［图 6.48（b）］及液压阀式喷嘴［图 6.48（c）］等。针阀式热流道系统的优点如下。

（1）在制品上不留下进浇口残痕，进浇口处痕迹平滑。

（2）可实现大浇口快速填充型腔，减少产品变形。

（3）可防止开模时出现拉丝及流涎现象，能配合顺序控制以减少制品熔接痕。

（4）当注射机螺杆后退时，可有效地防止其从模腔中反吸物料，同时保压时间控制准确。

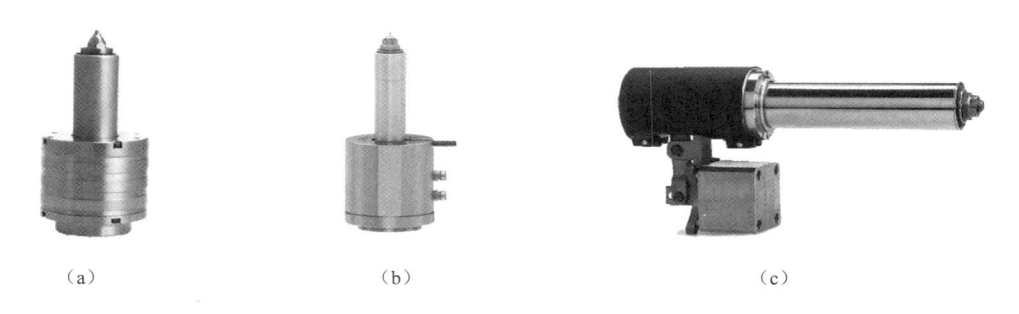

（a）　　　　　　　　（b）　　　　　　　　（c）

图 6.48　针阀式热流道系统的热喷嘴

分流道板又称热流道分流道板，是热流道系统的中心部件，可以将主流道喷嘴传输的塑料熔体经流道分送到各注射点喷嘴。分流道板可以使模具的型腔均匀填充，塑料平衡流动，系统热量平衡。分流道板型号主要有 X 形、H 形、I 形、Y 形、K 形等，如图 6.49 所示。

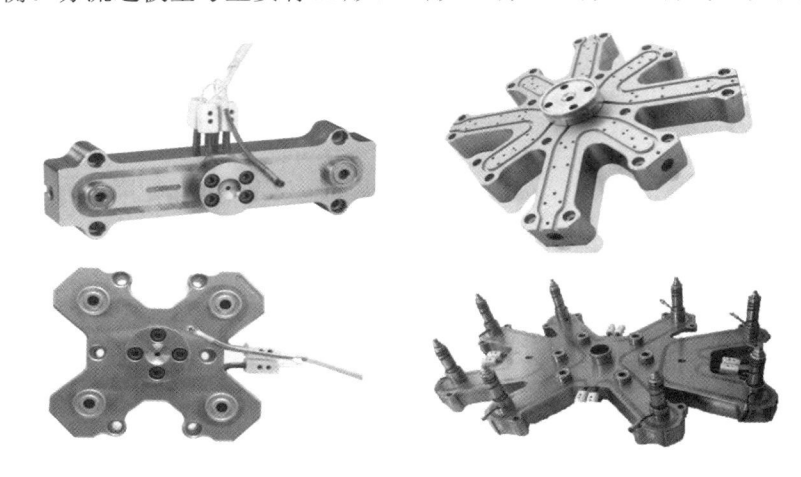

图 6.49 分流道板型号类型

热流道分流道板主要有内加热式热流道分流道板和外加热式热流道分流道板。外加热式热流道分流道板应用较为广泛。外加热式热流道分流道板是在流道外设置加热元件，也就是在分流道板上嵌入发热丝的分流道板。其可以将整个热流道板加热到所需的温度，使流道内的熔体保持黏流态。外加热式热流道分流道板的温度比模具温度要高很多，分流道板不能直接跟模板接触，二者之间通常留有 10mm 左右的间隙，用绝热的陶瓷或钛合金垫块作为支承，利用空气间隙进行隔热，以减少热流道板的热损失。图 6.50 为一些较复杂的热流道浇注系统。

（a） （b）

图 6.50 一些较复杂的热流道浇注系统

6.3.2 加热流道的设计

1. 浇口直径选择

在热流道系统元件的所有几何参数中，浇口（进料口）尺寸对制品质量的影响最大。浇口的直径受喷嘴的种类、塑料材料、注塑件和加工工艺的影响。浇口的直径一般按经验线图和表格确定，然后选取标准系列的喷嘴—浇口直径，在注射试用后进行调整修正。

1）以塑料流动性和注射量选定浇口直径

图 6.51 由 Heat lock AB 公司提供。这种线图对流动性的描述比较模糊，因为塑料的不同品级会有不同的黏度。

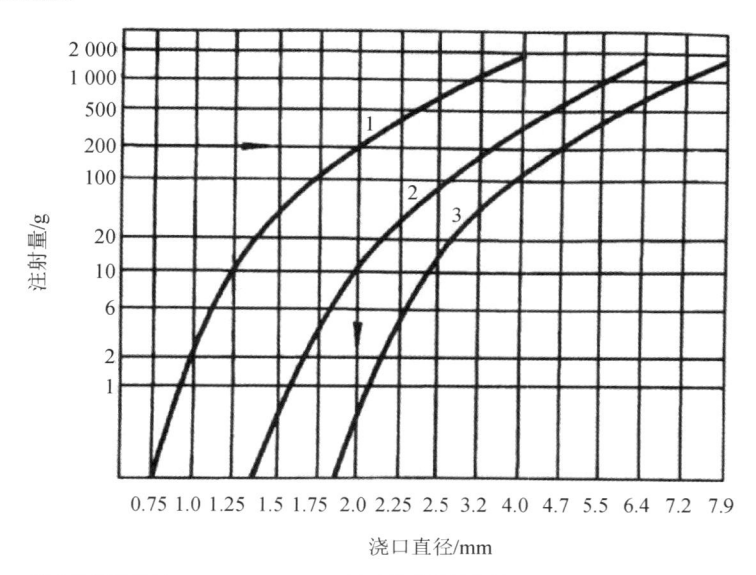

1—流动性好的塑料：PE、PP、PS；2—流动性中等的塑料：ABS、PA、POM、SAN；
3—流动性差的塑料：PC、PMMA、PPO、PUR

图 6.51 以塑料流动性和注射量选定浇口直径

2）以塑料流动速率和熔体允许剪切速率决定浇口直径

图 6.52 由 PSG Plastic Group Gmbh 公司提供。此方法符合流变学原理，但需要合理预测注射充模时间 t、计算流动速率 Q 和流变剪切速率 $\dot{\gamma}$。流动速率又称体积流量，是浇口将型腔充满的熔体体积，用下式表示：

$$Q = \frac{V}{t} \tag{6.11}$$

式中，Q——塑料熔体流经浇口的流动速率，单位为 cm^3/s；

V——流经浇口的熔体体积，单位为 cm^3；

t——注射充模的时间，单位为 s。

注射充模时间为注塑机螺杆的推进时间（即注射开始到塑料融体充满模具型腔的时间）。调整注射充模时间可调节螺杆推进液压缸的流量，控制螺杆推进速度。按照注塑机螺杆的中等推进速度，可预测熔体经浇口的注射充模时间。按表 6.3 拟合的一元三次四项式，用 $V(cm^3)$ 代入后，可求出此流动速率下常规的充模时间：

$$t = 0.969\,45 + 0.379\,02 \times 10^{-2} V - 0.172\,1 \times 10^{-5} V^2 + V^2 + 0.289 \times 10^{-9} V^3$$

熔体流经浇口的剪切速率，按圆口径的流体力学公式计算如下。

$$\dot{\gamma} = \frac{4Q}{\pi r^3} \tag{6.12}$$

式中，$\dot{\gamma}$——塑料熔体流经浇口的剪切速率，单位为 s^{-1}；

r——浇口的半径，单位为 cm。

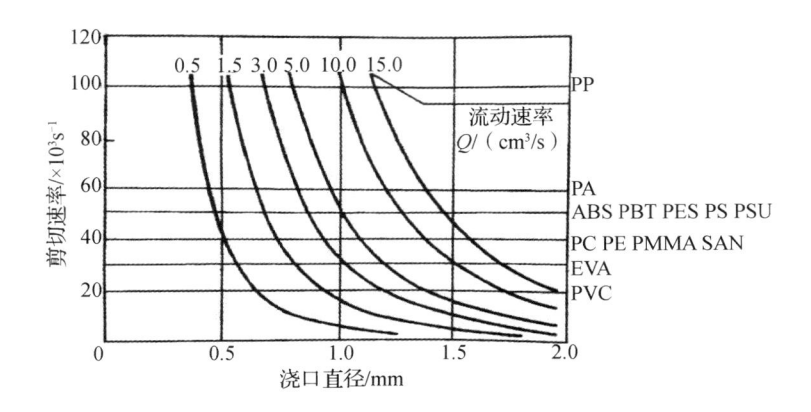

（a）浇口直径 0~2mm

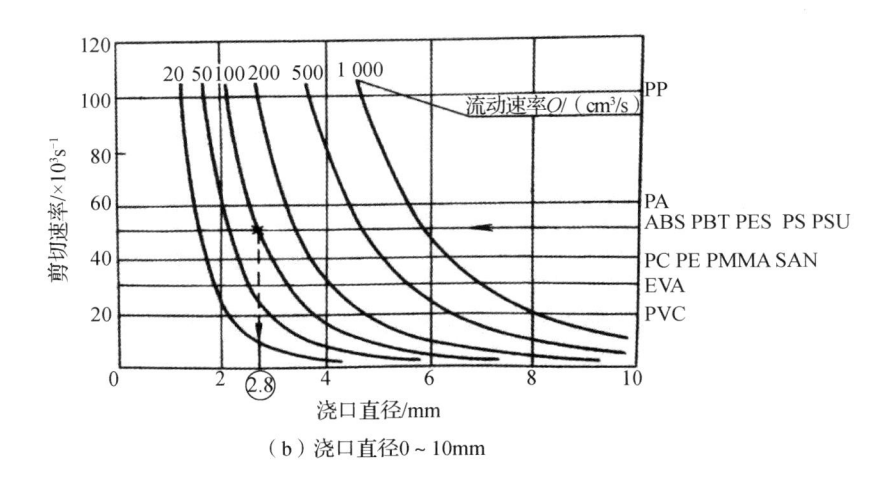

（b）浇口直径 0~10mm

图 6.52 以塑料熔体允许剪切速率决定浇口直径

表 6.3 注塑机注射量与注射时间的关系

注射量/cm³	注射时间/s	注射量/cm³	注射时间/s
30	0.86	500	2.5
60	1.0	1 000	3.1
125	1.6	2 000	4.0
250	2.0	3 000	4.6
350	2.2	4 000	5.0

【例2】 现有250g的PS塑料,密度为1.05g/cm³,计算流经浇口的直径。

先求解注射体积

$$V = \frac{250}{1.05} \text{cm}^3 \approx 238 \text{cm}^3$$

参考表6.3,预计注射时间约为2s,可得体积流率

$$Q = \frac{V}{t} = \frac{238}{2} \text{cm}^3/\text{s} = 119 \text{cm}^3/\text{s}$$

从图6.52中可知,PS的允许剪切速率线 $\dot{\gamma} = 50 \times 10^3 \text{s}^{-1}$。在 $Q=119\text{cm}^3/\text{s}$ 相近曲线上估测浇口直径 $d=2.8\text{mm}$。

可计算实际剪切速率,在 $d=2.8\text{mm}$ 的浇口中为

$$\dot{\gamma} = \frac{4Q}{\pi r^3} = \frac{4 \times 119}{\pi \times 0.14^3} \text{s}^{-1} \approx 55 \times 10^3 \text{s}^{-1}$$

该值略大于允许剪切速率,在注射生产时要限制注射速率。

2. 喷嘴流道直径设计

在热流道喷嘴设计中,需要确定喷嘴类型、浇口直径和喷嘴流道小端直径。此直径已被标准系列化,常用的系列直径有$\phi 4\text{mm}$、$\phi 5\text{mm}$、$\phi 10\text{mm}$、$\phi 12\text{mm}$、$\phi 16\text{mm}$ 和 $\phi 20\text{mm}$,如果流道板上的流道直径经过流变学计算,则以最下游喷嘴的流道直径减小 0.5~1mm,且按喷嘴系列直径确定。在没有条件按流变学计算流道板中的流道直径时,先计算流经喷嘴的体积流率 Q(cm³/s),对于低黏度和中等黏度塑料如 PE、ABS 和 PA 等,以 1 000s⁻¹ 的剪切流动速率求喷嘴流道直径 D。

$$D = 0.24\sqrt[3]{Q} \tag{6.13}$$

对于 PC 等高黏度塑料熔体,以 500s⁻¹ 的剪切流动速率,通过下式求得喷嘴流道直径。

$$D = 0.28\sqrt[3]{Q} \tag{6.14}$$

以 PE 低黏度塑料为例,确定喷嘴流道直径。例如,PE 塑料的总注射量为500cm³,由表6.3查得注射时间 $t=2.5$s,如果有2个注射点,先计算充模速率 Q。

$$Q = \frac{V}{t} = \frac{250}{2.5} \text{cm}^3/\text{s} \approx 100 \text{cm}^3/\text{s}$$

再计算喷嘴直径

$$D = 0.24\sqrt[3]{Q} = 0.24\sqrt[3]{100} \text{cm} = 1.11 \text{cm} = 11.1 \text{mm}$$

按系列取直径$\phi 12\text{mm}$ 的喷嘴。相配的流道板上流道直径应为13mm,高黏度塑料熔体在喷嘴流道中的压力损失较大,对喷嘴长度应该应用流变学计算公式计算,给以限制。对于开关式喷嘴,要确定浇口直径,就可以以开关柱销直径确定喷嘴。

3. 热流道板的结构设计

热流道板应该具有良好的加热和绝热设施,保证加热器安装方便和温度控制有效。热流道板根据浇口数量和位置不同,可采用Ⅰ形、H形或X形等各种外形,热流道板常用的结构如图6.53所示。

(a) I 形

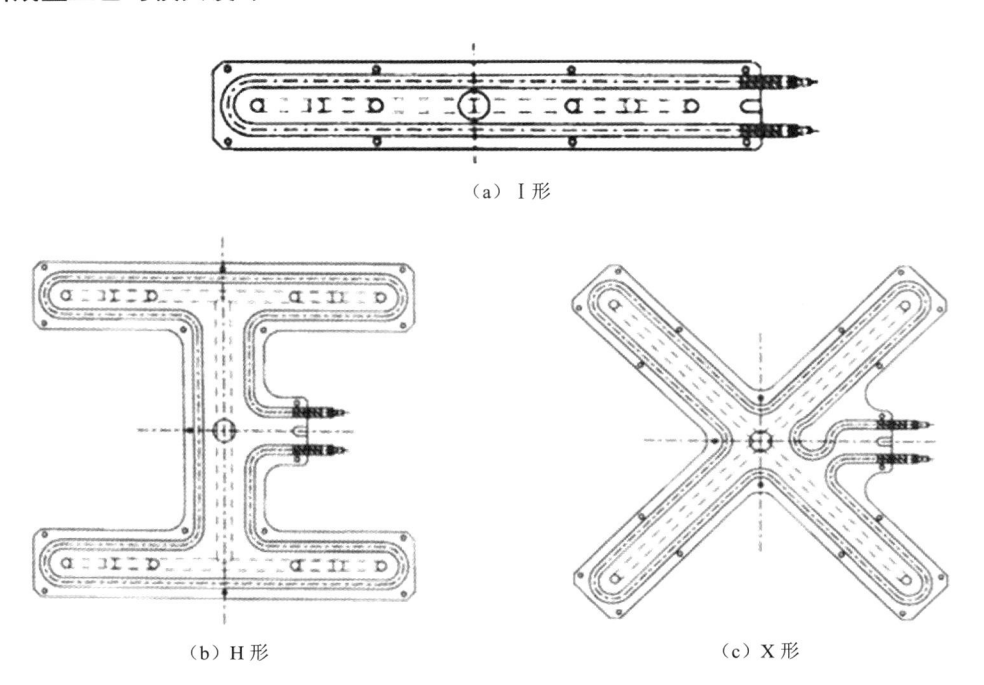

(b) H 形

(c) X 形

图 6.53 热流道板常用的结构

分流道常用圆形截面的直径一般为 5~15mm。流道转折处应圆滑过渡，防止塑料熔体滞留。分流道端孔用细牙螺栓堵头封住并用铜质或聚四氟乙烯密封垫圈防漏。热流道板通常安装在定模座板和定模型腔板之间，用空气间隙或隔热石棉板与其他模板隔开。空气间隙一般在 3~8mm 范围内。由于热流道板架在定模中，主流道和多个浇口内高压熔体的作用和板的热变形均要求热流道板要有足够的刚度并有可靠的支承。支承螺钉和垫块也应该有足够的刚性，它们的接触面应淬火或加设淬硬垫圈。热流道板应选用比热容小和热传导率高的材料，可采用中碳钢、镍铬钢和高强度的铜合金制造。

4．流道板加热功率计算

流道板加热功率是指在一定时间内流道板从室温加热升温至塑料熔体注射温度所需的功率。当流道板达到给定温度时，由温度调节器自动控制，补偿热损失功率，维持热流道温度的恒定。

加热流道板所需由三部分组成。一是达到设置注射温度所需电功率；二是补充流道板的传导、对流和辐射热损耗功率；三是加热器的热效率。

工程设计时，计算流道板的加热器功率公式如下。

$$P = \frac{mc\Delta T}{60 t \eta_0} \quad (6.15)$$

式中，P——流道板加热器的电功率，单位为 kW；

m——流道板质量，单位为 kg。

c——流道板材料的比热容，单位为 kJ/（kg·℃）[对于钢，c=0.48kJ/（kg·℃）]；

t——流道板的加热升温时间，单位为 min；

ΔT——流道板注射工作温度与室温之差,单位为℃;

η_0——加热流道板的效率系数,如果流道板绝热条件良好,则 $\eta_0=0.47\sim0.56$;如果承压圈和支承垫都能绝热,但无防辐射的铝箔设计,则 $\eta_0=0.44\sim0.5$;如果流道板绝热条件很差,承压圈和支承垫用碳钢制造,又无防辐射的措施,则 $\eta_0=0.33\sim0.38$。

5．热损失的计算

注射模的热损失包括热传导、对流热损失和热辐射。

1）热传导

主要由流道板上的承压圈和支承垫,以及固定螺钉或不加热的主流道喷嘴,传热给注射模的定模固定板、垫块和定模板,热流道系统的热传导如图 6.54 所示。

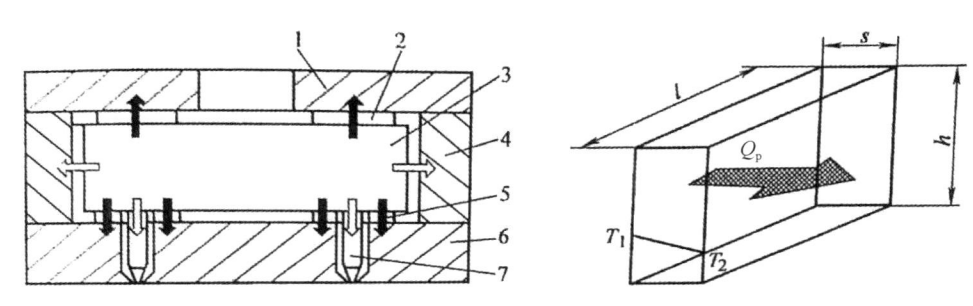

1—定模固定板;2—承压圈;3—流道板;4—垫块;5—支承垫;6—定模板;7—喷嘴

图 6.54 热流道系统的热传导

热流道系统固态零部件的热传导计算公式如下。

$$Q_\mathrm{p} = \frac{\lambda}{s} A_\mathrm{p}(T_1 - T_2) \tag{6.16}$$

式中,Q_p——热流道板的传导热损失,单位为 W;

λ——绝热零件材料的热导率,单位为 W/(m·℃)[淬火钢 $\lambda=30\sim36$W/(m·℃),不锈钢 $\lambda=16\sim26$W/(m·℃),其他材料如表 6.4 所示];

s——绝热零件的厚度,单位为 m;

A_p——绝热零件的接触面积,单位为 m^2;

T_1——热流道板的注射工作温度,单位为℃;

T_2——注射模具结构件的温度,单位为℃。

表 6.4 热流道模具材料的热导率

材料	热导率 W/(m·℃)	材料	热导热导率 W/(m·℃)	材料	热导率热导率 W/(m·℃)
不锈钢	16~26	工业铜	350	石棉板	0.18
铝	200~230	空气	0.04	烧结陶瓷	≤2
铝合金	130~170	玻璃	0.7	CuCrZr	322
钛合金	7	纯铜	395	CuBe	209

续表

材料	热导率 W/(m·℃)	材料	热导热导率 W/(m·℃)	材料	热导率热导率 W/(m·℃)
银	410	LDPE	0.35	CuCoBe	225
水	0.6	PS	0.15	Mo 烧结物	115
预硬化钢 P20 DIN1.2311 40CrMnMO7	34～36.5	淬火钢 GF7 DIN1.2767 X45NiCrMo4	30～36	中碳锰钢 1042/1045 DIN1.1730 C45W	52
中碳铬钢 T420 DIN1.2083 X42Cr13	21	中碳合金钢 H11～H13 DIN1.2343 X38CrMoV5-1	26～29.5	层压绝热板	0.2

2）对流热损失

流道板与周边模具零件之间存在的间隙空气与金属间存在热交换和对流热损失。流道板的对流热损失，不但发生在它与注射模结构零件之间，还发生在流道板与注射模外的空气之间，间隙中的空气与金属表面间存在热交换，热流道系统的对流热如图 6.55 所示，流道板的对流热损失计算公式如下。

$$Q_k = \alpha_k A_k (T_s - T_p) \quad (6.17)$$

式中，Q_k——流道板的对流损失，单位为 W；

α_k——给热系数，单位为 W/(m²·℃)［空气自然对流 α_k=5～10W/(m²·℃)］；

A_k——流道板的壁表面面积，单位为 m²；

T_s——流道板壁面温度，单位为℃；

T_p——周边环境空气的温度，单位为℃。

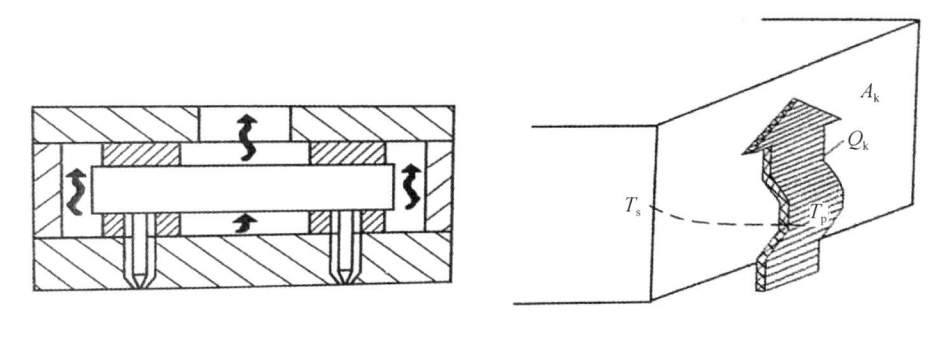

图 6.55 热流道系统的对流热

3）热辐射

高温的热流道表面会向外界辐射能量，辐射传热是热流道系统热损失的组成部分。热辐射交换发生在流道板与定模模架结构件之间，热流道系统的热辐射如图 6.56 所示。若使流道板在 20min 内升温所需的加热功率为 P_n，根据理论分析计算，热损失功率达 $1.5P_n$，如果绝热条件良好，则热损失为 $0.6\sim0.7P_n$。可见流道板系统绝热条件对减少热损失的意义。高温的热流道表面向外界辐射能量，这种辐射传热是热流道系统热损失的组成部分，热流道热辐射计算公式如下：

$$Q_s = \alpha_s A_s (T_1 - T_2) \qquad (6.18)$$

式中，Q_s——流道板的辐射热损失，单位为 W；
A_s——定模框壁的表面面积，单位为 m^2；
α_k——热辐射系数，单位为 W/($m^2 \cdot$K)。

热辐射系数 α_s 可由下式计算。

$$\alpha_s = C_0 \frac{\left(\dfrac{T_1}{100}\right)^4 - \left(\dfrac{T_2}{100}\right)^4}{\Delta T} \qquad (6.19)$$

式中，T_1——流道板壁面的温度，单位为 K；
T_2——定模框壁面的温度，单位为 K；
ΔT——流道板壁面与定模框壁面的温度差，单位为 K；
C_0——黑体辐射系数，单位为 W/($m^2 \cdot$K)[热流道板壁面的辐射系数常用的有：经抛光的光亮壁面 $C_0=0.4$W/($m^2 \cdot$K)，光亮的铝箔覆盖 $C_0=0.18$W/($m^2 \cdot$K)，灰暗的铝箔覆盖 $C_0=0.22$W/($m^2 \cdot$K)，经发黑处理或已锈蚀的灰暗壁面 $C_0=2.62$W/($m^2 \cdot$K)]。

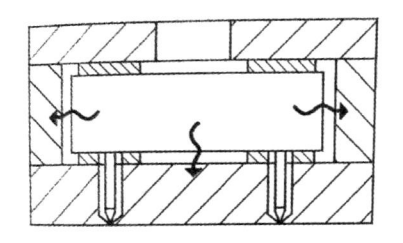

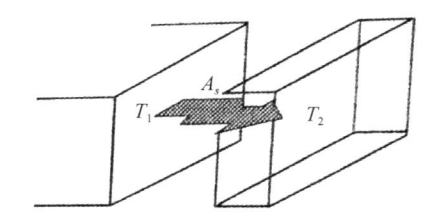

图 6.56 热流道系统的热辐射

【例 3】图 6.57 为板式热流道系统的绝热设计，流道板外形尺寸为 90mm×600mm×50mm，有三个承压圈和支承垫，外径为 25mm，内径为 14mm，厚 6mm。要求流道板的最高工作温度为 380℃，注射模的温度为 110℃，计算加热功率。

（1）计算流道板的热传导功率损耗。

① 流道板的质量，由钢的密度为 7.8g/cm³，得

$$M = 0.9 \times 6 \times 0.5 \times 7.8 \text{kg} = 21.06 \text{kg}$$

② 流道板与定模的温差。

$$\Delta T = T_1 - T_2 = 380\text{K} - 110\text{K} = 270\text{K}$$

③ 设流道板的升温时间为 20min，板料的比热容 $c=0.48$kJ/(kg·K)，加热流道板的效率系数 $\eta_0 = 0.5$，得到流道板升温加热功率。

$$P = \frac{mc\Delta T}{60t\eta_0} = \frac{21.06 \times 0.48 \times 270}{60 \times 20 \times 0.5}\text{kW} \approx 4.548\text{kW}$$

④ 三个垫圈的热传导面积。

$$A_\mathrm{p} = \frac{\pi}{4}(0.025^2 - 0.014^2) \times 3\,\mathrm{m}^2 \approx 0.001\,\mathrm{m}^2$$

⑤ 垫圈的热传导耗热。用 P20 钢，查得该材料的热导率 $\lambda=34\mathrm{W/(m\cdot K)}$，则有

$$Q_\mathrm{p} = \frac{\lambda}{s} A_\mathrm{p}(T_1 - T_2) = \frac{34}{0.006} \times 0.001 \times (380 - 110)\,\mathrm{W} = 1530\,\mathrm{W}$$

若用钛合金制造垫圈，查得该材料的热导率 $\lambda=7\mathrm{W/(m\cdot K)}$，有

$$Q_\mathrm{p} = \frac{\lambda}{s} A_\mathrm{p}(T_1 - T_2) = \frac{7}{0.006} \times 0.001 \times (380 - 110)\,\mathrm{W} = 315\,\mathrm{W}$$

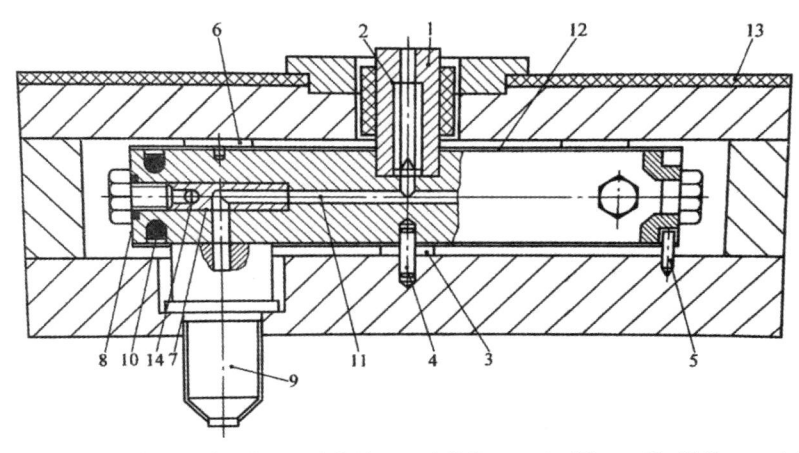

1—一级喷嘴；2—过滤网套；3—支承垫；4—定位销；5—止转销；6—承压圈；7—端面堵栓；8—金属密封圈；
9—二级喷嘴；10—金属管状电热弯管；11—热电偶；12—反射箔片；13—绝热板；14—销钉

图 6.57　板式流道板的绝热设计

（2）流道板的热对流和热辐射的功率损失。

流道板温度 $T_1=273\mathrm{K}+380\mathrm{K}=653\mathrm{K}$，模具温度 $T_2=273\mathrm{K}+110\mathrm{K}=383\mathrm{K}$，得到流道板与模具的温差是 $\Delta T=T_1-T_2=270\mathrm{K}$。发黑锈蚀暗表面流道板的辐射系数 $C_0=2.62\mathrm{W/(m^2\cdot K)}$，而光亮铝箔覆盖时 $C_0=0.18\mathrm{W/(m^2\cdot K)}$，流道板辐射表面积 $A_\mathrm{r}=0.177\mathrm{m}^2$，由两种状态计算功率损失。

① 无绝热设计的流道板，先计算热辐射系数。

$$\alpha_\mathrm{s1} = C_0 \frac{\left(\dfrac{T_1}{100}\right)^4 - \left(\dfrac{T_2}{100}\right)^4}{\Delta T} = 2.62 \times \frac{\left(\dfrac{653}{100}\right)^4 - \left(\dfrac{383}{100}\right)^4}{270} \approx 15.56\,\mathrm{W/(\mu^2\cdot K)}$$

再考虑流道板周边间隙中空气对流热损失，已知对流系数 $\alpha_\mathrm{k}=10\mathrm{W/(m^2\cdot K)}$，得到此流道板的对流和辐射热损失

$$Q_\mathrm{ks1} = (\alpha_\mathrm{k} + \alpha_\mathrm{s1}) A_\mathrm{r} \Delta T = (10 + 15.56) \times 0.177 \times 270\,\mathrm{W} \approx 1221.51\,\mathrm{W}$$

② 有绝热设计的流道板，计算安装反射箔片时的热辐射系数。

$$\alpha_\mathrm{s2} = C_0 \frac{\left(\dfrac{T_1}{100}\right)^4 - \left(\dfrac{T_2}{100}\right)^4}{\Delta T} = 0.18 \times \frac{\left(\dfrac{653}{100}\right)^4 - \left(\dfrac{383}{100}\right)^4}{270} \approx 1.069\,\mathrm{W/(m^2\cdot K)}$$

大面积上安装反射箔片 A_{r1}=0.108m^2，小面积上无反射面 A_{r2}=0.069m^2，由此得到对流和辐射损失

$$Q_{ks1} = [(\alpha_k + \alpha_{s2})A_{r1} + (\alpha_k + \alpha_{s1})A_{r2}]\Delta T$$
$$= [(10+1.069) \times 0.018 + (10+15.56) \times 0.069] \times 270 \text{W}$$
$$\approx 798.95 \text{W}$$

从表 6.5 所列数据可知，如果垫圈和支承垫采用绝热材料钛合金，是普通钢热传导损失的 20.59%，如果再加装铝箔反射片，所需总功率为 6 000.95W，为无绝热设计总电功率的 76.9%，而其中维持热流道生产的电功率仅为 1 452.95W。

表 6.5 本案例计算数据

类　型	无绝热设计的流道板	绝热设计的流道板
流道板升温加热功率/W	4 548	4 548
热传导损失功率/W	1 530（用普通钢垫圈）	315（用钛合金垫圈）
对流和辐射热损失/W	1 221.51（板表面灰暗）	798.95（大面积用反射片）
其他因素的电损耗 10%/W	503	339
总计/W	7 802.51	6 000.95

6.4　模内热切技术

通常塑料件在注塑成型后，料头和产品通过浇口相连，工人需要对浇口进行修剪处理，劳动强度大，浇口修剪不美观。现有的解决办法是开模时从顶板上顶出切刀将浇口切断，这种方法是在开模后进行剪切，由于此时塑胶已经冷却，剪切后的浇口面不美观，产品质量上不去，需要多次人工修剪才能将浇口修剪平整，劳动强度较大，增加了人工成本。

模内热切就是在塑胶模具未开模前，剪切或挤断浇口，从而在塑胶模具开模后，实现件料分离的模具注塑自动化工艺。简而言之，模内热切就是塑料件的料头与产品的自动分离技术，如图 6.58 所示。图 6.59 为采用模内热切的产品。

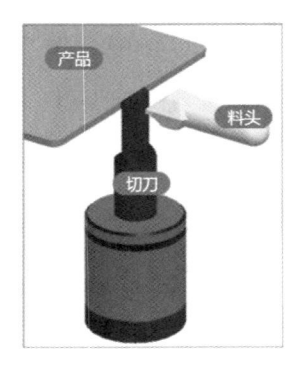

（a）热切前　　　　　　　　　　　　（b）热切后

图 6.58　料头与产品的自动分离技术

图 6.59 采用模内热切的产品

模内热切模具在当今世界各工业发达国家和地区均得到了极为广泛的应用,这主要因为模内热切模具具有如下显著特点。

(1) 模内浇口分离自动化,降低了对人的依赖度。传统的塑胶模具开模后产品与浇口相连,需两道工序进行人工剪切分离,模内热切模具将浇口分离提前至开模前,消除后续工序,有利于生产自动化,降低了对人的依赖。

(2) 降低产品的人为品质影响。在模内热切模具成型过程中,浇口分离自动化保证了浇口分离处外观的一致性,从而形成了品质一致的零件,而传统人工分离浇口工艺无法保证浇口分离处外观一致,因此很多高品质的产品均由模内热切模具生产。

(3) 降低成型周期,提高生产稳定性。模内热切成型的自动化避免了生产过程中无用的人为动作,而产品的全自动化机械剪切保证了产品品质的一致性,在产品大规模生产过程中与传统的模具相比有着不可比拟的优势。

一个典型的模内热切系统由如下几大部分组成。

① 微型超高压油缸。
② 高速高压切刀(如图 6.60 所示)。
③ 超高压时序控制系统(如图 6.61 所示)。
④ 辅助零件。

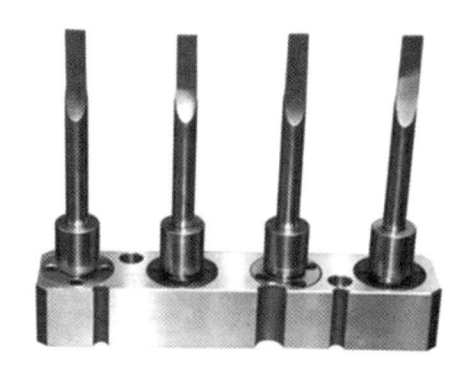

图 6.60 高速高压切刀图   图 6.61 超高压时序控制系统

在模具设计时选用模内热切的注意事项如下。

（1）在选用模内热切时要注意模具上型腔数与布局的排列，因为模具型腔数与布局的排列对模内热切超高压微型油缸在系统油路上的平衡有很大的影响，最好把型腔数选为偶数，并且规则对称排布。

（2）要注意模具型芯跟动模板的厚度，因为模具里的切刀组件放置在型芯内，微型超高压油缸放置在动模板内，型芯和动模板太薄、太厚都无法达到理想状态，太薄无法放置油缸跟切刀组件，太厚将增加模具质量，因此在将模内热切系统导入前需跟模内热切厂家沟通，便于定制型芯和动模板的厚度。

（3）较小型腔数的限制。由于模内热切零部件对较小型腔距离的限制，在设计型腔距离很近的模具时，要注意检查切刀组件距离。

（4）模具上的推杆/镶件/冷却水路的干涉。模内热切零部件的安装需在模具上开孔，因此要确认模内热切零部件周边有无推杆/镶件/冷却水路等干涉。

（5）模内热切系统浇口外观控制。一套理想的模内热切系统应该选择一缸一切刀单独控制来保证浇口的热切效果。

6.5 排气系统的设计

为了塑料熔体顺利充填模具型腔，必须将浇注系统和型腔内的空气及塑料在成型过程中产生的低分子挥发气体排出模外。如果型腔内因各种原因所产生的气体不能被排除干净，塑件上就会形成气泡、凹陷、熔接不牢、表面轮廓不清晰等缺陷。另外，气体的存在还会产生反压力而降低充模速度，因此设计模具时我们必须考虑型腔的排气问题。对于由于排气不畅而造成的型腔局部充填困难，除了设计排气系统，有时还要考虑开设溢流槽，用于容纳冷料的同时也容纳一部分气体。这种措施对于排气有时是十分有效的。

注射模通常以如下三种方式排气。

1. 利用配合间隙排气

对于简单型腔的小型模具，可以利用推杆、活动型芯、活动镶件及双支点固定的型芯端部与模板的配合间隙进行排气，这种类型的排气形式，其配合间隙不能超过 0.04 mm，一般为 0.03～0.04 mm，视成型塑料的流动性好坏而定。

2. 在分型面上开设排气槽

在分型面上开设排气槽是注射模排气的主要形式。分型面上开设排气槽的形式与尺寸如图 6.62 所示。图 6.62（a）为离开型腔 5～8 mm 后设计成开放的燕尾式，以便排气顺利、通畅；为了防止排气槽对着操作工人注射时，熔料从排气槽喷出而引发人身事故，因此将排气槽设计成离型腔 5～8mm 后拐弯的形式，这样能降低熔料溢出的动能，同时在拐弯后再适当增加排气槽的深度，如图 6.62（b）所示。分型面上排气槽的深度 h 见表 6.6。

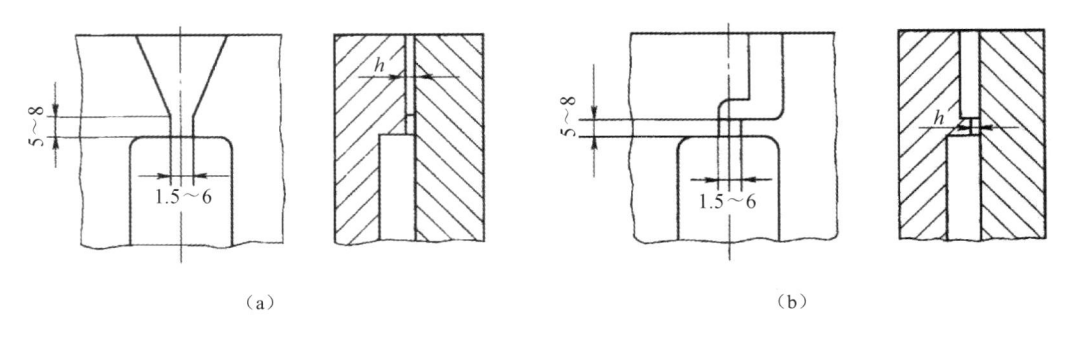

图 6.62 分型面上的排气槽

表 6.6 分型面上的排气槽深

塑料品种	深度 h/mm	塑料品种	深度 h/mm
聚乙烯（PE）	0.02	聚酰胺（PA）	0.01
聚丙烯（PP）	0.01～0.02	聚碳酸酯（PC）	0.01～0.03
聚苯乙烯（PS）	0.02	聚甲醛（POM）	0.01～0.03
ABS	0.03	丙烯酸共聚物	0.03

3. 利用排气塞排气

如果型腔最后充填的部位不在分型面上，而其附近又没有活动型芯或推杆，可在型腔深处镶入排气塞，利用排气塞排气如图 6.63 所示，排气塞上所开槽的深度为 0.03～0.04mm，人们可根据塑料流动性的不同进行选取。

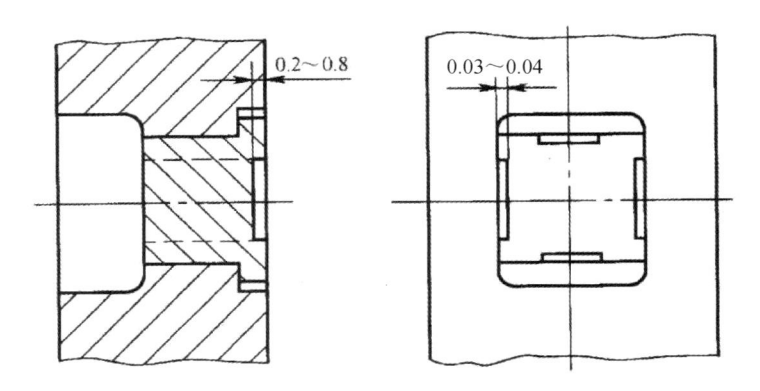

图 6.63 利用排气塞排气

思考题

1．分型面有哪些基本形式？选择分型面的基本原则是什么？

2．多型腔模具的型腔在分型面上的排布形式有哪两种？每种形式的特点是什么？

3．在设计主流道的浇口套时，应注意哪些尺寸的选用？浇口套与定模座板、定模板、定位圈的配合精度分别如何选取？

4．分别绘出轮辐式浇口内侧进料和端面进料的两种形式，并标注出浇口的典型尺寸。

5. 点浇口进料的浇注系统有哪几种结构形式?
6. 潜伏式浇口有几种基本形式?设计潜伏式浇口时应注意哪些问题?
7. 为什么要对非平衡式布置的型腔进行浇注系统的平衡?采用什么方法进行平衡?
8. 热流道浇注系统可分为几大类?
9. 针阀式浇口热流道的结构特点是什么?
10. 注射模为什么需要设计排气系统?排气有哪几种方式?

扩展阅读：加强废塑料回收再利用，关注生态文明建设

随着塑料制品应用越来越广泛，塑料废品污染问题日益严重，如浇注系统凝料等塑料垃圾处理已成为世界性的环保问题。另外，近年来原材料资源的紧缺和环境形势也变得越来越严峻。如何减轻对石油资源的依存，实施循环经济，保持可持续发展，成为塑料工业的全球性热门话题。大量塑料的使用不仅消耗了大量的石油和能源，而且塑料自然降解过程十分缓慢，燃烧时又会释放出大量二氧化碳，所以部分地造成和加重了"白色污染"和"温室效应"。

为净化环境，消除塑料废弃物（见图 6.64），人们应努力做好以下工作来减少污染：一是卫生填埋（用土掩埋垃圾），卫生填埋虽可明显地缓解环境污染，但却将环保重任推到了下一代人身上；二是回收再利用，回收再利用是从垃圾中回收塑料，然后经过分拣、冲洗、干燥、粉碎等过程，最后加工成制品，虽然会耗费一定的人力和物力，但一定程度上能使环境有所改善。但回收再利用也会出现一些问题，如这些塑料到底能回收再加工利用多少次?

图 6.64 废塑料破碎料

为了从根本上解决"塑料垃圾"问题，开发能自然降解且可回收再利用又无害的塑料是重要的解决途径之一。近年来，随着原料生产和制品加工技术的进步，降解塑料尤其是生物分解塑料重新受到人们关注，成为可持续发展、人与自然和谐共处的目标，也是建设生产发展、生活富裕、生态良好的文明社会的重要助力。

第 7 章　成型零部件设计

模具合模后，在动模板和定模板之间的某些零件会组成一个能充填塑料熔体的模具型腔，模具型腔的形状与尺寸就决定了塑料制件的形状与尺寸。构成模具型腔的所有零部件统称为成型零部件。

成型零部件工作时直接与塑料熔体接触，要承受熔融塑料流的高压冲刷、脱模摩擦等。因此，成型零部件不仅要求有正确的几何形状、较高的尺寸精度和较低的表面粗糙度，而且还要求有合理的结构和较高的强度、刚度及较好的耐磨性。

设计注射模的成型零部件时，应根据成型塑件的塑料性能、使用要求、几何结构，以及分型面和浇口位置的选择、脱模方式和排气位置来确定型腔的总体结构；根据塑件的尺寸计算成型零部件型腔的尺寸；确定型腔的组合方式；确定成型零部件的机械加工、热处理、装配等要求；对关键的部位要进行强度和刚度校核。由此可见，注射模的成型零部件设计是注射模设计的一个重要组成部分。

成型零部件的结构设计

成型零部件的工作尺寸计算

7.1　成型零部件的结构设计

成形零部件（如图 7.1 所示）是决定塑件几何形状和尺寸的零部件。它是模具的主要部分，主要包括凹模（型腔）、凸模（型芯）及镶件、成型杆和成型环等。由于塑料成型的特殊性，塑料成型零部件的设计与冷冲模的凸、凹模设计有所不同。

1—型芯；2—型腔

图 7.1　成型零部件

7.1.1 凹模和凸模的结构设计

凹模亦称型腔，是成型塑件外表面的成型零部件，按其结构不同可分为整体式和组合式两种结构形式。

凸模亦称型芯，是成型塑件内表面的成型零部件，成型其主体部分内表面的零件称主型芯或凸模，而成型其他小孔的型芯称为小型芯或成型杆。与凹模相似，凸模也可分为整体式和组合式两种结构形式。

1．整体式凹、凸模结构

整体式的凹模和凸模是指直接在整块模板上分别加工出凹、凸形状的结构形式。整体式凹、凸模的结构形式，如图7.2所示。图7.2（a）为整体式凹模，图7.2（b）为整体式凸模。它们是在整块金属模板上加工而成的。其特点是牢固、不易变形，不会使塑件产生拼接线痕迹。但是其加工困难，热处理不方便，整体式凸模还有消耗模具钢多、浪费材料等缺点。所以整体式凹模和凸模结构常用于制作形状简单的单个型腔中、小型模具或工艺试验模具。整体式凹、凸模实物模具如图7.3所示。

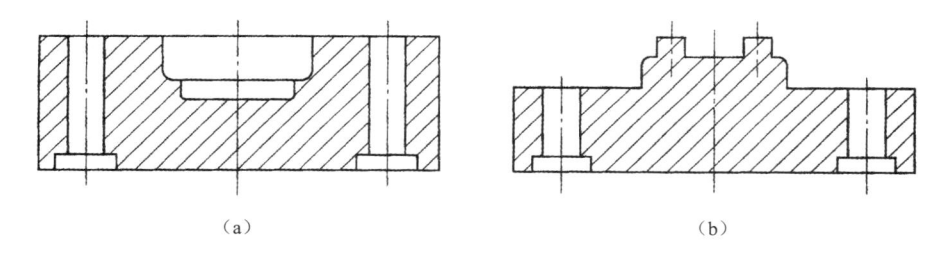

（a） （b）

图7.2 整体式凹、凸模的结构形式

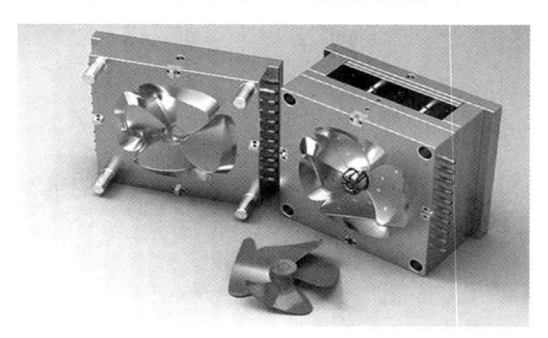

图7.3 整体式凹、凸模实物模具

2．组合式凹、凸模结构

组合式凹、凸模结构是指由两个或两个以上的零件组合而成的凹模或凸模。按组合方式不同，其可分为整体嵌入式、局部镶嵌式和四壁拼合式等形式。

1）整体嵌入式

整体嵌入式凹、凸模的结构形式如图7.4所示。小型塑件采用多型腔模具成型时，各单个型腔和型芯采用单独加工（机械加工、冷挤压、电加工等）的方法加工制成，然后采用H7/m6过渡配合压入模板中。这种结构加工效率高，装拆方便，容易保证形状和尺寸精度。图7.5为整体嵌入式凹、凸模的三维结构。

图7.4（a）～（c）为整体嵌入式凹模，图7.4（d）～（f）为整体嵌入式凸模。图7.4（a）和图7.4（d）为通孔台肩式，凹模和凸模从下面嵌入模板，再用垫板螺钉紧固；图7.4（b）和图7.4（e）为通孔无台肩式，凹模和凸模嵌入模板内用螺钉与垫板固定；图7.4（c）和图7.4（f）为盲孔式，凹模和凸模嵌入固定板后直接用螺钉固定，在固定板后部设计有装拆凹模或凸模用的工艺通孔，这种结构可省去垫板。如果镶件是回转体，而成型部分是非回转体，则需要用销钉或键止转定位。

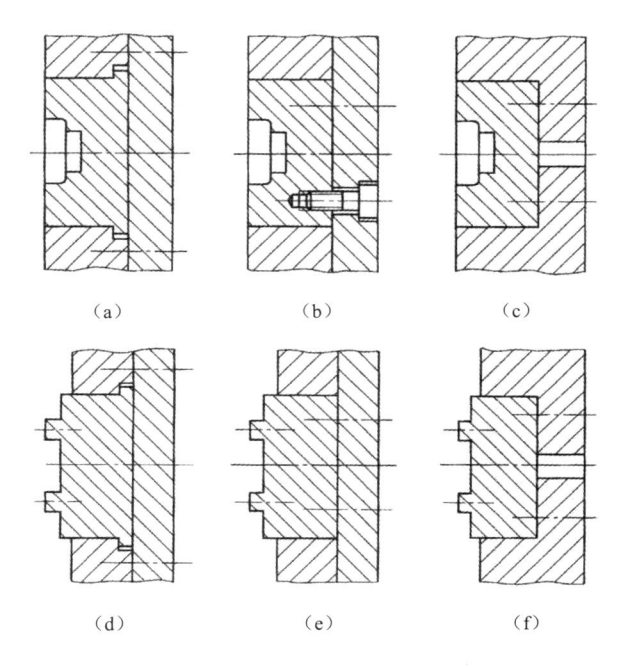

图7.4 整体嵌入式凹、凸模的结构形式

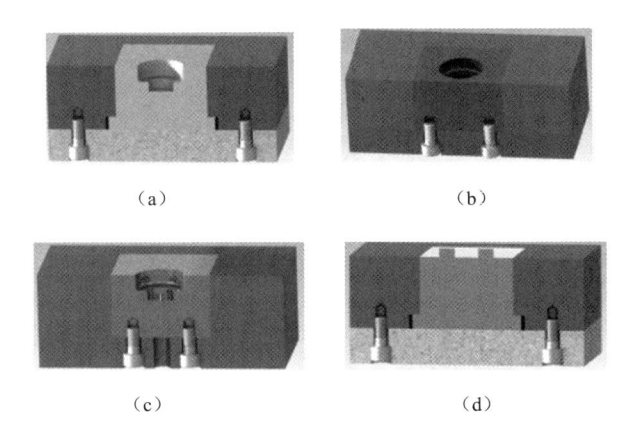

图7.5 整体嵌入式凹、凸模的三维结构

(e) (f)

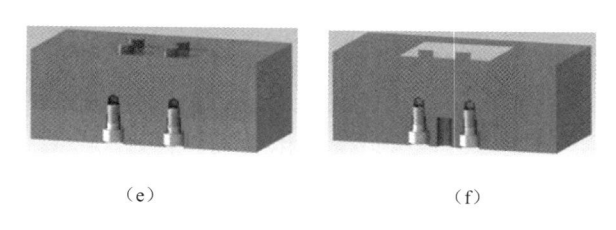

图 7.5 整体嵌入式凹、凸模的三维结构（续）

图 7.6 为整体嵌入式凹、凸模结构实物图。

(a) (b)

图 7.6 整体嵌入式凹、凸模结构实物图

2）局部镶嵌式

为了加工方便或由于型腔的某一部分容易损坏而需要经常更换，应采用局部镶嵌的办法，局部镶嵌式的结构形式如图 7.7 所示。图 7.7（a）中的凹模内有局部凸起，可将此凸起部分单独加工，再把加工好的镶块镶在圆形凹模内；图 7.7（b）为在凹模底部局部镶嵌的形式；图 7.7（c）是凹模底部整体镶嵌的形式。以上镶嵌均采用 H7/m6 的过渡配合。

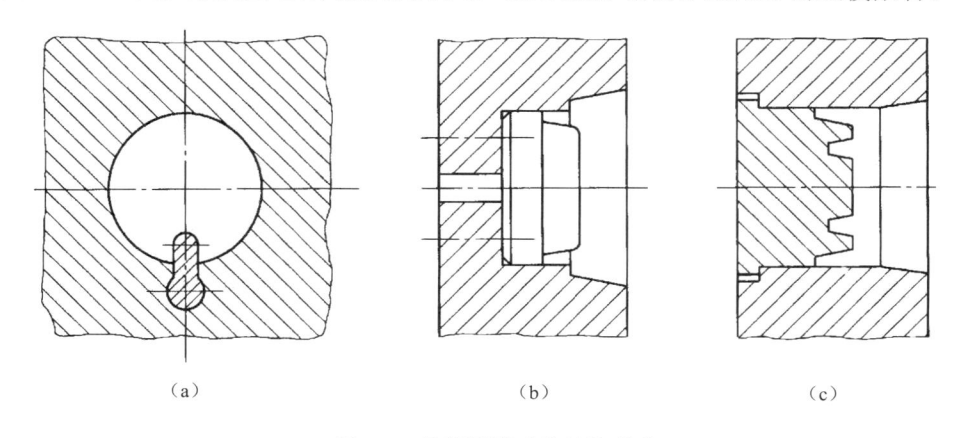

(a) (b) (c)

图 7.7 局部镶嵌式的结构形式

3）四壁拼合式

对大型和形状复杂的凹模，可以把它的四壁和底板分别加工，经研磨后压入模套中，这种方法称为四壁拼合，四壁拼合式的结构形式如图 7.8 所示。为了保证装配的准确性，侧壁之间采用锁扣连接，连接处外壁留有 0.3～0.4mm 的间隙，以使内侧接缝紧密，减少塑料的挤入。

1—模套；2、3—侧镶拼块；4—底镶拼块

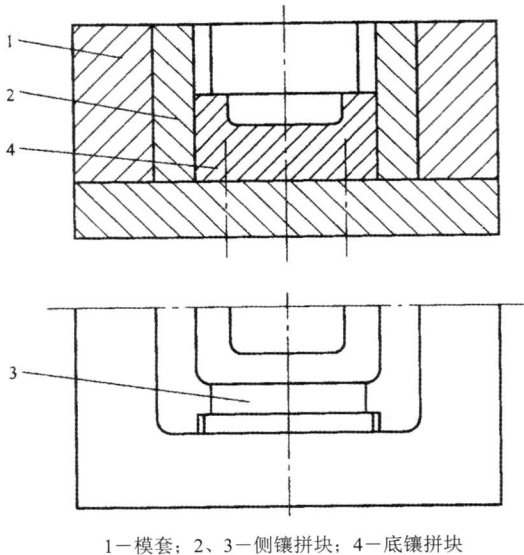

图 7.8　四壁拼合式的结构形式

采用组合式镶拼简化了复杂成型零部件的加工工艺，减少了热处理变形，拼合处有间隙利于排气，便于模具的维修，节省了贵重的模具钢。为了保证组合后型腔尺寸的精度和装配的牢固，减少塑件上的镶拼痕迹，镶块的尺寸、形位公差要求较高，组合结构必须牢固，镶块的机械加工工艺性要好。因此，选择合理的组合镶拼结构是非常重要的。

3．小型芯的结构设计

小型芯是用来成型塑件上的小孔或槽的。小型芯单独制造后，再嵌入模板或大型芯中。图 7.9 为小型芯常用的几种固定方法。

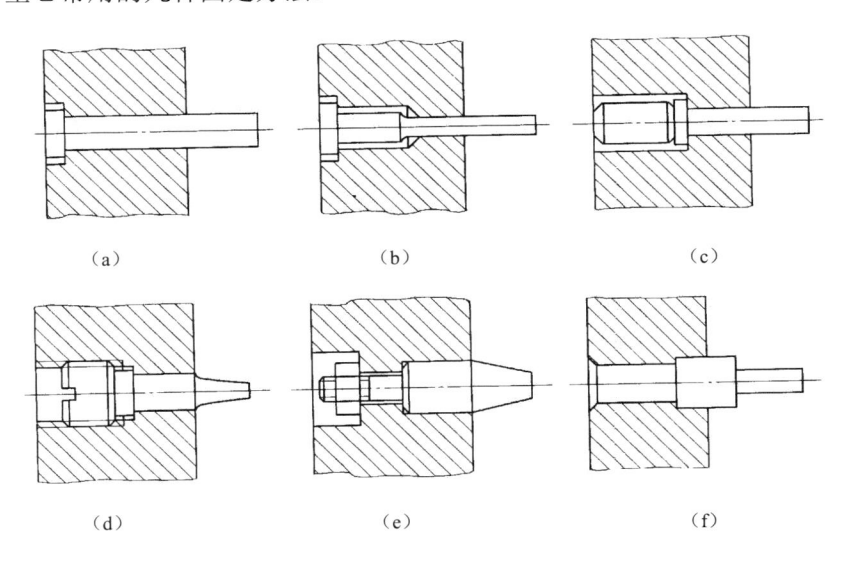

图 7.9　小型芯常用的固定方法

图 7.9（a）是用台肩固定的形式，后面用垫板压紧；图 7.9（b）中的固定板太厚，可在固定板上减少配合长度，同时细小型芯后端适当扩大制成台阶的形式；图 7.9（c）是型芯细小而固定板较厚的形式，型芯镶入后，在后端用圆柱垫垫平；图 7.9（d）是固定板厚而无垫板的场景，在型芯的后端用螺塞紧固；图 7.9（e）是型芯镶入后用螺母固定的形式；图 7.9（f）是型芯镶入后在另一端采用铆接固定的形式，但是在注射模成型零部件设计中，这种铆接形式应该尽量避免。

图 7.10（a）～（c）为直型芯、无锥度一阶型芯、精密级无锥度一阶型芯实物图。

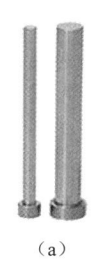

图 7.10　小型芯实物图

对于异形型芯，为了制造方便，常将型芯设计成两段，型芯的连接固定段制成圆形，并用台肩和模板连接，如图 7.11（a）所示，也可以用螺母紧固，如图 7.11（b）所示。

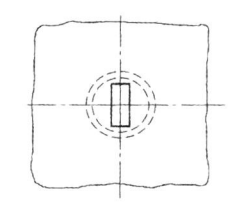

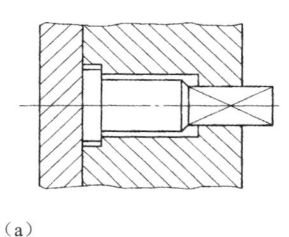

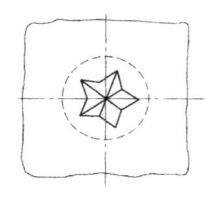

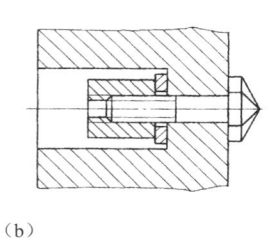

图 7.11　异形型芯的固定

多个互相靠近的小型芯用台肩固定时，如果台肩发生重叠干涉，可将台肩相碰的一面磨去，将型芯固定板的台阶孔加工成大圆台阶孔或长腰圆形台阶孔，然后再将型芯镶入，多个互相靠近型芯的固定形式如图 7.12 所示。

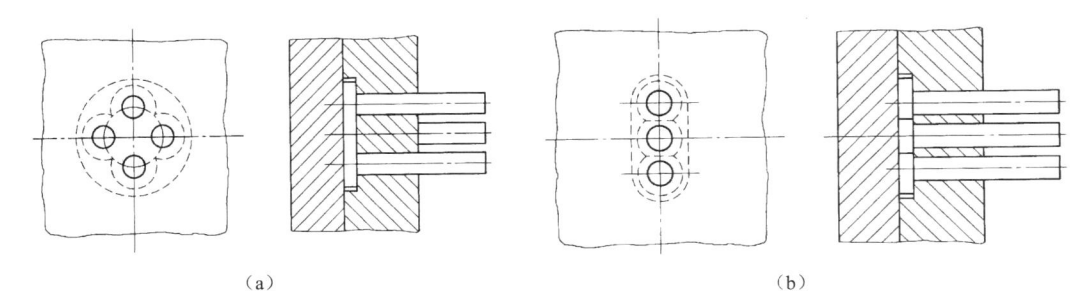

图 7.12　多个互相靠近型芯的固定形式

7.1.2 螺纹型环和螺纹型芯结构设计

螺纹型环和螺纹型芯是分别用来成型塑件上外螺纹和内螺纹的活动镶件。成型后，螺纹型环和螺纹型芯的脱卸方法有两种，一种是模内自动脱卸，另一种是模外手动脱卸。这里仅介绍模外手动脱卸的螺纹型环和螺纹型芯的结构及固定方法。

1. 螺纹型环的结构

螺纹型环的结构如图 7.13 所示，图 7.13（a）是整体式的螺纹型环，型环与模板的配合用 H8/f8，配合段长度为 5～10mm，为了安装方便，配合段以外制出 3°～5°的斜度，型环下端可铣削成方形，以便用扳手从塑件上拧下；图 7.13（b）是组合式型环，型环由两个半瓣拼合而成，两个半瓣之间用定位销定位。成型后用尖劈状卸模器楔入型环两边的楔形槽撬口内，使螺纹型环分开，组合式型环卸螺纹快而省力，但是会在成型的塑料件外螺纹上留下难以修整的拼合痕迹，因此这种结构只适用于精度要求不高的粗牙螺纹的成型。

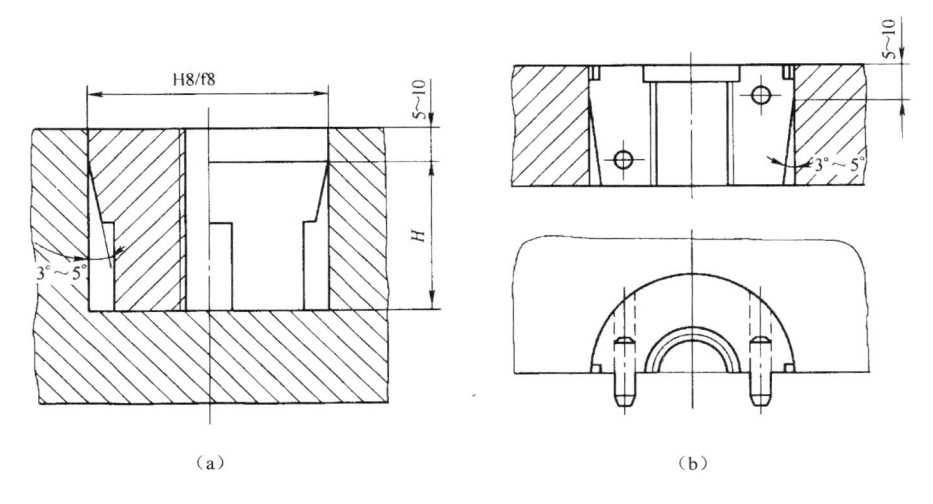

图 7.13 螺纹型环的结构

2. 螺纹型芯的结构

螺纹型芯按用途分为直接成型塑件上螺纹孔和固定螺母嵌件两种。两种螺纹型芯在结构上没有原则上的区别。用来成型塑件上螺孔的螺纹型芯在设计时必须考虑塑料收缩率，表面粗糙度要小（$Ra<0.4\mu m$），一般应有 0.5°的脱模斜度，螺纹始端和末端按塑料螺纹结构要求设计，以防止从塑件上拧下时拉毛塑料螺纹；而固定螺母的螺纹型芯不必考虑收缩率，按普通螺纹制造即可。螺纹型芯安装在模具上，成型时要可靠定位，不能因合模振动或料流冲击而移动，且开模时能与塑件一道取出，便于装卸。螺纹型芯与模板内安装孔的配合用 H8/f8。

螺纹型芯在模具上的安装形式如图 7.14 所示，图 7.14（a）～（c）是成型内螺纹的螺纹型芯，图 7.14（d）～（f）是安装螺纹嵌件的螺纹型芯。图 7.14（a）是利用锥面定位和支承的形式。图 7.14（b）是利用大圆柱面定位和台阶支承的形式。图 7.14（c）是用圆柱面定位和垫板支承的形式。图 7.14（d）是利用嵌件与模具的接触面起支承作用，以防止型芯受压下沉。图 7.14（e）是将嵌件下端以锥面镶入模板中，以增加嵌件的稳定性，并防止塑料挤入嵌件的螺孔中。图 7.14（f）是将小直径螺纹嵌件直接插入固定在模具上的光杆上，因螺纹牙沟槽很细小，塑料仅能挤入一小段，并不妨碍使用，这样可省去模外脱卸螺纹的操作。螺纹型芯的非成型端应制成方形或将相对两边铣成两个平面，以便在模外用工具将其旋下。

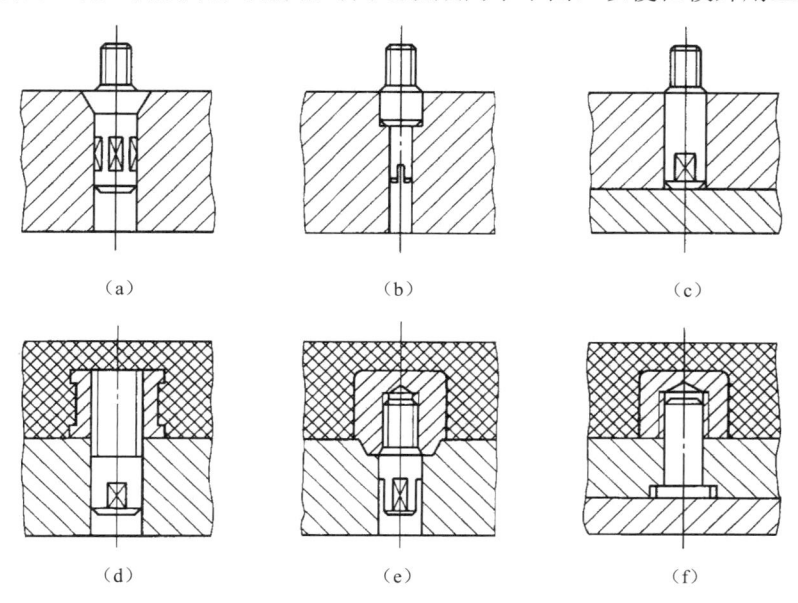

图 7.14 螺纹型芯在模具上的安装形式

7.2 成型零部件的工作尺寸计算

成型零部件的工作尺寸是指凹模和型芯直接构成塑件的尺寸。例如，型腔和型芯的径向尺寸、深度和高度尺寸、孔间距离尺寸、孔或凸台至某成型表面的尺寸、螺纹成型零件的径向尺寸和螺距尺寸等。

7.2.1 影响成型零部件工作尺寸的因素

影响塑件尺寸精度的因素很多，概括地说，有塑料原材料、塑件结构和成型工艺、模具结构、模具制造和装配、模具使用中的磨损等因素。塑料原材料方面的因素主要是指收缩率的影响。

由于影响塑件尺寸的因素很多，特别是由于塑料收缩率的影响，所以其计算过程比冷冲模要复杂。

1．塑件收缩率波动

塑件成型后的收缩变化与塑料的品种、塑件的形状、尺寸、壁厚、成型工艺条件、模具的结构等因素有关。确定准确的收缩率是很困难的,工艺条件、塑料批号发生的变化都会造成塑料收缩率的波动,塑料收缩率波动误差如下。

$$\delta_s=(S_{max}-S_{min})L_s \tag{7.1}$$

式中,δ_s——塑料收缩率波动误差,单位为 mm;

S_{max}——塑料的最大收缩率;

S_{min}——塑料的最小收缩率;

L_s——塑件的基本尺寸,单位为 mm。

因而实际收缩率与计算收缩率有差异。按照一般的要求,塑料收缩率波动所引起的误差应小于塑件公差的 1/3。

2. 模具成型零部件的制造误差

模具成型零部件的制造精度是影响塑件尺寸精度的重要因素之一。模具成型零部件的制造精度越低,塑件尺寸精度也越低,尤其是对于尺寸小的塑件精度,影响更大。一般成型零部件工作尺寸的制造公差值取塑件公差值的 1/3~1/4 或取 IT7~IT8 级作为制造公差。组合式型腔或型芯的制造公差应根据尺寸链来确定。

3. 模具成型零部件的磨损

模具在使用过程中,由于塑料熔体流动的冲刷、成型过程中可能产生的腐蚀性气体的锈蚀、脱模时塑件与模具的摩擦,以及由于上述原因造成的成型零部件表面粗糙度提高而重新打磨抛光等原因,均会造成成型零部件尺寸的变化,这种变化称为成型零部件的磨损。

其中脱模摩擦磨损是主要的因素。磨损的结果是型腔尺寸变大,型芯尺寸变小。磨损大小与塑料的品种和模具材料及热处理有关。为简化计算,与脱模方向垂直的表面因磨损小而不考虑,与脱模方向平行的表面应考虑磨损。

磨损量应根据塑件的产量、塑料的品种、模具的材料等因素来确定。对于中小型塑件,最大磨损量可取塑件公差的 1/6;对于大型塑件应取 1/6 以上。

4. 模具安装配合误差

模具成型零部件装配误差及在成型过程中成型零部件配合间隙的变化都会引起塑件尺寸的变化。例如,成型压力使模具分型面有胀开的趋势,动定模分型面间隙、分型面上的残渣或模板平面度都对塑件高度方向尺寸有影响;活动型芯与模板配合间隙过大,对孔的位置精度有影响。

综上所述,塑件在成型过程中产生的尺寸误差应该是上述各种误差的总和,即

$$\delta=\delta_z+\delta_s+\delta_c+\delta_j+\delta_a \tag{7.2}$$

式中,δ——塑件的成型误差,单位为 mm;

δ_z——模具成型零部件制造误差,单位为 mm;

δ_s——塑料收缩率波动引起的误差,单位为 mm;

δ_c——模具成型零部件的磨损引起的误差,单位为 mm;

δ_j——模具成型零部件配合间隙变化误差,单位为 mm;

δ_a——模具装配引起的误差,单位为 mm。

由此可见，塑件尺寸误差为累积误差，由于影响因素多，因此塑件的尺寸精度往往较低。在确定其尺寸精度时不仅要考虑塑件的使用和装配要求，还要考虑塑件在成型过程中可能产生的误差，使塑件规定的公差值 Δ 大于或等于以上各项因素引起的累积误差 δ，即

$$\Delta \geqslant \delta \tag{7.3}$$

在一般情况下，收缩率的波动、模具制造公差和成型零部件的磨损是影响塑件尺寸精度的主要原因，而且并不是塑件的任何尺寸都与以上几个因素有关，如用整体式凹模成型塑件时，其径向尺寸（或长与宽）只受 δ_z、δ_s、δ_c、δ_j 的影响，而高度尺寸则受 δ_z、δ_s 和 δ_j 的影响。另外，所有的误差同时偏向最大值或同时偏向最小值的可能性是非常小的。

从式（7.1）可以看出，因收缩率的波动引起的塑件尺寸误差随塑件尺寸的增大而增大。因此，生产大型塑件时，收缩率波动是影响塑件尺寸公差的主要因素，若单靠提高模具制造精度等级来提高塑件精度是困难和不经济的，应稳定成型工艺条件和选择收缩率波动较小的塑料；生产小型塑件时，模具制造公差和成型零部件的磨损是影响塑件尺寸精度的主要因素，因此应提高模具制造精度等级和减少磨损。

7.2.2 型腔和型芯径向尺寸的计算

现介绍一种常用的，以平均收缩率、平均磨损量和平均制造公差为基准的计算方法。从附录 B 中可查到常用塑料的最大收缩率 S_{max} 和最小收缩率 S_{min}，该塑料的平均收缩率 $\bar{S}$ 为

$$\bar{S} = \frac{S_{max} + S_{min}}{2} \times 100\% \tag{7.4}$$

在以下的计算中，塑料的收缩率均为平均收缩率。

这里首先说明，在型腔、型芯径向尺寸及其他各类工作尺寸计算公式导出过程中，所涉及的无论是塑件尺寸还是成型模具尺寸的标注，都是按规定的标注方法标注。凡孔都是按基孔制，公差下限为零，公差等于上偏差；凡轴都是按基轴制，公差上限为零，公差等于下偏差；中心距基本尺寸为双向等值偏差，模具零件工作尺寸与塑件尺寸的关系如图 7.15 所示。

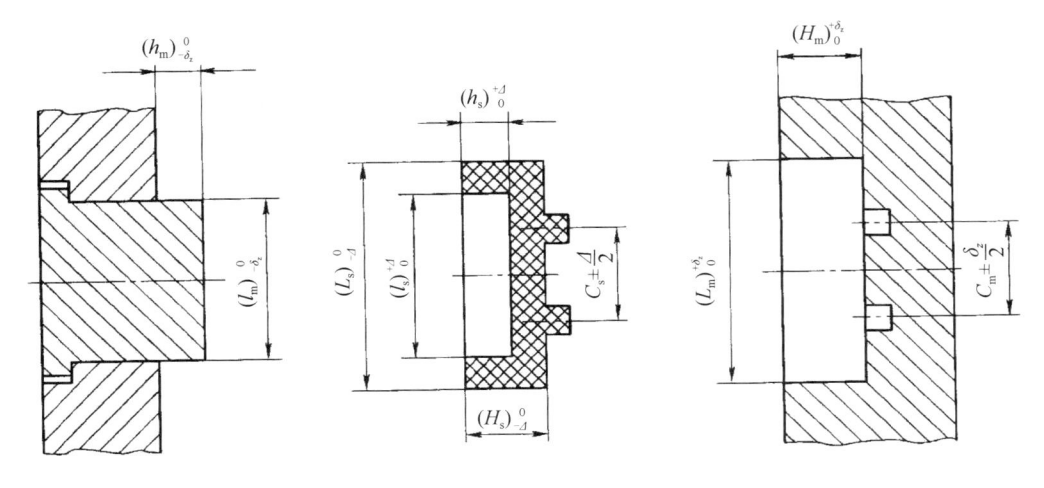

图 7.15 模具零件工作尺寸与塑件尺寸的关系

1. 型腔径向尺寸的计算

如前所述，塑件外形的基本尺寸 L_s 是最大尺寸，其公差 Δ 为负偏差，如果塑件上原有的公差的标注与此不符，应按此规定转换为单向负偏差，因此塑件的平均径向尺寸为 $L_s-\Delta/2$。模具型腔的基本尺寸 L_m 是最小尺寸，公差为正偏差，型腔的平均尺寸则为 $L_m+\delta_z/2$。型腔的平均磨损量为 $\delta_c/2$，考虑到平均收缩率后，则可列出如下等式：

$$L_m+\delta_z/2+\delta_c/2=(L_s-\Delta/2)(1+\overline{S})$$

略去比其他各项小得多的 $\overline{S}\Delta/2$，则得到模具型腔的径向尺寸如下。

$$L_m=(1+\overline{S})L_s-(\Delta+\delta_z+\delta_c)/2$$

式中，δ_z 和 δ_c 是与 Δ 有关的量，因此公式后半部分可用 $x\Delta$ 表示，标注制造公差后得到下式。

$$(L_m)^{+\delta_z}_{\ 0}=[(1+\overline{S})L_s-x\Delta]^{+\delta_z}_{\ 0} \tag{7.5}$$

由于 δ_z、δ_c 与 Δ 的关系随塑件的精度等级和尺寸大小的不同而变化，因此式中 Δ 前的系数 x 在塑料件尺寸较大、精度级别较低时，δ_z 和 δ_c 可忽略不计，则 $x=0.5$；当塑件制件尺寸较小、精度级别较高时，δ_c 可取 $\Delta/6$、δ_z 可取 $\Delta/3$，此时 $x=0.75$，则式（7.5）为：

$$(L_m)^{+\delta_z}_{\ 0}=[(1+\overline{S})L_s-(0.5\sim 0.75)\Delta]^{+\delta_z}_{\ 0} \tag{7.6}$$

式中，L_m——模具型腔径向基本尺寸，单位为 mm；

L_s——塑件外表面的径向基本尺寸，单位为 mm；

$\overline{S}$——塑料平均收缩率；

Δ——塑件外表面径向基本尺寸的公差，单位为 mm。

2. 型芯径向尺寸的计算

塑件孔的径向基本尺寸 l_s 是最小尺寸，其公差 Δ 为正偏差，型芯的基本尺寸 l_m 是最大尺寸，制造公差为负偏差，经过与上面型腔径向尺寸的相似推导，可得：

$$(l_m)^{\ 0}_{-\delta_z}=[(1+\overline{S})l_s+(0.5\sim 0.75)\Delta]^{\ 0}_{-\delta_z} \tag{7.7}$$

式中，l_m——模具型芯径向基本尺寸，单位为 mm；

l_s——塑件内表面的径向基本尺寸，单位为 mm；

Δ——塑件内表面径向基本尺寸的公差，单位为 mm；

δ_z——模具制造公差，单位为 mm。

7.2.3 型腔深度和型芯高度尺寸的计算

计算型腔深度和型芯高度尺寸时，由于型腔的底面或型芯的端面磨损很小，所以可以不考虑磨损量，由此推导出型腔深度公式：

$$(H_m)^{+\delta_z}_{\ 0}=[(1+\overline{S})H_s-x\Delta]^{+\delta_z}_{\ 0} \tag{7.8}$$

式中，H_m——模具型腔深度基本尺寸，单位为 mm；

H_s——塑件凸起部分高度基本尺寸，单位为 mm；

x——修正系数，$x=1/2\sim 2/3$，当塑件尺寸较大、精度要求低时取小值；反之取大值。

型芯高度公式：

$$(h_m)_{-\delta_z}^{0} = [(1+\bar{S})h_s + x\Delta]_{-\delta_z}^{0} \tag{7.9}$$

式中，h_m——模具型芯高度基本尺寸，单位为 mm；
h_s——塑件孔或凹槽深度尺寸，单位为 mm。

7.2.4 中心距尺寸的计算

塑件上凸台之间、凹槽之间或凸台与凹槽之间的中心线的距离称为中心距。由于中心距的公差都是双向等值公差，同时磨损的结果不会使中心距尺寸发生变化，因此在计算时不必考虑磨损量。因此，塑件上的中心距基本尺寸 C_s 和模具上的中心距的基本尺寸 C_m 均为平均尺寸。于是

$$C_m = (1+\bar{S})C_s$$

标注制造公差后得：

$$(C_m) \pm \delta_z/2 = (1+\bar{S})C_s \pm \delta_z/2 \tag{7.10}$$

式中，C_m——模具中心距基本尺寸，单位为 mm；
C_s——塑件中心距基本尺寸，单位为 mm。

模具中心距是由成型孔或安装型芯的孔的中心距所决定的。用坐标镗床加工孔时，孔轴线位置尺寸取决于机床精度，一般不会超过 ±0.015～0.02mm；用普通方法加工孔时，孔间距大，则加工误差值也大。这时应使间隙误差和制造误差的积累值小于塑件中心距所要求的公差。

7.2.5 螺纹型环和螺纹型芯工作尺寸的计算

螺纹塑件从模具中成型出来后，径向和螺距尺寸都要收缩变小，为了使螺纹塑件与标准金属螺纹有较好的配合，提高成型后塑件螺纹的旋入性能，设计成型塑件的螺纹型环或型芯的径向尺寸时都应考虑收缩率的影响。

螺纹型环的工作尺寸属于型腔类尺寸，而螺纹型芯的工作尺寸属于型芯类尺寸。螺纹连接的种类很多，配合性质也各不相同，影响塑件螺纹连接的因素比较复杂，因此要满足塑料螺纹配合的准确要求是比较难的。目前尚无塑料螺纹的统一标准，也没有成熟的计算方法。

由于螺纹中径是决定螺纹配合性质的最重要参数，它决定着螺纹的可旋入性和连接的可靠性，所以计算中的模具螺纹大、中、小径的尺寸，均以塑件螺纹中径公差 $\Delta_{中}$ 为依据。制造公差都采用了中径制造公差 δ_z，其目的是提高模具制造精度。下面介绍普通螺纹型环和型芯工作尺寸的计算公式。

1. 螺纹型环的工作尺寸

（1）螺纹型环大径

$$(D_{m大})_{0}^{+\delta_z} = [(1+\bar{S})D_{s大} - \Delta_{中}]_{0}^{+\delta_z} \tag{7.11}$$

（2）螺纹型环中径

$$(D_{m中})_{0}^{+\delta_z}=[(1+\overline{S})D_{s中}-\varDelta_{中}]_{0}^{+\delta_z} \tag{7.12}$$

（3）螺纹型环小径

$$(D_{m小})_{0}^{+\delta_z}=[(1+\overline{S})D_{s小}-\varDelta_{中}]_{0}^{+\delta_z} \tag{7.13}$$

式中，$D_{m大}$——螺纹型环大径基本尺寸，单位为 mm；

$D_{m中}$——螺纹型环中径基本尺寸，单位为 mm；

$D_{m小}$——螺纹型环小径基本尺寸，单位为 mm；

$D_{s大}$——塑件外螺纹大径基本尺寸，单位为 mm；

$D_{s中}$——塑件外螺纹中径基本尺寸，单位为 mm；

$D_{s小}$——塑件外螺纹小径基本尺寸，单位为 mm；

$\overline{S}$——塑料平均收缩率；

$\varDelta_{中}$——塑件螺纹中径公差，单位为 mm，目前我国尚无专门的塑件螺纹公差标准，可参照金属螺纹公差标准中精度最低者选用，其值可查相关标准；

δ_z——螺纹型环中径制造公差，单位为 mm，其值可取 $\varDelta_{中}$/5 或查表 7.1。

表 7.1 螺纹型环和螺纹型芯的直径制造公差 δ_z

	螺纹直径/mm	$M_{3\sim12}$	$M_{14\sim33}$	$M_{36\sim45}$	$M_{46\sim68}$
粗牙螺纹	中径制造公差/mm	0.02	0.03	0.04	0.05
	大、小径制造公差/mm	0.03	0.04	0.05	0.06
	螺纹直径/mm	$M_{4\sim22}$	$M_{24\sim52}$	$M_{56\sim68}$	
细牙螺纹	中径制造公差/mm	0.02	0.03	0.04	
	大、小径制造公差/mm	0.03	0.04	0.05	

2．螺纹型芯的工作尺寸

（1）螺纹型芯大径

$$(d_{m大})_{-\delta_z}^{0}=[(1+\overline{S})d_{s大}+\varDelta_{中}]_{-\delta_z}^{0} \tag{7.14}$$

（2）螺纹型芯中径

$$(d_{m中})_{-\delta_z}^{0}=[(1+\overline{S})d_{s中}+\varDelta_{中}]_{-\delta_z}^{0} \tag{7.15}$$

（3）螺纹型芯小径

$$(d_{m小})_{-\delta_z}^{0}=[(1+\overline{S})d_{s小}+\varDelta_{中}]_{-\delta_z}^{0} \tag{7.16}$$

式中，$d_{m大}$——螺纹型芯大径，单位为 mm；

$d_{m中}$——螺纹型芯中径，单位为 mm；

$d_{m小}$——螺纹型芯小径，单位为 mm；

$d_{s大}$——塑件内螺纹大径基本尺寸，单位为 mm；

$d_{s中}$——塑件内螺纹中径基本尺寸，单位为 mm；

$d_{s小}$——塑件内螺纹小径基本尺寸，单位为 mm；

$\varDelta_{\text{中}}$——塑件螺纹中径公差,单位为 mm;

δ_z——螺纹型芯中径制造公差,单位为 mm,其值取 $\varDelta_{\text{中}}/5$ 或查表 7.1。

3. 螺纹型环和螺纹型芯的螺距工作尺寸

螺纹型环和螺纹型芯的螺距尺寸都采用如下公式计算。

$$(P_m) \pm \delta_z/2 = P_S(1+\overline{S}) \pm \delta_z/2 \qquad (7.17)$$

式中,P_m——螺纹型环或螺纹型芯螺距基本尺寸,单位为 mm;

P_S——塑件外螺纹或内螺纹螺距基本尺寸,单位为 mm;

δ_z——螺纹型环或螺纹型芯螺距制造公差,单位为 mm,查表 7.2。

表 7.2 螺纹型环和螺纹型芯螺距的制造公差 δ_z

螺纹直径/mm	配合长度 L/mm	制造公差 δ_z/mm
3~10	~12	0.01~0.03
12~22	12~20	0.02~0.04
24~68	>20	0.03~0.05

在螺纹型环或螺纹型芯螺距计算中,由于考虑到塑件的收缩,计算所得到的螺距带有不规则的小数,加工这种特殊的螺距很困难,可采用如下办法解决这一问题。

用收缩率相同或相近的塑件外螺纹与塑件内螺纹相配合时,计算螺距尺寸可以不考虑收缩率;当塑料螺纹与金属螺纹配合时,如果螺纹配合长度 $L < 0.432\varDelta_{\text{中}}/\overline{S}$ 时,可不考虑收缩率;一般在小于 7~8 牙的情况下,也可以不计算螺距的收缩率,因为在螺纹型芯中径尺寸计算中人们已考虑到了增加中径间隙来补偿塑件螺距的累积误差。

当螺纹配合牙数较多,螺纹螺距收缩累计误差很大时,必须计算螺距的收缩率。加工带有不规则小数的特殊螺距的螺纹型环或型芯,可以采用在车床上配置特殊齿数的变速挂轮等方法来进行。

4. 牙型角

如果塑料均匀地收缩,则不会改变牙型角的度数,螺纹型环或螺纹型芯的牙型角应尽量制成接近标准数值,即公制螺纹为 60°,英制螺纹为 55°。

思考题

1. 何谓凹模(型腔)和凸模(型芯)?绘出整体组合式凹模或凸模的三种基本结构,并标上配合精度。
2. 常用小型芯的固定方法有哪几种形式?分别在什么场合使用?
3. 在设计组合式螺纹型环时应注意哪些问题?
4. 根据图示的塑件形状与尺寸,分别计算出凹模和凸模的有关尺寸(塑料收缩率取 0.005,δ_z 取 $\varDelta/3$)。

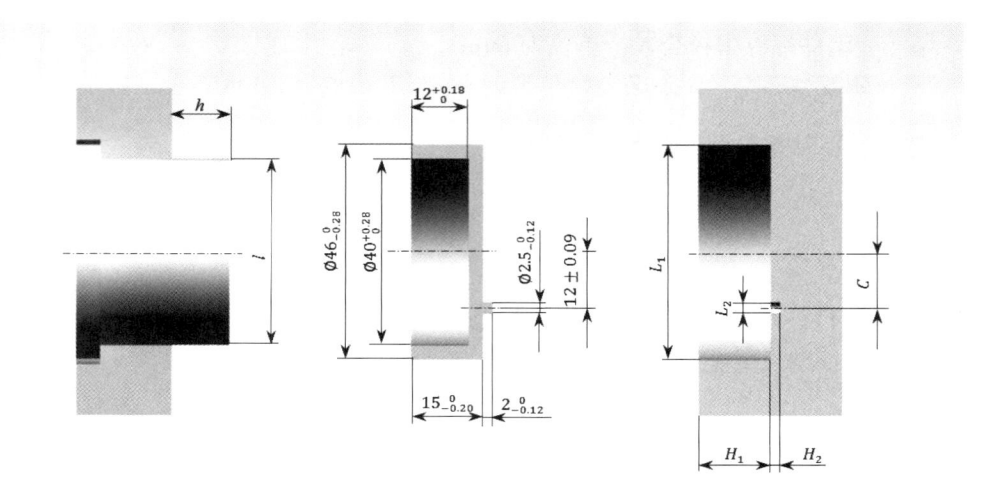

第 4 题图

扩展阅读：钢铁院士崔崑以巍巍之躯锻造出我国合金钢巨擘

崔崑，1925 年生于山东济南，中国工程院院士、华中科技大学教授（图 7.16）。崔崑长期从事材料科学的教学与研究工作，创造性地研究和开发了一系列高性能新型模具钢，其性能达到了国际先进水平，在生产中得到了广泛应用，经济效益显著。

图 7.16　崔崑

1943 年，在父亲的鼓励下，高中毕业的崔崑离开战乱的沦陷区到大后方求学。之后崔崑被三所名牌大学同时录取。"国家需要什么，我就学习什么"，在实业救国的思想的引导下，崔崑最终选择了西迁至四川乐山的武汉大学机械系。刚刚成立不久的中华人民共和国，百废待兴，高性能模具钢在我国是一片空白，国家不得不用大量外汇进口价格昂贵的模具。崔崑当时暗暗立下钢铁志：一定要把我国的合金钢系统搞上去。

几十年来，崔崑作为我国首批博士生导师，共培养了 24 名博士、23 名硕士。虽然人数不多，但有 10 多人已是博士生导师，在各自领域取得了不小的成就。科学的最高境界就是求真求美，不断追求新知。为了帮助华中大困难学生顺利完成学业，崔崑和夫人朱慧楠、女儿崔明玲共同捐资1 000万元，在校内设立了"勤奋励志助学金"，受助学生每年可获得8 000元助学金。至今已有一百多名学子受到资助。

巨匠风范，至柔至刚。百年人生，百炼成钢。崔崑的一生，如同锻造钢铁一般，锻造了自己也锻造了整个国家。认识崔崑的人说，崔崑自己就是一块千锤百炼的"特殊钢"。崔崑经常告诫身边的人，要注意廉洁自律。崔崑有一件30年前购买的衬衣，现在依然经常穿。崔崑家中也只有一套略显陈旧的沙发、一台国产海信牌电视机等简单的陈设。崔崑心里总装着别人，唯独没有自己，不舍得把穿了30多年的破洞衬衫扔掉，却舍得把自己一生的积蓄捐给寒门学子。

第 8 章 注射模标准件

注射模具由成型零部件和结构零部件组成，而注射模具的标准零部件包括标准模架系列、标准零部件（如模板、导柱、导套、推杆、浇口套、垫板等）和其他标准件（如水管接头等）。

注射模的标准模架

支承零部件和合模导向机构设计

8.1 注射模的标准模架

模具标准化也称模具技术化，是指在模具设计和制造中所应遵循的技术规范、基准和准则。模具标准化对提高模具设计和制造水平、提高模具质量、缩短制造周期、降低成本、节约金属和采用新技术都具有重要意义。

模架是注射模的骨架和基体，它将模具的各个部分有机地联系为一个整体，最常见的注射模架如图 8.1 所示。标准模架一般由定模座板、定模板、动模板、动模支承板、垫块、动模座板、推杆固定板、推板、导柱、导套等组成。另外，还有特殊结构的模架，如点浇口模架、带推件板推出的模架等。模架中其他部分可根据需要进行补充，如精确定位装置、支承柱等。

注射模架的实物如图 8.2 所示。

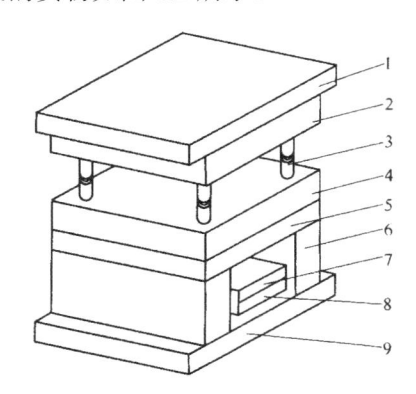

1—定模座板；2—定模板；3—导柱及导套；4—动模板；5—动模支承板；
6—垫块；7—推杆固定板；8—推板；9—动模座板

图 8.1 最常见的注射模架

图 8.2 注射模架的实物

美国、德国、日本等工业发达国家都很重视模具标准化工作，标准件已被模具行业普遍采用。国际模具标准化组织是 ISO/TC29/SC8，我国是该组织的成员国。世界上最著名的生产标准模架和模具标准件的企业有美国 DME 公司、德国 HASCO 公司、日本 FUTABA 公司和我国的 LKM（龙记）公司。

美国 DME 公司创立的 DME 标准，是世界模具行业的三大标准之一，其标准模具如图 8.3 所示。该公司诞生于 1942 年，提供的产品有：热流道系统注塑系列，智能式温度控制器和模具温度控制系统，美国标准模架（注塑及压铸），MUD 快速更换模架系统、精密顶针及司筒，标准模具零件，制模设备和工具等超过五万种模具标准配件。FUTABA 标准是日本双叶电子工业株式会社（Futaba Corp）建立的模具制造标准，该公司于 1948 年在千叶县创立，其标准模具如图 8.4 所示。HASCO 标准是世界三大模具配件生产标准之一，具有互配性强、设计简洁、容易安装、可换性好、操作可靠、性能稳定、兼容各国家工业标准等优点。

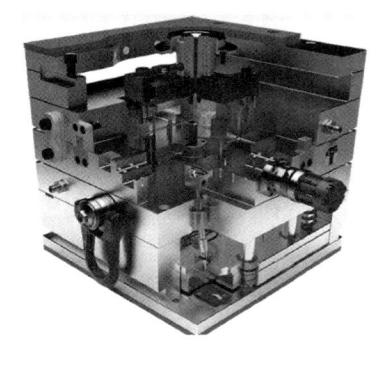

图 8.3　DME 标准模具　　　　　　图 8.4　FUTABA 标准模具

我国的模具标准化工作也在积极进行中，在厂级、局级和部级标准件的基础上，国家也正式颁布了注射模的零件标准和模架标准。目前我国颁布和实施的塑料注射模具国家标准有六种，见表 8.1，而一些部委和地区根据各自需要，也制定了一些有关塑料模具的标准。

表 8.1　我国已颁布和实施的塑料注射模具国家标准

序　号	标　准　名　称	标　准　号
1	塑料注射模零件	GB 4169—2006
2	塑料注射模零件技术条件	GB 4170—2006
3	塑料成型模术语	GB 8846—2005
4	塑料注射模技术条件	GB/T 12554—2006
5	塑料注射模模架	GB/T 12555—2006
6	塑料注射模模架技术条件	GB/T 12556—2006

1．塑料注射模具零件标准

《塑料注射模零件》（GB 4169—2006）标准包括 23 个通用零件，其大致分为以下三类。

（1）脱模零件类：推杆、扁推杆、推管、推板、推板导套、推板导柱、复位杆。

（2）导向和定位零件类：直导套、带头导套、带头导柱、带肩导柱、拉杆导柱、圆形定位元件、矩形定位元件。

（3）其他：模板、垫块、限位钉、支承柱、定位圈、浇口套、圆形拉模扣、矩形拉模扣（其中模板包括定模板、动模板、支承板、定模座板、动模座板）。

这些标准零件之间具有相互配合关系，各零件根据模具需要单独选用，也可选择合适的标准件配套组装成模架。

2. 模架国家标准

模架组合形式主要根据浇注形式、分型面数、塑件脱模方式、推板行程、动模和定模组合形式来确定，因此塑料注射模架组合具备了模具的主要功能。

根据《塑料注射模模架》（GB/T 12555—2006）规定，模架的固定尺寸范围为小于或等于 1 250mm×2 000mm，模架结构形式为直浇口型、点浇口型和简化点浇口型三种形式，其中直浇口型细分为基本型、直身基本型、直身无定模座板三种形式。

直浇口模架基本型分为 A、B、C、D 四种，点浇口基本型分为 DA、DB、DC、DD 四种。如图 8.5 所示，直浇口模架基本型的四种形式分别如下。

（1）A 型。定模和动模均采用两块模板，推杆推出机构。
（2）B 型。定模和动模均采用两块模板，推件板推出机构。
（3）C 型。定模两块模板，动模一块模板，即动模部分没有支承板，推杆推出机构。
（4）D 型。定模两块模板，动模一块模板，推件板推出机构。

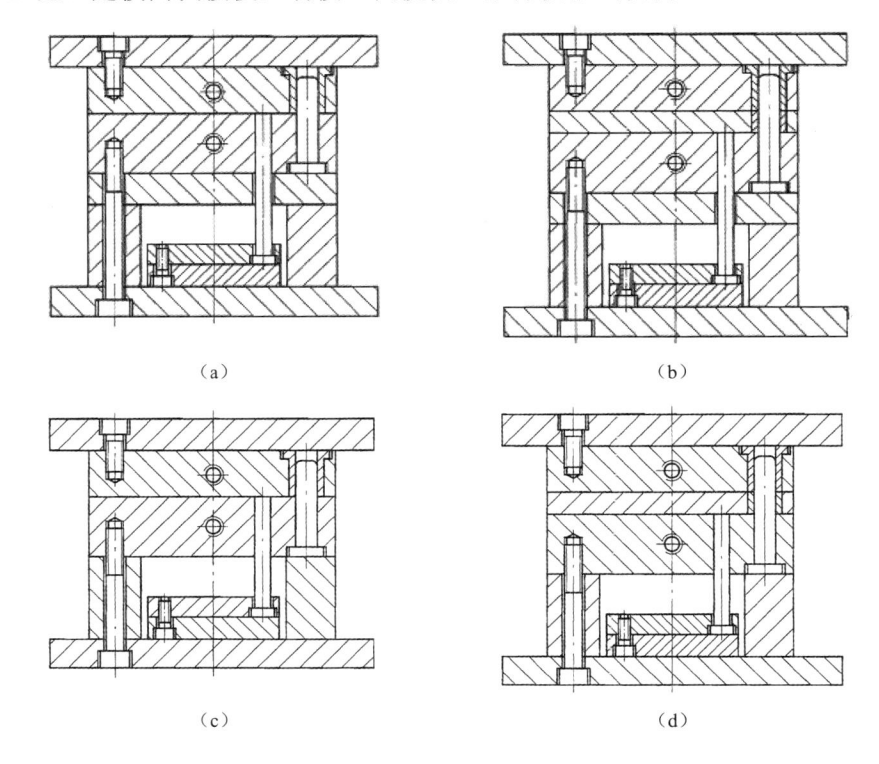

图 8.5 直浇口模架基本型

点浇口型和简化点浇口型分为基本型、无推件板基本型（如图 8.6 所示）、直身基本型和直身无推件板型四种形式。点浇口型模架是在直浇口型模架上加装拉杆导柱，即点浇口型定模部分有拉杆导柱，动模部分有导柱，而简化点浇口型只有定模部分有拉杆导柱，动模部分无导柱。

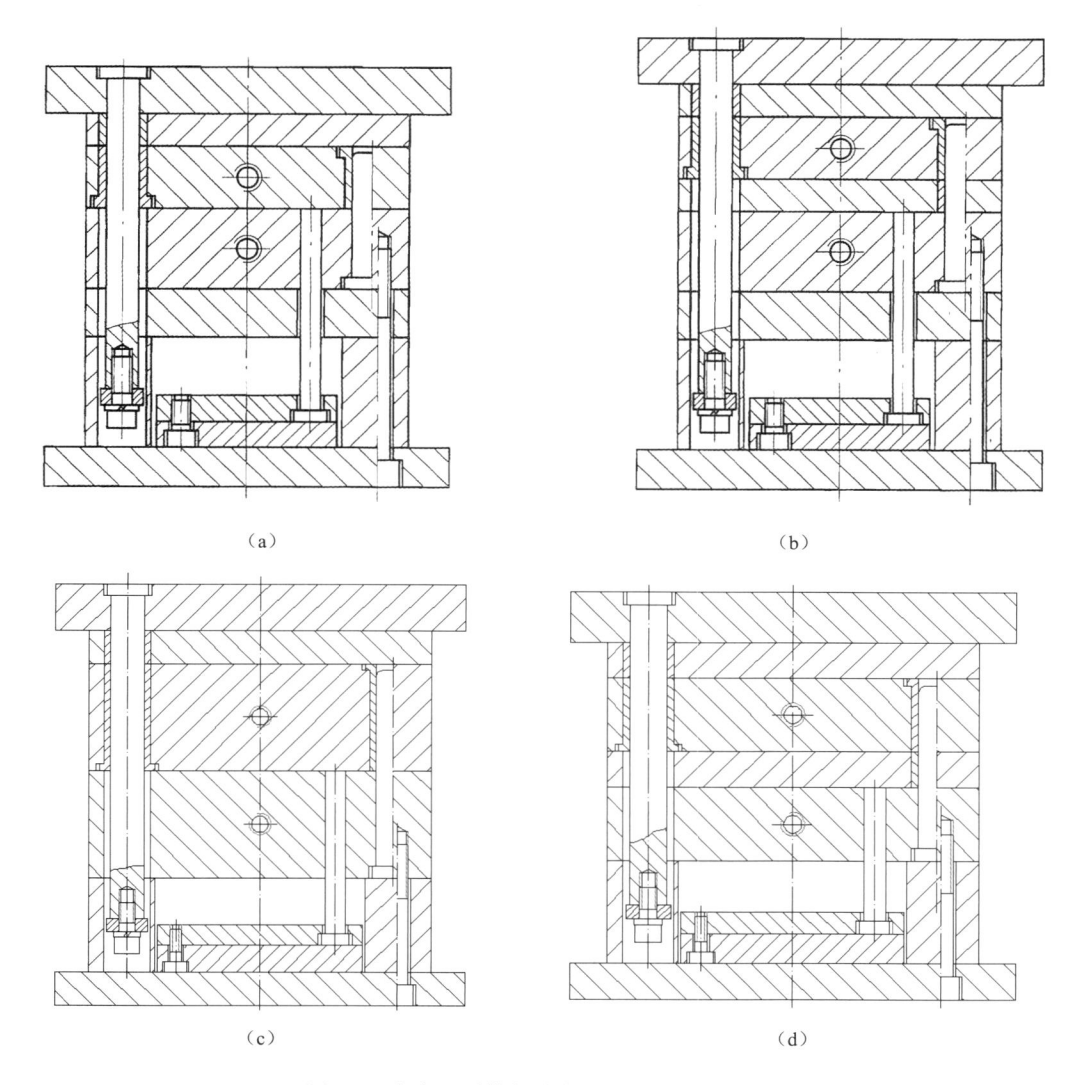

（a） （b）
（c） （d）

图 8.6 点浇口型模架基本型及无推件板基本型

标准中还规定，根据模具使用要求，导柱和导套的安装形式有正装和反装两种形式，正装指的是导柱在动模、导套在定模，反之则为反装。点浇口型中，模架中的拉杆导柱有装在导柱内侧和导柱外侧两种形式。

模架的精度直接决定着模具的精度和质量，一般对于模架生产要保证的工艺条件有：模架四周的垂直度、板件的平行度、板件平面度、与侧面的垂直度、导柱导套与模板配合的松紧程度、相对运动板件间的开合自如程度，另外还有整套模架的外观，如表面粗糙度、倒角等。

3. 龙记模架标准

目前我国应用最广泛的模架是龙记模架,龙记模架总部在我国香港地区,内地很多地方都有其生产厂家。龙记模架标准与国家标准基本一致,只是在型号命名及品种分类上有些不同。龙记模架将浇口称为水口,按水口形式将模架分为大水口模架、细水口模架和简化细水口模架三大类。

大水口模架适用于两板式模具,细水口和简化细水口模架适用于三板式模具。大水口模架的类型用两个字母来表示,第一个字母为 A、B、C、D 中的一个字母,其含义与直浇口模架基本型的含义类似;第二个字母为 I、H 和 T 中的一个字母,分别表示工字、直身和直身加面板三种类型。

细水口模架和简化细水口模架用三个字母来表示,其第二和第三个字母与大水口模架基本一致,不同之处在于简化细水口模架没有推件板,因此第二个字母无 B 和 D;第一个字母细水口模架为 D 和 E,简化细水口模架为 F 和 G,其中的 D 和 F 表示有水口推板,E 和 F 表示无水口推板。

8.2 支承零部件设计

模具的支承零部件(如图 8.7 所示)主要指用来安装固定或支承成型零部件及其他结构零件的零部件。支承零部件主要包括固定板、垫板、支承件及模座等。

图 8.7 支承零部件

8.2.1 固定板、支承板

固定板(动模板、定模板)在模具中起安装和固定成型零部件、合模导向机构及推出脱模机构等零部件的作用,如图 8.8 所示。为了保证被固定零件的稳定性,固定板应具有一定的厚度和足够的刚强度,一般采用碳素结构钢制成,当对工作条件要求较严格或对模具寿命要求较长时,可采用合金结构钢制造。

支承板（如图 8.9 所示）是盖在固定板上面或垫在固定板下面的平板，它的作用是防止固定板固定的零部件脱出固定板，并承受固定部件传递的压力，因此它要具有较高的平行度和刚强度。一般用 45 钢制成，经热处理调质至 28～32HRC（230～270HBS），或者用 50、40Cr、40MnB、40MnVB、45Mn2 等调质至 28～32HRC（230～270HBS），或者使用结构钢 Q235～Q275。在固定方式不同或只需固定板的情况下，支承板可省去。

1—定模板；2—动模板

图 8.8　动模板与定模板

1—支承板；2—垫块

图 8.9　支承板

支承板与固定板之间通常采用螺栓连接，当两者需要定位时，可加插定位销，如图 8.10 所示。

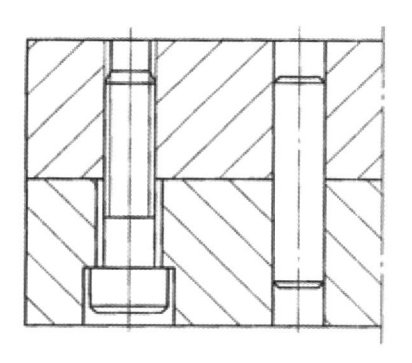

图 8.10　支承板与固定板的连接

8.2.2　支承件

常见的支承件有垫块和支承柱。

1. 垫块（支承块）

垫块的作用主要是在动模支承板与动模座板之间形成推出机构所需的动作空间。另外，垫块也起到调节模具总厚度，以适应注射机的模具安装厚度要求的作用。常见的垫块结构形式如图 8.11 所示。图 8.11（a）为角架式垫块，省去了动模座板，常用于中小型模具。图 8.11（b）为平行垫块，使用比较普遍，适用于中大型模具。垫块一般用中碳钢制造，也可以用 Q235 钢制造，或用 HT200、球墨铸铁等。

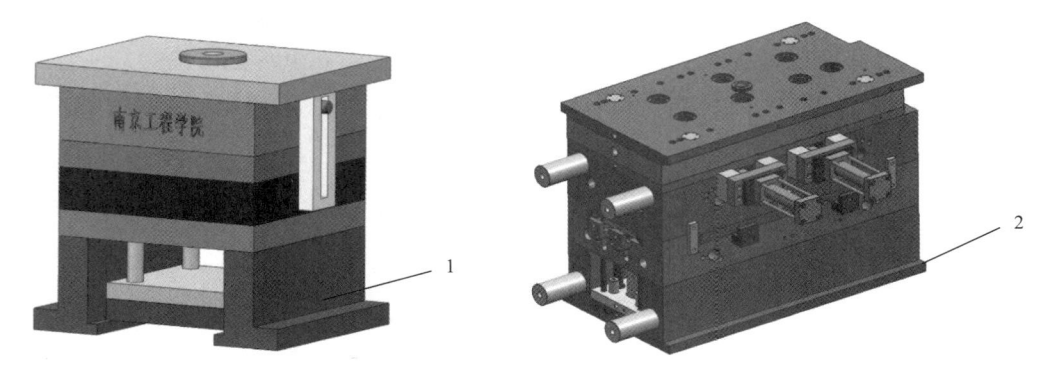

1—角架式垫块；2—平行垫块

图 8.11 垫块的形式

垫块的高度应符合注射机的安装要求和模具的结构要求，它的计算式如下。

$$H = h_1 + h_2 + h_3 + S + （3\sim6）\text{mm} \tag{8.1}$$

式中，H——垫块的高度，单位为 mm；

h_1——推板的厚度，单位为 mm；

h_2——推杆固定板的厚度，单位为 mm；

h_3——推板限位钉的高度（若无限位钉，则取零），单位为 mm；

S——脱出塑料制件所需的顶出行程，单位为 mm。

若推杆固定板与动模支承板之间加入弹簧作为复位或起平稳、缓冲作用时，则式（8.1）中还应加上弹簧并紧后的高度。

在模具组装时，应注意所有垫块高度须一致，否则由于负荷不均匀会造成相关模板的损坏，垫块与动模支承板和动模座板之间一般用螺栓连接，要求高时可用销钉定位，如图 8.12 所示。

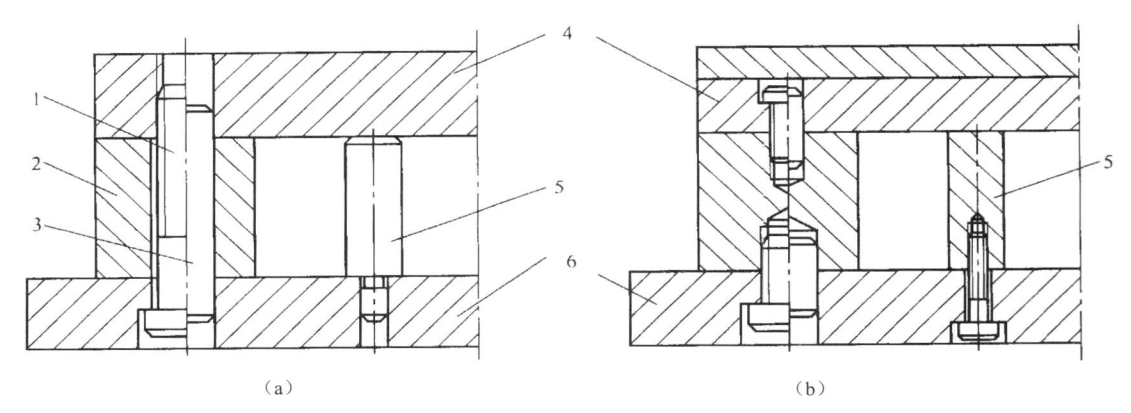

1—螺栓；2—垫块；3—圆柱销；4—动模支承板；5—支承柱（支承块）；6—动模座板

图 8.12 垫块的连接及支承柱的安装形式

2. 支承柱

对于大型模具或垫块间跨距较大的情况，要保证动模支承板的刚强度，动模板厚度必将大大增加，既浪费了材料，又增加了模具质量。这时，通常在动模支承板下面加设圆柱形的支柱（空心或实心），以减小垫板的厚度，有时支承柱还能起到对推出机构导向的作用。支承柱的安装形式如图 8.12 所示。其个数通常为 2、4、6、8 等，分布尽量均匀，并根据动模支承板的受力状况及可用空间而定。支承柱实物如图 8.13 所示。

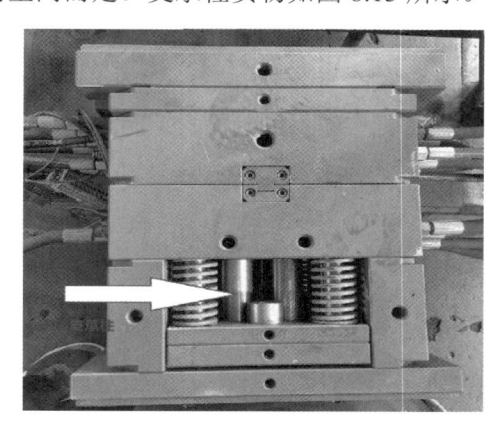

图 8.13　支承柱

8.2.3　动、定模座板

与注射机的动、定固定模板相连接的模具底板称为动、定模座板，图 8.1 中的零件 1、9 分别为定模座板和动模座板。设计或选用标准动、定模座板时，必须要保证它们的轮廓形状和尺寸与注射机上的动、定固定模板相匹配。另外，在动、定模座板上开设的安装结构（如螺栓孔、压板台阶等）也必须与注射机动、定模固定板上的安装螺孔的大小和位置相适应。

动、定模座板在注射成型过程中起着传递合模力并承受成型力的作用，为保证动、定模座板具有足够的刚强度，动、定模座板也应具有一定的厚度，一般对于小型模具，其厚度最好不小于 15mm，而一些大型模具的动定模座板，厚度可达 75mm。动、定模座板的材料多用碳素结构钢或合金结构钢，经调质后硬度为 28～32HRC（230～270HBS）。对于生产批量小或锁模力和成型力不大的注射模，其动、定模座板有时也可采用铸铁材料。

8.3　合模导向机构设计

在模具进行装配或成型时，合模导向机构主要用来保证动模和定模两大部分或模内其他零件之间准确对合，以确保塑料制件的形状和尺寸精度，并避免模内各零部件发生碰撞和干涉。合模导向机构主要有导柱导向和锥面定位两种形式。

8.3.1 导向机构的作用

导向机构的主要作用是定位、导向和承受注射时的侧压力。

（1）定位作用。模具装配或闭合过程中，避免模具动、定模错位，模具闭合后保证型腔形状和尺寸的精度。

（2）导向作用。动、定模合模时，首先导向零件相互接触，引导动、定模正确闭合，避免成型零部件先接触而造成成型零部件的损坏。

（3）承受一定的侧向压力。塑料熔体在注入型腔过程中可能产生单向侧向压力，或者由于注射机精度的限制，会使导柱在工作中不可避免受到一定的侧向压力。当侧向压力很大时，不能仅靠导柱来承担，还需加设锥面定位装置。

8.3.2 导柱导向机构

导柱导向机构是比较常用的一种形式，其主要零件是导柱和导套，如图 8.14 所示。

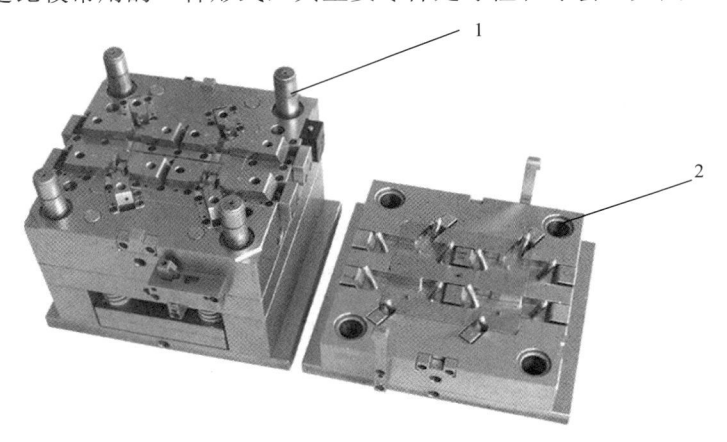

1—导柱；2—导套

图 8.14 导柱与导套

1. 导柱

1）导柱的结构形式。

导柱实物如图 8.15 所示。导柱沿长度方向分为固定段和导向段。两段名义尺寸相同，只是公差不同的是带头导柱，也称直导柱，如图 8.15（a）所示；两段名义尺寸和公差都不同的为带肩导柱，也称台阶式导柱，如图 8.15（b）所示。

导柱的典型结构形式如图 8.16 所示。图 8.16（a）为带头导柱的形式［可参见《塑料注射模零件 第 4 部分：带头导柱》（GB 4169.4—2006）］，其结构简单，加工方便，用于简单模具的小批量生产时，一般不需要导套，导柱直接与模板上的导向孔配合；用于大批量生产时，可在模板中加设导套。

(a) 带头导柱 　　　　　　　　　　　　(b) 带肩导柱

图 8.15　导柱实物图

图 8.16（b）和图 8.16（c）为Ⅰ型和Ⅱ型两种带肩导柱的形式［可参见《塑料注射规模零件 第 5 部分：有肩导柱》（GB 4169.5—2006）］，用于精度要求高，生产批量大的模具，导柱与导套相配合，导套的外径与导柱的固定轴肩直径相等，即导柱的固定孔径与导套的固定孔一样大小，这样两孔可同时加工，以保证同轴度要求。其中Ⅱ型导柱还可起到模板间的定位作用，在导柱凸肩的另一侧有一段圆柱形定位段与另一模板配合，用于固定板较薄且有垫板的情况下，一般不太常用。导柱的导滑部分可根据需要加工出油槽，以便润滑和集尘，提高使用寿命。

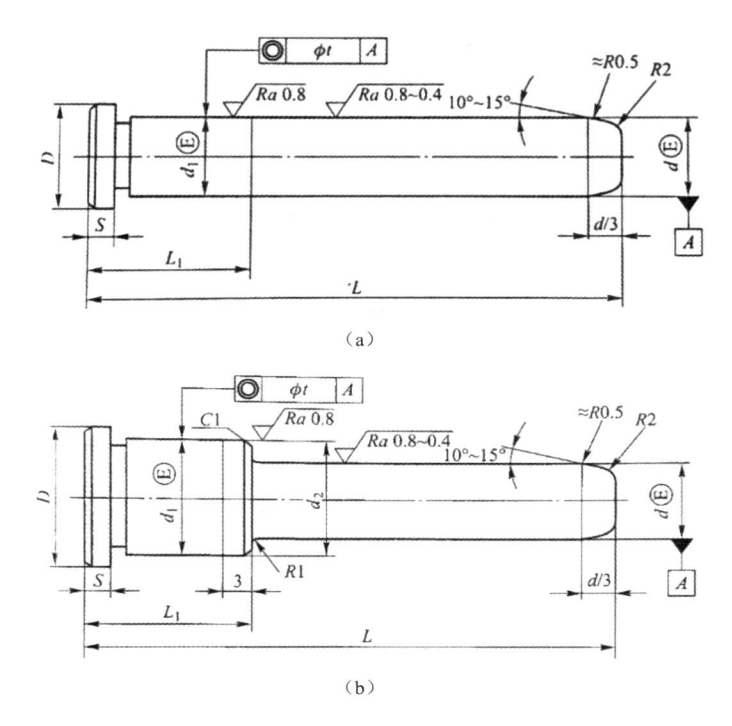

(a)

(b)

图 8.16　导柱的结构形式

(c)

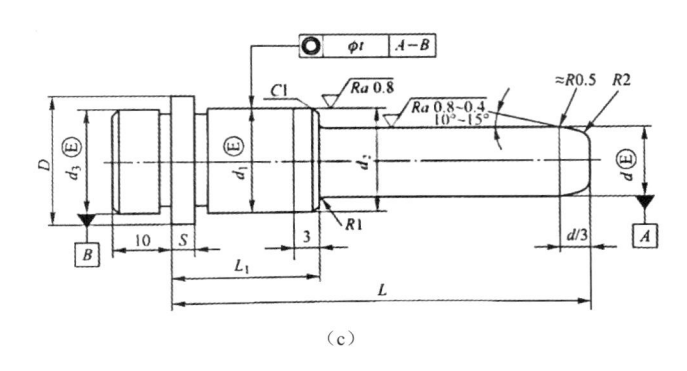

图 8.16 导柱的结构形式（续）

2）导柱的技术要求

导柱的设计应注意下面几点要求。

（1）导柱端面制成截锥形或半球形的先导部分，以使导柱能顺利地进入导向孔，国家标准导柱头部为截锥形，截锥长度为导柱直径的 1/3，半锥角为 10°～15°。导柱的长度必须比凸模端面高出 6～8mm，以免导柱未导准方向而型芯先进入型腔与其相碰而损坏，如图 8.17 所示。

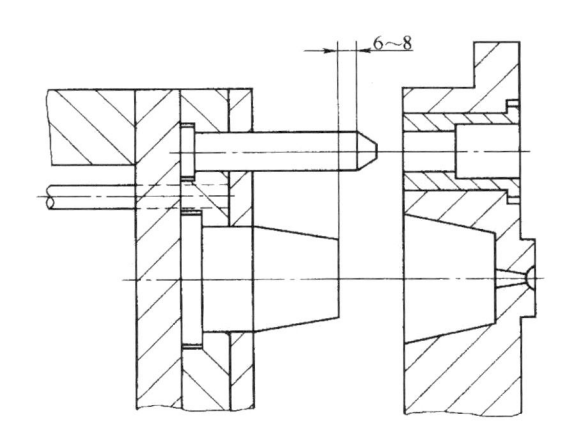

图 8.17 导柱与凸模位置关系

（2）导柱的表面应具有较好的耐磨性，而芯部坚韧，不易折断。因此，其多采用低碳钢（20 号）经渗碳淬火处理，或者用碳素工具钢（T8、T10）经淬火处理（硬度为 50～55HRC）。导柱固定部分表面粗糙度 Ra 一般为 0.8μm，导柱配合部分表面粗糙度 Ra 一般为 0.8～0.4μm。

（3）导柱与导套的配合精度通常采用 H7/f7 或 H8/f7。导柱固定部分与模板之间一般采用 H7/m6 或 H7/k6 的过渡配合。

（4）根据注射模具体结构形状和尺寸，导柱一般可设置 4 个，小型模具可以设置 2 个。导柱应合理均布在模具分型面的四周，导柱中心至模具边缘应有足够的距离，以保证模具强度。

对于动、定模或上、下模在合模时没有方位限制的模具，可采用相同的导柱直径对称布置。有方位限制时，应保证模具的动、定模按一个方向合模，防止在装配或合模时因方位搞错而使型腔破坏，可采用导柱等直径不对称分布［如图8.18（a）所示］，或者不等直径对称分布［如图8.18（b）所示］。

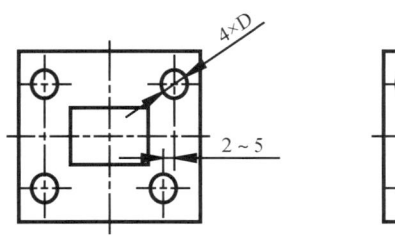

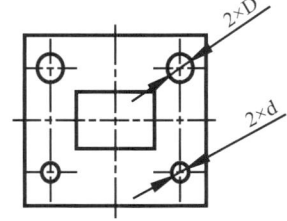

图8.18 保证正确合模方向的导柱布置

（5）根据模具的具体结构需要，导柱可以固定在动模一侧，也可以设置在定模一侧。标准模架一般将导柱设置在动模一侧；如果模具采用推件板脱模时，导柱须设置在动模侧；如果模具采用三板式结构（如点浇口模具）而且采用推件板脱模时，则动定模两侧均需设置导柱。

2．导套

1）导套的结构形式

导套实物如图8.19所示。

（a）直导套　　　　（b）Ⅰ型带头导套　　　　（c）Ⅱ型带头导套

图8.19 导套实物图

导套的典型结构形式如图8.20所示。图8.20（a）为直导套的形式［可参见《塑料注射模零件 第2部分：直导套》（GB 4169.2—2006）］，其结构简单，加工方便，用于简单模具或导套后面没有垫板的场合；图8.20（b）和图8.20（c）分别为Ⅰ型和Ⅱ型带头导套的形式［可参见（GB4169.4—2006）］，结构比较复杂，用于精度要求高的场合，导套的固定孔与导柱的固定孔同时加工，其中Ⅱ型带头导套用于两块板固定的场合，如推出机构的导柱导套导向装置，如图8.21所示。

对于小批量生产、精度要求不高的模具，为了方便更换，可以简化结构，采用导向孔直接开设在模板上的形式。

(a) (b)

(c)

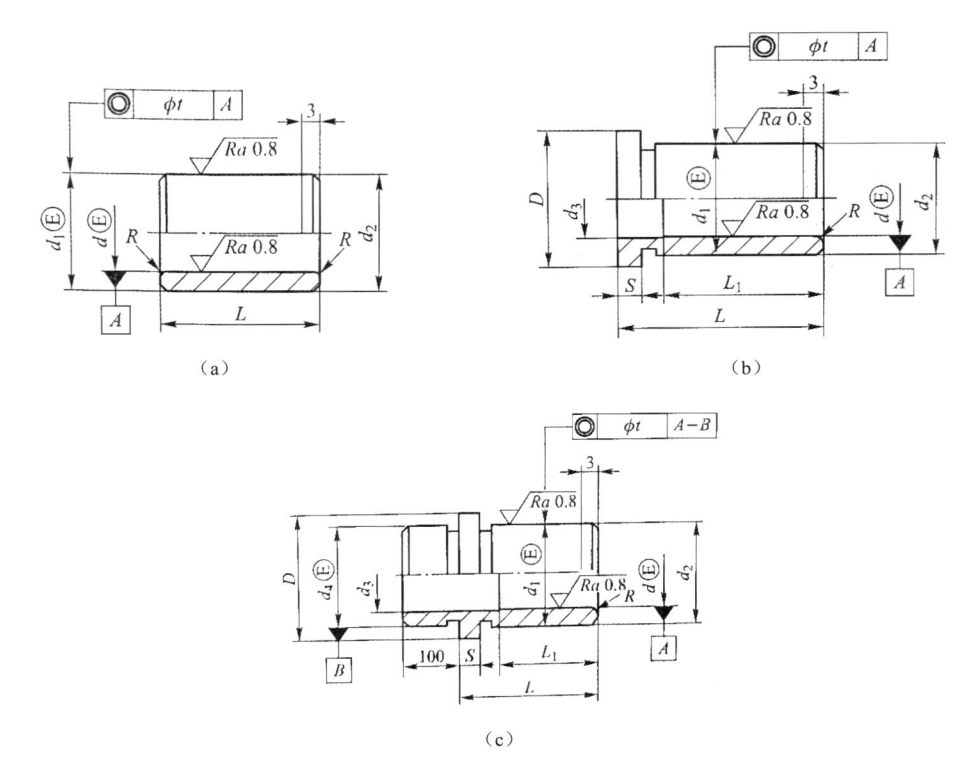

图 8.20 导套的结构形式

2）导套的技术要求

导套的设计应注意下面几点要求。

（1）为使导柱顺利进入导套，在导套的前端应倒圆角。导（套）向孔最好做成通孔，以便排出空气及意外落入的塑料废屑，否则会由于孔中的气体无法逸出而产生反压，造成导柱导入困难，当由于结构需要而必须做成盲孔时，可在盲孔的侧面增加通气孔，如图 8.22 所示。

（2）导套一般可采用淬火钢或青铜（如图 8.23 所示）等耐磨材料制造，其硬度应比导柱低，以改善摩擦，防止导柱或导套拉毛。导套固定部分表面粗糙度 Ra 一般为 0.8μm。

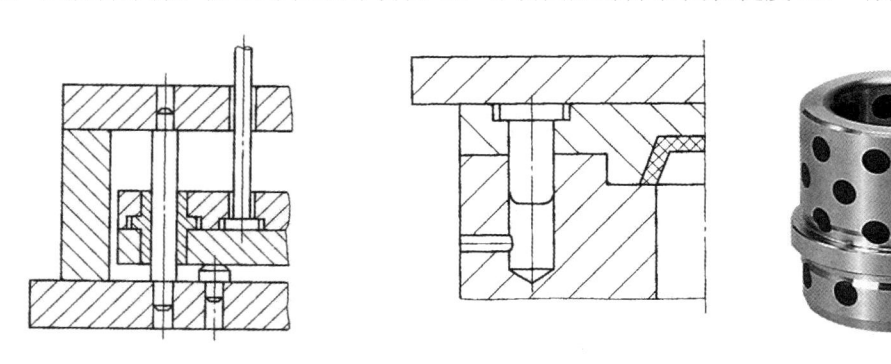

图 8.21 推出机构的导柱导套导向装置　　图 8.22 通气孔位置　　图 8.23 青铜材料导套

（3）直导套固定部分采用 H7/n6 或较松的过盈配合，直导套固定应防止被拔出，为了保证导套的稳固性,防止直导套在开模时被拉出,常用紧定螺钉从侧面紧固,如图 8.24 所示,图 8.24(a)将导套侧面加工成缺口,图 8.24(b)用环形槽代替缺口,图 8.24(c)则是在导套侧面开孔。带头导套采用 H7/m6 或 H7/k6 的过渡配合,带头导套因有凸肩,轴向固定容易。

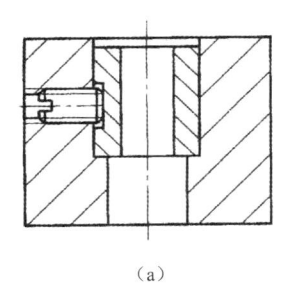

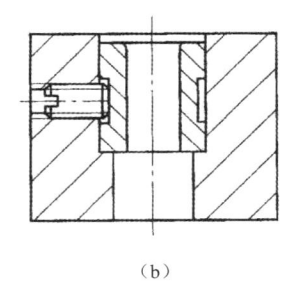

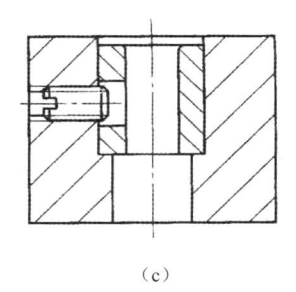

图 8.24 导套的固定形式

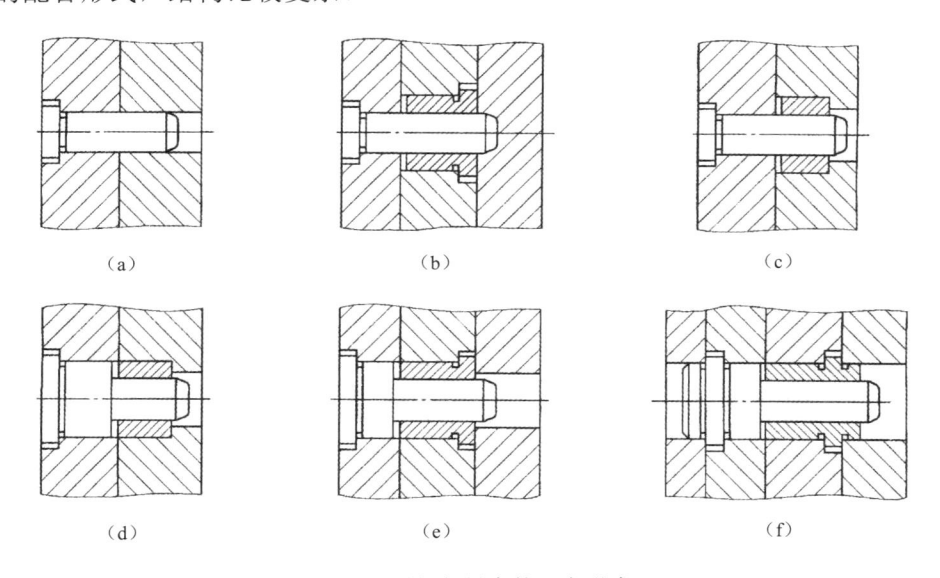

3. 导柱与导套的配合形式

导柱与导套的配合形式可根据模具结构及生产要求而不同,常见的配合形式如图 8.25 所示。图 8.25(a)为带头导柱直接与模板上的导向孔相配合的形式,容易磨损。图 8.25(b)为带头导柱和带头导套相配合的形式。图 8.25(c)为带头导柱和直导套相配合的形式。图 8.25(b)、(c)这两种配合方式由于导柱和导套安装孔径不一致,不便于同时配合加工,在一定程度上不能很好地保证两者的同轴度。图 8.25(d)为带肩导柱和直导套相配合的形式,图 8.25(e)为带肩导柱和带头导套相配合的形式,这两种配合方式下导柱和导套安装孔径的同轴度能得到保证。图 8.25(f)为Ⅱ型带肩导柱与Ⅱ型带头导套的配合形式,结构比较复杂。

图 8.25 导柱与导套的配合形式

8.3.3 锥面定位机构

大型薄壁塑件合模偏心会引起壁厚不均,由于导柱与导套之间有间隙,不可能精确定位。壁厚不均会使一侧进料快于另一侧,由于塑件大,两侧压力不均衡可能产生较大的侧向推力,引起型芯或型腔的偏移,如果这个力完全由导柱来承受,导柱会卡死、损坏或增加磨损。侧壁形状不对称的塑件也会产生较大的侧向推力,因此应增设锥面定位机构。

锥面定位机构用于成型精度要求高的大型、深腔塑件,特别是薄壁、侧壁形状不对称的塑件,用于动、定模之间的精密对中定位。

图 8.26 中的锥面定位配合有两种形式,一是两锥面之间有间隙,将淬火的零件装于模具上,使之和锥面配合,以制止偏移;二是两锥面配合,这时两锥面都应淬火处理,角度为 5°～20°,高度为 15mm 以上。

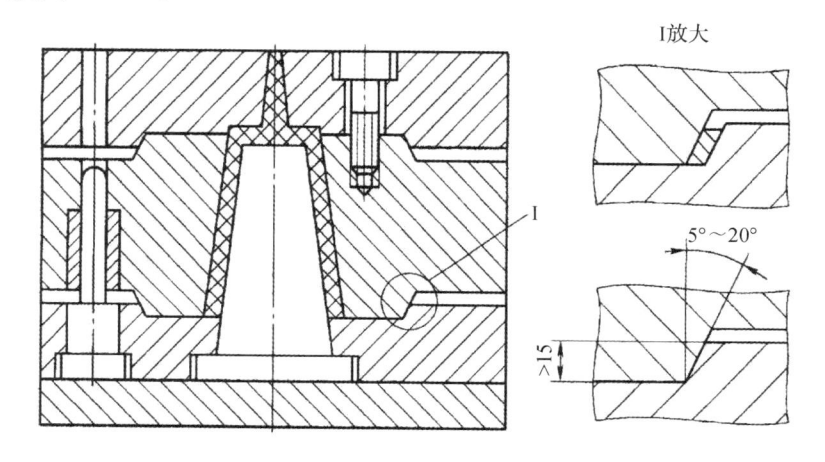

图 8.26 锥面定位机构

图 8.27 为锥面定位机构零件实物图。

(a)锥度侧精定位块组件(侧面安装型)　(b)精定位销(分型面安装型)　(c)锥度精定位块(吻合标记配合型)

图 8.27 锥面定位机构实物图

对于矩形型腔的锥面定位,通常在其四周利用几条凸起的斜边来定位,如图 8.28 所示。

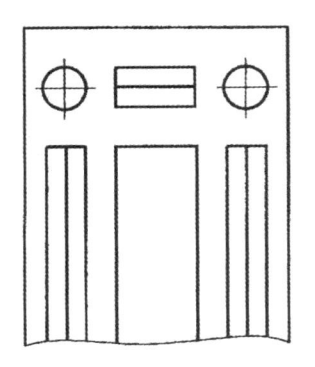

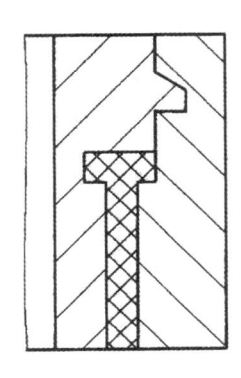

图 8.28 矩形型腔锥面定位

锥度精定位块（吻合标记配合型）模具实物如图 8.29 所示（箭头所指处）。

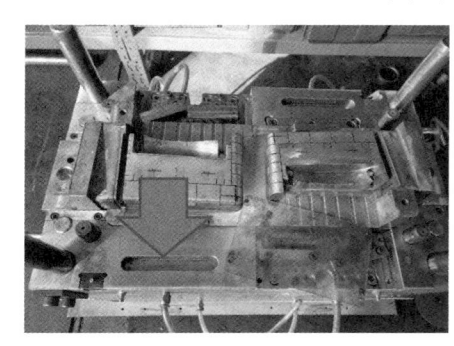

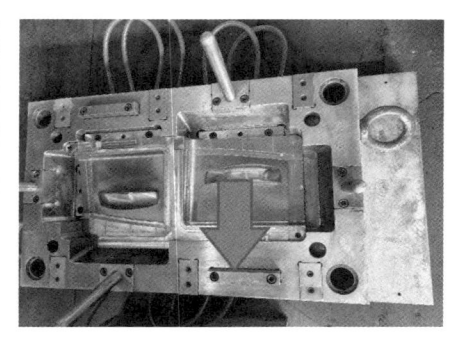

图 8.29 锥度精定位块（吻合标记配合型）

锥度侧精定位块（侧面安装型）模具实物图如图 8.30 所示（箭头所指处）。

图 8.30 锥度侧精定位块（侧面安装型）

思考题

1. 实施模具标准化有什么好处？
2. 指出直浇口基本型 A、B、C、D 型的各自特点和区别。
3. 指出支承零部件的组成和作用。

4. 分别说明导柱、导套的分类，指出它们固定部分和导向部分的配合精度，并说明材料选用和热处理的要求。

5. 锥面定位有哪些形式？指出锥面定位的配合要求。

扩展阅读：阮雪瑜院士的家国情怀

阮雪榆（1933年1月6日—2019年2月3日），中国冷挤压技术开拓者、塑性成形与数字化制造专家、中国工程院院士、九三学社第十届中央委员会委员、上海交通大学教授，历任清华大学兼职教授、日本熊本大学荣誉教授、联合国教科文组织（UNESCO）冷锻技术教席负责人等（见图8.31）。

阮雪榆1953年毕业于上海交通大学，1954年至1956年在清华大学机械系进修。之后在上海交通大学任助教，从事材料塑性成形技术研究。1959年开始冷挤压技术方面的研究。在中国首先成功研究出黑色金属冷挤压技术，在国际上首先提出了冷挤压许用变形程度理论，为中国建立完整的冷挤压工艺理论体系做出了重要贡献，成为中国冷挤压技术的开拓者之一。

20世纪80年代初，用计算机进行模具设计不要说中国还没有，就是在世界上也是刚刚兴起，而阮雪榆则看准了计算机辅助设计将是今后行业发展的方向。阮雪榆下决心要把模具所的研究转移到计算机辅助设计（CAD）上。此时，国外有人告诫他，模具CAD没有前途！但他认准了，不为所动，他知道，计算机辅助设计是历史提供给模具所的一个机遇，抓住了它，就是抓住了科技新生长点，就会真正使模具所立于不败之地。阮雪榆冒着风险向银行申请并获得了99万美元的贷款，并用此款购置了当时最先进的计算机和最新的设计软件。其后的几年，阮雪榆和他的同事在模具CAD/CAM/CAE领域，从事了图形技术、数值模拟和人工智能等多方面的研究，成功地完成了模锻过程反向模拟、注塑内高分子的流变数值模拟、温度场模拟、三维造型模腔加工等国际前沿课题，在国际上首次研究成功集多域、动态、随机、集成和智能为一体的智能注塑模设计系统，受到国内外专家的高度评价，获得上海市科技进步奖一等奖、轻工业部科技进步奖二等奖和两次国家科技进步奖三等奖，并产生了巨大的经济效益。在德、日召开的国际塑性加工会议上，阮雪榆被聘为荣誉委员与执行主席。

作为一名老师，阮雪榆认为，教育的目的是"传道、授业、解惑"，传道是要教育学生有修养，有品德。阮雪榆曾经因一位博士生对待博士论文及答辩有关事宜不认真、不严谨，严厉批评了他，并要求其必须返校认真做好有关工作。若干年后，这位博士生对阮雪榆说："您对我的严格要求，是我受益终生的。"

图8.31 阮雪榆院士

第 9 章 推出机构设计

每次注射模在注射机上合模注射结束后，都必须将模具打开，然后把成型后的塑件及浇注系统的凝料从模具中脱出，完成塑件脱模的机构称为推出机构或脱模机构。推出机构的推出动作通常是由安装在注射机上的顶出液压缸带动顶棍并推动模具的推出机构来完成的，其顶出力、顶出速度、位置、行程和顶出次数等可由注塑机的液压系统和控制系统进行调节。

推出机构设计的合理性与可靠性直接影响到塑料制件的质量，因此推出机构的设计是注射模设计的一个十分重要的环节。

推出机构设计　　　　简单推出机构设计（上、下）　　　　复杂推出机构设计

9.1 推出机构的结构组成与分类

9.1.1 推出机构的结构组成

推出机构一般由推出、复位和导向三大类元件组成。现以图 9.1 所示的常用推出机构具体说明推出机构的组成与作用。

一般来说，凡直接（如图 9.1 中的拉料杆 3、推杆 8 等）或间接（如图 9.1 中的垃圾钉 1、复位杆 2、推板导柱 4、推板导套 5、推板 6、推杆固定板 7 等）参与将塑件从模具型腔中或型芯上推出脱下的模具元件均可称为推出元件。

主要推出元件以"沉头"的方式固定在推杆固定板 7 上，为了推出时推杆 8 有效工作，在推杆固定板 7 后需设置推板 6，它们两者之间用螺钉连接；辅助推出元件虽结构各异但其作用都是为推出机构平顺运动（如图 9.1 中的推板导柱 4、推板导套 5 等）或准确复位（如图 9.1 中的垃圾钉 1）等提供保障，以保证推出机构的使用寿命。

常用的推出元件有推杆、推管、推件板、成型推杆等。推出机构进行推出动作后，在下次注射前必须复位，复位元件就是为了使推出机构能回到塑件被推出时的位置（即合模注射

时的位置）而设置的。图 9.1 中的主要复位元件是复位杆 2。复位元件除了常用的复位杆，有些模具还会采用在复位杆上加套弹簧等形式来实现先复位；导向元件可以对推出机构进行导向，使其在推出和复位工作过程中运动平稳无卡死现象，同时还可对动模板起支承作用，从而有效防止了由于动模板变形而引起漏胶和尺寸波动等缺陷。尤其是大、中型模具的推板与推杆固定板质量很大，若忽略了导向元件的设置，则它们的质量就会作用在推杆与复位杆上，导致推杆与复位杆弯曲变形，甚至推出机构的工作无法顺利进行。图 9.1 中的导向元件为推板导柱 4 和推板导套 5。有的模具还设有垃圾钉（亦称限位钉），如图 9.1 所示，中小型模具一般安装 4 只，大型或超大型模具可安装 6～8 只或更多。垃圾钉使推板与动模座板间可以形成间隙，易保证平面度，并有利于废料、杂物的去除，此外还可以减少动模座板的机加工工作量，并且人们可以通过调节垃圾钉来调整推杆工作端的装配位置等。

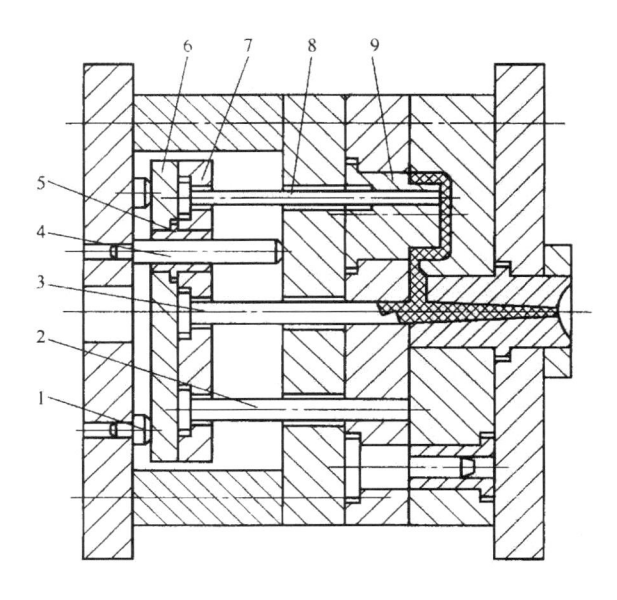

1—垃圾钉；2—复位杆；3—拉料杆；4—推板导柱；5—推板导套；6—推板；
7—推杆固定板；8—推杆；9—型芯

图 9.1　推出机构

9.1.2　推出机构的分类

推出机构的分类可以有多种形式，可按基本传动形式分类，也可按推出元件的类别和推出机构的结构特征进行分类。

按基本传动形式分类，推出机构可分为机动推出、液压推出和手动推出三类。

机动推出是利用开模动作，由注射机上的顶杆推动模具上的推出机构，将塑件从动模部分推出；液压推出是指在注射机上设置有专用的液压缸，开模时留有塑件的动模随注射机的移动模板移至开模的极限位置，然后由专用液压缸的顶杆（活塞杆）推动推出机构将塑件从动模部分推出；手动推出机构是指模具开模后，由人工操作的推出机构推出塑件，它可分为模内手工推出和模外手工推出两种。模内手工推出机构常用于塑件滞留在定模一侧的情况。

按推出元件的类别分类，推出机构可分为推杆推出、推管推出、推件板推出等。

按模具的结构特征分类，推出机构可分为简单推出机构和复杂推出机构。推杆、推管和推件板推出机构均属于简单推出机构；定模推出机构、二次推出机构、浇注系统推出机构、带螺纹的推出机构、多次分型推出等推出机构属于复杂推出机构。本章就按这样的分类介绍推出机构的设计。

9.1.3 推出机构的设计要求

为保证模具推出机构的使用寿命并能稳定量产出合格的塑件，在选用推出元件和设计推出机构时一般应注意以下几点。

1）推出机构设计时应尽量使塑件留于动模一侧

由于推出机构的动作是通过注射机动模一侧的顶杆或液压缸来驱动的，所以一般情况下模具的推出机构设置在动模一侧。正是由于这种原因，在考虑塑件在模具中的位置和选择分型面时，应尽量使模具分型后塑件留在动模一侧，这就要求动模型芯部分的脱模力比定模型腔部分的脱模力大。

2）塑件在推出过程中不发生变形和损坏

为了使塑件在推出过程中不发生变形和损坏，设计模具时应仔细进行塑件对模具包紧力和黏附力大小的分析与计算，合理地选择推出的方式、推出的位置、推出零件的数量和推出面积等。

3）不损坏塑件的外观质量

对于外观质量要求较高的塑件，塑件的外部表面尽量不选作推出位置，即推出塑件的位置尽量设在塑件内部。对于内外表面均不允许存在推出痕迹的塑件，应改变推出机构的形式或设置推出专用的工艺塑料块，在推出后再将其与塑件分离。

4）合模时应使推出机构正确复位

设计推出机构时，应考虑合模时推出机构的复位，在设计斜导杆和斜导柱侧向抽芯及带有活动镶件的模具时，或者在活动零件后面设置推杆等特殊的情况下还应考虑推出机构的预先复位问题等。

5）推出机构应动作可靠

推出机构在推出与复位的过程中应尽量保证结构简单、易于制造、动作可靠和无明显卡滞等。

9.2 脱模力的计算

塑件注射成型后在模内冷却定形，由于体积收缩对型芯产生包紧力，塑件从模具中推出时，就必须先克服因包紧力而产生的摩擦力。对底部无孔的筒、壳类塑料制件，脱模推出时还要克服大气压力。型芯的成型端部，一般均要设计脱模斜度。另外，我们还必须明白,塑件刚开始脱模时,所需的脱模力最大,其后推出力的作用仅仅为了克服推出机构移动的摩擦力。

脱模力指将塑件从型芯上推出时所需克服的阻力,其也是设计脱模机构的重要依据。脱模力计算极其复杂,在工程实践中一般只能做近似计算。

图 9.2 为塑件在脱模时型芯的受力分析。由于推出力 F_t 的作用,使塑件对型芯的总压力(塑件收缩引起)降低了 $F_t \sin\alpha$,因此推出时的摩擦力 F_m 按下式计算。

$$F_m=(F_b-F_t\sin\alpha)\mu \tag{9.1}$$

式中,F_m——脱模时型芯受到的摩擦阻力,单位为 N;

F_b——塑件对型芯的包紧力,单位为 N;

F_t——脱模力(推出力),单位为 N;

α——脱模斜度,单位为°;

μ——塑件对钢的摩擦系数,为 0.1~0.3。

根据力平衡的原理,列出平衡方程式:

$$\sum F_x = 0$$

故

$$F_m\cos\alpha - F_t - F_b\sin\alpha = 0 \tag{9.2}$$

将式(9.1)和式(9.2)经整理后得:

$$F_t = \frac{F_b(\mu\cos\alpha - \sin\alpha)}{1 + \mu\cos\alpha\sin\alpha} \tag{9.3}$$

因实际上摩擦系数 μ 较小,$\sin\alpha$ 更小,$\cos\alpha$ 也小于 1,故忽略 $\mu\cos\alpha\sin\alpha$,式(9.3)简化为

$$\begin{aligned}F_t &= F_b(\mu\cos\alpha - \sin\alpha) \\ &= Ap(\mu\cos\alpha - \sin\alpha)\end{aligned} \tag{9.4}$$

式中,A——塑件包络型芯的面积,单位为 mm^2;

p——塑件对型芯单位面积上的包紧力(一般情况下,模外冷却的塑件,p 取 2.4~3.9×10^{7}Pa;模内冷却的塑件,p 取 0.8~1.2×10^{7}Pa)。

由于图 9.2 为底部无孔的塑料制件,脱模推出时还要考虑克服大气压力,即

$$F_t = A(\mu\cos\alpha - \sin\alpha) + F_0 \tag{9.5}$$

式中,F_0——底部无孔的塑料制件脱模推出时要克服的大气压力,其大小为大气压力与被包络塑料制件端部面积的乘积,单位为 N。

影响塑件脱模力大小的因素很多,从式(9.4)可以看出,影响因素主要有以下几点。

(1)脱模力的大小主要与塑件包络型芯侧面积的大小有关。型芯的侧面积越大,所需的脱模力也越大。

(2)脱模力的大小与型芯的脱模斜度有关。脱模斜度越大,所需的脱模力越小。

(3)脱模力的大小与型芯的表面粗糙度有关。

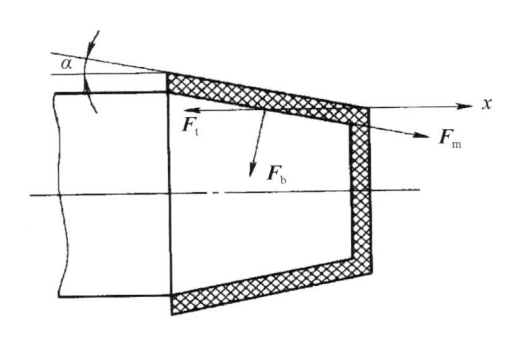

图 9.2 型芯受力分析

表面粗糙度越低，型芯表面越光洁，所需的脱模力就越小。

（4）脱模力的大小与塑件的结构有关。塑件厚度越大、形状越复杂，冷却凝固时所引起的包紧力和收缩应力越大，则所需的脱模力越大。脱模力的大小还与塑件底部是否有孔有关。

（5）脱模力的大小与注射工艺有关。注射压力越大，则包紧型芯的力越大，所需脱模力越大；脱模时模具温度越高，所需的脱模力越小；塑件在模内停留时间越长，所需的脱模力越大。

（6）脱模力的大小与成型塑件的塑料品种有关。不同的塑料品种，由于分子的结构不一样，因此它们的脱模力也就不一样。

另外，同一模腔中多个凹凸形状之间由于相对位置引起塑料收缩应力造成的脱模力及塑件与模具型腔之间的黏附力在脱模力计算过程中有时也不可忽略。

9.3 简单推出机构

在实际的注射模设计和注射生产中，结构最简单且使用最为广泛的是推杆推出机构、推管推出机构和推件板推出机构，因此这类简单推出的机构通常被称为常用推出机构。此外，活动镶件推出机构和凹模推出机构也比较简单。

简单推出机构又称一次推出机构，指开模后在动模（特殊情况下，也可将留在定模部分的塑件取出）一侧用一次推出动作完成塑件推（拉）出的推出机构。

9.3.1 推杆推出机构

推杆推出机构的工作原理如图 9.1 所示，注射成型后，动模部分向后移动，塑件包紧在型芯 9 上一起随动模移动。如果是机动顶出，在动模部分后移的过程中，当推板 6 和注射机的刚性顶杆接触时，推出机构就静止不动，动模继续后移，推杆与动模之间就产生了一个相对移动，推杆将塑件从动模的型芯上推出，脱模；如果是液压顶出，则动模部分开模行程结束后，注射机的顶出液压缸开始工作，液压缸的活塞杆顶动推出机构的推板，推杆将塑件从动模部分推出脱模。

由于设置推杆的自由度较高，而且推杆截面大部分为圆形，制造、修配方便，容易达到推杆与模板或型芯上推杆孔的配合精度，推杆推出时运动阻力小，推出动作灵活可靠，推杆损坏后也便于更换，因此推杆推出机构是推出机构中最简单、动作最可靠，也是最常见的结构形式。

1. 推杆的形状

常用推杆的形状如图 9.3 所示。图 9.3（a）为圆形推杆，尾部采用台肩固定，通常在 d>3mm 时采用，是最常用的形式；图 9.3（b）为阶梯式推杆，由于工作部分比较细，故在其后部加粗以提高刚性，一般直径在 2.5～3mm 时采用；图 9.3（c）为矩形（包括方形）截面推杆，相当于把圆形直推杆双面磨削并保留一定厚度，这种截面的推杆常常设置在塑件的端面处；图9.3（d）为D（半圆）形推杆，推出力与推杆中心略有偏心，通常用于推杆位置有局限的场合。

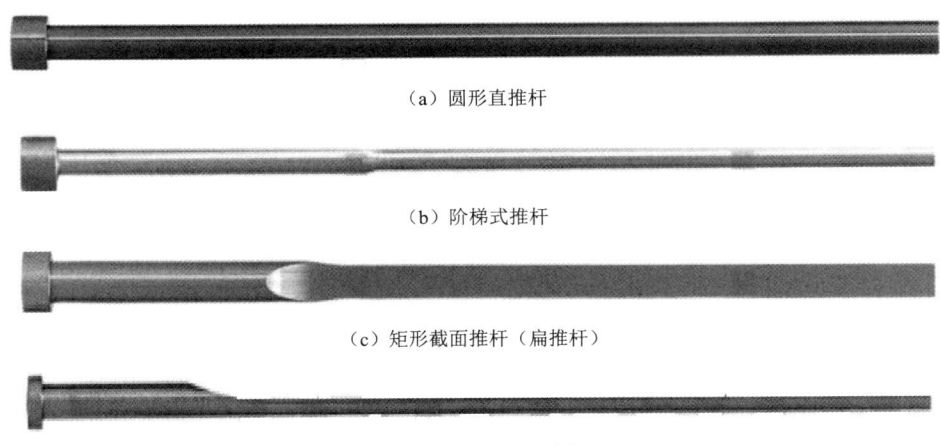

（a）圆形直推杆

（b）阶梯式推杆

（c）矩形截面推杆（扁推杆）

（d）D（半圆）形直推杆

图9.3 推杆的基本形状

推杆工作端面形状的选择是根据不同塑件的各自不同特点而定的。但是，不管何种形状，在设计时应考虑到要有足够的刚性，以承受推出阻力，否则就可能在推出时会变形。需要注意的是，推杆的工作端面直接作用在塑件的表面上，会使塑件留下推杆的痕迹，有时会影响其表面质量。

2. 推杆的固定与配合

1）推杆的固定

常用的推杆固定方式如图9.4所示。图9.4（a）的形式最为常用，在推杆固定板上制台阶孔，然后将推杆装入其中。这种形式强度高，不易变形，需要注意的是此种固定方式对沉头孔的深度精度有一定要求；图9.4（b）为推杆后端用螺塞固定的形式，适用于推杆数量不多，而又可以省去推板的简易模具。

2）推杆的配合

推杆的配合如图9.4(a)所示。一般直径为d的推杆，在推杆固定板上的孔径应为$d+1$mm；推杆台阶部分的直径常为$d+5$ mm；推杆固定板上的台阶孔径为$d+6$ mm。

为保证封胶，推杆工作部分与模板或型芯上推杆孔的配合常采用H8/f7～H8/f8的间隙配合，具体视推杆直径的大小与塑料品种的不同而定。推杆直径大或塑料流动性差时，可以取H8/f8。

同时为了降低加工难度，推杆与推杆孔的配合长度（封胶位长度）一般视推杆直径的大小而定，当$d<5$mm时，配合长度可取12～15mm；当$d>5$mm时，配合长度可取（2～3）d。推杆工作端配合部分的粗糙度一般取Ra0.8左右。

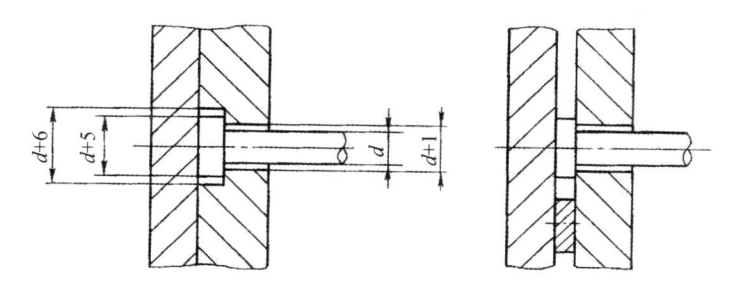

(a) 沉头固定

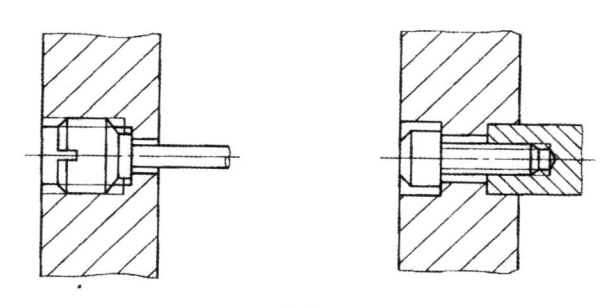

(b) 螺塞固定

图 9.4 推杆的固定形式

3) 推杆的选材与热处理要求

在国内，自制推杆常采用 T8A、T10A 等碳素工具钢或 65Mn 弹簧钢等。一般情况下，前者的热处理要求硬度为 50～54HRC，后者的热处理要求硬度为 46～50HRC。而市场上出售的推杆标准件，特别是外企生产的标准件一般多采用 SKD61（日本）、H13（美国）、STD61（韩国）、8407（瑞典）和 X40CrMoV51（德国）等热作模具钢，一般热处理硬度为 56～60HRC，使用寿命与碳素工具钢相比有明显优势。同时，为了减小摩擦系数，提高寿命，还有带 TiN 镀层（离子镀）的推杆可供选择。

3. 推杆位置的选择

为保证在推出塑件时不会发生塑件变形，塑件被顶白甚至顶穿或推杆因强度、刚度不够而导致崩断和折弯等情况，推杆的布置应遵循以下原则。

1) 推杆的位置应选择在脱模阻力最大的地方

如图 9.5（a）所示的模具因塑件对型芯的包紧力在四周最大，可在塑件内侧附近设置推杆，如果塑件深度较大，还应在塑件的端部设置推杆。有些塑件在型芯或型腔内有较深且脱模斜度较小的凸起，因收缩应力的原因会产生较大的脱模阻力，在该处就必须设置推杆，如图 9.5（b）所示。

2) 推杆位置选择应保证塑件推出时受力均匀

当塑件各处的脱模阻力相同时，推杆需均匀布置，以便推出时运动平稳和塑件不变形。

3) 推杆位置选择时应注意塑件的强度和刚度

推杆位置尽可能地选择在塑件的凸缘等处，尤其薄壁塑件更应如此，否则很容易使塑件变形或被顶白甚至顶穿，如图9.5（c）所示。

4）推杆位置的选择还应考虑推杆本身的刚性

当细长推杆受到较大脱模力时，推杆就会失稳变形，如图9.5（d）所示。这时就必须增大推杆的直径或增加推杆的数量。

推杆的工作端面在合模注射时是型芯表面的一部分，推杆的端面如果低于该处型芯表面，在塑件上就会出现凸台，影响塑件的装配。因此，在推杆装入模具后，其端面应与相应处型腔底面平齐或高出型腔 0.05～0.1mm。

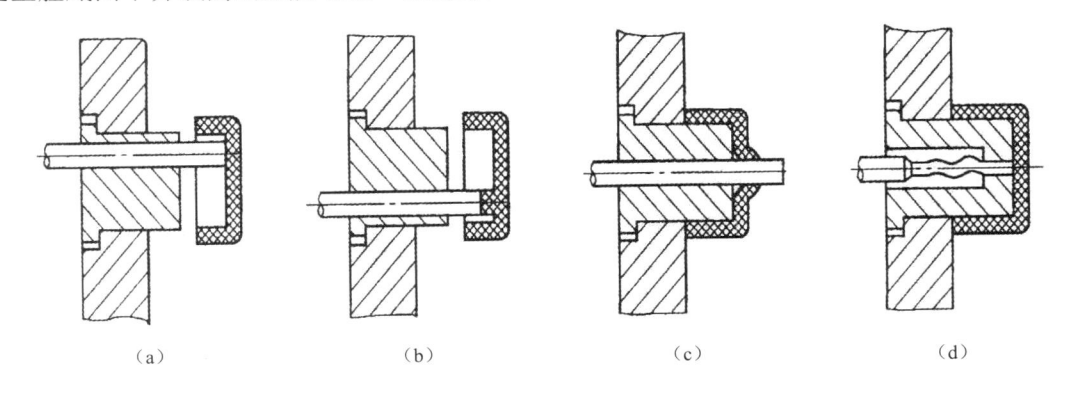

图 9.5 推杆位置的选择

9.3.2 推管推出机构

推管是一种空心的推杆，它适用于推出环形、筒形塑件或塑件上带有孔的凸台部分，如螺丝柱位等。由于推管整个周边接触塑件，故推出塑件的力量均匀，塑件不易变形，也不会留下明显的推出痕迹，关键是如果用普通推杆推柱位周边使其拔出时很容易造成中空的柱位断留在型芯的盲孔内从而造成产品报废和耽误生产。其装配形式如图9.6所示。

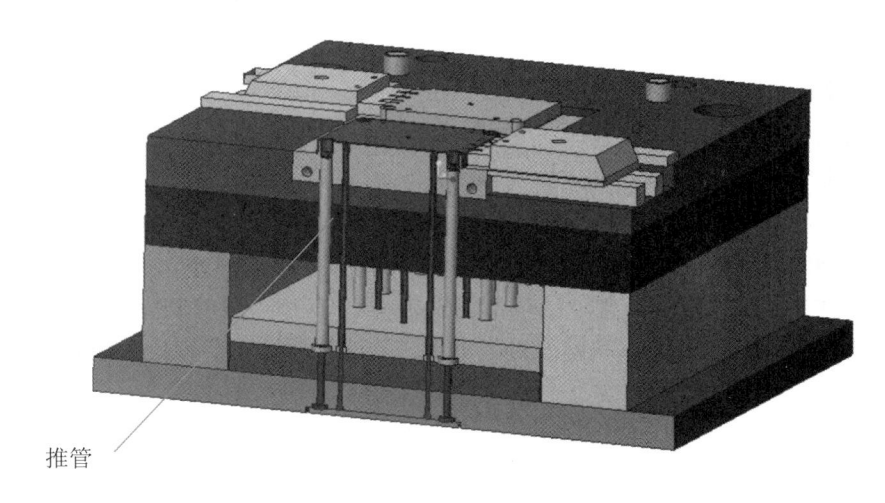

图 9.6 选用了推管的注塑模具

1. 推管的基本形式

图 9.7 为常用的推管推出形式。图 9.7（a）为推管 6 固定在推管固定板 7 上，而中间型芯 2 固定在动模座板 5 上的形式，这种结构定位准确，推管 6 强度高，型芯 2 维修和更换方便，但缺点是型芯 2 太长；图 9.7（b）是用键将型芯 2 固定在支承板上的形式，这种形式适于型芯较大的场合。但由于推管要让开键，所以必须在其上面开槽，因此推管的强度会受到一定影响。另外，在动模座板内的推板和推管固定板上一定要设置复位杆，否则推管推出后，合模时无法复位。

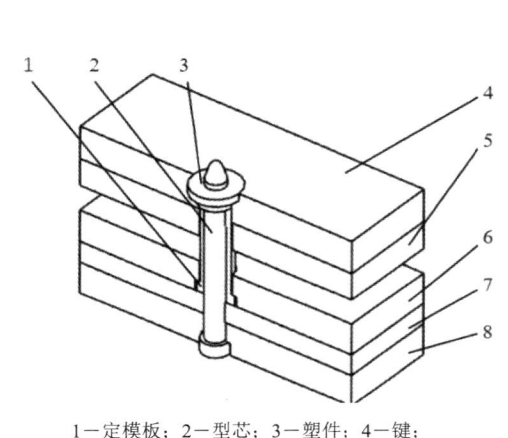

1—定模板；2—型芯；3—塑件；4—键；
5—动模座板；6—推管；7—推管固定板；8—推板
（a）

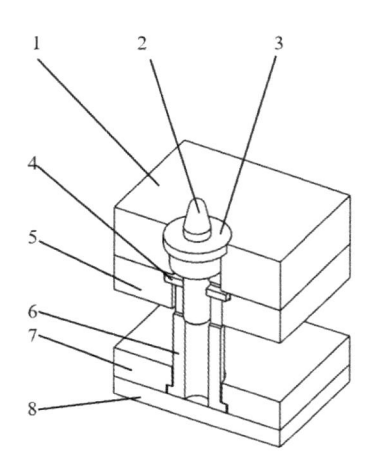

1—推管；2—型芯；3—塑件；4—定模板；5—动模板；
6—推管固定板；7—推板；8—动模座板
（b）

图 9.7 推管的常见形式

2. 推管的固定与配合

推管推出机构中对推管的精度要求较高，间隙控制较严。

1）推管固定部分的配合

推管的固定与推杆的固定类似，推管外侧与推管固定板之间采用单边 0.5mm 的大间隙配合。

2）推管工作部分的配合

推管工作部分的配合是指推管与型芯之间的配合和推管与成型模板的配合。推管的内径与型芯的配合，当直径较小时选用 H8/f7 的配合，当直径较大时选用 H7/f7 的配合；推管外径与模板上孔的配合，当直径较小时采用 H8/f8 的配合，当直径较大时选用 H8/f7 的配合。

为了保证推管在推出时不擦伤型芯及相应的成型表面，推管的外径应比塑料件外壁尺寸单边小 0.5mm 左右；推管的内径应比塑料件的内径每边大 0.2~0.5mm，如图 9.8 所示。推管与成型模板的配合长度为推杆直径 D 的 1.5~2 倍，与型芯的配合长度应比推出行程 L 大 3~5mm。推管的厚度也有一定要求，一般取 1.5~5mm，否则难以保证其刚性。

9.3.3 推件板推出机构

推件板推出机构是由一块与凸模按一定配合精度相配合的模板和推杆（亦可起复位杆作用）所组成的，随着推出机构开始工作，推杆推动推件板，推件板从塑料制件的端面将塑料制件从型芯上推出。如果内腔是一个比较有规则的薄壁塑件，如圆形或矩形，此时就可以采用推件板推出机构。图 9.9 为推件板推出机构的几种结构。图 9.9（a）为用整块模板作为推件板的形式，推杆推在推件板上，推件板将塑件从型芯上推出，推出后推件板底面与动模板分开一段距离，清理较为方便，且有利于排气，应用较广。这种形式

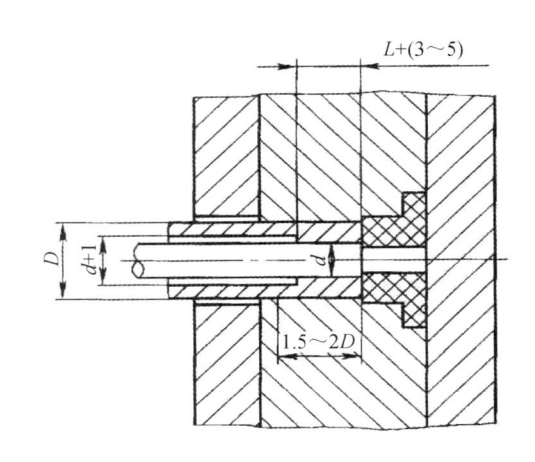

图 9.8 推管的尺寸要求

的塑料注射模在动模部分一定要设置导柱，用于对推件板的支承与导向。为了防止推件板从动模导柱和型芯上脱下，推杆可以用螺纹与推件板连接，以防止推件板从导柱上脱落下来，如图 9.9（b）所示；图 9.9（c）为推件板镶入动模板内的形式，推杆端部用螺纹与推件板相连接，并且与动模板做导向配合，推出机构工作时，推件板除了与型芯做配合，还依靠推杆进行支承与导向。这种推出机构结构紧凑，推件板在推出过程中也不会掉下，适用于动模板比较厚的场合。推件板和型芯的配合精度与推管和型芯相同，一般采用 H7/f7 或 H8/f7 的间隙配合。

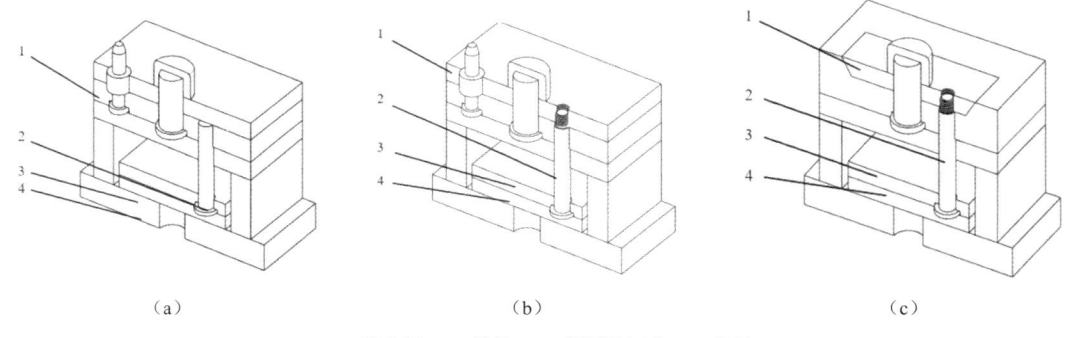

（a） （b） （c）

1—推件板；2—推杆；3—推杆固定板；4—推板

图 9.9 推件板推出机构

在推件板推出机构中，为了减少推件板与型芯的摩擦，可采用图 9.10 所示的结构，推件板与型芯间应留 0.2～0.25mm 的间隙，并用锥面配合。

对于大中型深型腔有底塑件，推件板推出时很容易形成真空，造成脱模困难或塑件撕裂，为此应增设进气装置。图 9.11 中的结构是靠大气压力的推出机构，推出时使中间的进气阀进气，这样塑料就能顺利地从凸模上推出。

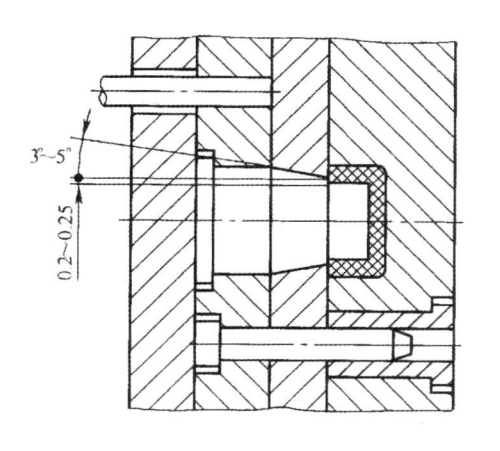

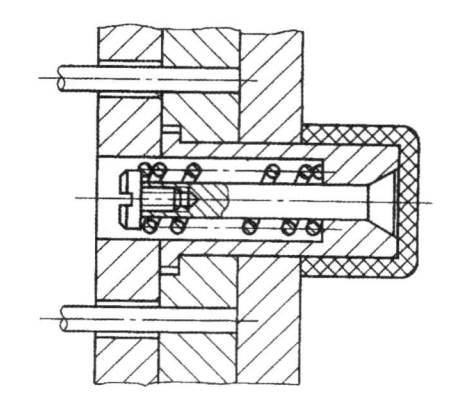

图 9.10 推件板推出机构的改进　　　　图 9.11 推件板推出机构的进气装置

推件板的常用材料为 45 钢等，调质处理硬度要求为 28～32HRC。有时为了提高推件板的耐磨程度，延长其寿命，可以使用与成型零部件相同的材料，并做适当的热处理。

9.3.4　活动镶件及凹模推出机构

活动镶件及凹模推出机构也是一种相对比较简单的推出机构。

活动镶件就是活动的成型零件。某些塑件因结构原因不宜采用前述推出机构，则可利用活动镶件将塑件推出。图 9.12（a）就利用螺纹型环（即活动镶块）作为推出零件，工作时推杆将螺纹型环连同塑件一起推出模外，然后手工或用专用工具转动螺纹型环把塑件取出，因活动镶件后端设置推杆，故采用了弹簧先复位；图 9.12（b）是活动镶块与推杆用螺纹连接的形式，推出一定距离后，镶件和塑件不会自动掉下，故需要用手将塑件从活动镶块上取下。活动镶件与其安装孔的配合如图 9.12（c）所示，一般采用 H8/f8 的配合，配合长度为 5～10mm，然后制出 3°～5°的斜度。

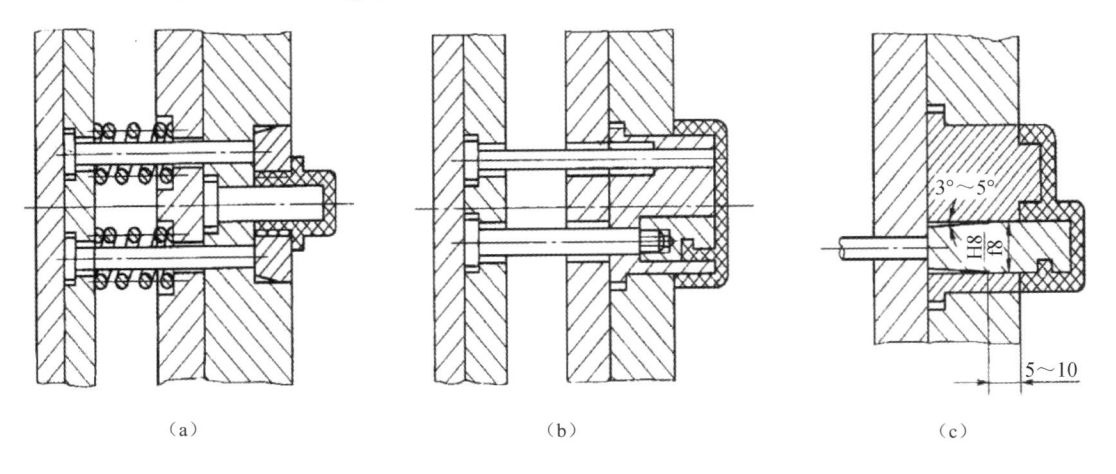

(a)　　　　(b)　　　　(c)

图 9.12　活动镶件推出

图 9.13 是凹模板将塑件从型芯上推出的结构形式，称为凹模推出机构。推出后，要用

手或其他专用工具将塑件从凹模板中取出。这种形式的推出机构，实质上就是推件板上有型腔的推出机构，不过在设计时要注意，凹模板上的型腔不能太深，脱模斜度不能太小，否则开模后用人工难以从凹模板上将塑件取下，而必须采用结构复杂的二次推出机构。另外，推杆一定要与凹模板用螺纹连接，否则取塑件时，凹模板会从动模导柱上滑出掉下。

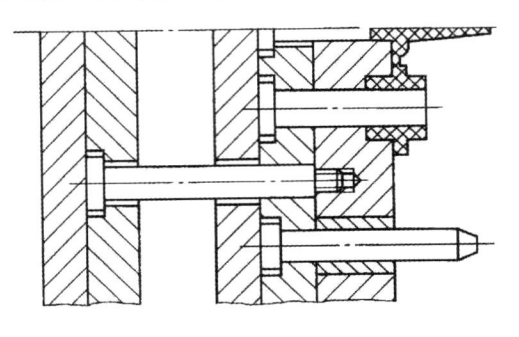

图 9.13　凹模推出机构

9.3.5　多元推出机构

有些塑件在模具设计时，往往不能采用上述单一的简单推出机构，否则塑件就会变形或损坏，因此就要采用两种或两种以上的推出形式，这种推出机构称为多元推出机构。图 9.14（a）为推杆与推管联合推出机构，图 9.14（b）为推件板与推管联合推出机构。

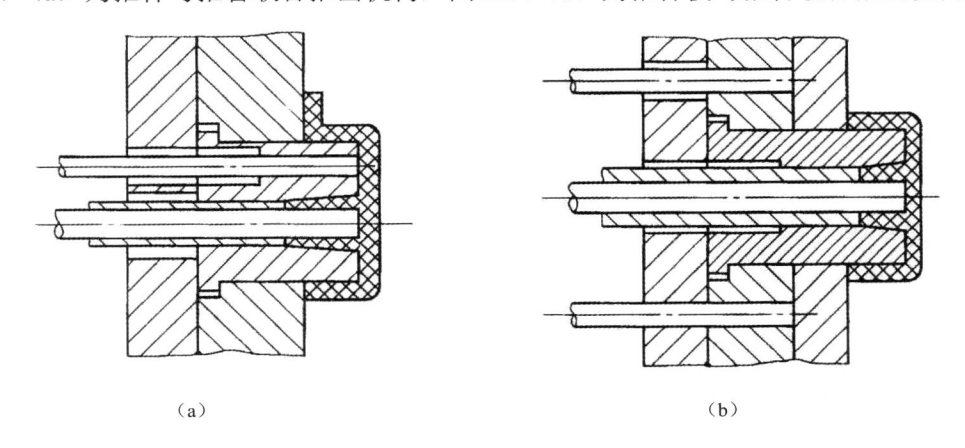

（a）　　　　　　　　　　　　（b）

图 9.14　多元推出机构

9.3.6　推出机构的导向与复位

推出机构在注射模工作时，每开合模一次，就往复运动一次，除了推杆和复位杆与模板的间隙配合处，其余部分均处于浮动状态，推杆固定板与推杆的质量不应作用在推杆上，而应该由导向零件来支承，尤其是大中型注射模。另外，为了推出机构往复运动的灵活和平稳，就必须设计推出机构的导向装置。推出机构在开模推出塑件后，为进行下一次的注射成型，必须使推出机构复位。

1. 推出机构的导向

推出机构导向装置通常由推板导柱和推板导套所组成,简单的小模具也可以由推板导柱直接与推杆固定板上的孔组成,对于型腔简单、推杆数量少的小模具,还可以利用复位杆与支承板的间隙配合作为推出机构的导向。

常用的导向形式如图9.15所示。图9.15(a)是推板导柱固定在动模座板上的形式,推板导柱也可以固定在支承板上;图9.15(b)中推板导柱的一端固定在支承板上,另一端固定在动模座板上,适用于大型注射模;图9.15(c)为推板导柱固定在支承板上,且直接与推杆固定板上的孔直接导向的形式。前两种形式的导柱除了起导向作用,还支承着动模支承板,大大提高了支承板的刚性,从而改善了支承板的受力状况。当模具较大时,或者型腔在分型面上的投影面积较大时,最好采用这两种形式。第三种形式的推板导柱不起支承作用,适用于批量较小的小型模具。对于中小型模具,推板导柱可以设置两根,而对于大型模具需要设置4根。

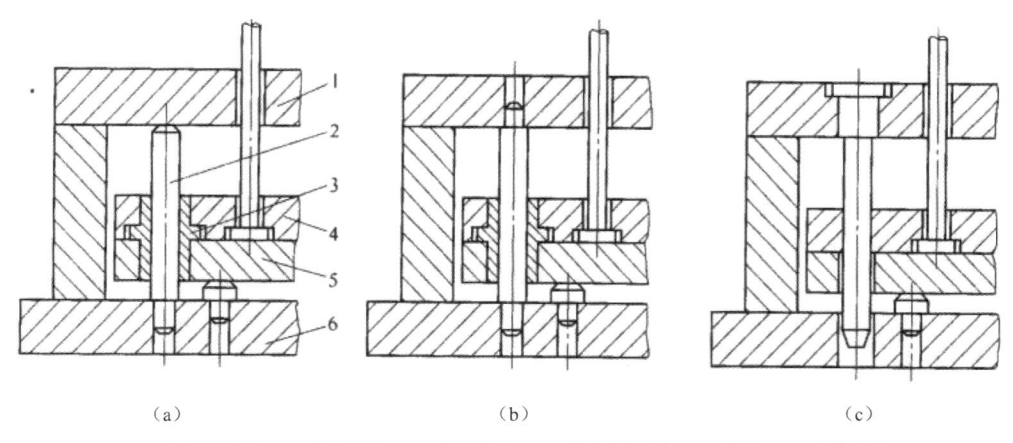

1—支承板推板;2—推板导柱;3—推板导套;4—推杆固定板;5—推板;6—动模座板

图9.15 推出机构的导向形式

2. 推出机构的复位

使推出机构复位最简单且最常用的方法是在推杆固定板上同时安装上复位杆,如图9.16所示。复位杆为圆形截面,每副模具一般设置4根复位杆,其位置应对称设置在推杆固定板的四周,以便推出机构在合模时能平稳复位。复位杆在装配后其端面应与动模分型面齐平,推出机构推出后,复位杆便高出分型面一定距离(即推出行程)。

合模时,复位杆要先于推杆与定模分型面接触,在动模向定模逐渐合拢过程中,推出机构被复位杆顶住,从而与动模产生相对移动直至分型面合拢,推出机构就回复到原来的位置,这种结构中合模和复位是同时完成的。在推件板推出的机构中,推杆端面与推件板接触,可起到复位作用,故在推件板推出机构中不必再另行设置复位杆。有些模具的推杆,其端面一部分顶在塑件的端面上,其余部分顶在定模的分型面上,这样的推杆,既可用来推出塑件,又可兼作复位杆。当然,兼作复位杆用的推杆,应尽量分布在推杆固定板的四周,以便复位能平稳进行，如果不是这样，就得另外设置复位杆。

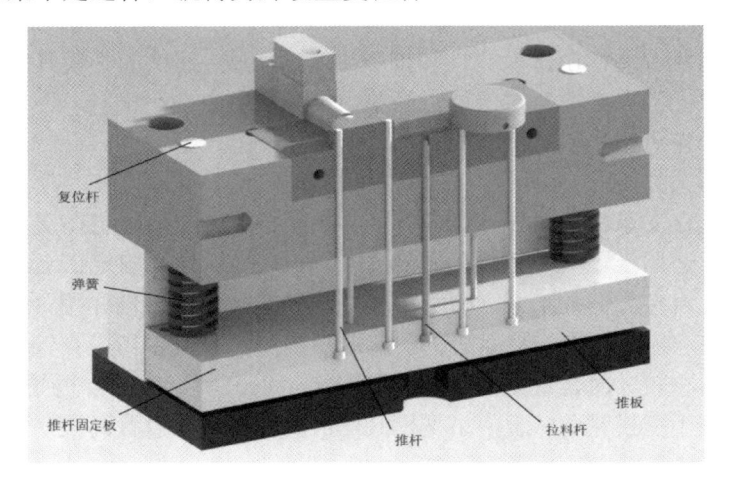

图 9.16 推出机构的复位

当推出元件推出后的位置影响嵌件和活动镶件的安放，或者推杆与活动侧型芯在合模插入时两者发生干涉的情况下，必须使推出机构先复位（或称预复位），最简单的先复位机构就是采用弹簧装置进行先复位。弹簧复位是利用压缩弹簧的回复力使推出机构复位，其复位先于合模动作完成，如图 9.17 所示。弹簧设置在推杆固定板与支承板之间，设计时应防止推出后推杆固定板把弹簧压死，或者弹簧已被压死而推出固定板还未到位。弹簧应对称安装在推杆固定板的四周，一般为 4 个，常常安装在复位杆上，也可用簧柱对称设置在推杆固定板上，此外其还可设置在推板导柱上。在斜导柱固定在定模，侧型芯滑块安装在动模的侧向抽芯机构中，当在侧型芯投影面下设置推杆而发生所谓"干涉"现象时，常常采用弹簧进行推出机构的先复位。

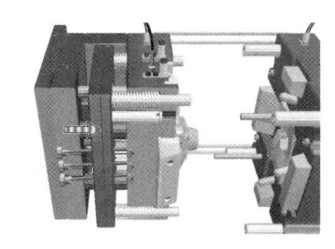

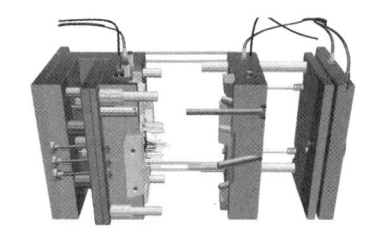

（a）开模　　　　　　　　　　　　　（b）顶出塑件

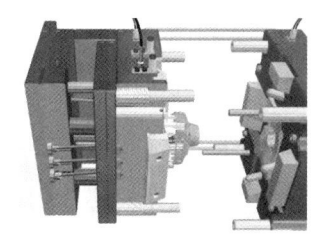

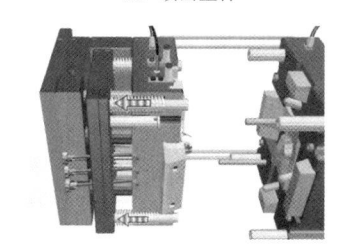

（c）塑件取出，即将复位　　　　　　（d）弹簧回复使得推出机构先复位

图 9.17 推出机构的先复位

当推杆数目较多时，很难保证每个推杆孔的位置精度。因此，数量众多的推杆难免出现卡滞现象。由于卡滞，就极有可能导致压缩弹簧的回复力无法使推出机构完全复位甚至是无法复位，势必导致"干涉"现象发生，使推杆和侧型芯发生碰撞导致报废。所以，为防止"干涉"现象发生，通常会在模具的动模座板上安装一个接触式触点开关，如图 9.18 所示。当推出机构没有完全复位时，此开关处于"断路"状态，此时注塑机不会合模并发出警报提醒操作人员进行处理。同理，如果推出机构顺利复位，推板会压迫触点使开关处于"通路"状态，注塑机正常合模进行下一次注塑生产，丝毫不会影响自动生产的进行。

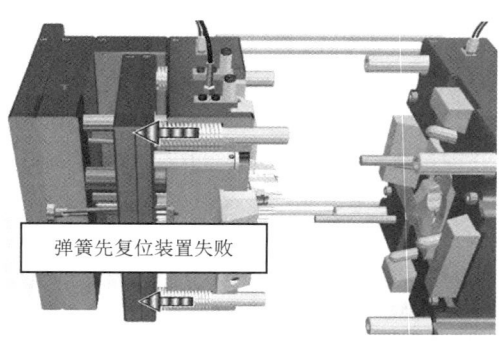

（a）由于卡滞或磨损导致弹簧先复位失败

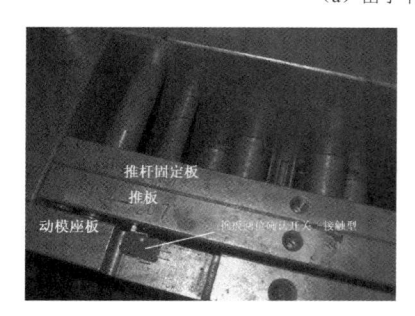

（b）装有接触式触点开关的模具　　　　（c）接触式触点开关

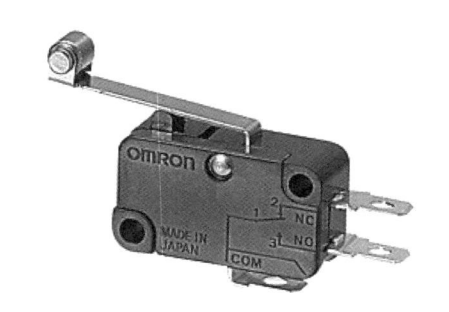

图 9.18　弹簧先复位保护装置

需要注意的是，弹簧先复位机构虽然结构简单且成本低，但其复位动力源于弹簧的回复，复位速度过快从而导致推出机构各运动零件磨损加剧使得模具寿命降低。尤其当模具使用斜顶杆（斜顶针）时绝对不可以使用弹性先复位机构，因为斜顶的运动路线和推出机构的运动路线有一定的夹角，快速的弹性先复位很容易导致斜顶急剧磨损甚至烧损破坏。

此时只能采用刚性先复位机构，此类机构会在后续章节有所介绍。

9.4　二次推出机构

在一般的情况下塑件的推出都是由一个推出动作来完成的，因此这种推出机构被称为一次推出机构，亦称一级推出机构。简单推出机构就属于一次推出机构。绝大部分的塑件采用一次推出已经能满足脱模的要求，但是有些对模具成型零部件包紧力比较大的塑件，采用一次推出时会产生变形，因此对这类塑件，为了保证塑件质量，模具设计时需考虑采用两个推出动作，以分散脱模力。第一次的推出使塑件从某些成型零部件上脱出，经第二次推出，塑件才完成从全部成型零部件上脱出，这种由两个推出动作完成塑件脱模的机构称为二次推出机构。

9.4.1 单推板二次推出机构

单推板二次推出机构是指在推出机构中只设置了一组推板和推杆固定板，而另一次推出则是靠一些特殊机构的运动来实现的推出机构。

1）摆块拉板式二次推出机构

摆块拉板式二次推出机构是由固定在动模上的摆块和固定在定模上的拉板来实现的，如图 9.19 所示。图 9.19（a）为注射结束的合模状态。开模后，固定在定模一侧的拉板 10 拉住安装在动模一侧的摆块 7，使摆块 7 撑起动模型腔 9，塑件从型芯 3 上脱出，完成第一次推出，如图 9.19（b）所示。动模继续后移，推杆 6 将塑件从动模型腔中推出，完成第二次推出，如图 9.19（c）所示。图中弹簧 8 的作用是使摆块与动模型腔板始终接触。这种类型的二次推出机构适用于第一次推出距离较短的场合。

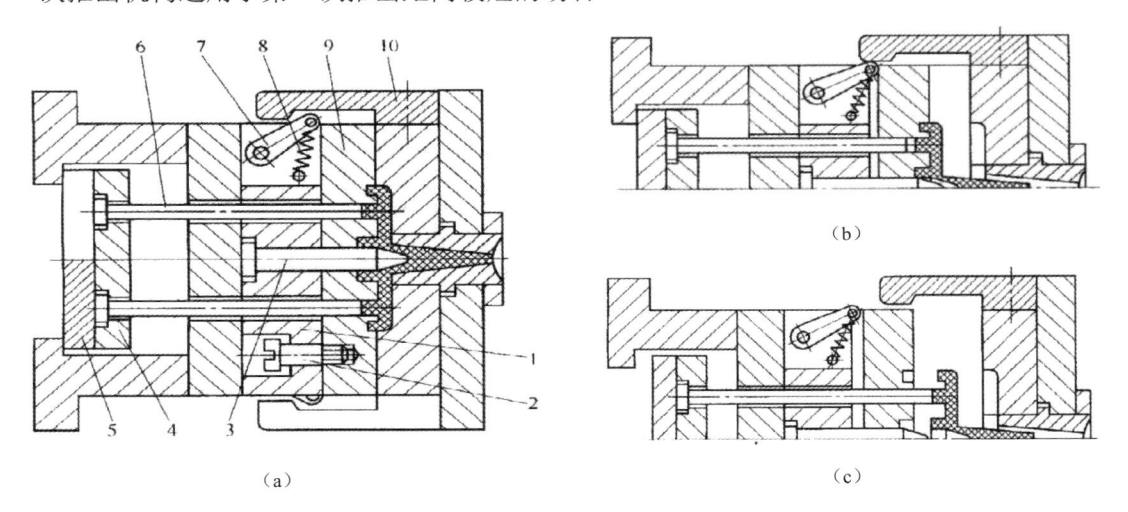

1—型芯固定板；2—定距螺钉；3—型芯；4—推杆固定板；5—推板；6—推杆；7—摆块；8—弹簧；9—动模型腔；10—拉板

图 9.19 摆块拉板式二次推出机构

2）U 形限制架式二次推出机构

图 9.20 是 U 形限制架式二次推出机构，U 形限制架 4 固定在动模座板的两侧，摆杆 3（左右摆杆）一端用转动销 6 固定在推板上，圆柱销 1 固定在动模型腔板 10 上，图 9.20（a）为合模状态，摆杆 3 夹在 U 形限制架 4 内，其上端顶在圆柱销 1 上；开模时，注射机顶杆推动推板，推出开始时由于限制架的限制，摆杆只能向前直向运动，推动圆柱销 1 使动模型腔板 10 和推杆 7 同时推出，塑件脱离型芯 8，完成第一次推出，如图 9.20（b）所示；当摆杆脱离 U 形限制架 4，限位螺钉 9 阻止动模型腔板 10 继续向前移动，同时圆柱销 1 将两个

摆杆 3 分开，弹簧 2 拉住摆杆 3 紧靠在圆柱销 1 上，注射机顶杆 5 继续推出，推杆 7 推动塑件从动模型腔内脱出，完成第二次推出，如图 9.20（c）所示。

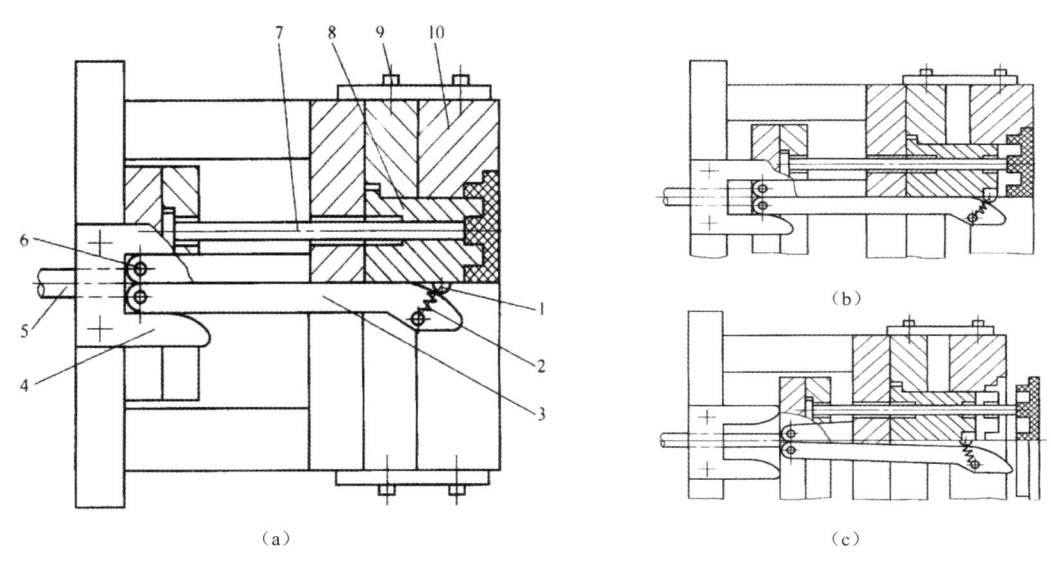

1—圆柱销；2—弹簧；3—摆杆；4—U 形限制架；5—注射机顶杆；6—转动销；7—推杆；8—型芯；9—限制螺钉；10—动模型腔板

图 9.20　U 形限制架式二次推出机构

3）斜楔滑块式二次推出机构

图 9.21 是斜楔滑块式二次推出机构，利用斜楔 6 驱动滑块 4 来完成第二次推出。图 9.21（a）是开模后推出机构尚未工作的状态。当动模后移一定距离后，注射机顶杆开始工作，推杆 8 和中心推杆 10 同时推出，塑件从型芯上脱下，但仍留在凹模型腔 7 内，与此同时，斜楔 6 与滑块 4 接触，使滑块向模具中心滑动，如图 9.21（b）所示，第一次推出结束。滑块继续滑动，推杆 8 后端落入滑块 4 的孔中，从而在接下来的分模过程中使推杆 8 不再具有推出作用，而中心推杆 10 仍在推着塑件，从而使塑件从凹模型腔内脱出，完成第二次推出，如图 9.21（c）所示。

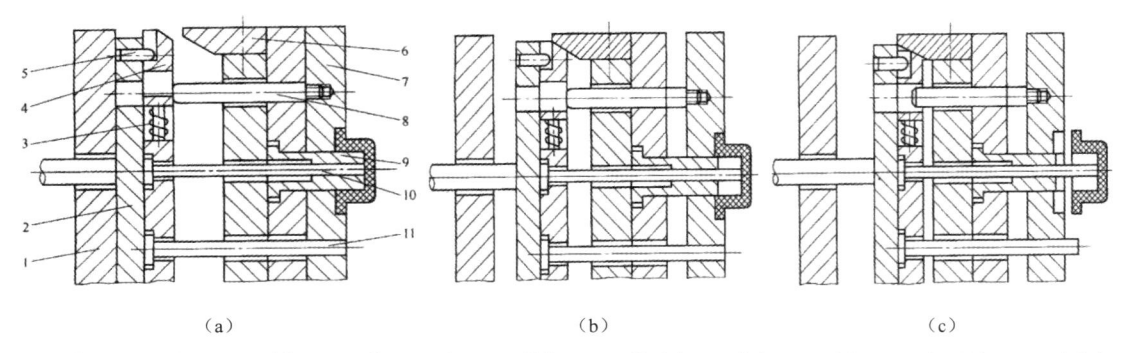

1—动模座板；2—推板；3—弹簧；4—滑块；5—销钉；6—斜楔；7—凹模型腔；8—推杆；9—型芯；10—中心推杆；11—复位杆

图 9.21　斜楔滑块式二次推出机构

9.4.2 双推板二次推出机构

双推板二次推出机构在模具中设置有两组推板,它们分别带动一组推出零件实现塑件二次脱模的推出动作。

1) 拉钩式二次推出机构

图 9.22 为拉钩式二次推出机构。拉钩 5 用圆轴固定在二次推板 4 上。推出前,拉钩 5 在弹簧作用下钩住固定在一次推杆固定板 3 上的圆柱销。图 9.22(a)是开模后推出机构尚未工作的状态;推出时,注射机顶杆 1 推动二次推板 4,由于拉钩 5 的作用,使一次推板 2 与二次推板 4 一起运动,将塑件从型芯 10 上推出,但仍留在动模镶块 9 内,直至拉钩的前端碰到支承板 8 使其脱钩为止,完成第一次推出,如图 9.22(b)所示;继续开模,由于拉钩已松开一次推杆固定板 3,因而一次推板 2 停止运动,而二次推板 4 继续推动推杆 11 运动,将塑件从动模镶块 9 上推出,实现第二次推出,如图 9.22(c)所示。

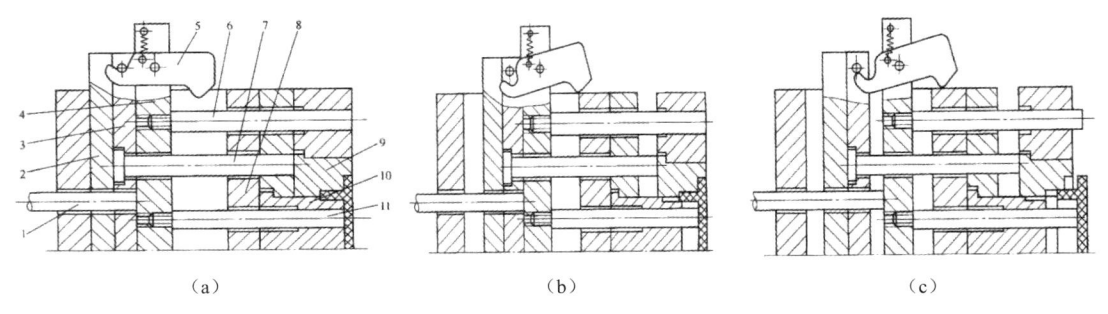

1—注射机顶杆;2—一次推板;3—一次推杆固定板;4—二次推板(二次推杆固定板);
5—拉钩;6—复位杆;7、11—推杆;8—支承板;9—动模镶块;10—型芯

图 9.22 拉钩式二次推出机构

2) 三角滑块式二次推出机构

图 9.23 为三角滑块式二次推出机构,该机构中三角滑块 3 安装在一次推杆固定板 5 的导滑槽内,斜楔杆 8 固定在动模支承板 13 上。

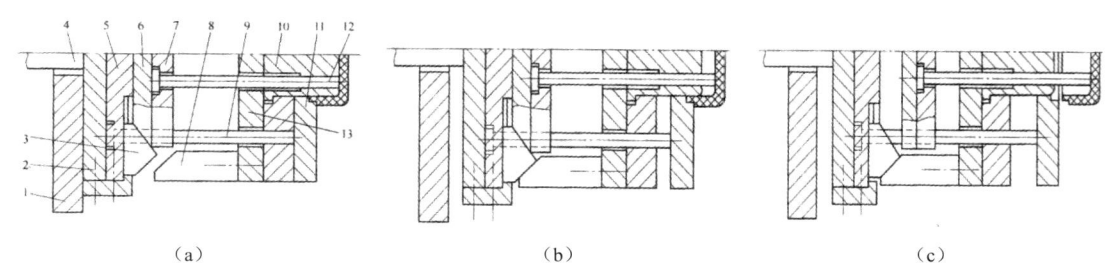

1—动模座板;2—一次推板;3—三角滑块;4—注射机顶杆;5—一次推杆固定板;6—二次推板;
7—二次推杆固定板;8—斜楔杆;9、12—推杆;10—型芯;11—动模型腔板;13—动模支承板

图 9.23 三角滑块式二次推出机构

图 9.23（a）是开模后推出机构尚未工作的状态。注射机顶杆开始工作后，推杆 9、12 及动模型腔板 11 一起向前移，使塑件从型芯 10 上脱下，但仍留在动模型腔板 11 内，完成第一次推出，此时斜楔杆 8 与三角滑块 3 开始接触，如图 9.23（b）所示。推出继续进行，由于三角滑块 3 在斜楔杆 8 的斜面作用下向上移动，使其另一侧斜面推动二次推板 6，使推杆 12 推出距离超过由推杆 9 推动的动模型腔板 11 推出距离，从而使塑件从型腔板中推出，完成第二次推出，如图 9.23（c）所示。

3）八字摆杆式二次推出机构

图 9.24 是八字摆杆式二次推出机构。八字摆杆 1 用转轴固定在和支承板 10 连接在一起的支块 9 上，图 9.24（a）为刚开模的状态。推出时，注射机顶杆 3 接触一次推板 4，由于定距块 5 的作用，使推杆 7 和推杆 8 一起动作将塑件从型芯 11 上推出，直到八字摆杆 1 与一次推板 4 相碰为止，完成第一次推出，如图 9.24（b）所示。继续推出，推杆 8 继续推动动模型腔板 12。而八字摆杆 1 在一次推板 4 的作用下绕支点转动，使二次推板 6 运动的距离大于一次推板 4 运动的距离，塑件便在推杆 7 的作用下从动模型腔板 12 内脱出，完成第二次推出，如图 9.24（c）所示。

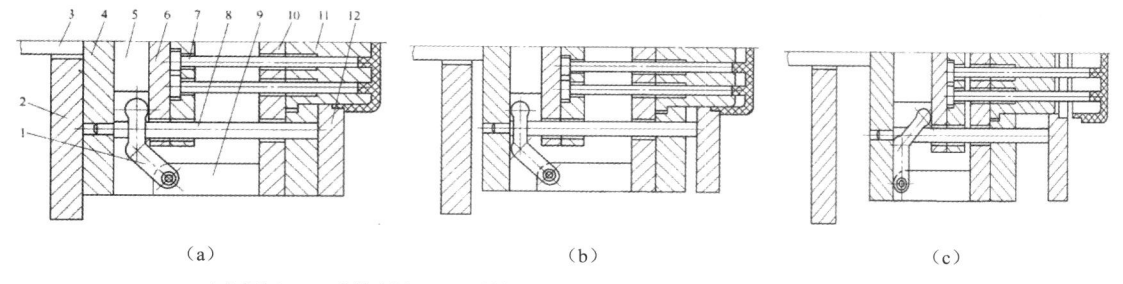

1—八字摆杆；2—动模座板；3—注射机顶杆；4—一次推板；5—定距块；6—二次推板；
7、8—推杆；9—支块；10—支承板；11—型芯；12—动模型腔板

图 9.24 八字摆杆式二次推出机构

9.5 定、动模双向顺序推出机构

在实际生产过程中，有些塑件因其特殊的形状特点，开模后既有可能留在动模一侧，也有可能留在定模一侧，甚至也有可能因为塑件对定模的包紧力明显大于对动模的包紧力而会留在定模上。为了让塑件顺序脱模，除了可以采用在定模部分设置推出机构，还可以采用定、动模双向顺序推出机构，即在定模部分增加一个分型面，在开模时确保该分型面首先定距打开，让塑件先从定模型芯上脱模，然后在主分型面分型时，塑件能可靠地留在动模部分，最后由动模推出机构将塑件推出脱模。

1）弹簧式双向顺序推出机构

图 9.25 为弹簧式双向顺序推出机构，开模时，弹簧 5 始终压住定模推件板 3，迫使塑件从定模 A 分型面处首先分型，从而使塑件从型芯 4 上脱出而留在动模板 2 内，直至限位螺钉

7端部与定模板8接触,定模分型结束。动模继续后退,动、定模在 B 分型面分型,直至推出机构工作,推管1将塑件从动模板2的型腔内推出。

2) 摆钩式双向顺序推出机构

图9.26为摆钩式双向顺序推出机构。开模时,由于摆钩8的作用使 A 分型面分型,从而使塑件从定模型芯4上脱出,由于压板6的作用,使摆钩8脱钩,然后限位螺钉7限位,定模部分在 A 分型面分型结束。继续开模,动定模在 B 分型面分型,最后动模部分的推出机构工作,推管2将塑件从动模型芯1上推出。

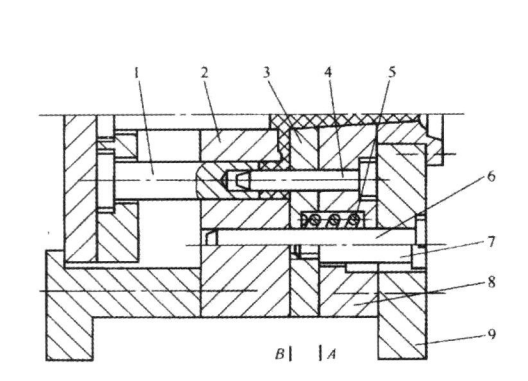

1—推管;2—动模板;3—定模推件板;4—型芯;5—弹簧;
6—定模导柱;7—限位螺钉;8—定模板;9—定模座板

图9.25 弹簧式双向顺序推出机构

1—动模型芯;2—推管;3—动模板;4—定模型芯;
5—弹簧;6—压板;7—限位螺钉;8—摆钩

图9.26 摆钩式双向顺序推出机构

3) 滑块式双向顺序推出机构

图9.27为滑块式双向顺序推出机构。开模时,由于拉钩2钩住滑块3,因此定模板5与定模座板7在 A 分型面先分型,塑件从定模型芯上脱出,随后压块1压动滑块3内移而脱开拉钩2,由于限位拉板6的定距作用, A 分型面分型结束;继续开模,动、定模在 B 分型面分型,塑件包在动模型芯上留在动模,最后推出机构工作,推杆将塑件从动模型芯上推出。

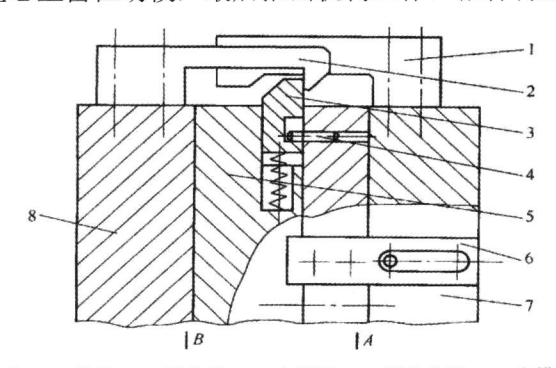

1—压块;2—拉钩;3—滑块;4—限位销;5—定模板;6—限位拉板;7—定模座板;8—动模板

图9.27 滑块式双向顺序推出机构

9.6 浇注系统凝料推出机构

除了点浇口和潜伏浇口，其他形式的浇口在脱模时，其浇注系统凝料和塑件连成一体被推出机构推出模外，然后手工将它与塑件分离，而点浇口和潜伏浇口的浇注系统凝料在脱模时能与塑件自动分离，也能从模具中自动推出，本节主要介绍点浇口和潜伏浇口浇注系统凝料的自动推出机构。

9.6.1 点浇口浇注系统凝料的推出

点浇口进料的浇注系统可分为单型腔和多型腔两大类。

1. 单型腔点浇口浇注系统凝料的自动推出

1）带有活动浇口套的挡板推出

在图 9.28 所示的单型腔点浇口浇注系统凝料的自动推出机构中，浇口套 7 以 H8/f8 的间隙配合安装在定模座板 5 中，外侧有弹簧 6，如图 9.28（a）所示。

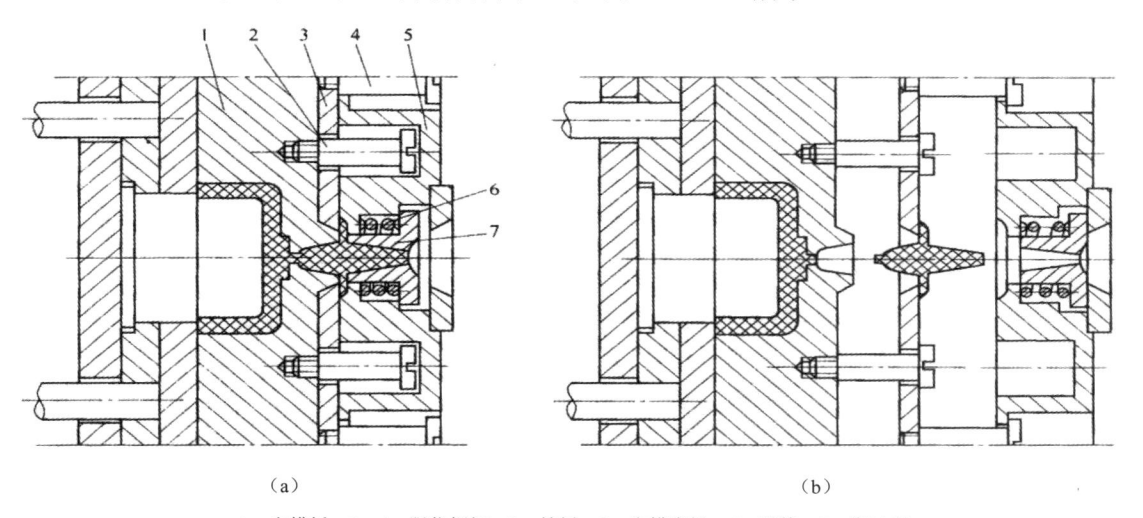

1—定模板；2、4—限位螺钉；3—挡板；5—定模座板；6—弹簧；7—浇口套

图 9.28 单型腔点浇口浇注系统凝料自动推出机构

当注射机喷嘴注射完毕离开浇口套 7 后，弹簧 6 的作用是使浇口套与主流道凝料分离（松动）紧靠在定位圈上。开模后，挡板 3 先与定模座板 5 分型，主流道凝料从浇口套中脱出，当限位螺钉 4 起限位作用时，此过程分型结束，而挡板 3 与定模板 1 开始分型，直至限位螺钉 2 限位，如图 9.28（b）所示。接着动、定模的主分型面分型，这时挡板 3 将浇口凝料从定模板 1 中拉出并在自重作用下自动脱落。

2）带有凹槽浇口套的挡板推出

在图 9.29 所示的单型腔点浇口凝料自动推出机构中，带有凹槽的浇口套 7 以 H7/m6 的过渡配合固定于定模板 2 上，浇口套 7 与挡板 4 以锥面定位，如图 9.29（a）所示；开模时，在弹簧 3 的作用下，定模板 2 与定模座板 5 首先分型，在此过程中，由于浇口套开有凹槽，将主流道凝料先从定模座板中带出来，当限位螺钉 6 起作用时，挡板 4 与定模板 2 及浇口套 7 脱离，同时浇口从浇口套 7 中拉出并靠自重自动落下，如图 9.29（b）所示。定距拉杆 1 用来控制定模板 2 与定模座板 5 的分模距离。

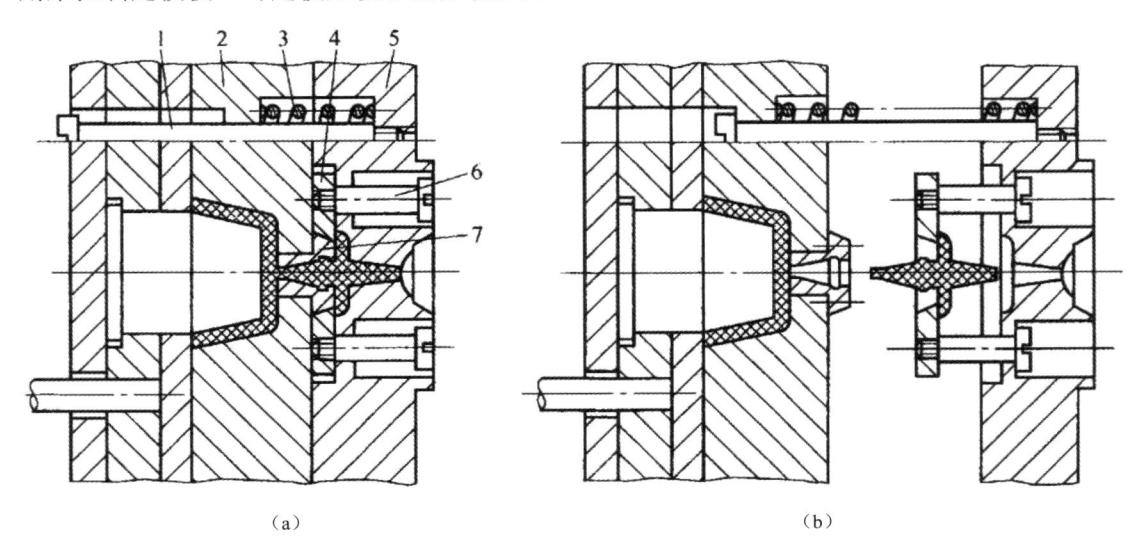

1—定距拉杆；2—定模板；3—弹簧；4—挡板；5—定模座板；6—限位螺钉；7—浇口套

图 9.29 单型腔点浇口凝料自动推出机构

2．多型腔点浇口浇注系统凝料的自动推出

一模多型腔点浇口进料注射模的点浇口并不在主流道的对面，而是在各自的型腔端部，这种多点浇口形式的浇注系统凝料自动推出与单型腔点浇口有些不同。

1）利用挡板拉断点浇口凝料

图 9.30 为利用挡板拉断点浇口浇注系统凝料的结构，图 9.30（a）是合模状态。

开模时，挡板 3 与定模座板 4 首先分型，主流道凝料在定模板上反锥度穴的作用下被拉出浇口套 5，浇口凝料连在塑件上留于定模板 2 内。当定距拉杆 1 的中间台阶面接触挡板 3 以后，定模板 2 与挡板 3 分型，挡板 3 将点浇口凝料从定模板中带出，如图 9.30（b）所示，随后靠自重自动落下。

2）利用拉料杆拉断点浇口凝料

图 9.31 是利用设置在点浇口处的拉料杆拉断点浇口凝料的结构。

开模时，模具首先在动、定模主分型面分型，浇口被拉料杆 5 拉断，浇注系统凝料留在定模中，动模后退一定距离后，在拉板 1 的作用下，分流道推板 7 与定模板 3 分型，浇注系统凝料脱离定模板 3，继续开模，由于拉杆 2 和限位螺钉 4 的作用，使分流道推板 7 与定模座板 6 分型，浇注系统凝料分别从浇口套及点浇口拉料杆上脱出。

(a)　　　　　　　　　　　　　　　(b)

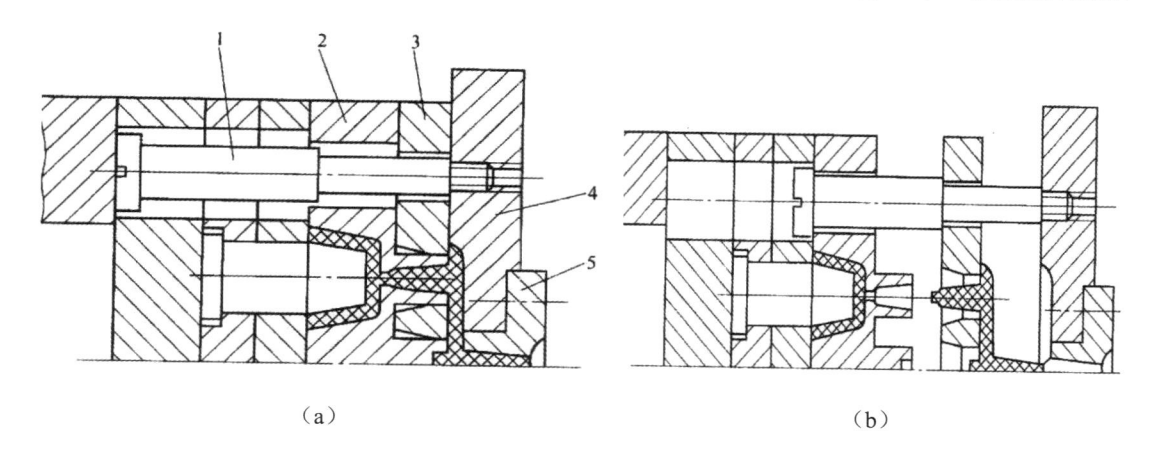

1—定距拉杆；2—定模板；3—挡板；4—定模座板；5—浇口套

图 9.30　多型腔点浇口凝料自动推出之一

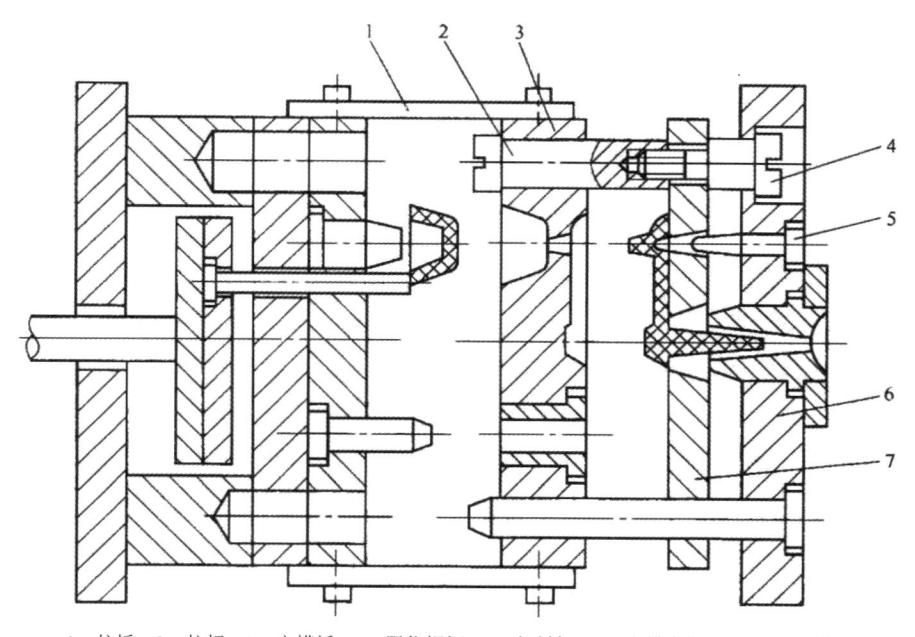

1—拉板；2—拉杆；3—定模板；4—限位螺钉；5—拉料杆；6—定模座板；7—分流道推板

图 9.31　多型腔点浇口凝料自动推出之二

3）利用分流道侧凹拉断点浇口凝料

图 9.32 是利用分流道末端的侧凹将点浇口浇注系统凝料推出的结构。图 9.32（a）是合模状态；开模时，定模板 3 与定模座板 4 之间首先分型，与此同时，主流道凝料被拉料杆 1 拉出浇口套 5，而分流道端部的小斜柱卡生分流道凝料而迫使点浇口拉断并带出定模板 3。当定距拉杆 2 起限位作用时，主分型面分型，塑件被带往动模，而浇注系统凝料脱离拉料杆 1 而自动落下，如图 9.32（b）所示。

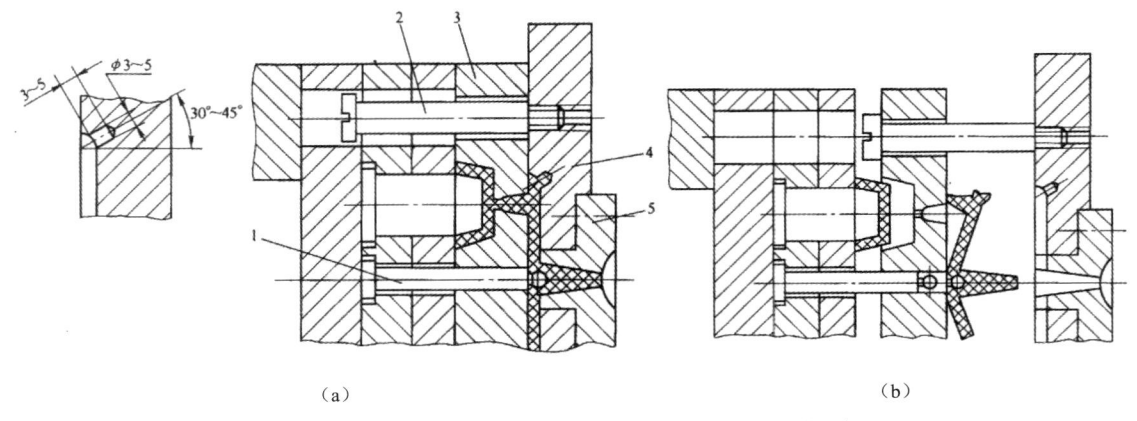

1—拉料杆；2—定距拉杆；3—定模板；4—定模座板；5—浇口套

图 9.32　多型腔点浇口凝料自动推出之三

9.6.2　潜伏浇口浇注系统凝料的推出

根据进料口位置的不同，潜伏浇口可以开设在定模，也可以开设在动模。开设在定模的潜伏浇口，一般只能开设在塑件的外侧；开设在动模的潜伏浇口，既可以开设在塑件的外侧，也可以开设在塑件内部的柱子或推杆上，下面就按这几种情况分别进行介绍。

1. 开设在定模部分的潜伏浇口推出

因浇口的流动方向和充填方向一致，故又称为正潜。图 9.33 为潜伏浇口开设在定模部分塑件外侧的结构形式。开模时，塑件包在型芯 5 上从定模板 6 中脱出，同时潜伏浇口被切断，分流道、浇口和主流道凝料在倒锥穴的作用下拉出定模型腔而随动模移动，推出机构工作时，推杆 2 将塑件从型芯 5 上推出，而流道推杆 1 和主流推杆将浇注系统凝料推出动模板 4，浇注系统凝料最后由于自重落下。在模具设计时，流道推杆 1 应尽量接近潜伏浇口，以便在分模时将潜伏浇口凝料从定模板中拉出。

2. 开设在动模部分的潜伏浇口

1）开设在塑件外侧的潜伏浇口

因浇口的流动方向和充填方向相反，故又称为反潜。图 9.34 为潜伏浇口开设在动模部分塑件外侧的结构形式。开模时，塑件包在动模凸模 3 上随动模一起后移，分流道和浇口及主流道凝料由于倒锥穴的作用留在动模一侧，推出机构工作时，推杆将塑件从凸模 3 上推出，同时潜伏浇口被切断，浇注系统凝料在流道推杆 1 和主流道推杆的作用下推出动模板 4 而自动脱落。在这种形式的结构中，潜伏浇口的切断、推出与塑件的脱模是同时进行的，在设计模具时，流道推杆 1 及倒锥穴也应尽量接近潜伏浇口。

2）开设在推杆上的潜伏浇口

因浇口潜伏于推杆（顶针）上，故又称为顶针潜伏式浇口。图 9.35 为潜伏浇口开设在推杆上的结构形式。图9.35（a）是潜伏浇口开在圆形推杆上的形式，开模时包在凸模4上的塑件和被倒锥穴拉出的主流道及分流道凝料一起随动模移动，当推出机构工作时，塑件被推杆3从动模板的凸模4上推出脱模，同时潜伏浇口被切断，流道推杆1和2将浇注系统凝料推出模外而自动落下。这种浇口与上述介绍的浇口不同之处还在于塑件内部上端增加了一段二次浇口的余料，需人工将余料剪掉。另外，潜伏浇口推杆需要止转。图9.35（b）是潜伏浇口没有开设在圆形推杆上，而是开设在推杆上部空隙之处的形式，脱模推出后，塑件上留下一截圆柱形流道的工艺余料。此外，也有将潜伏浇口开设在矩形推杆上的形式。

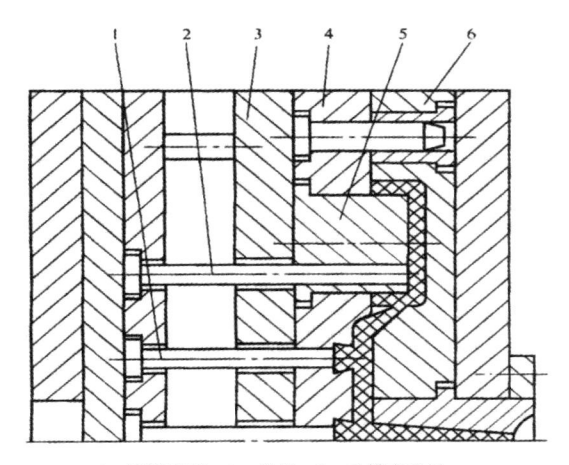

1—流道推杆；2—推杆；3—动模支承板；
4—动模板；5—型芯；6—定模板

图9.33 潜伏浇口在定模的结构

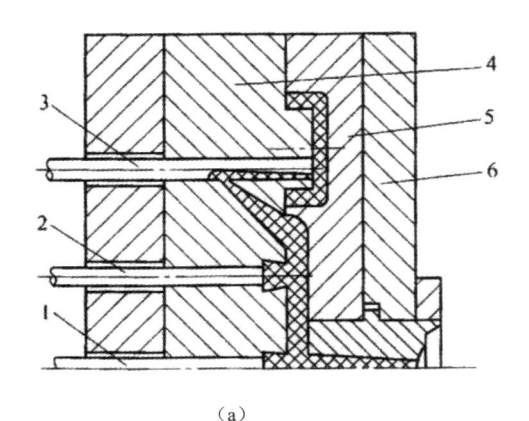

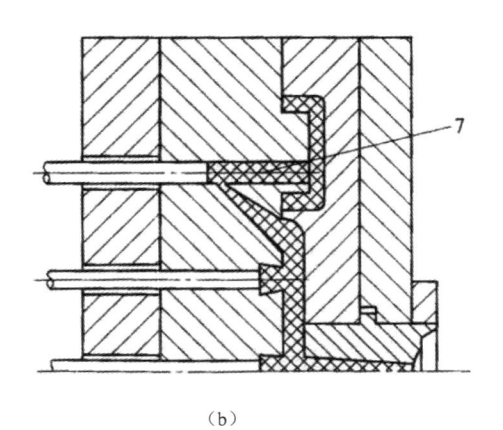

1—流道推杆；2—推杆；3—凸模；
4—动模板；5—定模板；6—定模型芯

图9.34 潜伏浇口在动模的结构

（a） （b）

1、2—流道推杆；3—推杆；4—凸模；5—定模板；6—定模座板；7—工艺余料

图9.35 潜伏浇口在推杆上的结构

9.7 带螺纹塑件的脱模

带有螺纹的塑件，其脱模的方式有如下几种。

（1）活动型芯或活动型环脱模方式。在这种方式中，螺纹型芯或螺纹型环设计成活动镶件的形式，每次开模，先将螺纹型芯或螺纹型环按一定配合和定位放入模具型腔内，注射成型分模后，将螺纹型芯或型环随塑件一起推出模外，然后再由人工用专用工具将螺纹型芯或型环旋下。这种脱模方式的特点是结构简单，但生产率低，劳动强度大，只适用于小批量生产。

（2）拼合型芯或型环脱模方式。这种脱螺纹的方式，实际上是采用斜滑块或斜导杆的侧向分型或抽芯的方式脱模。塑件的外螺纹脱模，采用斜滑块外侧分型；塑件的内螺纹脱模，采用斜滑块内侧抽芯，如图 9.36 所示。

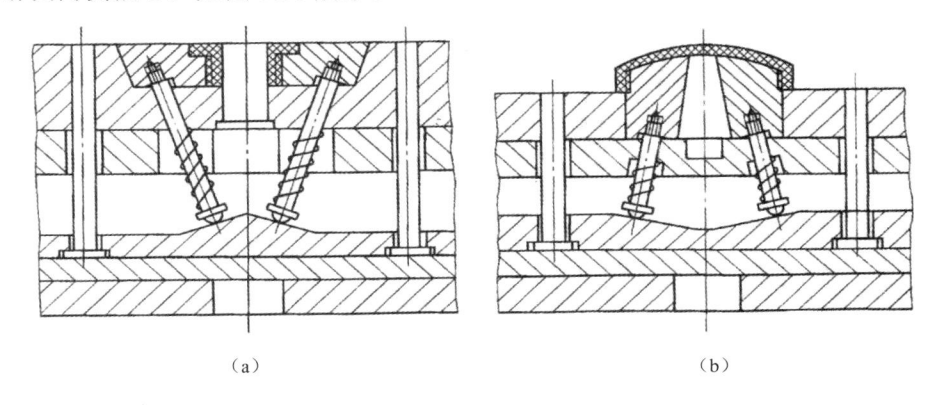

图 9.36 利用拼合型环或型芯脱螺纹

图 9.36（a）为拼合式型环斜滑块外侧分型脱螺纹机构，图 9.36（b）为拼合式型芯斜滑块内侧抽芯脱螺纹机构。这两种形式的脱螺纹机构结构简单、可靠，但在塑件螺纹上存在着分型线。

3．模内旋转的脱模方式

使用旋转方式脱螺纹，塑件与螺纹型芯或型环之间除了要有相对转动，还必须有轴向的移动。如果螺纹型芯或型环在转动时，塑件也随着一起转动，则塑件就无法从螺纹型芯或型环上脱出。为此，在塑件设计时应特别注意塑件必须带有止转的结构，如装药片用的塑料瓶的盖子，其外侧的直纹就是为了止转。图 9.37 是塑件上带有止转结构的各种形式。图 9.37（a）和（b）为内螺纹塑件上外形设止转结构的形式；图 9.37（c）为外螺纹塑件端面设止转的形式；图 9.37（d）为内螺纹塑件端面设止转的形式。

常用的模内旋转方式脱螺纹机构主要有手动脱螺纹和机动脱螺纹两种。

1）手动脱螺纹

图 9.38 为最简单的手动模内脱螺纹的例子，塑件成型后，在开模前先用专用工具将螺

纹旋出，然后再分模和推出塑件。设计时应注意侧向螺纹型芯两端部螺纹的螺距与旋向要相同。

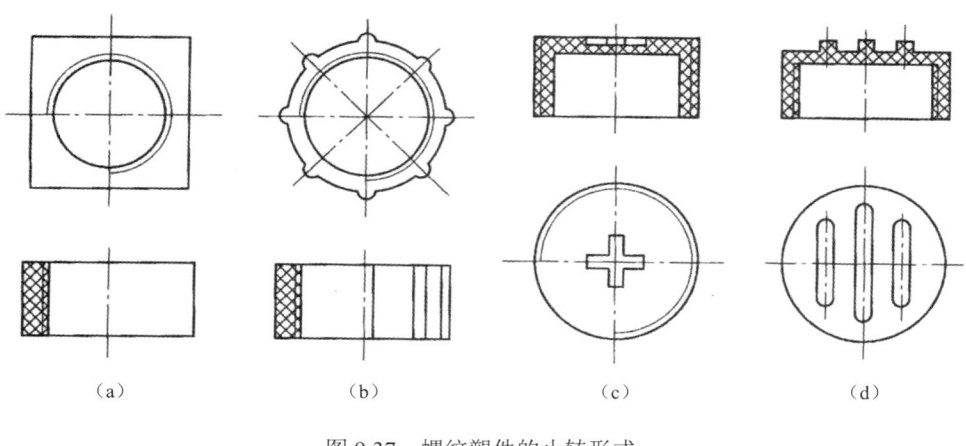

图 9.37　螺纹塑件的止转形式

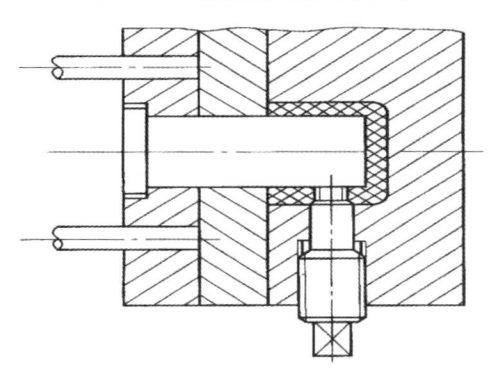

图 9.38　模内手动脱侧向螺纹

2）机动脱螺纹

图 9.39 是齿条齿轮脱螺纹机构。开模时，安装于定模板上的传动齿条 1 带动齿轮 2，通过轴 3 及齿轮 4、5、6、7 的传动，使螺纹型芯按旋出方向旋转，拉料杆 9（头部有螺纹）也随之转动，从而使塑件与浇注系统凝料同时脱出，塑件依靠浇口止转。设计时应注意螺纹型芯及拉料杆上螺纹的旋向应相反，而螺距应相同。

图 9.40 为角式注射机多螺纹脱模机构。开模时，开合模丝杠 1 带动模具上的主动齿轮轴 2 旋转（轴前端为方轴，插入丝杠的方孔内），通过与之啮合的从动齿轮 3 脱卸螺纹型芯 4。而定模型腔部分在弹簧 6 作用下随塑件移动一段距离后再停止移动（由限位螺钉 7 定距）。此时，螺纹型芯一面旋转一面将塑件从定模型腔中拉出。

图 9.40 中采用了齿轮变速的模具，螺纹型芯转一转，塑件退出一个螺距（P），丝杆则需转 i 转（i 为从动轮与主动轮的齿数比），动模移动 $2iP$ 距离。丝杠由倒顺螺纹组成，因此丝杠转 1 转，动模相当于移动了 2 个螺距。

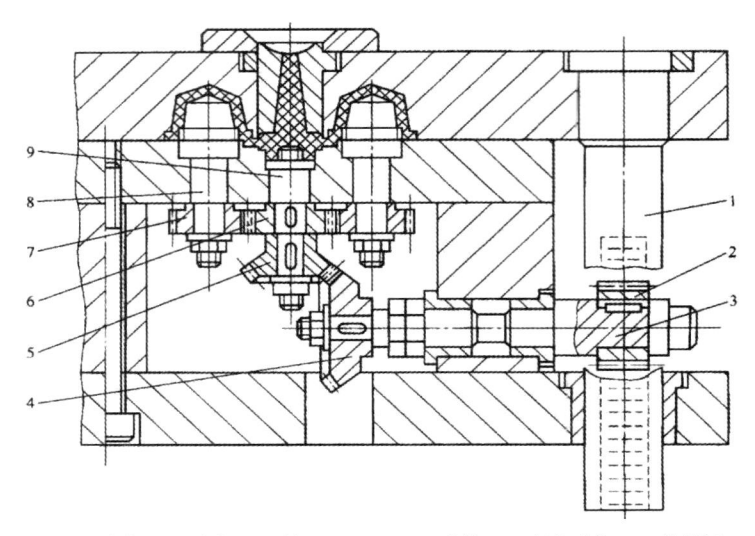

1—传动齿条；2—齿轮；3—轴；4、5、6、7—齿轮；8—螺纹型芯；9—拉料杆

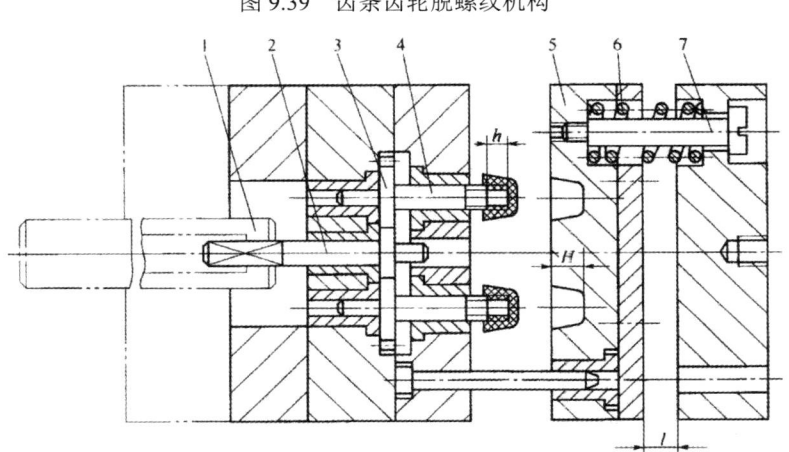

图 9.39 齿条齿轮脱螺纹机构

1—开合模丝杠；2—主动齿轮轴；3—从动齿轮；4—螺纹型芯；5—凹模；6—弹簧；7—限位螺钉

图 9.40 角式注射机多螺纹脱模机构

这种机构的设计关键在于确定定模型腔板与定模座板之间的分型距离 l，如果 l 过长，螺纹型芯已全部退出，而塑件还未拉出，则会使塑件留于定模型腔内不易取出；如果 l 过短，螺纹型芯还有几扣在塑件内，而塑件已被拉出定模型腔，就失去了止转的作用，型芯难以从塑件内退出。因此，螺纹型芯留在塑件内的扣数很重要，可用下式表示。

$$n' = \frac{H}{2iP - P_1} \tag{9.6}$$

式中，n'——定模型腔板停止移动时，螺纹型芯留在塑件内的扣数；

H——塑件在合模方向的高度，单位为 mm；

P——注射机丝杠螺距，单位为 mm；

P_1——塑件的螺距,单位为 mm;
i——从动轮与主动轮的齿数比。

l 的距离可用下式确定:
$$l=(n-n')(2iP-P_1)$$
$$=2inP-h-H \qquad (9.7)$$

式中,l——定模型腔板与定模座板分开的距离,单位为 mm;
n——塑件上螺纹的扣数;
h——塑件螺纹高度,单位为 mm。

注:由于角式机的专用模具和卧式机、立式机均不通用,因此早已被淘汰。笔者分析说明这副齿轮脱螺纹模具是想让大家明白此类脱螺纹机构的设计要点,这些要点可以运用于普通类似模具。

思考题

1. 熟练应用脱模力计算公式计算脱模力与侧向抽芯力。
2. 指出推杆固定部分及工作部分的配合精度、推管与型芯及推管与动模板的配合精度、推件板与型芯的配合精度。
3. 绘出任意两种推管脱模的结构。
4. 绘出任意一种推件板脱模的结构。
5. 凹模脱模机构与推件板脱模机构在结构上有何不同?在设计凹模脱模机构时应注意哪些问题?
6. 熟练阐述各类二次推出机构的工作原理。
7. 分别阐述单型腔和多型腔点浇口凝料自动推出的工作原理。
8. 渐伏式浇口有哪三种基本应用形式?阐述它们自动脱模的工作原理,并指出它们的设计要点。
9. 设计角式注射机用模具自动脱螺纹时要注意哪些问题?

扩展阅读:模具钳工大国工匠——金属上雕刻的李凯军

作为"2018 工匠中国年度十大人物",中国第一汽车集团(简称"一汽")有限公司产品技术部模具制造车间装配钳工班班长李凯军(见图 9.41)的工作目标是追求极致,"在我的脑海里没有最好,只有更好"。内行人都知道,制件属立体加工,空间基准难找,定位测量困难,机械和数控设备都无法加工出来。一次李凯军赴无锡做技能表演,他用令人叫绝的"指压寸动法",手工把一个圆球锉削成一个正十二面体,尺寸精度达到正负 0.01 毫米,0.01 毫米是什么概念?就是一根头发的六分之一。

2006 年的一天,一位加拿大客商找到一汽,要定制一套 22 吨的汽车油底壳模具,并说这是他们在中国寻找的最后一家模具制造厂,如果达不到要求,就放弃在中国生产。李凯军领着徒弟们起早贪黑干了四个月,仅抛光这一个工序,就用了 30 天。交货的前一天下午,检测发现,两个模具合拢不平行,误差达到 0.16 毫米。李凯军说:"因为我们的模具只要超过了 0.08(毫米误差),那么这个模具就要往外吡铝。每一股跑出来的铝液都相当于一颗子弹，所以说它这个的危险性很大，如果出现这种情况，意味着你整个装配就是失败的。"李凯军说："我说这模具必须拆。"一边拆一边排查，李凯军最后找出一个模块有肉眼无法看到的凸起面，他一点一点打平、抛光，终于在规定的时间内完成了任务。由于李凯军做的模具平面度误差在 0.02 毫米范围以内，加拿大客商当即追加了八百万元订单。

入厂 28 年，李凯军制造的模具几乎"套套有改进、件件有创新"，其中多项填补了国内模具制造技术的空白。一汽试制 75 千克/米变速箱上盖模具时，工艺要求平面误差必须控制在 0.1 毫米以内，制件孔位的误差不得超过 0.05 毫米……为达到上述标准，李凯军仅在这套模具上完成的自主改进和技术革新就至少有 8 项。

图 9.41　李凯军：金属上打磨自己的"别样人生"

第 10 章 侧向分型与抽芯机构

当在注射成型的塑件上与开合模方向不同的内侧或外侧具有孔、凹穴或凸台时（如图 10.1 所示），塑件就不能直接由推杆等推出机构推出脱模。此时，模具上成型该处的零件必须制成可侧向移动的活动型芯，以便在塑件脱模推出之前先将侧向成型零件抽出，然后再把塑件从模内推出，否则就无法脱模。带动侧向成型零件进行侧向分型抽芯和复位的整个机构称为侧向分型与抽芯机构。

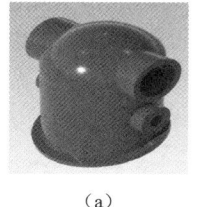

（a）　　　　　　　　　（b）　　　　　　　　　（c）

图 10.1　带有侧孔的塑件

侧向分型与抽芯机构　　　斜导柱侧抽芯机构（上、下）　　　斜导杆

模具设计实例

10.1　侧向抽芯机构的分类及组成

10.1.1　侧向分型与抽芯机构的分类

根据侧向抽芯动力来源的不同，注射模的侧向分型与抽芯机构可分为机动侧向分型与抽

芯机构、液压侧向分型与抽芯机构和手动侧向分型与抽芯机构三大类。

1. 机动侧向分型与抽芯机构

开模时，以注射机的开模力作为动力，通过有关传动零件（如斜导柱、弯销等）将力作用于侧向成型零件使其侧向分型或将其侧向抽芯，合模时又靠它使侧向成型零件复位的机构，称为机动侧向分型与抽芯机构。

机动侧向分型与抽芯机构按照结构形式不同又可分为斜导柱侧向分型与抽芯机构（如图10.2所示）、弯销侧向分型与抽芯机构、斜滑块侧向分型与抽芯机构和齿轮齿条侧向分型与抽芯机构等。

机动侧向分型与抽芯机构虽然使模具结构复杂，但其抽芯力大，生产效率高，容易实现自动化操作，且不需另外添置设备，因此在生产中得到了广泛应用。

2. 液压侧向分型与抽芯机构

液压侧向分型与抽芯机构（如图10.3所示）是指以压力油作为分型与抽芯动力，在模具上配制专门的抽芯液压缸（也称抽芯器），通过活塞的往复运动来完成侧向抽芯与复位的机构。这种抽芯方式传动平稳，抽芯力较大，抽芯距也较长，抽芯的时间顺序可以自由地根据需要设置。其缺点是增加了操作工序，而且需要配置专门的液压抽芯器及控制系统。现代注射机随机均带有抽芯的液压管路和控制系统，所以采用液压作为侧向分型与抽芯也十分方便。

图10.2 斜导柱侧向分型与抽芯机构　　　　图10.3 液压侧向分型与抽芯机构

3. 手动侧向分型与抽芯机构

手动侧向分型与抽芯机构是指利用人工在开模前（模内）或脱模后（模外）使用专门制造的手工工具抽出侧向活动型芯的机构。图10.4（a）为旋转体侧型芯手动模内抽芯机构，它把侧型芯和丝杆做成一体，通过手工转动丝杆，使侧型芯抽出。图10.4（b）为非旋转体侧型芯手动模内抽芯机构，侧型芯和丝杆单独制造，手工旋转丝杆，驱动侧型芯完成抽芯动作。

这类机构操作不方便、工人劳动强度大、生产效率低，而且受人力限制难以获得较大的抽芯力。但其模具结构简单、成本低，常用于产品的试制、小批量生产或无法采用其他侧向抽芯机构的场合。由于丝杠螺母传动副能获得比较大的抽芯力，因此这种侧抽芯方式在手动侧抽芯中应用较多。

(a)　　　　(b)

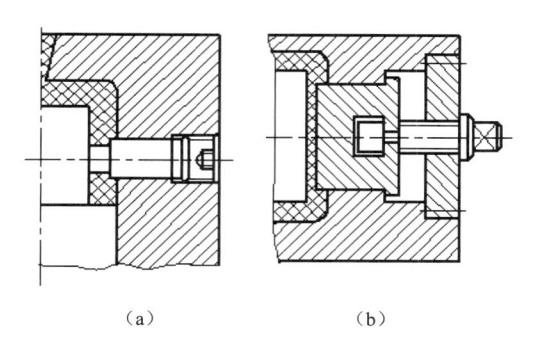

图 10.4　手动模内抽芯机构

10.1.2　侧向分型与抽芯机构的组成

图 10.5 为斜导柱机动侧向分型与抽芯机构的组成，下面以此为例，说明侧向抽芯机构的组成与作用。

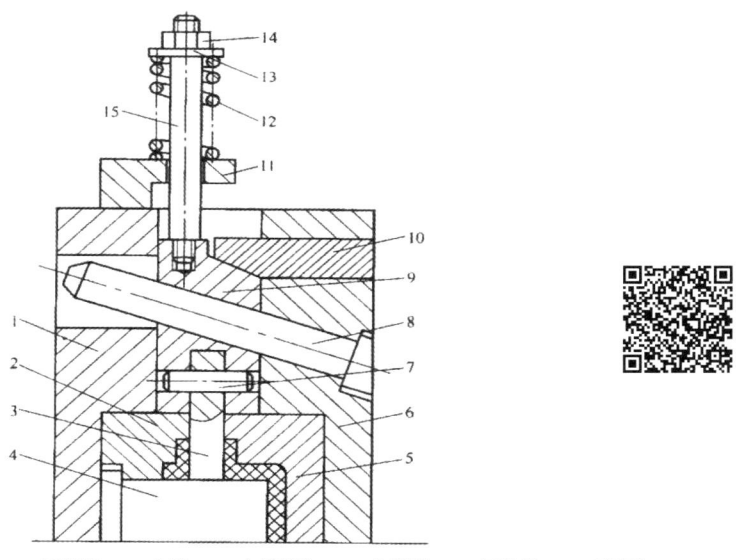

1—动模板；2—动模镶块；3—侧型芯；4—凸模；5—定模镶块；6—定模板；7—圆柱销；8—斜导柱；
9—侧滑块；10—楔紧块；11—挡块；21—弹簧；13—垫圈；14—螺母；15—拉杆

图 10.5　斜导柱机动侧向分型与抽芯机构的组成

（1）侧向成型元件。侧向成型元件是成型塑件侧向凹凸（包括侧孔）形状的零件，包括侧向型芯和侧向成型块等零件，如图 10.5 中的侧型芯 3。

（2）运动元件。运动元件是指安装并带动侧向成型块或侧向型芯并在模具导滑槽内运动的零件，如图 10.5 中的侧滑块 9。

（3）传动元件。传动元件是指开模时带动运动元件作为侧向分型或抽芯，合模时又使之复位的零件，如图 10.5 中的斜导柱 8。

（4）锁紧元件。为了防止注射时运动元件受到侧向压力而产生位移所设置的零件称为锁

217

紧元件，如图 10.5 中的楔紧块 10。

（5）限位元件。为了使运动元件在侧向分型或侧向抽芯结束后停留在所要求的位置上，以保证合模时传动元件能顺利使其复位，必须设置运动元件在侧向分型或侧向抽芯结束时的限位元件，如图 10.5 中的挡块 11。

10.2 抽芯力与抽芯距的确定

塑件在模具内冷凝收缩时，将对侧型芯收缩包紧，此时要抽出侧型芯，抽芯机构所产生的抽芯力则必须大于抽芯阻力。这里抽芯阻力除了包紧力，还包括侧抽芯机构的摩擦阻力，同时对于不带通孔的壳体塑件，还需克服表面大气压造成的阻力。开始抽拔时所需的抽拔力称为起始抽芯力，以后继续抽拔，直至把侧向型芯抽至（或侧向型腔分离至）不妨碍塑件脱出的位置所需的抽拔力称为相继抽芯力。两者相比，起始抽芯力比相继抽芯力大，故在设计计算时，只需计算起始抽芯力。

抽芯距是指侧型芯从成型位置抽至不妨碍塑件脱模位置时该型芯或固定该型芯的滑块在抽芯方向所移动的距离，抽芯距的长短直接关系到驱动侧抽芯的传动元件的设计。

10.2.1 抽芯力的确定

由于塑件包紧在侧向型芯或黏附在侧向型腔上，因此在各种类型的侧向分型与抽芯机构中，侧向分型与抽芯时必然会遇到抽拔的阻力，侧向分型与抽芯的力简称为抽芯力，它一定要大于抽拔阻力。侧向抽芯力与脱模力计算方法相同，可按式(9.4)计算，即 $F_t=Ap(\mu\cos\alpha-\sin\alpha)$。

影响抽芯力大小的因素很多，也很复杂，但与塑件脱模时影响其推出力的大小相似，归纳起来有以下几个方面。

（1）成型塑件侧向凹凸形状的表面积越大，即被塑料熔体包络的侧型芯侧向表面积越大，包络表面的几何形状越复杂，所需的抽芯力越大。

（2）包络侧型芯部分的塑件壁厚越大，对侧型芯包紧力越大，所需的抽芯力也越大。

（3）同一侧抽芯机构上抽出的侧型芯数量增多，则塑料制件除了对每个侧型芯产生包紧力，型芯与型芯之间由于金属的冷却收缩产生的应力也会使抽芯阻力增大。

（4）侧型芯成型部分的脱模斜度越大，则表面粗糙度越低，且加工纹路与抽芯方向一致，则可以减小抽芯力。

（5）注射成型工艺对抽芯力也有影响。例如，注射结束后的保压时间越长，塑件的致密性增加，但线收缩大，需增大抽芯力；塑件保压结束后在模内停留时间越长，则侧型芯的包紧力越大，抽芯力越大；注射时模温高，塑件收缩小，包紧力也小，抽芯力减小。

（6）塑料品种不同，线收缩率也不同，也会直接影响抽芯力的大小。

10.2.2 确定抽芯距

在设计侧向分型与抽芯机构时，除了计算侧向抽拔力，还必须考虑侧向抽芯距（亦称抽拔距）的问题。如图 10.6 所示，侧向抽芯距一般比塑件上侧凹、侧孔的深度或侧向凸台的高度大 2～3mm，用公式表示为：

$$S = S' + (2\sim3)\text{mm} \tag{10.1}$$

式中，S——抽芯距，单位为 mm；

S'——塑件上侧凹、侧孔的深度或侧向凸台的高度，单位为 mm。

当塑件的结构比较特殊时，如塑件外形为圆形并用对开式滑块侧抽芯时（如图 10.7 所示），则其抽芯距为：

$$S = \sqrt{R^2 - r^2} + (2\sim3)\text{mm} \tag{10.2}$$

式中，R——外形最大圆的半径，单位为 mm；

r——阻碍塑件脱模的外形最小圆半径，单位为 mm。

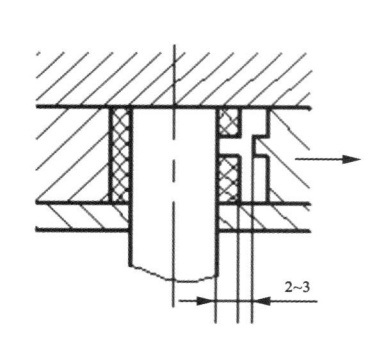

图 10.6 带侧孔塑件侧向抽芯距

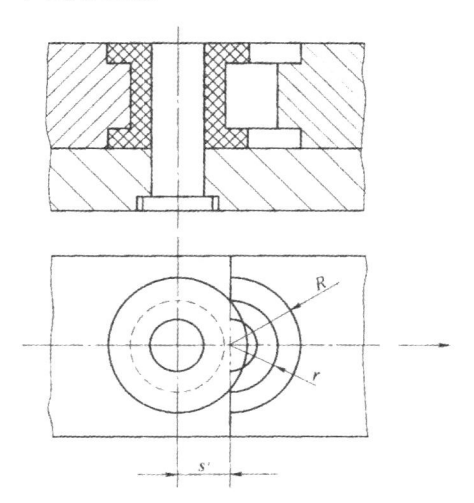

图 10.7 对开式滑块的抽芯距

10.3 斜导柱侧向分型与抽芯机构

10.3.1 斜导柱侧向分型与抽芯机构的组成与工作原理

在所有的侧抽芯机构中，斜导柱侧向分型与抽芯机构应用最为广泛，其基本结构组成如图 10.8 所示。它由侧型芯 8 和侧向成型块 12（成型元件），在推件板 1 上的导滑槽内做侧向分型与抽芯运动和复位运动的侧滑块 5（运动元件），固定在定模板 10 内与合模方向成一定角度的斜导柱 7、11（传动元件），注射时防止侧型芯和侧滑块产生位移的楔紧块 6、13（锁紧元件）和使侧滑块在抽芯结束后准确定位的挡块 2、14，拉杆 4、弹簧 3 及垫圈螺母等零件组成的限位机构（限位元件）等组成。

图 10.8（a）为注射结束的合模状态，侧滑块 5 和侧向成型块 12 分别由楔紧块 6、13 锁紧；开模时，动模部分向后移动，塑件包在凸模上随着动模一起移动，在斜导柱 7 的作用下，侧滑块 5 带动侧型芯 8 在推件板 1 上的导滑槽内向上侧作侧向抽芯。在斜导柱 11 的作用下，

侧向成型块 12 在推件板 1 上的导滑槽内向下侧做侧向分型。侧向分型与抽芯结束，斜导柱脱离侧滑块 5，侧滑块 5 在弹簧 3 的作用下拉紧在挡块 2 上，侧向成型块 12 由于自身的重力紧靠在挡块 14 上，以便再次合模时斜导柱能准确地插入侧滑块的斜导孔中，迫使其复位为图 10.8（b）中的状态

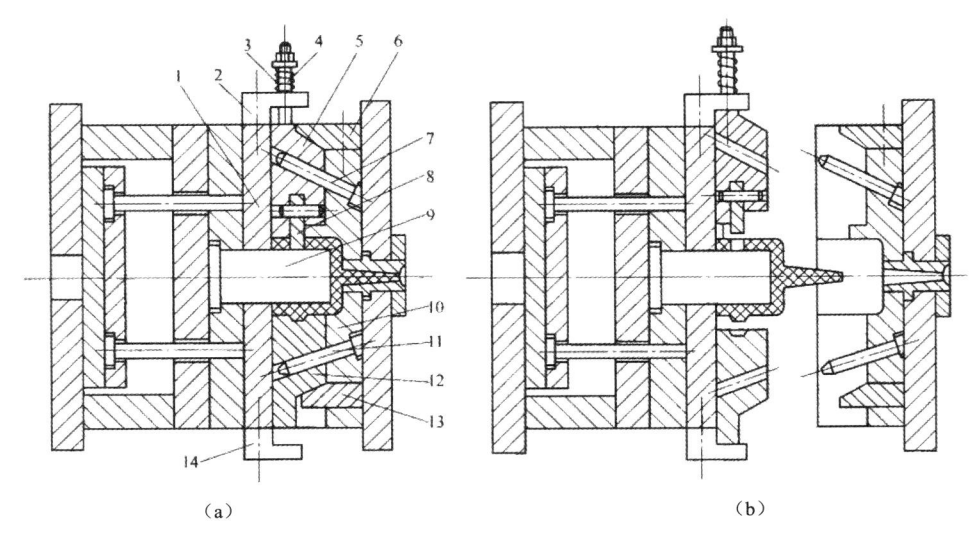

1—推件板；2、14—挡块；3—弹簧；4—拉杆；5—侧滑块；6、13—楔紧块；
7、11—斜导柱；8—侧型芯；9—凸模；10—定模板；12—侧向成型块

图 10.8 斜导柱侧向分型与抽芯机构

图 10.9 为一斜导柱侧向分型与抽芯机构的三维图。

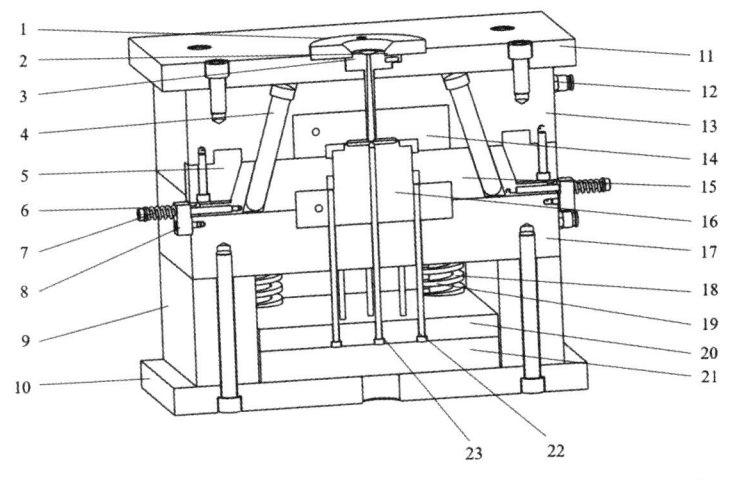

1—定位圈；2—止转销；3—浇口套；4—斜导柱；5—楔紧块；6—限位螺钉；7—限位弹簧；8—挡块；
9—垫块；10—动模座板；11—定模座板；12—水嘴；13—定模板；14—型腔；15—侧滑块；16—型芯；
17—动模板；18—复位弹簧；19—复位杆；20—推杆固定板；21—推板；22—推杆；23—拉料杆

图 10.9 斜导柱侧向分型与抽芯机构三维图

10.3.2 斜导柱的设计

1. 斜导柱的基本形式

斜导柱的基本形式如图 10.10 所示。L_1 为固定于模板内的部分，与模板内的安装孔采取 H7/m6 的过渡配合；L_2 为完成抽芯所需工作部分长度，α 为斜导柱的倾斜角。L_3 为斜导柱端部具有斜角 θ 部分的长度，斜导柱的端部可以做成锥台形或半球形。为了合模时斜导柱能顺利插入侧滑块斜导孔内，θ 角度常取比 α 大 2°～3°（如果 $\theta<\alpha$，则 L_3 部分会参与侧抽芯，使抽芯尺寸难以确定）的角度。侧滑块与斜导柱工作部分常采用 H11/b11 配合或留有 0.5～1mm 左右的间隙。

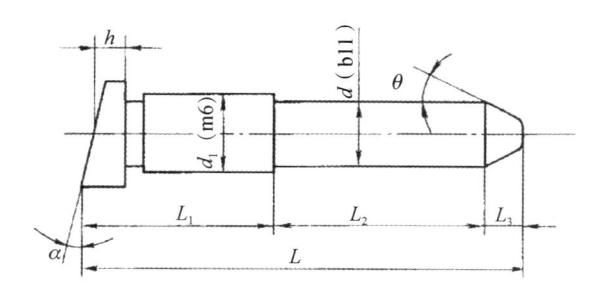

图 10.10 斜导柱的基本形式

斜导柱实物如图 10.11 所示。图 10.11（a）为常规斜导柱，图 10.11（b）中的斜导柱是为了减少与滑块的摩擦，将其圆柱面铣扁后的样式。

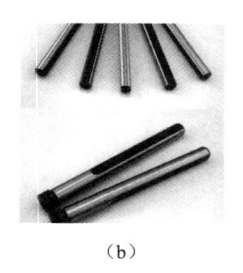

（a）　　　　　　　　　　（b）

图 10.11 斜导柱实物图

在斜导柱侧向分型与抽芯机构中，斜导柱与开合模方向的夹角称为斜导柱的倾斜角 α，它是决定斜导柱抽芯机构工作效果的重要参数，α 的大小对斜导柱的有效工作长度、抽芯距、受力状况等起着直接的重要影响。

斜导柱的倾斜角可分三种情况，如图 10.12 所示。图 10.12（a）为侧型芯滑块抽芯方向与开合模方向垂直的状况，也是最常采用的一种方式，通过受力分析与理论计算可知，斜导柱的倾斜角 α 取 22°33′比较理想，一般在设计时取 $\alpha \leqslant 25°$，最常用的是 $12° \leqslant \alpha \leqslant 22°$。

图 10.12（b）为侧型芯滑块抽芯方向向动模一侧倾斜 β 角度的状况，影响抽芯效果的斜导柱的有效倾斜角为 $\alpha_1 = \alpha+\beta$，斜导柱的倾斜角 α 取值应按 $\alpha+\beta \leqslant 25°$ 的标准选取，比不倾斜时要取得小些。

图 10.12（c）为侧型芯滑块抽芯方向向定模一侧倾斜 β 角度的状况，影响抽芯效果的斜导柱的有效倾斜角为 $\alpha_2=\alpha-\beta$，斜导柱的倾斜角 α 值应按 $\alpha-\beta\leqslant 25°$ 的标准选取，比不倾斜时可取得大些。

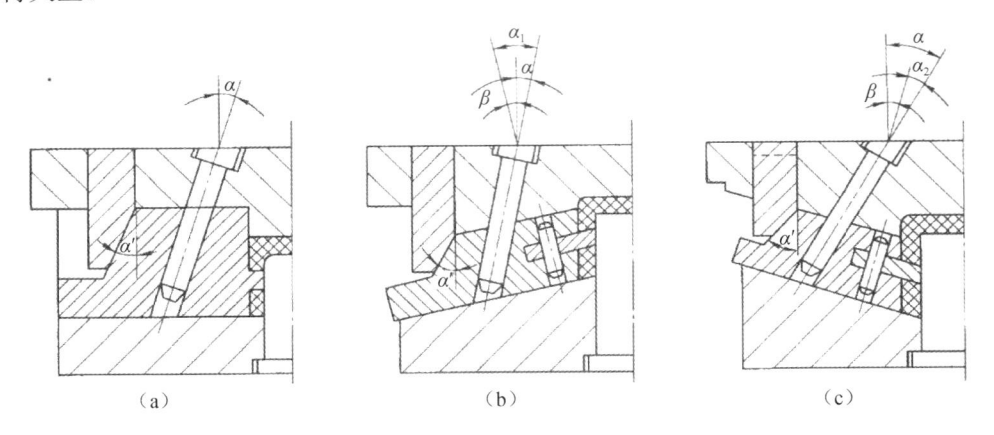

图 10.12　侧型芯滑块抽芯方向与开模方向的关系

斜导柱倾斜角 α 的选择不仅与抽芯距和斜导柱的长度有关，而且决定着斜导柱的受力情况。根据研究可知，当抽芯阻力一定的情况下，倾斜角 α 增大，斜导柱受到的弯曲力增大，但为完成抽芯所需的开模行程减小，斜导柱有效工作长度也减小。

综上所述，在确定斜导柱倾斜角时，抽芯距长则倾斜角 α（或 α_1、α_2）可取大些，抽芯距短则倾斜角 α 可适当取小些；抽芯力大则倾斜角 α 可取小些，抽芯力小则倾斜角 α 可取大些。

从斜导柱的受力情况考虑，希望倾斜角 α 值取小一些；从减小斜导柱长度考虑，又希望倾斜角 α 值取大一些。因此，斜导柱倾斜角 α 值的确定应综合考虑。

3．斜导柱长度计算

斜导柱长度的计算见图 10.13。在侧型芯滑块抽芯方向与开模方向垂直时，可以推导出斜导柱的工作长度 L 与抽芯距 s 及倾斜角 α 有关，即：

$$L = \frac{s}{\sin\alpha} \tag{10.3}$$

当型芯滑块抽芯方向向动模一侧或定模一侧倾斜 β 角度时，斜导柱的工作长度为：

$$L = s\frac{\cos\beta}{\sin\alpha} \tag{10.4}$$

斜导柱的总长为：

$$L_z = L_1 + L_2 + L_3 + L_4 + L_5$$
$$= \frac{d_2}{2}\tan\alpha + \frac{h}{\cos\alpha} + \frac{d}{2}\tan\alpha + \frac{s}{\sin\alpha} + (5\sim 10)\text{mm} \tag{10.5}$$

式中，L_1——斜导柱大端斜面中心至最高点在轴线上的投影长度，单位为 mm；
　　　L_2——斜导柱大端斜面中心至侧滑块端面交点在轴线上的投影长度，单位为 mm；
　　　L_3——侧滑块孔半径在斜导柱轴线上的投影长度，单位为 mm；

L_4——斜导柱工作长度,单位为 mm;
L_5——斜导柱端部长度,单位为 mm;
L_z——斜导柱总长度,单位为 mm;
d_2——斜导柱固定部分大端直径,单位为 mm;
h——斜导柱固定板厚度,单位为 mm;
d——斜导柱工作部分的直径,单位为 mm;
s——侧向抽芯距,单位为 mm。

斜导柱安装固定部分的尺寸为:

$$L_g = L_2 - l - (0.5 \sim 1) \text{mm}$$
$$= \frac{h}{\cos\alpha} - \frac{d_1}{2}\tan\alpha - (0.5 \sim 1)\text{mm} \quad (10.6)$$

式中,L_g——斜导柱安装固定部分的尺寸,单位为 mm;
d_1——斜导柱固定部分的直径,单位为 mm。

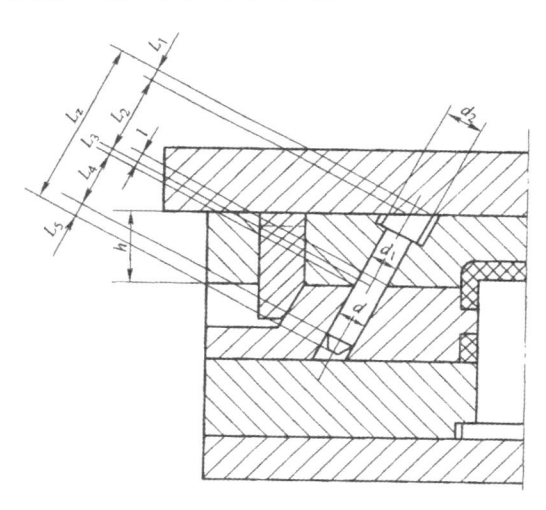

图 10.13 斜导柱的长度

4. 斜导柱直径的计算

1) 斜导柱受力分析

在斜导柱侧向分型与抽芯机构的设计中,需要选择合适的斜导柱直径,这就要对斜导柱的直径进行计算或对已选好的直径进行校核。在斜导柱直径计算之前,应该对斜导柱的受力情况进行分析,计算出斜导柱所受的弯曲力 F_w。

斜导柱抽芯时所受弯曲力 F_w 如图 10.14(a)所示。10.14(b)为侧型芯滑块的受力分析图,图中 F 是抽芯时斜导柱通过滑块上的斜导孔对滑块施加的正压力,F_w 是它的反作用力,抽拔阻力(即脱模力)F_t 是抽芯力 F_c 的反作用力,F_k 是开模力,它通过导滑槽施加于滑块,F_1 是斜导柱与滑块间的摩擦力,它的方向与抽芯时滑块沿斜导柱运动的方向相反,F_2 是滑块与导槽间的摩擦力,它的方向与抽芯时滑块沿导滑槽移动方向相反。另外,假设斜导柱与滑块、导滑槽与滑块间的摩擦系数均为 μ。我们可以建立如下力的平衡方程。

$$\sum F_x = 0, \text{则 } F_t + F_1\sin\alpha + F_2 - F\cos\alpha = 0 \tag{10.7}$$

$$\sum F_y = 0, \text{则 } F\sin\alpha + F_1\cos\alpha - F_k = 0 \tag{10.8}$$

式中，$F_1 = \mu F$；$F_2 = \mu F_k$。

由式（10.3）、式（10.4）解得

$$F = \frac{F_t}{\sin\alpha + cos\alpha} \times \frac{\tan\alpha + \mu}{1 - 2\mu\tan\alpha - \mu^2} \tag{10.9}$$

由于摩擦力与其他力相比一般很小，常可略去不计（即 $\mu=0$），这样上式可变为：

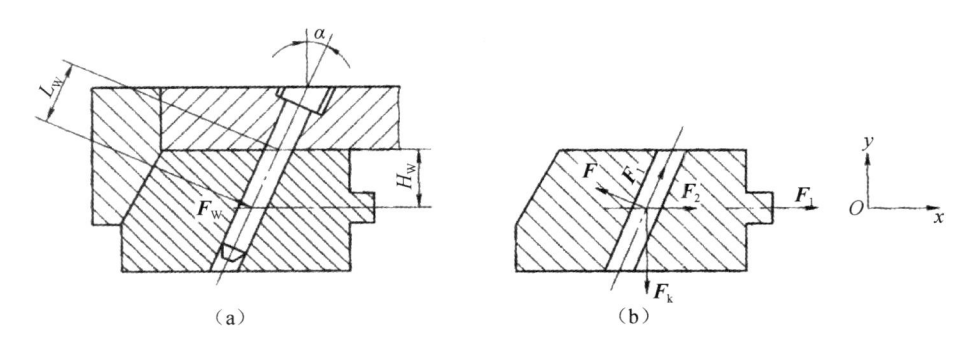

$$F = F_w = \frac{F_t}{\cos\alpha} = \frac{F_c}{\cos\alpha} \tag{10.10}$$

图 10.14 斜导柱的受力分析

2）斜导柱直径计算

由图 10.14（a）知，斜导柱所受的弯矩为：

$$M_w = F_w L_w \tag{10.11}$$

式中，M_w——斜导柱所受弯矩，单位为 N·m；

F_w——斜导柱所受弯曲力，单位为 N；

L_w——斜导柱弯曲力臂，单位为 mm。

由材料力学的知识可知：

$$M_w = [\sigma_w]W \tag{10.12}$$

式中，$[\sigma_w]$——斜导柱所用材料的许用弯曲应力（可查有关手册），单位为 MPa；

W——抗弯截面系数。

斜导柱的截面一般为圆形，其抗弯截面系数为：

$$W = \frac{\pi}{32}d^3 \approx 0.1d^3 \tag{10.13}$$

由式（10.6）至式（10.9）可推导出斜导柱的直径为：

$$d = \sqrt[3]{\frac{F_w L_w}{0.1[\sigma_w]}} = \sqrt[3]{\frac{10 F_t L_w}{[\sigma_w]\cos\alpha}} = \sqrt[3]{\frac{10 F_c H_w}{[\sigma_w]\cos^2\alpha}} \tag{10.14}$$

式中，H_w——侧型芯滑块受到脱模力的作用线与斜导柱中心线交点到斜导柱固定板的距离，单位为 mm，它的大小视模具设计而定，并不等于滑块高度的一半。

由于计算比较复杂，有时为了方便，也可用查表的方法确定斜导柱的直径。先按已求得的抽芯力 F_c 和选定的斜导柱倾斜角 α 在表 10.1 中查出最大弯曲力 F_w，然后根据 F_w 和 H_w

及斜导柱倾斜角 α 的数值在表 10.2 中查出斜导柱的直径 d。

表 10.1 最大弯曲力 F_w 与抽芯力 F_c 和斜导柱倾斜角 α 的关系

最大弯曲力 F_w/kN	斜导柱倾角 $\alpha/°$					
	8	10	12	15	18	20
	脱模力（抽芯力）F_c/kN					
1.00	0.99	0.98	0.97	0.96	0.95	0.94
2.00	1.98	1.97	1.95	1.93	1.90	1.88
3.00	2.97	2.95	2.93	2.89	2.85	2.82
4.00	3.96	3.94	3.91	3.86	3.80	3.76
5.00	4.95	4.92	4.89	4.82	4.75	4.70
6.00	5.94	5.91	5.86	5.79	5.70	5.64
7.00	6.93	6.89	6.84	6.75	6.65	6.58
8.00	7.92	7.88	7.82	7.72	7.60	7.52
9.00	8.91	8.86	8.80	8.68	8.55	8.46
10.00	9.90	9.85	9.78	9.65	9.50	9.40
11.00	10.89	10.83	10.75	10.61	10.45	10.34
12.00	11.88	11.82	11.73	11.58	11.40	11.28
13.00	12.87	12.80	12.71	12.54	12.35	12.22
14.00	13.86	13.79	13.69	13.51	13.30	13.16
15.00	14.85	14.77	14.67	14.47	14.25	14.10
16.00	15.84	15.76	15.64	15.44	15.20	15.04
17.00	16.83	16.74	16.62	16.40	16.15	15.93
18.00	17.82	17.73	17.60	17.37	17.10	16.90
19.00	18.81	18.71	18.58	18.33	18.05	17.80
20.00	19.80	19.70	19.56	19.30	19.00	18.80
21.00	20.79	20.68	20.53	20.26	19.95	19.74
22.00	21.78	21.67	21.51	21.23	20.90	20.68
23.00	22.77	22.65	22.49	22.19	21.85	21.62
24.00	23.76	23.64	23.47	23.16	22.80	22.56
25.00	24.75	24.62	24.45	24.12	23.75	23.50
26.00	25.74	25.61	25.42	25.09	24.70	24.44
27.00	26.73	26.59	26.40	26.05	25.65	25.38
28.00	27.72	27.58	27.38	27.02	26.60	26.32
29.00	28.71	28.56	28.36	27.98	27.55	27.26
30.00	29.70	29.65	29.34	28.95	28.50	28.20
31.00	30.69	30.53	30.31	29.91	29.45	29.14
32.00	31.68	31.52	31.29	30.88	30.40	30.08
33.00	32.67	32.50	32.27	31.84	31.35	31.02
34.00	33.66	33.49	33.25	32.81	32.30	31.96
35.00	34.65	34.47	34.23	33.77	33.25	32.00
36.00	35.64	35.46	35.20	34.74	34.20	33.81
37.00	36.63	36.44	36.18	35.70	35.15	34.78
38.00	37.62	37.43	37.16	36.67	36.10	35.72
39.00	38.61	38.41	38.14	37.63	37.05	36.66
40.00	39.60	39.40	39.12	38.60	38.00	37.60

表10.2 斜导柱倾斜角 α、高度 H_w、最大弯曲力 F_w、斜导柱直径 d 之间关系

斜导柱倾斜角 α/°	高度 H_w/mm	最大弯曲力 F_w/kN																												
		1	2	3	4	5	6	7	8	9	10	11	12	13	14	15	16	17	18	19	20	21	22	23	24	25	26	27	28	29	30
		斜导柱直径 d/mm																												
8	10	8	10	10	12	12	14	14	14	15	15	16	16	18	18	18	18	18	20	20	20	20	20	20	20	22	22	22	22	22	22
8	15	8	10	12	14	14	15	16	16	18	18	18	20	20	20	20	20	22	22	22	22	24	24	24	24	24	24	24	25	25	25
8	20	10	12	14	14	15	16	18	18	20	20	20	22	22	22	22	24	24	24	26	25	25	25	25	26	26	26	28	28	28	28
8	25	10	12	14	15	16	18	18	20	20	22	22	22	24	24	24	25	25	25	26	26	26	28	28	28	28	28	30	30	30	30
8	30	10	14	15	16	18	18	20	20	22	22	24	24	25	25	25	25	26	28	28	28	28	28	30	30	30	30	32	32	32	32
8	35	12	14	16	18	18	20	20	22	22	24	24	25	25	26	28	28	28	28	28	30	30	30	30	32	32	32	34	34	34	34
8	40	12	14	16	18	20	20	22	22	24	24	25	26	26	28	28	28	30	30	30	30	32	32	32	32	34	34	34	34	34	35
10	10	8	10	12	12	12	14	14	14	15	15	16	18	18	18	18	18	18	20	20	20	20	20	20	22	22	22	22	22	22	22
10	15	8	10	12	14	14	15	16	16	18	18	18	20	20	20	20	22	22	22	22	24	24	24	24	24	24	24	24	25	25	25
10	20	10	12	14	14	15	16	18	18	20	20	20	22	22	22	24	24	24	24	25	25	25	25	25	26	26	28	28	28	28	28
10	25	10	12	14	15	16	18	18	20	20	22	22	22	24	25	25	25	26	26	26	28	28	28	28	28	28	30	30	30	30	30
10	30	12	14	15	16	18	18	20	20	22	22	24	25	25	26	26	28	28	28	30	30	30	30	30	30	32	32	32	32	32	32
10	35	12	14	16	18	18	20	20	22	22	24	24	25	25	26	28	28	28	28	30	30	30	30	30	32	32	32	34	34	34	34
10	40	12	14	18	18	20	22	22	24	24	24	25	26	26	28	28	28	30	30	32	32	32	32	32	32	34	34	34	34	34	36
12	10	8	10	12	12	12	14	14	14	15	16	16	16	18	18	18	18	18	20	20	20	20	20	20	22	22	22	22	22	22	22
12	15	8	12	12	14	14	15	16	16	18	18	18	20	20	20	20	22	22	22	22	22	22	24	24	24	24	24	24	24	25	25
12	20	10	12	14	14	14	16	18	18	20	20	20	22	22	24	25	25	25	25	26	26	25	26	25	26	26	28	28	28	28	28
12	25	10	12	15	15	15	18	20	20	22	22	22	24	24	25	25	26	26	28	28	28	28	28	28	28	28	30	30	30	30	30
12	30	12	14	15	16	18	20	20	22	22	24	24	24	25	25	25	28	28	28	28	30	30	30	30	32	32	32	32	32	32	32
12	35	12	14	16	16	18	20	20	22	22	24	24	25	25	28	28	28	28	28	30	30	32	32	32	32	32	32	34	34	34	34
12	40	12	14	16	18	20	22	22	24	24	24	25	26	26	28	28	28	30	30	30	32	32	32	32	32	34	34	34	34	34	35

续表

斜导柱倾斜角 $\alpha/°$	高度 H_w/mm	最大弯曲力 F_w/kN，斜导柱直径 d/mm																												
		1	2	3	4	5	6	7	8	9	10	11	12	13	14	15	16	17	18	19	20	21	22	23	24	25	26	27	28	29	30
15	10	8	10	12	12	12	14	14	14	15	16	16	16	18	18	18	18	18	20	20	20	20	20	20	22	22	22	22	22	22	22
	15	10	12	12	14	14	15	16	16	18	18	20	20	20	20	20	22	22	22	22	22	24	24	24	24	24	24	25	25	25	25
	20	10	12	14	14	15	16	18	18	20	20	20	22	22	22	22	22	22	24	24	24	25	25	26	26	26	28	28	28	28	28
	25	12	12	14	16	18	18	20	20	20	22	22	22	24	24	24	26	26	25	26	28	28	28	28	28	30	30	30	30	30	30
	30	12	14	15	16	18	20	20	22	22	24	24	24	24	25	25	28	28	28	28	30	30	30	30	30	32	32	32	32	32	32
	35	12	14	16	18	18	20	22	22	24	24	24	24	25	26	28	28	28	28	30	30	30	32	32	32	32	32	34	34	34	34
	40	12	15	18	18	20	22	22	24	24	24	25	26	28	28	28	30	30	30	30	32	32	32	32	34	34	34	34	34	35	36
18	10	8	10	12	12	12	14	14	16	15	16	16	18	18	18	18	18	20	20	20	20	20	20	22	22	22	22	22	22	22	22
	15	10	12	12	14	14	15	16	18	18	18	18	20	20	22	22	22	22	22	22	22	24	24	24	24	24	24	25	25	25	25
	20	10	12	14	14	15	18	18	20	20	20	22	22	22	24	25	24	25	26	24	24	25	25	26	26	26	28	28	28	28	28
	25	12	12	14	16	18	18	20	20	22	22	22	24	24	24	28	26	28	28	28	28	28	28	28	28	30	30	30	30	30	30
	30	12	14	15	16	18	20	20	22	22	24	24	24	26	25	28	28	28	28	28	30	30	30	30	30	30	32	32	32	32	32
	35	12	14	16	18	18	20	22	24	24	24	24	24	26	28	28	28	28	28	30	30	32	32	32	32	32	32	34	34	34	34
	40	12	15	18	18	20	22	22	24	24	25	25	26	28	28	28	30	30	30	30	32	32	32	32	34	34	34	34	34	34	35
20	10	8	10	12	12	12	14	14	14	15	16	16	18	18	18	18	18	20	20	20	20	20	20	22	22	22	22	22	22	22	22
	15	10	12	12	14	14	15	16	18	18	18	20	20	22	22	22	22	22	22	24	24	25	25	26	26	28	28	25	25	25	25
	20	10	12	14	14	15	18	18	20	20	20	22	22	22	24	25	24	24	26	26	26	28	28	28	28	28	28	28	28	28	28
	25	12	12	14	16	18	18	20	20	22	22	22	24	26	26	26	28	28	28	28	28	30	30	30	30	30	30	30	30	30	30
	30	12	14	15	16	18	20	20	22	22	24	24	24	26	26	28	28	28	28	30	30	32	32	32	32	32	32	34	34	32	32
	35	12	14	16	18	18	20	22	22	24	24	24	26	26	28	28	28	28	30	30	32	32	32	32	34	34	34	34	34	34	34
	40	12	15	18	18	20	22	22	24	24	25	25	26	28	28	28	30	30	30	30	32	32	32	32	34	34	34	34	34	35	35

10.3.3 侧滑块的设计

侧滑块（如图 10.15 所示）是斜导柱侧向分型与抽芯机构中的一个重要零件，一般的情况下，它与侧向型芯（或侧向成型块）组合成侧滑块型芯，称为组合式。在侧型芯简单且容易加工的情况下，也有将侧滑块和侧型芯制成一体的，称为整体式，整体式侧滑块型芯如图 10.16 所示。在侧向分型与抽芯过程中，塑件的尺寸精度和侧滑块移动的可靠性都要靠其运动的精度来保证。

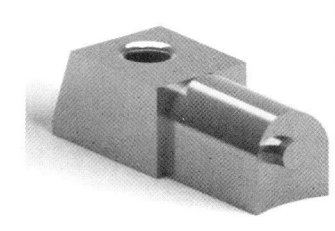

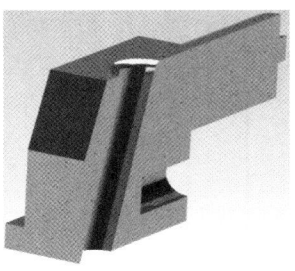

图 10.15　侧滑块实物图　　　　图 10.16　整体式侧滑块型芯

侧滑块的基本形式如图 10.17 所示，使用最广泛的是 T 形滑块。在图 10.17（a）所示形式中，T 形设计在滑块的底部，用于较薄的滑块，侧型芯的中心与 T 形导滑面较近，抽芯时滑块稳定性较好；在图 10.17（b）所示形式中，T 形导滑面设计在滑块的中间，适用于较厚的滑块，侧型芯的中心要尽量靠近 T 形导滑面，以提高抽芯时滑块的稳定性。

(a)

(b)

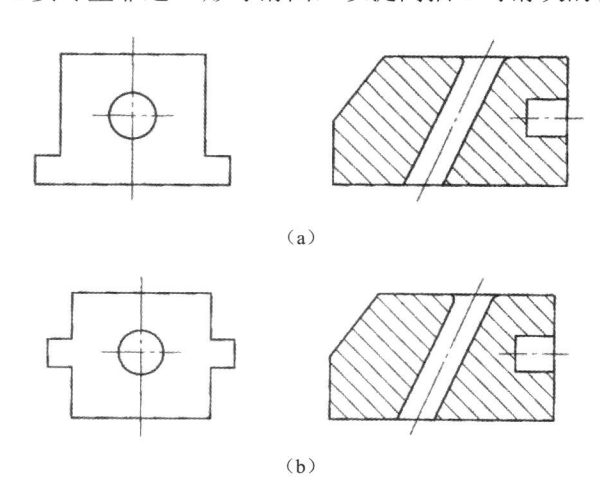

图 10.17　侧滑块的基本形式

在组合式侧滑块型芯结构中，图 10.18 是常见的几种侧型芯与侧滑块的连接形式。图 10.18（a）是把侧型芯嵌入侧滑块，然后采用销钉连接的形式；侧型芯一般比较小，为了提高其强度，可以将侧型芯嵌入侧滑块部分的尺寸加大，并用两个骑缝销钉固定，如图 10.18（b）所示；当侧型芯比较大时，可以采用图 10.18（c）所示的燕尾槽式连接或使用

图 10.18（h）所示的螺钉固定；对圆截面小侧型芯，也可以用螺钉顶紧，如图 10.18（d）所示；图 10.18（e）是采用通槽固定的形式，适用于薄片形状的侧型芯；当有多个侧型芯时，可加压板固定，如图 10.18（f）和（g）所示，把侧型芯固定在压板上，然后用螺钉或销钉把压板固定在侧滑块上。

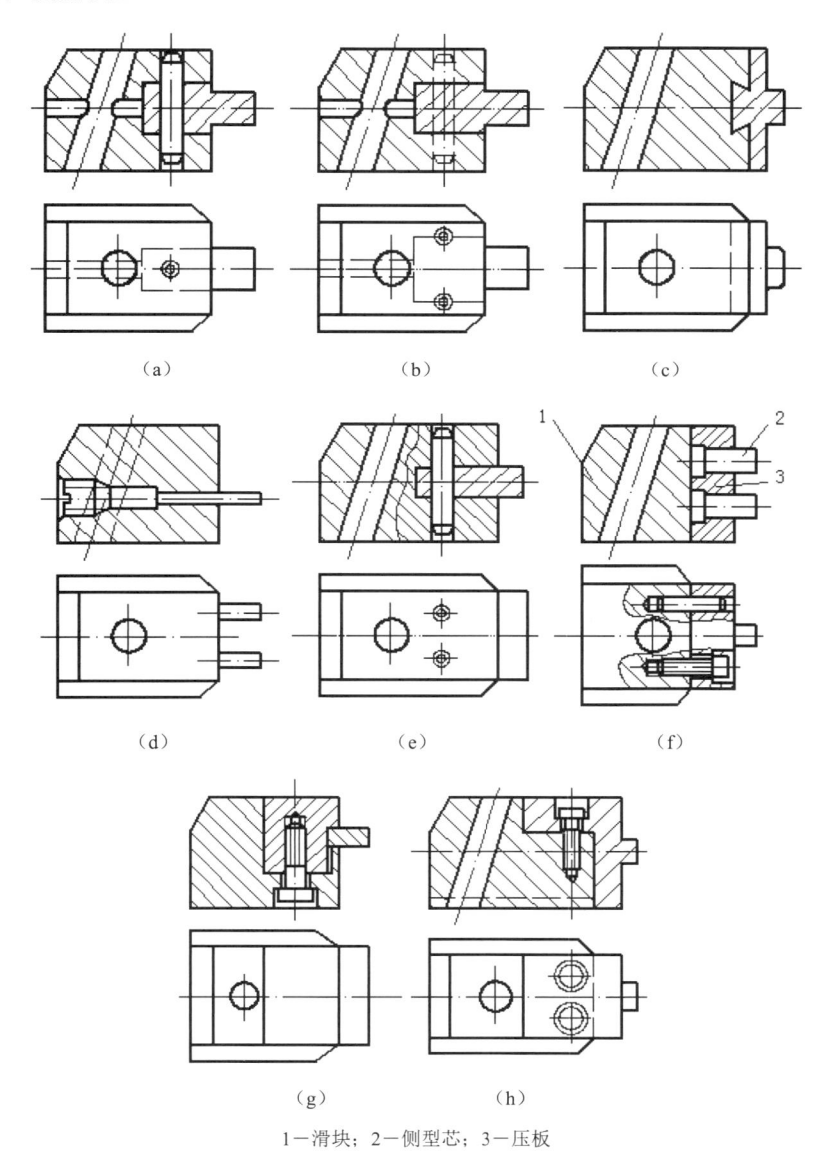

（a） （b） （c）

（d） （e） （f）

（g） （h）

1—滑块；2—侧型芯；3—压板

图 10.18 侧型芯与侧滑块的常见连接形式

侧型芯是模具的成型零件常用 T8、T10、45 钢、CrWMn、P20 等材料制造，热处理硬度 HRC 要求大于 50（对于 45 钢，则硬度 HRC 要求大于 40）。侧滑块采用 45 钢、T8、T10 等材料制造，硬度 HRC 要求大于 40。镶拼组合的粗糙度 Ra 为 0.8μm，镶入的配合精度为 H7/m6。

10.3.4 导滑槽的设计

斜导柱侧向抽芯机构工作时,侧滑块是在导滑槽内按一定的精度和沿一定的方向往复移动的零件。根据侧型芯的大小、形状和要求不同,以及各工厂的使用习惯不同,导滑槽的形式也不相同。最常用的是 T 形槽和燕尾槽。图 10.19 为导滑槽与侧滑块的导滑结构形式。图 10.19(a) 为整体式形槽,结构紧凑,用 T 形铣刀铣削加工,加工精度要求较高;图 10.19(b)、(c) 是整体的盖板式,不过前者导滑槽开在盖板上,后者导滑槽开在底板上;盖板也可以设计成局部的形式,甚至设计成侧型芯两侧的单独压块,前者如图 10.19(d) 所示,后者如图 10.19(e) 所示,这种结构解决了加工困难的问题,实物图如图 10.20 所示;在图 10.19(f) 的形式中,侧滑块的高度方向仍由 T 形槽导滑,而其宽度方向由中间所镶入的镶块导滑;图 10.19(g) 是整体燕尾槽导滑的形式,导滑精度较高,但加工更困难(为了燕尾槽加工方便,也可以将其中一侧的燕尾槽由局部的镶件组成)。

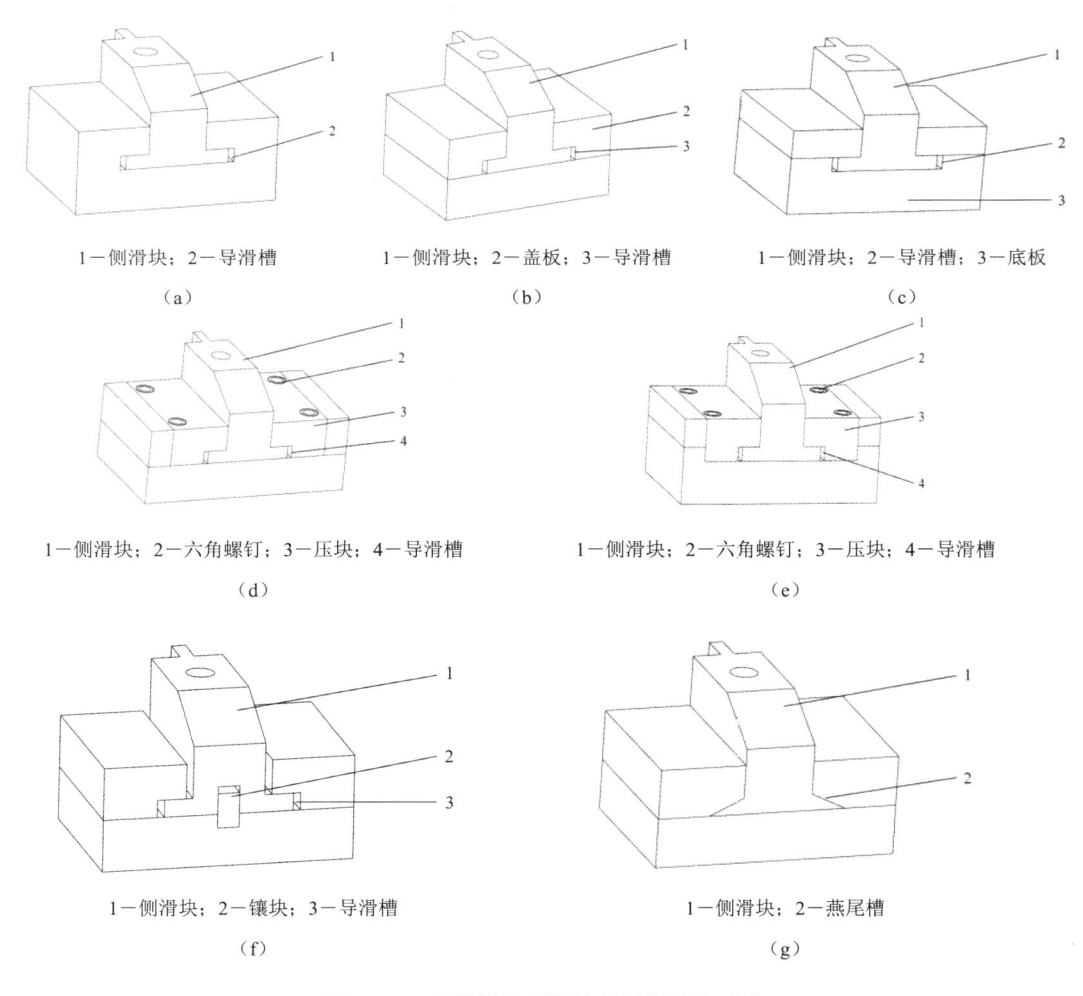

1—侧滑块;2—导滑槽
(a)

1—侧滑块;2—盖板;3—导滑槽
(b)

1—侧滑块;2—导滑槽;3—底板
(c)

1—侧滑块;2—六角螺钉;3—压块;4—导滑槽
(d)

1—侧滑块;2—六角螺钉;3—压块;4—导滑槽
(e)

1—侧滑块;2—镶块;3—导滑槽
(f)

1—侧滑块;2—燕尾槽
(g)

图 10.19 导滑槽与侧滑块的导滑结构形式

第10章 侧向分型与抽芯机构

由于注射成型时，滑块在导滑槽内要求来回移动，因此对组成导滑槽的零件的硬度和耐磨性是有一定要求的。整体式的导滑槽通常在定模板或动模板上直接加工出来，而动、定模板常用材料为45钢，为了便于加工，常常调质至28～32HRC，然后再铣削成形。盖板的材料常用T8、T10或45钢，热处理硬度HRC要求大于50（45钢HRC大于40）。

在设计导滑槽与侧滑块时，要正确选用它们之间的配合。导滑部分的配合一般采用H8/f8。如果在配合面上成型时与熔融材料接触，为了防止配合处漏料，应适当提高配合精度，可采用H8/f7或H8/g7的配合，其余各处均可留0.5mm左右的间隙。配合部分的粗糙度 Ra 要求大于0.8μm。

图10.20 单独压块的导滑槽

为了让侧滑块在导滑槽内灵活移动，不被卡死，导滑槽和侧滑块要求保持一定的配合长度。如图10.21所示，滑块的导滑长度通常是滑块宽度的1.5倍，高度须为宽度的2/3，以避免运动时发生倾斜。滑块完成抽拔动作后，需停留在导滑槽内，保留在导滑槽内的长度 L_1 不应小于导滑长度 L 的2/3，以免复位困难。当不宜加大导滑槽的长度时，可采用延长导滑槽的方法，用螺钉和销钉将延长部分固定在具有导滑槽的模板的外侧，如图10.22所示。

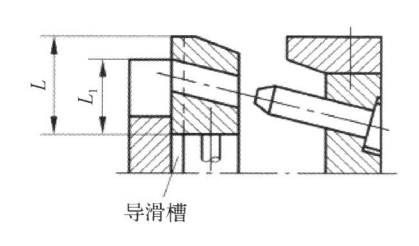

图10.21 滑块的导滑长度

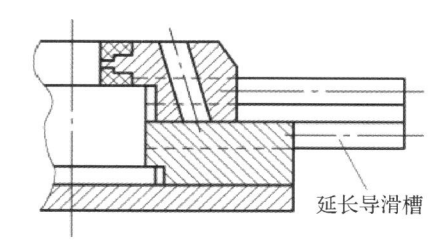

图10.22 局部延长导滑长度

倘若因塑件形状的特殊和模具结构的限制，侧滑块的宽度反而比其长度大，那么增加该滑块上侧斜导柱的数量则是解决上述问题的最好办法，如图10.23所示。

图10.23 增加滑块上侧斜导柱数量

10.3.5 楔紧块的设计

注射成型时，型腔内的熔融塑料以很高的成型压力作用在侧型芯上，从而使侧滑块后退产生位移，侧滑块的后移将力作用到斜导柱上，导致斜导柱产生弯曲变形；除此之外，由于斜导柱与侧滑块上的斜导孔采用较大的间隙配合，侧滑块的后移也会影响塑件的尺寸精度，所以合模注射时，必须要设置锁紧装置锁紧侧滑块，如图10.24所示。

常用的锁紧装置为楔紧块（或称为锁紧块），其结构形式如图10.25所示。

图 10.24　模具上的锁紧装置

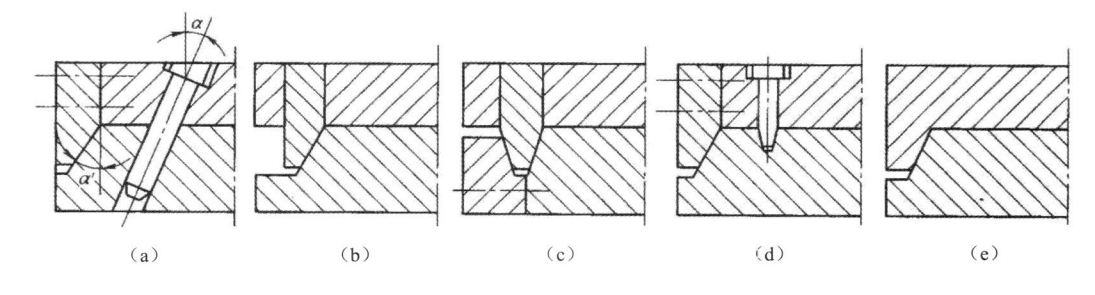

图 10.25　楔紧块的结构形式

图10.25（a）为楔紧块用销钉定位，用螺钉固定于模板外侧面上的形式，制造装配简单，但刚性较差，仅用于侧向压力较小的场合；

图10.25（b）为楔紧块固定于模板内的形式，提高了楔紧强度和刚度，用于侧向压力较大的场合。

图10.25（c）、（d）为双重楔紧的形式。前者用辅助楔紧块将主楔紧块楔紧，后者采用楔紧锥与楔紧块双重楔紧。

图10.25（e）为整体式楔紧的形式，在模板上制出楔紧块，其特点是楔紧块刚度好，侧滑块受强大的楔紧力不易移动，用于侧向压力特别大的场合，但材料消耗较大，加工精度要求较高，并且因为模板不经热处理，所以表面硬度较低。整体式楔紧的模具结构如图10.26所示。

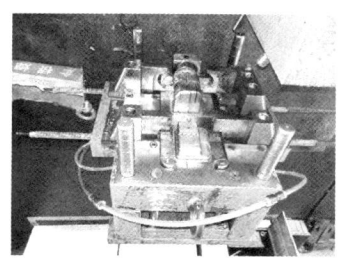

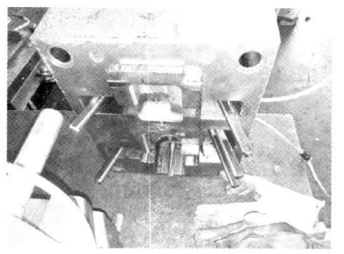

图 10.26 整体式楔紧的模具结构

在设计楔紧块时，楔紧块的斜角亦称楔紧角 α' [见图 10.25（a）]，其应大于斜导柱的倾斜角 α，否则开模时，楔紧块会影响侧抽芯动作，楔紧块不能和滑块脱开，则抽芯无法实现。当侧滑块抽芯方向垂直于合模方向时，$\alpha'=\alpha+2°\sim 3°$；当侧滑块抽芯方向向动模一侧倾斜 β 角度时，$\alpha'=\alpha+2°\sim 3°=\alpha_1-\beta+2°\sim 3°$；当侧滑块抽芯方向向定模一侧倾斜 β 角度时，$\alpha'=\alpha+2°\sim 3°=\alpha_2+\beta+2°\sim 3°$。（$\alpha_1$ 是指侧型芯滑块抽芯方向向动模一侧倾斜 β 角度，斜导柱的有效倾斜角；α_2 是指侧型芯滑块抽芯方向向定模一侧倾斜 β 角度，斜导柱的有效倾斜角。）

α' 大于斜导柱的倾斜角 α，开模时，楔紧块很快离开滑块的压紧面，避免楔紧块与滑块间产生摩擦；合模时，在接近合模终点时，楔紧块才接触侧滑块并最终压紧侧滑块，使斜导柱与侧滑块上的斜导孔壁脱离接触，以避免注射时斜导柱受力弯曲变形。

10.3.6 侧滑块定位装置的设计

侧滑块定位装置的作用是：保证开模后侧滑块能停留在与斜导柱刚分离的位置上，不任意滑动，以便合模时斜导柱伸出端能准确可靠地进入侧滑块的斜孔中，不会损坏模具。开模抽芯后，侧滑块必须停留在刚脱离斜导柱的位置上，以便合模时斜导柱准确插入侧滑块上的斜导孔中，因此必须设计侧滑块的定位装置，以保证侧滑块脱离斜销后可靠地停留在正确的位置上。

图 10.27 中的限位螺钉挡块为常用的侧滑块定位装置结构形式，特别适用于滑块向上抽芯的情况。滑块向上抽出脱离斜导柱后，依靠弹簧的弹力，滑块紧贴于定位挡块的下方，设计时，弹簧的弹力要超过侧滑块的重力，定位距离 L 应比抽芯距 s 大 1mm 左右。限位螺钉挡块实物如图 10.28 所示。

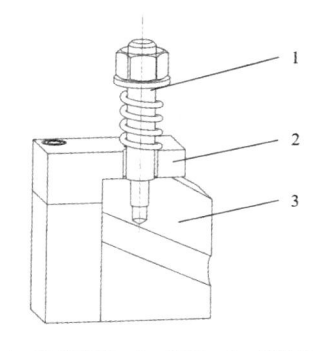

1—限位螺钉；2—挡块；3—侧滑块

图 10.27 限位螺钉挡块

图 10.28 限位螺钉挡块实物

图 10.29 是弹簧置于滑块内侧的结构，适用于侧向抽芯距离较短的场合。

图 10.30 的结构适用于侧滑块向下运动的情况，抽芯结束后，侧滑块靠自重下落到定位挡块上定位，与图 10.27 相比，该结构省了螺钉、拉杆、弹簧等零件，结构简单。

图 10.31 是弹簧顶销机构，其结构简单，适用于水平方向侧抽芯的场合。

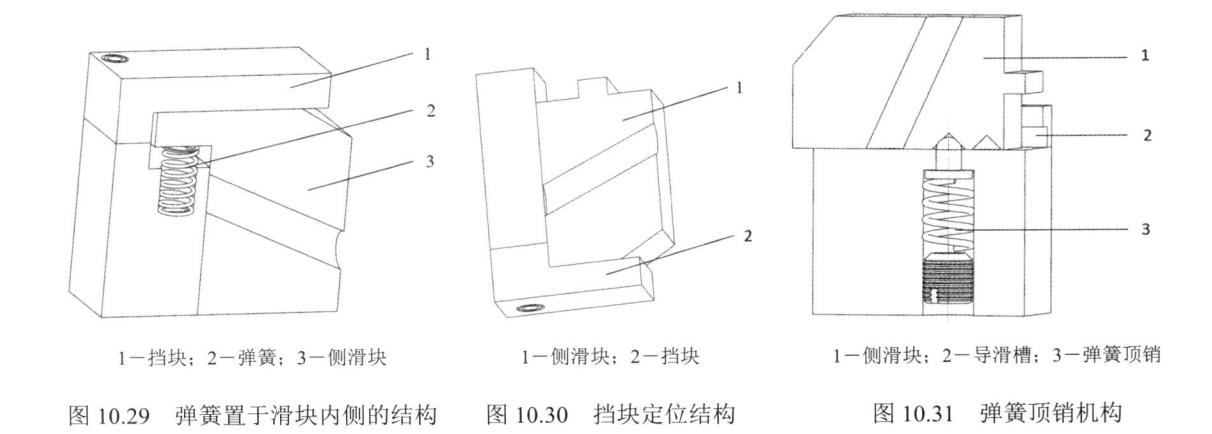

1—挡块；2—弹簧；3—侧滑块　　　　1—侧滑块；2—挡块　　　　1—侧滑块；2—导滑槽；3—弹簧顶销

图 10.29　弹簧置于滑块内侧的结构　　图 10.30　挡块定位结构　　图 10.31　弹簧顶销机构

10.3.7　斜导柱侧向分型与抽芯的应用形式

斜导柱和侧滑块在模具上的不同安装位置，组成了侧向分型与抽芯机构的不同应用形式。

1. 斜导柱固定在定模、侧滑块安装在动模

斜导柱固定在定模、侧滑块安装在动模的结构是斜导柱侧向分型与抽芯机构的模具中应用最广泛的形式。它既可用于单分型面注射模，也可用于双分型面注射模，模具设计者在设计具有侧抽芯塑件的模具时，应当首先考虑采用这种形式。

图 10.32 是属于双分型面侧向分型与抽芯的形式，斜导柱 5 固定在中间板 8 上，为了防止在 A 分型面分型后侧向抽芯时斜导柱与往后移动，在其固定端设置一块垫板 10 加以固定。开模时，A 分型面首先分型，当分型面之间达到可从中取出点浇口浇注系统的凝料时，拉杆导柱 11 的左端与导套 12 接触，继续开模。B 分型面分型，斜导柱 5 驱动侧型芯滑块 6 在动模板 4 的导滑槽内作侧向抽芯，斜导柱 5 脱离侧型芯滑块 6 后继续开模，推出机构开始工作，推管 2 将塑件从型芯 1 和动模镶件 3 中推出。

在双分型面的斜导柱侧向抽芯机构中，斜导柱也可以固定在定模座板上，这样的形式在 A 分型面分型时斜导柱就受力驱动侧型芯滑块作侧向分型抽芯，为了保证 A 分型面先分型，必须在定模部分采用定距顺序分型机构，这样就增加了模具结构的复杂性，在设计时应尽量不采用这种方式。

对于斜导柱固定在定模、侧滑块安装在动模的侧抽芯机构来说，侧滑块的复位是在合模过程中实现的，推杆的复位也是在合模过程中实现的，必须注意侧滑块与推杆在合模复位过程中可能发生的干涉现象。所谓干涉现象是指在合模过程中侧滑块的复位先于推杆复位而导致活动侧型芯与推杆相碰撞，造成活动侧型芯或推杆损坏的事故。

第 10 章 侧向分型与抽芯机构

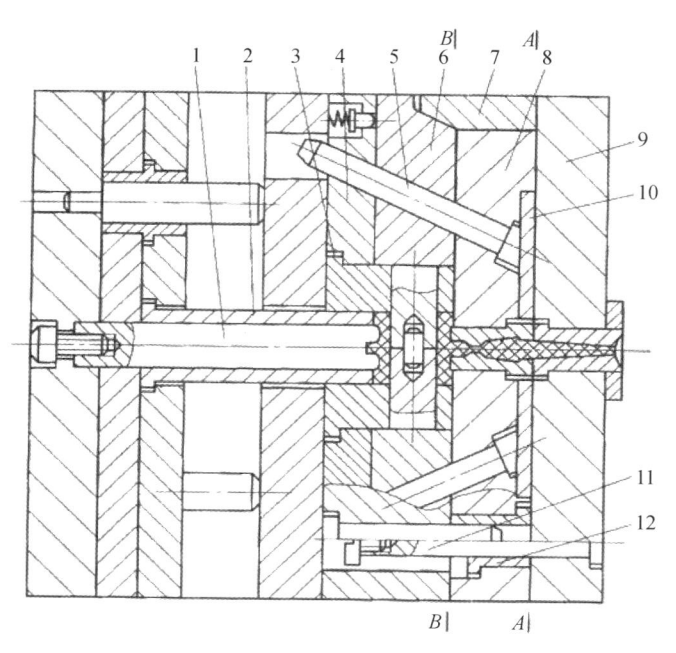

1—型芯；2—推管；3—动模镶块；4—动模板；5—斜导柱；6—侧型芯滑块；
7—楔紧块；8—中间板；9—定模座板；10—垫板；11—拉杆导柱；12—导套

图 10.32 斜导柱固定在定模、侧滑块安装在动模的双分型面注射模

侧向滑块型芯与推杆发生干涉可能出现在两者在垂直于开合模方向平面（分型面）上的投影发生重合的情况下，如图 10.33 所示。图 10.33（a）为合模状态，在侧型芯的投影下面设置有推杆；图 10.33（b）为合模过程中斜导柱刚插入侧滑块的斜导孔中使其向右边复位的状态，而此时模具的复位杆还未使推杆复位，这就会发生侧型芯与推杆相碰撞的干涉现象。

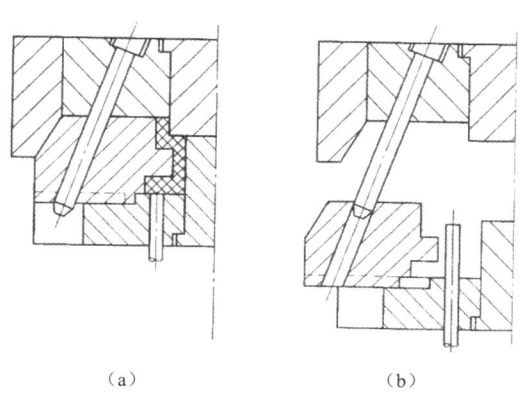

图 10.33 干涉现象

在模具结构允许时，应尽量避免侧型芯在分型面的投影范围内设置推杆。如果受到模具结构的限制而在侧型芯下一定要设置推杆时，应首先考虑能否使推杆推出一定距离后仍低于侧型芯的最低面，当这一条件不能满足时，就必须分析产生干涉的临界条件和采取措施使推

出机构先复位,然后才是侧型芯滑块的复位,这样才能避免干涉。

图 10.34 为分析发生干涉临界条件的示意图。

图 10.34(a)为开模侧抽芯后推杆推出塑件的状态。图 10.34(b)是合模复位时,复位杆使推杆复位、斜导柱使侧型芯复位而侧型芯与推杆不发生干涉的临界状态。图 10.34(c)是合模复位完毕的状态,侧型芯与推杆在分型面投影范围内重合了 S_c。

从图中可知,在不发生干涉的临界状态下,侧型芯已经复位了 S',还需复位的长度为 $S-S'=S_c$(S 为定位距离),而推杆需复位的长度为 h_c,如果完全复位,应有如下关系:

$$h_c = S_c \cot\alpha$$

即

$$h_c \tan\alpha = S_c \tag{10.15}$$

在完全不发生干涉的情况下,需要在临界状态时侧型芯与推杆还应有一段微小的距离 $\varDelta$,因此不发生干涉的条件为:

$$h_c \tan\alpha = S_c + \varDelta$$

或者

$$h_c \tan\alpha > S_c \tag{10.16}$$

式中,h_c——在完全合模状态下推杆端面离侧型芯的最近距离,单位为 mm;

S_c——在垂直于开模方向的平面上,侧型芯与推杆在分型面投影范围内的重合长度,单位为 mm;

$\varDelta$——在完全不干涉的情况下,推杆复位到 h_c 位置时,侧型芯沿复位方向距离推杆侧面的最小距离,单位为 mm,一般取 $\varDelta = 0.5$mm。

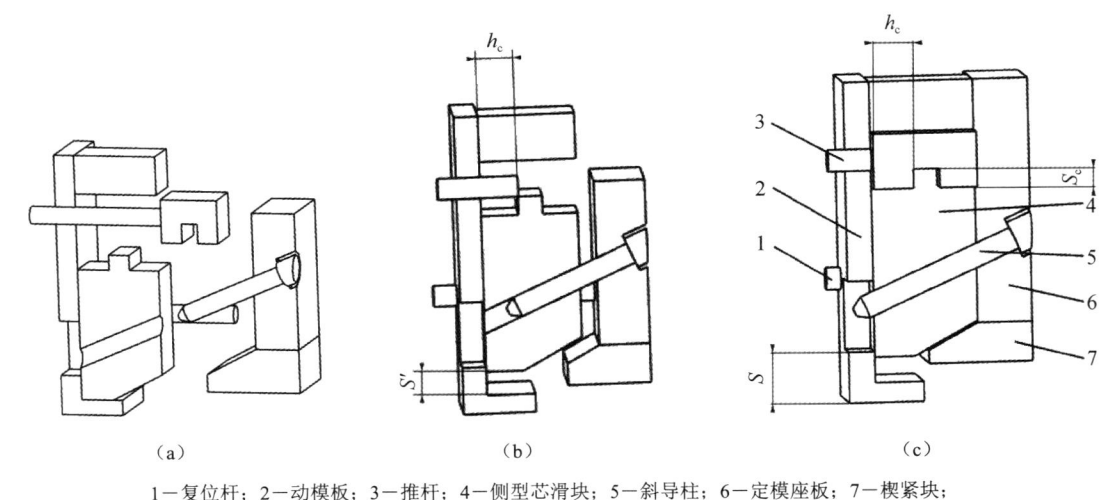

1—复位杆;2—动模板;3—推杆;4—侧型芯滑块;5—斜导柱;6—定模座板;7—楔紧块;

图 10.34 发生干涉临界条件

在一般情况下,只要使 $h_c \tan\alpha - S_c > 0.5$mm 即可避免干涉,如果实际的情况无法满足这个条件,则必须设计推杆的先复位机构(亦称预复位机构)。

下面介绍几种推杆的先复位机构。

1)弹簧先复位机构

弹簧先复位机构是利用弹簧的弹力使推出机构在合模之前进行复位的一种先复位机构,弹簧被压缩安装在推杆固定板与动模支承板之间,如图10.35所示。

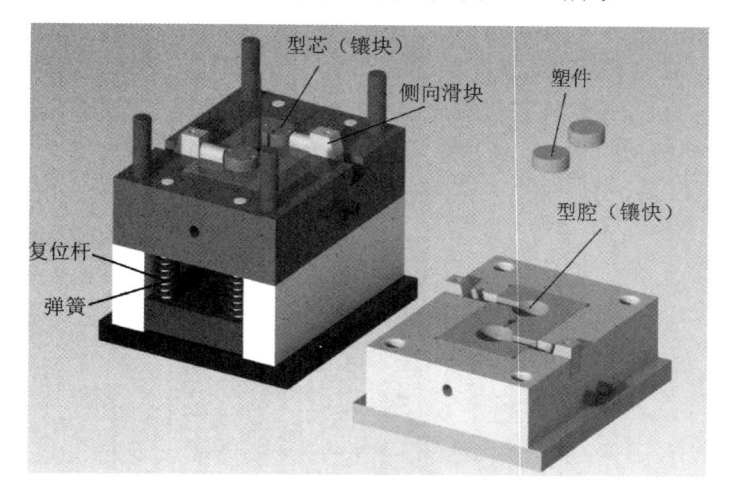

图10.35 弹簧先复位机构

图10.36(a)是弹簧安装在复位杆上的形式,这是中小型注射模最常用的形式;在图10.36(b)中,弹簧安装在另外设置的立柱上,这是大型注射模最常采用的形式;如果模具的几组推杆(一般两组四根)分布比较对称,而且距离较远,这时可将弹簧直接安装在推杆上,如图10.36(c)所示。

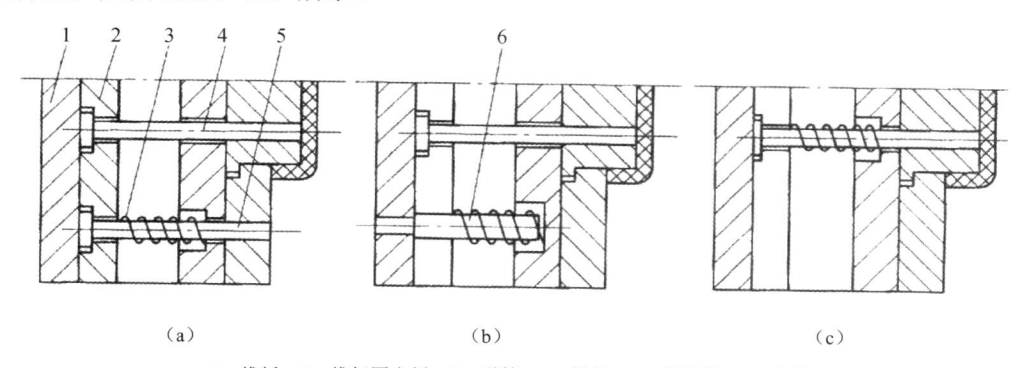

1—推板;2—推杆固定板;3—弹簧;4—推杆;5—复位杆;6—立柱

图10.36 弹簧先复位机构

在弹簧先复位机构中,一般需四根弹簧,它们均匀布置在推杆固定板的四周,以便让推杆固定板受到均匀的弹力而使推杆顺利复位。开模时,塑件包在凸模上一起随动模后退,当推出机构开始工作时,注射机上的顶杆顶动推板,使弹簧进一步压缩,直至推杆推出塑件。一旦开始合模,注射机顶杆与模具上的推板脱离接触时,在弹簧回复力的作用下推杆迅速复位,在斜导柱尚未驱动侧型芯滑块复位之前,推杆便复位结束,因此避免了与侧型芯的干涉。

弹簧先复位机构结构简单、安装方便,所以模具设计者都喜欢采用。但弹簧的力量较小，而且容易疲劳失效，可靠性差一些，一般只适合复位力不大的场合，并需要定期更换弹簧。

2）楔杆三角滑块式先复位机构

楔杆三角滑块式先复位机构如图 10.37 所示。楔杆固定在定模内，三角滑块安装在推管固定板 6 的导滑槽内，在合模状态，楔杆 1 与三角滑块 4 的斜面仍然接触，如图 10.37（a）所示；开始合模时楔杆 1 与三角滑块 4 的接触先于斜导柱 2 与侧型芯滑块 3 的接触，图 10.37（b）为楔杆接触三角滑块的初始状态，在楔杆作用下，三角滑块 4 在推管固定板 6 上的导滑槽内向下移动的同时迫使推管固定板 6 向左移动，使推管的复位先于侧型芯滑块的复位，从而避免两者发生干涉。

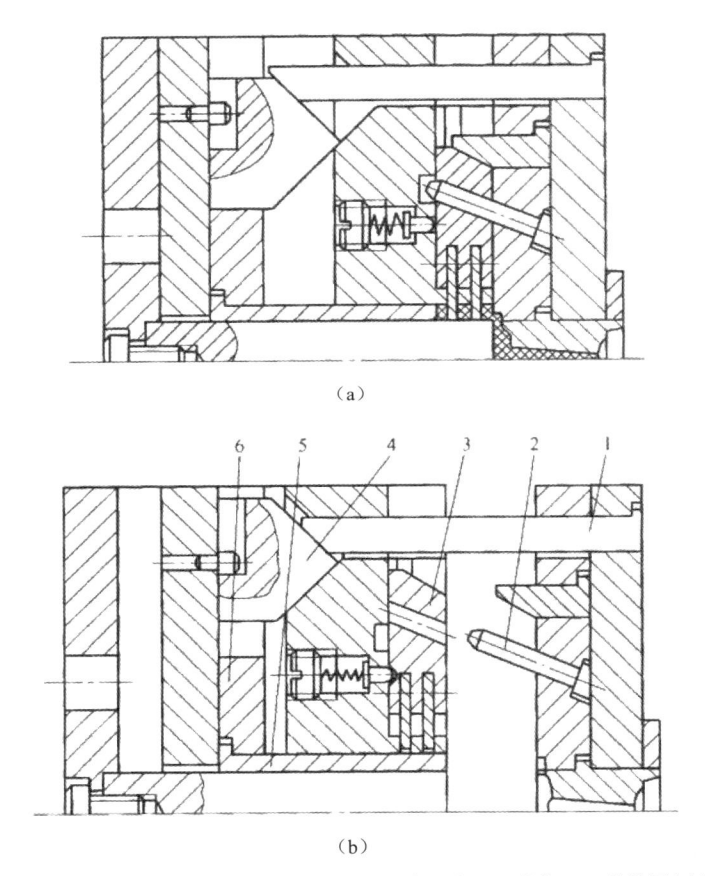

1—楔杆；2—斜导柱；3—侧型芯滑块；4—三角滑块；5—推管；6—推管固定板

图 10.37　楔杆三角滑块式先复位机构

3）楔杆摆杆式先复位机构

楔杆摆杆式先复位机构如图 10.38 所示，它与楔杆三角滑块式先复位机构相似，所不同的是摆杆代替了三角滑块。摆杆 4 一端用转轴固定在支承板 3 上，另一端装有滚轮。图 10.38（a）是合模状态，合模时楔杆 1 推动摆杆 4 上的滚轮迫使摆杆 4 绕着转轴做逆时针方向旋转，同时它又推动推杆 2 向左移动，使推杆 2 的复位先于侧型芯滑块的复位。

图 10.38（b）是合模过程中楔杆尚未接触摆杆 4 的状态，为了防止滚轮与推板 6 的磨损，在推板 6 上常常镶有淬过火的垫板。实物模具图如图 10.39 所示。

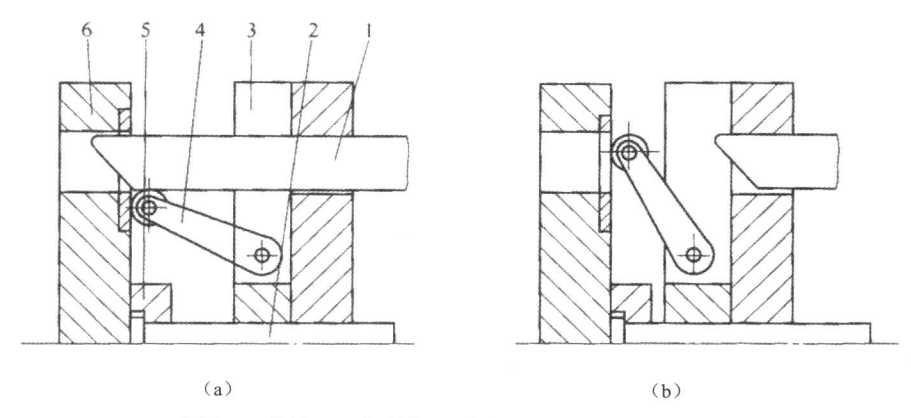

（a） （b）

1—楔杆；2—推杆；3—支承板；4—摆杆；5—推杆固定板；6—推板

图 10.38 楔杆摆杆式先复位机构

4）连杆式先复位机构

连杆式先复位机构如图 10.40 所示，连杆 4 以固定在动模板 10 上的圆柱销 5 为支点，一端用转轴 6 安装在侧型芯滑块 7 上，另一端与推杆固定板 2 接触，图 10.40（a）是合模状态；合模时，固定在定模部分的斜导柱 8 向侧型芯滑块 7 靠近，图 10.40（b）是斜导柱接触滑块的初始状态，斜导柱 8 一旦开始驱动侧型芯滑块 7 复位，则连杆 4 一定发生绕圆柱销 5 顺时针方向的旋转，迫使推杆固定板 2 带动推杆 3 迅速复位，从而避免侧型芯与推杆 3 发生干涉。

图 10.39 使用楔杆摆杆式先复位机构的模具

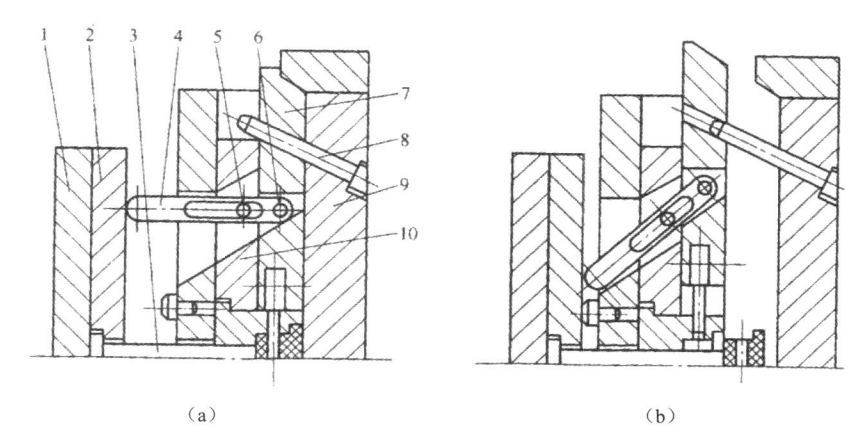

（a） （b）

1—推板；2—推杆固定板；3—推杆；4—连杆；5—圆柱销；6—转轴；7—侧型芯滑块；8—斜导柱；9—定模板；10—动模板

图 10.40 连杆式先复位机构

2. 斜导柱固定在动模上、侧滑块安装在定模上

斜导柱固定在动模上、侧滑块安装在定模上的结构会产生以下两种情况：一种情况是侧抽芯与脱模同时进行的话，由于侧型芯在开模方向的阻碍作用，使塑件从动模部分的凸模上强制脱下而留于定模，侧抽芯结束后，塑件无法从定模型腔中取出；另一种情况是由于塑件包紧于动模凸模上的力大于侧型芯使塑件留于定模型腔的力，则可能会出现塑件被侧型芯撕裂或细小的侧型芯被折断的现象，导致模具损坏或无法工作。

因此斜导柱固定在动模上、侧滑块安装在定模上的模具结构特点是侧抽芯与脱模不能同时进行，要么是先侧抽芯后脱模，要么是先脱模后侧抽芯。

图10.41为先侧抽芯后脱模的一个典型例子，亦称凸模浮动式斜导柱定模侧抽芯。凸模3以H8/f8的配合安装在动模板2内，并且其底端与动模支承板有距离h。开模时，由于塑件对凸模3具有足够的包紧力，致使凸模在开模h距离内动模后退的过程中保持静止不动，即凸模浮动了h距离，使侧型芯滑块7在斜导柱6作用下进行侧向抽芯，侧向抽芯结束，继续开模，塑件和凸模一起随动模后退，推出机构工作时，推件板4将塑件从凸模上推出。凸模浮动式斜导柱侧抽芯的机构在合模时要考虑凸模3复位。

图10.42也是先侧抽芯后脱模的结构，称为弹压式斜导柱定模侧抽芯。其特点是在动模部分增加一个分型面，靠其间设置的弹簧进行分型。开模时，在弹簧5的作用下，A分型面先分型，在分型过程中，固定在动模支承板1上的斜导柱2驱动侧型芯滑块3进行侧向抽芯，抽芯结束，定距螺钉4限位，动模继续后退，B分型面分型，塑件包在凸模6上随动模后移，直至推出机构将塑件推出。

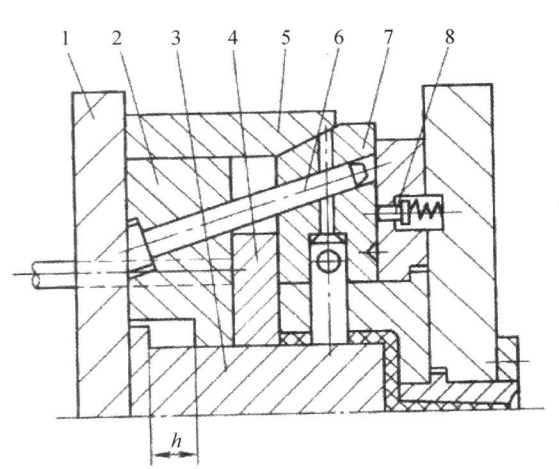

1—支承板；2—动模板；3—凸模；4—推件板；5—楔紧块；
6—斜导柱；7—侧型芯滑块；8—限位销

图10.41 凸模浮动式斜导柱定模侧抽芯

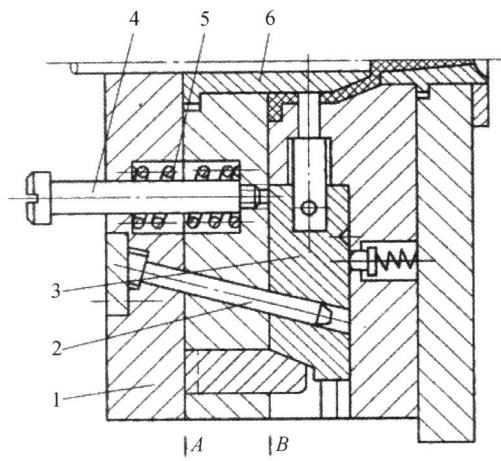

1—动模支承板；2—斜导柱；3—侧型芯滑块；
4—定距螺钉；5—弹簧；6—凸模

图10.42 弹压式斜导柱定模侧抽芯

3. 斜导柱与侧滑块同时安装在定模

在斜导柱与侧滑块同时安装在定模的结构中，一般情况下斜导柱固定在定模座板上，侧滑块安装在定模板上的导滑槽内，为了造成斜导柱与侧滑块两者之间的相对运动，就必须在

定模座板与定模板之间增加一个分型面，因此就需要采用定距顺序分型机构。

开模时主分型面暂不分型，而让定模部分增加的分型先定距分型，让斜导柱驱动侧滑块进行侧抽芯，抽芯结束，然后在主分型面分型。由于斜导柱与侧型芯同时设置在定模部分，设计时斜导柱可适当加长，侧抽芯时让侧滑块始终不脱离斜导柱，所以不需设置侧滑块的定位装置。

图 10.43 是摆钩式定距顺序分型的斜导柱抽芯机构，合模时在弹簧 7 的作用下，由转轴 6 固定于定模板 10 上的摆钩 8 勾住固定在动模板 11 上的挡块 12。开模时，由于摆钩 8 勾住挡块，模具首先从 A 分型面先分型，同时在斜导柱 2 的作用下，侧型芯滑块 1 开始侧向抽芯，侧抽芯结束后，固定在定模座板上的压块 9 的斜面压迫摆钩 8 逆时针方向摆动而脱离挡块，在定距螺钉 5 的限制下，A 分型面分型结束。动模继续后退，B 分型面分型，塑件随凸模 3 保持在动模一侧，然后推件板 4 在推杆 13 的作用下使塑件脱模。

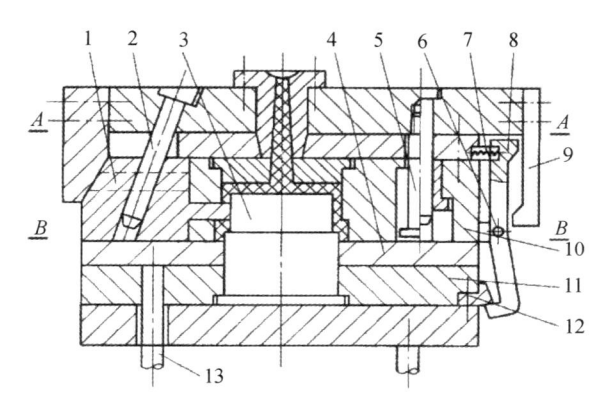

1—侧型芯滑块；2—斜导柱；3—凸模；4—推件板；5—定距螺钉；6—转轴；
7—弹簧；8—摆钩；9—压块；10—定模板；11—动模板；12—挡块；13—推杆

图 10.43　摆钩式定距顺序分型的斜导柱抽芯机构

4．斜导柱与侧滑块同时安装在动模

斜导柱与侧滑块同时安装在动模上时，一般可以通过推件板推出机构来实现斜导柱与侧型芯滑块的相对运动。在图 10.44 所示的斜导柱侧抽芯机构中，斜导柱固定在动模板 5 上，侧型芯滑块 2 安装在推件板 4 的导滑槽内，合模时靠设置在定模座板上的楔紧块 1 锁紧。开模时，侧型芯滑块 2 和斜导柱 3 一起随动模部分后退，当推出机构工作时，推杆 6 推动推件板 4 使塑件脱模的同时，侧型芯滑块 2 在斜导柱 3 的作用下在推件板 4 的导滑槽内向两侧滑动而侧向抽芯。

这种结构的模具，由于斜导柱与侧滑块同在动模的一侧，设计时同样可适当加长斜导柱，使在侧抽芯的整个过程中斜滑块不脱离斜导柱，因此也就不需设置侧滑块定位装置。另外，这种利用推件板推出机构造成斜导柱与侧滑块相对运动的侧抽芯机构，主要适用于抽拔距和抽芯力均不太大的场合。

5．斜导柱的内侧抽芯

斜导柱侧向分型与抽芯机构除了可以对塑件进行外侧分型与抽芯，还可对塑件进行内侧抽芯。

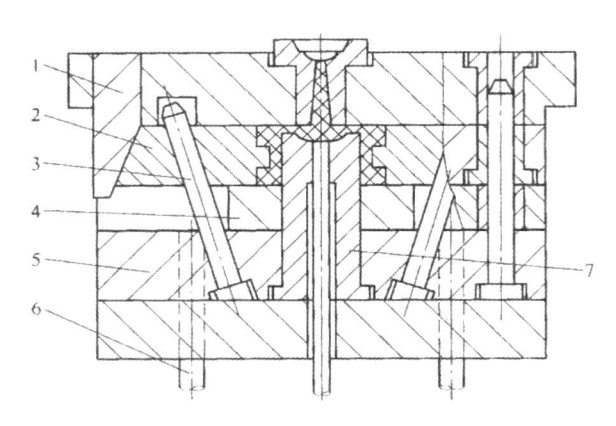

1—楔紧块；2—侧型芯滑块；3—斜导柱；4—推件板；5—动模板；6—推杆；7—凸模

图 10.44　斜导柱与侧滑块同在动模的结构

图 10.45 为靠弹簧的弹力进行定模内侧抽芯的斜导柱定模内侧抽芯结构。开模后，在弹簧 5 的弹性作用下，定模部分的 A 分型面先分型，同时斜导柱 3 驱动侧型芯滑块 2 进行塑件的内侧抽芯，内侧抽芯结束，侧型芯滑块 2 在小弹簧 4 的作用下靠在型芯 1 上而定位，同时限位螺钉 6 限位。继续开模，B 分型面分型，塑件被带到动模，推出机构工作时，推杆将塑件推出模外。

图 10.46 为斜导柱动模内侧抽芯。斜导柱 2 固定在定模板 1 上，侧型芯滑块 3 安装在动模板 6 上。开模时，塑件包紧在凸模 4 上随动模部分向后移动，斜导柱驱动侧型芯滑块在动模板 6 的导滑槽内移动而进行内侧抽芯，最后推杆 5 将塑件从凸模 4 上推出。

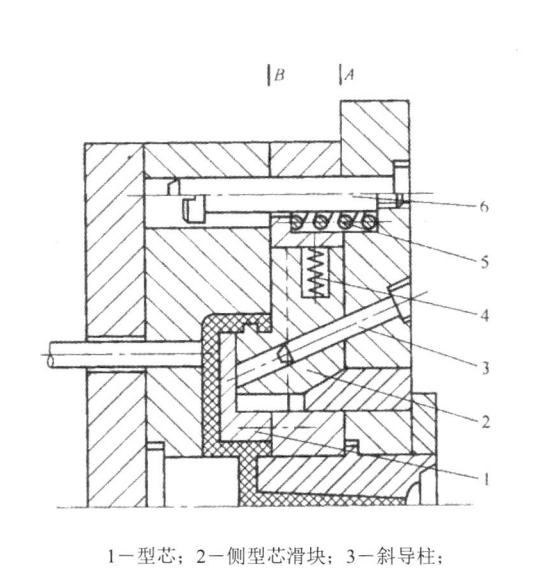

1—型芯；2—侧型芯滑块；3—斜导柱；
4—小弹簧；5—弹簧；6—限位螺钉

图 10.45　斜导柱定模内侧抽芯结构

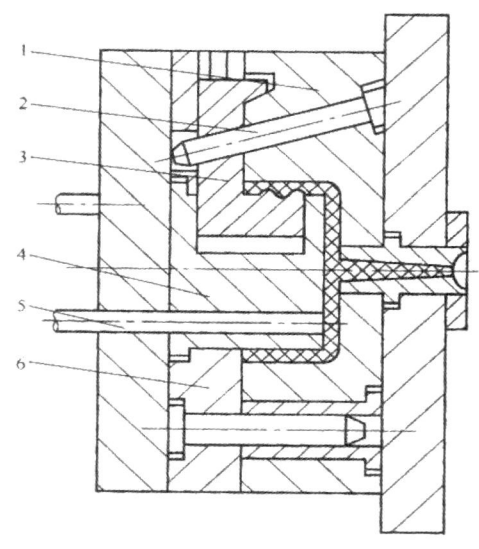

1—定模板；2—斜导柱；3—侧型芯滑块；
4—凸模；5—推杆；6—动模板

图 10.46　斜导柱动模内侧抽芯

侧型芯滑块脱离斜导柱时的定位有两种办法，一种办法是将侧滑块设置在注射机模具位置的上方，利用侧滑块的重力定位，图 10.46 中就是这种定位；另一种办法是当侧型芯安装在下方时，在侧滑块的非成型端设置压缩弹簧，在斜导柱内侧抽芯结束，靠压缩弹簧的弹力使侧滑块紧靠动模大型芯定位。

10.4 弯销侧向分型与抽芯机构

在斜导柱侧向分型与抽芯机构中，如果用截面是矩形的弯销代替斜导柱，这就成了弯销侧向分型与抽芯机构，实物模具图如图 10.47 所示。

图 10.47 弯销侧向分型与抽芯机构

10.4.1 弯销侧向分型与抽芯机构的工作原理

弯销侧向分型与抽芯机构仍然离不开侧向滑块的导滑、注射时侧型芯的锁紧和侧抽芯结束时侧滑块的定位这三大设计要素。

图 10.48 为弯销侧向抽芯机构的典型结构。弯销 4 和楔紧块 3 固定于定模板 2 内，侧型芯滑块 5 安装在动模板 6 的导滑槽内，弯销 4 与侧型芯滑块 5 上孔的间隙 δ 通常取 0.5mm。开模时，动模部分后退，在弯销作用下侧型芯滑块进行侧向抽芯，抽芯结束，侧型芯滑块 5 由弹簧拉杆挡块装置定位，最后塑件由推管推出。

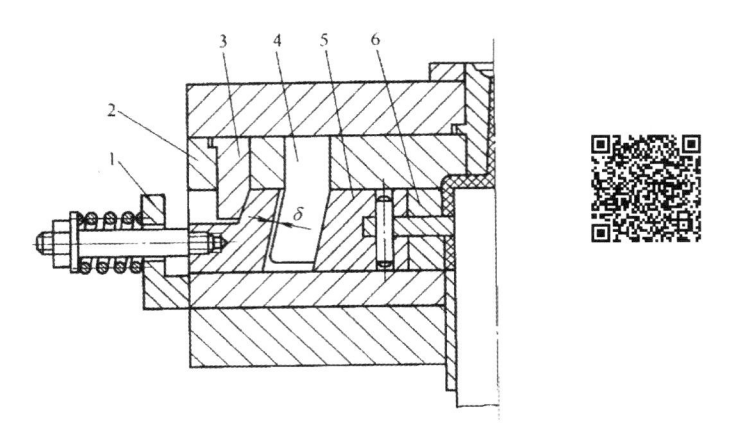

1—挡块；2—定模板；3—楔紧块；4—弯销；5—侧型芯滑块；6—动模板

图 10.48　弯销侧向抽芯机构

10.4.2　弯销侧向分型与抽芯机构的机构特点

弯销侧向抽芯机构有几个比较明显的特点。

一个特点是由于弯销是矩形截面，其抗弯截面系数比圆形截面的斜导柱要大，因此可采用比斜导柱大的倾斜角 α，一般情况下，弯销的倾斜角 α 可在小于 30° 的范围内合理选取，所以在开模距相同的情况下可获得较大的抽芯距。

另一个特点是弯销侧抽芯机构可以设计成变角度侧抽芯，变角弯销侧向抽芯机构如图 10.49 所示。被抽的侧型芯 3 较长，且塑件的包紧力也较大，因此采用了变角度弯销抽芯。开模过程中，弯销 1 首先由较小的倾斜角 α_1 起作用，以便具有较大的起始抽芯力，带动侧滑块 2 移动 s_1 后，再由侧斜角 α_2 起作用，以抽拔较长的抽芯距离 s_2，从而完成整个侧抽芯动作，侧抽芯总的距离 $s=s_1+s_2$。

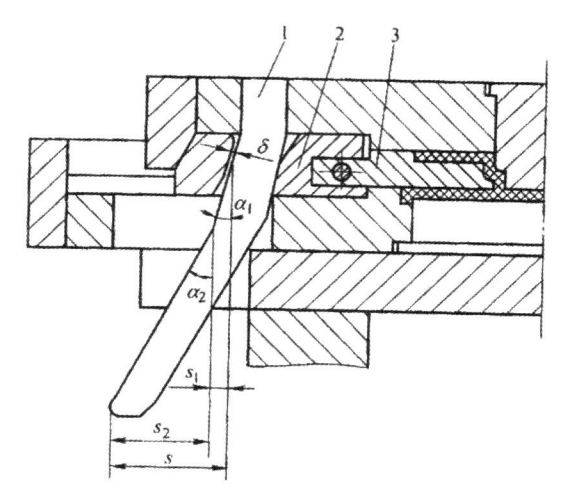

1—弯销；2—侧滑块；3—侧型芯

图 10.49　变角度弯销侧向抽芯机构

弯销与斜导柱一样，不仅可以外侧抽芯，同样也可作内侧抽芯，弯销的斜向内侧抽芯机构如图 10.50 所示。弯销 5 固定在弯销固定板 1 内，侧型芯 4 安装在凸模 6 的斜向方形孔中。开模时，由于顺序定距分型机构的作用，拉钩 9 钩住滑块 11，模具从 A 分型面先分型，弯销 5 作用于侧型芯 4 抽出一定距离，斜侧抽芯结束，压块 10 的斜面与滑块 11 接触并使滑块后退而脱钩，限位螺钉 3 限位，接着动模继续后退使 B 分型面分型，然后推出机构工作，推件板 7 将塑件推出模外。由于侧向抽芯结束后弯销工作端部仍有一部分长度留在侧型芯 4 的孔中，所以完成侧抽芯后不脱离滑块。同时弯销兼有锁紧作用，合模时弯销可以使侧型芯复位与锁紧。

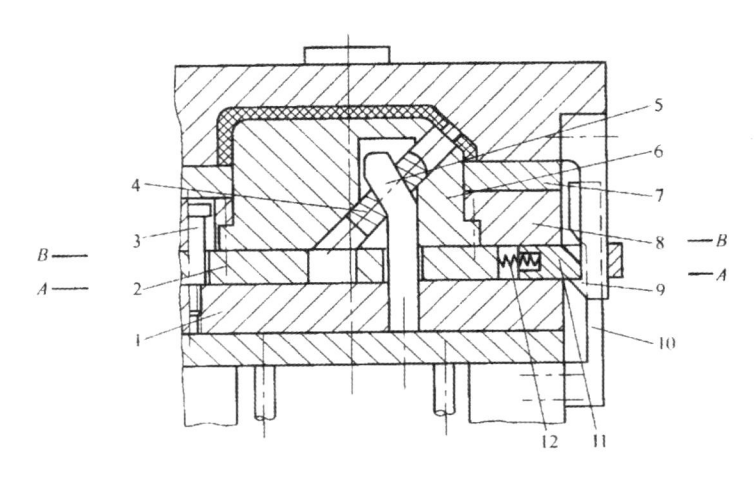

1—弯销固定板；2—垫板；3—限位螺钉；4—侧型芯；5—弯销；6—凸模；7—推件板；
8—动模板；9—拉钩；10—压块；11—滑块；12—弹簧；

图 10.50 弯销的斜向内侧抽芯机构

10.5 斜导槽侧向分型与抽芯机构

斜导槽侧向分型与抽芯机构是由固定于模外的斜导槽与固定于侧型芯滑块上的圆柱销连接所形成的，斜导槽侧向抽芯机构如图 10.51 所示。斜导槽用四个螺钉和两个销钉安装固定在定模板 9 的外侧，侧型芯滑块 6 在动模板导滑槽内的移动是受固定在其上面的圆柱销 8 在斜导槽内的运动轨迹限制的。开模后，由于圆柱销 8 先在斜导槽板与开模方向成 0° 角的方向移动，此时只分型不抽芯；当起锁紧作用的锁紧销 7 脱离侧型芯滑块 6 后，圆柱销 8 接着就在斜导槽内与开模方向成一定角度的方向移动，此时进行侧向抽芯。图 10.51（a）为合模状态，图 10.52（b）为抽芯后推出状态。

斜导槽侧向抽芯机构抽芯动作的整个过程，实际是受斜导槽的形状所控制的。图 10.52 为斜导槽板的三种不同形式。

在图 10.52（a）的形式中，斜导槽板上只有倾斜角为 α 的斜槽，所以开模一开始便是侧向抽芯，但这时的倾斜角 α 应小于 25°。

(a) (b)

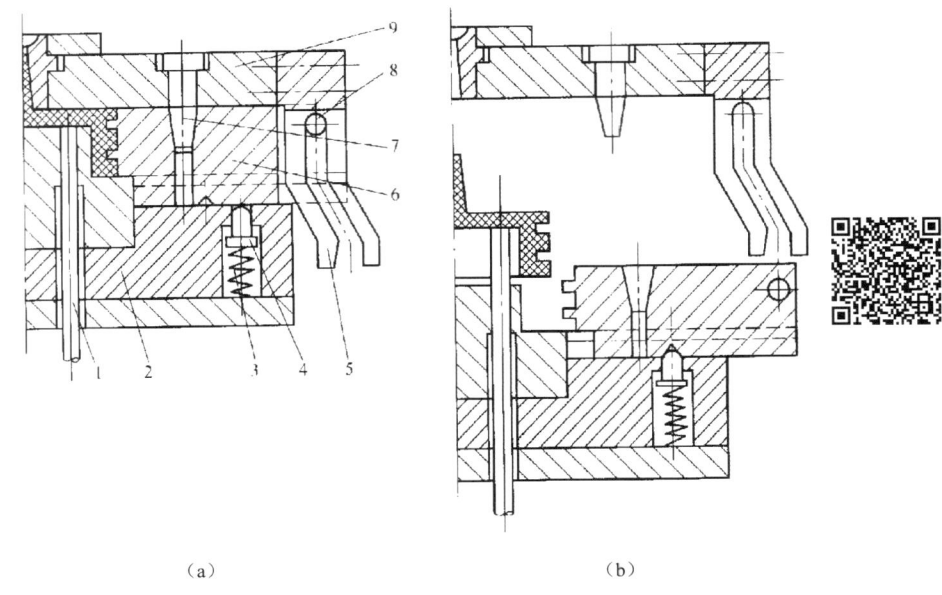

1—推杆；2—动模板；3—弹簧；4—顶锁；5—斜导槽板；6—侧型芯滑块；
7—锁紧销；8—圆柱销；9—定模板（定模座板）

图 10.51 斜导槽侧向抽芯机构

在图 10.52（b）的形式中，开模后圆柱销先在直槽内运动，因此有一段延时抽芯的动作，直槽有多长，延时抽芯的距离就有多长，直至进入斜槽部分，侧抽芯才开始。

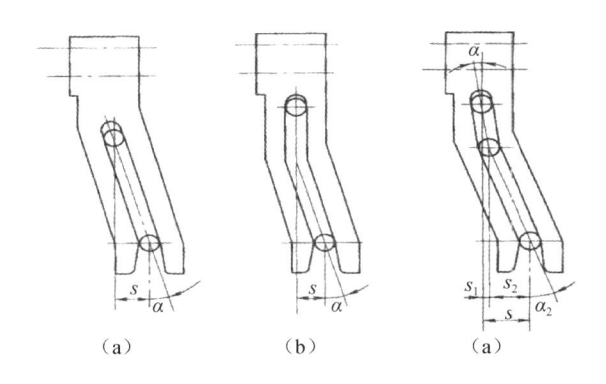

(a) (b) (a)

图 10.52 斜导槽的形式

在图 10.52（c）的形式中，圆柱销先在倾斜角 α_1 较小的斜导槽内侧抽芯，然后再进入倾斜角 α_2 较大的斜导槽内抽芯，这种形式适用于抽拔力较大和抽芯距较长的场合。由于起始抽拔力较大，第一阶段的倾斜角一般在 $\alpha_1<25°$ 的范围内选取，一旦侧型芯与塑件松动，以后的抽拔力就比较小，因此第二阶段的倾斜角可适当增大，但仍应使 $\alpha_2<40°$。图中第一阶段抽芯距为 s_1，第二阶段抽芯距为 s_2，总的抽芯距为 s，斜导槽的宽度一般比圆柱销大 0.2mm（单边 0.1mm 间隙）。

斜导槽侧向分型与抽芯机构同样要注意侧滑块驱动时导滑、注射时锁紧和侧抽芯结束时侧滑块定位三大设计要素。另外，斜导槽板与圆柱销通常用 T8、T10 等材料制造，热处理硬度一般要求大于 55HRC，工作部分表面粗糙度 Ra 小于 1.6μm。

10.6 斜滑块侧向分型与抽芯机构

当塑件的侧凹较浅，所需抽芯距不大，但侧凹的成型面积较大，因而需要较大的抽芯力时，或者由于模具结构的限制不适宜采用其他侧抽芯形式时，则可采用斜滑块侧向分型与抽芯机构。斜滑块侧向分型与抽芯机构的特点是利用模具推出机构的推出力驱动斜滑块进行斜向运动，在塑件被推出脱模的同时由斜滑块完成侧向分型与抽芯的动作。

10.6.1 斜滑块导滑的侧向分型与抽芯

图 10.53 为斜滑块导滑的外侧分型与抽芯结构。该塑件为绕线轮型产品，外侧有较浅但面积大的侧凹，斜滑块设计成两块对开式的凹模镶块，即型腔由两个斜滑块组成，它们与动模板上的斜向导滑槽配合为 H8/f8。成型塑件内部大孔（包紧力大）的型芯设置在动模部分。开模后，塑件包紧在动模型芯 5 上和斜滑块 2 一起向后移动。脱模时，在推杆 3 的作用下，斜滑块 2 相对向前运动的同时在动模板的斜向导滑槽内向两侧分型，在斜滑块 2 的限制下，塑件在斜滑块侧向分型的同时从动模型芯 5 上脱出。限位螺钉 6 是防止斜滑块 2 在推出时从动模板中滑出而设置的。合模时，斜滑块 2 的复位是靠定模板压斜滑块的上端面实现的。

图 10.54 为斜滑块导滑的内侧分型与抽芯结构。斜滑块 1 本身是内侧型芯，同时有顶出塑件的作用。开模后，注射机推顶装置通过推出板使推杆 3 推动斜滑块 1 沿型芯的导滑槽移动，在模套的斜孔作用下，斜滑块 1 同时向模具内侧移动，从而使斜滑块 1 在塑件上抽出。

图 10.55 为外侧分型与抽芯斜滑块常用的导滑形式。根据导滑部分的特点，图 10.55(a)～(d) 分别称为镶块导滑、凸耳导滑、圆销导滑和燕尾导滑。前三种加工比较简单，应用广泛，第四种燕尾导滑加工比较复杂，但因占用面积较小，适用于斜滑块的镶拼块数较多的情况。

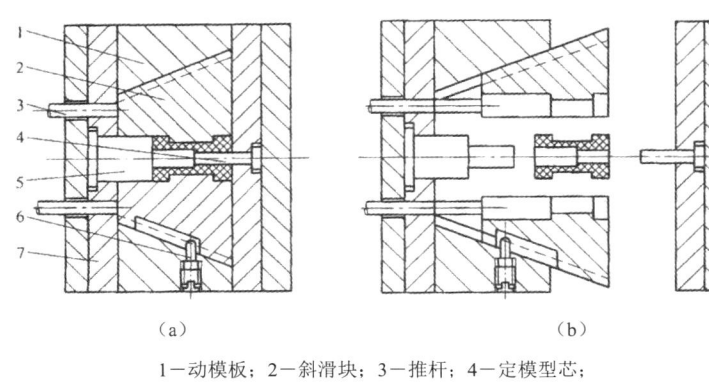

（a） （b）

1—动模板；2—斜滑块；3—推杆；4—定模型芯；
5—动模型芯；6—限位螺销；7—动模型芯固定板

图 10.53 斜滑块导滑的外侧分型与抽芯结构

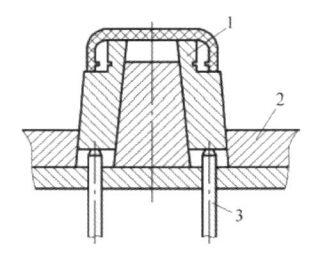

1—斜滑块；2—动模板；3—推杆

图 10.54 斜滑块导滑的内侧分型与抽芯结构

(a)　　　　　(b)　　　　　(c)　　　　　(d)

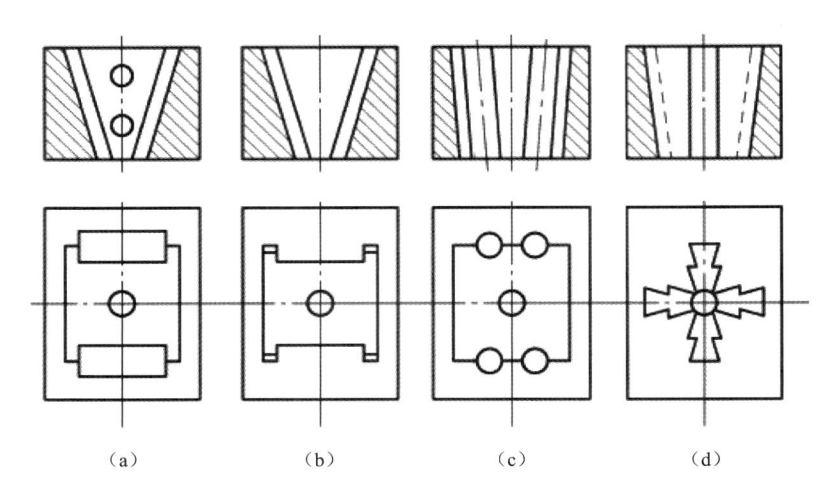

图 10.55　外侧分型与抽芯斜滑块常用的导滑形式

　　图 10.56 为内抽芯斜滑块常用的导滑形式，图 10.56（a）和（b）分别为矩形槽内导滑和 T 形槽内导滑。设计时为了保证内侧抽芯动作顺利完成，尺寸 L 应保证斜滑块有足够的侧向移动距离。

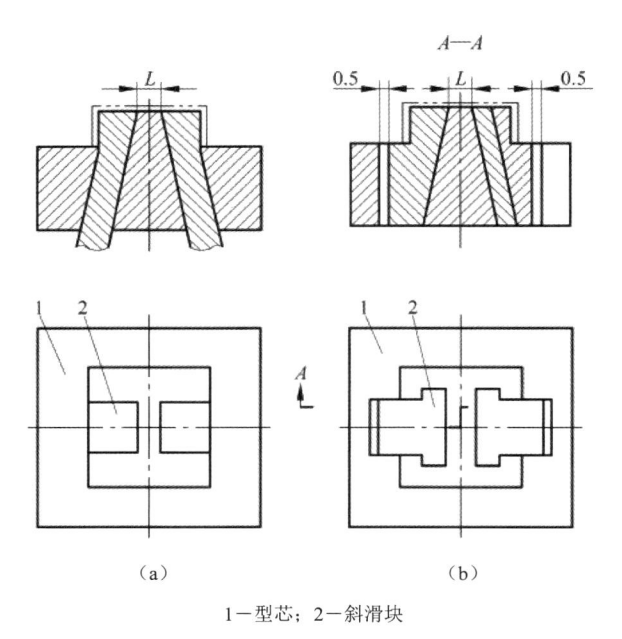

（a）　　　　　　　　　　　　（b）

1—型芯；2—斜滑块

图 10.56　内抽芯斜滑块常用的导滑形式

10.6.2　斜滑块导滑机构设计要点

　　斜滑块导滑的侧向分型与抽芯机构设计要点如下。
　　（1）由于斜滑块刚性好，能承受较大的抽拔力，所以斜滑块的倾斜角 α 可比斜导柱的倾斜角大，最大可达到 40°，但通常不超过 30°，此时导滑接触面要长。

(2)正确选择主型芯的位置。主型芯位置选择恰当与否，直接关系到塑件能否顺利脱模。在图10.57（a）中，成型塑件的主型芯设置在定模一侧，开模后会出现两种情况：如果定模主型芯脱模斜度较大，开模后立即从塑件中抽芯，然后推出机构推动斜滑块侧向分型，则塑件很容易黏附于某一斜滑块上（收缩值较大的部位），不能顺利从斜滑块中脱出，如图10.57（b）所示；如果塑件对定模主型芯的包紧力较大，就会导致分模时斜滑块从导滑槽中滑出，而使模具无法工作。

图10.57（c）中主型芯设置在动模一侧，分模时斜滑块随动模后移，在脱模侧抽芯的过程中，塑件虽与主型芯松动，在侧向分型抽芯时对塑件仍有限制侧向移动的作用，所以塑件不可能黏附在某一斜滑块内，塑件容易取出，如图10.57（d）所示。

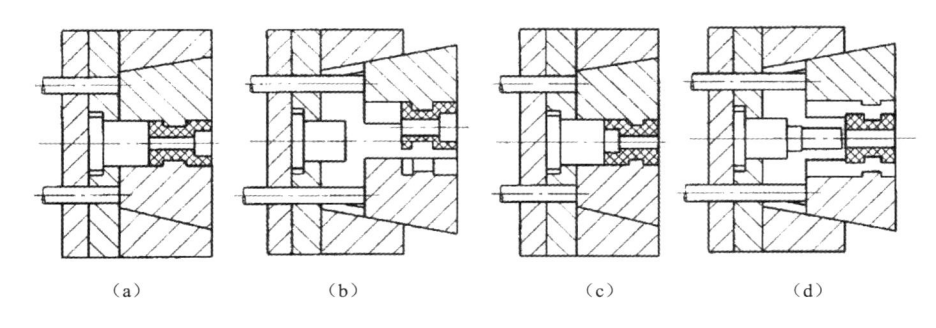

图10.57　主型芯位置的选择

(3)斜滑块的止动装置。如果动模和定模的型芯包络面积大小差不多，甚至定模型芯包络面积大于动模型芯包络面积，为了防止斜滑块在开模时从导滑槽中拉出，可设置斜滑块的止动装置，图10.58为弹簧顶销止动装置，开模时在弹簧作用下，弹簧顶销紧压在斜滑块上防止其与动模导滑槽分离。

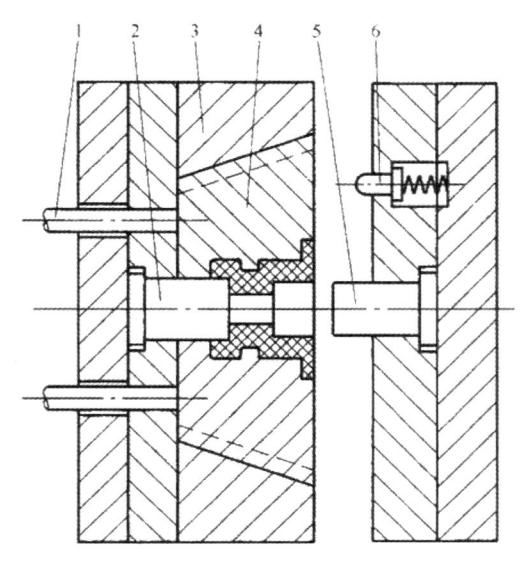

1—推杆；2—动模型芯；3—动模板；4—斜滑块；5—定模型芯；6—弹簧顶销

图10.58　弹簧顶销止动装置

图 10.59 为导销止动装置，在定模上设置的止动导销 3 与斜滑块 2 有段配合（H8/f8）。开模时，在止动导销 3 的限制下，斜滑块 2 不能作侧向运动，所以开模动作无法使斜滑块 2 与动模滑槽之间产生相对运动，继续开模，止动导销脱离斜滑块，推出机构工作时，斜滑块 2 侧向分型抽芯并推出塑件。

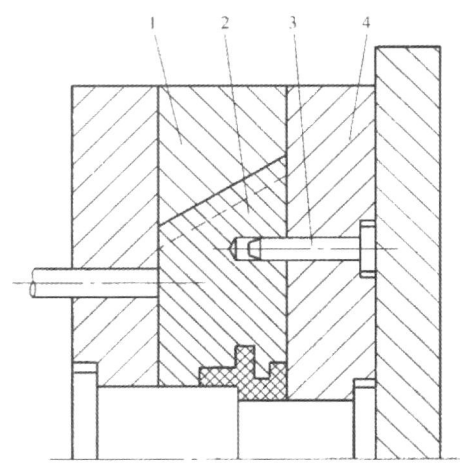

1—动模板；2—斜滑块；3—止动导销；4—定模板；

图 10.59 导销止动装置

（4）斜滑块的推出行程。斜滑块的推出距离可由推杆的推出距离来确定。但是，斜滑块在动模板导滑槽中推出的行程有一定的要求，为了合模时斜滑块不被卡死，一般情况下，卧式模具斜滑块的推出行程不大于斜滑块高度的 1/3，如果必须使用更大的推出距离，可加长斜滑块导向的长度。

（5）推杆位置的选择。在侧向抽芯距较大的情况下，应注意在侧抽芯过程中防止斜滑块移出推杆顶端的位置，造成斜滑块无法完成预期的侧向分型或抽芯的工作，所以在设计时，对推杆的位置选择应十分重视。

（6）斜滑块的装配要求。对于斜滑块底部非分型面的情况，为了保证斜滑块在合模时的拼合面密合，避免注射成型时产生飞边，斜滑块装配时必须使其底面离动模板有 0.2～0.5mm 的间隙，上面高出动模板 0.4～0.6mm（应比底面的间隙略大些为好），如图 10.60 所示。

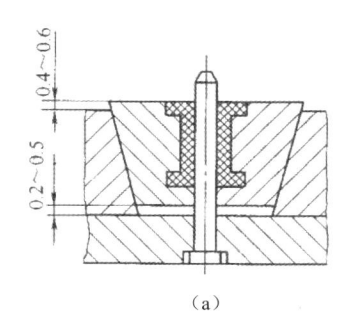

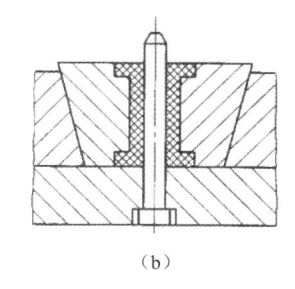

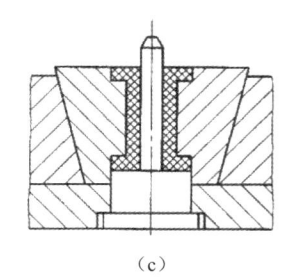

图 10.60 斜滑块的装配

如图 10.60（a）所示，一方面合模时由于锁模力直接作用在斜滑块上，使斜滑块的拼合面十分紧密；另一方面，当斜滑块与导滑槽之间有磨损后，再通过修磨斜滑块的下端面来保持其密合性。另外，当斜滑块的底面作为分型面时，底面是不能留间隙的，如图 10.60（b）所示。但这种形式一般很少采用，因为滑块磨损后很难修整，而采用图 10.60（c）所示的形式较为合理。

10.7 斜导杆导滑侧向分型与抽芯机构

斜导杆导滑的侧向分型与抽芯机构也称为斜推杆式侧抽芯机构（或斜顶机构），它是由斜导杆与侧型芯制成整体式或组合式后与动模板上的斜导向孔（常常是矩形截面）进行导滑推出的一种特殊的斜滑块抽芯机构。

图 10.61 为手机后盖扣位，由于侧向深度较浅，不适宜采用斜导柱侧向分型与抽芯机构，所以一般采用斜顶机构。

因此斜顶机构（如图 10.62 所示）主要用于产品有较小的倒钩或不易实现侧抽芯的场合，是侧抽芯的一种巧妙的代替和补充，较斜导柱侧抽芯机构有明显的经济优势，它既有成型作用，又有顶出作用，是一种特殊形式的零部件。斜顶机构三维图如图 10.63 所示。

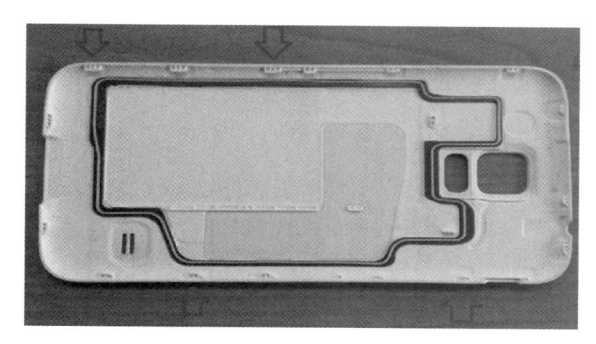

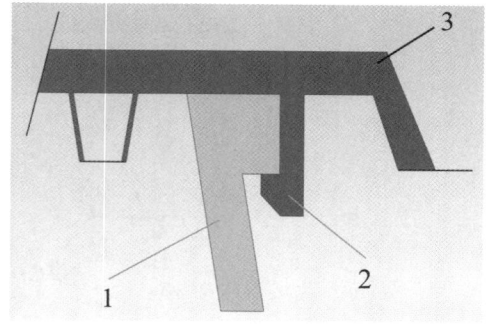

图 10.61　手机后盖扣位

1—斜顶；2—扣位；3-塑件

图 10.62　斜顶机构

斜顶运动原理如图 10.64 所示，斜顶放置在一个固定不动的模板斜孔中，斜顶与斜孔配合。从下向上给斜顶一个推力推动斜顶向上运动。斜顶在斜孔和推力的强迫作用下，不仅向上运动了，并且向斜顶倾斜方向运动了一定距离。在顶出过程中，产品是垂直运动的，而斜顶不仅是垂直线运动，而且有向内凹反方向运动。

如图 10.65 所示，斜顶抽芯距离按照下面的公式进行确定：

$$S_1 = S + (2 \sim 4) \text{mm} \tag{10.17}$$

式中，S_1——斜顶抽芯距离，单位为 mm；

S——倒钩深度，单位为 mm。

图 10.63　斜顶机构三维图

图 10.64　斜顶运动原理

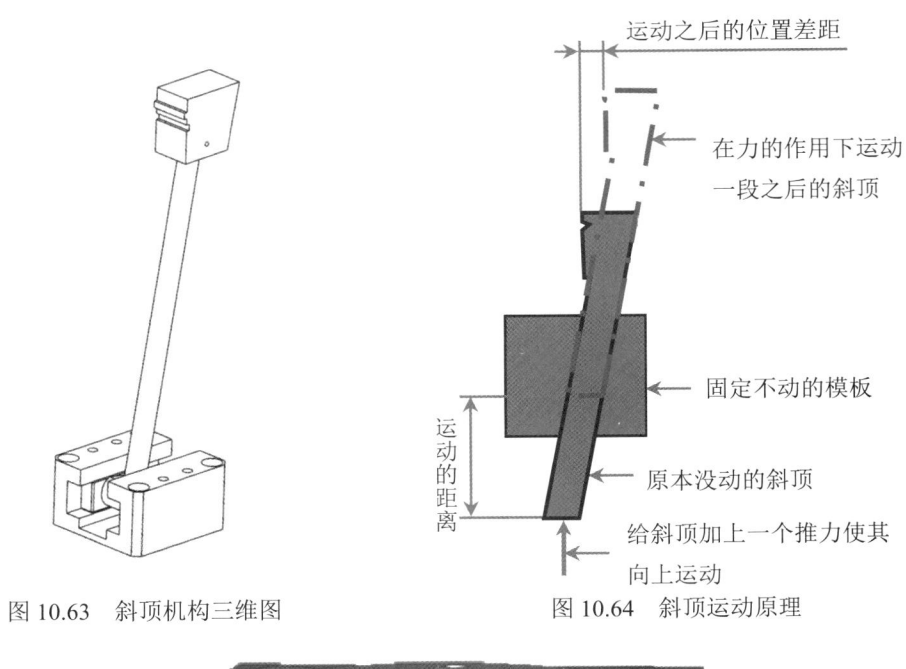

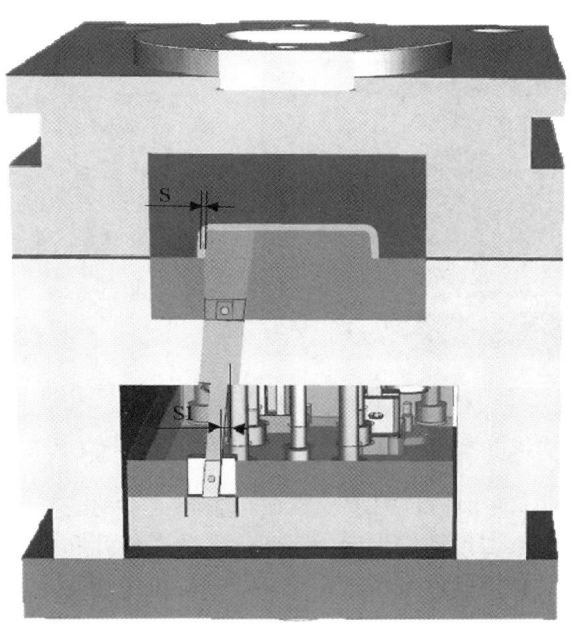

图 10.65　斜顶抽芯距离

根据实际推出行程 H 确定斜顶的倾斜角度 α，α 一般为 3°～12°，一般不超过 15°。同时根据产品扣位的宽度确定斜顶宽度。根据斜顶宽度及斜顶所在产品位置（主要看有无干涉、斜顶上的胶位面落差是否很大），确定斜顶厚度，斜顶厚度一般不小于 6mm。斜顶顶面低于产品面 0.05mm，以避免拉伤表面。

斜顶材料可以采用 H13，并进行氮化处理。斜顶需加工油槽（斜顶的顶、底面除外）。根据斜顶宽度、厚度及总长度确定导滑槽的形式。根据斜顶宽度、厚度设计导滑块，材料一般有 40Cr、青铜，导滑槽一般采用 40Cr 材料。

导滑槽有多种结构，如图 10.66 和图 10.67 所示。

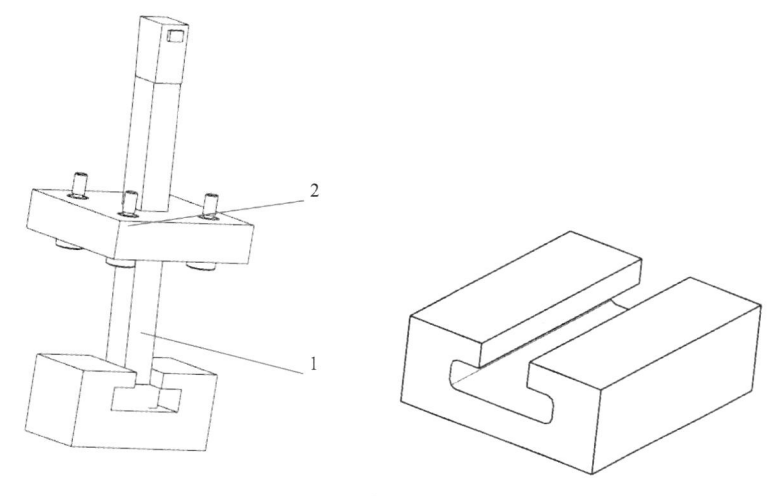

1—导滑槽；2—斜顶

图 10.66　斜顶导滑槽结构一

图 10.67　斜顶导滑槽结构二

斜顶机构设计时需要检查斜顶头部是否为反斜度（顶出会铲胶），要注意斜顶是否会与其他部件干涉（如其他斜顶、推杆、加强肋），其一定要校核，斜顶设计出现的不足如图 10.68 所示。

斜顶机构亦可分成外侧抽芯与内侧抽芯两大类。

图 10.69 为斜顶机构外侧抽芯的结构形式，斜顶的成型端由侧型芯 6 与之组合而成，在推出端装有滚轮 2，以滚动摩擦代替滑动摩擦，用来减少推出过程中的摩擦力，推出过程中的侧抽芯靠斜顶 3 与动模板 5 之间的斜孔导向，合模时，定模板压斜顶成型端使其复位。

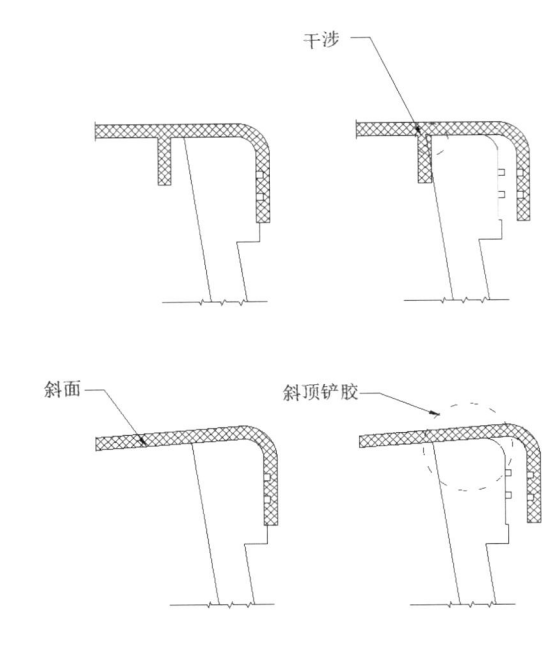

图 10.68　斜顶设计出现的不足

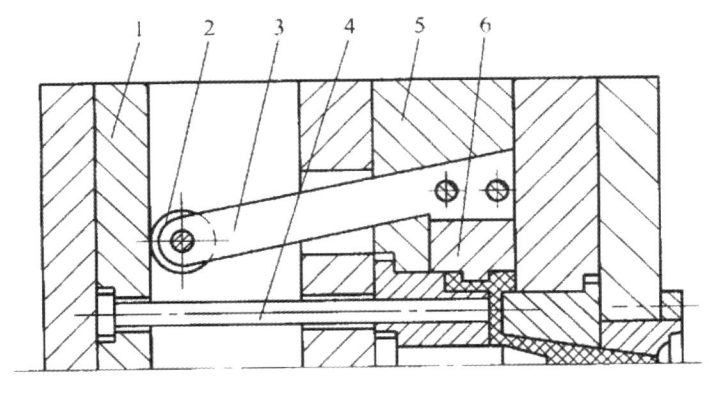

1—推杆固定板；2—滚轮；3—斜顶；4—推杆；5—动模板；6—侧型芯

图 10.69　斜顶机构外侧抽芯的结构形式

图 10.70 为斜顶内侧抽芯的一种结构形式，侧型芯镶在斜顶内，后端用转轴与滚轮相连，然后安装在由压板 2 和推杆固定板 3 所形成的配合间隙中。合模时，在复位杆 4 的作用下，压板 2 迫使滚轮使斜顶 5 复位。

斜顶内侧抽芯的结构设计中的关键问题是斜顶的复位措施。

为了使斜顶的固定端结构简单，复位可靠，有时将侧型芯在分型面上向塑件的外侧延伸，如图 10.71 中的 A 处所示。合模时，定模板压着 A 处使其复位。斜顶用螺纹与侧型芯连接，也有采用连杆等形式使斜顶复位的，如图 10.72 所示。

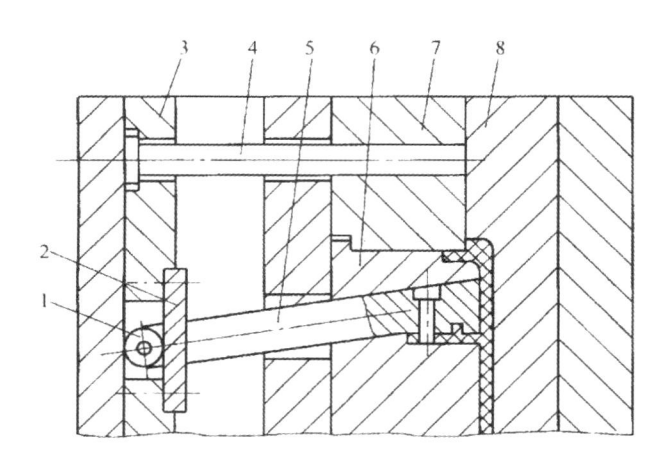

1—滚轮；2—压板；3—推杆固定板；4—复位杆；5—斜顶；6—凸模；7—动模板；8—定模板

图 10.70　斜顶内侧抽芯结构之一

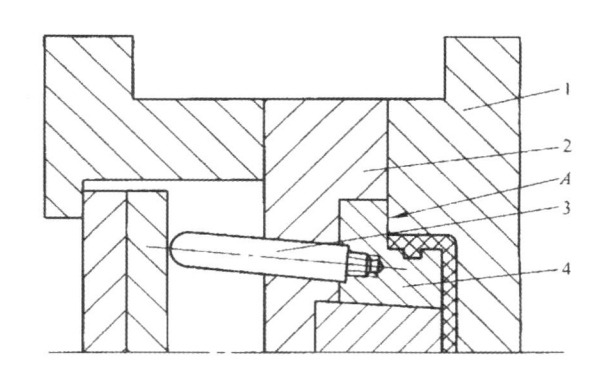

1—定模板；2—动模板；3—斜顶；4—侧抽芯

图 10.71　斜顶内侧抽芯结构之二

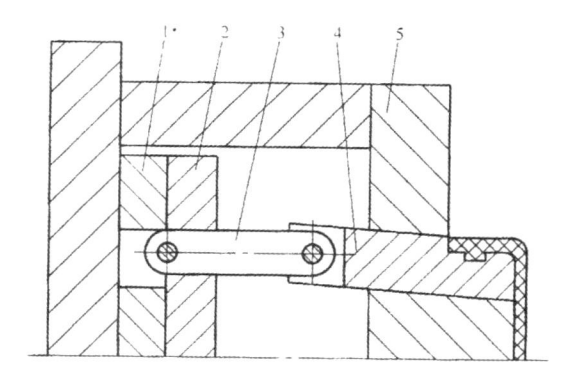

1—推板；2—推杆固定板；3—连杆；4—斜顶；5—动模板

图 10.72　斜顶内侧抽芯结构之三

10.8 液压或气动侧向分型与抽芯机构

液压或气动侧向分型与抽芯机构是通过液压缸(如图 10.73 所示)或气缸活塞(如图 10.74 所示)及控制系统来实现的。当塑件上的侧向有较深的孔时,如三通管子塑件,侧向的抽芯力和抽芯距很大,用斜导柱、斜滑块等侧抽芯机构无法解决时,往往优先考虑采用液压或气动侧抽芯机构。一般的塑料注射机上通常均配有液压抽芯的油路及其控制系统,所以注射成型常用液压抽芯而很少采用气动抽芯。

图 10.73 液压缸　　　　　　　　　　图 10.74 气缸活塞

图 10.75 为液压缸固定在动模部分的液压侧向抽芯机构,侧型芯 1 用连接器 5 与液压缸 7 的活塞杆相连。注射时,楔紧块 2 将侧型芯 1 锁紧,注射后分模,先侧向液压抽芯,然后再推出塑件。合模之前,先侧型芯液压复位,然后再合模。

图 10.76 为液压缸固定在定模部分的液压侧向抽芯机构,侧型芯 2 通过连接板用 T 形槽与液压缸 5 的活塞杆相连,注射结束分模前,先进行液压抽芯;合模后,再使侧型芯液压复位。

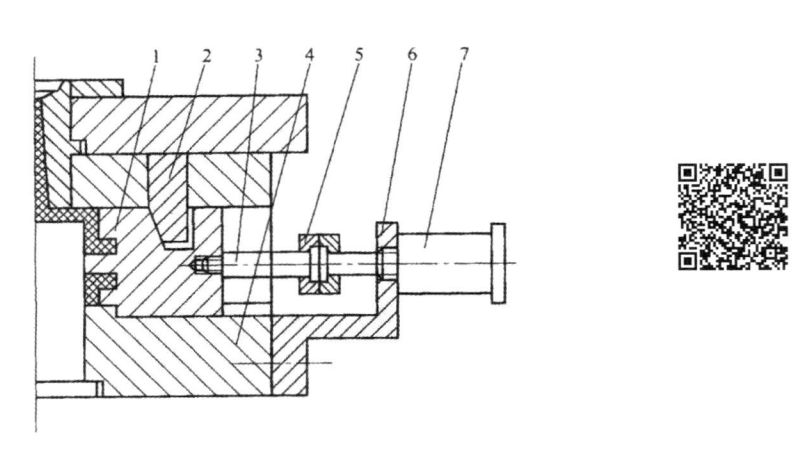

1—侧型芯；2—楔紧块；3—拉杆；4—动模板　5—连接器；6—支架；7—液压缸

图 10.75 动模部分液压侧向抽芯机构

1—定模板；2—侧型芯；3—侧型芯固定板；4—支架；5—液压缸

图 10.76　定模部分液压侧向抽芯机构

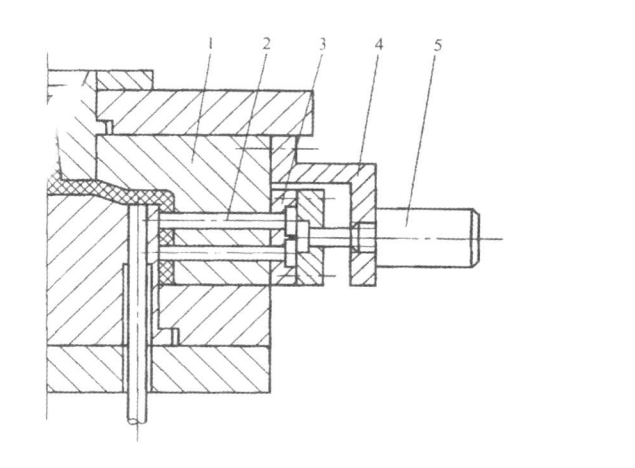

设计液压侧向抽芯机构时，要注意液压缸的选择、安装及液压抽芯与复位的时间顺序。液压缸的选择要按计算的侧向抽芯大小及抽芯距长短来确定；液压缸通常采用支架固定在模具的外侧，也有采用支柱或液压缸前端外侧直接用螺纹旋入模板的安装形式，视具体情况而定。安装时还应注意侧型芯的锁紧形式；侧型芯抽出与复位的时间顺序是按照侧型芯的安装位置、推杆推出与复位的次序、开合模对侧抽芯和复位的影响来确定的。

思考题

1．斜导柱设计中有哪些技术问题？请分别叙述。
2．当侧向抽芯与模具开合模的垂直方向成 β 角度时，其斜导柱倾斜角一般如何选取？楔紧块的楔紧角如何选取？
3．侧型芯滑块与导滑槽导滑的结构有哪几种？请绘草图加以说明，并注上配合精度。
4．侧型芯滑块脱离斜导柱时的定位装置有哪几种形式？并说明各自的使用场合。
5．什么是侧抽芯时的干涉现象？如何避免侧抽芯时发生的干涉现象？讲述清楚各类先复位机构的工作原理。
6．弯销侧向抽芯机构的特点是什么？
7．指出斜导槽侧抽芯机构的特点，画出斜导槽的三种形式，并分别指出其侧抽芯特点。
8．斜滑块侧抽芯可分为哪几种形式？指出斜滑块侧抽芯时的设计注意事项。
9．液压侧芯机构设计时应注意哪些问题？

扩展阅读：中国塑料之父——徐僖

徐僖（见图 10.77），中共党员，1921 年 1 月生于江苏省南京市，中国科学院院士，高分子材料学家，长期从事高分子力化学、高分子材料成型基础理论、油田化学及辐射化学等领域研究。他发明的五倍子塑料，结束了我国塑料原材料纯靠进口的历史。1960 年，徐僖编写了中国高校第一本高分子教科书《高分子物化学原理》，被誉为"中国塑料之父"。

图 10.77　徐僖院士

1940 年，徐僖入读内迁贵州的浙江大学化工系。1944 年，考取本校研究生并师从我国著名染料专家侯毓汾，研究五倍子染料。五倍子是生长在漆树科植物上的虫瘿的总称，含有大量五倍子单宁。当时，徐僖预测其中可能有合成塑料的某种成分，希望深入研究，以利用川黔地区的丰富资源建设我国的塑料工业，这项研究在当时中国石油化工领域尚属空白。1947 年，徐僖赴美国宾夕法尼亚州里海大学攻读硕士学位。为了尽早实现自己的设想，尽快创建属于中国人自己的塑料工业，他背了 30 多千克五倍子作为试验材料前往美国。经过一年多废寝忘食、夜以继日的钻研，制得了五倍子塑料，证实了他的设想。为丰富实践经验，他放弃攻读博士学位，到美国柯达公司精细药品车间实习。

1949 年 5 月，徐僖回国。中华人民共和国成立初期，工业基础十分薄弱，又被国外封锁禁运，塑料制品奇缺，甚至连衣服纽扣和一般家用电器的插头、插座都很难买到。1951 年，徐僖在重庆大学任教的同时，受命筹建重庆棓酸塑料厂（后更名为重庆合成化工厂）。当时，我国基础工业薄弱，仪器设备简陋，在生产棓酸塑料过程中难免会出现危险，他顶住外界舆论压力，总结经验教训，经过反复试验成功制成了棓酸塑料。1953 年，棓酸塑料工厂建成，这是我国第一个完全利用国产原料、设备和技术的制塑工厂。

1953 年徐僖受命赴四川化学工业学院，筹建我国高等学校第一个塑料专业。其后，徐僖在教学和学科建设中提出"用物理方法解决化学问题"的新理论，在国内开创了高分子力化学的新方向。数十年来，徐僖一直在为高分子材料科学贡献着自己的力量，并一直站在高分子领域的船头瞭望，科研方向也一直与国家的发展紧密相连。他提出的高分子领域的绿色加工、高分子材料的再利用等课题，无一不对材料科学的发展产生了深远影响。从我国第一个塑料专业开始，徐僖和他建立的培养基地已经为国家培养了近 3 万名高分子方面的专业人才。仅四川大学，在他的带领下就形成了高分子学院、轻纺学院、化工学院等众多学院和相关学科。

第 11 章 温度调节系统

注射模具的温度对塑料熔体的充模流动、固化定型、生产效率、塑件的形状和尺寸精度都有重要的影响。注射模具中设置温度调节系统的目的是通过控制模具温度，使注射成型顺利进行并获得良好的塑件质量和生产效率。

11.1 模具温度与塑料成型温度的关系

11.1.1 模具温度及其调节的重要性

模具温度（模温）是指模具型腔和型芯的表面温度。不论是热塑性塑料还是热固性塑料的模塑成型，模具温度对塑料制件的质量和生产率都有很大的影响。

1. 模具温度对塑料制件质量的影响

模具温度及其波动对塑料制件的收缩率、尺寸稳定性、力学性能、变形、应力开裂和表面质量等均有影响。

模具温度过低会导致熔体流动性差、制件轮廓不清晰、制件表面不光泽（如图 11.1 所示），甚至充不满型腔（如图 11.2 所示）或形成熔接痕（如图 11.3 所示），以及缺陷多、力学性能低等问题。对于热塑性塑料，模温过低且充模速度又不高会导致制件内应力增大，易引起翘曲变形或应力开裂。对于热固性塑料，模温过低会造成固化程度不足，降低塑件的物理、化学和力学性能。

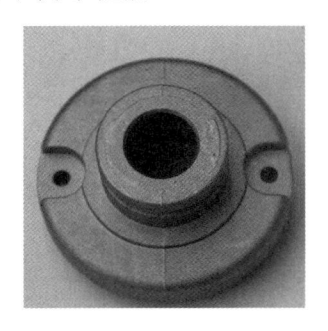

图 11.1 制件表面不光泽

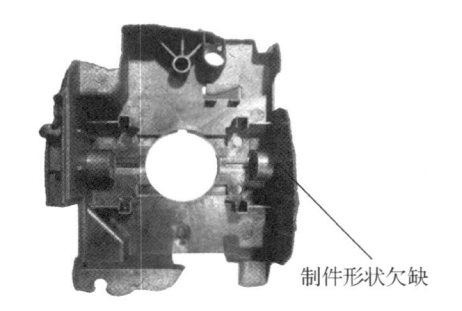

图 11.2 充不满型腔

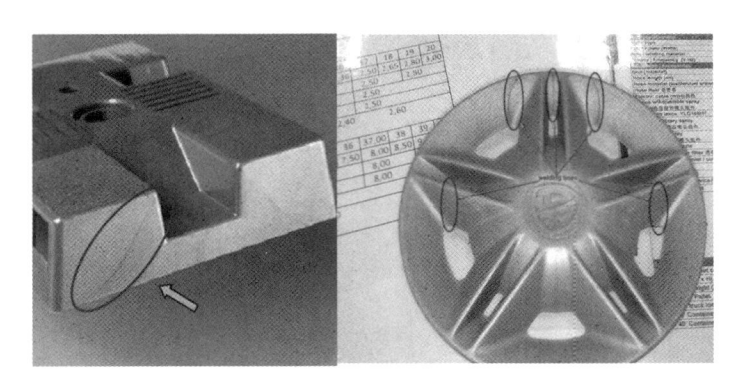

图 11.3 模具温度过低形成的熔接痕

模温过高,成型收缩率大,易造成溢料飞边(如图 11.4 所示)和粘模,脱模和脱模后制件变形大(如图 11.5 所示)。

图 11.4 塑件溢料飞边　　图 11.5 模温过高造成脱模后制件变形

模具温度波动较大时,型芯和型腔温差大,制件收缩不均匀,这将导致制件翘曲变形(如图 11.6 所示),影响制件的形状及尺寸精度。

图 11.6 模具温度波动导致制件翘曲变形

2. 模具温度对模塑成型周期的影响

缩短模塑成型周期就是提高模塑效率。在塑料制品成型周期中,冷却时间占了很大比例,一般可占成型周期的 2/3。由于冷却所需的时间长,使得注射成型生产率的提高受到了阻碍,因此缩短成型周期中的冷却时间便成了提高生产率的关键。影响冷却时间的因素很多,如冷却管道与型腔的距离、塑料种类、塑件厚度、冷却介质(水)初始温度及流动状态等。在设计模具冷却系统时,可以从产品设计和工艺设置入手来减少冷却时间,提高生产效率。

在模具中设置温度调节系统的目的是通过控制模具温度,使模塑成型具有良好的产品质量和较高的生产率。调节模具温度是指对模具进行冷却或加热,必要时应两者兼有,从而达到控制模温的目的。

11.1.2 模具温度与塑料成型温度的关系

注射入模具中的热塑性熔融树脂必须在模具内冷却固化才能成为塑件,所以模具温度必须低于模具内的熔融树脂的温度,即达到 θ_g(玻璃化温度)以下的某一温度范围,由于树脂本身的性能特点不同,不同的塑料要求有不同的模具温度。

(1)对于黏度低、流动性好的塑料,如聚乙烯、聚丙烯、聚苯乙烯、聚酰胺等,因为模具不断地被注入的熔融塑料加热,模温升高,单靠模具本身自然散热不能使模具保持较低的温度,这些塑料要求模温不能太高,因此必须加设冷却装置。常用常温水冷却模具,有时为了进一步缩短在模内的冷却时间,或者在夏天,可使用冷凝处理后的冷水进行冷却。

(2)对于黏度高、流动性差的塑料,如聚碳酸酯、聚砜、聚甲醛、聚苯醚和氟塑料等,为了提高充型性能,考虑到成型工艺要求要较高的模具温度,因此必须设置加热装置,对模具进行加热。

(3)对于黏流温度 θ_f 或熔点 θ_m 较低的塑料,一般需要用常温水或冷水对模具冷却,而对于高黏流温度和高熔点的塑料,可用温水进行模温控制。模温要求在 90℃以上时,必须对模具加热。

(4)对于流程长、壁厚较小的塑件,或者黏流温度或熔点虽不高但成型面积很大的塑件,为了保证塑料熔体在充模过程中不至温降太大而影响充型,可设置加热装置对模具进行预热。

(5)对于小型薄壁塑件,且成型工艺要求模温不太高时,可以不设置冷却装置而靠自然冷却。

部分塑料树脂及与之相对应的模具温度,参见表 11.1 和表 11.2。

表 11.1 部分热塑性树脂的成型温度与模具温度

树脂名称	成型温度/℃	模具温度/℃	树脂名称	成型温度/℃	模具温度/℃
LDPE	190~240	20~60	PS	170~280	20~70
HDPE	210~270	20~60	AS	220~280	40~80
PP	200~270	20~60	ABS	200~270	40~80
PA6	230~290	40~60	PMMA	170~270	20~90
PA66	280~300	40~80	硬 PVC	190~215	20~60
PA610	230~290	36~60	软 PVC	170~190	20~40
POM	180~220	90~120	PC	250~290	90~110

表 11.2　部分热固性树脂的模具温度

树 脂 名 称	模具温度/℃	树 脂 名 称	模具温度/℃
酚醛塑料	150～190	环氧塑料	177～188
脲醛塑料	150～155	有机硅塑料	165～175
三聚氰胺甲醛塑料	155～175	硅酮塑料	160～190
聚邻（对）苯二甲酸二丙烯酯	166～177		

总之要得到优质产品，模具必须进行温度控制，在设计模具时要根据塑料成型工艺的需要设置冷却装置或加热装置。

11.2　常见冷却系统的结构

冷却系统是指模具中开设的水道系统（如图 11.7 所示），它与外界水源连通，根据需要组成一个或多个回路的水道。

图 11.7　注射模开设的冷却水道

模具冷却系统的设计与使用的冷却介质、冷却方法有关。模具可以用水、压缩空气和冷凝水冷却，但用水冷却最为普遍，因为水的热容量大，传热系数大，成本低廉。所谓水冷，即在模具型腔周围和型芯内开设冷却水回路，使水或冷凝水在其中循环，带走热量，维持所需的温度。

冷却回路的设计应做到使回路系统内流动的介质能充分吸收成型塑件所传导的热量，使模具成形表面的温度稳定地保持在所需的温度范围内，而且要做到使冷却介质在回路系统内流动畅通，无滞留部位。但在开设冷却水回路时，受到模具上各种孔（顶杆孔、型芯孔、镶件接缝等）的限制，所以要按理想情况设计较困难，必须根据模具的具体特点灵活地设置冷却回路。

确定冷却水孔的直径时应注意，无论多大的模具，水孔的直径不能大于 14 mm，否则冷却水难以成为湍流状态，以至降低热交换效率。一般水孔的直径可根据塑件的平均壁厚来确定。平均壁厚为 2mm 时，水孔直径可取 8～10mm；平均壁厚为 2～4mm 时，水孔直径可取 10～12mm；平均壁厚为 4～6mm 时，水孔直径可取 10～14mm。

11.2.1 冷却水回路的布置

塑件在模具内的冷却时间通常是指塑料熔体从充满型腔时起到可以开模取出塑件时为止这一段时间。开模取出塑件的标准是塑件已充分固化，且具有一定的强度和刚度。冷却时间越短，则开模时的残余温度越高，残余温度将会引起塑件的变形。塑料模具可以看成是一种热交换器，如果冷却介质不能及时有效地带走必须带走的热量，不能实现均一的快速冷却，则在一个成型周期内就不能维持热平衡，会使塑件内部产生应力而导致产品变形或开裂，从而就无法进行稳定的模塑成型。因此，设置冷却效果良好的冷却水回路的模具是缩短成型周期、提高生产效率最有效的方法。所以人们应根据塑件的形状、壁厚及塑料的品种，设计与制造出能实现均一、高效的冷却回路。

下面介绍冷却回路设置的基本原则。

（1）在满足冷却所需的传热面积和模具结构允许的前提下，冷却水道数量应尽量多，冷却通道孔径要尽量大。型腔表面的温度与冷却水道的数量、截面尺寸及冷却水的温度有关。图 11.8 是在冷却水道数量和尺寸不同的条件下通入不同温度（45℃和 59.83℃）的冷却水后，模具内的温度分布情况。由图可知，采用 5 个较大的水道孔时，型腔表面温度比较均匀，型腔表面温度出现 60～60.05℃的变化，如图 11.8（a）所示。而同一型腔采用 2 个较小的水道孔时，型腔表面温度出现 53.33～61.66℃的变化，如图 11.8（b）所示。由此可以看出，为了使型腔表面温度分布趋于均匀，防止塑件不均匀收缩和产生残余应力，在模具结构允许的情况下，应尽量多设冷却水道，并使用较大的截面面积。

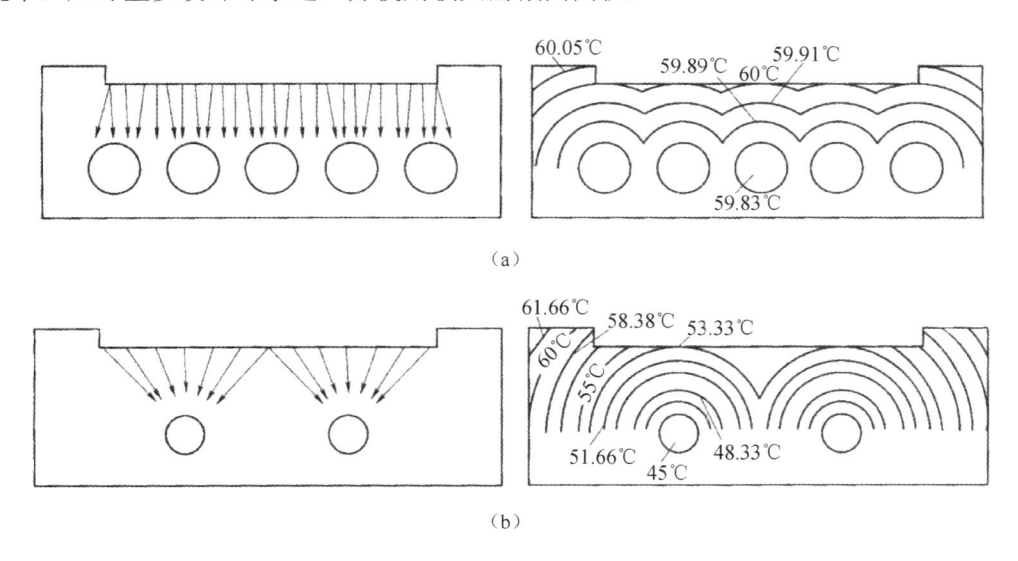

图 11.8 模具内的温度分布

（2）冷却水道至型腔表面距离应尽量相等。当塑件的壁厚基本均匀时，冷却水道与型腔表面的距离最好相等，分布尽量与型腔轮廓相吻合，如图 11.9（a）所示。但是当塑件不均匀时，厚的地方冷却水道到型腔表面的距离应近一些，间距也可适当小一些，如图 11.9（b）所示。一般水道孔边至型腔表面的距离应大于 10mm，为冷却通道直径的 1～2 倍。

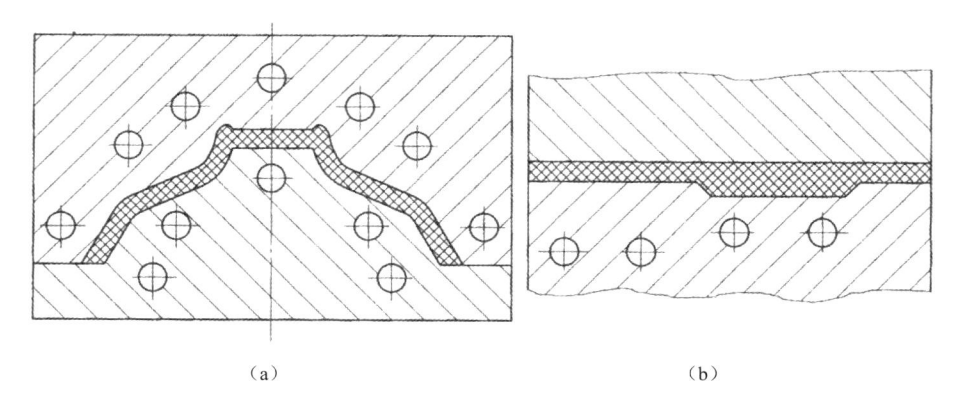

图 11.9　冷却水道的布置示意图

（3）浇口处加强冷却。塑料熔体充填型腔时，一般浇口附近温度最高，距浇口越远温度就越低，因此浇口附近应加强冷却，通常将冷却水道的入口设置在浇口附近，使浇口附近的模具在较低温度下冷却，而远离浇口部分的模具在经过一定程度热交换的温水作用下冷却。图 11.10 分别为侧浇口、多点浇口、直接浇口三种浇注系统注射模具冷却水道的出、入口排布。在一般情况下型芯的散热能力差，因而对型芯应加强冷却，应该特别注意型芯冷却回路的布置。对于聚碳酸酯等塑料注射成型，模具型腔要进行加热，而型芯则要冷却。

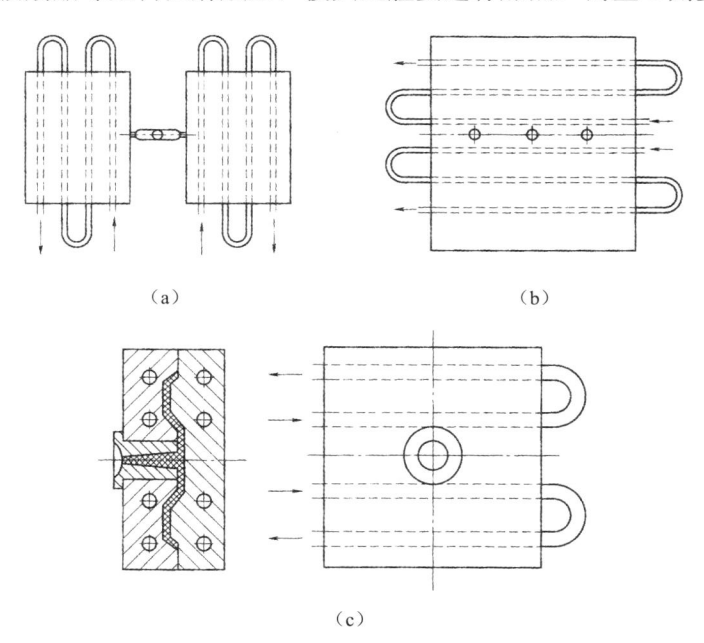

图 11.10　冷却水道的出、入口排布

（4）冷却水道出、入口温差应尽量小。一般情况下进水与出水温度差要不大于5℃，精密注射模具不超过2℃。如果冷却水道较长，则入水与出水的温差就较大，这样就会使模具的温度分布不均匀。为了避免这个现象发生，可以通过改变冷却水道的排列方式来克服这个缺陷。如图11.11所示，图11.11（b）中的形式比图11.11（a）中的形式好，降低了出、入水的温差，提高了冷却效果。

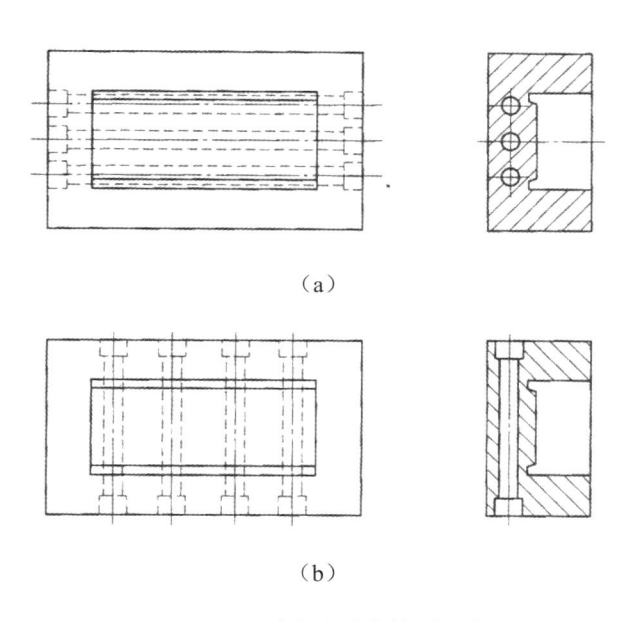

图 11.11　冷却水道的排列形式

（5）冷却水道应沿着塑料收缩的方向设置。对收缩率较大的塑料，如聚乙烯，冷却水道应尽量沿着塑料收缩的方向设置。图11.12是方形塑件采用中心浇口（直接浇口）时的冷却水道，冷却水道从浇口处开始，以方环状向外扩展。

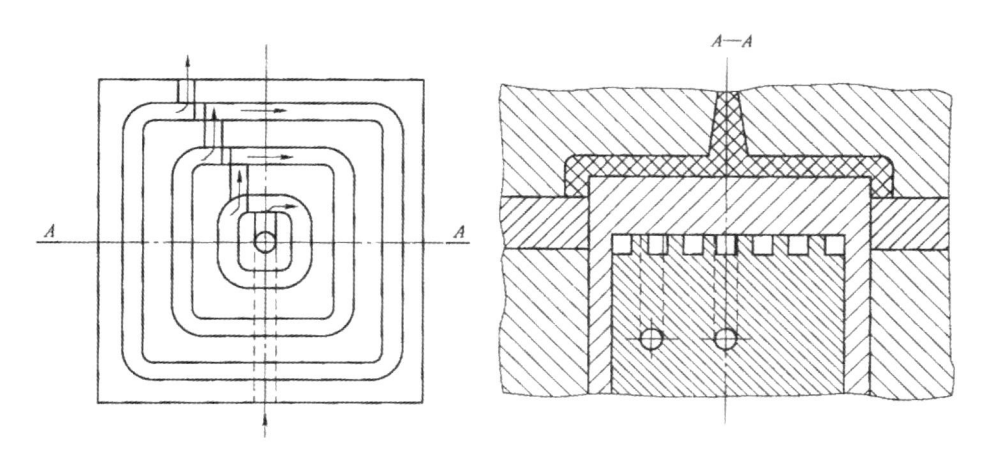

图 11.12　方形塑件采用中心浇口时的冷却水道

（6）冷却水道的布置应避开塑件易产生熔接痕的部位。塑件易产生熔接痕的地方，本身温度就比较低，如果在该处再设置冷却水道，就会更加促使熔接痕的产生。

（7）注意水管的密封问题，以免漏水。冷却管道不应穿过镶件，以免在接缝处漏水；必须通过镶件时，应加设管套密封圈（如图 11.13 所示）。此外，应注意水道穿过型芯、型腔与模板接缝处的密封及水管与水嘴连接处的密封，同时水管接头部位应设置在不影响操作的方向，通常在注射机的背面。

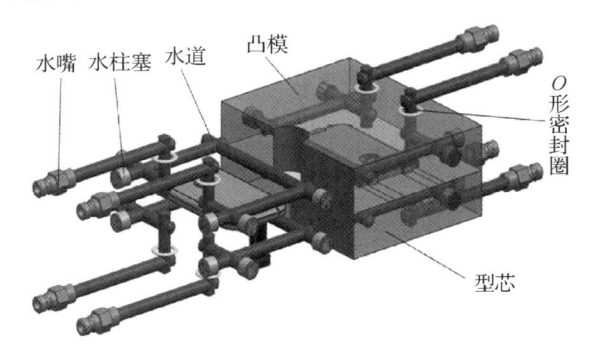

图 11.13　冷却管道加设管套密封圈

11.2.2　常见冷却系统的结构

1．直流式和直流循环式

直流式冷却水道如图 11.14（a）所示，直流循环式冷却水道如图 11.14（b）所示。这两种形式的冷却水道结构简单，加工方便，但模具冷却不均匀。不过，后者比前者冷却效果更差，它适用于成型面积较大的浅型塑件。

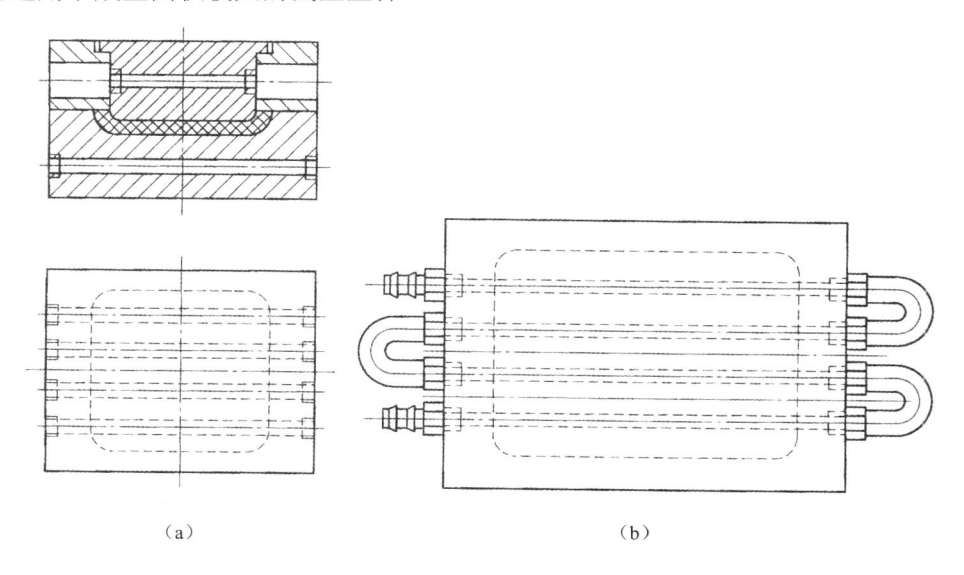

（a）　　　　　　　　　　　　（b）

图 11.14　直流式和直流循环式冷却水道

2. 循环式

循环式冷却水道如图 11.15 所示。图 11.15（a）为间隙循环式冷却水道的结构形式，冷却效果较好，但出入口数量较多，加工费时；图 11.15（b）为连续循环式冷却水道的结构形式，冷却槽加工成螺旋状，且只有一个入口和一个出口，其冷却效果比图 11.15（a）中的结构稍差，这种形式适用于中小型的型芯和型腔。

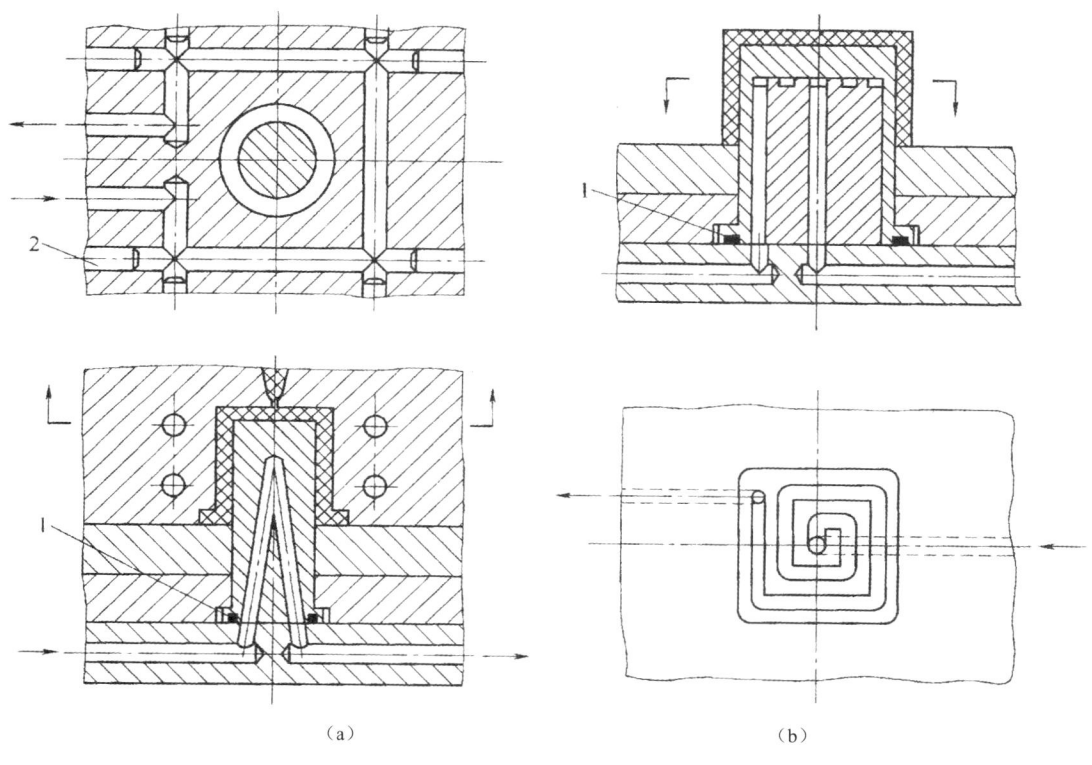

（a） （b）

1—密封圈；2—堵塞

图 11.15 循环式冷却水道

3. 喷流式

当塑件矩形内孔长度较大，但宽度相对较窄时，可采用喷射式冷却的结构形式，即在型芯的中心制出一排盲孔，在每个孔中插入一根管子，冷却水从中心管子流入，喷射到浇口附近型芯盲孔的底部对型芯进行冷却，然后经过管子与凸模的间隙从出口处流出，喷流式冷却水道如图 11.16 所示。空心细长塑件需要使用细长的型芯，可以在型芯上制出一个盲孔，插入一根管子进行喷流式冷却。这样的冷却水道结构简单，成本较低，冷却效果较好。

4. 隔板式

对于深型腔塑件模具，最困难的是凸模的冷却问题。图 11.17 是隔板式冷却水道，在凹模一侧，其底部可从浇口附近通入冷却水，沿矩形截面水槽流出，其侧部开设圆形截面水道，冷却水围绕模腔一周之后从分型面附近的出口排出。在凸模上加工出螺旋槽，并在螺旋槽内加工出一定数量的盲孔，而每个盲孔用隔板分成底部连通的两个部分，从而形成凸模中心进水、外侧出水的冷却回路。这种隔板形式的冷却水道加工麻烦，隔板与孔配合要求高，否则隔板易转动而达不到要求。隔板常用先车削成形（与孔过渡配合）后把两侧铣削掉或线切割成形的办法制成，然后再插入孔中。

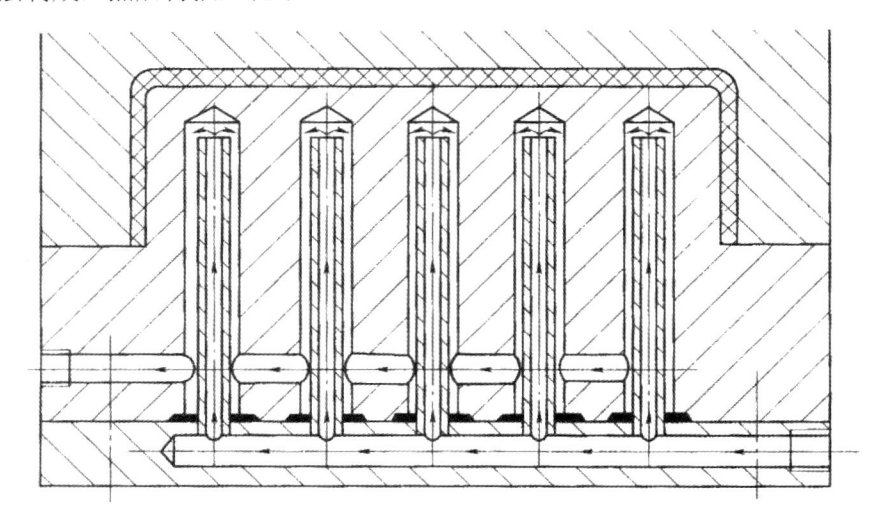

图 11.16 喷流式冷却水道

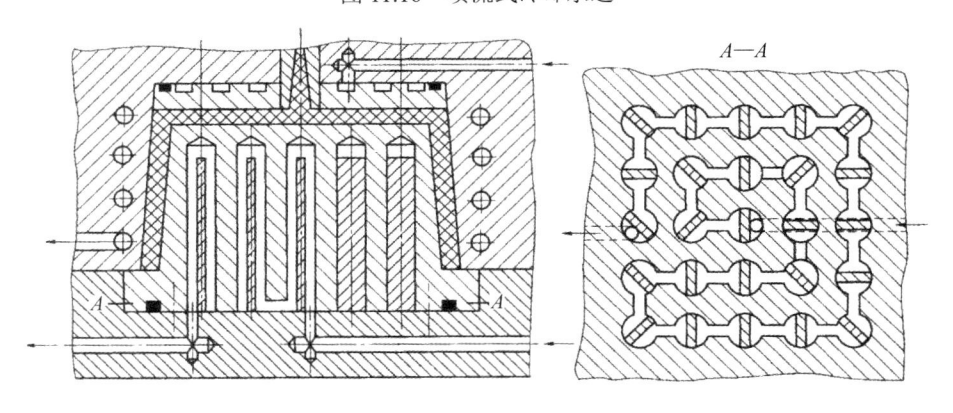

图 11.17 隔板式冷却水道

对于大型特深型腔的塑件，其模具的凹模和凸模均可在对应的镶拼件上分别开设螺旋槽，如图 11.18 所示，这种形式的冷却效果特别好。

5．间接冷却

对于型芯更加细小的模具，可采用间接冷却的方式进行冷却。图 11.19（a）为冷却水喷射在铍铜制成的细小型芯的后端，靠铍铜良好的导热性能对其进行冷却的形式。图 11.19（b）为在细小型芯中插入一根与之配合接触很好的铍铜杆，在其另一端加工出翅片，用它来扩大散热面积，提高水流冷却效果的形式。

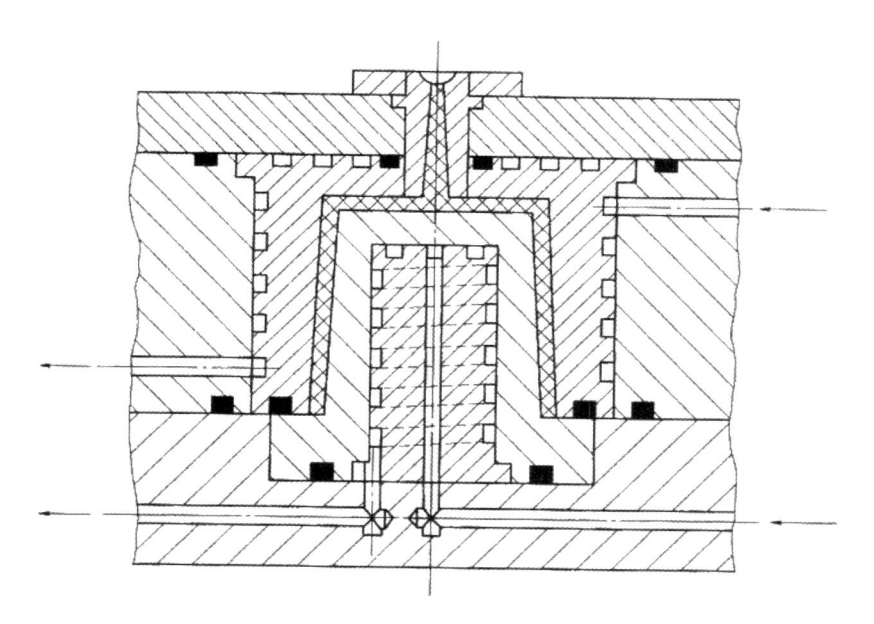

图 11.18 特深型腔塑件的冷却水道

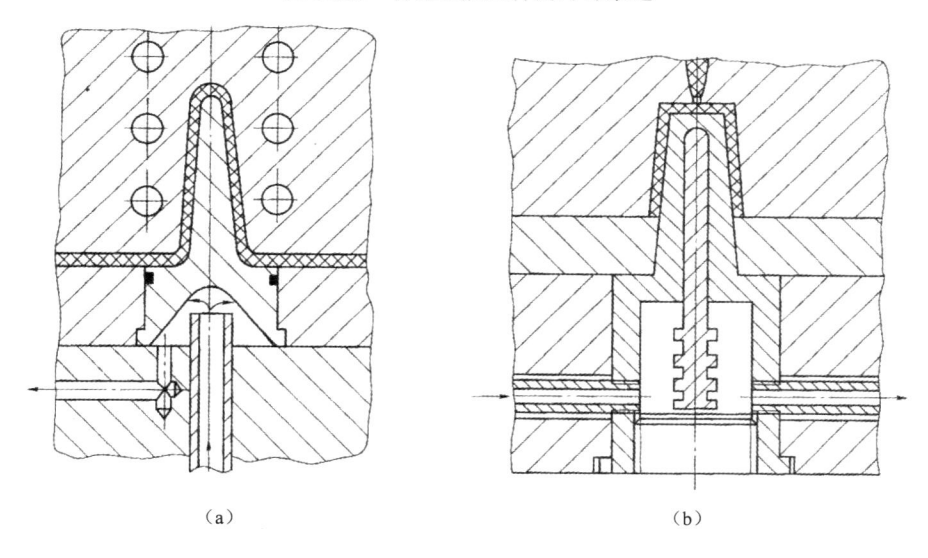

(a) (b)

图 11.19 细长凸模的间接冷却

6．随形冷却

随形冷却水道是依照产品外形所设计的、形状复杂不规整的冷却水路，如图 11.20 所示。注塑时塑料产品的冷却主要靠模具冷却水路来完成，但传统冷却水路是通过铣床等机加工工艺制造的，水路只能为圆柱形直孔，无法完全贴近注塑件表面，冷却效率低且冷却不均匀，导致注塑周期长、产品变形量大。

随形冷却水道的基本原理是跳出传统设计位置和框架，让水路能贴着模腔表面几何形状的变化而变化，不仅为模具设计师们提供了更大的模具设计空间，而且能简化冷却水路的设计方法。更进一步来看，模具的散热水路设计方式也可以采用不规则形状设计，提升散热效率。

随形冷却水道目前主要采用金属3D打印技术与扩散焊技术联合进行加工。不论是多少直径的模具冷却水道，或是一般车床难以施作的内角加工，金属3D打印皆可打印，而且即使随形冷却水道的规划方式复杂，金属3D打印只要一次施作过程就能精准的同时完成模具与随形冷却水道。

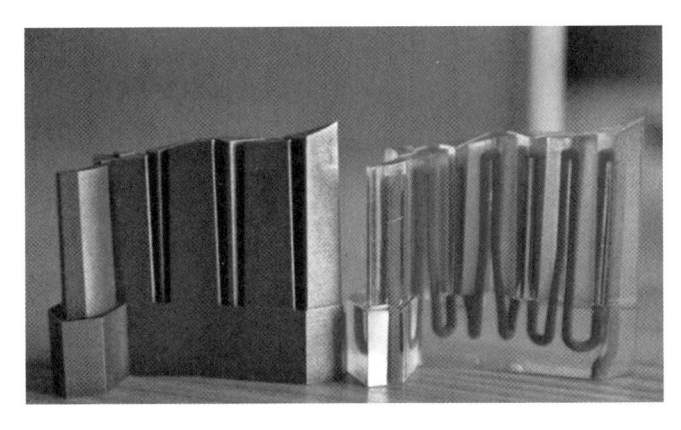

图 11.20　随形冷却水道

11.3　模具的加热系统

11.3.1　模具加热的方式

当注射成型工艺要求模具温度在 90℃以上时，模具中必须设置加热装置。模具的加热方式有很多，如热水、热油、水蒸气、煤气或天然气和电加热等。目前普遍采用的是电加热温度调节系统，电加热有电阻加热和工频感应加热，前者应用广泛，后者应用较少。如果加热介质采用各种流体，那么其设计方法类似于冷却水道的设计。下面介绍电加热的主要方式。

（1）电热丝直接加热。将选择好的电热丝放入绝缘瓷管中，然后将其装入模板的加热孔，通电后就可对模具加热。这种加热方法结构简单、成本低廉，但电热丝与空气接触后易氧化，寿命较短，同时也不太安全。

（2）电热圈加热。将电热丝绕制在云母片上，再装夹在特制的金属外壳中，电热丝与金属外壳之间用云母片绝缘，将它围在模具外侧对模具进行加热。电热圈的特点是结构简单、更换方便，但缺点是耗电量大，这种加热装置主要适用于压缩模和压注模。

（3）电热棒加热。电热棒是一种标准的加热元件，它是由具有一定功率的电热丝和带有耐热绝缘材料的金属密封管组成的，使用时人们根据需要的加热功率选用电热棒的型号和数量，然后将其插入模板上的加热孔内通电即可，电热棒及其在加热板内的安装如图11.21所示。电热棒加热的特点是使用和安装都很方便。

(a)　　　　　　　　　　　(b)

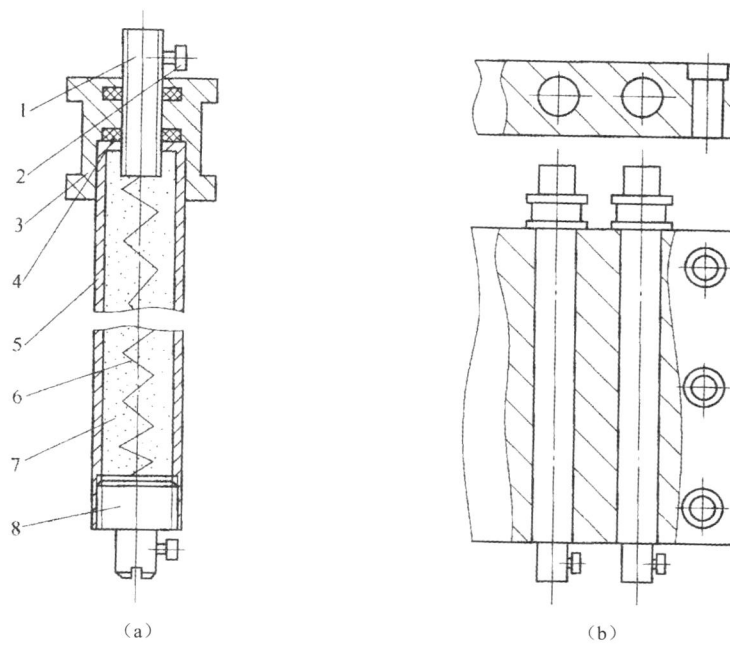

1—接线柱；2—螺钉；3—帽；4—垫圈；5—外壳；6—电阻丝；7—石英砂；8—塞子

图 11.21　电热棒及其在加热板内的安装

11.3.2　模具加热装置的要求和计算

1. 对模具电加热的要求

（1）电热元件功率应适当，不宜过小也不宜过大。过小，模具不能加热到规定的温度；过大，即使采用温度调节器仍难以使模温保持稳定。这是由于电热元件附近温度比模具型腔的温度高得多，即使电热元件断电，其周围积聚的大量热仍继续传到型腔，使型腔继续保持高温，这种现象叫作"加热后效"，电热元件功率越大，"加热后效"越显著。

（2）合理布置电热元件，使模温趋于均匀。

（3）注意调节的模具温度，保持模温的均匀和稳定。加热板中央和边缘可采用两个调节器。对于大型模具最好将电热元件分为两组，即主要加热组和辅助加热组，成为双联加热器。主要加热组的电功率占总电功率的 2/3 以上，它处于连续不断的加热状态，但只能维持稍低于规定的模具温度，当辅助加热组也接通时，才能使模具达到规定的温度。调节器控制着辅助加热组的接通或断开。现在，模具温度多由注射机相应的温控系统进行调控。

电加热装置清洁、简单，便于安装、维修和使用，温度调节容易，可调节温度范围大，易于实现自动控制，但升温较慢，不能在模具中轮换加热和冷却，有"加热后效"现象。

2. 模具加热装置的计算

首先计算模具加热所需的电功率：

$$P = gM \tag{11.1}$$

式中，P——电功率，单位为 W；

M——模具质量，单位为 kg；

g——每千克模具加热到成型温度时所需的电功率，单位为 W/kg（g 值见表 11.3）。

总的电功率确定之后，可根据电热板的尺寸确定电热棒的数量，进而计算每根电热棒的功率。设电热棒采用并联法，则

$$P_r = P / n \tag{11.2}$$

式中，P_r——每根电热棒的功率，单位为 W；

n——电热棒的根数。

根据 P_r 查表 11.4 选择适当的电热棒，也可先选择电热棒的适当功率再计算电热棒的根数。如果表中无合适的电热棒可选，则需自行设计制造电加热元件。

表 11.3 不同类型模具的 g 值

模具类型	g/W·kg^{-1}
小型	35
中型	30
大型	25

表 11.4 电热棒标准

尺寸/mm								
公称直径 d_1	13	16	18	20	25	32	40	50
允许公差	±0.1	±0.1	±0.12	±0.12	±0.2	±0.2	±0.3	±0.3
盖板直径 d_2	8	11.5	13.5	14.5	18	26	34	44
槽深 h	1.5	2	3	3	3	3	5	5
长度 l	电功率 P_r/W							
60$_{-3}^{0}$	60	80	90	100	120			
80$_{-3}^{0}$	80	100	110	125	160			
100$_{-3}^{0}$	100	160	140	160	200	250		
125$_{-4}^{0}$	125	200	175	200	250	320		
160$_{-4}^{0}$	160	250	225	250	320	400	500	
200$_{-4}^{0}$	200	320	280	320	400	500	600	
250$_{-5}^{0}$	250	375	350	400	500	600	800	1 000
300$_{-5}^{0}$	300	500	420	480	600	750	1 000	1 250
400$_{-5}^{0}$			550	630	800	1 000	1 250	1 600
500$_{-5}^{0}$			700	800	1 000	1 250	1 600	2 000
650$_{-6}^{0}$				900	1 250	1 600	2 000	2 500

续表

800 $_{-8}^{0}$					1 600	2 000	2 500	3 200
1 000 $_{-10}^{0}$					2 000	2 500	3 200	4 000
1 200 $_{-10}^{0}$						3 000	3 800	4 750

思考题

1. 为什么注射模具要设置温度调节系统？
2. 常见冷却系统的结构形式有哪几种？分别适用于什么场合？
3. 在注射成型中，哪几类热塑性塑料模具需要采用加热装置？为什么？常用的加热方法是什么？

扩展阅读：3D 打印随形冷却水道

随着近年来 3D 打印技术的发展，随形冷却技术成了注塑模具冷却系统研究的热点。3D 打印随形冷却系统因其加工特性，可以很好地贴合产品形状，且冷却水路截面可以做成圆形以外的其他任意截面（见图 11.22）。

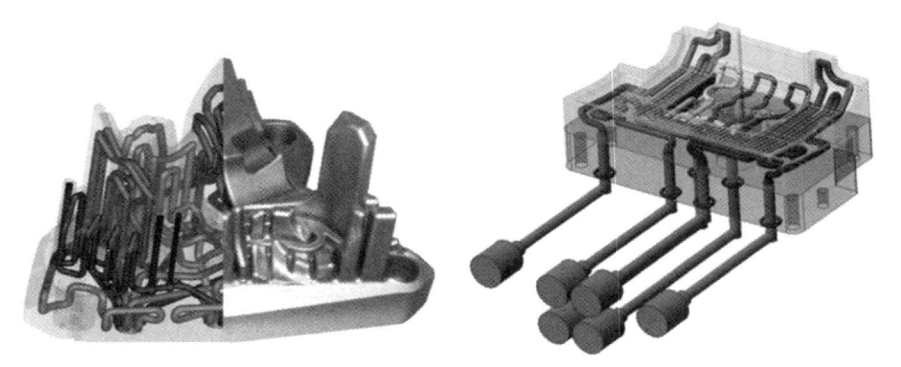

图 11.22 任意截面冷却水路

注塑时塑胶产品的冷却主要靠模具冷却系统来完成，但传统冷却系统是通过铣床等机加工工艺来制造的，水路只能为圆柱形直孔，无法完全贴近注塑件表面，冷却效率低且冷却不均匀，从而导致注塑周期长、产品变形量大。3D 打印的随形冷却系统的水路可以为任意形状、任意截面，通过改变形状和截面可以使随形水路均匀布置，提升冷却效果。随形冷却系统目前主要利用选择性激光烧结（SLS）、选择性激光熔化（SLM）、直接金属激光烧结（DMLS）、电子束选区熔化（EBSM）、激光近净成形（LENS）等，其中以 SLM 和 DMLS 更具成形优势。用 3D 打印技术制造随形冷却模具，不仅简化了模具制造工艺，同时也方便了随形冷却水道的设计，提高了设计的效率。自 2017 年以来，3D 打印随形冷却模具已广泛应用在包装、汽车、电子 3C、医疗、家电等行业。

第 12 章 注射成型新技术的应用

随着塑料产品应用的日益广泛和塑料成型工艺的飞速发展，人们对塑料制品的要求也越来越高。近几年，塑料成型战线上的科技工作者在如何扩大注射成型的应用范围，缩短成型周期，减少成型缺陷，提高塑件成型质量，降低生产成本等方面进行了深入的探讨、研究与实践，取得了可喜的成绩，模具的新技术和注射成型的新工艺层出不穷。这里仅介绍目前应用越来越广泛的气体辅助注射成型、精密注射成型、反应注射成型、共注射成型等。

12.1 气体辅助注射成型

气体辅助注射成型（Gas-Assisted Injection Molding，GAIM）简称气辅成型。多年来，人们一直在研究中空塑料制品的成型加工技术及改善塑料产品的质量。1944 年，有学者将气体或液体通过注射器注入树脂中以达到改善产品质量的目的，但未获成功，这是最早的气辅概念研究。我们今天所知道的气体辅助注塑成型技术是从 20 世纪 70 年代中期发展起来的。1975 年，德国人 Ernst Friederich 将已加压的气体通过喷嘴注射到熔融物料当中，使熔融物料与模具内壁表面充分接触，以克服壁厚不均匀制品表面的沉降斑（Sink Mark），故而他也成为有记录使用气体辅助注塑成型工艺的第一人。由于当时的技术存在相当的局限性且工艺过于简单而使得效果一般，所以并没有得到重视。直到 20 世纪 80 年代中期，巴腾费尔德（Battenfeld）、米拉克龙（Ferromatik Milacron）、斯托克（Stork）、恩格尔（Engel）及江森自控（Johnson Controls）等一批设备生产商致力于不断地改良这种技术，该项技术才开始得到真正的发展及运用。到了 20 世纪 90 年代后期，气体辅助注塑成型技术得到飞速发展及运用。

气辅成型技术的应用范围十分广阔，包括汽车部件、大型家具、电器、办公用品、家庭及建材用品等方面。根据产品结构的不同其可分为两类：一类是厚壁、偏壁、管状制件，如手柄、方向盘、衣架、马桶、坐垫等制件，气辅成型手柄如图 12.1（a）所示；另一类是大型平板制件，如仪表盘、踏板、保险杠及桌面等，气辅成型保险杆如图 12.1（b）所示。

(a)　　　　　　　　　　　　　　　(b)

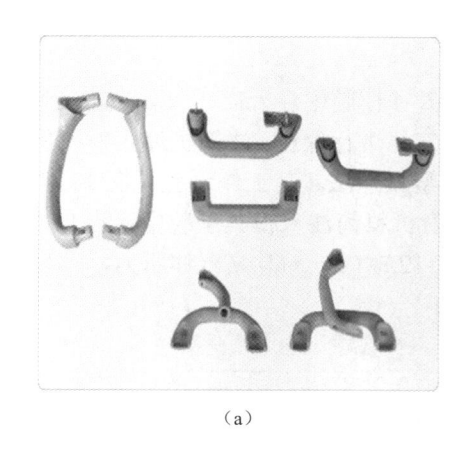

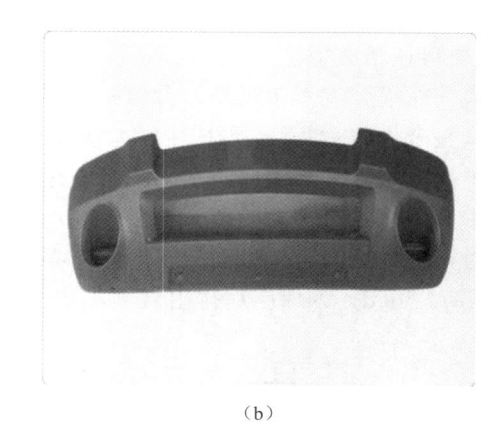

图 12.1　气辅成型工艺成型的塑料制品

12.1.1　气体辅助注射成型的原理

气体辅助注射成型的原理较简单，在注射充模过程中，向熔体内注入相对注射压力而言较低压力的气体，通常为几到几十兆帕，利用气体的压力实现保压补缩。

气体辅助注射成型的原理如图 12.2 所示，成型时首先向型腔内注射经准确计量的熔体，然后经特殊的喷嘴在熔体中注入惰性气体（考虑成本，一般选氮气），气体扩散推动熔体充满型腔。充模结束后，熔体内气体的压力保持不变或有所升高进行保压补料，冷却后排除塑件内的气体便可脱模。

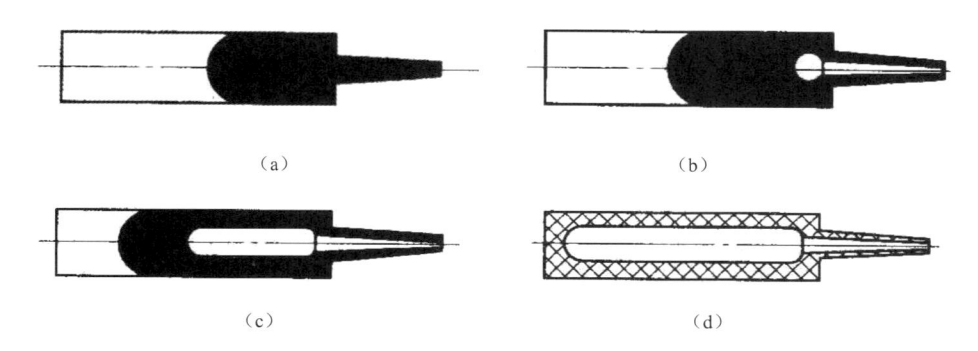

(a)　　　　　　　　　　　　　　　(b)

(c)　　　　　　　　　　　　　　　(d)

图 12.2　气体辅助注射成型的原理

在气体辅助注射成型中，熔体的精确定量十分重要，若注入熔体过多，则会造成壁厚不均匀；反之，若注入熔体过少，气体会冲破熔体使成型无法进行。

12.1.2　气体辅助注射成型的分类及工艺特点

1. 气体辅助注射成型的分类

气体辅助注射成型只要在现有的注射机上增加一套供气装置即可实现。根据国外的使用情况，气体辅助注射成型可分为缺料注塑成型法、溢出注塑成型法和满料注塑成型法三种。

1）缺料注塑成型法

合模并往模腔注入 70%左右分量的塑料熔体，接着往模腔中注入高压气体（氮气）推动熔胶灌满整个模腔（使产品形成中空），然后利用高压气体进行保压（注塑机停止射胶保压），最后排出高压气体，开模取出制品的方法称为缺料注塑成型法。其工作过程见图 12.3。

其中，图 12.3（a）为一部分（约 70%）熔体由注射机料筒注入模具型腔中；图 12.3（b）为从注射机喷嘴通入气体推动塑料熔体充满型腔；图 12.3（c）为升高气体压力，实现保压补料；图 12.3（d）为保压后排出气体，塑件脱模。

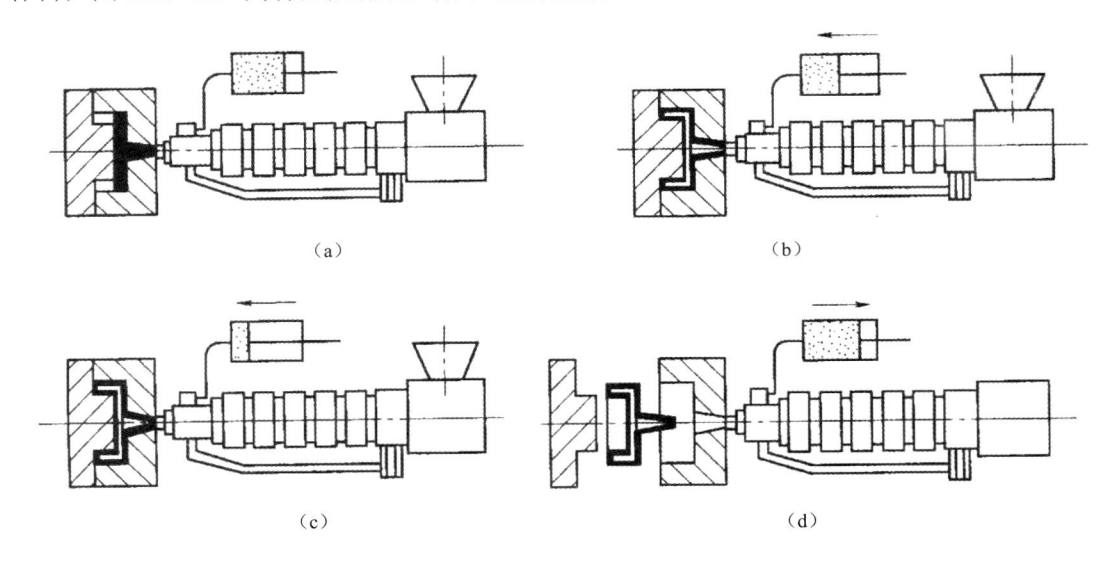

图 12.3　缺料注塑成型法的工作过程示意图

此成型方法尤其适合手柄类长棒形产品，如汽车和婴儿车手柄等。

缺料注塑成型法的优点有，节省塑料原料（可高达 40%）；加快产品成型，缩短生产周期，提高效率；一体成型，简化模具设计；节省能耗，降低注塑机和模具损耗。

2）溢出注塑成型法

其工艺流程如图 12.4 所示，合模并将模腔注满塑料熔体，接着往模腔中注入高压气体使塑料熔体中空并同时把从模腔中溢出的塑料熔体挤出到溢料腔中或使其流回注射机的料筒，然后利用高压气体进行保压（注塑机停止射胶保压），最后排出高压气体，开模。

此成型方法尤其适合手柄类、厚薄壁结合、对外观质量要求严格的产品，如汽车手柄、汽车门、DVD 外壳等。

由于这种工艺是在缺料注塑基础上发展而成的，它具备缺料注塑的所有优点，它最重要的特点就是完全消除了由于缺料注塑不连续填充所带来的外观缺陷（即熔接痕），从而使高档产品（如对外观要求严格的汽车手柄）应用气辅技术成为可能。

对于厚薄结合的产品，如汽车门。大家知道，高档小轿车的左右车门内侧多由 PP 塑料制成，整体壁厚较薄（一般只有 2mm 左右），并有数十个用于装配的螺丝柱位，用传统工艺注塑，要使表面没有缩痕极为困难，用缺料气辅注塑也根本行不通，应用溢料注塑技术解决这类难题就轻而易举了。

(a) (b)

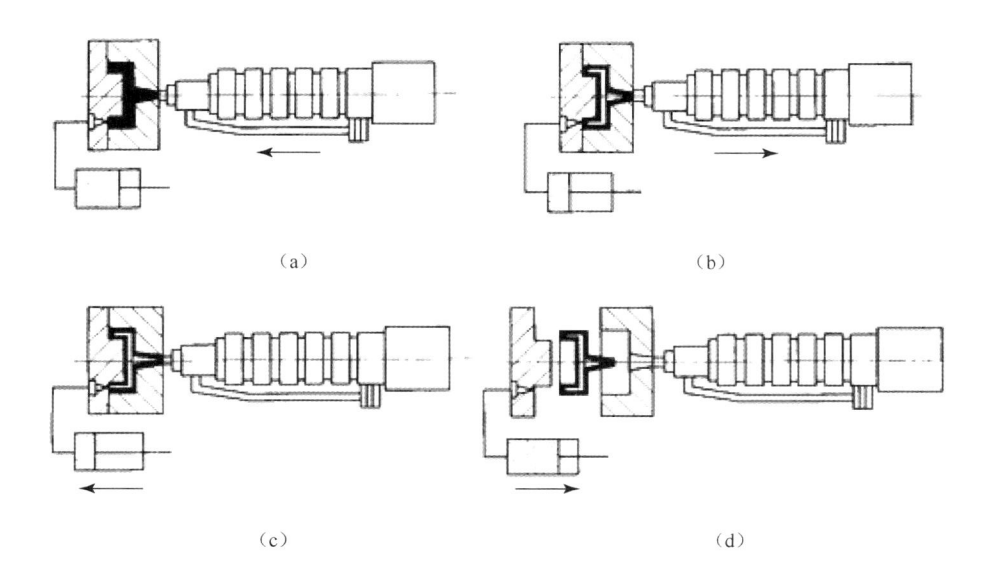

(c) (d)

图 12.4 溢出注塑成型法（熔体回流）的工艺流程示意图

3）满料注塑成型法

首先往模具中注满熔胶，然后立刻或稍后从气针处注入高压氮气。由于塑料已充满模腔，只有在熔体体积收缩时气体才可以进入。因此，气体实际上只起到保压的作用，但与塑料熔体保压相比，因为开放式气道的作用，气体的保压作用更有效。特别是薄壁产品或距离浇口较远或较纤薄的地方，在高压气体的推动下，填胶更快更容易。

满料注塑成型法特别适合薄壁产品，如 LCD 外壳、计算机键盘、CD 托盘等。满料注塑成型法可以有效减少或消除产品表面缩痕，提高产品表面质量；加快入胶，提高成型速度，节省能耗；减少或消除产品变形、翘曲现象，提高产品合格率等。

2．气体辅助注射成型工艺的特点

（1）决定工艺参数时应考虑其对气体穿透的影响。气辅成型的一次穿透主要取决于塑料熔体体积在型腔中所占的比例，并受流体力学规律的支配，二次穿透发生在较厚的部位并向各个方向扩展。工艺参数对气体穿透的强度的影响主要表现在气体穿透长度和气道表层塑料厚度上。一般来说，较高的气体注射压力、较高的熔体温度、较低的熔体黏度和较短的切换延迟时间会导致较短的穿透长度和较薄的气道壁厚。

（2）充模时建议采用低压气体，保压时再增加压力补偿收缩。这样做的原因是熔体与气体接触的边界层中会溶解一些气体，如果保压结束后塑料尚未完全固化，则泄压时这些气体会膨胀造成气道内表面气泡，充模时气体压力越大，熔体表界层中溶解的气体越多，保压结束后气体的膨胀效应越强。

（3）要注意避免卸压太陡在气道内表面引起广泛的气体膨胀。

（4）必须尽力避免喷射。因为出现喷射现象时熔体会发生阀合和自由表面冷却，气体在这样的非均匀熔体中穿透到第一个阀合处时就会吹穿熔体表面，造成成型失败。可以采用型腔逆重力方向充填、在制品最薄处开始充填等方法来避免喷射。

（5）在熔体注射结束后气体注射尚未开始时的切换时间内应尽力避免熔体流动速度发生较大变化，因为这种变化会在制品表面引起迟滞线和光泽改变。

（6）料量及计料精度。影响实际气辅工艺的核心就是料量，料量的多少及注塑机的计料精度都会影响气辅工艺的效果及稳定性。因为当模具型腔内充满塑料时，气体是很难在塑料内部形成空腔的，只有在缺料的状态下，留出气腔的位置，当气体注入型腔后，缺省的塑料在内部气体的膨胀推动下充满整个型腔。因此，料量多少直接关系到气辅工艺的成型效果，塑机计料精度的误差将关系到气辅工艺生产的稳定性。

（7）影响气辅工艺的还有注塑速度、料温、注射压力等因素。因为缺省的塑料要完成充满型腔的运动过程，所以料的流动性也会影响成型的效果，通过调整注射速度、料温、注射压力等参数可使料的流动性得到提高。

12.1.3　气体辅助注射成型辅助设备

气体辅助注射成型辅助设备主要由气辅控制器、氮气生产系统和高压压缩部分组成。根据目前生产的需要，人们主要使用的有两种氮气制备设备类型：气动氮气增压设备和全电动高压氮气生产设备。

1. 气动氮气增压设备

气动氮气增压设备由气辅控制器、瓶装氮气（客户自购消耗品）和气动增压机组成，如图 12.5 所示。这种设备的优点是体积小，可以移动，安装简易；缺点是供气量少（一般只足够一台到两台注塑机使用），不能生产氮气，需要外购氮气瓶。因此，该种设备较适合试模及研发使用。

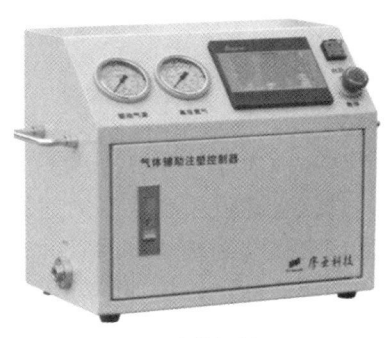

（a）气辅控制器　　　　（b）瓶装氮气　　　　（c）气动增压机

图 12.5　气动氮气增压设备

气体辅助注塑各设备之间的关系如图 12.6 所示。

2. 全电动高压氮气生产设备

全电动高压氮气生产设备，如图 12.7 所示，其由气辅控制器、电动高压增压机、制氮机等组成。该种设备的优点是能生产高纯度氮气，而且供气量大、稳定，适合大规模生产需求；缺点是体积较大，位置固定，安装较复杂。

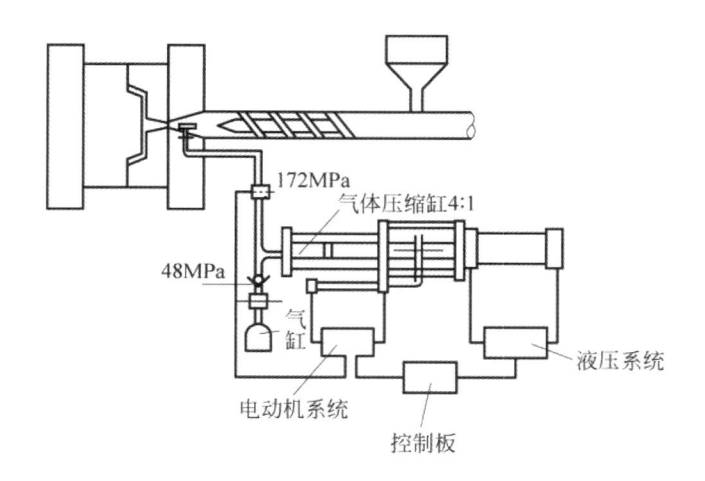

图 12.6　气体辅助注塑各设备之间的关系图

图 12.7　全电动高压氮气生产设备

12.1.4　气辅成型工艺

气辅成型工艺设计除考虑普通注射成型的工艺参数，还要控制熔体温度和注射温度、延时切换时间、注射时间、熔体预注射量与吹穿等一系列参数。

1. 熔体温度和注射温度

气辅成型时，如熔体温度太高，则熔体黏度太小，不但会使气体前进阻力变小，同时也增加了气体进入制件薄壁的可能性，这样会导致吹穿和薄壁穿透现象；如温度低时，熔体黏度增大，气体前进阻力变大，因而气体在气道中穿透的距离缩短，这样会造成未进气部分气道收缩，影响产品质量，产生废品。实际加工中，在物料加工温度及产品外观质量允许范围内，宜尽量采用较高温度，加快熔体运动，缩短生产时间。

此外，模具温度会直接影响制品气道壁的厚度和冷冻层的建立速度，同时会影响制品的冷却凝固速度。精确控制模具各处温度有利于快速获得所需的气道壁厚和制品轮廓，通常模具温度取塑料原料正常注射成型所需的模具温度即可。

2. 延时切换时间

气体注射延时切换时间是指从熔体开始注射到气体开始注射之间的一段时间，其长短取决于贴近型腔壁熔体冷冻层的厚度。

延时切换时间若过短，塑料熔体的压力较低，气体就有可能吹破熔体前沿并形成"指状流动"现象，造成气道内壁不平整，壁厚不均匀。熔体防吹穿的能力取决于气道截面积熔体前沿壁厚和熔体黏度。对于未充满的型腔，一旦气体压力大于熔体压力，就会导致气体穿透熔体前沿的现象发生。要避免气体吹穿熔体前沿，至少要等到熔体压力等于气体压力时才能注气。

3. 注射时间

熔体注射时间太长，对于薄壁制件，熔体在型腔中易冷却，型腔难以完全充满，皮层物料厚度增加，并容易产生迟滞痕等不良外观，影响制件品质；熔体注射时间太短，则易造成喷射，形成蛇形纹等。

4. 熔体预注射量与吹穿

熔体预注射量是指熔体预先注入的体积占模具型腔体积的百分比。预注射量过大，不能发挥气体辅助注射成型的诸多优势；过小则会使气体吹穿熔体的前沿，造成型腔充不满等问题，从而导致气体辅助注射成型失败。

一般来说，对于薄壁壳形制件的气体辅助成型，熔体注入95%左右较好。低于此值，填充较晚的部分注气后易吹穿；高于此值，则气体注入量太小，充气减量没有多大意义，而且由于过多的熔体占据气道，使气体不能进入预先设定的气道，容易在气道外形成缩痕。

5. 气体的来源与要求

气辅成型的气体来源于注射机上增设的一个供气装置，该装置由气泵、高压气体发生装置、气体控制装置和气体喷嘴构成。气体的供气装置由特殊的压缩机连续供气，用电控阀进行控制使压力保持恒定。

气体辅助注射成型工艺使用的气体介质应该是不与塑料熔体发生化学反应的惰性气体，一般使用的气体为氮气，气体压力和气体纯度由成型材料和制件的形状决定。压力一般在5~32MPa，最高为40MPa，为了避免注射时熔体流动状态紊乱，气体注射压力最好控制在熔体压力的一半以上。高压气体在每次注射中，以设定的压力定时从气体喷嘴注入。气体喷嘴有一个或多个，设于注射成型机喷嘴、模具的流道或型腔上。

12.1.5 气辅成型制品与模具设计要点

1. 气辅成型制件与模具设计原则

（1）气道方向应与熔体流动方向一致，由高压区向低压区流动，容易在较厚的部位进行穿透，在制品和模具型腔设计时常把加强筋或肋板等较厚部位用作气道。

（2）一般只使用一个浇口，该浇口的设置应使"欠料注射"的熔料可以均匀地充满型腔。

（3）由气体所推动的塑料必须有去处，且应将模腔充满。

（4）气体通道必须是连续的，但不能自成环路。最有效的气体通道是圆形截面。一般情况下，气体通道的体积应小于整个制件体积的10%。

（5）模具中应设置调节流动平衡的溢流空间，以得到理想的空心通道。

（6）气道布置应尽量均匀，尽量延伸至制品末端。

（7）采用多点进气时，气道之间的距离不能太近。

（8）多型腔成型时，每个型腔应采用单独的注气点。

2．制件结构设计

1）壁厚

气体辅助注射成型中，制件壁厚可以取较小尺寸，气体可利用内部加强筋等作为压力分布的通道在制件中均匀分布压力。制件的厚度一般为3～6mm，只要气体能通过流道充入制件，在流动距离较短或尺寸较小的制件中，壁厚还可更薄（1.5～2.5mm）。对于不同的壁厚，在壁的厚薄交接处用气体通道作为过渡。

2）加强筋

一般情况下，气体辅助注射制件在加强筋与所接表面处设置气体通道。加强筋的高度（H）可以大于相接处壁厚的3倍，加强筋的宽度（W）可以是相接处壁厚的2倍，两个加强筋之间的宽度应该不小于相连处壁厚的2倍，加强筋两侧面的脱模斜度应为每边1°，较深的加强筋要更大些。

在薄壁制件中，制件的几何形状需使气体能较容易地通过加强筋，即加强筋附近的壁厚不应太大。

3）拐角

气体辅助注射成型中，制品应避免设计尖锐的边和角及锐角转弯。这是因为气体的流动总是沿着阻力最小的路径前进，当气体遇到尖锐的边和角及锐角转弯时，会选择在路径的内侧流动，这样势必造成内侧壁厚减少和外侧熔体堆积，内外侧壁厚差异增大。在设计时使用大半径的圆角过渡可获得较均匀的壁厚，一般以圆角半径不小于6mm为宜。

4）气道

由于气道预先规定了气体的流动状态，所以也会影响到初始注射阶段熔体的流动，因而其几何尺寸的大小、截面形状的确定和位置的布置会影响到气体的穿透行为，从而最终影响成型制品的质量。气道的设计不仅影响制品的刚性同时也影响其加工行为，合理的气道选择对成型较高质量的制品至关重要，典型的气道截面形状如图12.8所示。

3．模具设计

气辅成型模具设计与普通注射成型模具设计相比，结构相同，但是气辅成型模具设计必须具有气体注入及控制系统。

1）浇注系统设计

浇注系统一般只使用一个浇口，该浇口的设置应该使"欠料注射"的塑料可以均匀地充满模腔。通常浇口开设在制品壁厚较厚的部位，这样有利于塑料熔体流动和补料。如果将浇口和气体入射点分开，浇口应尽量使最后的填充点靠近气道终点。

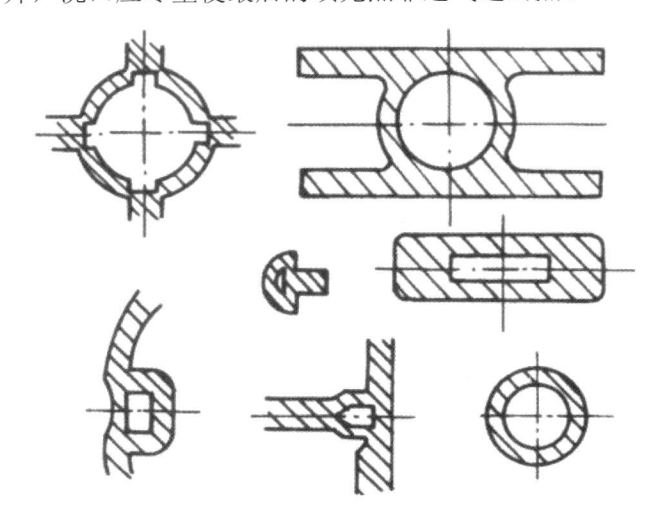

图 12.8　气道截面形状

2）进气方式与进气位置设计

气体注入零件按进气位置的不同可分为：喷嘴进气、浇道进气、分流道进气和型腔内进气等。若采用主流道进气方式，则气体入口位置是唯一的，只能从喷嘴进气；若采用气针进气方式，气针的位置可设置在分型面、型腔和分流道等任意位置。

3）型腔和溢流腔设计

型腔的设计应尽量保证流动平衡以减少气体的不均匀穿透。在气辅成型模具设计的时候，由于是非高压和欠料注射，欠料量及注射参数在多型腔时要控制一致有点困难，因此建议尽量采用一模一腔。在气辅注射成型模具中，应设置调节流动平衡的溢流空间，以得到理想的空心通道。由于气辅注射是欠料注射，在欠料量难以控制的情况下，在气体流动的末端设计溢流腔可以帮助气体在气道中流动。在气辅成型气体注射阶段，气体推动熔体流动，将多余的熔体流进溢流腔，出模后再将多余料去除。

4）冷却系统设计

气辅成型模具的冷却系统设计与普通注射成型模具的冷却系统设计有一些差异。普通注射成型模具的冷却系统设计，一般应遵循制品各部位同时冷却固化的原则，而气辅成型模具设计应考虑气体穿透效果及需求，在不需充气的薄壁部位应先期冷却固化，防止气体进入。气道部位的冷却状态与进气延迟时间有密切联系，所以设计此部位的冷却结构时，要考虑在注气延迟时间内形成冷凝层的厚度，以保持气体的规则流动。

12.2　精密注射成型与模具设计

精密注射成型是成型尺寸和形状精度很高、表面粗糙度很低的塑件时采用的注射工艺方法。由于塑料工业的发展，塑件在精密仪器和电子仪表等工业中的应用越来越广泛，并且不断地替代许多传统的金属零部件，因此对于它们的精度要求也就越来越高，而这些精度要求若采用普通注射成型方法则难以达到，所以精密注射成型应运而生，并且正在迅速发展和完善。

在精密注射成型中，究竟如何规定塑件的精度，是一个非常重要而且也是一个比较复杂且需要考虑较多的问题。

1. 从模具加工精度方面考虑

由于注射塑件必须在模腔内成型，因此它们的精度无论如何也不会超过模腔的精度。就目前的模具制造技术而言，模腔大部分采用铣削、磨削或电加工方法制造，这些加工方法可以达到的最高精度和实用的经济精度见表12.1。

表 12.1 各种加工方法所能达到的精度（公差值）

加 工 方 法	最高精度/mm	经济精度/mm
仿形铣	0.02	0.1
铣削	0.01	0.02～0.03
坐标镗削	0.002	0.01
成形磨、仿形磨	0.005	0.01
坐标磨削	0.002	0.01
电加工	0.005	0.03
电解加工	0.05	0.1～0.5
电解成型磨	0.005	0.01

从该表数值可知，欲使塑件能够达到较高的精度，必须对模腔进行磨削。然而，由于塑件形状的原因，模腔形状一般都很复杂，若要对其整体磨削，往往是一项十分困难或难以做到的工作。为了解决这一问题，经常把模腔设计成镶拼结构，以便对各个镶件进行磨削。但也正是由于这一措施，导致模具精度受到限制，即对模腔进行镶拼时，各镶件必须采用配合尺寸，由于目前能够使用的配合公差等级最高为IT5，所以确定精密注射塑件的精度时，一般都不要使模具的公差等级因塑件精度过高而超过IT5或IT6。如果需要根据模具公差确定塑件精度，可以参考德国标准DIN16749（1986）。

2. 从模具结构和品种两方面考虑

如果综合模具结构和塑料品种两方面的因素确定精密注射塑件的公差，可以参考德国标准DIN7710—2（1974）或表12.2。其中，后者是由日本塑料工业技术研究会提出的。在表12.2中，最小极限是指采用单腔模具结构时，注射塑件所能达到的最小公差数值，很显然，这些数值不适合多腔模大批量生产。表12.2中的实用极限是指采用四腔以下的模具结构时，注射塑件所能达到的最小公差数值。

表 12.2 精密注射塑料制件的基本尺寸与公差

基本尺寸/mm	PC、ABS		PA、POM	
	最小极限/mm	实用极限/mm	最小极限/mm	实用极限/mm
~0.5	0.003	0.003	0.005	0.01
0.5~1.3	0.005	0.01	0.008	0.025
1.3~2.5	0.008	0.02	0.012	0.04
2.5~7.5	0.01	0.03	0.02	0.06
7.5~12.5	0.15	0.04	0.03	0.08
12.5~25	0.022	0.06	0.04	0.10
25~50	0.03	0.08	0.05	0.15
50~75	0.04	0.10	0.06	0.20
75~100	0.05	0.15	0.08	0.25

3. 从塑料的工艺特性方面考虑

如果需要根据收缩率确定精密注射塑件精度，可以参考德国 DIN16901 中的第 1 和第 2 两级公差组。但应注意，这两级公差组所规定的公差数值，对于精密注射要求来讲偏低一些。

有关精密注射塑件的精度要求，还有其他一些国际标准和专业标准，特别是日本在这方面做了较多工作，可以查阅有关文献资料，日本通信技术标准为 CES M－77012。就国内目前情况来讲，精密注射塑件的公差等级可以按照我国已颁布的工程塑料模塑件尺寸公差的国家标准《塑料模塑件尺寸公差》（GB/T 14486—2008）中的 MT2 级（高精度级）选取。从精密注射成型的概念可知，判断塑件是否需要精密注射的依据是其公差数值。但是，对于精密注射的公差数值，并不是所有的塑料品种都能达到。由于采用的聚合物和填料的种类及其配比不同，在注射成型时它们的流动性和成型性能将会有很大差异，即使对于组分和配比完全相同的塑料，由于生产厂家、出厂时间和环境条件等因素影响，用它们注射出来的塑件之间也还会存在一个形状及尺寸是否稳定的问题。因此，欲要将某种塑料进行精密注射，除了要求它们必须具有良好的流动性能和成型性能，还要求用它们成型出的塑件具有稳定性。否则，制件精度就很难保证。因此，必须对塑料品种及其成型物料的状态和品级进行严格选择。就目前情况而言，适合精密注射的塑料品种主要有聚碳酸酯（包括玻璃纤维增强型）、聚酰胺及其增强型、聚甲醛（包括碳纤维或玻璃纤维增强型）及 ABS 和 PBT 等。

12.2.1 精密注射成型工艺特点

精密注射成型的主要工艺特点是注射压力高、注射速度快和温度控制必须精确。

1. 注射压力高

普通注射所用的注射压力一般为 40~200MPa，而对于精密注射则要提高到 180~250MPa，在某些特殊情况下甚至要求更高一些（目前最高已达 415MPa），采取这种做法的原因有以下几个。

（1）提高注射压力可以增大塑料熔体的体积压缩量，使其密度增大，线膨胀系数减小，降低塑件的收缩率及收缩率的波动数值。例如，对于温度为 209℃的聚甲醛，采用 60℃的温模和 98MPa 的注射压力成形壁厚为 3mm 的塑件时，塑件的收缩率接近 2.5%，当湿度和塑件条件不变时，将注射压力提高到 392MPa 时，塑件的收缩率可降到 0.5%左右。

（2）提高注射压力可以增大塑料熔体的流动距离比，因此有助于改善塑件的成型性能并能成型超薄壁厚塑件。例如，对聚碳酸酯，在 77MPa 的注射压力时，可成型的塑件壁厚为 0.2~0.8mm，当注射压力提高到 392MPa 时，塑件的壁厚可降到 0.15~0.6mm。

（3）提高注射压力有助于充分发挥注射速度的功效，这是因为形状复杂的塑件一般都必须采用较快的注射速度，而较快的注射速度又必须靠较高的注射压力来保证。

2．注射速度快

注射成型时，如果采用较快的注射速度，不仅能够成型形状比较复杂的塑件，而且还能减小塑件的尺寸公差，这一结论目前已经得到证实。

3．温度控制必须精确

温度对塑件成型质量影响很大，对于精密注射，不仅存在温度的高低问题，而且还存在温度控制精度的问题。很显然，在精密注射成型过程中，如果温度控制得不精确，则塑料熔体的流动性及塑件的成型性能和收缩率就不会稳定，因此也就无法保证塑件的精度。从这个角度来讲，采用精密注射成型时，不论对于料筒和喷嘴，还是对于注射模具，都必须严格控制它们的温度范围。例如，在某些专用的精密注射机上，对料筒和喷嘴处温度采用 PID（比例积分微分）控制器，温控精度可达±0.5℃。而在某些普通注射机上，机筒和喷嘴升温时的超调量为 25~30℃，螺杆计量时引起的温度波动在 4℃以上。

进行精密注射成型生产时，为了保证塑件的精度，除了必须严格控制料筒、喷嘴和模具的温度，还要注意脱模后周围环境温度对塑件精度的影响。

12.2.2　精密注射成型工艺对注射机的要求

由于精密注射成型具有较高的精度要求，所以它们一般都需要在专门的精密注射机上进行，下面简单介绍一些有关精密注射机的特征问题。

1．注射功率大

精密注射机一般都采用比较大的注射功率，这样做除了可以满足注射压力和注射速度方面的要求，注射功率本身还会对塑料制件起到一定的改善作用。

2．控制精度高

精密注射机的控制系统一般都具有很高的控制精度，这一点是精密注射成型精度本身所要求的。精密注射成型对于注射机控制系统的要求如下。

（1）注射机控制系统必须保证各种注射工艺参数具有良好的重复精度（即再现性），以避免精密注射成型精度因工艺参数波动而发生变化。为此，精密注射机一般都对注射量、注射压力、注射速度、保压压力、螺杆背压压力和螺杆转速等工艺参数采取多级反馈控制，而对于料筒和喷嘴温度则使用 PID 控制器控制。

（2）注射机对其合模系统的合模力大小必须能够精确控制。否则过大或过小的合模力都会对塑件精度产生不良影响。例如，合模力过大时，精密注射成型精度将会因模具的弹性变形过大而下降。

（3）精密注射机必须具有很强的塑化能力，并且还要保证物料能够得到良好的塑化效果。因此，除了螺杆必须采用较大的驱动扭矩，控制系统还应能够对螺杆进行无级调速。

（4）精密注射机控制系统还必须对液压回路中的工作油温进行精确控制，以防工作油因为温度变化而引起黏度和流量变化，并进一步导致注射工艺参数变动，从而使塑件失去应有的精度。实验已证明，小型注射机中的液压油在没有温度调节的情况下，连续工作 5h 以后，油温就升高 28℃，油压升高 0.19MPa，保压力升高 1.9～2.9MPa（换算值）。很显然，这种压力变化必然导致精密注射成型尺寸偏差增大。因此，精密注射机一般都对其液压油进行加热和冷却闭环控制，油温经常稳定在 50～55℃。

3．液压系统的反应速度要快

由于精密注射经常采用高速成型，所以也要求为工作服务的液压系统必须具有很快的反应速度，以满足高速成型对液压系统工艺要求。为此，液压系统除了必须选用灵敏度高、响应快的液压元件，还可以采用插装比例技术，或在设计时缩短控制元件到执行元件之间的油路，必要时也可加装蓄能器。液压系统加装蓄能器后，不仅可以提高系统的压力反应速度，而且也能起到吸振和稳定压力及节能等作用。随着计算机应用技术不断发展，精密注射机的液压控制系统目前正朝着机、电、液、仪一体化方向发展，这将进一步促使注射机实现稳定、灵敏和精确地工作。

4．合模系统要有足够的刚性

由于精密注射需要的注射压力较高，因此注射机合模系统必须具有足够的刚性，否则精密注射成型精度将会因为合模系统的弹性变形而下降。因此，在设计注射机移动模板、固定模板和拉杆等合模系统的结构零部件时，都必须围绕着刚性这一问题进行设计和选材。

12.2.3　精密注射成型对注射模的设计要求

1．模具应有较高的设计精度

模具精度虽然与加工和装配技术密切相关，但若在设计时没有提出恰当的技术需求，或者模具结构设计得不合理，那么无论加工和装配技术多么高，模具精度仍然不能得到可靠保证。为了保证精密注射模不因设计问题影响精度，需要注意下面几点。

1）零部件的设计精度和技术要求应与精密注射成型精度相适应

要想使模具保证塑件精度，首先就要求模腔精度和分型面精度必须与塑件精度相适应。一般来讲，精密注射模腔的尺寸公差应小于塑件公差的三分之一，并需要根据塑件的实际情况具体确定。例如，对于小型精密注射塑件，当基本尺寸为 50mm 时，模腔的尺寸公差可取 0.003～0.005mm；而基本尺寸为 100mm 时，模腔的尺寸公差可增大到 0.005～0.01mm。

分型面精度指分型面的平行度，它主要用来保证模腔精度。对于小型精密注射模，分型面的平行度要求约为 0.005mm。

模具中的结构零部件虽然不会直接参与注射成型，但是却能影响模腔精度，进而影响精密注射成型精度。因此，无论是设计普通注射模，还是设计精密注射模，均应对它们的结构零部件提出恰当合理的精度要求或其他技术要求，表 12.3 是由日本推荐的普通注射模结构零部件精度与技术要求。若要用于精密注射模，表 12.3 中有关的公差数值应缩小一半以上。

表 12.3 普通注射模的结构零部件精度与技术要求

模具零件	部 位	要 求	标 准 值	
模 板	单块厚度	上下平行度	0.02/300 以下	
	组装厚度	上下平行度	0.01/300 以下	
	导向孔（或导套安装孔）导柱安装孔	直径精度	JIS H7	
		动、定模上的位置同轴度	±0.02mm 以下	
		与模板平面垂直度	0.02/100 以下	
	推杆孔 复位杆孔	直径精度	JIS H7	
		与模板平面垂直度	不大于 0.02/配合长度	
导 柱	固定部分	直径精度，磨削加工	JIS K6、K7、m6	
	滑动部分	直径精度，磨削加工	JIS f7、e7	
	垂直度	无弯曲	0.02/100 以下	
	硬度	淬火、回火	55HRC 以上	
导 套	外径	直径精度，磨削加工	JIS K6、K7、m6	
	内径	直径精度，磨削加工	JIS H7	
	内、外径关系	同 轴	0.01mm	
	硬度	淬火、回火	55HRC 以上	
推杆 复位杆	滑动部分	直径精度，磨削加工	φ2.5～5	公差 -0.01～0.03 mm
			φ6～12	公差 -0.02～0.05 mm
	垂直度	无弯曲	0.1/100 以下	
	硬度	淬火、回火或氮化	55HRC 以上	
推杆、复位杆固定板	推杆安装孔	孔距尺寸与模板上的孔距相同，直径精度	孔公差 ±0.30mm	
	复位杆安装孔		孔公差 ±0.10mm	
抽芯机构	滑动配合部分	滑畅、不会卡死	JIS H7、e6	
	硬度	导滑部分双方或一方淬火	50～55HRC	

2）确保动、定模的对合精度

普通注射模主要依靠导柱导向机构保证其对合精度。但是，由于导柱与导向孔的间隙配合性质，两者之间或大或小总有一定间隙，该间隙经常影响模具在注射机上的安装精度，导致动模和定模两部分发生错位，因此很难用来注射精密塑件。除此之外，在高温注射条件下，动、定模板的热膨胀有时也会使二者之间发生错移，最终导致塑件精度发生变化。很显然，在精密注射模中，应当尽量减少动、定模之间发生错移，想方设法确保动模和定模的对合精度。因此，可以考虑配合使用锥面定位机构与导柱导向机构。

3）模具结构应有足够的结构刚度

一般来说，精密注射模具必须具有足够的结构刚度，否则它们在注射压力或合模力作用下将会发生较大的弹性变形，从而引起模具精度变化，并因此影响塑件精度。对于整体式凸、凹模，其结构刚度需要由自身的形状尺寸及模具材料来保证，而对于镶拼式凸、凹模，其结构刚度往往还与紧固镶件所用的模框有关。尽量采用盲孔式整体镶拼的形式，这种形式的结构刚度较好。无论采用何种形式的紧固模框，它们一般都需要用合金结构钢制造，并且还需要调质处理，硬度要求在 30HRC 左右。

4）模具中活动零部件的运动应当准确

在精密注射模中，如果活动零部件（如侧型芯滑决）运动不准确，即每次运动之后不能准确地返回到原来的位置，那么无论模具零件的加工精度有多高，模具本身的结构精度及塑件的精度都会因此而出现很大波动。

为了解决这一问题，需要采用一些比较特殊的运动定位结构，如在图 12.9 中的侧向型芯上加设一段锥面之后，便能在合模过程中保证侧向型芯准确复位。

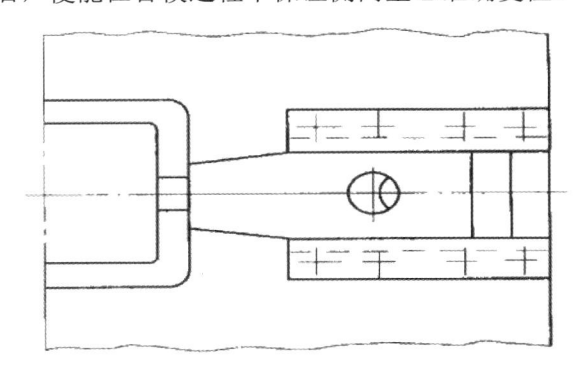

图 12.9 侧向型芯的锥面定位机构

2. 浇注系统与控温系统的设计要求

设计精密注射模时，如果模具结构或温度控制系统设计不当，容易使塑件出现收缩率不均匀的现象，这种现象对塑件的精度及塑件精度的稳定性均会产生不良影响。为了避免出现这类问题，需要注意下面几点。

1）浇注系统应尽量使料流保持平衡

在多型腔注射模中，如果流经浇注系统的塑料熔体不能同时到达和充满型腔，即采用了非平衡式浇注系统，使熔体在各个型腔中所受到的压力不同，于是在同模各腔中成型出的塑件之间，收缩率往往会有很大差异，因此多型腔精密注射模的浇注系统应该采用平衡式布置。

型腔的排布形式不仅影响浇注系统的平衡性，而且还与模具温度场的热平衡有很大关系。很明显，如果模具的温度场不能保持热平衡，则塑件的收缩率也就无法保持均匀和稳定，所以精密注射也就无从谈起。实践证明，为了保证温度场的热平衡及浇注系统的料流平衡，设计多型腔精密注射模时，型腔数量尽量不要超过 4 个。

2）控温系统最好能对各个模腔的温度进行单独调节

使用多型腔进行精密注射成型时，为了能使各个模腔的温度保持一致，尽量防止因模腔的温差引起塑件收缩率之间出现差异，模具中的控温系统最好能对各个模腔单独调节，即对每个模腔单独设置冷却水道，并且还应在各个模腔的冷却水道出口处设置流量控制装置，以便能使各个水道的流量保持一致。一般来讲，精密注射模中的冷却水温调节精度应能达到±0.5℃，入水口和出水口的温差应控制在2℃以内。

另外，在精密注射模中，最好分别设立凸模（型芯）和凹模（型腔）的冷却水道，否则塑件各处的收缩率可能会出现较大的差异，塑件的精度无法保证。

3．脱模推出机构的设计要求

精密注射塑件尺寸一般都不太大，壁厚也比较薄，有的还带有许多薄肋，因此很容易在脱模时产生变形，这种变形必然造成会使塑件精度下降。为了避免塑件出现脱模变形，应注意以下几方面。

（1）精密注射塑件最好采用推件板脱模，这样做有利于防止塑件发生脱模变形。但如果无法使用推件板脱模，则必须考虑采用其他合适的脱模推出机构。例如，对于带有薄肋的矩形塑件，为了能使塑件顺利脱模并防止变形，可在肋部采用直径很小的圆形推杆或宽度很小的矩形推杆，同时还要均衡配置。

（2）精密注射塑件的脱模斜度一般都比较小，不大容易脱模，为了减少脱模阻力，防止塑件在脱模过程中变形，必须对脱模部位的加工方法提出恰当的技术要求，适当降低塑件包络部分成型零件的粗糙度，对模具零件进行镜面抛光，并且抛光方向要与脱模方向一致。

12.3　反应注射成型

12.3.1　反应注射成型原理及其应用

反应注射成型是一种利用化学反应来成型塑件的新型工艺方法，它的原理是将两种能够发生化学反应的液态塑料组分混合以后注入模具，然后两种组分在模腔内通过化学反应固化成型为具体有一定形状和尺寸的塑料制件。例如，使用反应注射方法成型聚氨酯弹性塑料制件时，首先利用注射设备中的泵将液状多元醇和二异氰酸酯两种组分从贮存容器中送到混合器，在一定的温度和压力下使二者相互混合，然后在它们尚未发生反应之前用一定的压力把它们注射进模具型腔，接着混合后的组分在封闭的模腔内进行连续化学反应并生成一定数量的气体，在气体扩散作用下逐渐固化为表皮致密内部疏松的弹性塑料制件。

目前，反应注射主要用于成型聚氨酯、环氧树脂和聚酯等塑料制件，尤其是在生产聚氨酯泡沫塑料制件方面应用很多，其最大制件已达 85kg。最近，国外新开发了一些可以用于反应注射的丙烯酰胺酯聚合物，注射出的塑料制件可用作汽车内部的承载零件，或者用作家用电器及其他工业产品的承载零件。用反应注射成型聚氨酯，可以生产出各种低密度硬塑料制件、高密度硬塑料制件，以及各种软质和硬质发泡体等。这些塑料制件的应用范围很广，如在汽车行业，它们可用作驾驶盘、坐垫、头部和手部靠垫、阻流板、缓震垫、遮光板、卡车身、冷藏车的夹心板；在电器仪表行业，它们可用作电视机、收录机和各种控制台的外壳；

在民用和建筑方面，它们可被制成家具、仿木制品、保温箱，以及管道、锅炉和冷藏器的隔热材料等。利用反应注射，还能成型用玻璃纤维增强的聚氨酯发泡塑料制件，它们可以用作汽车的内装饰板、地板和仪表面板等。

12.3.2 反应注射成型设备

反应注射成型的设备类型很多，图 12.10 是这类设备的大致示意图。根据反应注射的工作原理，该设备需要由下面几部分组成。

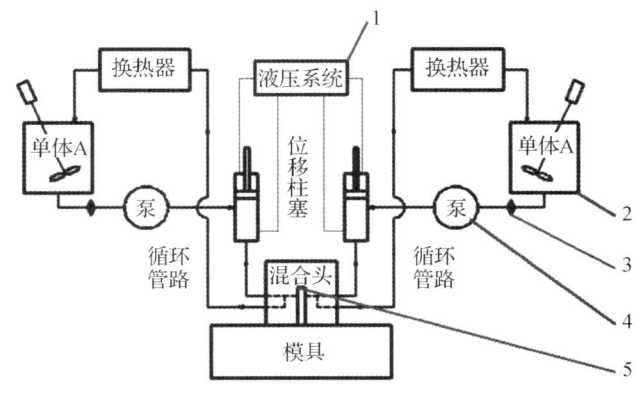

1—混合器液压系统；2—贮存容器；3—过滤器；4—计量泵；5—混合器

图 12.10 反应注射成型设备的组成示意图

1. 贮存容器

贮存容器（图 12.10 中的 2）为压力容器，除用来贮存注射所用的液态组分，还能承受一定的压力。这种压力是向液态组分施加的，其目的是保证液压泵能够对其抽吸的组分进行稳定计量。贮存容器上一般都要配备黏度和温度控制器。此外，内部还装有混合装置。这样做除了能够满足温度要求，还可以保证液态组分在注射成型过程中具有良好的流动性和均匀性。

2. 计量泵

计量泵（图 12.10 中的 4）用来抽吸液态组分并负责把它们送往混合器。为了保证计量的准确性，经过它的液态组分的黏度、温度和密度均要稳定在一定范围内。

3. 混合器液压系统

混合器液压系统（图 12.10 中的 1）用来控制混合器内混合阀芯和活塞的运动，其目的是能使混合器按比例将两种不同液态组分注入模具。

4. 混合器

混合器（图 12.10 中的 5）与模具相连，在注射时将两种流经混合器内部的液态组分按比例混合后注入模具。在向模具注射液态组分之前，通过混合阀芯锁闭混合器与喷嘴之间的通道，使两种组分各自沿着通往贮存容器的管路进行循环流动，以便在注射时能对组分的温度进行精确控制。混合器的工作原理如图 12.11 所示。

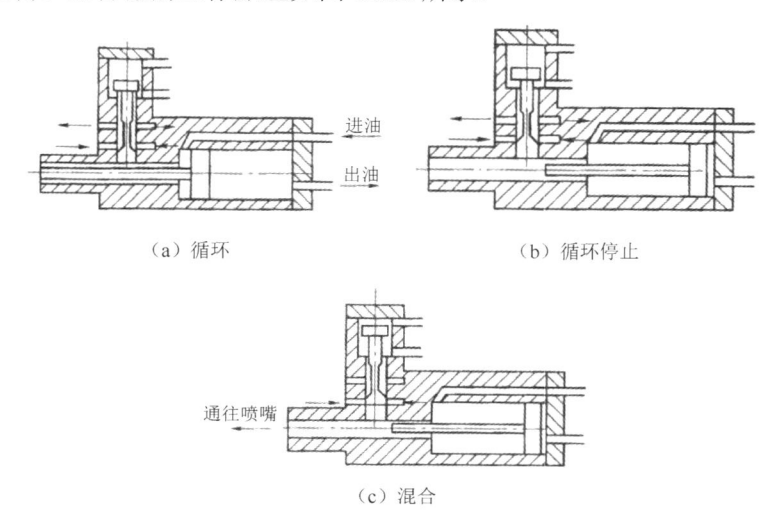

图 12.11 混合器的工作原理

12.3.3 反应注射成型模具

仅从原理上看，反应注射工艺似乎不太复杂，然而实际工艺操作却需要有许多电子和液压设备的控制信号及控制动作，只有这样，设备才能精确地将一定温度和一定数量的液态组分注入模具，同时也就要求模具必须具有良好的结构来保证液态组分顺利充模，良好的模具结构应能满足下列要求。

（1）反应注射使用的注射速度很快，即使对于汽车保险杠一类的大型塑件，注射时间也只不过 1s 左右，所以模具结构必须满足注射速度要求。

（2）模具内的浇注系统应能保证液态组分处于层流状态。

（3）模具应当具有良好的排气结构。

（4）设置分型面时，应注意利用其间隙排气，如果不能利用分型面间隙排气，则熔体很容易出现夹气现象，并有可能导致塑件报废。

（5）温度控制系统应能保证模温满足工艺要求，即在组分的反应过程中应能对模具加热，而在反应之后又能冷却模具。

（6）模具型腔的表面粗糙度要合理，既要满足塑件表面质量，又要保证塑件容易脱模。

12.4 共注射成型

使用两个或两个以上注射系统的注射机，将不同品种或不同色泽的塑料同时或先后注射入模具型腔内的成型方法，称为共注射成型，该成型方法可以生产多种色彩或多种类型的复合塑件。共注射成型用的注射机称为多色注射机。目前，国外已有八色注射机在生产中应用，国内使用的多为双色注射机。使用两个品种的塑料或一个品种两种颜色的塑料进行共注射成型时，有两种典型的工艺方法：一种是双色注射成型，另一种是双层注射成型。

12.4.1 双色注射成型

双色注射成型（Two-Tone Injection Molding）也称顺序叠层注射成型（Sequential Overmolding）和双料注射成型（双组分注射成型），属于多组分注射成型的一种，它是在刚性基体上叠加一种更富弹性材料（一般为聚氨酯弹性体）的一种工艺。最终形成一个由不同力学性能、不同视觉与触觉的聚合体组成并永久连接的产品。生活中常见到许多双色塑料制品，如家用电器，牙刷，双色按钮，汽车内外饰件，汽车和摩托车前、尾灯灯罩，旱冰鞋，手柄式电动工具及医疗器械等，图 12.12 为双色注射成型制品，它们可以给用户带来纹理和触觉上的享受。

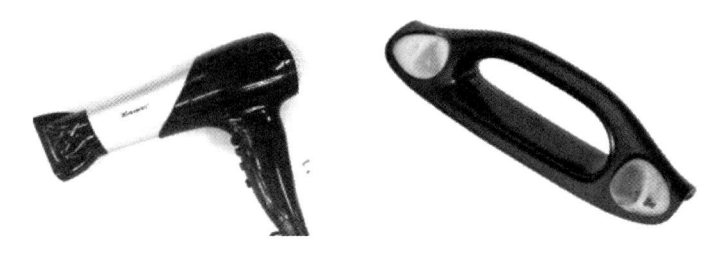

图 12.12 双色注射成型制品

双色注射成型的设备有两种形式，一种是两个注射系统（料筒、螺杆）和两副相同模具共用一个合模系统，如图 12.13 所示。

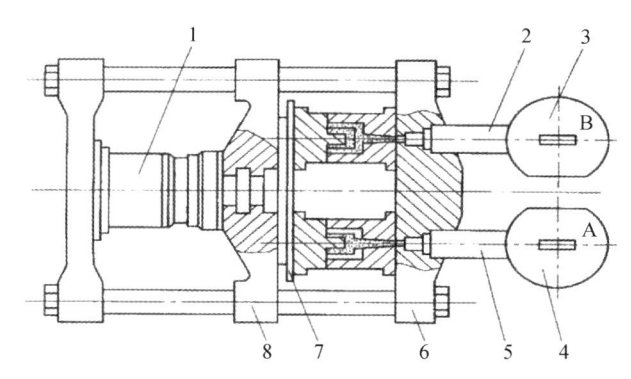

1—合模液压缸；2—注射系统 B；3、4—料斗；5—注射系统 A；
6—注射机固定模板；7—模具回转板；8—注射机移动模板

图 12.13 双色注射成型示意图之一

模具固定在一个回转板上，当注射系统 A5 向模内注入一定量的 A 种塑料（未充满）后，回转板迅速转动，将该模具送到注射系统 B2 的工作位置上，这个系统马上向模内注入 B 种塑料，直到充满型腔为止，然后塑料经过保压和冷却定型后脱模，用这种形式可以生产分色明显的混合塑料制件。

另一种形式是两个注射系统共用一个喷嘴，如图 12.14 所示。喷嘴通路中装有启闭阀 2，当其中一个注射系统通过喷嘴 1 注射入一定量的塑料熔体后，与该注射系统相连通的启闭阀关闭，与另一个注射系统相连的启闭阀打开，该注射系统中的另一种颜色的塑料熔体通过同一个喷嘴注射入同一副模具型腔中直至充满，冷却定型后就得到了双色混合的塑件。实际上，注射工艺制定好后，调整启闭阀开合及换向的时间，就可生产出各种混合花纹的塑料制件。

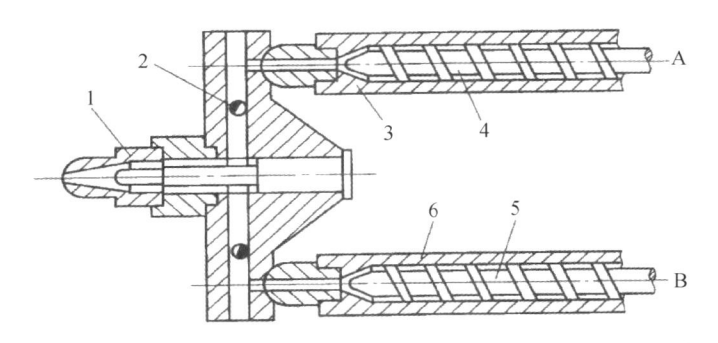

1—喷嘴；2—启闭阀；3—注射系统 A；4—螺杆 A；5—螺杆 B；6—注射系统 B

图 12.14　双色注射成型示意图之二

12.4.2　双层注射成型

双层注射成型示意图如图 12.15 所示。注射系统是由两个互相垂直安装的螺杆 A2 和螺杆 B3 组成，两螺杆的端部是一个交叉喷嘴 1。

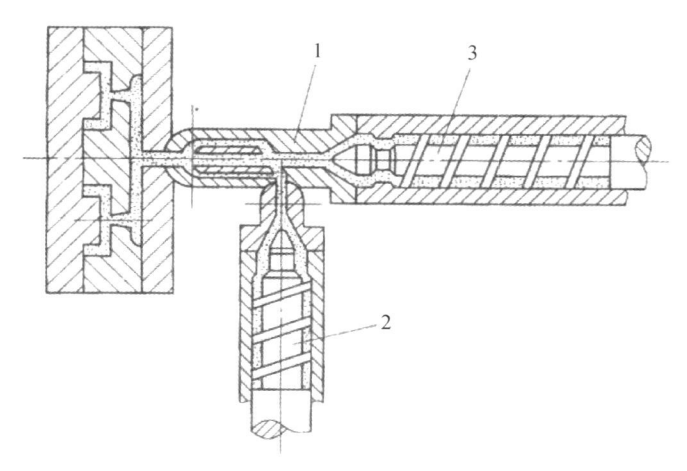

1—交叉喷嘴；2—螺杆 A；3—螺杆 B

图 12.15　双层注射成型示意图

注射时，一个螺杆将第一种塑料注射入模具型腔，当注入模具型腔的塑料与模腔表壁接触的部分开始固化，而内部仍处于熔融状态时，另一个螺杆将第二种塑料注入模腔，后注入的塑料不断地把前一种塑料朝着模具成型表壁推压，而其本身占据模具型腔的中间部分，冷却定型后，就可以得到先注入的塑料形成外层、晚注入的塑料形成内层的包覆塑料制件。双层注射成型可使用新旧不同的同一种塑料成型具有新塑料性能的塑件。通常塑件内部为旧料，外表为新料，且保证有一定的厚度，这样塑件的冲击强度和弯曲强度几乎与全部用新料成型的塑件相同。此外，也可采用不同颜色或不同性能品种的塑料相组合，而获得具有某些优点的塑料制件。

双层注射方法最初是为了能够封闭电磁波的导电塑料制件而开发的，这种塑料制件外层采用普通塑料，起封闭电磁波作用；内层采用导电塑料，起导电作用。但是，双层注射成型方法问世后，马上受到汽车工业重视，这是因为它可以被用来成型汽车中各种带有软面的装饰品及缓冲器等外部零件。近年来，在对双层和双色注射成型塑件的品种和数量需求不断增加的基础上，又出现了三色甚至多色花纹的新共注射成型工艺。

采用共注射成型方法生产塑料制件时，关键是注射量、注射速度和模具温度。改变注射量和模具温度可使塑件各种原料的混合程度和各层的厚度发生变化，而注射速度合适与否，会直接影响到熔体在流动过程中是否会发生紊流或引起塑件外层破裂等问题，具体的工艺参数应在实践的过程中在进行反复调试基础上建立起来。另外，共注射成型的塑化和喷嘴系统结构都比较复杂，设备及模具费用也比较昂贵。

12.5 塑料制品金属化

金属材料有着让人喜爱的质感，虽然在 2018 年出现了陶瓷手机后盖，但以 iPhone 为主的金属手机外壳仍是主流，金属化表面处理依旧大受关注。金属材料密度大、成本高，限制了一些日常产品的应用；塑料质轻且机械性能能够满足大部分产品应用，但其具有缺乏金属光泽、不够美观、耐候性差、易老化、不导电及由此带来的静电作用等缺点。

那么，如何让塑料拥有金属材料的外观以替代金属材料，将两者优点结合起来，这一直是高分子研究的课题。到目前为止，研究人员已经能够设法在塑料的表面镀敷一层金属来改善塑料的性能，生产了一些展现金属质感及外观的塑料制品，这都归功于塑料表面金属化工艺。总体来说，目前使高分子材料金属化的方法主要有干法金属化和湿法金属化。

12.5.1 干法金属化（干法镀膜）

1. 物理气相沉积

物理气相沉积（PVD）主要包括真空蒸发法和磁控溅射法两种方法。

二者均要求沉积薄膜的空间要有一定的真空度，所以真空技术是物理气相沉积法的基础。

1）真空蒸发法

真空蒸发法是指在真空环境下加热镀膜材料，使其在极短时间内蒸发然后沉积在塑料表面上形成镀层的方法，如图 12.16（a）所示。

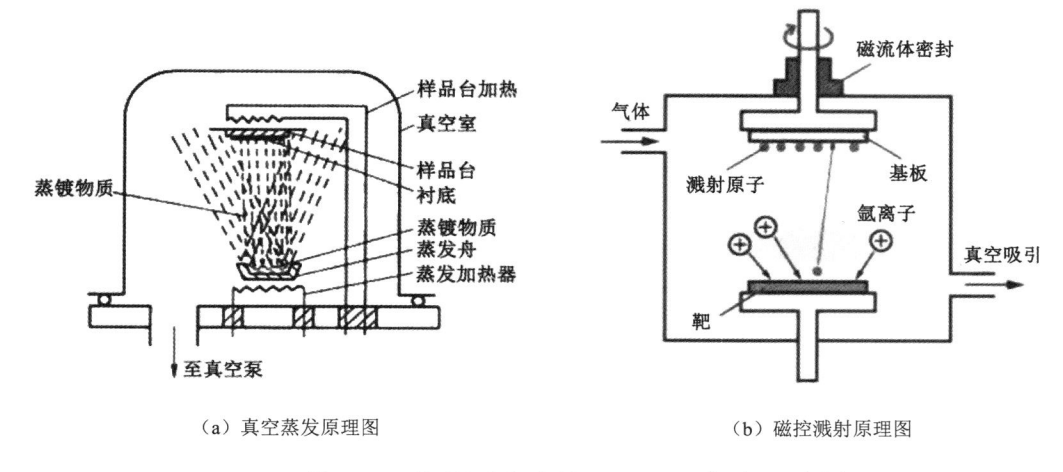

（a）真空蒸发原理图　　　　　　　　　　（b）磁控溅射原理图

图 12.16　物理气相沉积法（PVD）工作原理示意图

采用几种能源方式转换成热能，加热镀料使之蒸发或升华，成为具有一定能量（0.1～0.3eV）的气态粒子（原子、分子或原子团）；气态粒子离开镀料表面，具有相当运动速度的气态粒子以基本上无碰撞的直线飞行输运到基体表面，到达基体表面的气态粒子凝聚形核生长成固相薄膜。

蒸发热力学液相或固相的镀料原子或分子，并使其从镀料表面逃逸出来，必须获得足够的热能，有足够大的热运动。当其垂直表面的速度分量的动能足以克服原子或分子间相互吸引的能量时，才可能逸出表面，完成蒸发或升华。加热温度越高，分子动能越大，蒸发或升华的粒子量就越多，当原子数超过某临界时就变为稳定核，再不断吸附其他及化合物原子而逐步长大，最后与邻近稳定核合并，进而变成连续膜。因此，镀层生长速度与镀料蒸发速度密切相关。

真空蒸发法的优势主要体现在此法成膜速率快、效率高，但也有一般只能蒸发像铝这种低熔点的金属及薄膜与基体结合较差的局限性。

2）磁控溅射法

磁控溅射法是用高能离子轰击靶材，使靶材表面原子获得足够能量脱离母材，并按相应的溅射方向飞跃出来，沉积在塑料表面的方法，如图 12.16（b）所示。

通常，溅射镀膜利用低压惰性气体辉光放电来产生入射离子。阴极（靶）由镀膜材料制成，基片作为阳极，真空室中通入 0.1～10Pa 的氩气或其他惰性气体，在阴极（靶）通入 1～3KV 直流负高压或 13.56MHz 的射频电压作用下产生辉光放电。电离出的氩离子轰击靶表面，使得靶原子溅出并沉积在基片上，形成薄膜。由于被溅射原子是与具有数十电子伏特能量的正离子交换动能后飞溅出来的，因而溅射出来的原子能量高，有利于提高沉积时原子的扩散能力，提高沉积组织的致密程度，使制出的薄膜与基体具有较强的附着力。

磁控溅射法的优势主要体现在，此法与真空蒸发法相比不需要预处理，结合力较强，且能沉积多种金属。

2．化学气相沉积

化学气相沉积（CVD）指把含有沉积元素的反应气体引入反应室，在基体表面发生化学反应，并把固体产物沉积到基体表面的方法，有研究者用此方法在 PTFE 上成功沉积了铜。

化学气相淀积是近几十年发展起来的、制备无机材料的新技术，其工作原理如图 12.17 所示。化学气相淀积已经广泛用于提纯物质，研制新晶体，淀积各种单晶、多晶或玻璃态无机薄膜材料。这些材料可以是氧化物、硫化物、氮化物、碳化物，也可以是 III-V、II-IV、IV-VI 族中的二元或多元的元素间化合物，而且它们的物理功能可以通过气相掺杂的淀积过程精确控制。目前，化学气相淀积已成为无机合成化学的一个新领域。

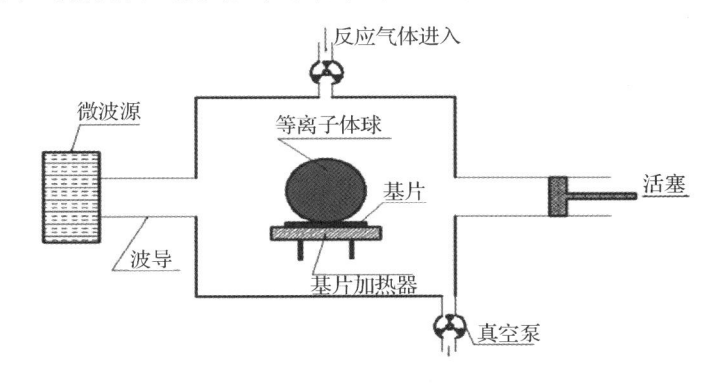

图 12.17　化学气相沉积工作原理示意图

化学气相沉积的优势主要体现在化学气相沉积膜层致密，结合力强，厚度比较均匀，膜层质量稳定；但该方法也有一定局限性，如影响膜的组成和结构的因素很多（如气体运动速率、压力分布、温度等），必须严格控制才能得到理想的膜。同时，传统的化学气相沉积法反应温度通常很高（900～2 000℃），容易导致基体变形和组织变化。

12.5.2　湿法金属化（湿法镀膜）

由于化学镀和化学还原等方法都要在溶液中进行，所以被称为湿法镀膜，如图 12.18 所示。

图 12.18　湿法镀膜

1. 化学镀

化学镀是目前使用最广泛的一种塑料金属化加工方法，化学镀依据氧化还原反应原理，利用强还原剂在含有金属离子的溶液中将金属离子还原成金属而沉积在各种材料表面形成致密镀层。

化学镀技术是在金属的催化作用下，通过可控制的氧化还原反应产生金属的技术。其工艺流程如图 12.19 所示。与传统的电镀相比，化学镀技术具有镀层均匀、针孔小、不需直流电源设备、能在非导体上沉积和具有某些特殊性能等特点。另外，由于化学镀技术废液排放少，对环境污染小及成本较低，在许多领域已逐步取代电镀，成为一种环保型的表面处理工艺。目前，化学镀技术已在电子、阀门制造、机械、石油化工、汽车、航空航天等工业中得到广泛的应用。

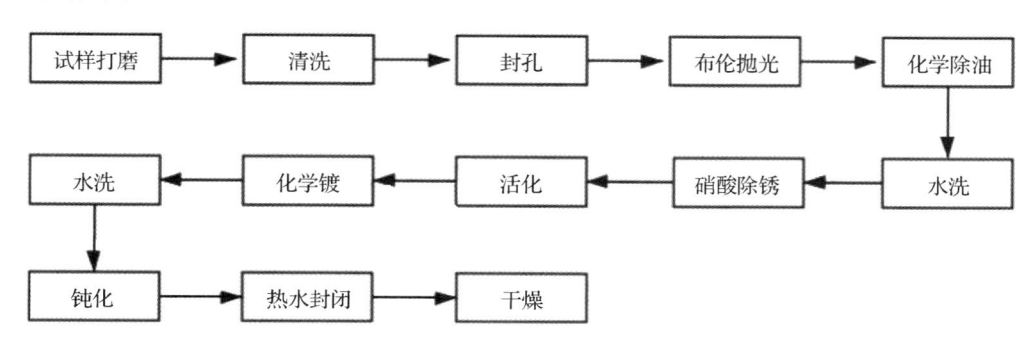

试样打磨 → 清洗 → 封孔 → 布伦抛光 → 化学除油 → 水洗 → 硝酸除锈 → 活化 → 化学镀 → 水洗 → 钝化 → 热水封闭 → 干燥

图 12.19 化学镀工艺流程图

2．化学还原法

化学还原法制备聚合物金属化表面是将含有极性基团的聚合物和能与其形成络合物的金属盐共同溶解在溶剂中制成均匀的溶液，然后将溶液通过蒸发成型得到样品，接着将样品置于还原溶液中，通过化学还原反应在样品表面上形成导电金属层的方法。

化学还原法在一定程度上解决了表面结合力差、耐久性差、镀膜设备造价高和工艺复杂等问题，具有很大的应用空间。

12.5.3　其他金属化镀膜方法

1．金属涂料涂装

采用混有银、铜、镍、铝等金属粉末的涂料，将其涂装于塑料制品表面使其金属化的方法称为金属涂料涂装。这种方法除了可使塑料制品表面具有金属质感的装饰作用，还可以利用涂层的导电性使壳体类塑料制品具有信号屏蔽性能等。图 12.20 为金属涂料涂装的耳机外壳。

2．金属喷涂

金属喷涂是用熔融金属的高速粒子流喷在基体表面，以产生覆层的材料保护技术，包括电弧喷涂、等离子喷涂、火焰喷涂和高速氧燃料喷涂。

金属喷涂颜色丰富，有独特的透明度，光泽度高，但成本高，且熔融状态下的金属颗粒和高温焰流会对聚合物基体材料表面产生一定程度的破坏。由于热喷涂的加热温度高，所形成的金属涂层由于氧化和较大的空隙率很难满足使用要求。

图 12.20 金属涂料涂装的耳机外壳

因此，在聚合物基材表面一般多采用冷喷涂的方法进行金属层涂覆，冷喷涂技术需要的热量输入很小，加热温度低，颗粒飞行速度高，有效防止了热喷涂时的热影响，减少了基体表面三维畸变、涂层氧化、相变等问题。

3．金属粉复合法

此方法是在塑料成型过程中添加特殊的金属粉末或金属颜料，如金属粉、色母、造粒料等，使塑料制品具有珠光、金属光泽等效果。这种方法可以避免一些喷涂过程中的缺陷，属于塑料整体金属化的工艺方法。图 12.21 为金属粉复合法制备的汽车观后镜外壳。

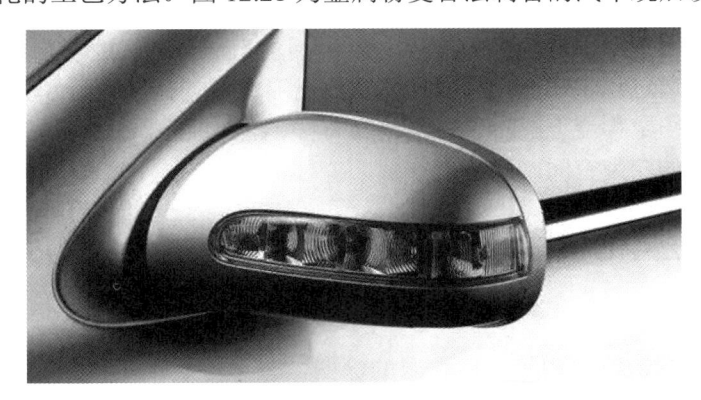

图 12.21 金属粉复合法制备的汽车观后镜外壳

从最新的科研论文和相关专利可以发现，目前一些塑料企业在研发和试生产此类整体金属化塑料制品原材料，生产的粒料可以直接应用成型，工艺简单且成本极低。

金属化工艺可以得到具有金属质感的塑料制品，与此同时，金属化工艺得到的塑料制品又有向提高导电性、磁性和导热性等特殊性能方向发展的趋势。就目前现状来看，金属化塑料的种类仅限于 ABS、PP、PC、PTFE 等基体材料。

12.6 高光无熔痕模具技术

高光无熔痕模具技术是主要利用电加热棒或高温高压水蒸气快速加热模具到一定温度，然后注塑、保压，在冷却阶段使用温度较低的冷水快速循环冷却模具，使模具温度迅速达到出模所需温度然后出模，完成整个注塑生产过程的技术。

采用高光无熔痕模具技术，可以使塑件表面高光、无熔痕、无流痕、无流线，产生镜面效果，提高塑件强度和表面硬度。高光无熔痕模具技术还可以取代污染环境的喷涂工艺，又因减少了工艺流程，省去了二次加工费用，在大幅度降低生产成本的同时，节省了能源与材料。该技术也适合加工玻璃纤维或矿物填料填充的物料，能有效地防止材料裸露在制件表面，使填充增强材料的塑件表面质量达到镜面效果，可广泛应用于家电、通信、日用品、医疗等行业的塑件绿色制造。

1. 高光注射成型工艺过程

高光注射成型的基本过程是，在注射成型之前，运用高温高压的水蒸气将模具表面快速升温，令成型模腔表面温度达到树脂塑料的玻璃转移温度以上，然后将塑化好的塑料熔体注入封闭的模具型腔，注射阶段模具温度由高温高压水蒸气保持，当注射结束，停止供气，由空气管道气压吹干净管道内水蒸气，之后通入冷却水使模具温度快速下降，直至冷却、开模取出产品，高光注塑成型工艺过程如图 12.22 所示。除高光模具和注塑机，蒸汽高光无熔痕成型技术所需的主要生产设备还有冷却塔、蒸汽锅炉压缩机、高光温度控制柜等，整个注塑成型系统如图 12.23 所示。其中温控柜是整个系统的核心，它根据安装在模具上的温度传感器反馈的温度信息控制着高温蒸汽和冷却水的切换，并与注塑机控制系统实时交互信号，进行熔体的注射、保压及开模顶出动作，以完成整个注塑过程。

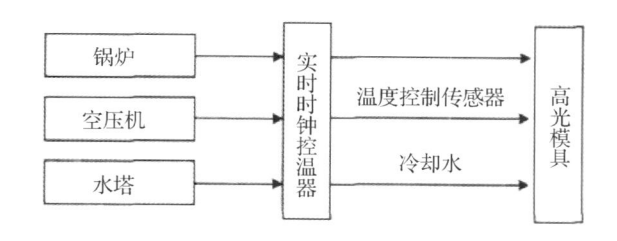

图 12.22 高光注射成型工艺过程示意图

2. 高光注射成型模具的特点

在高光注塑中，最关键的器具是模具。高光模具是通过模温机控制模具温度，热流道、电磁阀及时间继电器控制分时进胶，从而来生产出外表光亮、无缩水、无熔接痕等缺陷的高端产品。高光模具一般具有以下特点。

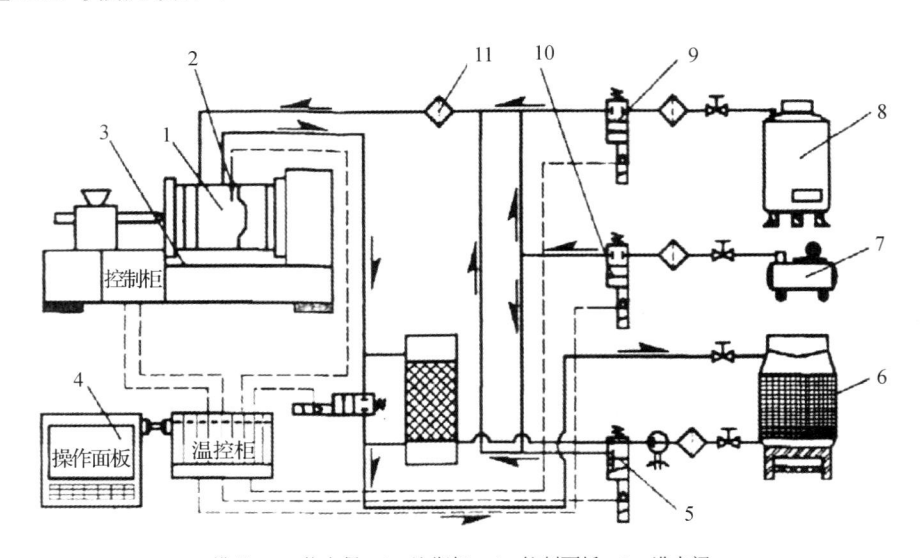

1—模具；2—热电偶；3—注塑机；4—控制面板；5—进水阀；
6—冷却塔；7—空压机；8—蒸汽锅炉；9—蒸汽阀；10—空气阀；11—过滤器

图 12.23　蒸汽高光无熔痕注塑成型系统示意图

（1）模具成型温度较高（一般为 80~100℃）。在较高的模温下保压成型有利于消除熔接痕、流痕、产品内应力等缺陷。因此，模具在工作时需进行加热处理，为了防止热量损失，通常都会在定模侧加树脂隔热板。冷却水的温度也不应太低。如果冷却水的温度过低，将导致模具的温度相对偏低，如此对熔胶的填充、流动很不利，最终对制品质量会产生很大的影响。

（2）模腔表面极度光亮（一般为镜面 2 级或更高）。高光模具生产出的产品可以直接用于装机，无须做任何表面处理。因此，它对模具钢材及塑胶材料的要求都很高。

（3）热流道系统的热嘴较多（一般为 6~8 个嘴，有时更多）。每个热嘴必须带封针且有独立的气室，通过电磁阀及时间继电器等进行单独控制，实现分时进胶，从而达到控制甚至消除熔接痕的目的。

（4）模具内部开设管道必须合理，以确保可以快速升温和降温。

（5）模具内部的管道应该导热性能良好。

影响产品表面质量的因素不止型腔温度，模具钢的选材也至关重要。模具的性能与寿命跟模具所使用的钢材有着直接的关系，由于生产过程中需要不停加温及降温，由此产生的热应力会影响模具的寿命。塑胶模具零件由于其工作条件不同，受外部影响的情况也不相同，因此除了对钢材的性能要有一些基本要求，还需要其具有极佳的抛光性和较高的硬度。这不仅可以成型出表面光亮美观的产品，又可以减小塑料对型腔表面的磨损，既延长了模具使用寿命，又降低了注塑压力，保护了注塑机。

3．高光无熔痕模具设计制造关键技术

1）塑件结构的设计优化

高光无熔痕塑件的结构设计与普通塑件不同，需要根据高光无熔痕模具的成型特点对塑

件进行优化设计，比如产品的脱模斜度、圆角过渡、螺钉柱固定结构等都需要调整，以满足高光无熔痕注塑成型的工艺要求。

2）成型过程模拟和浇注系统优化

蒸汽高光模具在注塑成型过程中的模具温度很高，致使高光模具的流道布局与普通模具有较大差别。人们需要利用 CAE 分析软件对整个成型过程进行仿真模拟，优化浇注系统，以获得理想的聚合物充填效果与成型质量。图 12.24 为应用 MOLDFLOW 软件分析制件翘曲变形。

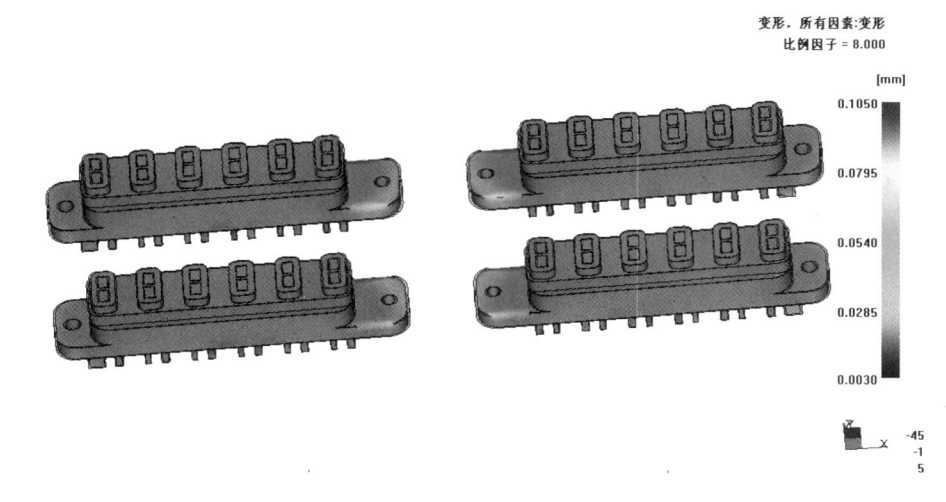

图 12.24　应用 MOLDFLOW 软件分析制件翘曲变形

3）热疲劳开裂的预防和充分合理的排气

蒸汽高光模具在注塑成型过程中要反复经历近百度的温差变化，非常容易发生热疲劳开裂，对此需要采取预防热疲劳开裂的措施，保证模具的寿命和塑料制品的精度。

4）加热和冷却通道的优化设计

需要根据在不同工艺参数下模具动模和定模模腔的表面温度分布，以成形表面温度的均匀性为目标函数，利用 CAE 软件对成型部件背面加热和冷却通道的形状、尺寸、数量、分布等参数进行优化，寻求最佳的加热和冷却效果，以确保可以快速升温和降温。

5）超高镜面抛光技术

蒸汽高光模具的一个重要特点就是模具内表面要有非常高的表面粗糙度，因为高光模具生产出的塑件要求具有很好的光泽度，无须后续喷涂，因此模具抛光的要求远高于普通的注塑模具，成型面粗糙度需要达到 $Ra0.025$。因此，需要研究掌握专用的抛光工艺和方法，并使用高质量的抛光工具和材料。

思考题

1. 阐述气体辅助注射成型的原理。气体辅助注射成型的特点是什么？

2. 精密注射成型的主要工艺特点有哪些？精密注射成型工艺对注射机及注射模的设计有什么要求？

3. 说明反应注射成型的工作原理并指出反应注射成型工艺对塑件的适应性。
4. 解释双色注射成型和双层注射成型的工作原理。
5. 无流道成型有何特点？对塑料有什么要求？常见无流道成型有哪些模具结构？
6. 利用网络资源搜集并整理金属粉复合法（将金属粉加入塑胶原料）的注塑工艺，并比较其与普通注塑和金属粉末注射成型（MIM）的区别。

扩展阅读："工业4.0"注塑智能制造

"工业4.0"被解读为继蒸汽技术、电力技术、信息技术革命后的第四次工业革命。它描绘的是这样一幅蓝图：在未来工厂中，人类、工件和生产设备将彼此通信，生产线将实现全面网络化并自主控制生产过程，显著缩短研发周期、提高生产效率、提升产品质量、减少资源使用，使经济效益最大化，更核心的是生产线从大规模批量生产，转向个性化生产。在全球智能制造发展的浪潮下，作为我国工业体系中最重要的一个分支，注塑行业存在生产的管理还比较落后、生产效率、材料损耗、能源消耗、对环境污染防治远远不及国外先进企业的状况。虽然经过近几年注塑行业的不断升级发展，我国整体制造水平在不断提高，但总体来讲，国内的注塑生产企业还处于一种粗放性的经营阶段，智能制造迫在眉睫。注塑行业在底层制造环节由于工艺的复杂性，对设备的智能化要求很高，投资很大。因此，要实现智能化生产制造，注塑行业需要实现生产设备网络化、生产数据可视化、生产过程透明化、生产现场无人化等先进技术应用，做到纵向、横向和端到端的集成，以实现优质、高效、低耗、清洁、灵活的生产，从而建立基于工业大数据和互联网的智能工厂。

"注塑工业4.0"是注塑行业的特性与工业互联网的特性、自动化的特性，以及更广泛的互联互通特性的深度融合，它是基于工业互联网、云计算、大数据等内容的，属于"互联网+"的范畴。

1）设备网络化

在注塑制造企业车间，注塑机等设备是主要的生产资源。在生产过程中，将所有的设备及工位统一联网管理，使设备与设备之间、设备与计算机之间能够联网通信，设备与工位人员紧密关联，整个生产过程实现网络化、追溯化管理。

2）作业自动化

机器人自动取件—自动去毛刺和浇口—自动称重和筛选—激光自动打码，实现机台的无人化、自动化和信息化生产。生产通过快速换模系统，实现模具自动切换及模具水电气全自动切换。生产过程通过MES联网系统进行管控、追溯和大数据分析。

3）生产过程透明化

注塑企业通过智能排产APS、生产执行MES、仓储管理WMS、数据采集SCADA、物流控制WCS等系统集成及与智能硬件交互实现生产过程的自动化、智能化、数字化，通过计划、生产、资源的密切配合，从而确保决策者和各级管理者可以在最短的时间内掌握生产现场的变化，做出准确的判断并制定快速的应对措施，保证生产计划得到合理而快速的修正，生产流程畅通，资源可以充分有效地得到利用，进而最大限度地提高生产效率。

第 13 章 压缩成型工艺与压缩模设计

压缩成型又称为压制成型、压塑成型等，它主要适用于热固性塑料的成型。其基本原理是把粉状或松散颗粒状的固态塑料直接加入模具的加料室中，然后加热、加压，使它们逐渐软化熔融，再根据模腔形状进行流动成型，最终经过固化成为塑料制件。

13.1 压缩成型工艺

13.1.1 压缩成型原理及其特点

压缩成型工艺（上、下）

1. 压缩成型原理

压缩成型原理如图 13.1 所示。热固性塑料原料由合成树脂、填料、固化剂、固化促进剂、润滑剂、色料等按一定配比制成，可制成粉状、粒状、片状、团状、碎屑状、纤维状等各种形态。将粉状、粒状等形态的热固性塑料原料直接加入敞开的模具加料室内，如图 13.1（a）所示；然后合模，先在不加压力的状态下加热塑料至熔融状态，再在合模压力的作用下，将熔融塑料充满型腔各处，如图 13.1（b）所示；此时，型腔中的塑料产生化学交联反应，逐步转变为不熔的、硬化定型的塑料制件，最后脱模将塑件从模具中取出，如图 13.1（c）所示。

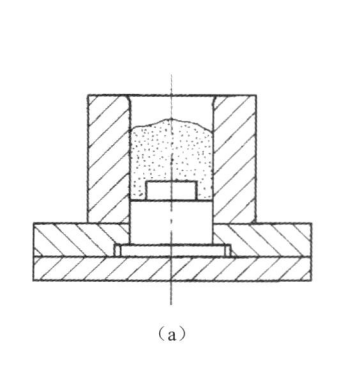

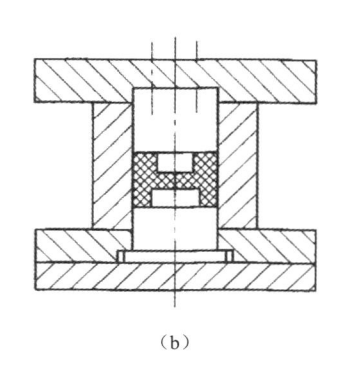

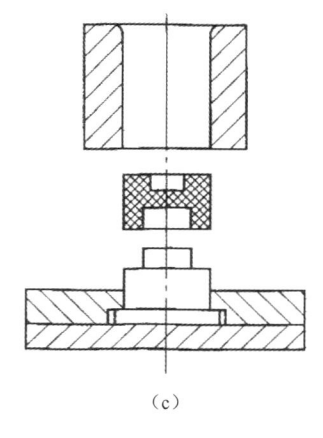

(a)   (b)   (c)

图 13.1 压缩成型原理

2. 压缩成型特点

与注射模具相比,压缩模具没有浇注系统,而是直接向模腔内加入未塑化的塑料,其分型面必须水平安装。因此压缩成型与注射成型相比,其优点有:

(1) 可以使用普通压机进行生产,使用的设备和模具比较价廉;
(2) 压缩模没有浇注系统,结构简单;
(3) 塑件内取向组织少,取向程度低,性能比较均匀,成型收缩率小;
(4) 适宜成型热固性塑料制品,尤其是一些带有碎屑状、片状或长纤维填充料、流动性差的塑料制件和面积很大、厚度较小的大型扁平塑料制件。

压缩成型的缺点有:

(1) 成型周期长,生产效率低,特别是厚壁制品;
(2) 由于模具要加热到高温,会引起原料中粉尘和纤维飞扬,生产环境差;
(3) 不易实现自动化,特别是移动式压缩模,劳动强度大;
(4) 塑件经常带有溢料飞边,会影响塑件高度尺寸的准确性;
(5) 模具易磨损,使用寿命短,一般仅 20 万～30 万次;
(6) 带有深孔、形状复杂的塑件难以成型,且模具内细长的成型杆和制品上细薄的嵌件在压缩时易弯曲变形。

13.1.2 压缩成型工艺过程

压塑成型工艺过程包括压塑成型前的准备、压缩成型和压后处理等。

1. 压塑成型前的准备

热固性塑料吸湿性较大,易受潮,所以在成型前应对其进行预热和干燥处理。此外,由于热固性塑料比容较大,因此有时要先对塑料进行预压处理,以便使成型过程顺利进行。

1) 预热与干燥

对热固性塑料进行成型前加热的目的有两个:一是对塑料进行预热,以便给压缩模提供具有一定温度的热料,使塑料在模内受热均匀,缩短模压成型周期;二是对塑料进行干燥,降低塑料中过多的水分和低分子挥发物,保证塑料制件的质量。预热与干燥的常用设备有烘箱和红外线加热炉。

2) 预压 预压是指压缩成型前,将松散的粉状、粒状、碎屑状、片状或长纤维状的成型物料在室温或稍高于室温的条件下压实,使之成为质量一定、形状一致的塑料型坯,以便能较容易地被放入压缩模加料室内。预压坯料的截面形状一般为圆形,经过预压后的坯料密度最好能达到塑件密度的 80%,从而保证坯料有一定的强度。是否要预压应根据塑料原材料的成分及加料要求来决定。

2. 压缩成型过程

模具在压机上安装完成后要进行预热。对带有嵌件的塑料制件,加料前应将热嵌件与塑料制件一起放入模具型腔内预热。热固性塑料的压缩过程一般可分为加料、合模、排气、固化和脱模这几个阶段。

1）加料

加料就是在模具型腔中加入已预热的、定量的物料，这是压缩成型生产的重要环节。加料准确与否将直接影响到塑件的密度和尺寸精度。常用的加料方法有质量法、容积法和记数法三种。质量法是用衡器称量物料的质量，然后将其加入模具内的方法，该方法可以准确地控制加料量，但操作不便。容积法是使用具有一定容积或带有容积标度的容器向模具内加料的方法，这种方法操作简便，但加料量的控制不够准确。记数法只适用于预压坯料。

2）合模

合模是指通过压力使模具内成型零部件闭合成与塑件形状一致的模腔。当凸模尚未接触物料，应尽量使闭模速度加快，以缩短模塑周期并防止塑料过早固化和过多降解。而在凸模接触物料以后，合模速度应放慢，以避免模具中嵌件和成型杆件的位移及损坏，同时也有利于空气的顺利排放。合模时间一般为几秒至几十秒。

3）排气

压缩成型时，物料在模腔中会放出大量的水蒸气、低分子挥发物及在交联反应和体积收缩时产生的气体，因此合模后还需卸压以排出模腔中的气体。排气可以缩短固化时间，有利于提高塑件的性能和表面质量。排气的次数和时间应按需要而定，通常为 1～3 次，每次时间为 3～20 s。

4）固化

压缩成型时，塑料进行交联反应固化定型的过程称为固化或硬化。由于塑料品种、模具温度及成型压力等因素的存在，热固性塑料的交联反应程度即硬化程度不一定达到 100%。当这些因素一定时，硬化程度主要取决于硬化时间。最佳硬化时间应以硬化程度适中时为准。对于固化速率不高的塑料，有时也可将未完全固化的塑件在模外用烘的方法来完成它的固化。通常酚醛压缩塑件的后烘温度范围为 90～150℃，时间为几小时至几十小时，视塑件的厚薄而定。根据塑料的种类、塑件的厚度、物料的形状及预热和成型的温度等因素可以确定模内固化时间，一般为 30s 至数分钟。具体时间的长短需由实验或试模的方法确定，过长或过短对塑件的性能都会产生不利的影响。

5）脱模

固化完成以后，压机卸载回程，并开启模具，通过推出机构将塑件推出模外。带有侧向型芯时，必须先将侧向型芯抽出才能脱模。

热固性塑料制件脱模条件以塑件在模具中的硬化程度适中时为准。大批量生产中为提高生产效率，缩短成型周期，亦可在制件硬化程度适中的情况下进行脱模，但必须注意制件应有足够的强度和刚度，以保证它在脱模过程中不发生变形和损坏。硬化程度不足但提前脱模的塑件必须集中起来进行后烘处理。

3．压后处理

塑件脱模以后的后处理主要是指退火处理，退火处理的作用是清除内应力，增加稳定性，减少塑件的变形与开裂。当塑件进一步交联固化，可以提高塑件的电性能和机械性能。根据塑件材料、形状、嵌件等情况来确定退火规范，厚壁和壁厚相差悬殊及易变形的塑件以采用较低温度和较长时间为宜；为防止变形，对于形状复杂、薄壁、面积大的塑件，退火处理最好在夹具上进行。常用的固性塑件退火处理规范可参考表 13.1。

表 13.1 常用热固性塑件退火处理规范

塑 料 种 类	退火温度 /℃	保温时间 /h
酚醛塑料制件	80～130	4～24
酚醛纤维塑料制件	130～160	4～24
氨基塑料制件	70～80	10～12

13.1.3 压缩成型的工艺参数

压缩成型的工艺参数主要是指压缩成型压力、压缩成型温度和压缩成型时间。

1. 压缩成型压力

压缩成型压力是指在压缩过程中，凸模使塑料熔体充满型腔和固化时施加在分型面单位投影面积上的压力，简称成型压力，可采用以下公式进行计算：

$$p = \frac{p_b \pi D^2}{4A} \tag{13.1}$$

式中，p——成型压力，一般为 15～30 MPa；

p_b——压机工作液压缸表压力，单位为 MPa；

D——压机工作液压缸活塞直径，单位为 m；

A——塑件与凸模接触部分在分型面上的投影面积，单位为 m^2。

施加成型压力的目的是促使物料流动充模，提高塑件的密度和内在质量，克服塑料树脂在成型过程中的胀模力，使模具闭合，保证塑件具有稳定的尺寸、形状，减少飞边，防止变形，但过大的成型压力会降低模具寿命。

压缩成型压力的大小与塑料种类、塑件结构及模具温度等因素有关，一般情况下，塑料的流动性越小，塑件越厚，形状越复杂，塑料固化速度和压缩比越大，所需的成型压力亦越大。常用塑料成型压力如表 13.2 所示。

表 13.2 热固性塑料的压缩成型温度和成型压力

塑 料 类 型	压缩成型温度/℃	压缩成型压力/MPa
酚醛塑料（PF）	146～180	7～42
三聚氰胺甲醛塑料（MF）	140～180	14～56
脲甲醛塑料（UF）	135～155	14～56
聚酯塑料（UP）	85～150	0.35～3.5
邻苯二甲酸二丙烯酯塑料（PDPO）	120～160	3.5～14
环氧树脂塑料（EP）	145～200	0.7～14
有机硅塑料（DSMC）	150～190	7～56

2. 压缩成型温度

压缩成型温度是指压缩成型时所需的模具温度。在模具温度作用下，成型物料必须经由玻璃态熔融成黏流态之后才能流动充模，然后经过交联固化定型为塑件，所以压缩过程中的模具温度对塑件成型过程和成型质量的影响，比注射成型更为重要。

压缩成型温度的高低对模内塑料熔体是否顺利充模、成型时的硬化速度及塑件质量均有影响。随着温度的升高，塑料固体粉末逐渐融熔，黏度由大到小，开始交联反应，当其流动性随温度的升高而出现峰值时，迅速增大成型压力，使塑料在温度还不很高而流动性又较大时，充满型腔的各部分。在一定温度范围内，模具温度升高，成型周期缩短，生产效率提高。但是如果模具温度过高，将使树脂和有机物分解，塑件表面颜色就会暗淡。由于塑件外层首先硬化，影响物料的流动，进而引起充模不满，特别是压缩形状复杂、薄壁、深度大的塑件时最为明显。同时，由于水分和挥发物难以排除，塑件内应力大，模具开启时，塑件易发生肿胀、开裂、翘曲等；如果模具温度过低，硬化周期过长，硬化不足，塑件表面将会无光，其物理性能和力学性能下降。常见热固性塑料的压缩成型温度见表13.2。

3. 压缩成型时间

热固性塑料压缩成型时，要在一定温度和压力下保持一定时间，以使其充分的交联固化，成为性能优良的塑件，这一时间称为压缩成型时间。压缩成型时间与塑料的种类（树脂种类、挥发物含量等）、塑件形状、压缩成型的工艺条件（温度、压力）及操作步骤（是否排气、预压、预热）等有关。压缩成型温度升高，塑料固化速度加快，所需压缩成型时间减少；压缩成型压力增大，压缩成型时间也会略有减少，但影响不及压缩成型温度那么明显。由于预热减少了塑料充模和开模时间，所以压缩成型时间比不预热时要短，通常压缩成型时间还会随塑件厚度的增加而增加。

压缩成型时间的长短对塑件的性能影响很大。压缩成型时间过短，塑料硬化不足，塑件外观质量变差，力学性能下降，易变形。适当增加压缩成型时间，可减少塑件收缩率，提高其耐热性能和其他物理、力学性能。但如果压缩成型时间过长，不仅生产率降低，而且会使树脂交联过度，使塑件收缩率增加，产生内应力，导致塑件力学性能下降，严重时会使塑件破裂。一般的酚醛塑料，压缩成型时间为 1～2min，有机硅塑料为 2～7min。表 13.3 列出了酚醛塑料和氨基塑料的压缩成型工艺参数。

表 13.3　酚醛塑料和氨基塑料的压缩成型工艺参数

工艺参数	酚醛塑料			氨基塑料
	一般工业用[1]	高电绝缘用[2]	耐高频电绝缘用[3]	
压缩成型温度 /℃	150～165	150～170	180～190	140～155
压缩成型压力 /MPa	25～35	25～35	>30	25～35
压缩时间 /(min/mm)	0.8～1.2	1.5～2.5	2.5	0.7～1.0

注：1. 系以苯酚—甲醛线型树脂和粉末为基础的压缩粉；
　　2. 系以甲酚—甲醛可溶性树脂的粉末为基础的压缩粉；
　　3. 系以苯酚—苯胺—甲醛树脂和无机矿物为基础的压缩粉。

13.2 压缩模设计

压缩模主要用于成型热固性塑料制件，也可成型热塑性塑件。用压缩模成型热塑性塑件时，模具须交替地进行加热和冷却，这样才能使塑料塑化和固化，但这样成型周期长，生产效率低。因此，它仅适用于成型光学性能要求高的有机玻璃镜片、高温注射成型硝酸纤维汽车驾驶盘及一些流动性很差的热塑性塑料（如聚酰亚胺等塑料）制件。

本节将主要介绍热固性塑料压缩模的设计，与注射模设计类似的合模导向机构、侧向抽芯机构、温度调节系统等，就不再详细介绍了。

13.2.1 压缩模的结构组成与分类

1. 压缩模的结构组成

压缩模的典型结构如图 13.2 所示。模具的上模和下模分别安装在压机的上、下工作台上，通过导柱导套对上、下模进行导向。上工作台下降，使上凸模 5 进入下模加料室 4 与装入的塑料接触并对其加热。当塑料成为熔融状态后，上工作台继续下降，熔料在受热受压的作用下充满型腔并发生固化交联反应。固化成型后，上工作台上升，模具分型，同时压机下面的辅助液压缸开始工作，推出机构的推杆将塑件从下凸模 7 上脱出。按各零部件的功能作用不同压缩模可分为以下几部分。

（1）成型零件。成型零件是直接成型塑件的零件，也是形成模具型腔的零件，加料时与加料室一起起装料的作用。图 13.2 中的模具成型零件由上凸模 5（常称阳模）、下凸模 7、加料室 4（常称为阴模）、型芯 6 等构成，凸模和凹模可采用多种配合形式，对塑件成型有很大影响。

（2）加料室。压缩模的加料室是指凹模上方的空腔部分，如图 13.2 中加料室 4 上部截面尺寸扩大的部分。由于塑料与塑件相比具有较大的比容，塑件成型前单靠型腔往往无法容纳全部原料，因此一般需要在型腔之上设置一段加料室。

（3）导向机构。导向机构是用来保证上、下模合模的对中性的。图 13.2 中上模周边的四根导柱 8 和导套 10 组成了导向机构。为保证推出机构运动平稳，该模具在下模座板上还设有两根推板导柱，在推板上有带推板导套的导向孔。

（4）侧向分型与抽芯机构。当压缩塑件带有侧孔或侧向凹、凸时，模具必须设有各种侧向分型与抽芯机构，这样塑件方能脱出。图 13.2 中的塑件有一侧孔，在推出塑件前用手动丝杆抽出侧型芯。

（5）脱模机构。压缩模具机构与注塑模具相似，一般都需要设置脱模机构（推出机构），其作用是使塑件脱出模腔。图 13.2 中的脱模机构由推板 19、推杆固定板 20、推杆 12 等零件组成。

（6）加热系统。热固性塑料压缩成型需要在较高的温度下进行，并且模具温度必须高于塑料的交联温度，因此模具必须加热，常见的加热方法有电加热、蒸汽加热、煤气或天然气加热等,但以电加热最为普遍。图 13.2 利用上模板(加热板)2、支承板 11(加热板)中加热孔 3 内的加热元件分别对上凸模、下凸模和凹模进行加热。在压缩热塑性塑料时,可在型腔周围开设温度控制通道,在塑化和定型阶段,分别通入蒸汽进行加热和通入冷却水进行冷却。

(7)支承零部件。压缩模中的各种固定板、支承板(加热板等),以及上、下模座等均称为支承零部件,如图 13.2 中的上模座板 1、支承板 11、垫块 13、下模座板 18、承压块 22 等的作用是固定和支承模具中的各种零部件,并且将压力传递给成型零部件和成型物料。

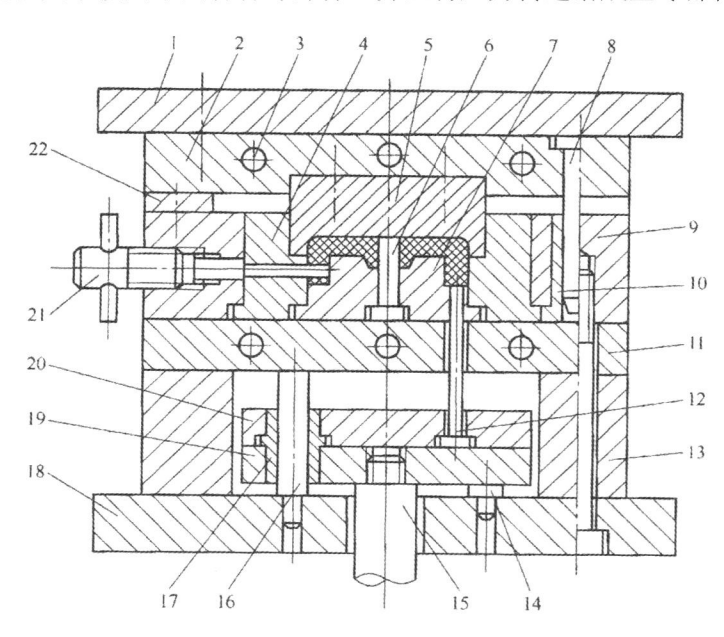

1—上模座板;2—上模板;3—加热孔;4—加料室(凹模);5—上凸模;6—型芯;7—下凸模;8—导柱;
9—下模板;10—导套;11—支承板(加热板);12—推杆;13—垫块;14—支承柱;15—推出机构连接杆;
16—推板导柱;17—推板导套;18—下模座板;19—推板;20—推杆固定板;21—侧型芯;22—承压块

图 13.2 压缩模结构

压缩模的三维结构图如图 13.3 所示。图 13.3(a)为合模状态,图 13.3(b)为开模加料状态,图 13.3(c)为推出取件状态。塑件被推出结构推出后从分型面中取出。

2.压缩模的分类

压缩模有多种分类方法,可按模具在压机上的固定方式分类,按模具加料室的结构形式进行分类,按分型面特征分类,按型腔数目多少分类。下面主要对前两种分类形式进行介绍。

1)按模具在压机上的固定形式分类

按模具在压机上的固定形式压缩模可分为固定式压缩模、半固定式压缩模和移动式压缩模。

(1)固定式压缩模。固定式压缩模如图 13.2 所示,上模和下模在压机的上、下工作台上分别固定,在压机上完成开、合模及塑件的脱出,该模具的优点是生产率较高、操作简单、劳动强度小、模具振动小、寿命长,缺点是模具结构复杂、成本高,且安放嵌件不如移动式压缩模方便,适用于成型批量较大或形状较大的塑件。

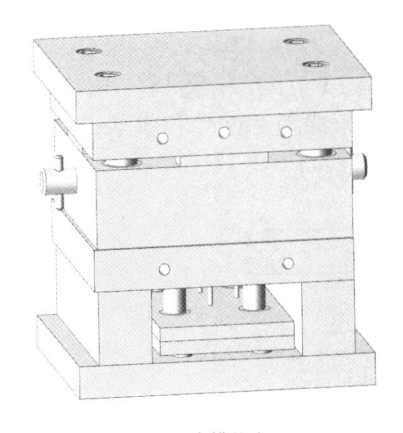

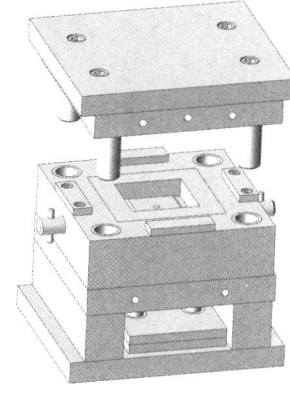

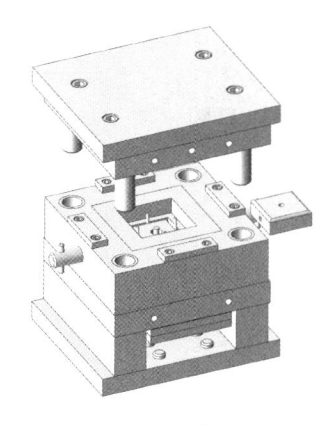

(a) 合模状态　　　　　　(b) 开模加料状态　　　　　　(c) 推出取件状态

图 13.3　压缩模的三维结构图

(2) 半固定式压缩模。半固定式压缩模如图 13.4 所示,通常将上模固定在压机上,下模沿导轨移进压机进行压缩或移出压机外进行加料和在卸模架上脱出塑件。用定位块在下模移进时定位,靠导向机构合模定位。这种模具结构便于安放嵌件和加料,且上模不移出压机外,减轻了劳动强度;也可按需要采用下模固定的形式,工作时移出上模,手工取件或利用卸模架取件。

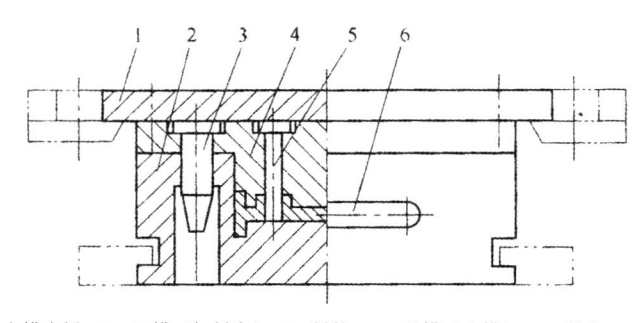

1—上模座板;2—凹模(加料室);3—导柱;4—凸模(上模);5—型芯;6—手柄

图 13.4　半固定式压缩模

(3) 移动式压缩模。移动式压缩模如图 13.5 所示,模具不在压机上固定。成型前,打开模具把塑料加入型腔,然后将上、下模合模,把合模好的压缩模放在压机工作台上,对塑料进行加热,之后再加压成型固化。成型后将模具移出压机,使用专门的卸模工具开模脱出塑件。这种模具结构简单,制造周期短,但因加料、开模、取件等工序均手工操作,劳动强度大、生产率低、模具易磨损,适用于压缩成型批量不大的中小型塑件,以及形状复杂、嵌件较多、加料困难及带有螺纹的塑件。

2）根据模具加料室形式分类

根据模具加料室形式不同模具可分为溢式压缩模、不溢式压缩模和半溢式压缩模。

（1）溢式压缩模。

溢式压缩模如图 13.6 所示。这种模具无加料室，型腔本身作为加料室，总高度 h 等于塑件高度。由于凸模与凹模无配合部分，故压缩时过剩的物料容易溢出。环形宽度 B 是挤压面宽度，比较窄，以减薄塑件的径向飞边。合模时原料压缩阶段，图中环形挤压面仅对溢料产生有限的阻力，合模到终点时挤压面才完全密合。因此，塑件密度较低，强度等力学性能也不高，特别是当模具闭合太快时，会造成溢料量增加，既浪费了原料，又降低了塑件密度。相反如果压缩模闭合速度太慢，由于物料在挤压面迅速固化，又会造成塑件的毛边增厚，高度增大。

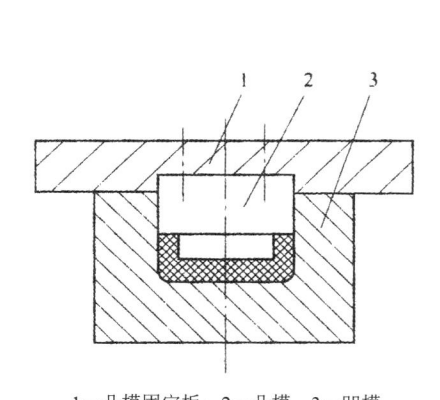

1—凸模固定板；2—凸模；3—凹模

图 13.5 移动式压缩模

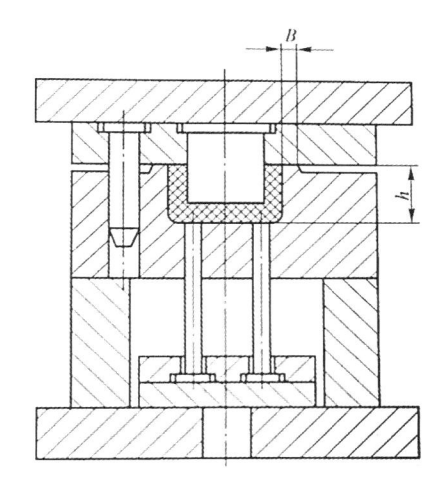

图 13.6 溢式压缩模

溢式压缩模的优点是结构简单、造价低廉、耐用（凸模与凹模无摩擦），塑件容易取出，特别是扁平塑件可以不设推出机构，用手工取出或用压缩空气吹出塑件。由于无加料室，方便在型腔内安装嵌件。它适用于压缩流动性好或带短纤维填料及精度与密度要求不高且尺寸小的浅型腔塑件，如纽扣、装饰品和各种小零件。

由于塑件的溢边总是水平的（顺着挤压面），因此去除比较困难，去除时常会损伤塑件外观。溢式压缩模没有延伸的加料室，装料容积有限，不适用于高压缩率的材料，如带状、片状或纤维状填料的塑料。对溢式压缩模最好采用粒料或预压锭料进行压缩。溢式模具凸模和凹模的配合完全靠导柱定位，没有其他的配合面，因此成型壁厚均匀性要求很高的塑件是不适合的。再加上压缩时每模溢料量的差异，因此成批生产的塑件其外型尺寸和强度要求很难求得一致。此外，溢式压缩模由于溢料损失要求加大加料量（超出塑件质量5%以内），因此对原料有一定浪费。

2）不溢式压缩模。

不溢式压缩模如图 13.7 所示。该模具的加料室在型腔上部断面延续，其截面形状和尺寸与型腔完全相同，无挤压面。理论上压机所施的压力将全部作用在塑件上，塑料的溢出量很少。不溢式压缩模与型腔每边有 0.025~0.075mm 的间隙，为减小摩擦，配合高度不宜过大，不配合部分可以像图 13.7 中那样在凸模上部断面减小，也可以将凹模逐渐增大而形成锥面，单边斜角为 15′~20′。不溢式压缩模的最大特点是塑件成型压力大，故密实性好，力学强度高。因此，这类模具适用于压缩形状复杂、精度高、壁薄、流程长或深形塑件，也适用于压缩流动性小、比容大的塑料。它特别适用于压制棉布、玻璃布或长纤维填充的塑料制品。用不溢式压缩模压缩的塑件毛边不但极薄，而且毛边在塑件上与分型面是垂直分布的，可以用平磨等办法除去。

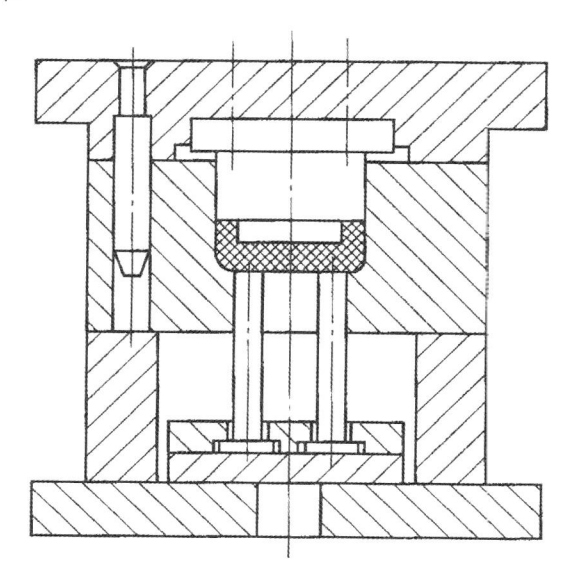

图 13.7　不溢式压缩模

不溢式压缩模的缺点之一是由于塑料的溢出量少，加料量直接影响着塑件的高度尺寸，因此每模加料都必须准确称量，否则塑件高度尺寸不易保证，因此流动性好、容易按体积计算的塑料一般都不采用不溢式压缩模。它的另一缺点是凸模与加料室侧壁摩擦，这将不可避免地会擦伤加料室侧壁，由于加料室断面尺寸与型腔断面相同，在推出时划伤痕迹的加料室会损伤塑件外表面。不溢式模具必须设推出机构，否则塑件很难取出。为避免加料不均，不溢式模具一般不设计成多腔模。因为加料稍有不均衡就会造成各种型腔压力的不等，而引起一些塑件欠压。

（3）半溢式压缩模。

半溢式压缩模如图 13.8 所示。其特点是在型腔上方设有一加料室，其断面尺寸大于塑件尺寸，凸模与加料室呈间隙配合，加料室与型腔分界处有一环形挤压面，其宽度为 4~5mm，凸模下压时受到挤压面的限制，在每一循环中即使加料量稍有过量，过剩塑料也能通过配合间隙或凸模上开设的溢料槽排出。因此其塑件的紧密程度比溢式压缩模好。

半溢式压缩模操作方便，加料时只需简单地按体积计量，而塑件的高度尺寸是由型腔高度 h 决定的，可达到每模基本一致，由于半溢式模具有这些特点，因此被广泛采用。此外，半溢式压缩模兼有溢式和不溢式压缩模特点，塑件径向壁厚尺寸和高度尺寸的精度均较好，密度较大，模具寿命较长，塑件脱模容易，加上压缩模由于加料室尺寸比塑件断面大，加料室侧壁在塑件之外，即使受摩擦损伤在推出时也不会刮伤塑件外表面。当塑件外缘形状复杂时，若用不溢式压缩模则凸模和加料室制造较为困难，采用半溢式压缩模可将凸模与加料室周边配合面形状简化，制成简单断面形状。

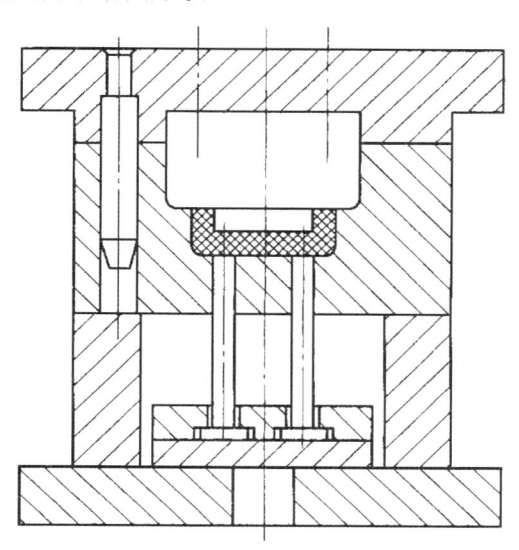

图 13.8　半溢式压缩模

半溢式模具由于有挤压边缘，不适用于压缩以布片或长纤维做填料的塑料。

上述模具结构是压缩模的三种基本类型，将它们的特点进行组合或改进还可以演变出带加料板的压缩模、半不溢式压缩模等。

13.2.2　压机

1. 压机有关工艺参数的校核

压缩模是在压机上压缩成型的，设计压缩模时设计人员必须熟悉压机的主要技术参数。压机的成型总压力、开模力、脱模力、合模高度和开模行程等技术参数与压缩模设计有直接联系，尤其是压机的最大能力和模具安装部位的有关尺寸，这些参数应正确，否则将出现模具在压机上无法安装，或塑件不能成型、成型后无法取出等问题。

1）成型总压力的校核

成型总压力是指塑料压缩成型时所需的压力，如果压机施加于塑件上的压力不足，则将产生有缺陷的塑件。成型总压力与塑件的几何形状、水平投影面积、成型工艺等因素有关。成型总压力应满足下列关系式：

$$F_m = n A p \leqslant K F_n \tag{13.2}$$

式中，F_m——模具成型塑件所需的总压力，单位为 N；

　　　n——型腔数目；

　　　A——单个型腔在工作台上的水平投影面积，单位为 mm^2（对于溢式或不溢式模具，水平投影面积等于塑件最大轮廓的水平投影面积；对于半溢式模具，水平投影等于加料室的水平投影面积）；

p——压缩塑件需要的单位成型压力，单位为 MPa，见表 13.2；

K——修正系数，按压机的新旧程取 0.8~0.9；

F_n——压机的额定压力，单位为 N。

一般而言，高强度性质的塑料、薄壁深形塑件需要较大的成型压力；以纤维作填料比用无机物粉料作填料的塑料需要更大的成型压力；压缩具有垂直壁的壳形塑件比压缩具有倾斜壁的锥形壳体需要更大的成型压力。

当压机的大小确定后，也可以按下式确定多型腔模具的型腔数目。

$$n \leqslant K F_n / A p \tag{13.3}$$

2）开模力和脱模力的校核

开模力和脱模力的校核是针对固定式压缩模而言的。

（1）开模力的校核。压机的压力是保证压缩开模的动力，压缩模所需要的开模力可以按下式计算：

$$F_k = k F_m \tag{13.4}$$

式中，F_k——开模力，单位为 N；

k——系数，配合长度不大时可取 0.1，配合长度较大时可取 0.15，塑件形状复杂且凸凹模配合较大时可取 0.2。

若要保证压缩模可靠开模，必须使开模力小于压机液压缸的回程力。

（2）脱模力的校核。压机的顶出力是保证压缩模推出机构脱出塑件的动力，压缩模所需要的脱模力可按下式计算：

$$F_t = A_c P_f \tag{13.5}$$

式中，F_t——塑件从模具中脱出所需要的力，单位为 N；

A_c——塑件侧面积之和，单位为 mm^2；

P_f——塑件与金属表面和单位摩擦力（塑料以木纤维和矿物质作填料取 0.49 MPa，塑料以玻璃纤维增强时取 1.47 MPa）。

若要保证可靠脱模，则必须使脱模力小于压机的顶出力。

3）合模高度与开模行程的校核

为了使模具正常工作，必须使模具的闭合高度和开模行程与压机上下工作台之间的最大和最小开距及压机的工作行程相适应，即：

$$h_{\min} \leqslant h = h_1 + h_2 \tag{13.6}$$

式中，$h_{\min}$——压机上下工作台之间的最小距离，单位为 mm；

h——模具合模高度，单位为 mm；

h_1——凹模的高度（见图 13.9），单位为 mm；

h_2——凸模台肩的高度（见图 13.9），单位为 mm。

如果 $h < h_{\min}$，上下模不能闭合，则模具无法工作，这时在模具与工作台之间必须加垫板，要求 $h_{\min}$ 小于 h 和垫板厚度之和。为保证锁紧模具，其尺寸一般应小于 10~15mm。

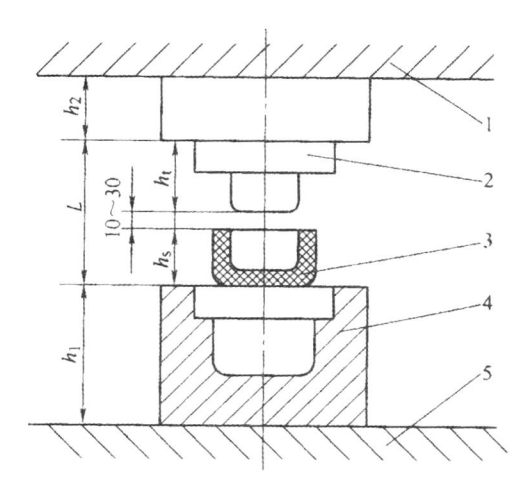

第 13 章　压缩成型工艺与压缩模设计

1—上工作台；2—凸模；3—塑件；4—凹模；5—下工作台

图 13.9　模具高度和开模行程

为保证顺利脱模，还要求：

$$h+L=h_1+h_2+h_s+h_t+（10\sim30）\text{mm} \leqslant h_{max} \tag{13.7}$$

式中，h_{max}——压机上下工作台之间的最大距离，单位为 mm；

　　　L——模具最小开模距离，单位为 mm，$L=h_s+h_t+（10\sim30）$mm；

　　　h_s——塑件高度，单位为 mm；

　　　h_t——凸模高度，单位为 mm。

4）脱模距离的校核

脱模距离即顶出距离，它必须满足下式要求：

$$L_d=h_3+(10\sim15)\text{mm} \leqslant L_n \tag{13.8}$$

式中，L_d——压缩模需要的脱模行程，单位为 mm；

　　　h_3——压机下工作台到加料室上端面的高度，单位为 mm；

　　　L_n——压机推顶机构的最大工作行程，单位为 mm。

5）压机工作台有关尺寸的校核

压机压缩模上的固定板被称为上模板或滑动台，下固定板被称为下模板或工作台。模具宽度尺寸应小于压机立柱或框架之间的净距离，使压缩模能顺利地进入压缩模固定板，模具的最大外形尺寸不超过压机下固定板尺寸，以便于压缩模具安装。压机的上下模板上设有 T 形槽，T 形槽有的沿对角线交叉开设，有的平行开设。压缩模的上下模直接用四个螺钉分别固定在上下模板上，压缩模固定螺钉通孔（长槽或缺口）的中心应与模板上 T 形槽位置相符合。压缩模具也可用压板螺钉压紧固定，这时应在上下模板上设计有宽度为 15~30mm 的凸台阶。

2．国产压机的主要技术规范

压机是压缩成型的主要设备，模具设计者必须熟悉压机的主要技术规范。压机的种类较多，按传动方式分为机械式压机和液压机，其中机械式压机常见的形式的有螺旋式压机，双曲柄杠杆式压机等。由于机械式压机的压力不准确，运动噪声大，易磨损，特别是人力驱动的手扳压机，劳动强度很大，故工厂很少采用机械式压机。液压机最为常用，其按机架结构可分为框式结构和柱式结构；按施压方向分为上压式和下压式。目前大量使用的是带有单独油泵的液压机，此种压机的油压可以调节，其最高工作油压多采用 30MPa，此外还有 16MPa、32MPa、50MPa 等。液压机多数具有半自动或全自动操作系统，对压缩成型时间等可以进行自动控制。图 13.10 和图 13.11 为部分国产上压式液压机示意图，图中仅标出了一些与安装模具有关的参数，各种压力机的技术参数详见有关手册。

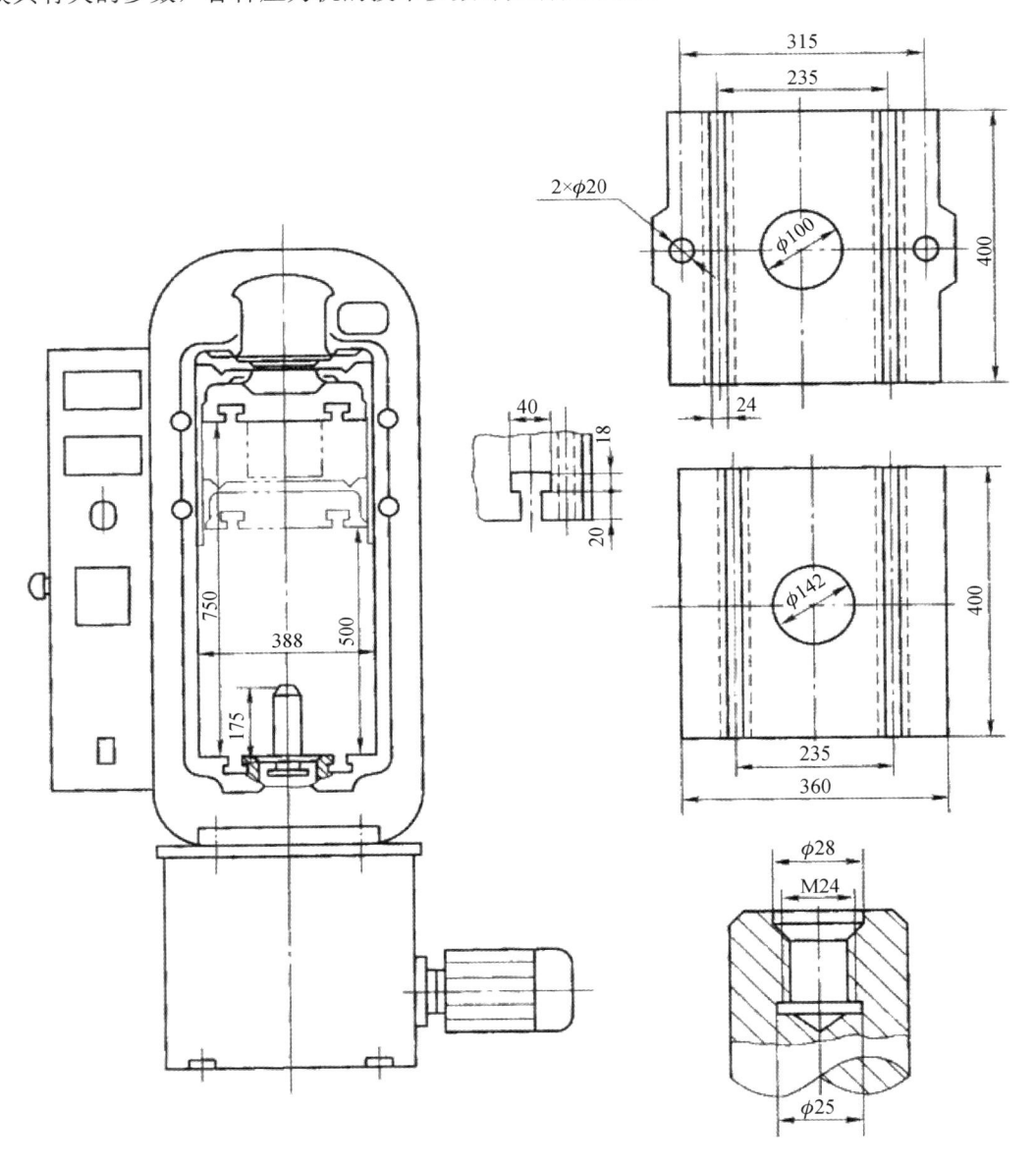

图 13.10　SY71－45 型塑料制品液压机

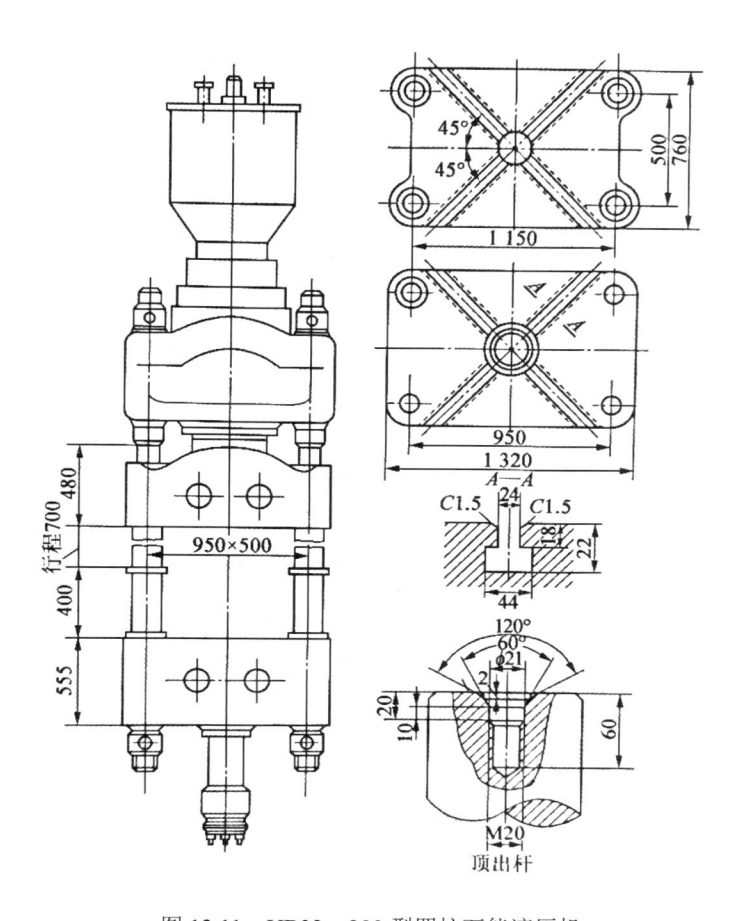

图 13.11　YB32－200 型四柱万能液压机

13.2.3　压缩模成型零部件设计

与塑料直接接触用来成型塑件的零件叫成型零部件。成型零部件组合构成了压缩模的型腔。压缩模的成型零部件包括凹模（阴模）、凸模（阳模）、瓣合模及模套、型芯、成型杆等。设计压缩模时首先应确定型腔的总体结构，再决定凹模和凸模之间的配合结构及成型零部件的结构。在型腔结构确定后还应根据塑件尺寸确定型腔的成型尺寸；根据塑件质量和塑料品种确定加料室尺寸；根据型腔结构大小、压缩压力大小确定型腔壁厚。有些内容如型腔成型尺寸的计算、型腔底板厚度及壁厚尺寸计算，在注射模设计有关章节已讲述，它们同样也适用于热固性塑料压缩模的设计。

1. 塑件加压方向的选择

加压方向，即凸模施加作用力的方向，也就是模具的轴线方向，加压方向对塑件的质量、模具结构和脱模的难易程度都有重要影响，在决定加压方向时要考虑下面这些因素。

1）便于加料

图 13.12 为同一塑件的两种加压方法，图 13.12（a）中加料室直径小，深度大，不便加

料，压缩时还会使模套升起造成溢料，图 13.12（b）中加料室直径大而浅，便于加料。

2）有利于压力传递

塑件在模具内的加压方向应使型腔各处压力均匀，避免在加压过程中压力传递距离太长，以致压力损失太大。例如，圆筒形塑件一般顺着其轴向施压，如图 13.13（a）所示，圆筒太长，则成型压力不易均匀地分布在全长范围内，若从上端施压则塑件底部压力小，易发生材质疏松或在角落处发生填充不足的现象。虽然可以采用不溢式压缩模、增大型腔的压力或采用上下凸模在压缩时同时深入型腔的方式，增加塑件底部的紧密度，但它们之间长度过长时，仍会出现中段疏松的现象，这时可以将塑件横放，采用横向施压的方法，如图 13.13（b）所示。其缺点是在塑件外圆将产生两条溢料线而影响外观，若型芯过长，还容易发生弯曲。

（a） （b）

图 13.12 便于加料的加压方向

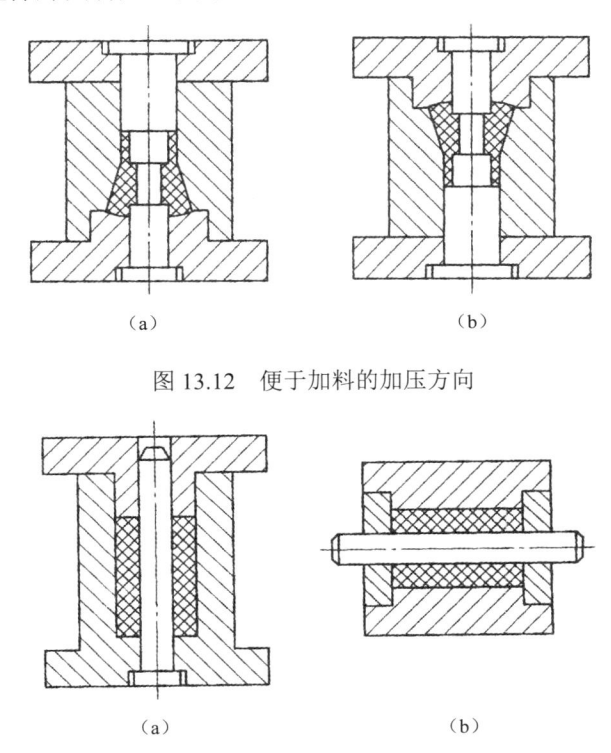

（a） （b）

图 13.13 有利于压力传递的加压方向

3）便于安放和固定嵌件

当塑件上有嵌件时，应优先考虑将嵌件安装在下模。如将嵌件安装在上模，既费事，嵌件又有不慎落下压坏模具的可能性，如图 13.14（a）所示。如将嵌件安装在下模，即所谓的倒装式压缩模，不但操作方便，而且可通过嵌件来推出塑件，在塑件上不会留下影响外观的顶出痕迹，如图 13.14（b）所示。

4）便于塑料流动

当加压方向与塑料流动方向一致时，塑料流动性较好。如图 13.15（a）所示，凸模位于下模，型腔设在上模，加压时，塑料流动方向与加压方向相反，同时由于在分型面上需要切断产生的飞边，故需要增加压力；而在图 13.15（b）中，凸模位于上模，型腔设在下模，加压方向与塑料流动方向一致，有利于塑料充满整个型腔。

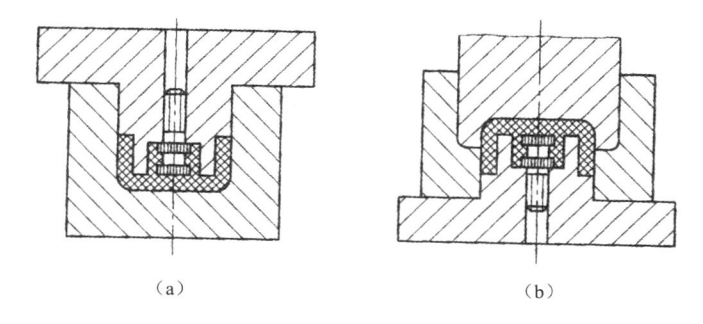

图 13.14　便于安放嵌件的加压方向

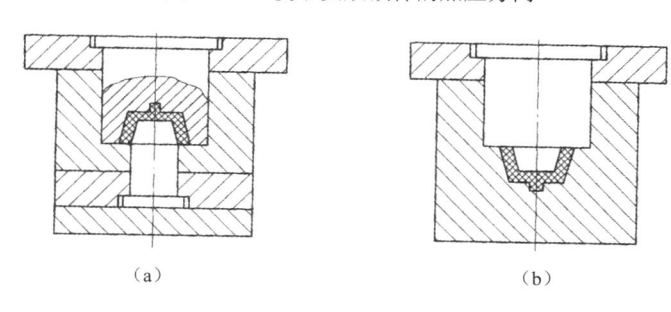

图 13.15　便于塑件流动的加压方向

5）保证凸模强度

当塑件从正面或反面都可以成型时，选择的加压方向应使凸模形状尽量简单，保证凸模强度，如图 13.16 所示，施压时上凸模受力很大，故上凸模形状越简单越好，图 13.16（b）所示的简单凸模作为施压的上凸模比图 13.16（a）更为恰当。

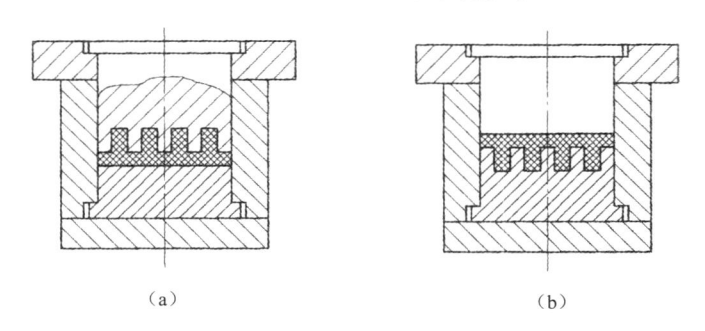

图 13.16　有利于凸模强度的加压方向

6）保证重要尺寸的精度

在加压方向上，塑件高度尺寸与加料量和飞边厚度变化有关，会因飞边厚度不同和加料量不同而变化，特别是对于不溢式压缩模，因此对塑件精度要求很高的尺寸方向不宜与加压方向相同。此外，设计时要注意细长型芯尽量不放置在模具的侧向等细节。

2. 凹凸模各组成部分及其作用

下面以半溢式压缩模为例，介绍压缩模凸、凹模组成及其作用，凸、凹模一般由引导环、配合环、挤压环、储料槽、排气溢料槽、承压面和承压块、加料室等部分组成，如图 13.17 所示。

1）引导环（L_1）

引导环是引导凸模进入凹模的部分，除加料室很浅（高度小于 10mm）的凹模，一般在加料室上部设有一段长为 L_1 的引导环。引导环呈锥形，斜度为 α，圆角为 R，通过引导环可使凸模顺利进入凹模，以减少凸凹模之间的摩擦，避免在推出塑件时擦伤表面，增加模具使用寿命，减少开模阻力，并可以进行排气。移动式压缩模 α 取 $20'\sim1°$，固定式压缩模 α 取 $20'\sim1°$。在有上下凸模时，为了加工方便，α 一般取 $4°\sim5°$。圆角 R 通常取 $1\sim2$mm，引导环长度 L_1 取 $5\sim10$mm，当加料室高度 $H\geqslant30$mm 时，L_1 取 $10\sim20$mm。

2）配合环（L_2）

配合环 L_2 是凸模与凹模加料室的配合部分，其作用是保证凸模与凹模定位准确，阻止塑料溢出且排气顺畅。凸凹模的配合间隙以不发生溢料和凸、凹模侧壁不擦伤为原则。通常移动式模具的凸、凹模经热处理可采用 H8/f7 配合，形状复杂的可采用 H8/f8 配合，或根据热固性塑料的溢料值作为间隙的标准，一般取单边间隙 $0.025\sim0.075$mm。配合环长度 L_2 取 $4\sim6$mm；固定式模具，若加料室高度 $H\geqslant30$mm，L_1 取 $8\sim10$mm。

3）挤压环（B）

挤压环的作用是限制凸模下行位置并保证最薄的水平飞边，挤压环主要用于半溢式和溢式压缩模。半溢式压缩模挤压环的各组成部分如图 13.17 所示，半溢式压缩模挤压环的宽度 B 值按塑件大小及模具材料而定。一般中小型模具 B 取 $2\sim4$mm，大型模具 B 取 $3\sim5$mm。

4）储料槽

储料槽用于储存成型过程中排出的余料，因此凸、凹模配合后应留出小空间作为储料槽。半溢式压缩模的储料槽形式如图 13.17 中的小空间 Z 所示，通常储料槽深度 Z 取 $0.5\sim1.5$mm；不溢式压缩模在凸模上设有储料槽，如图 13.18 所示，这种储料槽不能设计成连续的环形槽，否则余料会牢固地包在凸模上造成清理困难。

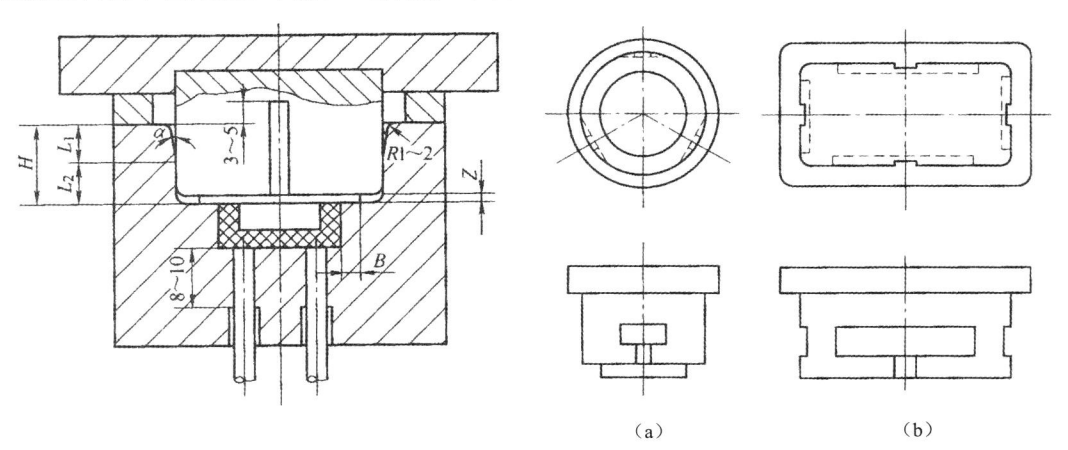

图 13.17 半溢式压缩模挤压环的各组成部分

图 13.18 不溢式压缩模的储料槽

5)排气溢料槽

为了保证塑件精度和质量,减少飞边,压缩成型时必须将产生的气体和余料排出,一般可在成型过程中进行卸压排气或利用凸、凹模配合间隙来排气,但压缩形状复杂或流动性较差的、使用纤维填料的塑料时应开设排气溢料槽,成型压力大而型腔深的塑件也应开设排气溢料槽。图 13.19 为半溢式压缩模排气溢料槽。图 13.19(a)中圆形凸模上开设了四条 0.2～0.3mm 的凹槽,凹槽与凹模内圆面形成溢料槽;图 13.19(b)是矩形截面凸模上开设排气溢料槽的形式。排气溢料槽应开到凸模的上端,使合模后高出加料室上平面,以便使余料排出模外。

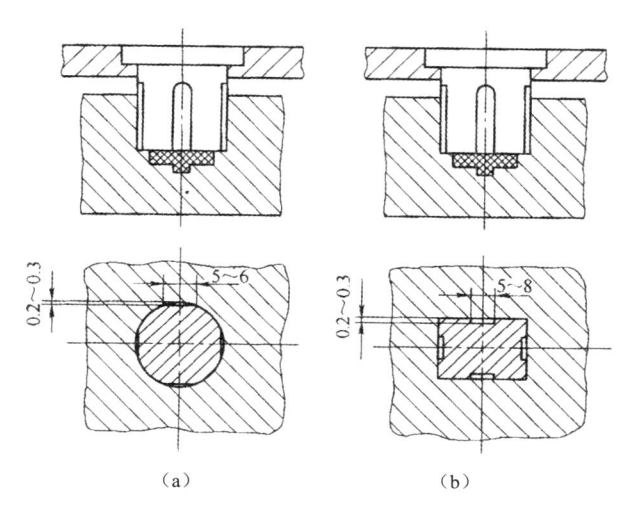

图 13.19 半溢式压缩模排气溢料槽

6)承压面和承压块

为使压机的余压不致全部加载到挤压边缘上,在压缩模上可设计承压面,以减轻挤压环的载荷。图 13.20(a)是用挤压环做承压面,模具容易损坏,但飞边较薄;移动式压缩模一般是利用凸模台阶与加料室上平面接触做承压面,理想的情况是凸模与挤压边缘接触时承压面同时接触,但加工误差可能会使压机的压力全部作用在挤压边缘上,为安全起见可以使承压面接触时在挤压边缘处留有 0.03～0.05mm 的间隙,如图 13.20(b)所示,这样模具的寿命较长,但塑件的飞边较厚;图 13.20(c)是用承压块做挤压面,挤压面不易损坏,通常用于固定式的半溢式压缩模,在其上模板与加料室上平面之间设置承压块,通过调整承压块的厚度来调节凸模与挤压边缘之间的间隙,使塑件横向飞边减薄到最小厚度,同时又不使挤压边缘因受力过大而破坏。

根据模具加料室形状,承压块的形式有长条形、圆形等。承压块厚度一般为 8～10mm,承压块材料有 T7 钢、T8 钢或 45 钢,硬度为 35～40HRC。

3.凹凸模的配合形式

1)溢式压缩模的配合形式

溢式压缩模的配合形式如图 13.21 所示,溢式压缩模利用凹模型腔装料,无加料室,凸模与凹模也没有引导环和配合环,而是利用导柱和导套进行定位和导向,凸、凹模接触面既是分型面又是承压面,因此要求接触面光滑平整。为了使飞边变薄,接触面面积不宜过大,一般设计成紧紧围绕在塑件周边的环形,其宽度为3～5mm。过剩的塑料可经过环形面积溢出,故该面又称溢料面或挤压面,如图13.21(a)所示;由于挤压面面积比较小,容易导致挤压面过早变形和磨损,使凹模上口变成倒锥形,塑件难以取出,为了提高承压面积,可在挤压面之外开设承压面,或在型腔周围距边缘3～5mm处开设溢料槽,槽内作为溢料面,槽外则作为承压面,如图13.21(b)所示。

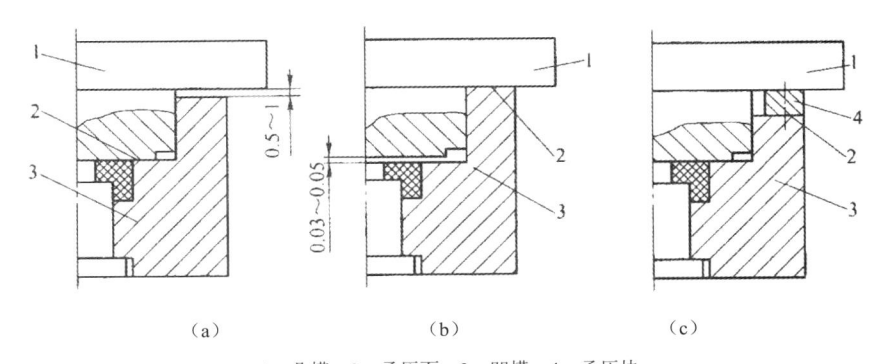

1—凸模;2—承压面;3—凹模;4—承压块

图13.20 压缩模承压面的结构形式

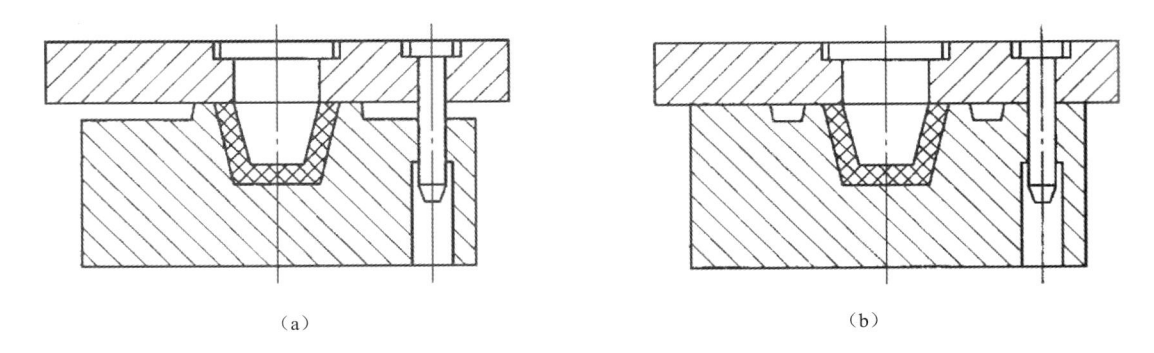

图13.21 溢式压缩模的配合形式

2)不溢式压缩模的配合形式

不溢式压缩模的配合形式如图13.22所示,其加料室为凹模型腔的向上延续部分,二者截面尺寸相同,之间不存在挤压面,无挤压环,但可以有引导环、配合环和排气溢料槽,其配合间隙不宜过小,间隙过小在压缩时型腔内的气体无法顺畅排出,得不到优质塑件,而且由于压缩模在高温下使用,配合间隙小,二者间易咬死、擦伤。反之,配合间隙也不宜过大,过大的间隙会造成严重溢料,不但影响塑件质量,而且厚飞边难以除净。由于溢料粘结,还会使开模发生困难。对中、小型塑件一般按H8/f7配合,或取其单边间隙为0.025～0.075mm,这一间隙可使气体顺利排出,而塑料仅少量溢出。间隙大小取决于塑料流动性,流动性大者取小值。塑件径向尺寸大,间隙也应取大一些,以免制造和配合发生困难。图13.22(a)为加料室较浅、无引导环的结构，图 13.22（b）为有引导环的结构。为顺利排气，两者均设有排气溢料槽。

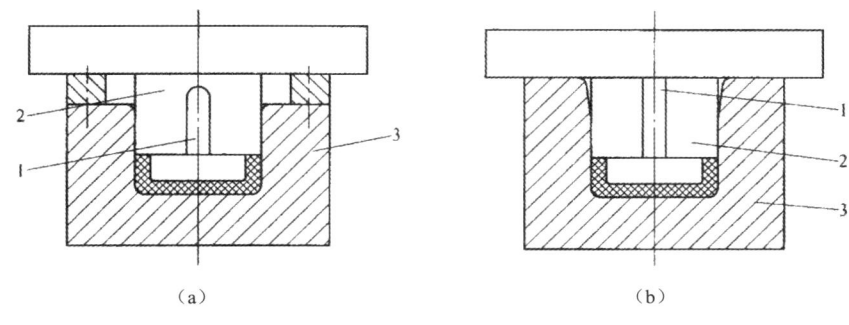

（a） （b）

1—排气溢料槽；2—凸模；3—凹模

图 13.22　不溢式压缩模的配合形式

3）半溢式压缩模的配合形式

半溢式压缩模的配合形式如图 13.17 所示，这种配合形式的最大特点是具有溢式压缩模的水平挤压环，同时还具有不溢式压缩凸模与加料室之间的配合环和引导环。凸模与加料室间的配合间隙或溢料槽可以让多余的塑料溢出，溢料槽还兼有排出气体的作用，凸模与加料室的单边配合精度按 H8/f7，或取 0.025～0.075mm。为了便于凸模进入加料室其上同样设有斜度 20′～1°的锥形引导部分，引导部分高度约为 10mm。

13.2.4　加料室尺寸计算

溢式压缩模无加料室，塑料堆放在型腔中部；不溢式及半溢式压缩模在型腔以上有一段加料室，其容积应等于塑料原料体积减去型腔的容积。

1. 塑件体积计算

几何形状简单的塑件，可以用一般几何算法计算，复杂的几何形状，可分为若干个规则的几何形状分别计算，然后求其总和。若已知塑件质量，则可根据塑件质量和塑件密度求出塑件体积。

2. 塑件所需原材料的体积计算

塑件所需原材料的体积计算公式如下：

$$V_{s1}=(1+K)kV_s \tag{13.9}$$

式中，V_{s1}——塑件所需原材料的体积，单位为 mm^3；

K——飞边溢料的质量系数，根据塑件分型面大小选取，通常取塑件净重的 5%～10%；

k——塑料的压缩比，见表 13.4；

V_s——塑件的体积，单位为 mm^3。

表 13.4 常用热固性塑料的密度和压缩比

塑料名称	密度 ρ_{sl} /(g/cm³)	压缩比 k
酚醛塑料（粉状）	1.35～1.95	1.5～2.7
氨基塑料（粉状）	1.5～2.1	2.2～3
碎布塑料（片状）	1.36～2	5～10

若已知塑件质量求塑件所需原材料体积，则可用下式计算：

$$V_{sl}=(1+K)k\,m/\rho_{sl} \tag{13.10}$$

式中，m——塑件质量，单位为 g；

ρ_{sl}——塑料原材料的密度（见表 13.2），单位为 g/cm³。

3．加料室的截面积计算

加料室的截面积（水平投影）可根据模具类型确定。不溢式压缩模加料的截面积与型腔的截面积相等，而其变异形式则稍大于型腔的截面积。半溢式压缩模加料室的截面积应等于型腔的截面积加上挤压面的截面积，挤压面单边宽度一般为 3～5mm。加料室的截面积确定后，就可以算出加料室高度。

4．加料室高度的计算

在进行加料室高度的计算之前，应确定加料室高度的起始点。一般情况下，不溢式压缩模加料室高度一般以塑件的下底面开始计算，而半溢式压缩模的加料室高度以挤压边开始计算。

不论是不溢式还是半溢式压缩模，其加料室高度 H 都可用下式计算：

$$H = \frac{V_{sl}-V_j+V_x}{A} +(5\sim10)\text{mm} \tag{13.11}$$

式中，H——加料室高度，单位为为 mm；

V_{sl}——塑料原料体积，单位为 mm³；

V_j——加料室底部以下型腔的体积，单位为 mm³；

V_x——下型芯占有加料室的体积，单位为 mm³；

A——加料室的截面积，单位为 mm²。

加料室的类型和塑件的形状不同，加料室的计算方法也不同。图 13.23（a）所示的不溢式压缩模加料室的高度 $H =(V_{sl}+V_x)/A+(5\sim10)$mm；图 13.23（b）所示的不溢式压缩模加料室的高度 $H=(V_{sl}-V_j)/A+(5\sim10)$mm；图 13.23（c）为高度较大的薄壁塑件压缩模，由于按公式计算时，其加料室高度小于塑件的高度，所以在这种情况下，加料室高度只需在塑件高度基础上再增加 10～20mm；图 13.23（d）所示的半溢式压缩模加料室的高度 $H=(V_{sl}-V_j+V_x)/A+(5\sim10)$mm。在这里，有一部分塑料进入上凸模内成型，由于在加料后而未加压之前，它不影响加料室的容积，所以一般计算时可以不考虑。

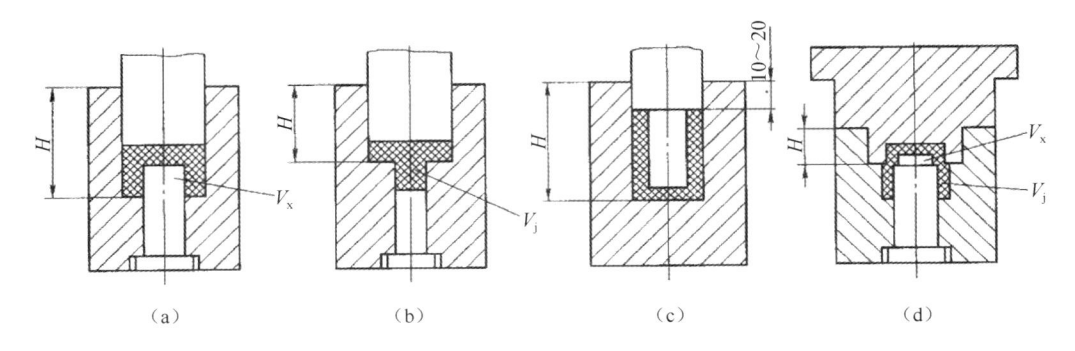

图 13.23 压缩模加料室的高度

13.2.5 压缩模脱模机构设计

压缩模推出脱模机构与注塑模相似,同样有简单脱模机构、二级脱模机构和上模及下模均有脱模装置的双脱模机构等。简单脱模机构包括推杆脱模机构、推管脱模机构、推件板脱模机构等。

1. 固定式压缩模的脱模机构

1) 脱模机构的分类

压缩模推出脱模机构按动力来源可分为气动式、机动式两种。

(1) 气动式脱模。气动式脱模如图 13.24 所示,即利用压缩空气将塑件直接吹出模具。气吹脱模适用于薄壁壳形塑件,当塑件对凸模包紧力很小或凸模脱模斜度较大时,开模后塑件留在凹模中,这时压缩空气由喷嘴吹入塑件与模壁之间的收缩间隙里,将塑件托起,如图 13.24 (a) 所示,图 13.24 (b) 的开关板为一矩形塑件,其中心有一孔,成型后用压缩空气吹破孔内的飞边,压缩空气钻入塑件与模壁之间,将塑件脱出。

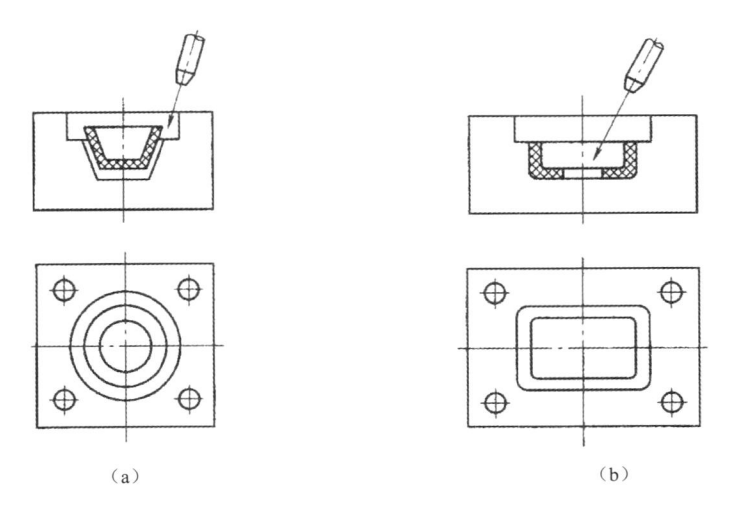

图 13.24 气动式脱模

（2）机动式脱模。机动式脱模机构如图 13.25 所示。图 13.25（a）是利用压机下工作台 2 下方的液压顶出装置推出脱模；图 13.25（b）是利用上横梁中的拉杆 1 随上横梁（上工作台）上升带动托板 4 向上移动而驱动推杆 6 推出脱模。

固定式压缩模一般均借助压力机的脱模装置驱动模具机构进行脱模。

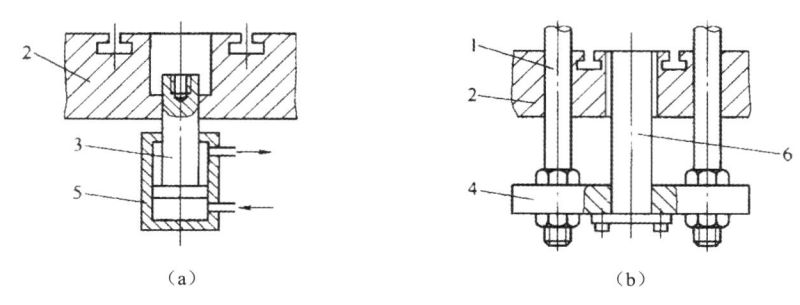

1—拉杆；2—压机下工作台；3—活塞杆（顶杆）；4—托板；5—液压缸；6—推杆

图 13.25　机动式脱模机构

2．脱模机构与压机的连接方式

压机有的带顶出装置，有的不带顶出装置，不带顶出装置的压机适用于移动式压缩模。当必须采用固定式压缩模和机动顶出时，可利用压机上的顶出装置使模具上的推出机构推出塑件。当压机带有液压顶出装置时，液压缸的活塞杆即为压机的顶杆，一般活塞杆上升的极限位置是其端部与下工作台上表面相平齐的位置。压机的顶杆与压缩模脱模机构的连接方式有以下两种。

1）间接连接

当压机顶杆端部上升的极限位置只能与工作台面平齐时，则须在顶杆端部旋入一适当长度的螺纹尾轴，螺纹尾轴的另一端与压缩模脱模机构无固定连接，如图 13.26（a）所示；通过螺纹尾轴 4 也可以反过来与模具推板 5 连接，如图 13.26（b）所示。上述这两种形式都要设计复位杆等复位机构。

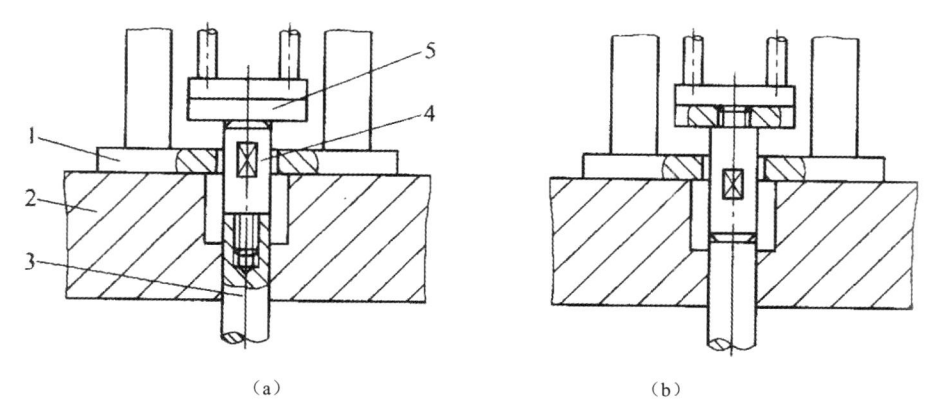

1—下模座板；2—压机下工作台；3—压机顶杆；4—螺纹尾轴；5—模具推板

图 13.26　与压机顶杆不相连接的推出机构

2）直接连接

直接连接如图 13.27 所示，尾轴压机的顶出机构与压缩模脱模机构固定连接在一起。由于压机顶出液压缸回程过程中能带动脱模机构复位，所以这种方式不必再另设复位机构。

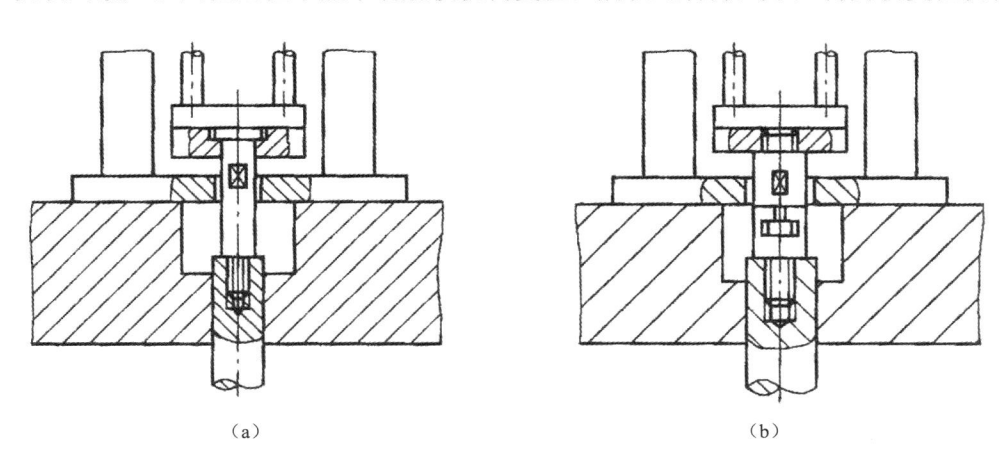

图 13.27 与压机顶杆直接连接的推出机构

机动脱模一般应尽量分型后让塑件留在压机上有顶出装置的模具一边，然后采用推出机构将塑件从模具中推出。在满足使用要求的前提下，为保证塑件准确地留在模具一边，可适当地改变塑件的结构特征，如图 13.28 所示。为使塑件留在凹模内，图 13.28（a）所示的薄壁件可增加凸模的脱模斜度，减少凹模的脱模斜度；有时将凹模制成轻微的反斜度（3'~5'），如图 13.28（b）所示；图 13.28（c）是在凹模型腔内开设 0.1~0.2mm 的侧凹槽，使塑件留在凹模，开模后塑件从凹模内被强制推出；为了使塑件留在凸模上，可采取与上述相反的方法；图 13.28（d）为在凸模上开出环形浅凹槽，开模后塑件留在凸模上由上推杆强制脱出。

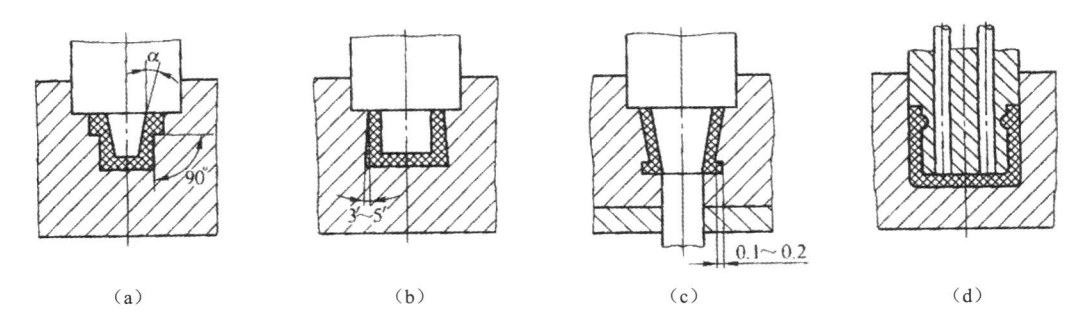

图 13.28 使塑件留模的方法

3. 固定式压缩模的脱模

固定式压缩模的脱模机构如图 13.2 所示，模具的推出脱模机构与压机液压缸的活塞杆可采用间接连接或直接连接的方式，它的工作原理比较简单，这里不再重复。

4．半固定式压缩模的脱模机构

半固定式压缩模是压缩模的上模或下模或模套可以从压机移出的压缩模。在上模或下模或模套移出后，塑件再行脱模，因活动部分不同，脱模方式也不一样。可移出部分可以分为上模、下模、模板、锥形瓣合模或某些活动嵌件。

1）带活动上模的压缩模

带活动上模的压缩模将凸模或上模板做成可沿导滑槽抽出的形式，故又称抽屉式压缩模，其结构如图13.29所示，开模分型后塑件留在活动上模上，然后随活动上模一道抽出模外，再设法卸下塑件，最后再把活动上模送回模内。

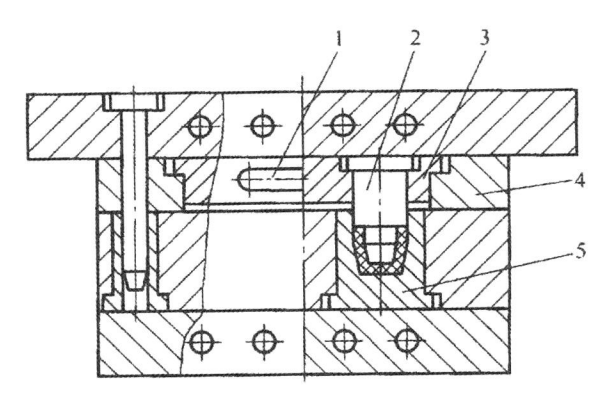

1—手把；2—上凸模；3—活动上模；4—导滑板；5—凹模

图 13.29 带活动上模的压缩模

当凸模上需要插多个嵌件时，可将凸模做成可抽出的形式，在模外翻转安装比较方便。为了提高生产效率，活动上模应制作相同的两件，一件在模内压制，另一件在模外安放嵌件或卸塑件，这样做可提高生产效率。

2）带活动下模的压缩模

这类模具的上模固定而下模是可以移出的。它常用于下模有螺纹型芯或下模内安放嵌件多而费时的场合，也适用于模外推出的场合。图13.30为一典型的模外液压推顶脱模机构。工作台3与压力机工作台等高，支承在四根立柱8上，为了适应模具不同的宽度，其上装有宽度可调节的导滑槽2，在工作台3正中装有推出板4、推杆和推杆导向板10，推杆与模具上的推出孔位置相对应，当更换模具时则应调换这几个零件。工作台下方设有液压缸9，在液压油缸活塞上段设有调节推出高度的丝杠6，为了使脱模机构上下运动不偏斜而设有滑动板5，该板的导套在导柱7上滑动。为了将模具固定在正确的位置，其上安装有定位板1和可调节的定位螺钉。

开模后将可动下模的凸肩滑入导滑槽2，并推到与定位板相接触的位置，开动推出液压油缸推出塑件，待清理和安放嵌件后，将下模重新推入压力机的固定滑槽中进行下一模压缩。当下模质量很大时，可以在工作台上沿模具拖动路径设滚柱或滚珠，使下模拖动轻便。本模具的缺点是下模温度波动和热损失较大。

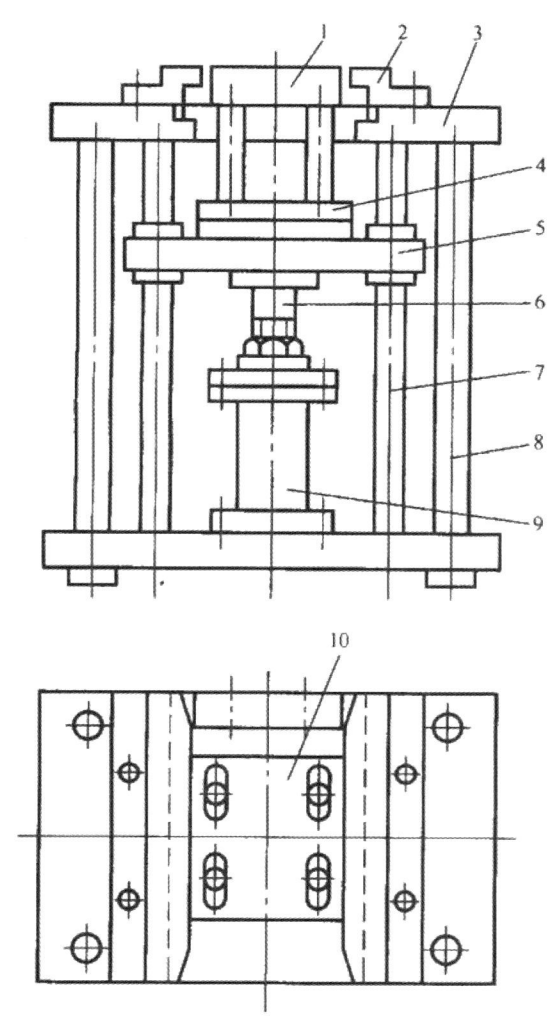

1—定位板；2—导滑槽；3—工作台；4—推出板；5—滑动板；
6—丝杠；7—导柱；8—立柱；9—液压缸；10—推杆导向板

图 13.30 模外液压推顶脱模机构

5．移动式压缩模脱模机构

移动式压缩模脱模方式分为撞击架脱模和卸模架脱模两种形式。撞击架脱模已很少使用，卸模架脱模是主要方式。

1）撞击架脱模

撞击架脱模如图 13.31 所示。压缩成型后，将模具移至压机外，在特定的支架上撞击，使上下模分开，然后手工或用简易工具取出塑件。撞击架脱模的特点是模具结构简单，成本低，可几副模具轮流操作，提高生产率。该方法的缺点是劳动强度大，振动大，而且由于不断撞击，易使模具过早变形磨损，因此只适用于成型小型塑件。撞击架脱模的支架形式有固定式支架和可调节式支架两种。

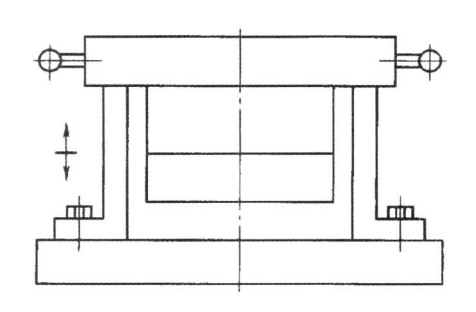

图 13.31 撞击架脱模

2）卸模架脱模

移动式压模可用特制的卸模架利用压机压力开模和卸模并脱模。其开模动作平稳，模具使用寿命长，可减轻劳动强度，但生产效率较低。对开模力较小的模具可采用单向脱模，对于开模力大的模具要采用上下卸模架脱模，上下卸模架脱模有下列几种形式。

（1）单分型面卸模架脱模。单分型面卸模架脱模如图 13.32 所示。脱模时，先将上卸模架 1、下卸模架 6 的推杆插入模具相应的孔内。当上工作台随压机的活动横梁下降压到上卸模架 1 时，压机的压力通过上下卸模架传递给模具，使得凸模 2 和凹模 4 分开。同时，下卸模架推动推杆 3 顶出塑件，最后由人工将塑件取出。

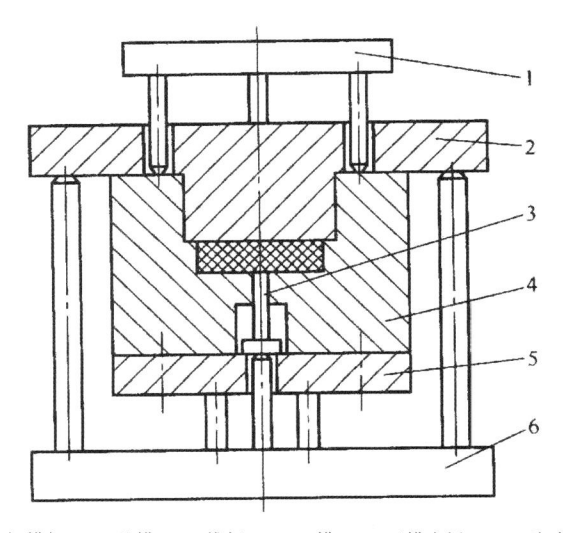

1—上卸模架；2—凸模；3—推杆；4—凹模；5—下模座板；6—下卸模架

图 13.32 单分型面卸模架脱模

（2）双分型面卸模架脱模。双分型面卸模架脱模如图 13.33 所示。脱模时，先将上卸模架 1、下卸模架 5 的推杆插入模具的相应孔中。当上工作台随压机的活动横梁下降压到上卸模架 1 时，上下卸模架上的长推杆使上凸模 2、下凸模 4 和凹模 3 分开。分模后，凹模 3 留在上下卸模架的短推杆之间，之后从凹模中取出塑件。

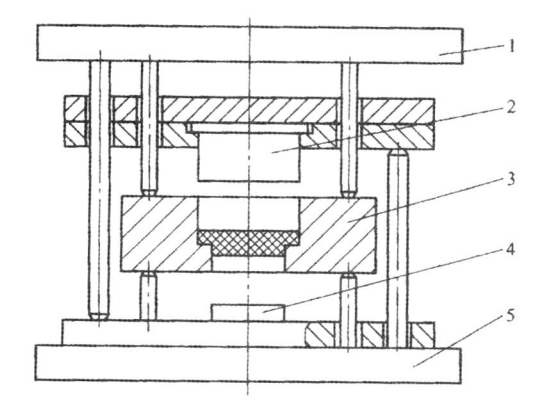

1—上卸模架；2—上凸模；3—凹模；4—下凸模；5—下卸模架

图 13.33　双分型面卸模架脱模

（3）垂直分型卸模架脱模。垂直分型卸模架脱模方式如图 13.34 所示。脱模时，先将上卸模架 1、下卸模架 6 的推杆插入模具的相应孔中。当上工作台随压机的活动横梁下降压到上卸模架 1 时，上下卸模架的长推杆首先使下凸模 5 和其他部分分开，当到达一定距离后，再使上凸模 2、模套 4 和瓣合凹模 3 分开。塑件留在瓣合凹模 3 中，最后打开瓣合凹模取出塑件。

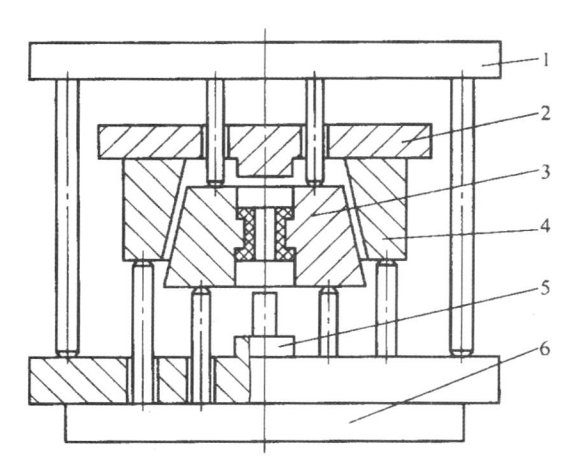

1—上卸模架；2—上凸模；3—瓣合凹模；4—模套；5—下凸模；6—下卸模架

图 13.34　垂直分型卸模架脱模

思考题

1. 溢式、不溢式、半溢式压缩模在模具的结构、压缩产品的性能及塑料原材料的适应性方面各有什么特点与要求？

2. 压缩成型塑件在模内施压方向的选择要注意哪几点？（用简图说明。）

3. 绘出溢式、不溢式、半溢式的凸模与加料室的配合结构简图，并标出典型的结构尺寸与配合精度。

4. 固定式压缩模的脱模机构与压机辅助液压缸活塞杆的连接方式有哪几种？请用简图表示出来。

扩展阅读：众志成城抗击疫情

疫情防控中使用最多的口罩是用什么材料制成的呢？医疗口罩一般都是三层（无纺布）结构，是由专业用于医疗卫生的纺粘无纺布内两层，中间增加一层过滤防菌效果在 99.999%以上的溶喷无纺布（见图 13.35）经超声波焊接而成。其中溶喷无纺布这种材料的主要材质是聚丙烯，是一种超细静电纤维布，纤维直径为 1~5μm，空隙多、结构蓬松、抗褶皱能力好，这些具有独特的毛细结构的超细纤维增加了单位面积纤维的数量和表面积，从而使熔喷布具有很好的过滤性、屏蔽性、绝热性和吸油性；可以捕捉粉尘（含有肺炎病毒的飞沫靠近熔喷无纺布后，会被静电吸附在无纺布表面，无法透过）；可用作空气或液体过滤材料、隔离材料、吸纳材料、口罩材料、保暖材料、吸油材料及擦拭布等。

图 13.35 溶喷无纺布

对于感染了新冠肺炎的人来说，肺部会发生炎症，并患上呼吸衰竭，若仅通过正常呼吸产生的负压是根本不足以扩张肺部，最终导致氧气和二氧化碳交换不足，所以就必须要用到呼吸机将空气推进肺部，在口腔产生正压力，这样就可以使每次呼吸都能将足够的新鲜空气推进推出。可想而知，在没有特效药的情况下，那些无法将空气吸入肺部的人，呼吸机成了他们的救命神器。那呼吸机又是什么材料制成的呢？阻燃 ABS 塑料颗粒是医用呼吸机的原材料之一。阻燃 ABS 塑料材料具有良好的抗冲击性、耐热性、耐低温性、耐化学药品性及电气性能优良，还具有易加工、制品尺寸稳定、表面光泽性好等特点，其阻燃等级可达到 UL94 V-0 或 5-VA 标准。

2020 年爆发的新型冠状病毒感染的肺炎疫情牵动着国人的心。对疫情防控，习近平总书记高度重视，亲自指挥、亲自部署。全国人民万众一心、众志成城，为了解决口罩供应，在国家号召下，一大批企业转产生产口罩，这其中有生产汽车的企业，有石化企业，还有造战斗机的企业。这些企业的跨界支援，让口罩产量迅速增加。经过各部门和企业不断地努力，口罩和呼吸机紧缺的问题已经得到解决，为打赢这场疫情防控阻击战提供了强有力的保障。

第 14 章 压注成型工艺与压注模设计

压注成型又称传递成型，与压缩成型一样都是用于热固性塑料模塑加工。用于压注成型的模具叫压注模，又称传递模，在结构上压注模与压缩模又有所不同，它们最大的区别是压注模设有单独的加料室（腔），并通过浇注系统与型腔相连。

14.1 压注成型工艺

14.1.1 压注成型原理及其特点

1. 压注成型原理

压注成型原理如图 14.1 所示。压注成型时，将热固性塑料原料（塑料原料为粉料或预压成锭的坯料）置于闭合模具的加料室内，使其在加料室内初步受热塑化，如图 14.1（a）所示；在压机驱动的压柱施压下，熔料在高温高压下转变成黏流态，通过加料室底部的浇注系统进入闭合的型腔，如图 14.1（b）所示；塑料在型腔内保温保压一段时间后会交联固化成型，最后打开模具取出塑件，如图 14.1（c）所示。

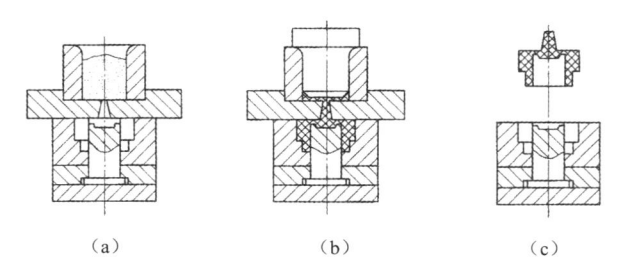

图 14.1 压注成型原理

2. 压注成型特点

压注模与压缩模有许多共同之处，两者的加工对象都是热固性塑料，型腔结构、脱模机构、成型零件的结构及计算方法等基本相同，模具的加热方式也相同，但是压注模成型与压缩模成型相比又具有以下的特点。

（1）成型周期短，生产效率高。塑料在加料室首先加热塑化，成型时塑料再以高速通过浇注系统挤入型腔，未完全塑化的塑料与高温的浇注系统相接触，使塑料升温快而均匀。同时熔料在通过浇注系统的窄小部位时受摩擦热使温度进一步提高，有利于塑料制件在型腔内迅速硬化，缩短了硬化时间，压注成型的硬化时间只相当于压缩成型的1/3～1/5。

（2）塑件的尺寸精度高，表面质量好。由于塑料受热均匀，交联硬化充分，改善了塑件的机械性能，提高了塑件的强度、力学性能、电性能。塑件高度方向的尺寸精度较高，飞边很薄。

（3）可以成型带有较细小嵌件、较深的侧孔及较复杂的塑件。由于塑料是以熔融状态压入型腔的，因此对细长型芯、嵌件等产生的挤压力比压缩模小。一般的压缩成型在垂直方向上成型的孔深不大于直径3倍，侧向孔深不大于直径1.5倍；而压注成型可成型孔深不大于直径10倍的通孔，孔深不大于直径3倍的盲孔。

（4）消耗原材料较多。由于浇注系统凝料的存在，并且为了传递压力，压注成型后总会有一部分余料留在加料室内，因此使原料消耗增多，小型塑件尤为突出，模具适宜多型腔结构。

（5）压注成型收缩率比压缩成型大。一般酚醛塑料压缩成型收缩率为0.8%左右，但压注时为0.9%～1%，而且收缩率具有方向性，这是由于物料在压力作用下定向流动而引起的，因此影响塑件的精度，而对于用粉状填料填充的塑件则影响不大。

（6）压注模的结构比压缩模复杂，工艺条件要求严格。由于压注时熔料是通过浇注系统进入模具型腔成型的，因此压注模的结构比压缩模复杂，工艺条件要求严格，特别是成型压力较高，比压缩成型的压力要大得多，而且操作比较麻烦，制造成本也大，因此只有用压缩成型无法达到要求时才采用压注成型。

14.1.2 压注成型的工艺过程

压注成型工艺过程和压缩成型基本相似，它们的主要区别在于：压缩成型过程是先加料后闭模，而一般结构的压注模压注成型则要求先闭模后加料。

14.1.3 压注成型的工艺参数

压注成型的主要工艺参数包括压注成型压力、压注成型温度和压注成型时间等，它们均与塑料品种、模具结构、塑件的复杂程度等因素有关。

1. 压注成型压力

压注成型压力是指压机通过压柱或柱塞对加料室内熔体施加的压力。由于熔体通过浇注系统时会有压力损失，故压注时的成型压力一般为压缩成型时的2～3倍。酚醛塑料粉和氨基塑料粉的成型压力通常为50～80MPa，纤维填料的塑料的成型压力为80～160MPa，环氧树脂、硅酮等低压封装塑料的成型压力为2～10MPa。

2. 压注成型温度

压注成型温度包括加料室内的物料温度和模具本身的温度。为了保证物料具有良好的流动性，料温必须适当地低于交联温度 10～20℃。由于塑料通过浇注系统时能从中获取一部分热量，故加料室和模具的温度可低一些。压注成型的模具温度通常要比压缩成型的模具温度低 15～30℃，一般为 130～190℃。

3. 压注成型时间

压注成型时间包括加料时间、充模时间、保压时间、交联固化时间、脱模取出塑件时间和清模时间等。压注成型的充模时间通常为 5～50s，保压时间与压缩成型相比可以短些，这是因为有了浇注系统的缘故，塑料在进入浇注系统时获取一部分热量后就已经开始固化。

压注成型要求塑料在未达到硬化温度以前应具有较大的流动性，而达到硬化温度后，又要具有较快的硬化速度。常用压注成型的材料有酚醛塑料、三聚氰胺和环氧树脂等塑料。表 14.1 是酚醛塑料压注成型的主要工艺参数，其他部分塑料压注成型的主要工艺参数如表 14.2 所示。

表 14.1 酚醛塑料压注成型的主要工艺参数

模具 工艺参数	柱塞式 高频预热	罐 式 未预热	罐 式 高频预热
预热温度/℃	100～110		100～110
成型压力/MPa	80～100	160	80～100
充模时间/min	0.25～0.33	4～5	1～1.5
固化时间/min	3	8	3
成型周期/min	3.5	12～13	4～4.5

表 14.2 部分塑料压注成型的主要工艺参数

塑 料	填 料	成型温度/℃	成型压力/MPa	压缩率	成型收缩率/%
环氧双酚 A 塑料	玻璃纤维	138～193	7～34	3～7	0.001～0.008
	矿物填料	121～193	0.7～21	2～3	0.001～0.002
环氧酚醛塑料	矿物和玻纤	121～193	1.7～21		0.004～0.008
	矿物和玻纤	190～196	2～17.2	1.5～2.5	0.003～0.006
	玻璃纤维	143～165	17～34	6～7	0.000 2
三聚氰胺	纤维素	149	55～138	2.1～3.1	0.005～0.15
酚 醛	织物和回收料	149～182	13.8～138	1～1.5	0.003～0.009
聚酯（BMC、TMC[1]）	玻璃纤维	138～160			0.004～0.005
聚酯（BMC、TMC）	导电护套料	138～160	3.4～1.4	1.0	0.000 2～0.001
聚酯（BMC）	导电护套料	138～160			0.000 5～0.004
醇酸树脂	矿物质	160～182	13.8～138	1.8～2.5	0.003～0.01
聚酰亚胺	50%玻纤	199	20.7～69	2.2～3.0	0.002
脲醛塑料	α-纤维素	132～182	13.8～138		0.006～0.014

注：1. TMC 指黏稠状模塑料；
2. 在聚酯中添加导电性填料和增强材料的电子材料，用于工业用护套料。

14.2 压注模设计

压注模又称传递模，压注成型是热固性塑料常用的成型方法。压注模与压缩模的结构的较大区别之处是压注模有单独的加料室。

14.2.1 压注模的结构组成与分类

1. 压注模的结构组成

压注模的结构组成如图 14.2 所示，它主要由以下几个部分组成。

（1）成型零部件。其是直接与塑件接触的那部分零件，如凹模、凸模、型芯等。

（2）加料装置。其由加料室和压柱组成，移动式压注模的加料室和模具是可分离的，固定式加料室与模具在一起。

（3）浇注系统。与注射模相似，浇注系统主要由主流道、分流道、浇口组成。

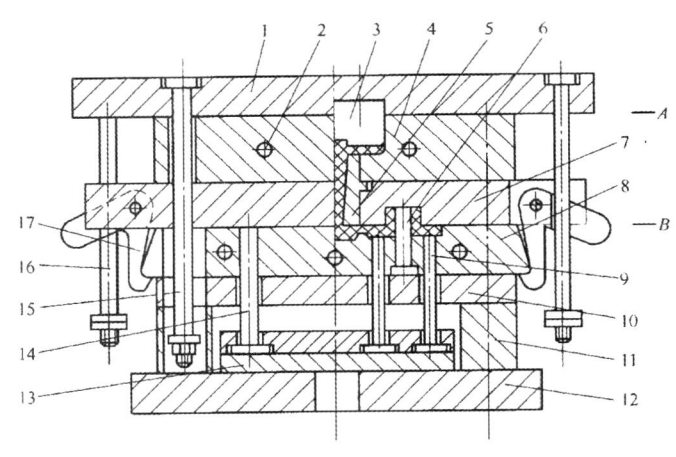

1—上模座板；2—加热器安装孔；3—压柱；4—加料室；5—浇口套；6—型芯；7—上模板；8—下模板；9—推杆；10—支承板；11—垫块；12—下模座板；13—推板；14—复位杆；15—定距导柱；16—拉杆；17—拉钩

图 14.2 压注模的结构

（4）导向机构。导向机构由导柱、导套组成，对上下模起定位、导向作用。

（5）推出机构。注射模中采用的推杆、推管、推件板及各种推出结构，在压注模中也同样适用。

（6）加热系统。压注模的加热元件主要是电热棒、电热圈，加料室、上模、下模均需要加热。移动式压注模主要靠压机上下工作台的加热板进行加热。

（7）侧向分型与抽芯机构。如果塑件中有侧向凸凹形状，必须采用侧向分型与抽芯机构，具体的设计方法与注射模的结构类似。

压注模的三维结构图如图 14.3 所示。塑件被推出结构推出后从主分型面中取出，浇注系统凝料从上模（定模）部分的辅助分型面中取出。

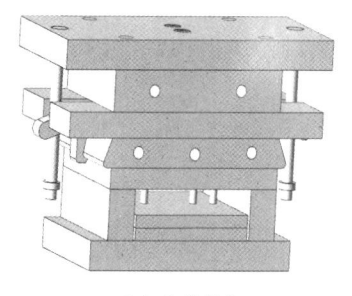

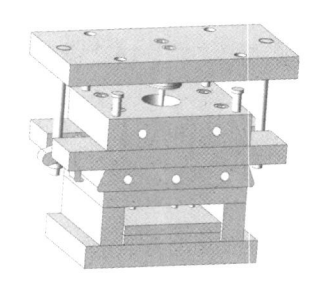

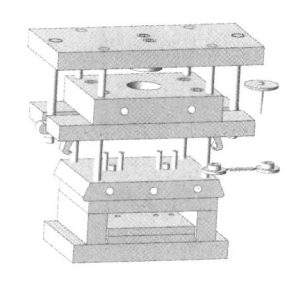

（a）合模状态　　　　　　（b）开模加料状态　　　　　　（c）推出取件状态

图 14.3　压注模的三维结构图

2．压注模的分类

压注模的分类方式有很多种，这里主要按压注模中加料室（腔）的固定方式不同将压注模分为移动式压注模、固定式压注模和柱塞式压注模。其中，前两者可以在普通压机上进行模塑成型，柱塞式压注模必须在专用压机上使用。

1）移动式压注模

移动式压注模是目前国内使用最为广泛的一种压注模，其典型结构是加料室与模具本体是可以分离的，成型后先从模具上取下加料室，再开模取出塑件，并可以分别对压柱（柱塞）和型腔进行清理。可用尖劈（撬板）手工卸模，也可用卸模架进行分型和推出制品，图 14.4 为移动式压注模的示意图。

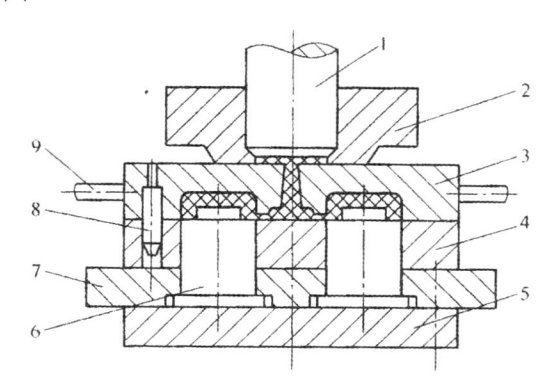

1—压柱；2—加料室；3—凹模板；4—下模板；
5—下模座板；6—凸模；7—凸模固定板；8—导柱；9—手把

图 14.4　移动式压注模

移动式压注模对设备无特殊要求，可在普通压机上进行模塑成型。模内设有主流道、分流道和浇口，跟注塑模很相似。压料压力通过压柱作用在物料上，再压注至加料室底面积上。然后通过模板传力，将分型面锁紧，避免分型面胀开溢料，因此要求作用在料腔底部的总压力（锁紧力）必须大于由于型腔内压将分型面胀开的力，一般而言使料腔的横断面积大于制品和分流道的水平投影面积之和即可。

（2）固定式压注模

固定式压注模，也称组合式或三板式压注模等，其主要结构特点是装料腔是带底的，并在其下有主流道通向分流道和型腔，如图 14.2 所示。该模具设计了由锁紧拉钩、定距导柱和可调拉杆组成的二次分型机构。加料室、主流道和构成模腔的上模板在上模板上，该上模板与下模板闭合构成分流道和模腔。开模时上模板悬挂在压柱和下模板之间。此种压注模既可安装在普通上压式压机上，也可以安装在下压式压机上进行压注成型。

（3）柱塞式压注模

柱塞式压注模的主要结构特点是没有主流道只有分流道，主流道已扩大成圆柱形的加料室。成型时由于柱塞所施加的挤压力对模具不起锁模的作用，因此柱塞式压注模应安装在特殊的专用压机上使用。这种压机主要是由两个独立的液压缸来操作的，一个缸起锁模作用，称为主缸，另一个缸起将物料推入型腔的作用，称为辅缸。为了避免溢料，主缸的压力通常要比辅缸大。这类压注模至少有下述三个特点。

（1）可将加料室置于模具之内，压注模结构由三板式简化为两板式，因而生产效率高。

（2）由于将主流道扩大为加料室，致使主流道凝料消失，因而可减少原材料消耗，同时也节省了清理加料室时间。

（3）加料室水平投影面积不再受锁模要求的限制，只要主液压缸吨位大于模腔总压力，就不会发生分型面处闭合不紧的问题。

柱塞式压注模又可分为上加料室压注模和下加料室压注模，其中上加料室压注模最常用。

图 14.5 为上加料室压注模的典型结构。柱塞和加料室在模具的上方，由液压机的辅助缸自上而下进行压注成型。液压机主缸位于下方，自下而上进行锁模。

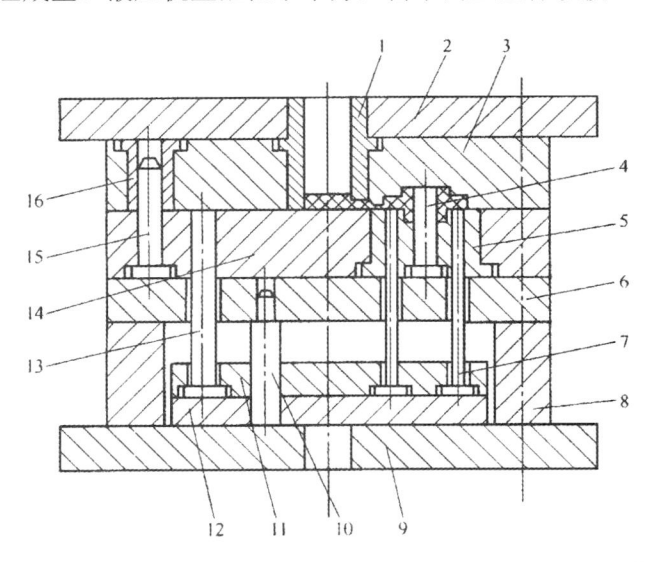

1—加料室；2—上模座板；3—上模板；4—型芯；5—凹模镶块；6—支承板；7—推杆；8—垫块；9—下模座板；10—推板导柱；11—推杆固定板；12—推板；13—复位杆；14—下模板；15—导柱；16—导套

图 14.5　上加料室压注模

图 14.6 为下加料室压注模。将推料柱塞设计在模具的下方，因此辅助油缸安装在压机下方，自下而上完成挤压和推出塑料制品。而主缸必须设置在压机上方，自上而下完成闭模动作。

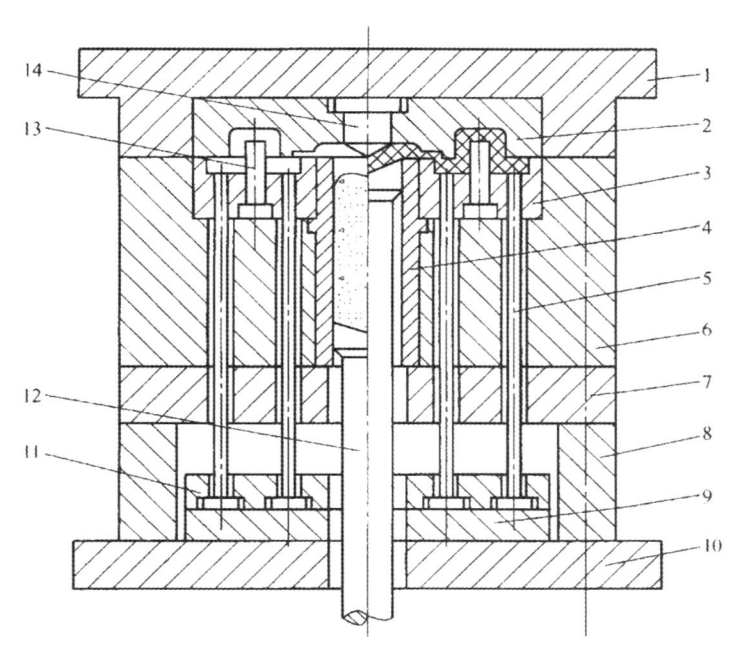

1—上模座板；2—上凹模；3—下凹模；4—加料室；5—推杆；6—下模板；7—支承板（加热板）；
8—垫块；9—推板；10—下模座板；11—推杆固定板；12—柱塞；13—型芯；14—分流锥

图 14.6 下加料室压注模

上加料室和下加料室压注模除了结构上有区别，它们的工作过程也有区别。上加料室压注模是先闭模，再加料，最后挤压，而下加料室压注模是先加料，后闭模，最后挤压。

14.2.2 压注模与压机关系

压注模必须装配在液压机上才能进行压注成型生产，设计人员在设计模具时必须了解液压机的技术规范和使用性能，这样才能使模具顺利地安装在设备上，选择液压机时应从以下几方面进行工艺参数的校核。

1. 普通液压机的选择

罐式压注模压注成型所用的设备主要是塑料成型用液压机，选择液压机时，要根据所用塑料及加料室的截面积计算出压注成型所需的总压力，然后再选择液压机。

压注成型时的总压力按下式计算：

$$F_m = pA \leqslant KF_n \tag{14.1}$$

式中，F_m——压注成型所需的总压力，单位为 N；

p——压注成型时所需的成型压力，单位为 MPa（按表 14.2 选择）；

A——加料室的截面积,单位为 mm²;
K——液压机的折旧系数,一般取 0.8;
F_n——液压机的额定压力,单位为 N。

2. 专用液压机的选择

柱塞式压注模成型时,需要用专用的液压机,此液压机有锁模和成型两个液压缸,因此在选择设备时,就要从成型和锁模两个方面进行考虑。

压注成型时所需的总压力要小于所选液压机辅助油缸的额定压力,即

$$F_m = pA \leqslant KF \quad (14.2)$$

式中,A——加料室的截面积,单位为 mm²;
p——压注成型时所需的成型压力,单位为 MPa(按表 14.2 选择);
F——液压机辅助油缸的额定压力,单位为 N;
K——液压机辅助油缸的压力损耗系数,一般取 0.8。

锁模时,为了保证型腔内压力不将分型面顶开,必须有足够的合模力,所需的锁模力应小于液压机主液压缸的额定压力(一般均能满足),即

$$pA_1 \leqslant KF_n \quad (14.3)$$

式中,A_1——浇注系统与型腔在分型面上投影面积不重合部分之和,单位为 mm²;
F_n——液压机主液压缸额定压力,单位为 N。

14.2.3 压注模零部件设计

压注模的结构设计原则与注射模、压缩模基本是相似的,如塑件的结构工艺性分析、分型面的选择、导向机构、推出机构的设计与注射模和压缩模的设计方法是完全相同的,可以参照上述两类模具的设计方法进行设计,本节仅介绍压注模特有的结构设计。

1. 加料室的结构设计

压注模与注射模的不同之处在于它有加料室,压注成型之前塑料必须加入加料室内,进行预热、加压才能压注成型。由于压注模的结构不同,加料室的形式也不相同。前面介绍过,加料室截面大多为圆形,也有矩形及腰圆形结构,主要取决于模腔结构及数量,它的定位及固定形式则取决于所选设备。

1)移动式压注模加料室

移动式压注模加料室可独立取下,最常见的是底部呈台阶形的圆截面加料室,其结构如图 14.7 所示。这种结构的加料室一般做成 40°~45°斜角的台阶,当向加料室内的塑料施加压力时,压力作用在台阶的环形投影面上,这样加料室能够紧紧地压在模具的上模顶板上,以免塑料从加料室底和顶板之间溢出。为了不影响接触面的良好配合,加料室与顶板接触面应光滑平整,不允许设有螺钉孔或其他孔隙。加料室在模具上的定位方式有以下几种:图 14.7(a)中加料室与模板之间没有定位,加料室的下表面和模板的上表面均为平面,这种结构的特点是制造简单,清理方便,适用于小批量生产;图 14.7(b)为用定位销定位的加料室,定位销采用过渡配合,可以固定在模板上,也可以固定在加料室上,定位销与配合

端采用间隙配合，此结构的加料室与模板能精确配合，缺点是拆卸和清理不方便；图 14.7（c）采用四个圆柱挡销定位，圆柱挡销与加料室的配合间隙较大，此结构的特点是制造和使用都比较方便；图 14.7（d）在模板上加工出一个 3～5mm 的凸台与加料室进行配合，特点是既可以准确定位又可防止溢料，应用比较广泛。

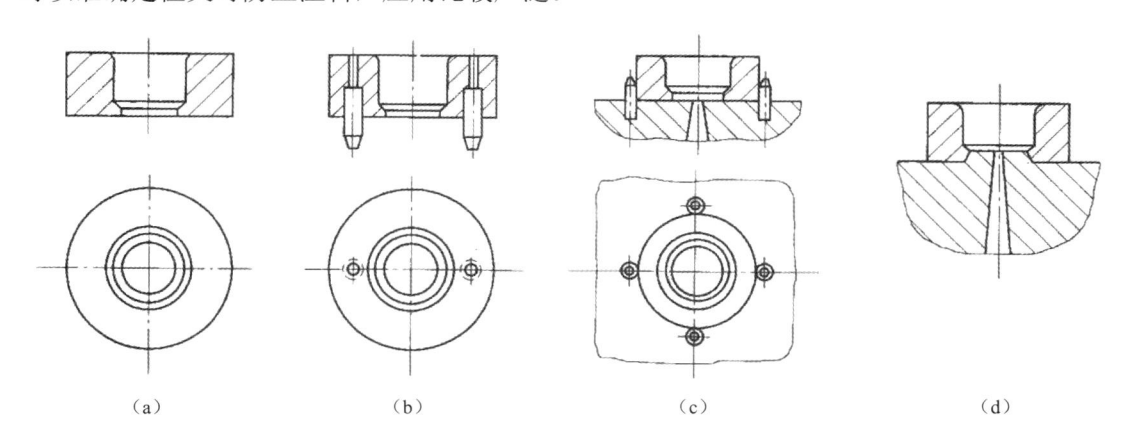

图 14.7　移动式压注模加料室

2）固定式压注模加料室

固定式罐式压注模的加料室与上模连成一体，在加料室的底部开设了浇注系统的流道通向型腔。当加料室和上模分别在两块模板上加工时，应设置浇口套，如图 14.2 所示。

固定式柱塞式压注模的加料室截面为圆形，其安装形式见图 14.5 和图 14.6。由于采用专用液压机，而液压机上有锁模液压缸，所以加料室的截面尺寸与锁模无关，加料室的截面尺寸较小，高度较大。

加料室的材料一般选用 T8A、T10A、CrWM、Crl2 等，热处理硬度为 52～56HRC，加料室内腔应抛光镀铬，表面粗糙度 Ra 应低于 0.4μm。

2. 压柱的结构

压注模加料室中的压料柱塞又称为压柱，其作用是将塑料从加料室中压入型腔。常见的移动式压注模的压柱结构形式如图 14.8（a）所示，其顶部与底部是带倒角的圆柱形，结构十分简单。图 14.8（b）为带凸缘结构的压柱，承压面积大，压注时平稳，既可用于移动式压注模，又可用于普通的固定式压注模。图 14.8（c）和图 14.8（d）为组合式压柱，用于普通的固定式压注模，以便固定在压机上。模板的面积大时，常用此种结构。图 14.8（d）为带环型槽的压柱，在压注成型时环型槽被溢出的塑料充满并固化在槽中，可以防止塑料从间隙中溢料，工作时起活塞环的作用。图 14.8（e）和图 14.8（f）为柱塞式压注模压柱（称为柱塞）的结构，前者为柱塞的一般形式，一端带有螺纹，可以拧在液压机辅助液压缸的活塞杆上；后者为柱塞的柱面有环型槽的形式，可以防止塑料侧面溢料，头部的球形凹面有使料流集中的作用。

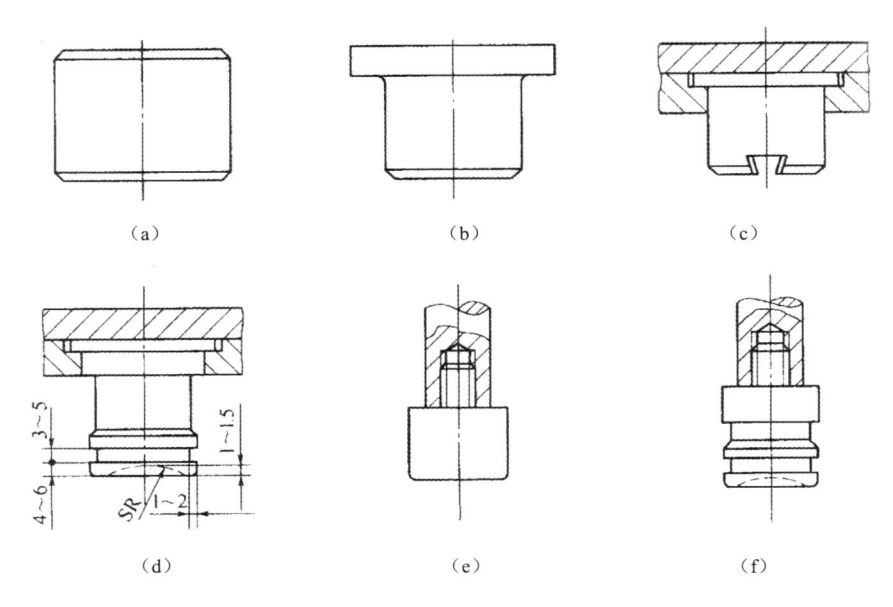

图 14.8 压柱结构

图 14.9 为头部带有楔形沟槽的压柱，用于倒锥形主流道，成型后可以拉出主流道凝料。图 14.9（a）用于直径较小的压柱或柱塞，图 14.9（b）用于直径大于 75mm 的压柱或柱塞，图 14.9（c）用于拉出几个主流道凝料的方形加料室场合。

压柱或柱塞是承受压力的主要零件，压柱材料的选择和热处理要求与加料室相同。

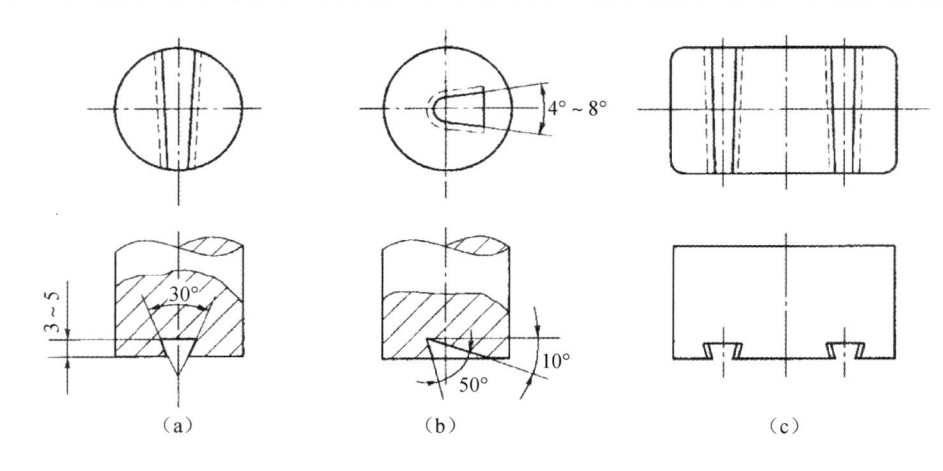

图 14.9 头部带有楔形沟槽的压柱

3. 加料室与压柱的配合

加料室与压柱的配合关系如图 14.10 所示。压柱与加料室内壁间的配合宜选用 H8/f9。但对于玻璃纤维或石棉填充的塑料，这样的配合间隙偏小，最好使单边间隙保持在 0.05～0.1mm。

当压柱压到底时，压柱底部与上模板之间应留有 0.5mm 的间隙，避免直接压在上模板上。其倒角处也应留 0.3~0.5mm 的间隙。加料室与定位凸台的配合高度之差为 0~0.1mm，加料室底部倾角 $\alpha=40°\sim45°$。

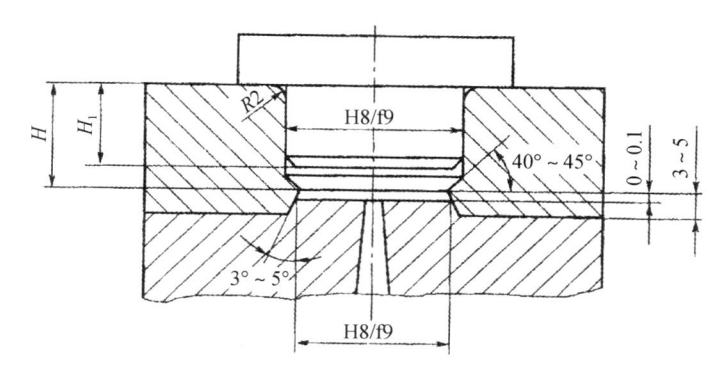

图 14.10 加料室与压柱的配合关系

14.2.4 加料室尺寸计算

加料室的尺寸计算包括截面积尺寸和高度尺寸计算，加料室的形式不同，尺寸计算方法也不同的。加料室分为罐式和柱塞式两种形式。

1．塑料原材料体积的计算

塑料原材料的体积按以下公式计算：

$$V_{sl}=kV_s \tag{14.4}$$

式中，V_{sl}——塑料原料的体积，单位为 mm^3；
   k——塑料的压缩比（见表 13.4）；
   V_s——塑件的体积，单位为 mm^3。

2．加料室截面积的计算

1）罐式压注模加料室截面尺寸计算

压注模加料室截面尺寸计算要从加热面积和锁模力两个方面考虑。

（1）从塑料加热面积考虑，加料腔的加热面积取决于加料量，根据经验每克未经预热的热固性塑料约需 $140mm^2$ 的加热面积，加料室总表面积为加料室内腔投影面积的 2 倍与加料室装料部分侧壁面积之和。由于罐式加料室的高度较低，可将侧壁面积略去不计，因此加料室截面积为所需加热面积的一半，即

$$2A=140m$$
$$A=70m \tag{14.5}$$

式中，A——加料室的截面积，单位为 mm^2；
   m——成型塑件所需加料量，单位为 g。

（2）从锁模力角度考虑，成型时为了保证型腔分型面密合，不发生因型腔内塑料熔体成型压力将分型面顶开而产生溢料的现象，加料室的截面积必须比浇注系统与型腔在分型面上

投影面积之和大 1.1～1.25 倍，即

$$A=(1.10～1.25)A_1 \quad (14.6)$$

式中，A_1——浇注系统与型腔在分型面上投影面积不重合部分之和，单位为 mm^2。

从以上分析可知，罐式压注模加料室截面面积要满足上述两个条件。

2）柱塞式压注模加料室截面尺寸计算

柱塞式压注模的加料室截面积与成型压力及辅助液压缸额定压力有关，即

$$A \leqslant KF_n/p \quad (14.7)$$

式中，F_n——液压机辅助油缸的额定压力，单位为 N；

p——压注成型时所需的成型压力，单位为 MPa；

A——加料室的截面积，单位为 mm^2；

K——系数，取 0.7～0.8。

3．加料室的高度尺寸

加料室的高度按下式计算：

$$H=V_{sl}/A+(10～15)\text{mm} \quad (14.8)$$

式中，H——加料室的高度，单位为 mm。

14.2.5　压注模浇注系统与排溢系统设计

压注模浇注系统在结构上类似于注射模浇注系统，它也是由主流道、分流道和浇口组成的，图 14.11 为压注模浇注系统。设计浇注系统时要注意浇注系统的流道应光滑、平直，减少弯折，流道总长要满足塑料流动性的要求；主流道应位于模具的压力中心，保证型腔受力均匀，多型腔的模具要对称布置。设计分流道时，其要有利于使塑料加热，增大摩擦热，使塑料升温；浇口的设计应使塑件美观，清除方便。

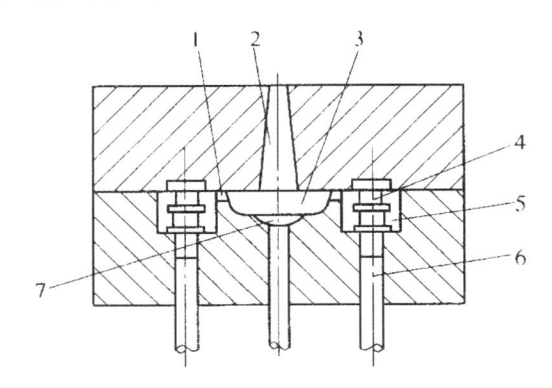

1—浇口；2—主流道；3—分流道；4—嵌件；5—型腔；6—推杆；7—冷料穴

图 14.11　压注模浇注系统

1．主流道设计

压注模主流道又称主浇道，主流道的截面形状一般为圆形，有正圆锥形主流道和倒圆锥

形主流道两种形式，如图 14.12 所示。图 14.12（a）为正圆锥形主流道，主流道的对面可设置拉料钩，将主流道凝料拉出。由于热固性塑料塑性差，截面尺寸不宜太小，否则会使料流的阻力增大，不容易充满型腔，造成欠压。正圆锥形主流道常用于多型腔模具，有时也设计成直接浇口的形式，用于流动性较差的塑料。主流道有 6°～10° 的锥度，与分流道的连接处应有半径为 2mm 及以上的圆弧过渡；图 14.12（b）为倒圆锥形主流道，它常与端面带楔形槽的压柱配合使用。开模时，主流道与加料室中的残余废料由压柱带出以便于清理，这种流道既可用于一模多腔，又可用于单型腔模具或同一塑件有几个浇口的模具。

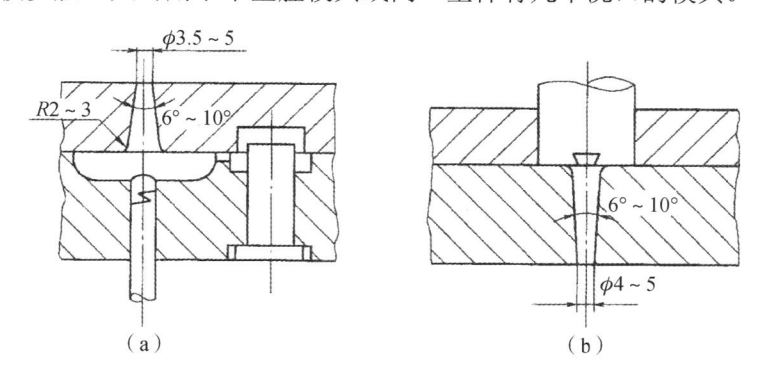

图 14.12 压注模主流道的结构形式

2. 分流道设计

分流道在压注模中又叫分浇道，与注塑模不同的是，为了达到较好的传热效果，使塑料受热均匀，同时又考虑到加工和脱模方便，压注模分流道一般采用比较浅而宽的梯形截面形状，其结构形式如图 14.13 所示。压注模的分流道比注射模的分流道浅且宽，一般小型塑件深度取 2～4mm，大型塑件深度取 4～6mm，最浅不小于 2mm。如果过浅会使塑料提前硬化，流动性降低，分流道的宽度取深度的 1.5～2 倍。常用的分流道截面为梯形或半圆形。梯形截面分流道的压注模，截面积应取浇口截面积的 5～10 倍。分流道多采用平衡式布置，流道应光滑、平直，尽量避免弯折，以减少压力损失。

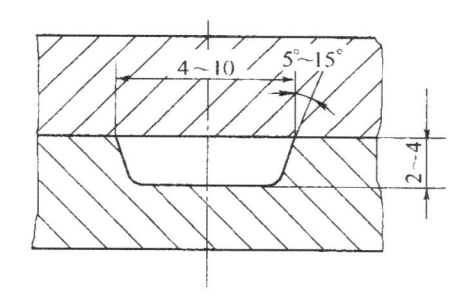

图 14.13 压注模梯形分流道的结构形式

3. 浇口设计

浇口是浇注系统中的重要部分，它与型腔直接接触，对塑料能否顺利地充满型腔、塑件质量及熔料的流动状态有很重要的影响。因此，浇口设计应根据塑料的特性、塑件质量要求及模具结构等方面来考虑。

1）浇口形式

压注模的浇口与注射模基本相同，可以参照注射模的浇口进行设计，但由于热固性塑料的流动性较差，所以应取较大的截面尺寸。压注模常用的浇口有圆形点浇口、侧浇口、扇形浇口、环形浇口及轮辐式浇口等形式。

2）浇口尺寸

浇口截面形状常用的有圆形、半圆形及梯形三种形式。与塑件直接连接的倒锥形主流道为圆形浇口，其较窄处直径尺寸为2~4mm，浇口台阶长为2~3mm，为避免去除流道凝料时损伤制件表面，对一般以木粉为填料的塑料制品应将浇口与制件连接处做成圆弧过渡，转角半径为0.5~1mm，流道凝料将在细颈处折断；半圆形浇口的导热性比圆形好，机械加工方便，但流动阻力较大，浇口较厚；梯形浇口的导热性好，机械加工方便，是最常用的浇口形式，梯形浇口一般深度取0.5~0.7mm，宽度不大于8mm。

通常情况下，热固性塑料流动较热塑性塑料差，故应取较大的浇口断面尺寸。例如，中小型塑件的点浇口，最小直径范围为2~4mm，而热塑性塑件的直径范围为0.8~1.6mm；若是以碎布、长纤维等填充的塑料，流动性更差，应增大浇口尺寸。另一方面，为使物料通过浇口时料温有明显提高，以降低黏度，增加流速，达到塑件温度均匀一致和快速固化的效果，压注模的分流道到浇口截面可采用逐渐减薄的形式，并常采用薄片形浇口。例如，用木粉填充的酚醛塑料成型中小型塑件，其最小浇口尺寸为深0.4~1.6mm，宽1.6~3.2mm。由于纤维状填料的取向会造成各向收缩差异，引起塑件翘曲变形，而采用这种薄片形浇口，却有减少塑件内应力和改善其翘曲变形的效果。

梯形截面浇口的常用宽、厚比例可参见表14.3。

表14.3 梯形浇口的宽厚比例

浇口截面积/mm²	2.5	2.5~3.5	3.5~5	5.0~6	6~8	8~10	10~15	15~20
宽×厚/mm	5×0.5	5×0.7	7×0.7	6×1	8×1	10×1	10×1.5	10×2

3）浇口位置的选择

浇口开设位置应遵循以下原则。

（1）应开设在塑件壁厚最大处，以利于流动和补料。

（2）与注塑模一样，应避免喷射、蠕动和折叠流。

（3）由于热固性塑料流动性较差，因而大尺寸塑件应开设多个浇口，以减小流动距离比。一般而言，熔料在模腔内的流动距离最好限制在100mm以内，浇口之间的距离也不要超过120~140mm，否则熔接缝牢度会明显降低。

（4）应有利于排气。浇口位置决定了熔料最后充满模腔处应有排气间隙，如分型面、型芯配合间隙、推杆配合间隙等均可利用。

（5）由于纤维状填料在充模结束时，会沿流动垂直方向取向，从而造成平行于流动方向与垂直于流动方向的收缩率不相等。因此，当浇口位置开设不当时，塑件会发生翘曲变形、内应力增大等现象。为此,大平面塑件的浇口应开设在其端部,圆筒形塑件应采用环形浇口,这样可明显改善塑件质量。

14.2.6 排气槽和溢料槽的设计

1. 排气槽的设计

压注模设计时,开设排气槽的作用不仅是为了排出型腔内原有的空气,而且还需要排除由于热固性塑料的缩聚反应产生大量的低分子物,如水蒸气等。因此,压注模的排气量要比热塑性塑料注塑模要求高,排气量也大。

排气槽应尽量设置在分型面上,或型腔最后填充处,也可设在料流汇合处或有利于清理飞边及排出气体处。

排气槽的截面形状一般取矩形,中小型塑件开设的排气槽断面尺寸的常见范围是深 0.04~0.13mm,宽 3.2~6.4mm,具体视塑件体积和排气槽数量而定。一般的做法是先开出较小尺寸,再按试模结果去扩大。

排气槽的截面积也可按经验公式计算:

$$A = 0.05 V_s / n \quad (14.9)$$

式中,A——排气槽截面积,单位为 mm^2(推荐尺寸见表 14.4);

V_s——塑件体积,单位为 mm^3;

n——排气槽数量。

表 14.4 排气槽截面积推荐尺寸

排气槽截面积 /mm^2	排气槽截面尺寸 宽/mm×深/mm
0.2	5×0.04
0.2~0.4	5×0.08
0.4~0.6	6×0.1
0.6~0.8	8×0.1
0.8~1	10×0.1
1~1.5	10×0.15
1.5~2	10×0.2

2. 排气槽的位置

排气槽的位置主要是根据其相应的模具结构来确定的,通常情况下,压注模中排气槽位置可从以下几点来考虑:

(1)排气槽应开在远离浇口的边角处,即气体最终聚集处;

(2)靠近嵌件或壁厚最薄处及容易形成熔接缝处;

(3)最好开设在分型面上,因为分型面上排气槽产生的溢边很容易清除;

(4)型腔最后充满处。

此外模具上的活动型芯或推杆的配合间隙可用来排气。应在每次成型后清除溢入间隙的塑料，以保持排气畅通。

3. 溢料槽的设计

成型时为了避免嵌件或配合孔中渗入更多塑料，防止塑件产生熔接痕迹，或者让多余的塑料溢出，需要在产生接缝处或适当的位置开设溢料槽。

溢料槽的截面尺寸一般宽度取 3～4mm，深度取 0.1～0.2mm，加工时深度先取小一些，经试模后再修正。溢料槽尺寸过大会使溢料量过多，塑件组织疏松或缺料；过小时会产生溢料不足。

思考题

1. 压注模按加料室的结构可分成哪几类？
2. 压注模加料室与压柱的配合精度如何选取？罐式压注模的加料室截面积是如何选择的？柱塞式呢？
3. 上加料室和下加料室柱塞式压注模对压机有何要求？分别述它们的工作过程。
4. 绘出移动式罐式压注模的加料室与压柱的配合结构简图，并标上典型的结构尺寸与配合精度。
5. 压注模加料室的高度是如何计算的？

扩展阅读：中国塑料工业历史发展回顾与展望

1868 年，世界上第一个塑料品种——赛璐珞诞生，从此开始了人类使用塑料的历史；1909 年出现了第一种用人工合成的塑料——酚醛塑料；1920 年又一种人工合成的塑料——氨基塑料（苯胺甲醛塑料）诞生了；这两种塑料当时对推动电器工业和仪器制造工业的发展起到了积极作用。我国从成立初期的百废待兴到现在的世界第一工业制造大国，塑料工业也取得了巨大的进展与成就。中华人民共和国成立前，我国合成树脂总产量仅有 200 多吨，只有赛璐珞和酚醛树脂两个品种，塑料制品也仅有千吨左右。现在，我国合成树脂总产量增长迅速，2019 年我国合成树脂产量达到 10 355.3 万吨，2020 年塑料制品总产量达到 7 603.22 万吨。中国成了世界塑料产销量最大市场，在世界塑料工业中占据着越来越重要位置。

2020 年是极为不平凡的一年，蔓延全球的新冠疫情也对塑料行业的生产、供销、出口等方面造成了不同程度的影响，塑料行业面临着新的挑战。面对多种风险困难挑战，我国塑料行业全年经济恢复实现预期。通过这次疫情，人们的日常防护、健康意识有所加强，大健康产业及与抗疫相关的防护用品等一系列产品需求持续上升，为塑料及相关产品带来发展机遇。疫情虽然对我国的经济社会及经济运行造成一定的影响和冲击，但是这种冲击是短暂的，也是可控的。总体情况来看，塑料行业长期向好的势头没有变。

2021 年是"十四五"开局之年，塑料行业要牢牢抓住创新这个关键点，推进以科技创新为核心的全面创新，开启"十四五"新征程，推动行业高质量发展。

改革开放以来,塑料工业已经成为我国国民经济发展的重要支柱产业。我国已跻身于世界塑料先进大国的行列,整体优势在不断增强。迈进发展新阶段,站在"两个一百年"奋斗目标历史交汇点上,塑料行业的发展仍需继续坚持创新引领,以智能、绿色、生态、功能、轻量为发展要素,结合新技术、新产业和新业态,不断加大科研投入,加大开发推广可循环回收可降解的替代品,寻求在制品、原料、助剂、塑料加工设备、塑料加工模具等领域的全新突破,持续发力品质、品种、品牌及精品制造,争取部分产品达到国际领先水平,部分技术达到世界领先水平,主要产品及配件能够满足国民经济和社会发展尤其是高端领域的需求。全力推进塑料工业科技创新,引领产业链协同高质量发展,完成生产强国、技术强国、出口强国的终极目标,为实现中华民族伟大复兴而不断努力奋斗!

第15章 挤出成型工艺与挤出模设计

挤出成型是塑料制件的重要成型方法之一,在塑件的成型生产中占有重要的地位。大部分热塑性塑料都能用以挤出成型。管材、棒材、板材、薄膜、电线电缆和异型截面型材(如图 15.1 所示)等均可采用挤出成型方法成型。

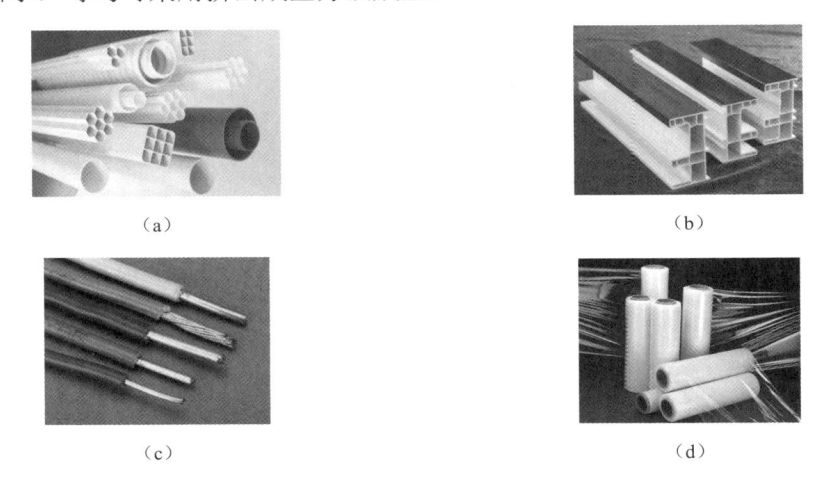

图 15.1 挤出成型塑件

挤出成型工艺与挤出模设计　　挤出成型模具(挤出机头)(上、中、下)　　挤出机

15.1 挤出成型工艺

15.1.1 挤出成型原理及特点

由于挤出成型生产塑件的类型比较多,下面我们以管材挤出成型为例介绍挤出成型原理(见图 15.2)。塑料从料斗被加入挤出机后,在原地转动的螺杆作用下将其向前输送,塑料在

向前移动的过程中,受到料筒的外部加热、螺杆的剪切和压缩作用及塑料之间的相互摩擦作用,使塑料塑化,在向前输送过程中实现玻璃态、高弹态及黏流态的三态变化,在压力的作用下,使处于黏流态的塑料通过具有一定形状的挤出机头(挤出模)2及冷却定径装置3而成为截面与挤出机头出口处模腔形状(环形)相仿的型材,经过牵引装置5的牵引,最后被切割装置7切断为所需的塑料管材。

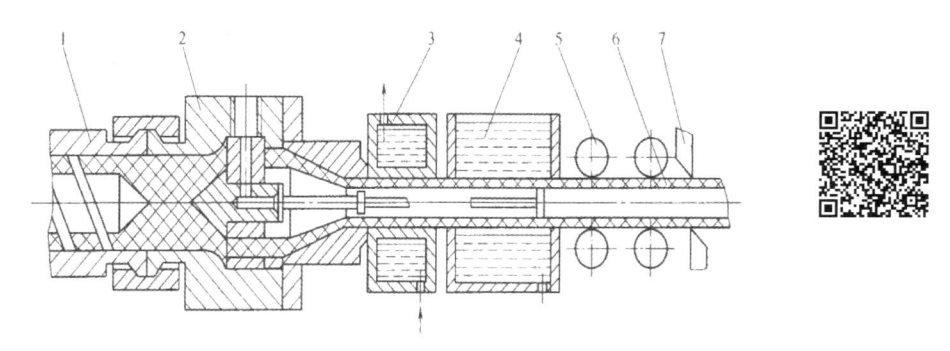

1—挤出机料筒;2—挤出机头(挤出模);3—冷却定径装置;4—冷却装置;5—牵引装置;6—塑料管;7—切割装置

图 15.2 挤出成型原理

挤出成型的应用范围很广,除了挤出型材,还可以用挤出方法进行混合、塑化、造粒和着色等。挤出成型的特点是生产过程连续,可以挤出任意长度的塑料制件,连续的生产过程可以得到连续的型材,生产效率高;挤出成型的另一特点是投资少、收效快。挤出成型制件已被广泛地应用于人民生活及工农业生产的各个部门。

15.1.2 挤出成型工艺过程

热塑性塑料的挤出成型工艺过程可分为三个阶段。

第一阶段是塑料原料的塑化。在挤出机内的机筒温度和螺杆的旋转压实及混合作用下,粉状或粒状塑料转变成黏流态物质。

第二阶段是成型。黏流态塑料熔体在挤出机螺杆螺旋力的推挤作用下,通过具有一定形状的机头口模而得到截面与口模形状一致的连续型材。

第三阶段是定型。通过适当的处理方法,如定径处理、冷却处理等,使已挤出的塑料连续型材固化为塑料制件。

1. 原料的准备

挤出成型用的大部分是粒状塑料,粉状用得较少,因为粉状塑料含有较多的水分,将会影响挤出成型的顺利进行,同时影响塑件的质量。例如,塑件出现气泡、表面灰暗无光、皱纹、流痕等,塑件的物理性能和力学性能也会随之下降,而且粉状物料的压缩比大,不利于输送。当然,不论是粉状物料还是粒状物料,都会吸收一定的水分,所以在成型之前应进行干燥处理,将原料的水分控制在 0.5%以下。原料的干燥一般是在烘箱或烘房中进行,在准备阶段要尽可能除去塑料中存在的杂质。

2. 挤出成型

将挤出机预热到规定温度后，启动电机带动螺杆旋转输送物料，同时向料筒中加入塑料（现代生产常用真空法连续加料）。料筒中的塑料在外加热和剪切摩擦热作用下熔融塑化，由于螺杆旋转时对塑料不断推挤，迫使塑料经过滤板上的过滤网，由机头成型为一定口模形状的连续型材。初期的挤出质量较差，外观也欠佳，要调整工艺条件及设备装置，直到正常状态后才能投入正式生产。在挤出塑件成型过程中，料筒内的温度和剪切摩擦热对塑件质量有重要的影响。

3. 塑件的定型与冷却

制件在被挤出机头口模后，应该立即进行定型和冷却，否则塑件在自重力作用下就会变形，出现凹陷或扭曲现象。一般情况下，定型和冷却是同时进行的，只有在挤出各种棒料和管材时，才有一个独立的定径过程；而挤出薄膜、单丝等无须定型，通过冷却便可。挤出板材与片材时，有时还要通过一对压辊压平，也有定型与冷却作用。管材的定型方法可用定径套，也有采用能通水冷却的特殊口模来定径的，但不管哪种方法，都是使管坯内外形成压力差，使其紧贴在定径套上而冷却定型。

冷却一般采用空气冷却或水冷却，冷却速度对塑件性能有很大影响。硬质塑件（如聚苯乙烯、低密度聚乙烯和硬聚氯乙烯等）不能冷却得过快，否则容易造成残余内应力，影响塑件的外观质量，软质或结晶型塑料件则要求及时冷却，以免塑件变形。

4. 塑件的牵引、卷取和切割

塑料制件自口模挤出后，会由于压力突然解除而发生离模膨胀现象，而冷却后又会发生收缩现象，使塑件的尺寸和形状发生改变。此外，由于塑件被连续不断地挤出，自重量越来越大，如果不加以引导，会造成塑件停滞，使挤出不能顺利进行。因此，在冷却的同时，要连续均匀地牵引塑件，牵引过程由挤出机辅机的牵引装置来实现。牵引速度要与挤出速度相适应，一般是牵引速度略大于挤出速度，以便消除塑件尺寸的变化值，同时对塑件进行适当的拉伸从而提高质量。

经过牵引装置的塑件可根据使用要求在切割装置上裁剪（如棒、管、板、片等），或在卷取装置上绕制成卷（如薄膜、单丝、电线电缆等）。此外，某些塑件，如薄膜等有时还需进行后处理，以提高尺寸稳定性，图 15.3 为常见的挤出工艺过程示意图。

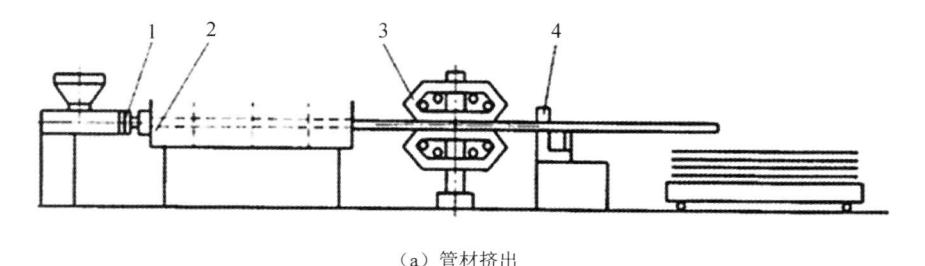

（a）管材挤出

图 15.3 常见的挤出工艺过程示意图

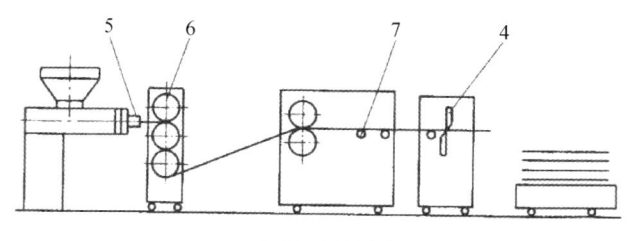

(b) 片、板材挤出

1—挤管机头；2—定型与冷却装置；3—牵引装置；4—切断装置；
5—片、板挤出机头；6—碾平与冷却装置；7—切边与牵引装置

图 15.3　常见的挤出工艺过程示意图（续）

15.1.3　挤出成型工艺参数

挤出成型工艺参数包括温度、压力、挤出速度、牵引速度等。选择合适的工艺参数是挤出成型顺利进行和保证挤出成型产品质量的关键。

1．温度

温度是挤出过程得以顺利进行的重要条件之一，塑料从加入料斗到最后成为塑料制件经历了一个极为复杂的温度变化过程。挤出成型温度取决于料筒和螺杆的温度，塑料熔体温度的升高来源于两个方面，即料筒外部的加热器所提供的热量及螺杆旋转产生的剪切摩擦热。

图 15.4 为聚乙烯的温度变化曲线，它是沿料筒轴线方向测得的。由图可知，料筒和塑料的温度在螺杆各段是有差异的，要满足这种要求，料筒就必须具有加热、冷却和温度调节等一系列装置。在挤出成型过程中，为了保证塑料顺利输送，加料口附近不能产生搭桥现象，搭桥现象就是温度太高导致加料口底部物料熔融，熔体类似黏合剂一样将次表层的物料粘成一个拱形，物料不易顺利下落，造成进料不均甚至中断。因此加段料的温度不宜过高，甚至还要冷却加料段。而压缩段和均化段的温度则可取高一些，使塑料熔体均匀地塑化。

机头和口模温度相当于注射成型时的模温，通常机头温度必须控制在塑料热分解温度（θ_d）以下，而口模处的温度比机头温度稍低一些，但应保证塑料熔体具有良好的流动性。图 15.4 中的温度曲线只是稳定挤出过程中温度的宏观表示。实际上，在挤出过程中，即使是稳定挤出，每个测试点的温度随时间变化还是有变化的，温度随时间的不同而产生波动，并且这种波动往往具有一定的周期性。习惯上，把沿着塑料流动方向上的温度波动称为轴向温度波动。另外，在与塑料流动方向垂直的截面上各点的温度值也是不同的，即有径向温差。

上述温度波动和温差，都会给塑件本身质量带来十分不良的后果，使塑件产生残余应力，各点强度不均匀，表面灰暗无光。产生这种波动和温差的因素很多，如加热、冷却系统不稳定，螺杆转速变化等，但以螺杆设计和选用的好坏影响最大。表 15.1 是几种塑料挤出成型管材、片材和板材及薄膜等的温度参数。

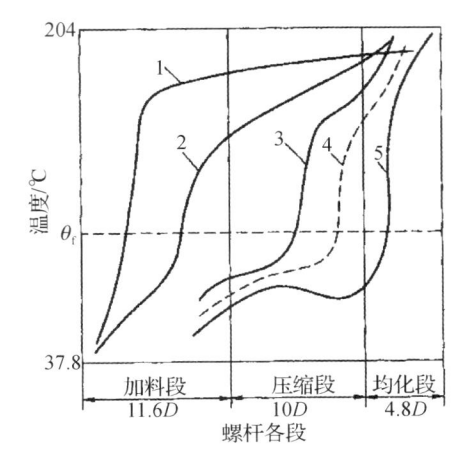

1—料筒温度曲线；2—螺杆温度曲线；3—物料（PE）的最高温度；
4—物料（PE）的平均温度；5—物料（PE）的最低；料筒直径温度

图 15.4　聚乙烯的温度变化曲线

表 15.1　部分热塑性塑料挤出成型时的温度参数

塑料名称	挤出温度 /℃				原料水分控制/%
	加料段	压缩段	均化段	机头	
丙烯酸类聚合物	室温	100~170	~200	175~210	≤0.025
醋酸纤维素	室温	110~130	~150	175~190	<0.5
聚酰胺（PA）	室温~90	140~180	~270	180~270	<0.3
聚乙烯（PE）	室温	90~140	~180	160~200	<0.3
硬聚氯乙烯（HPVC）	室温~60	120~170	~180	170~190	<0.2
软聚氯乙烯及氯乙烯共聚物	室温	80~120	~140	140~190	<0.2
聚苯乙烯（PS）	室温~100	130~170	~220	180~245	<0.1

2．压力

在挤出过程中，由于料流的阻力增加，螺杆槽深度逐渐变浅，及塑料熔体经过滤板、过滤网和口模时，运动状态发生变化等产生阻碍，因而沿料筒轴线方向，塑料内部建立起一定的压力。这种压力的建立是塑料经历物理状态的变化，得以均匀密实并得到成型塑件的重要条件之一。与温度一样，压力随时间的变化也会产生周期性波动，这种波动对塑料件质量同样有不利影响，如局部疏松、表面不平、弯曲等。螺杆、料筒的设计，螺杆转速的变化，加热冷却系统的不稳定都是产生压力波动的原因。为了减小压力波动，应合理控制螺杆转速，保证加热和冷却装置的温控精度。

3．挤出速度

挤出速度是指单位时间内由挤出机头和口模中挤出的塑化好的物料量或塑件长度，它表征着挤出机生产能力的高低。影响挤出速度的因素很多，如机头、螺杆和料筒的结构、螺杆转速、加热冷却系统结构和塑料的性能等。在挤出机的结构和塑料品种及塑件类型已确定的情况下，挤出速度仅与螺杆转速有关，因此调整螺杆转速是控制挤出速度的主要措施。挤出速度在生产过程中也存在波动现象，对产品的形状和尺寸精度有显著不良影响。为了保证挤出速度均匀，应设计与生产的塑件相适应的螺杆结构和尺寸；严格控制螺杆转速，严格控制挤出温度，防止因温度改变而引起挤出压力和熔体黏度变化，从而导致挤出速度出现波动。

4．牵引速度

为了保证挤出成型生产过程连续进行，必须采用牵引装置牵引连续的塑料制件。从机头和口模中挤出的塑件，在牵引力作用下将会发生拉伸取向。拉伸取向程度越高，塑件沿取向方位的拉伸强度也越大，但冷却后长度收缩也大。通常，牵引速度可与挤出速度相当。牵引速度与挤出速度的比值称牵引比，其值必须等于或大于1。

不同的塑件采用不同的牵引速度，通常薄膜和单丝可以快些。对于挤出硬质塑件的牵引速度则不能大，通常需将牵引速度定在一定范围内，并且要十分均匀，不然就会影响其尺寸均匀性和力学性能。

表 15.2 为常用管材挤出成型工艺参数。

表 15.2 常用管材挤出成型工艺参数

塑料管材 工艺参数		硬聚氯乙烯 （HPVC）	软聚氯乙烯 （LPVC）	低密度聚乙烯 （LDPE）	ABS	聚酰胺 1010 （PA—1010）	聚碳酸酯 （PC）
管材外径 /mm		95	31	24	32.5	31.3	32.8
管材内径 /mm		85	25	19	25.5	25	25.5
管材厚度 /mm		5	3	2	3		
机筒温度/℃	后段	80～100	90～100	90～100	160～165	250～200	200～240
	中段	140～150	120～130	110～120	170～175	260～270	240～250
	前段	160～170	130～140	120～130	175～180	260～280	230～255
机头温度/℃		160～170	150～160	130～135	175～180	220～240	200～220
口模温度/℃		160～180	170～180	130～140	190～195	200～210	200～210
螺杆转速/(r/min)		12	20	16	10.5	15	10.5
口模内径/mm		90.7	32	24.5	33	44.8	33
芯模内径/mm		79.7	25	19.1	26	38.5	26
稳流定型段长度/mm		120	60	60	50	45	87
牵引比		1.04	1.2	1.1	1.02	1.5	0.97
真空定径套内径/mm		96.5		25	33	31.7	33
定径套长度/mm		300		160	250		250
定径套与口模间距/mm					25	20	20

15.2 挤出模的结构组成及分类

挤出模安装在挤出机的头部，因此挤出模又称挤出机头，简称机头，如图 15.5 所示。挤出模可以成型各种塑料管材、棒材、板材、薄膜及电线电缆等。挤出的塑件形状和尺寸由机头、定型装置来保证，所有的热塑性塑料（如聚氯乙烯、聚乙烯、聚丙烯、尼龙、ABS、聚碳酸酯、聚砜、聚甲醛等）及部分热固性塑料（如酚醛塑料、尿醛塑料等）都可以采用挤出方法成型。模具结构设计的合理性是保证挤出成型质量的决定性因素。

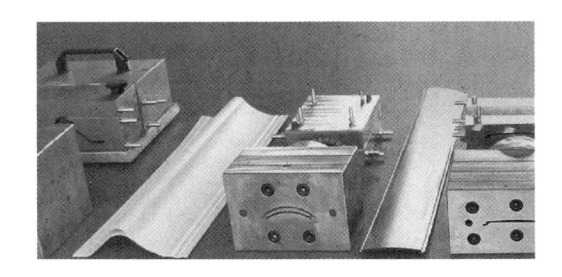

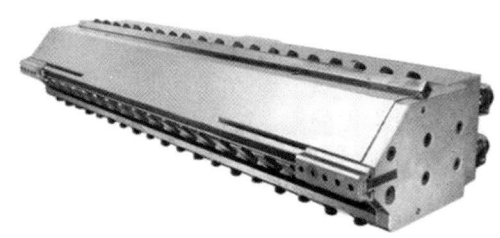

图 15.5 挤出机头

15.2.1 挤出模的结构组成

挤出成型模具主要由机头（口模）和定型装置（定型套）两部分组成，下面以管材挤出成型机头为例，介绍机头的结构组成（见图 15.6），三维图如图 15.7 所示。

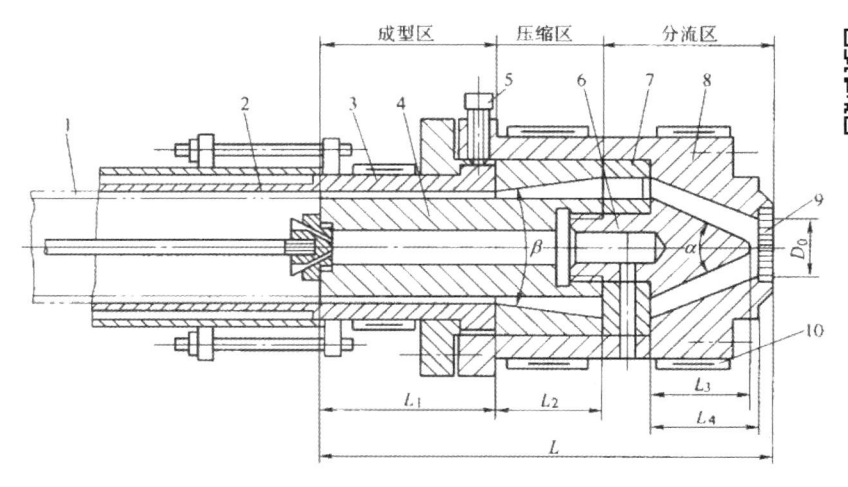

1—管材；2—定径套；3—口模；4—芯棒；5—调节螺钉；6—分流器；
7—分流器支架；8—机头体；9—过滤网；10—加热器

图 15.6 管材挤出成型机头

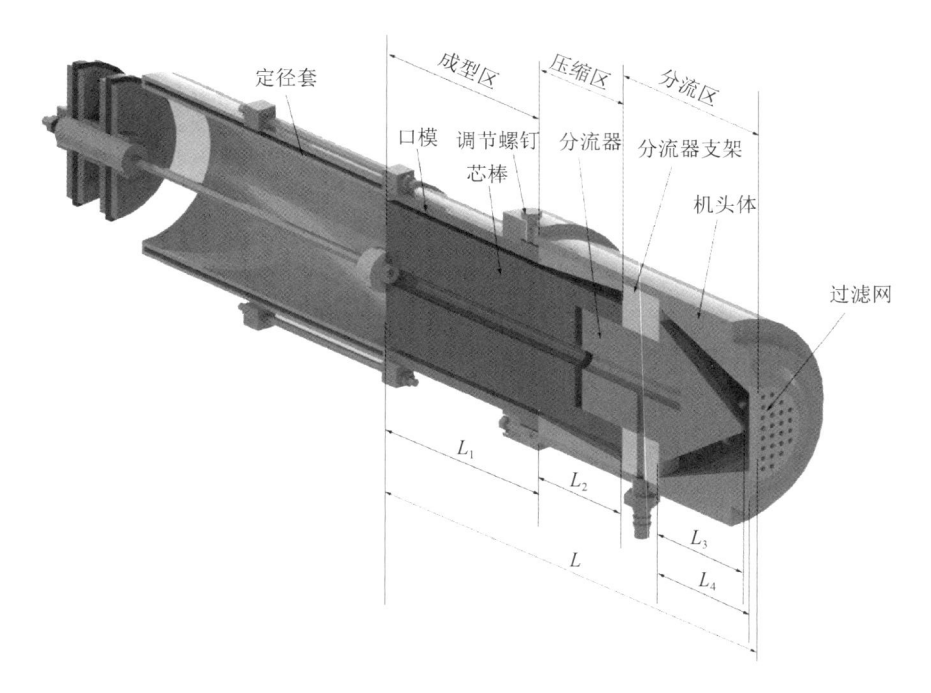

图 15.7 管材挤出成型机头三维图

1．机头

机头就是挤出模，是成型塑料制件的关键部分。其有如下四个方面的作用：
（1）熔体由螺旋运动转变为直线运动；
（2）产生必要的成型压力，保证挤出制品密实；
（3）熔体在机头内进一步塑化；
（4）熔体通过口模成型，获得所需截面形状的制品。

机头主要由以下几个部分组成。

（1）口模。口模是成型塑件的外表面的零件，如图 15.6 中的口模 3。

（2）芯棒。芯棒是成型塑件内表面的零件，如图 15.6 中的芯棒 4。口模与芯棒决定了塑件截面形状。

（3）过滤网和过滤板。机头中必须设置过滤网和过滤板，如图 15.6 中的过滤网 9。过滤网的作用是改变料流的运动方向和速度，将塑料熔体的螺旋运动转变为直线运动，过滤杂质，形成一定的压力。过滤板又称多孔板，起支承过滤网的作用。

（4）分流器和分流器支架。分流器俗称鱼雷头，如图 15.6 中的分流器 6。分流器的作用是使通过它的塑料熔体分流变成薄环状以平稳地进入成型区，同时进一步加热和塑化，分流器支架主要用来支承分流器及芯棒，同时也能对分流后的塑料熔体起加强剪切混合作用，小型机头的分流器与其支架可设计成一个整体。

（5）机头体。机头体相当于模架，如图 15.6 中的机头体 8，其用来组装并支承机头的各零部件，并且与挤出机筒连接。

（6）温度调节系统。挤出成型是在特定的温度下进行的，机头上必须设置温度调节系统，以保证塑料熔体在适当的温度下流动及挤出成型的质量。

（7）调节螺钉。调节螺钉是用来调节口模与芯棒间的环隙及同轴度，以保证挤出的塑件壁厚均匀，如图15.6中的调节螺钉5。通常调节螺钉的数量为4～8个。

2．定型装置

从机头中挤出的塑料制件温度比较高，由于自重而会发生变形，形状无法保证，必须经过定径装置（图15.6中的定经套2），将从机头中挤出的塑件形状进行冷却定型及精整，获得所要求的尺寸、几何形状及表面质量的塑件。冷却定型一般通常采用冷却、加压或抽真空等方法。

15.2.2 挤出机头的分类

由于挤出成型的塑料制件的品种规格很多，生产中使用的机头也是多种多样的，一般有下述几种分类方法。

1）按塑料制件形状分类

塑件一般有管材、棒材、板材、片材、网材、单丝、粒料、各种异型材、吹塑薄膜、带有塑料包覆层的电线电缆等，所用的机头相应称为管机头、棒机头、板材机头、异型材机头和电线电缆机头等。

2）按塑件的出口方向分类

根据塑件从机头中的挤出方向不同，可分为直通机头（或称直向机头）和角式机头（或称横向机头）。直通机头的特点是熔体在机头内的挤出流向与挤出机螺杆的轴线平行，角式机头的特点是熔体在机头内的挤出流向与挤出机螺杆的轴线呈一定角度。当熔体挤出流向与螺杆轴线垂直时，称为直角机头。

3）按熔体受压不同分类

根据塑料熔体在机头内所受压力大小的不同，分为低压机头和高压机头。熔体受压小于4MPa的机头称为低压机头，熔体受压大于10MPa的机头称为高压机头。

15.2.3 挤出机头的设计原则

1）塑件的结构工艺性分析

根据塑件的结构特点和工艺要求，选用适当的挤出机，确定机头的结构形式。

2）过滤板和过滤网的设置

料筒内的熔体由于螺杆的作用而旋转，旋转运动的料流必须变成直线运动才能进行成型流动，同时机头必须对熔体产生适当的流动阻力，使塑料制件密实，所以机头内必须设置过滤板和过滤网。

3）机头内的流道应呈光滑的流线型

为了减少压力损失，使熔体沿着流道均匀平稳地流动，机头的内表面必须呈光滑的流线型，不能有阻滞的部位（以免发生过热分解），表面粗糙度 Ra 应小于 $0.1\mu m$。

4）机头内应设置一定的压缩区

为了使进入机头内的熔料进一步塑化,机头内一般都设置了分流器和分流器支架等分流装置,使熔体进入口模之前必须在机头中经过分流装置,熔体经分流器和分流器支架后再汇合,会产生熔接痕迹,离开口模后会使塑件的强度降低甚至发生开裂,因此在机头中必须设置一段压缩区,以增大熔体的流动阻力,消除熔接痕。对于不需要分流装置的机头,熔体通过机头中间流道以后,其宽度必须增加,需要一个扩展阶段,为了使熔体或塑件密度不降低,机头中也需要设置一定的压缩区域,产生一定的流动阻力,保证熔体或塑件组织密实。

5）正确设计口模的形状和尺寸

由于塑料熔体在成型前后应力状态的变化,会引起离模膨胀效应（挤出胀大效应）,使塑件长度收缩和截面形状尺寸发生变化,因此设计机头时,要对进行适当的补偿,保证挤出的塑件具有正确的截面形状和尺寸。

6）机头内要有的调节装置

为了控制挤出过程中的挤出压力、挤出速度、挤出成型温度等工艺参数,机头内要有调节装置,以便于对挤出型坯的尺寸进行调节和控制,同时机头的结构应紧凑,操作和维修应方便。

15.2.4 机头材料的选择

机头的结构可分为两部分：成型零部件和结构零部件。

1. 成型零部件

其直接与塑料接触,成型塑件的内外表面。由于熔体流经机头成型零部件时能对它产生一定的摩擦磨损,同时塑料在高温、高压的挤出成型过程中还会产生一些刺激性的气体,对机头内的零部件还会产生较强的腐蚀作用,所以成型零部件应采用耐热、耐磨、耐腐蚀、韧性高、硬度高、热处理变形小及加工性能好的材料,提高模具的使用寿命,常使用镍铬钢、不锈钢、工具钢等。对于非不锈钢材料,还要进行淬火及表面抛光处理后的镀铬处理,硬度为 60~64HRC,表面镀层厚度为 0.01~0.02mm。对于熔融黏度高的塑料,一般使用硬度高的材料。

2. 结构零部件

结构零部件起支承作用,选用一般钢材即可。

常用机头材料见表 15.3。

表 15.3 机头常用材料

钢　　号	供应状态/HB	淬火硬度/HRC	基本性能
T8　T10　T8A　T10A	≤187	62	硬度高,耐磨,切削性较差
T12　T12A	≤207	62	切削性好,耐磨,韧性较差
40Cr 45Cr	≤217	45~50	耐磨,强度较好
40Cr$_2$MoV	≤269	50~55	高级调质钢

续表

钢　号	供应状态/HB	淬火硬度/HRC	基本性能
38CrMoALA	≤229	55～60	用于渗碳件，强度高，耐磨，耐温，耐腐蚀，热处理变形小
5CrMnMo　9CrMnMo	≤241	50	
CrWMn　$Cr_{12}MoV$	≤255	58	
3CrAL　4WVMoW	≤244	50	

15.3 挤出机

挤出成型模具是安装在挤出机上进行生产的，在设计挤出模具结构时，必须考虑挤出机的技术参数、机头与挤出机的连接形式等，这样所选的挤出机才能满足模具设计和成型工艺的要求。

15.3.1 挤出机的分类

由于挤出成型的塑料品种及形状的不断变化和发展，对挤出机的性能要求越来越高，挤出机的类型日益增多，挤出机的分类方法有如下几种形式：

（1）按螺杆数目可分为单螺杆挤出机（见图15.8）和双螺杆挤出机（见图15.9）等；

（2）按挤出机中是否有螺杆存在可分为螺杆式挤出机（螺杆的作用是把原料从粉状或粒状经过料筒外的加热和螺杆转动时的摩擦生热把原料熔化并通过螺杆的压缩和推进使熔体在压力下流入机头）和柱塞式挤出机；

（3）按螺杆的转动速度可分为普通挤出机（转速在100r/min以下）、高速挤出机（转速为100～300r/min）和超高速挤出机（转速为300～1500r/min）；

（4）按挤出机中螺杆所处的空间位置可分为卧式挤出机（见图15.10）和立式挤出机（见图15.11）；

（5）按在加工过程中是否排气可分为排气式挤出机和非排气式挤出机（排气式挤出机可排出物料中的水分、溶剂、不凝气体等）。

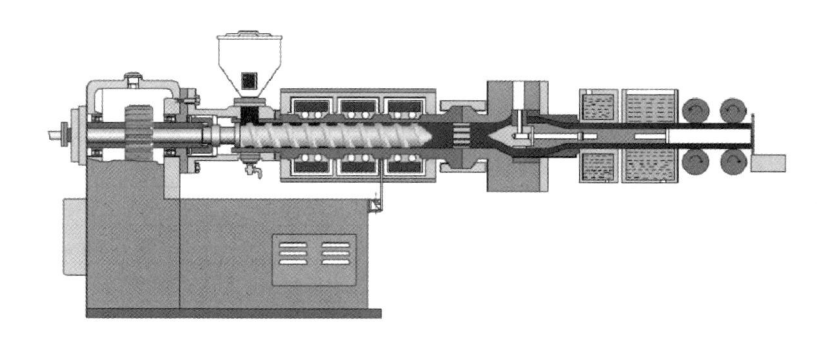

图15.8　单螺杆挤出机

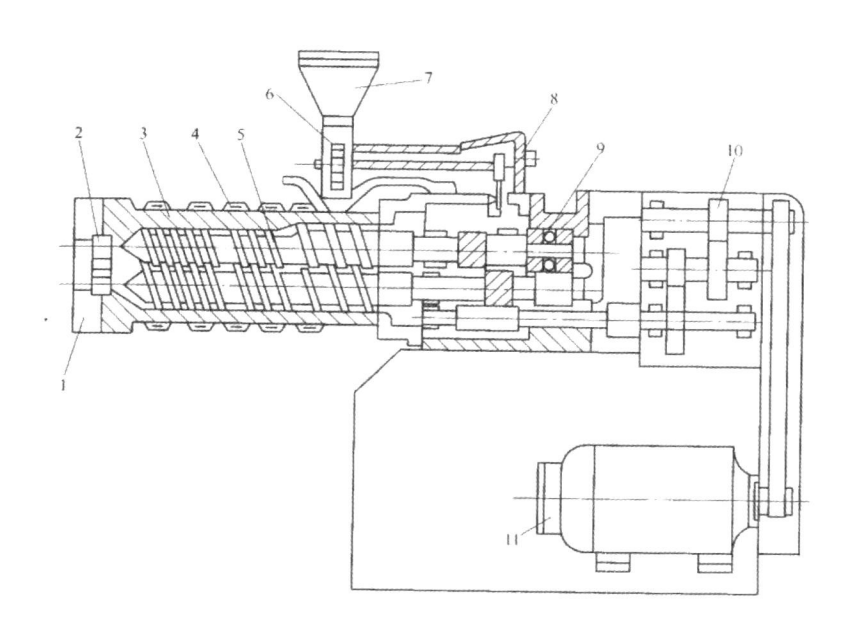

1—挤出机法兰；2—过滤板；3—料筒；4—加热装置；5—螺杆；6—视窗；
7—料斗；8—调节臂；9—轴承；10—变速箱；11—电机

图 15.9　双螺杆挤出机

图 15.10　卧式挤出机　　　　图 15.11　立式挤出机

目前，应用最广泛的是卧式单螺杆非排气式挤出机。

15.3.2　挤出机的结构组成

挤出机组由主机、辅机及控制系统三部分组成。

1. 主机

挤出机主机由下列几部分组成。

1）挤出系统

挤出系统主要由螺杆（如图 15.12 所示）和料筒组成，是挤出机的心脏，用来完成对塑料的塑化和挤出工作。塑料经过挤出系统被塑化成均匀的熔体，并在挤出过程中所建立的压力下，被连续、定量、定压、定温通过挤出机头。

2）传动系统

传动系统的作用是驱动螺杆旋转，保证螺杆在工作过程中所需要的扭矩和转速，它由各种大小齿轮、传动轴、轴承及电机组成。

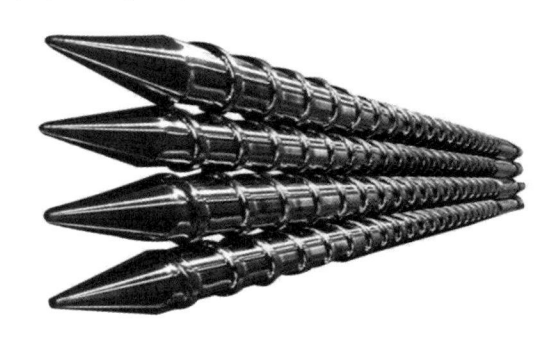

图 15.12　螺杆

3）加热冷却系统

其作用是对料筒（或螺杆）进行加热和冷却，以保证成型过程在工艺要求的温度范围内进行。

2. 辅机

成型塑件的形状不同，挤出机辅机的组成是不同的，一般由以下几个部分组成。

1）冷却装置

由定型装置出来的塑料在此得到充分的冷却，获得最终的形状和尺寸。

2）牵引装置

牵引装置的作用是均匀地牵引制件，保证挤出过程连续，并对制件的截面尺寸进行控制，使挤出过程稳定地进行。

3）切割装置

切割装置的作用是将连续挤出的制件切成一定的长度或宽度。

4）卷取装置

卷取装置的作用是将软制件（薄膜、软管、单丝）卷绕成卷。

3. 控制系统

挤出机组的控制系统是由各种电器、仪表和执行机构组成的。它控制挤出机组的主机、辅机、驱动液压泵、液压缸（或汽缸）和其他各种执行机构，使其满足工艺所要求的转速和功率；保证主辅机能协调运行；检测并控制主辅机的温度、压力、流量和制件的质量，实现整个挤出机组的自动控制。

15.3.3 双螺杆挤出机

双螺杆挤出机（如图15.13所示）是在单螺杆挤出机基础上发展起来的，由于具有良好的加料性能、混炼塑化性能、排气性能、挤出稳定性等，目前已经广泛应用于挤出制品的成型加工。

图 15.13 双螺杆挤出机

双螺杆挤出机的优点有以下几点。

（1）双螺杆具有很好的混炼、塑化能力，在机筒内螺杆啮合剪切作用稳定均匀，物料在双螺杆挤出机中停留时间短，塑化熔融质量比较好。

（2）双螺杆挤出机加料容易，如异向双螺杆挤出机转速较低，物料剪切发热量小，物料不容易分解，适用于加工热敏性物料、黏度很高或很低的物料、带状料、糊状料、粉料等。

（3）双螺杆挤出机具有优异的排气性能，双螺杆啮合旋转工作，机筒内残料可以自动清理，这是啮合型双螺轩的自洁功能。

（4）双螺杆挤出机产量大，挤出速度快，双螺杆的功耗比单螺杆单位产量耗能低30%左右。双螺轩挤出机在节能、降耗方面具有明显的优势。

15.4 管材挤出机头

在挤出成型中，管材挤出的应用最为广泛。管材挤出机头（如图15.14所示）是成型管材的挤出模，管材机头适用于聚乙烯、聚丙烯、聚碳酸酯、尼龙、软硬聚氯乙烯、聚烯烃等塑料的挤出成型。不同直径的口模会挤出不同形状的管材，如图15.15所示。

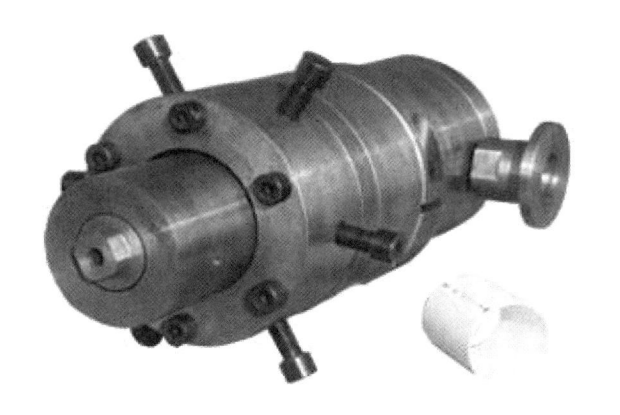

图 15.14 管材挤出机头

图 15.15 不同直径的口模挤出不同形状的管材

15.4.1 管材机头的分类

管材机头常称为挤管机头或管机头,按机头的结构形式可分为直通式挤管机头、直角式挤管机头、旁侧式挤管机头和微孔流道挤管机头等多种形式。

1. 直通式挤管机头

直通式挤管机头如图 15.16 所示,挤出料流在机头内的流动方向与出管方向一致,该机头的特点是结构比较简单,调整方便,机头内设置分流器,可以对心部的熔料进一步塑化,缺点是熔体经过分流器及分流器支架时易产生熔接痕迹,使管材的力学性能降低,机头的整体长度较大,结构笨重。它适用于软硬聚氯乙烯、聚乙烯、尼龙、聚碳酸酯等塑料管材的挤出成型。其三维图如图 15.17 所示。

2. 直角式挤管机头

直角式挤管机头又称弯管机头,挤出机供料方向与机头的出管方向成直角,如图 15.18 所示。机头内无分流器及分流器支架,塑料熔体流动成型时不会产生分流痕迹,管材的力学性能提高,成型的塑件尺寸精度高,成型质量好。其缺点是机头的结构复杂,制造困难,它适用于聚乙烯、聚丙烯等塑料管材的挤出成型。

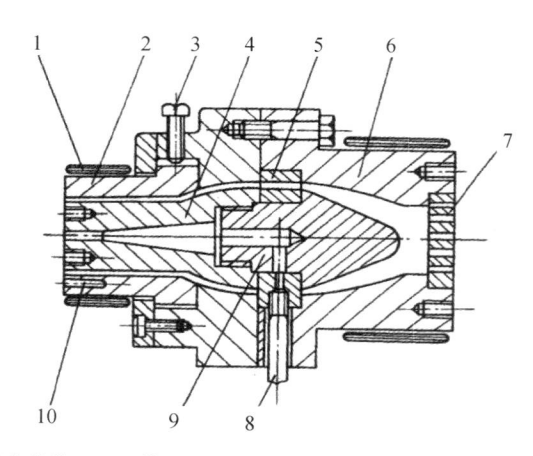

1—电加热器；2—口模；3—调节螺钉；4—芯模；5—分流器支架；
6—机体；7—栅板；8—进气管；9—分流器；10—测温孔

图 15.16　直通式挤管机头

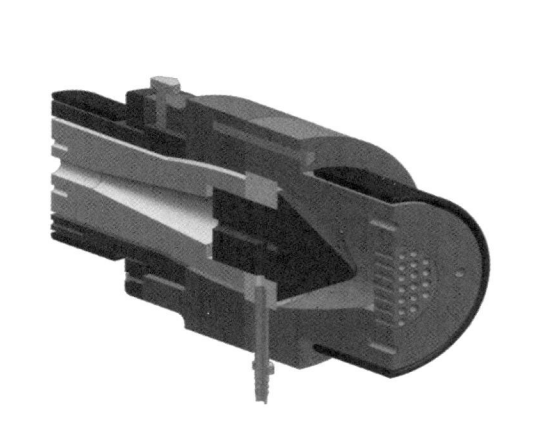

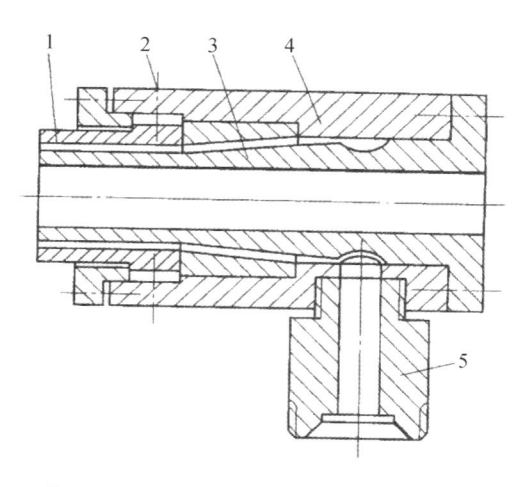

图 15.17　直通式挤管机头三维图

1—口模；2—调节螺钉；3—芯棒；4—机头体；5—连接管

图 15.18　直角式挤管机头

3. 旁侧式挤管机头

旁侧式挤管机头如图 15.19 所示，挤出机的供料方向与出管方向平行，机头位于挤出机的下方，机头的体积较小，结构复杂，熔体的流动阻力大，适用于直径大、管壁较厚的管材挤出成型。

4. 微孔流道挤管机头

微孔流道挤管机头如图 15.20 所示，机头内无分流器及分流器支架，挤出机供料方向与机头的出管方向一致，熔体通过芯棒上的微孔进入口模与芯棒的间隙而成型，特别适用于成型直径大、流动性差的塑料（如聚烯烃）挤出成型。其特点是机头体积小，结构紧凑，但由于管材直径大，管壁厚容易发生偏心，口模与芯棒的间隙下面比上面小 10%～18%，用以克服因管材自重而引起的壁厚不均匀。

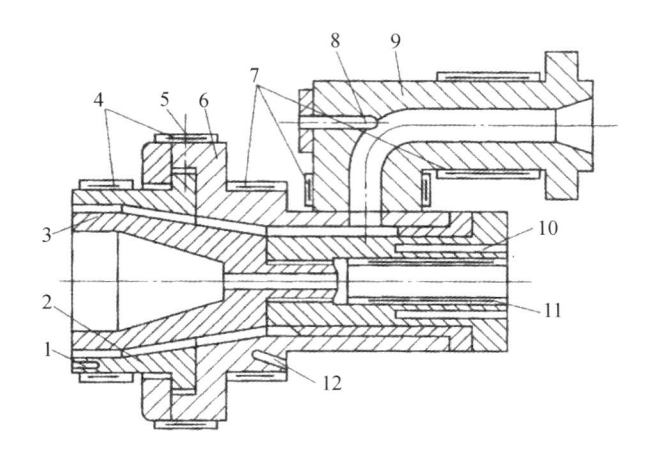

1、12—温度计插孔；2—口模；3—芯棒；4、7—电热器；5—调节螺钉；6—机头体；
8、10—熔料测温孔；9—机头体；11—芯棒加热器

图 15.19　旁侧式挤管机头

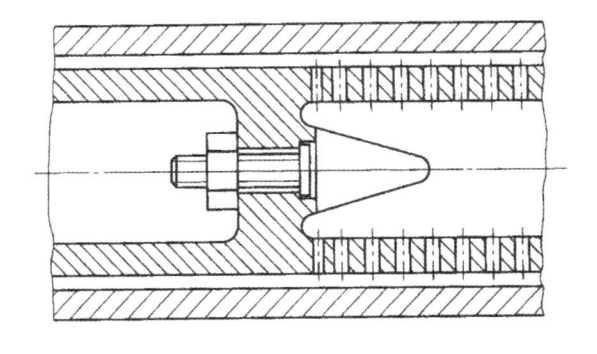

图 15.20　微孔流道挤管机头

15.4.2　管材机头的结构设计

管材机头成型零件主要由口模和芯棒两部分组成，下面以直通式挤管机头为例介绍成型零件的结构设计。

1. 口模设计

口模成型塑料管材的外部表面。口模的主要设计尺寸有口模的内径 D 和定型段的长度 L_1 两部分，设计人员在设计前，必须知道所用挤出机型号、塑料管子的内外直径及精度要求。

1）口模的内径 D

口模的内径可按以下公式计算：

$$D = k d_s \tag{15.1}$$

式中，D——口模的内径，单位为 mm；
d_s——塑料管材的外径，单位为 mm；
k——补偿系数，k 的取值参考表 15.4 进行选取。

表 15.4 补偿系数 k 的取值

塑料品种	内径定径	外径定径
聚氯乙烯（PVC）		0.95~1.05
聚酰胺（PA）	1.05~1.10	
聚乙烯（PE） 聚丙烯（PP）	1.20~1.30	0.90~1.05

由于管材从机头中挤出时处于被压缩和被拉伸的弹性恢复阶段，会发生离模膨胀和冷却收缩现象，k 值是经验数据，用以补偿管材外径的变化。

2）定型段长度 L_1

定型段长度 L_1 一般按经验公式计算，即

$$L_1 = (0.5 \sim 3) d_s \tag{15.2}$$

或

$$L_1 = n t \tag{15.3}$$

式中，L_1——口模定型段长度，单位为 mm；
d_s——管材的外径，单位为 mm；
t——管材的壁厚，单位为 mm；
n——系数，具体数值见表 15.5，一般对于外径较大的管材，n 取小值，反之则取大值。

表 15.5 定型段长度 L_1 计算系数 n

塑料品种	硬聚氯乙烯（HPVC）	软聚氯乙烯（SPVC）	聚乙烯（PE）	聚丙烯（PP）	聚酰胺（PA）
系数 n	18~33	15~25	14~22	14~22	13~23

2．芯棒的设计

芯棒成型管材的内部表面。芯棒的主要设计尺寸有芯棒外径 d、压缩段长度 L_2 和压缩角 β。

1）芯棒的外径 d

芯棒的外径就是芯棒定型段的直径，管材的内径由芯棒的外径决定，根据管材的离模膨胀和冷却收缩效应的结果，芯棒的外径可按下列经验公式计算。

采用外定径时：

$$d = D - 2\delta \tag{15.4}$$

式中，d——芯棒的外径，单位为 mm；
D——口模的内径，单位为 mm；
δ——口模与芯棒的单边间隙，通常取 $(0.83 \sim 0.94) \times$ 管材壁厚，单位为 mm。

采用内径定径时：

$$d = D_s \tag{15.5}$$

式中，$D_س$——管材的内径，单位为 mm。

2）压缩段长度 L_2

芯棒的长度分为定型段长度和压缩段长度两部分，定型段长度与口模定型段长度 L_1 取值相同，压缩段长度 L_2 与口模中相对应的锥面部分构成压缩区域的长度，用以消除塑料熔体流经分流器时产生的分流痕迹，L_2 值可按下列经验公式计算：

$$L_2 = (1.5 \sim 2.5)D_0 \tag{15.6}$$

式中，L_2——芯棒压缩段长度，单位为 mm；

D_0——过滤板出口处直径，单位为 mm。

3）压缩角 β

压缩区的锥角 β 称为压缩角，如图 15.6 所示，一般在 30°～60°范围内选取。压缩角过大会使管材表面粗糙，失去光泽。对于黏度低的塑料，β 取较大值，一般为 45°～60°；对于高黏度的塑料，β 取较小值，一般为 30°～50°。

3．分流器及分流器支架的设计

分流器的结构见图 15.6，熔体经过过滤网后，经过分流器初步形成管状，它的作用是对塑料熔体进行分层减薄，进一步加热和塑化。分流器的主要设计尺寸有分流锥面长度 L_3、扩张角 α 及分流器顶部圆角 R。

1）分流锥长度 L_3

分流锥长度 L_3 按下式计算：

$$L_3 = (0.6 \sim 1.5)D_0 \tag{15.7}$$

式中，L_3——分流锥长度，单位为 mm；

D_0——过滤板出口处直径，单位为 mm。

2）扩张角 α

扩张角 α 的选取与塑料黏度有关，通常取 30°～90°，塑料黏度较低时，取 30°～80°；塑料黏度较高时取 30°～60°，α 过大时熔体的流动阻力大，容易产生过热分解；α 过小时不利于熔体均匀的加热，机头体积也会增大，分流器的扩张角 α 应大于芯棒压缩段的压缩角 β。

3）分流器顶部圆角 R

分流器顶部圆角 R 一般取 0.5～2mm。

分流器及芯棒由分流器支架支承，同时对熔料起搅拌作用。中小型挤管材机头的芯棒、分流器与分流器支架制成整体结构，支架上的分流肋应为流线型，在满足强度要求的前提下，宽度和长度尽可能小些，压缩角应小于扩张角度。分流肋的数量应尽可能少，但减少过多会有分流痕迹，一般小型机头用 3 根，中型用 4 根，大型用 6～8 根。在挤出成型过程中，机头内挤出压力可以达到 15MPa，巨大的压力作用在几根分流肋上，分流肋的强度如果不足，容易发生剪切破坏。

4．拉伸比和压缩比

1）拉伸比 I

拉伸比是指口模和芯棒在成型区的环隙截面积与管材截面积之比，它反映了在牵引力的作用下,管材从高温型坯到冷却定型后的截面变形情况及纵向取向程度和拉伸强度。影响拉伸比的因素很多,拉伸比由塑料品种不同而异,一般通过实验确定,其值可在表 15.6 中选取,也可采用式(15.8)计算。

$$I=(D^2-d^2)/(d_s^2-D_s^2) \tag{15.8}$$

式中,I——拉伸比;

D、d——分别为口模内径与芯棒外径,单位为 mm;

D_s、d_s——分别为塑料管材内径与外径,单位为 mm。

表 15.6　常用塑料的许用拉伸比

塑料品种	硬聚氯乙烯（HPVC）	软聚氯乙烯（SPVC）	聚碳酸酯（PC）	ＡＢＳ	高压聚乙烯（PE）	低压聚乙烯（PE）	聚酰胺（PA）
拉伸比	1～1.08	1.1～1.35	0.9～1.05	1～1.1	1.2～1.5	1.1～1.2	0.9～1.05

2)压缩比

压缩比是指机头和多孔板相接处最大料流截面积与口模和芯模间的环形间隙面积之比。机头模腔内应有足够的压缩比,它反映了挤出成型过程中塑料熔体的压实程度。其值随物料的特性而异,对于低黏度塑料,压缩比取 4～10;对于高黏度塑料,压缩比取 2.5～6。

15.4.3　定径套的设计

管材从口模中挤出后,温度仍然较高,由于自重及离模膨胀效应,其会产生变形,因此必须采取冷却定型措施,以保证管材的尺寸和形状精度及良好的表面质量,定径套的作用是保证管材冷却后其外径或内径达到规定的尺寸公差范围及获得良好的表面质量。

定径法有内径定径和外径定径两种方法,我国塑料管材标准常用外径定型法。

外径定径法适用于直通式机头和微孔流道式机头,它可分为内压法外径定径及真空吸附法外径定径。

1. 内压法外径定径［见图 15.21（a）］

工作时,在塑料管内部通入压缩空气,形成一定的内压,使热的塑料管在压缩空气的作用下贴紧定径套的内壁而定型。为防止压缩空气泄漏,可用橡皮塞堵塞防止漏气。此种定径方法的特点是定径效果好,适用于直径偏大的管材。

2. 真空吸附法外径定径［见图 15.21（b）］

工作时,将管坯与定径套间抽成真空,使塑料管在负压作用下贴紧定径套的内壁而定型。真空度通常取 50～70kPa,抽真空孔孔径取 0.6～1.2mm,塑料黏度大或管材壁厚较厚时取大值,反之取小值。真空定径套与机头口模不能连接在一起,应有 20～100mm 的距离。此种定径法的特点是管材表面质量高、粗糙度低、尺寸精度高、壁厚均匀性好、产品的内应力小。图 15.22 为真空吸附法外径定径挤出机和真空吸附法外径定径箱。

(a) 内压法外径定径

(b) 真空吸附法外径定径

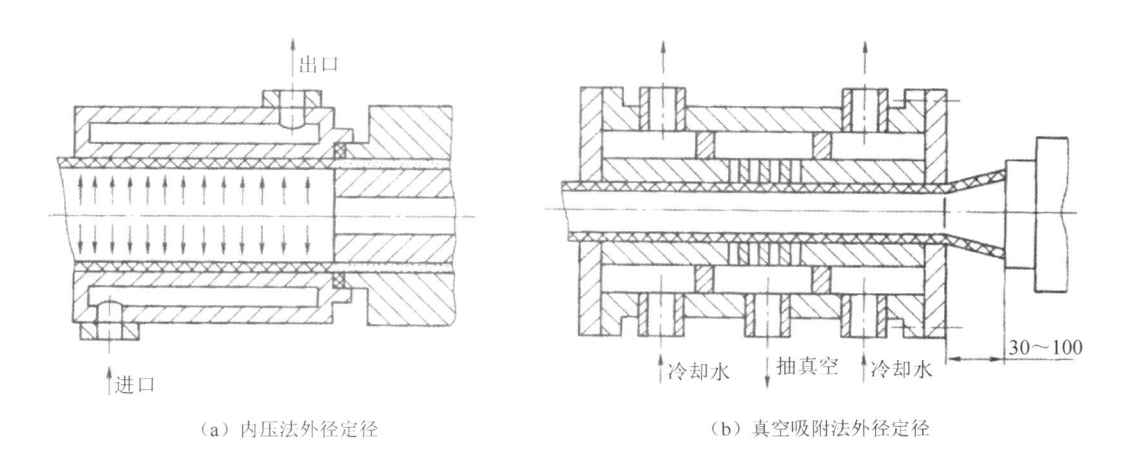

图 15.21 外径定径原理

图 15.22 真空吸附法外径定径挤出机和真空吸附法外径定径箱

15.5 异型材挤出机头

15.5.1 异型材的结构形式

塑料异型材在建筑、交通、家用电器、汽车配件等方面已经被广泛使用，如门窗，轨道型材等（称为塑钢）。一般认为，除了圆管、圆棒、片材、薄膜等形状，其他截面形状的塑料型材称为异型材，如图 15.23 所示。塑料异型材具有优良的使用性能和技术特性，异型材的截面形状不规则，几何形状复杂，尺寸精度要求高，成型工艺困难，模具结构复杂，所以成型效率较低。根据异型材的截面形状不同，其可以分为异型管材、中空异型材、空腔异型材、开放式异型材和实心异型材五大类。图 15.24（a）为异型管材，图 15.24（b）为中空异型材，图 15.24（c）为空腔异型材，图 15.24（d）为开放式异型材，图 15.24（e）为实心异型材。

图 15.23 异形机头挤出的各种异形材

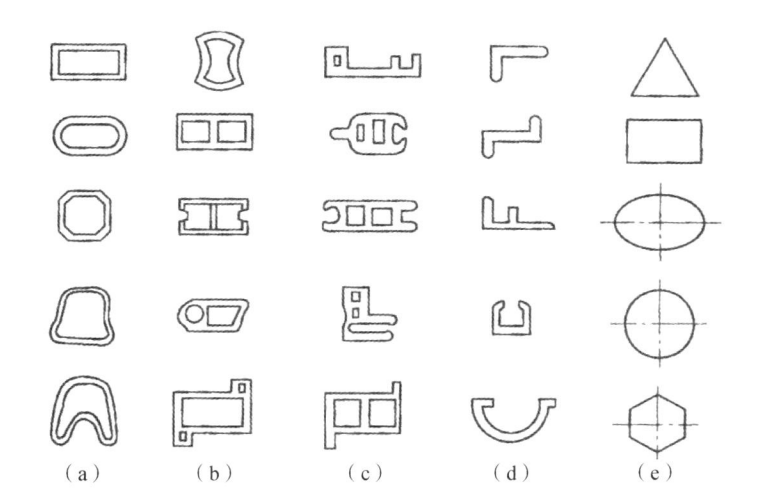

图 15.24 常见的异型材结构

15.5.2 异型材挤出成型机头的形式

异型材挤出成型机头是所有挤出机头中设计最复杂的一种，由于型材截面的形状不规则，塑料熔体挤出机头时各处的流速、压力、温度不均匀，型材的质量受到影响，容易产生内应力及型材壁厚不均匀现象。异型材挤出机头可分为板式和流线型两种形式。

1. 板式挤出机头

板式挤出机头如图 15.25 所示，由一个模座和一个口模板组成。板式挤出机头结构简单，成本低，制造快，口模板安装、更换容易，但由于口模横截面急剧变化，易引起局部滞料，发生热分解或烧焦。此外，型材也难以达到高的尺寸准确性。它适用于小规格、小批量、多品种的异型材生产，目前多用于软聚氯乙烯型材的小批量生产，或广泛用于橡胶密封型材加工。

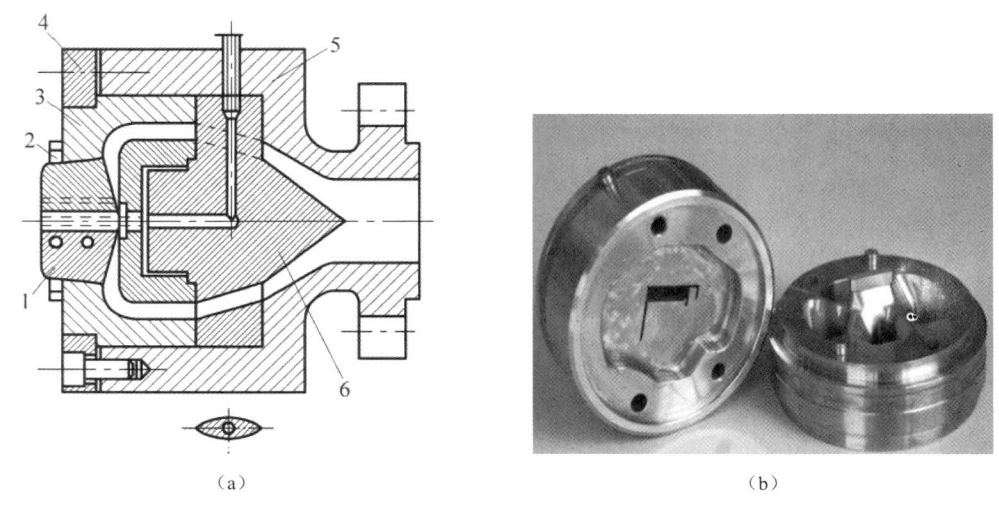

1—口模板；2—锁紧螺母；3—模座；4—压环；5—模体；6—鱼雷体

图 15.25　板式挤出机头

2．流线型挤出机头

流线型挤出机头如图 15.26 所示。这种机头是由多块钢板组成的，为避免机头内流道截面急剧变化，将机头内腔加工成光滑过渡的曲面，各处不能有急剧过渡的截面或死角，使熔料流动顺畅。流线型挤出机头三维图如图 15.27 所示。

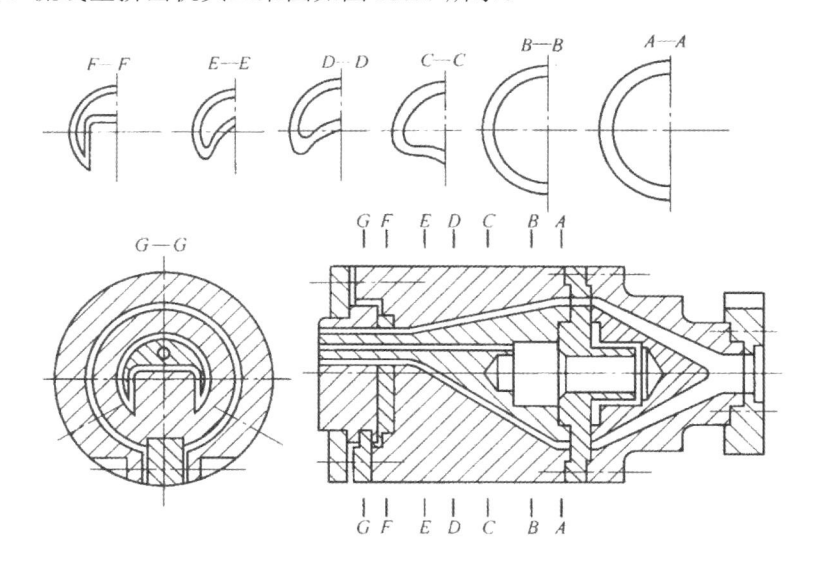

图 15.26　流线型挤出机头

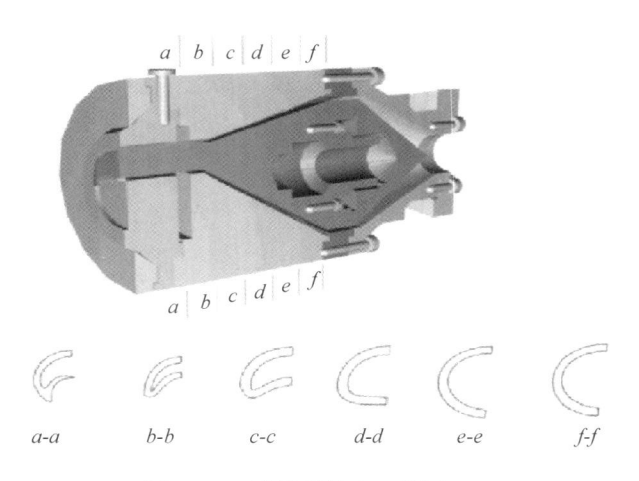

图 15.27 流线型机头三维图

由于截面流道光滑过渡，挤出生产时流线型挤出机头没有物料滞留的缺陷，挤出型材质量好，特别适用于热敏性塑料的挤出成型，适用于大批量生产。但流线型挤出机头结构复杂，制造难度较大。

流线型挤出机头分为整体式和分段式两种形式。图 15.26 为整体式流线型挤出机头，机头内流道由圆环形渐变过渡到所要求的形状，各截面形状如图 15.26 中的各剖视图所示。制造整体式流线型挤出机头显然要比制造分段式流线型机头困难。

当异型材截面复杂时，整体式的流线型制造机头加工很困难，为了降低机头的加工难度，可以用分段拼合式流线型制造机头成型，分段拼合式流线型制造机头是将机头体分段，分别加工再装配，该方法可以降低整体流道加工的难度，但在流道拼接处易出现截面尺寸过渡，工艺过程的控制比较困难。

下面展示的是异型材挤出机头实物，如图 15.28 所示。

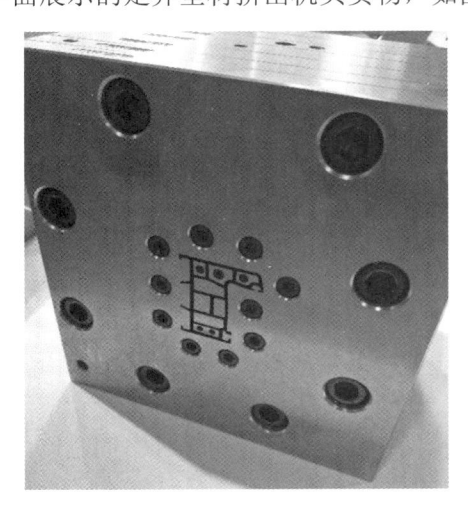

图 15.28 异型材挤出机头实物

15.6 电线电缆挤出机头

电线与电缆是我们日常生活中接触较多的塑料产品，它们通过挤出成型的方法在挤出机头上成型出来。

电线是在单股或多股金属芯线外面包覆一层塑料作为绝缘层的挤出制品。电缆是在一束互相绝缘的导线或不规则的芯线上包覆一层塑料绝缘层的挤出制品。挤出电线电缆的机头与管机头结构相似，但由于电线电缆的内部夹有金属芯线及导线，所以常用直角式机头。下面介绍挤出电线电缆机头的两种结构形式。

15.6.1 挤压式包覆机头

挤压式包覆机头用来生产电线，如图 15.29 所示。这种机头呈直角式，又称十字机头，熔融塑料通过挤出机过滤板进入机头体，转向 90°，沿着芯线导向棒流动，汇合成一封闭料环后，经口模成型段包覆在金属芯线上，由于芯线通过芯线导向棒连续运动，使电线包覆生产能连续进行，得到连续的电线产品。

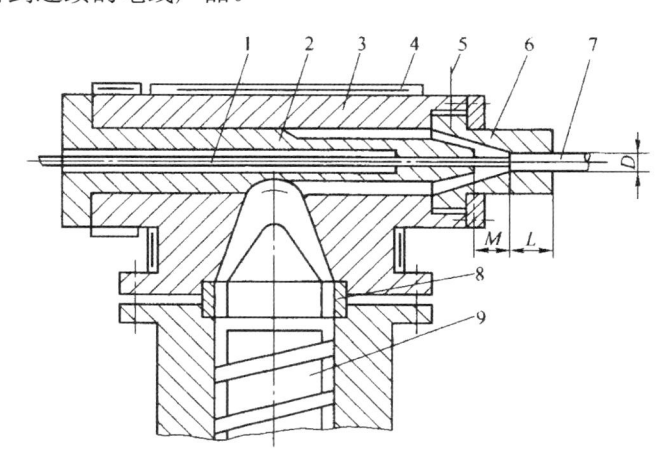

1—芯线；2—导向棒；3—机头体；4—电加热器；5—调节螺钉；6—口模；
7—包覆塑件；8—过滤板；9—挤出机螺杆

图 15.29 挤压式包覆机头

这种机头的结构简单，调整方便，已被广泛应用于电线的生产。但该机头结构的缺点是芯线与塑料包覆层的同心度不好，包覆层不均匀。

口模和机头分为两体，靠口模端面保证与芯棒的同心度，螺栓可以调节同心度。改变机头口模的尺寸、挤出速度、芯线移动速度及芯棒的位置，都将改变塑料包覆层的厚度。图 15.30 是口模局部放大图。口模与芯棒的尺寸计算方法与塑料管材相同，定型段长度 L 为口模出口处直径 D 的 1~1.5 倍，包覆层厚度取 1.25~1.6mm，芯棒前端到口模定型段之间的

距离 M 与定型段长度相等，定型段长度 L 较长时，塑料与芯线接触较好，但是挤出机料筒的螺杆背压较高，塑化量低。

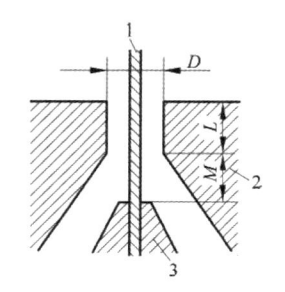

1—芯线；2—口模；3—芯棒

图 15.30　口模局部放大图

15.6.2　套管式包覆机头

套管式包覆机头用来生产电缆，此机头如图 15.31 所示。与挤压式包覆机头的结构相似，这种机头也是直角式机头，区别在于，套管式包覆机头是将塑料挤成管状，一般在口模外靠塑料管的冷却收缩而包覆在芯线上，也可以抽真空使塑料管紧密地包在芯线上。导向棒成型管材的内表面，口模成型管材的外表面，挤出的塑料管与导向棒同心，塑料管挤出口模后马上包覆在芯线上，由于金属芯线连续地通过导向棒，因而包覆生产也就连续地进行。

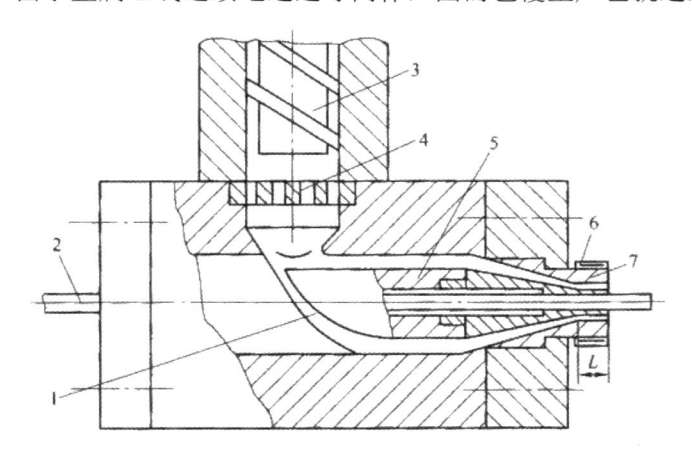

1—螺旋面；2—芯线；3—挤出机螺杆；4—过滤板；5—导向棒；6—电热器；7—口模

图 15.31　套管式包覆机头

包覆层的厚度随口模尺寸、芯棒头部尺寸、挤出速度、芯线移动速度等因素的变化而改变。口模定型段长度 L 在口模出口直径 D 的 0.5 倍以下，否则螺杆背压过大，使产量降低，电缆表面出现流痕，影响产品质量。

下面展示的是电线电缆挤出机头实物，如图 15.32 所示。

图 15.32　电线电缆挤出机头实物

15.7　片材挤出机头

塑料片材是大家接触较多的塑料产品之一，目前大部分的片材都是采用挤出法生产的，其生产线如图 15.33 所示。这种方法生产的特点是模具结构简单、生产过程连续进行、成本低。塑料片材被广泛地用作化工防腐、包装、衬垫、绝缘和建筑材料。市场中广泛使用的塑料板材和片材是同一类型，所用的模具结构相同，只是塑件的尺寸厚度不同而已。板材的尺寸厚度大于 1mm，最厚为 20mm；片材的尺寸厚度范围为 0.25～1mm。适合片材挤出成型的塑料有聚氯乙烯（硬质与软质）、聚乙烯（高、中、低压）、聚丙烯、ABS、抗冲聚苯乙烯、聚酰胺、聚甲醛、聚碳酸酯、醋酸纤维、丙烯酸类树脂等，其中前四种应用较多。

图 15.33　塑料片材生产线

片材挤出成型机头有鱼尾式机头、支管式机头、螺杆式机头和衣架式机头四种类型。
片材的挤出成型特点是采用扁平狭缝机头（如图 15.34 所示），机头的进料口为圆形，内部逐渐由圆形过渡成狭缝形，出料口宽而薄，可以挤出各种厚度及宽度的板材及片材。熔体在挤出成型过程中沿着机头宽度方向均匀分布，而且流速相等，挤出的板材和片材厚度均匀，表面平整。

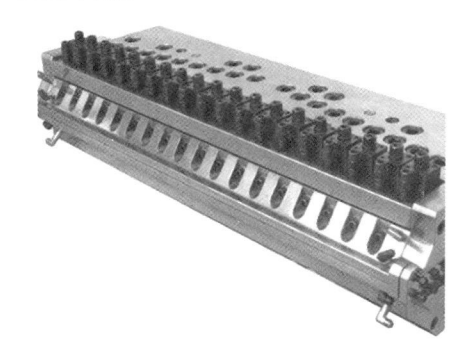

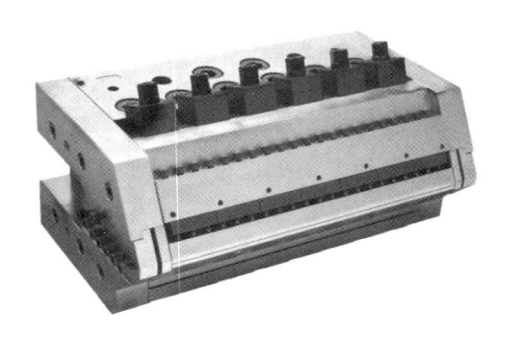

图 15.34　片材挤出扁平狭缝机头

15.7.1　鱼尾式机头

因模腔的形状与鱼尾形状相似，所以该机头称鱼尾式机头，如图 15.35 所示。在挤出成型过程中，熔体从机头中部进入模腔后，向两侧分流，在口模处挤出具有一定宽度和厚度的片材。由于物料在进口处压力和流速比机头两侧大，两侧比中部散热快，物料黏度增大，造成中部出料多，两侧出料少，挤出的板材和片材厚度不均匀。为避免此情况出现，获得厚度均匀一致的塑料塑件，通常在机头的模腔内设置阻流器（如图 15.35 所示），或阻流棒（如图 15.36 所示），增大物料在机头模腔中部的流动阻力，调节模腔内料流阻力的大小，使物料在整个口模长度上的流速相等，压力均匀。

鱼尾式机头结构简单，制造方便，可用于多种塑料的挤出成型，如聚烯烃类塑料、聚氯乙烯和聚甲醛等，片材的幅宽一般小于 500mm，厚度小于 3mm，不适用于挤出宽幅板、片材，鱼尾的扩张角不能太大，通常取 80°左右。

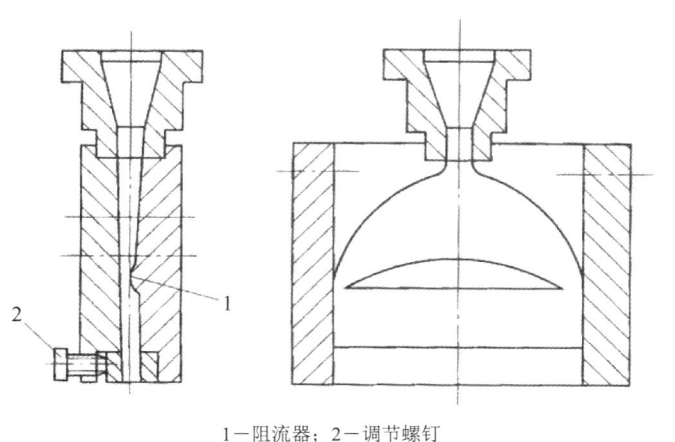

1—阻流器；2—调节螺钉

图 15.35　带阻流器的鱼尾式机头

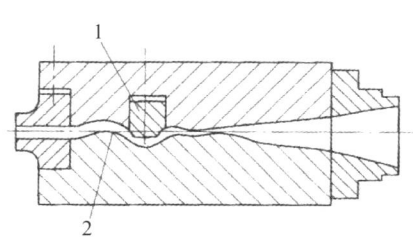

1—阻流棒；2—阻流器

图 15.36　带阻流器和阻流棒的鱼尾式机头

15.7.2 支管式机头

因模腔的形状是管状,所以该机头称支管式机头,如图 15.37 所示。机头的模腔中有一个纵向切口与口模区相连,管状模腔与口模平行,可以贮存一定量的物料,同时使进入模腔的料流稳定并均匀地挤出宽幅塑件。

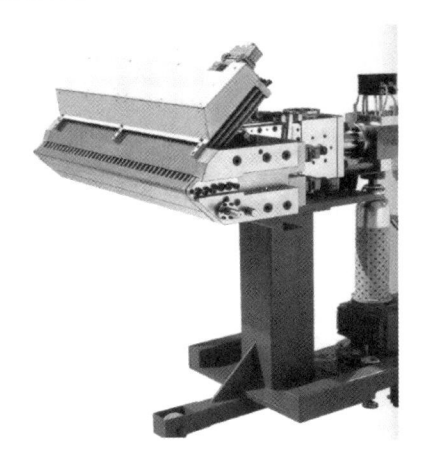

图 15.37 支管式机头

支管式机头的特点是机头体积小、质量轻、模腔结构简单、温度较易控制、容易制造加工,可以成型的板材和片材幅宽较大,宽度可以调整,已经被广泛应用。一般聚乙烯、聚丙烯、聚酯等板材和片材采用这种机头挤出成型。

根据支管式机头的结构形式及进料位置的不同,支管式机头分为以下几种常用结构形式。

1. 直支管式机头

直支管式机头分为一端供料直支管式机头和中间进料直支管式机头两类。一端供料直支管式机头如图 15.38 所示,物料由支管一端进入,另一端封闭,模腔与挤出料流方向一致,制品的宽度可由幅宽调节块进行调节。

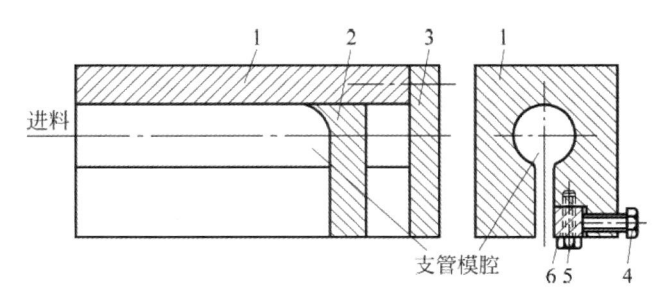

1—支管;2—幅度调节快;3—机头体;4—模唇调节螺钉;
5—螺钉;6—模唇调节块

图 15.38 一端供料直支管式机头

中间供料直支管式机头如图 15.39 所示，物料由支管中部进入，充满模腔后，从支管模腔的口模缝隙中挤出，塑件的宽度可由调节块进行调节。

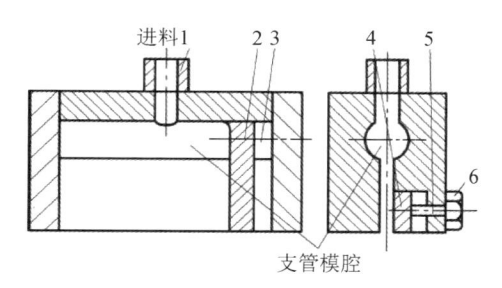

1—进料口；2—支管；3—幅宽调节螺钉；4—幅宽调节块；5—模唇调节块；6—模唇调节螺钉

图 15.39　中间供料直支管式机头

直支管式机头的特点是结构简单，幅宽能调节，能生产宽幅产品，适用于聚乙烯和聚丙烯等塑料的挤出成型，但物料在支管内停留时间长，容易分解变色，温度控制困难。

2．弯支管型机头

弯支管型机头如图 15.40 所示。该机头中间进料，模腔是流线型，无死角，特别适用于熔融黏度高而热稳定性差的塑料（如聚氯乙烯）的成型，但机头制造困难，幅宽不能调节。

3．带有阻流棒的双支管型机头

带有阻流棒的双支管型机头如图 15.41 所示，这种机头用于加工熔融黏度高的宽幅板片材，阻流棒的作用是调节流量，限制模腔中部塑料熔体的流速，使宽幅板材和片材的壁厚均匀性提高，成型幅宽为 1 000～2 000mm，但塑料熔体在支管模腔内停留时间较长，易过热分解，故特别适合非热敏性塑料的成型。

如果塑料的黏度低，流动性好，成型温度高，塑件的幅宽小，可用一个支管，如果塑料的黏度高，制品较宽，则需要用两个支管成型。

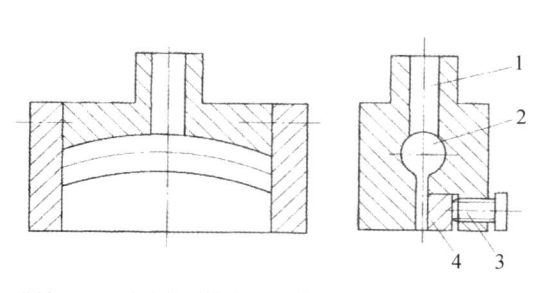

1—进料口；2—弯支管型模腔；3—模口调节螺钉；4—模口调节块

图 15.40　弯支管型机头

1—支管模腔；2—阻流棒；3—模口调节块

图 15.41　带有阻流棒的双支管型机头

思考题

1．写出管材挤出机头的组成与各部分的作用。

2. 管材挤出机头的几何参数是如何确定的？
3. 管材挤出机头有哪些定径方法？述其工作原理。
4. 异型材挤出机头有哪两种形式？指出它们不同的结构特点及成型性能。
5. 电线与电缆应该采用什么样的挤出机头成型？电线与电缆挤出机头在包覆工艺上有何区别？
6. 片材挤出机头有哪几种基本类型？

扩展阅读：农用地膜——粮食的保护伞

农用地膜是应用于农业生产的塑料薄膜的总称，对于播种时期的保湿、保温起非常重要的作用。随着科学技术的进步，各种新型地膜不断出现，如降解地膜、除草地膜、防虫地膜等。地膜覆盖技术的推广，也有力地促进了化工、轻工、农机制造、农资供销、交通运输等相关产业的发展。

生物降解渗水地膜覆盖技术（见图 15.42）是解决农田白色污染问题和高效利用天然降水资源，提高旱地农作物产量的重要途径。在 2020 年国家科技扶贫项目中，姚建民科研团队最新研制成功的全生物降解渗水地膜技术在长城沿线冷凉半干旱区更具有提质、节本、增效、环保等优势，将在科技创新巩固脱贫成果促进乡村振兴中发挥更大的作用。地膜的原料是聚乙烯，它在土壤中降解非常慢，可能需要百年才能降解。长时间、大规模的地膜应用，加之回收困难，导致我国农田地膜残留污染问题日益严重。曾经被誉为给农业生产带来"白色革命"的地膜，如今已成了田间"白色污染"的"罪魁祸首"。"白色革命"带来的正面意义正在逐渐被残留污染造成的危害所蚕食。地膜根据主要原料可以分为以天然生物质为原料的生物降解地膜和以石油基为原料的生物降解地膜。通过对天然生物质如淀粉、纤维素、甲壳素等原料改性再合成就得到了可生物降解地膜的生产原料。这些物质在自然界能够很快分解和被微生物利用，最终降解产物为二氧化碳和水。

随着高分子新材料的不断改进，目前全生物降解地膜已可以完全满足大部分农作物增温保墒除草的基础要求，且完全降解无任何残留，与现代农业生产的绿色、协调、可持续发展要求相适应。

图 15.42 生物降解渗水地膜

第 16 章 气动成型工艺与模具设计

气动成型是利用气体的动力作用代替部分模具的成型零件（凸模或凹模）成型塑件的一种方法，与注射、压缩、压注成型相比，气动成型压力低，因此对模具材料要求不高，模具结构简单、成本低、寿命长。气动成型主要包括中空吹塑成型、抽真空成型及压缩空气成型。采用气动成型方法成型，能利用较简单的成型设备就可获得大尺寸的塑料制件，其生产费用低、生产效率较高，是一种比较经济的二次成型方法。

中空吹塑成型（上、下）

16.1 中空吹塑成型工艺与模具设计

16.1.1 中空吹塑成型的分类及成型工艺过程

中空吹塑成型（简称吹塑）是将处于高弹态（接近于黏流态）的塑料型坯置于模具型腔内，借助压缩空气将其吹胀，使之紧贴于型腔壁上，经冷却定型得到中空塑料制件的成型方法。中空吹塑成型主要用于瓶类、桶类、罐类、箱类等中空塑料容器，如加仑筒、化工容器、饮料瓶等。图 16.1 为中空吹塑成型的塑件。

(a)　　　　　　　　　　(b)

图 16.1　中空吹塑成型的塑件

中空吹塑成型的方法很多，主要有挤出吹塑、注射吹塑、注射拉伸吹塑、多层吹塑、片材吹塑等。

1．挤出吹塑

挤出吹塑是成型中空塑件的主要方法，其成型工艺过程如图 16.2 所示。首先由挤出机挤出管状型坯，如图 16.2（a）所示；然后趁热将型坯夹入吹塑模具的瓣合模中，通入一定压力的压缩空气进行吹胀，使管状型坯扩张紧贴模腔，如图 16.2（b）、（c）所示；塑件在压力下充分冷却定型，开模取出塑件，如图 16.2（d）所示。

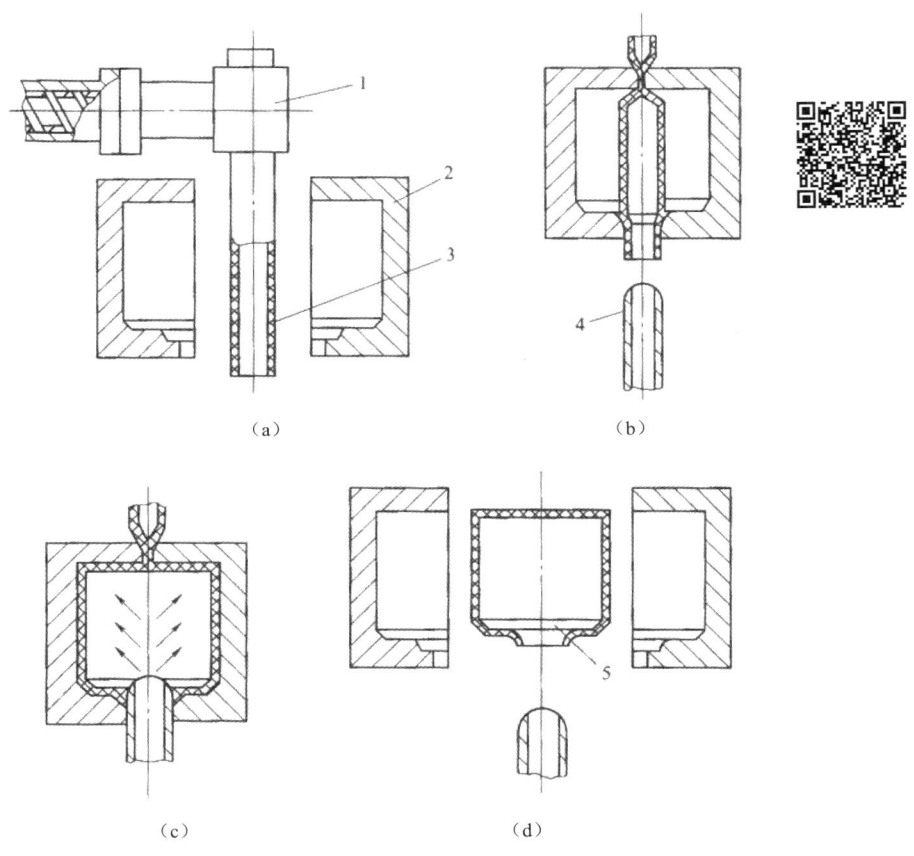

1—挤出机头；2—吹塑模；3—管状料坯；4—压缩空气吹管；5—塑件

图 16.2 挤出吹塑成型工艺过程

挤出吹塑方法的优点是模具结构简单、投资少、操作容易，适用于多种热塑性塑料中空制件的吹塑成型；缺点是成型的制件壁厚不均匀，需要后加工以去除飞边和余料。

2．注射吹塑

注射吹塑是一种综合注射与吹塑工艺特点的成型方法，主要用于成型各类饮料瓶及精细包装容器。注射吹塑可以分为热坯注射吹塑和冷坯注射吹塑两种。

1) 热坯注射吹塑

热坯注射吹塑的工艺过程如图 16.3 所示。首先注射机将熔融塑料注入注射模内形成型坯，型坯成型用的芯棒（型芯）3 是壁部带微孔的空心零件，如图 16.3（a）所示；接着趁热将型坯连同芯棒转位至吹塑模内，如图 16.3（b）所示；然后向芯棒的内孔通入压缩空气，压缩空气经过芯棒壁微孔进入型坯内，使型坯吹胀并贴于吹塑模的型腔壁上，如图 16.3（c）所示；在经保压、冷却定型后放出压缩空气，开模取出制件，如图 16.3（d）所示。

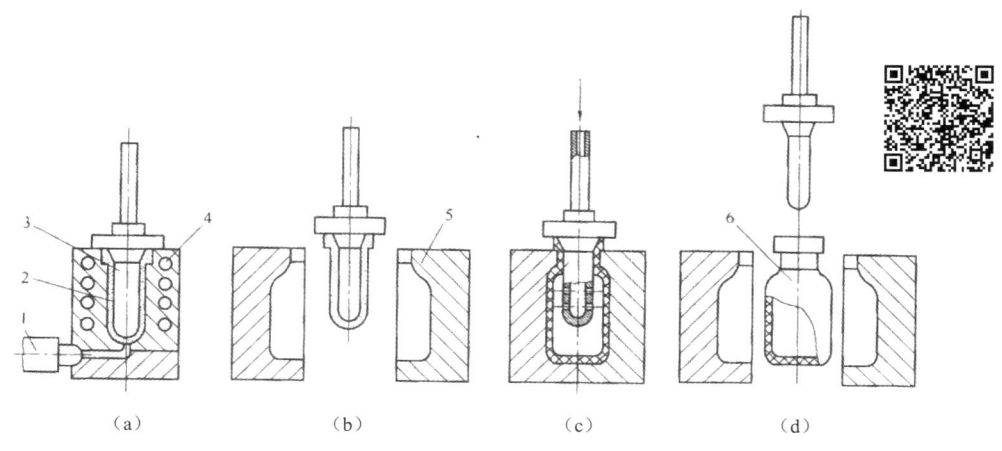

1—注射机喷嘴；2—注射型坯；3—芯棒（型芯）；4—加热器；5—吹塑模；6—塑件

图 16.3　热坯注射吹塑的工艺过程

2) 冷坯注射吹塑

冷坯注射吹塑工艺过程与热坯注射吹塑工艺过程的主要区别在于，型坯的注射和塑件的吹塑成型分别在不同设备上进行，首先注射成型坯，然后再将冷却的型坯重新加热后进行吹塑成型。冷坯注射吹塑的好处在于，一方面专业塑料注射厂可以集中生产大量冷坯；另一方面吹塑厂的设备结构相对简单。但是在拉伸吹塑之前，为了补偿型冷坯冷却散失的热量，需要进行二次加热，以保证型坯达到拉伸吹塑成型温度，所以浪费能源。

注射吹塑方法的优点是制件壁厚均匀，无飞边，不必进行后加工。由于注射得到的型坯有底，故制件底部没有接合缝，外观质量明显优于挤出吹塑，强度高，生产率高，但成型的设备复杂、投资大，多用于小型塑料容器的大批量生产。

3．注射拉伸吹塑

对于细长或深度较大的容器，有时还要采用注射拉伸吹塑。该方法将经注射成型的型坯加热至塑料理想的拉伸温度，经内部的拉伸芯棒或外部的夹具借机械作用力进行纵向拉伸，然后再经压缩空气吹胀进行横向拉伸成型。首先在注塑成型工位注射一空心带底型坯，如图 16.4（a）所示；然后打开注射模将型坯迅速移到拉伸和吹塑工位，进行拉伸和吹塑成型，如图 16.4（b）、（c）所示；最后经保压、冷却后开模取出塑件，塑件如图 16.4（d）所示。注射拉伸吹塑产品的透明度、抗冲击强度、表面硬度、刚度和气体阻透性都有很大提高，其最典型的产品是线型聚酯饮料瓶。

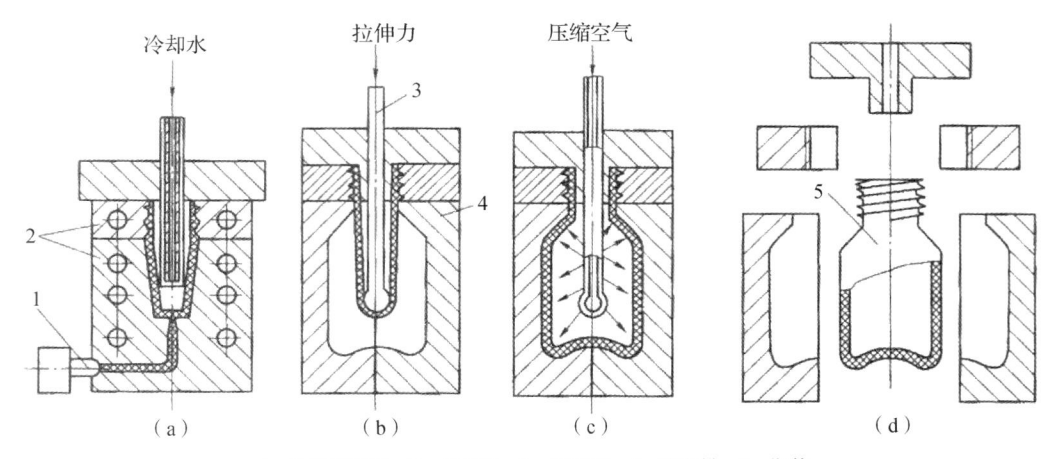

1—注射机喷嘴；2—注射模；3—伸芯棒；4—吹塑模；5—塑件

图 16.4 注射拉伸吹塑

图 16.5 为圆周排列的热坯注射拉伸吹塑装置，它一共有 4 个工位。第 1 个工位用于注射；第 2 个工位用于拉伸与吹塑；第 3 个工位用于开模取件；第 4 个工位为空工位。在实际应用中，视机器结构的不同，工位可以圆周排列，也可以直线排列。用这种成型方法省去了冷型坯的再加热，所以节省能量，同时由于型坯的制取和拉伸吹塑在同一台设备上进行，虽然设备结构比较复杂，但占地面积小，生产易于进行，自动化程度较高。

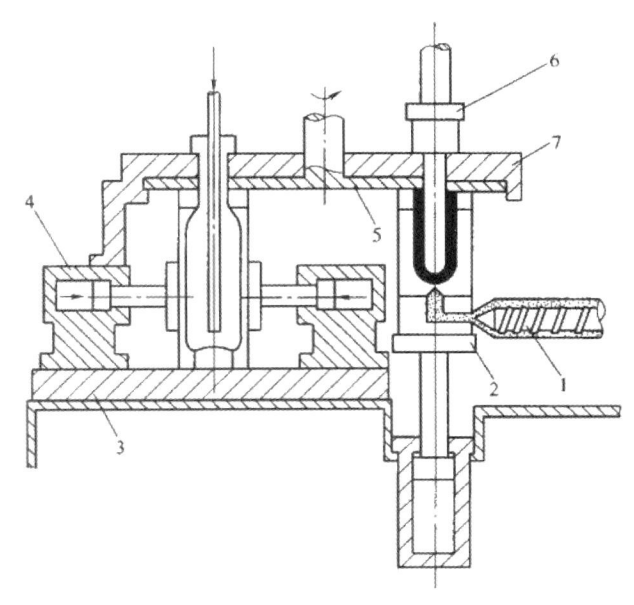

1—注射机喷嘴；2—下锁模板；3—下模固定板；4—吹塑合模液压缸；
5—旋转顶板；6—上锁模板（可动型芯）；7—上基板

图 16.5 圆周排列的热坯注射拉伸吹塑装置

4．多层吹塑

多层吹塑是指不同种类的塑料，经特定的挤出机头形成一个坯壁分层而又黏合在一起的型坯，再经多层吹塑制得多层中空塑件的成型方法，如图 16.6 所示。

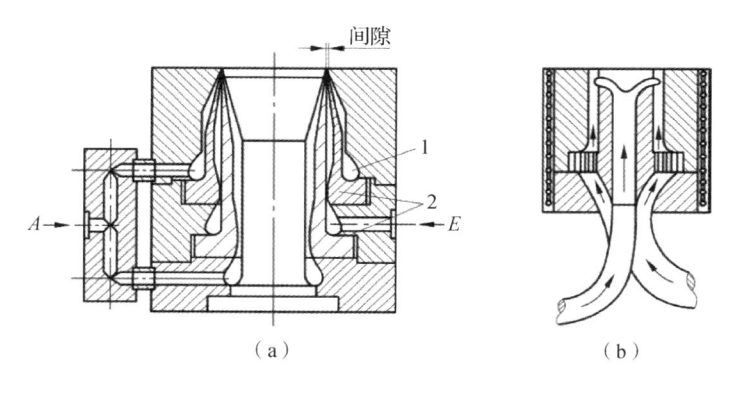

图 16.6　多层吹塑

发展多层吹塑的主要目的是解决单独使用一种塑料不能满足使用要求的问题。例如，单独使用聚乙烯，虽然无毒，但它的气密性较差，所以其容器不能盛装带有气味的食品，而聚氯乙烯的气密性优于聚乙烯，可以采用外层为聚氯乙烯、内层为聚乙烯的容器，气密性好且无毒。

应用多层吹塑一般是为了提高气密性、着色装饰、回料应用、立体效应等，为此分别采用气体低透过率材料的复合、发泡层与非发泡层的复合、着色层与本色层的复合、回料层与新料层的复合及透明层与非透明层的复合。

多层吹塑的主要问题在于层间的熔接与接缝的强度问题，除了选择塑料的种类，还要求有严格的工艺条件控制与挤出型坯的质量技术；由于多种塑料的复合，塑料的回收利用比较困难；机头结构复杂，设备投资大，成本高。

5．片材吹塑

片材吹塑是将压延或挤出成型的片材再加热，使之软化，放入型腔，合模，在片材之间通入压缩空气而成型出中空塑件。图 16.7（a）为合模前的状态，图 16.7（b）为合模后的状态。

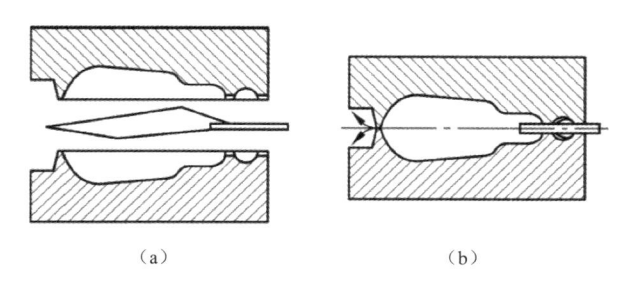

图 16.7　片材吹塑

16.1.2 中空吹塑制件的结构工艺性

一般来说,凡热塑性塑料都能进行吹塑,但要满足中空塑件的要求,它们还必须具备以下条件。

(1) 良好的耐环境应力开裂性。因为中空塑件常会同表面活性剂等接触,在应力作用下应具有防止开裂的能力,因此应选用相对分子质量大的树脂。

(2) 良好的气密性。所用材料应具有阻止二氧化碳氧气及水蒸气等向容器壁内或壁外透散的特性。

(3) 良好的耐冲击性。为了保护容器内装物品,塑件应具有从一定高度跌落下不破损、不开裂的性能。

此外,根据使用的需要塑料还需有耐药性、耐腐蚀、抗静电及韧性和耐挤压性等。

适用于吹塑成型的塑料有高压聚乙烯、低压聚乙烯、硬聚氯乙烯、聚酯塑料、聚苯乙烯、聚酰胺、聚甲醛、聚丙烯、聚碳酸酯等,其中应用最多的主要是聚乙烯(日常生活品等),其次是聚氯乙烯(化工容器等),还有聚酯塑料(饮料瓶等)等。

进行中空塑料制件的结构设计时,要综合考虑塑料制件的使用性能、外观、可成型性与成本等因素。设计时应注意以下方面。

(1) 圆角。中空吹塑制品的转角、凹槽与加强肋要尽可能采用较大的圆弧或球面过渡,以利于成型并减小这些部位的变薄,获得壁厚较均匀的塑料制件。

(2) 支承面。当中空制件需要由一个面为支承时,一般应将该面设计成内凹形。这样不但支承平稳而且具有较高的耐冲击性能。在如图 16.8 所示的支承面设计中,图 16.8(a)是不合理的,而图 16.8(b)是合理的。

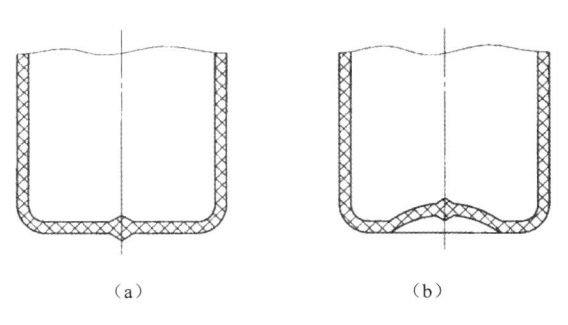

(a)　　　　　　(b)

图 16.8　支承面

有些饮料瓶采用花瓣形底,如图 16.9 所示,具有很高的耐压能力,但又具有使瓶子垂直站立的作用,因此采用较多。

(3) 脱模斜度。由于中空吹塑成型不需要凸模,且收缩大,故在一般情况下,脱模斜度即使为零也可脱模。但当制件表面有皮纹时,脱模斜度应在 3º 以上。

(4) 螺纹。中空吹塑成型的螺纹通常采用截面为梯形或半圆形的,而不采用普通细牙或粗牙螺纹,这是因为后者难以成型。为了便于清理制件上的飞边,在不影响使用的前提下,螺纹可制成断续的,即在分型面附近的一段塑料制件上不带螺纹。图 16.10(b)就比

图 16.10（a）容易清除飞边。

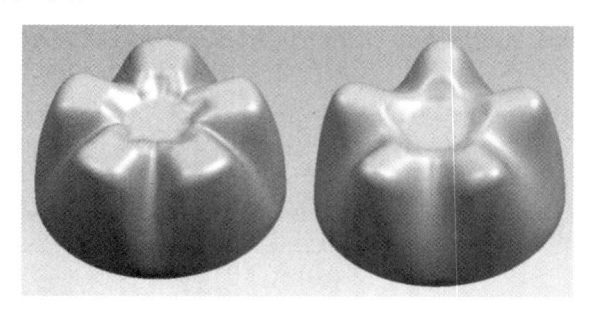

图 16.9　花瓣形底

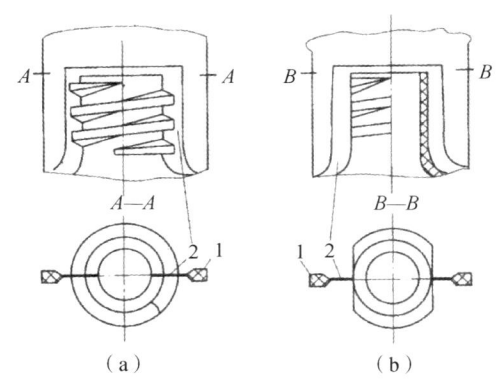

1—余料；2—飞边

图 16.10　螺纹形状

（5）刚度。为提高容器刚度，一般在圆柱容器上贴商标区开设圆周槽，圆周槽的深度宜小些，如图 16.11（a）所示。在椭圆形容器上也可以开设锯齿形水平装饰纹，如图 16.11（b）所示。这些槽和装饰纹不能靠近容器肩部或底部，以免造成应力集中或降低纵向强度。

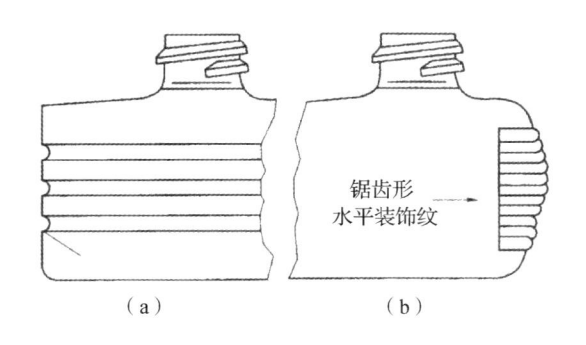

图 16.11　提高容器刚度措施

（6）纵向强度。包装容器在使用时，要承受纵向载荷作用，故容器必须具有足够的纵向强度。对于肩部倾斜的圆柱形容器，倾斜面的倾角与长度是影响纵向强度的主要参数，如

图 16.12（a）所示。高密度聚乙烯的吹塑瓶，肩部 L 为 13mm 时，α 至少要为 12°，L 为 50mm 时，α 应取 30°。如果 α 小，则由于垂直应力的作用，易在肩部产生瘪陷。

若容器要承受大的纵向载荷作用，要避免采用图 16.12（b）所示的波纹槽。这些槽会降低容器纵向强度，导致应力集中与开裂。

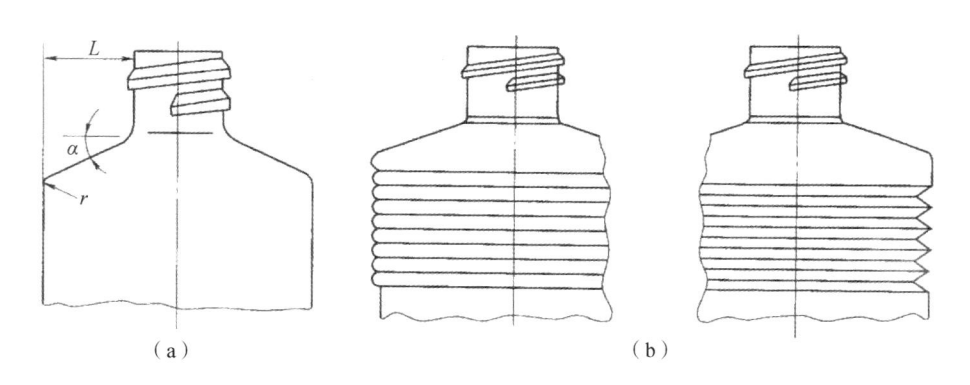

图 16.12　容器纵向强度设计要求

16.1.3　吹塑成型的工艺参数

吹塑成型工艺的主要影响因素有温度、吹胀空气压力和充气速率、吹胀比、冷却方式及时间，对于拉伸吹塑还有拉伸比和速率等。

1．温度

温度是影响吹塑产品质量的重要因素之一，包括型坯温度和模具温度。对于挤出形坯，温度一般控制在树脂的 $\theta_g \sim \theta_f$（或 θ_m）之间，并略偏 θ_f（或 θ_m）一侧。对于注塑型坯，由于其内外温差较大，在型坯温度均匀控制上就更难一些，为此应使用温度调节装置使型坯温度均匀一致。

吹塑模具的模温一般控制在 20～50℃，并要求均匀一致。模温过低，型坯过早冷却，吹胀困难，轮廓不清，甚至出现橘皮状；模温过高，冷却时间延长，生产率低，易引起塑件脱模困难、收缩率大和表面无光泽等缺陷。

2．吹胀压力和充气速率

吹胀压力指吹塑成型所用的压缩空气压力。在具有壁厚均匀、温度一致的良好型坯的前提下，吹胀压力和空气速率将影响到塑件质量。吹胀压力与选用材料的种类及型坯温度有关，一般为 0.2～0.7MPa。对于黏度低、易变形的树脂（如聚酰胺、纤维素塑料等）可取低值，对于黏度高的树脂（如聚碳酸酯、聚乙烯、聚氯乙烯等）可取较高值。吹胀压力还与塑件大小、型坯壁厚及温度有关，一般薄壁、大容积塑件及型坯温度低时，宜用较高压力，反之则用较低压力。吹胀压力应以塑件成型后外形、花纹、文字等清晰为准。

充气速率应尽量大一些，这样可使吹胀时间短。但充气速率也不能过快，以免产生其他缺陷。

3. 吹胀比

吹胀比（B_R）是塑料制件直径与型坯直径之比，即型坯吹胀的倍数。图 16.13 中塑料制件的吹胀比为 D/d，其大小应根据材料种类、塑件形状及尺寸来确定。一般吹胀比控制在 2~4 时，生产工艺和件质量容易控制。在生产细口塑件时吹胀比为 5~7，过大易使塑料制件壁厚不均匀，加工工艺条件不易掌握。

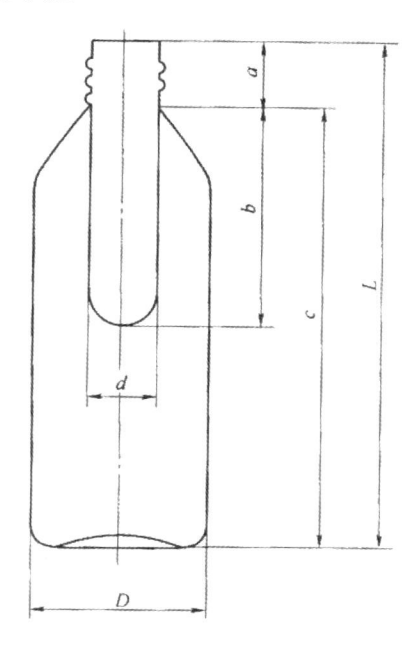

图 16.13 吹胀比与拉伸比示意图

吹胀比表明了塑料制件径向最大尺寸与挤出机机头口模尺寸之间的关系。当吹胀比确定后，便可根据塑料制件尺寸及壁厚确定机头口模尺寸。机头口模与芯模间隙可用下式确定。

$$\delta = t B_R k \tag{16.1}$$

式中，δ——口模与心模的单边间隙，单位为 mm；

t——制件壁厚，单位为 mm；

B_R——吹胀比；

k——修正系数，一般取 1~1.5，它与加工塑料黏度有关，黏度大则取小值。

型坯截面形状一般要求与制件外形轮廓形状大体一致，如吹塑圆形截面瓶子，型坯截面应为圆形，若吹塑方形截面塑料桶，则型坯最好为方形截面，以获得壁厚均匀的方形截面桶。

4. 拉伸比

在注射拉伸吹塑中，受到拉伸部分的塑料制件长度与型坯长度之比称为拉伸比（S_R）。图 16.13 中塑料制件的拉伸比为 c/b。拉伸比确定后，型坯长度就可以确定。一般情况下，拉伸比大的制件，其纵向和横向强度较高，为保证制件的刚度和壁厚，生产中一般取 S（总拉伸比 $S=S_R B_R$）为 4~6 为宜。

除了上述工艺参数，人们对吹塑塑件的冷却和模腔的排气也应充分重视。型坯在模具内吹胀后，冷却是不可忽视的环节。如果冷却不好，树脂会产生弹性恢复进而引起塑件变形。冷却时间的长短视树脂品种和塑件形状而定，通常占成型周期的60%以上，厚壁塑件达90%。采用的冷却方法有模内通冷却水冷却和模外冷却。吹塑过程中，型坯外壁与模腔间的大量空气需要排除。排气不良最常见的后果是塑件表面起"橘皮"，它可发生在中空塑件表面的任何一处，但多以模腔的凹陷处、波沟处及角部为常见。排气槽通常开设在分型面上。图16.14（a）为分型面上开设多处排气槽的形式，图16.14（b）为分型面上开设长方形排气槽的形式，图16.14（c）为分型面上肩部与底部开设锥形排气槽的形式。

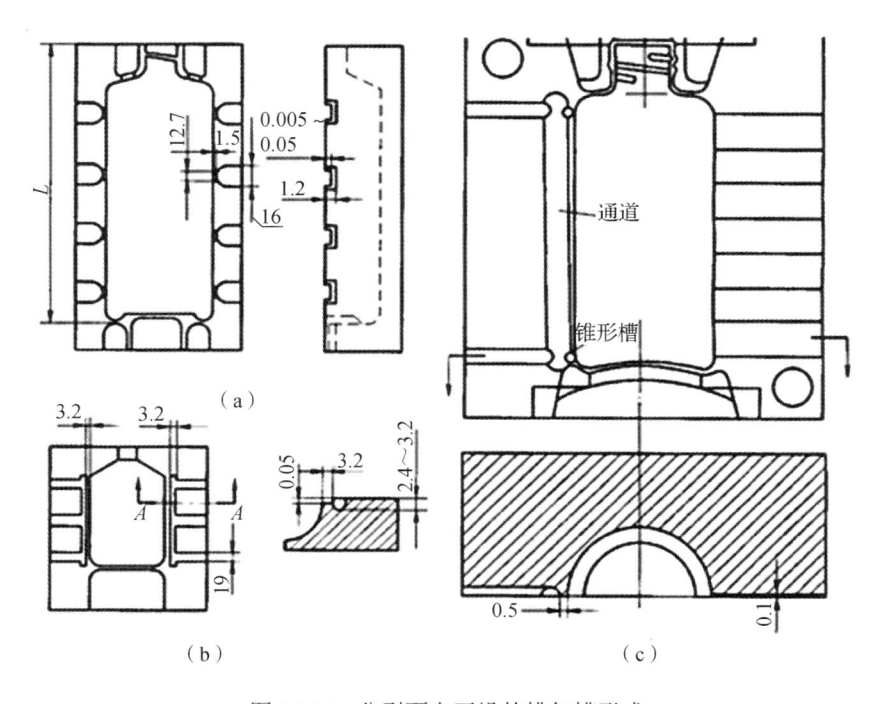

图 16.14　分型面上开设的排气槽形式

16.1.4　中空吹塑设备

根据挤出吹塑成型和注射吹塑成型这两类不同成型方法，中空吹塑成型的设备也可分为如下两类。

1．挤出吹塑成型设备

中空挤出吹塑成型设备主要包括挤出机、机头（安装在挤出机头部的挤出模）、合模装置及供气装置等，注射吹塑成型还需要用到注射机等。

（1）挤出机。挤出机是挤出吹塑中最主要的设备。吹塑成型用的挤出机并无特殊之处，一般的通用型挤出机均可用于吹塑。

（2）机头。机头是挤出吹塑成型的重要装备，其可以根据所需型坯直径、壁厚的不同形状予以更换。机头的结构形式、参数选择等会直接影响塑件的质量。常用的挤出机头有芯棒式机头和直接供料式机头两种。图16.15和图16.16为这两种机头的结构。

1—与主机连接体；2—芯棒；3—锁紧螺母；4—机头体；
5—口模；6—调节螺栓；7—锁紧法兰

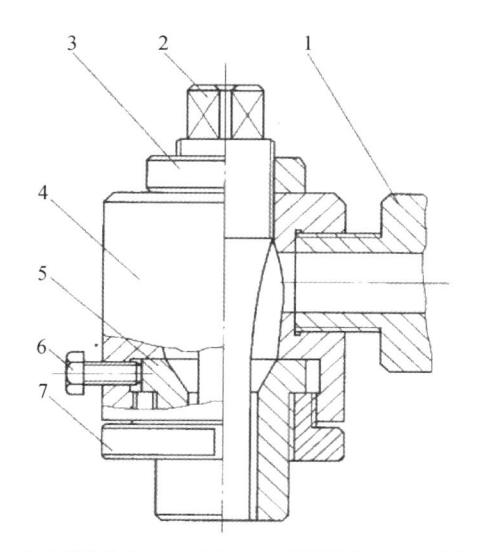

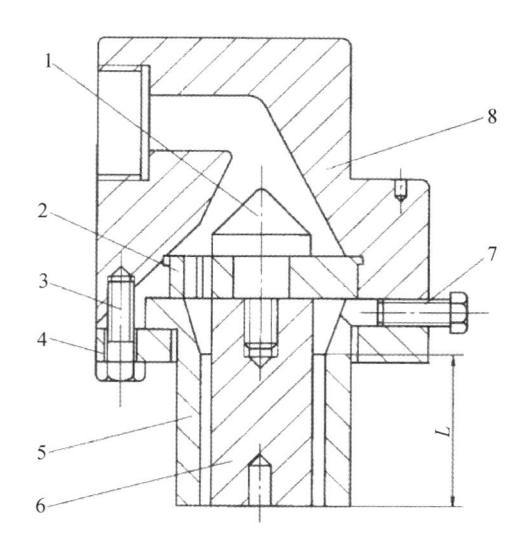

图 16.15 芯棒式机头结构

1—分流芯棒；2—过滤板；3—螺栓；4—法兰；5—口模；
6—芯棒；7—调节螺栓；8—机体头

图 16.16 直接供料式机头结构

芯棒式机头通常用于聚烯烃塑料的挤出，直接供料式机头用于聚氯乙烯塑料的挤出。机头体型腔最大环形截面积与芯棒、口模间的环形截面和之比称作压缩比。机头的压缩比一般选择在 2.5~4。口模定型段长度 L 可参考表 16.1。

表 16.1 中空吹塑机头定型部分尺寸

口模间隙 δ/mm	定型段长度 L/mm
<0.76	<25.4
0.76~2.5	25.4
>2.5	>25.4

（3）合模装置及供气装置。合模装置经常采用液压装置，气源为压缩空气。

2．注射吹塑成型设备

中空注射吹塑成型设备主要包括注射系统、注射吹塑模具、型坯模具、模架（合模装置）、脱模装置及转位装置等构成。根据注射工位和吹塑工位的换位方式，注射吹塑机械的类型有往复移动式和旋转式两种。

1）注射系统

注射系统主要由注射机、支管装置、充模喷嘴构成。

（1）注射机。普通三段式螺杆注射机塑化性能较差，熔体混合不均匀，在熔化段螺槽内聚合物温度分布不均匀，平均温度较高，故在较高产量下难以保证制品性能要求。因此注射吹塑中多用混炼型螺杆注射机进行注射成型，其塑化速度比普通螺杆高，熔体温度较均匀。

（2）支管装置。支管装置如图 16.17 所示，它主要由支管体 1、加热器 2、支管夹具 3、支管底座 7 及喷嘴夹板 9 等构成。熔体通过注射机喷嘴注入支管装置的流道内，再经充模喷嘴 10 注入型坯模具。支管装置安装在型坯模具的模架上（见图 16.18），其作用是将熔体从注射机喷嘴引入型坯模具型腔内，可一次注射成型多个型坯。

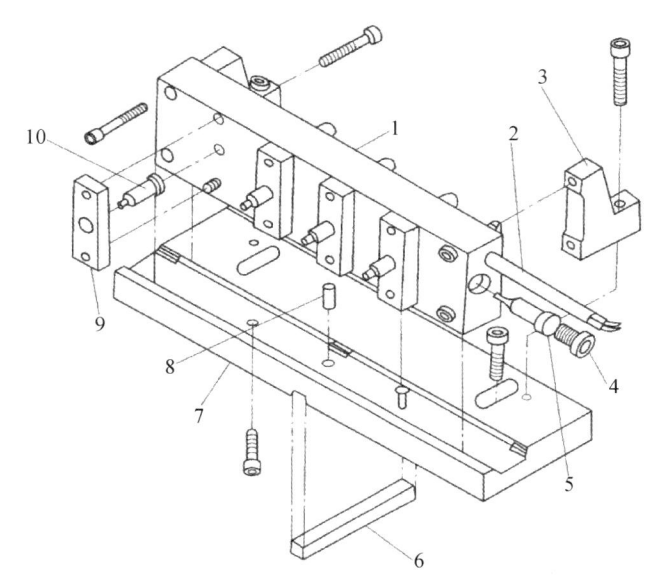

1—支管体；2—加热器；3—支管夹具；4—螺钉；5—流道塞；6—键；
7—支管底座；8—定位销；9—喷嘴夹板；10—充模喷嘴

图 16.17 支管装置部件分解图

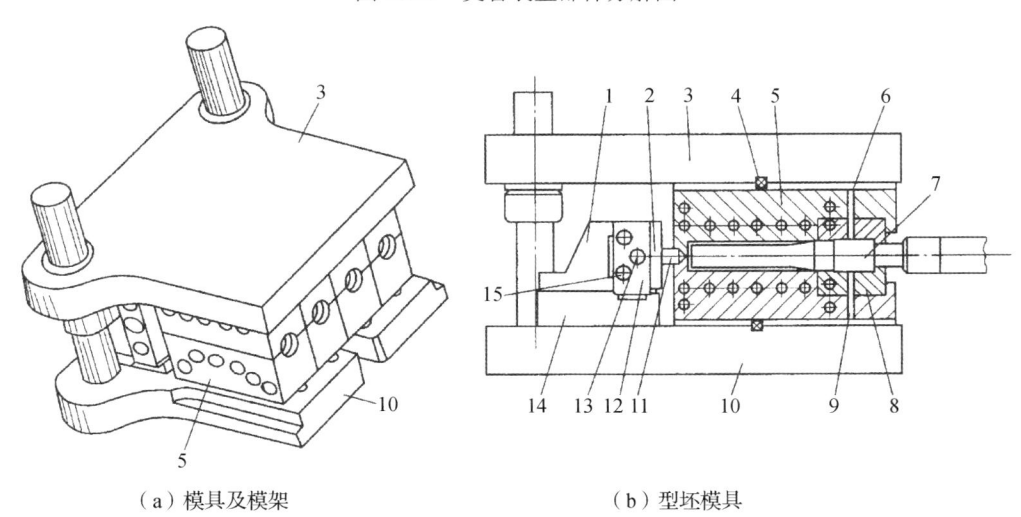

（a）模具及模架　　　　　（b）型坯模具

图 16.18 注射吹塑模具

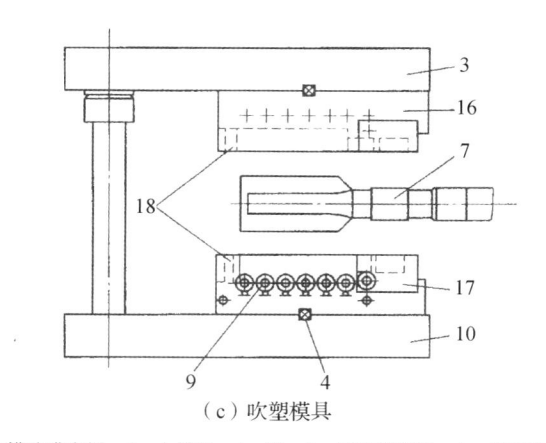

(c) 吹塑模具

1—支管夹具；2—充模喷嘴夹板；3—上模板；4—键；5—型坯型腔体；6—芯棒温控介质入、出口；
7—芯棒；8—颈圈镶块；9—冷却孔道；10—下模板；11—充模喷嘴；12—支管；13—流道；
14—支管座；15—加热器；16—吹塑模型腔体；17—吹塑模颈圈；18—模座镶块

图 16.18　注射吹塑模具（续）

（3）充模喷嘴。充模喷嘴把从支管流道来的熔体注入型坯模具，其孔径较小，相当于针点式浇口。给多型腔模具供料时，各喷嘴的孔径应有差异，即中间的喷嘴孔径为 1～1.5mm，往两边的喷嘴孔径逐个增加 0.25mm，以均匀地给每个模腔充填塑料。喷嘴长度应小于 40mm，以免熔体停留时间过长。充模喷嘴一般通过与被加热的支管体及型坯模具的接触而得到加热，也可单独设加热器加热。

2）注射吹塑模具

注射吹塑模具如图 16.18 所示。由图可见，注射吹塑模具所包括的型坯模具和吹塑模具均装在类似冷冲模后侧导柱的模架上。型坯模具［图 16.18（b）］主要由型坯型腔体 5、芯棒 7 和颈圈镶块 8 构成。

（1）型坯型腔体。型坯型腔体由定模与动模两部分构成，如图 16.19 所示。图 16.19（a）为型坯型腔体，图 16.19（b）为吹塑型腔体。对于软质塑料成型，型腔体可由碳素工具钢或结构钢制成，硬度为 30～34HRC；对硬质塑料成型，型腔体可由合金工具钢制成，热处理硬度为 50～54HRC。型腔要抛光，加工硬质塑料时还要镀铬。

（2）颈圈镶块。颈圈镶块用于成型容器颈部（含螺纹），并支承芯棒，如图 16.19（a）中的颈圈镶块 4，一般用键或定位销保证颈圈镶块的位置精度。为确保芯棒与型腔的同轴度，要求颈圈内外圆有较高的同轴度，型坯模颈圈一般由合金工具钢制成并经抛光镀铬，热处理硬度为 52～56HRC。

（3）芯棒。芯棒如图 16.20 所示，芯棒主要起成型型坯内部形状与塑料容器颈部内径形状的作用，即起型芯作用。注射成型后将型坯从型坯模转位到吹塑模，输入压缩空气以吹胀型坯，并通过温控介质调节芯棒及型坯温度。另外，靠近配合面开设 1～2 圈深为 0.1～0.25mm 的凹槽，使型坯颈部塑料楔入槽内，避免从型坯成型工位转移至吹塑工位过程中颈部螺纹错位，同时减少漏气。芯棒各段的同轴度应在 0.05～0.08mm 范围内。芯棒与型坯模具及吹塑模具内的颈圈配合间隙为 0～0.015mm，保证芯棒与型腔的同轴度。

(a)   (b)

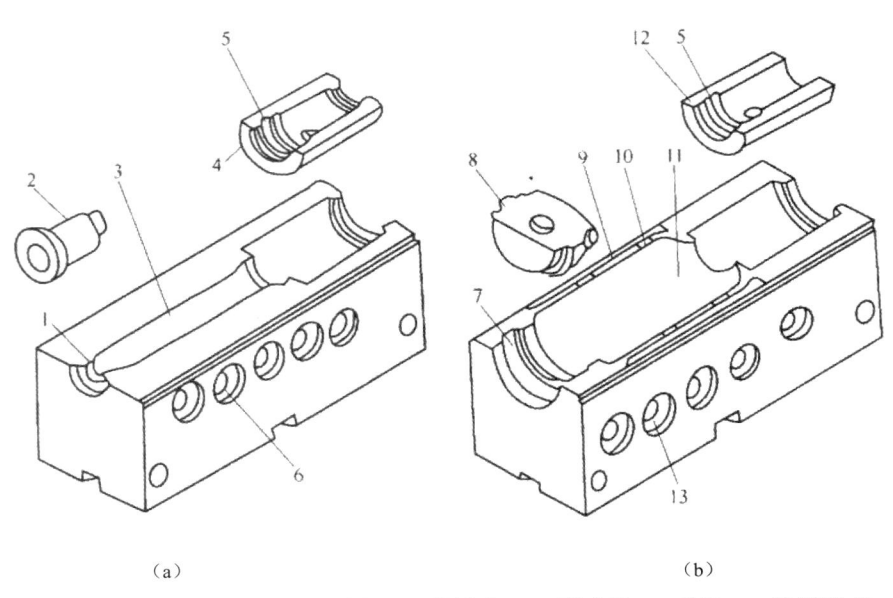

1—喷嘴座；2—充模喷嘴；3—型坯型腔；4—颈圈镶块；5—颈部螺纹；6—孔道；7—模底镶块槽；
8—模底镶块；9—槽；10—排气槽；11—吹塑型腔；12—吹塑颈圈；13—冷却孔道

图 16.19 注射吹塑型腔体

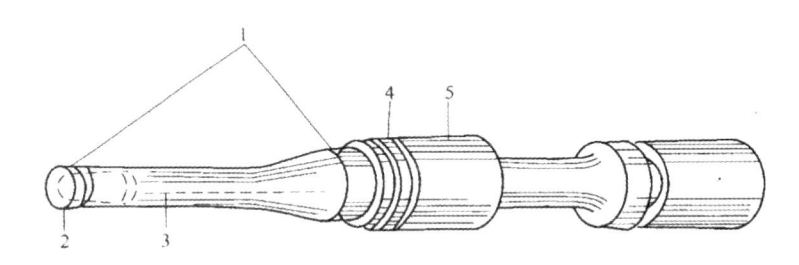

1—压缩空气出口处；2—芯棒底部；3—芯棒（型芯）；4—凹槽；5—芯棒颈部配合面

图 16.20 芯棒

芯棒由合金工具钢制成，热处理硬度为 50～54HRC，比颈圈的稍低。与熔体接触表面要沿熔体流动方向抛光并镀硬铬，以利于熔体充模与型坯脱模。芯棒颈部放置在芯棒专用夹具上，芯棒夹具固定在转位装置上。

16.1.5 挤出吹塑模具设计

挤出吹塑模具通常由两瓣合成（即对开式），其结构设计随吹塑机的自动化程度而异，同时还应考虑机器合模结构的最大开距、模板尺寸、机器最大锁模力、吹塑量的大小、模具安装方式等技术参数。对于大型吹塑模可以设冷却水通道，模口部分做成较窄的切口，以便切断型坯。由于吹塑过程中模腔压力不大，一般压缩空气的压力为 0.2～0.7MPa，故可供选择

第 16 章 气动成型工艺与模具设计

做模具的材料较多，最常用的材料有铝合金、锌合金等。由于锌合金易于铸造和机械加工，多用它来制造形状不规则的容器。对于大批量生产硬质塑料制件的模具，也可选用钢材制造，淬火硬度为40～44HRC，模腔可抛光镀铬，使容器具有光泽的表面。图16.21是饮水桶挤出吹塑模具。

图 16.21 饮水桶挤出吹塑模具

根据模具的结构，吹塑模可分为上吹口和下吹口两类。图16.22是典型的上吹口吹塑模具结构，合模后压缩空气由模具上端吹入模腔。图16.23是典型的下吹口吹塑模具结构，工作时料坯套在底部芯轴上，压缩空气自芯轴吹入。

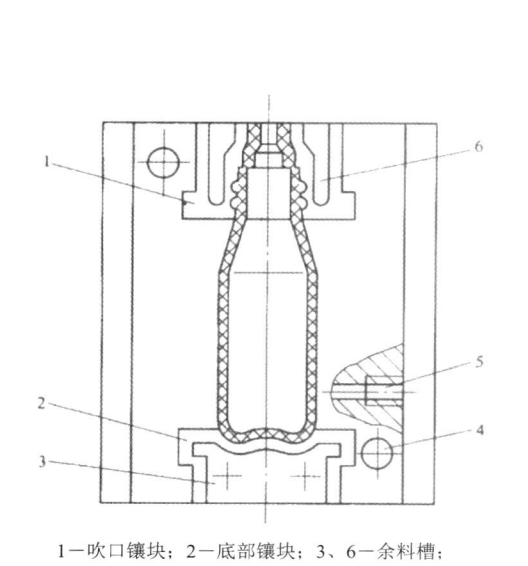

1—吹口镶块；2—底部镶块；3、6—余料槽；
4—导柱；5—冷却水道

图 16.22 上吹口吹塑模具结构

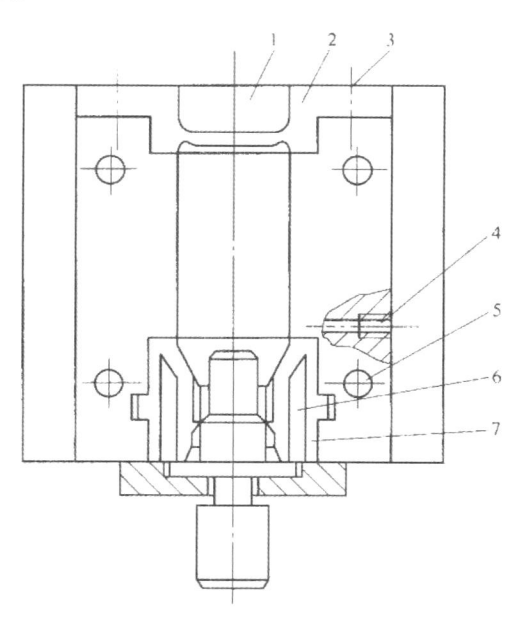

1、6—余料槽；2—瓶底镶块；3—螺钉；4—冷却水道；
5—导柱；7—瓶颈（吹口）镶块

图 16.23 下吹口吹塑模具结构

吹塑模具设计要点如下。

（1）夹坯口。夹坯口亦称切口。挤出吹塑成型过程中，模具在闭合的同时需将型坯封口并将余料切除，因此在模具的相应部位要设置夹坯口；注射吹塑模具因吹塑时型坯完全置入吹塑模的模腔内，故不需制出夹坯口。夹坯口的设计如图16.24（a）所示，夹料区的深度h可选择型坯厚度的2～3倍，切口的倾斜角α选择$30°$～$45°$，切口宽度L对于小型吹塑件取1～2mm，对于大型吹塑件取2～4mm。如果夹坯口角度太大，宽度太小，会削弱型坯的夹持能力，还可能造成型坯在吹胀前塌落及塑件的接缝质量不高，甚至会出现裂缝，如图16.24（b）所示；宽度太大又可能产生无法切断或模腔无法紧闭等问题。

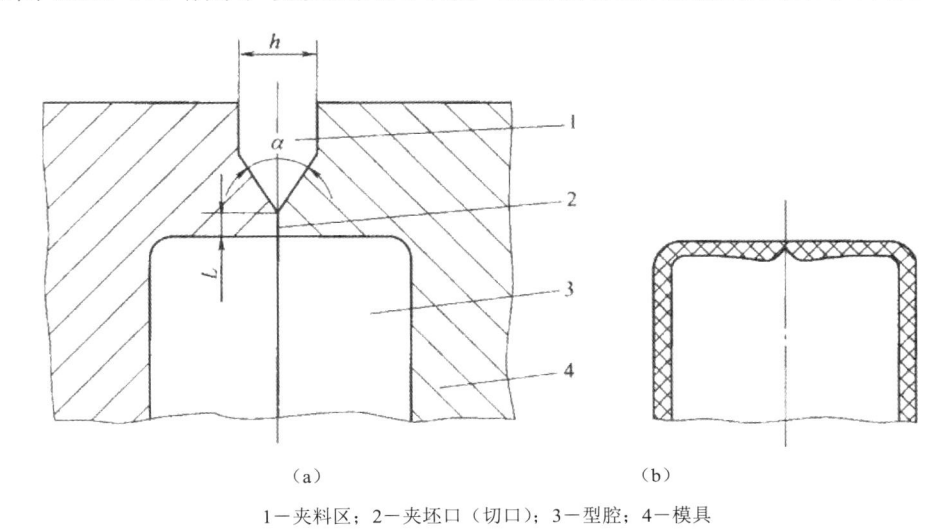

（a） （b）

1—夹料区；2—夹坯口（切口）；3—型腔；4—模具

图16.24 中空吹塑塑料模具夹料区

（2）余料槽。型坯在夹坯口的切断作用下，会有多余的塑料被切除下来，它们将容纳在余料槽内。余料槽通常设置在夹坯口的两侧，见图16.22和图16.23，其大小应依型坯夹持后余料的宽度和厚度来确定，以模具能严密闭合为准。对于与模外连通的余料槽，其容积可不予考虑。

（3）排气孔槽。模具闭合后，型腔呈封闭状态，应考虑在型坯吹胀时，模具内原有空气的排除问题。排气不良会使塑件表面出现斑纹、麻坑和成型不完整等缺陷。为此，吹塑模还要考虑设置一定数量的排气孔。排气的部位应选在空气最容易存储的地方，也就是吹塑时型坯最后吹胀的部位，如模具型腔的凹坑、尖角处、圆瓶的肩部等。通常排气位置要根据塑件的几何形状和所用的坯管形状来确定。排气孔直径通常取0.5～1mm。

（4）模具的冷却。模具冷却是保证中空吹塑工艺正常进行、产品外观质量和提高生产率的重要因素。对冷却系统设计的总体要求是冷却速度快、均匀。对于大型模具，可以采用箱式通水冷却，即在型腔背后铣一个槽，再用一块板盖上，中间加上密封件。对于小型模具可以开设冷却水道通水冷却，常用的冷却水通道形式类似注射模具冷却水道的设计。

16.2 抽真空成型工艺与模具设计

16.2.1 抽真空成型的特点、分类及其成型工艺过程

1. 抽真空成型的特点

抽真空成型也称吸塑成型，其过程是把热塑性塑料板、片材固定在模具上，用辐射加热器将其加热至软化温度，然后用真空泵把板材和模具之间的空气抽掉，从而使板材贴在模腔上成型，冷却后借助压缩空气使塑件从模具中脱出。该方法广泛用于塑料包装（图 16.25）、灯饰、广告、装饰等。

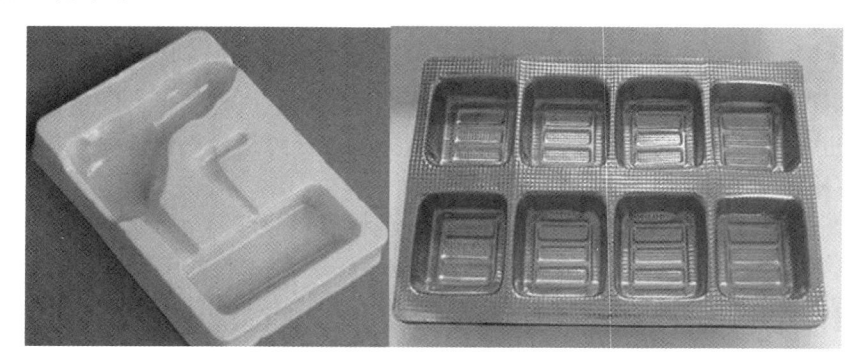

图 16.25 吸塑包装盒

抽真空成型的优点是不需要整副模具，仅需制作凸模或凹模中的任何一个即可，模具结构简单，制造成本低，制件形状清晰；抽真空成型的设备不复杂，能生产大、薄、深的塑件，并且生产效率高，可以观察塑件的成型过程。抽真空成型的不足之处是成型的塑件壁薄不均匀，尤其是当模具的凸凹形状变化较大且相距较近时，以及凸模拐角处为锐角时，在成型的塑件上容易出现皱褶；由于真空成型压力有限，因而不能成型厚壁塑件。真空成型后，塑件在周边要进行修正，因此设计模具时应考虑成型后的塑件形状能够容易进行修正。

2. 抽真空成型的分类及其成型工艺过程

抽真空成型按其成型的特点主要可分为凹模抽真空成型、凸模抽真空成型、凹凸模先后抽真空成型、吹泡抽真空成型、柱塞推下抽真空成型等。

1）凹模抽真空成型

凹模抽真空成型是最常用且最简单的成型方法，如图 16.26 所示。把塑料板材固定并密封在凹模型腔上方，将加热器移到板材上方加热至软化，如图 16.26（a）所示；然后移开加热器，在型腔内抽真空，板材就贴在凹模型腔上，如图 16.26（b）所示；冷却后由抽气孔通入压缩空气将成型好的塑件吹出，如图 16.26（c）所示。

抽真空　　　　压缩空气
（a）　　　（b）　　　（c）

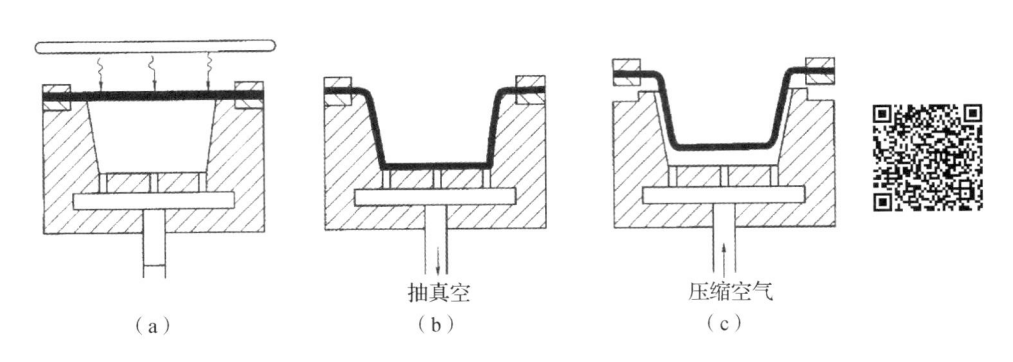

图 16.26　凹模抽真空成型

凹模抽真空成型的塑件外表面尺寸精度较高，一般用于成型深度不大的塑件。如果塑件深度很大时，特别是小型塑件，其底部转角处会明显变薄，因此成型塑件的壁厚均匀性差。多型腔的凹模真空成型比同个数的凸模真空成型经济，因为凹模模腔间距离可以较近，用同样面积的塑料板，可以成型出更多的塑件。由于凹模抽真空成型片材可固定在模具上加热，再加上其比凸模抽真空成型更经济，所以在成型方法选择时尽量先选择凹模抽真空成型。

2）凸模抽真空成型

凸模抽真空成型如图 16.27 所示。被夹紧的塑料板在加热器下方加热软化，如图 16.27（a）所示；接着软化后塑料板下移，像帐篷似的覆盖在凸模上，如图 16.27（b）所示；最后抽真空，塑料板紧贴在凸模上成型，如图 16.27（c）所示。成型后通入压缩空气将成型好的塑件吹出。

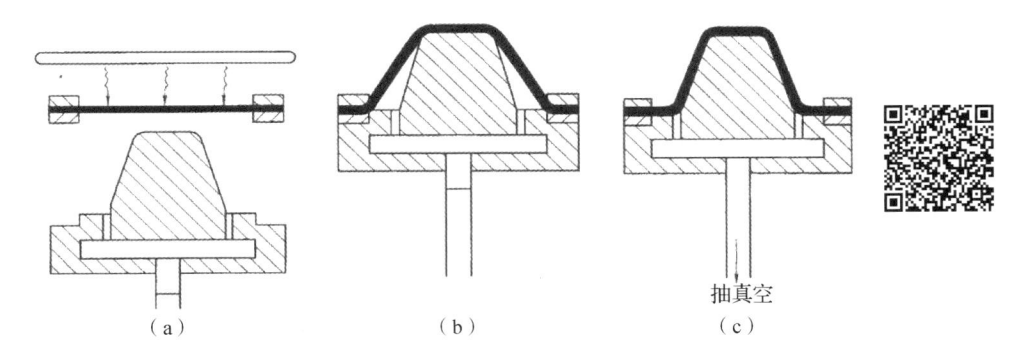

抽真空
（a）　　　（b）　　　（c）

图 16.27　凸模抽真空成型

凸模抽真空成型时，片材是悬空在模具上方进行加热的，这样就避免了加热的片材与冷的凸模过早地接触而黏附在凸模上，导致塑件的均匀性变差，因此用凸模抽真空成型的塑件壁厚均匀性比用凹模抽真空要好一些。但先与凸模接触之处的壁厚要厚一些。它多用于有凸起形状的薄壁塑件或深度较大塑件的成型，成型塑件的内表面尺寸精度较高。

3）凹凸模先后抽真空成型

凹凸模先后抽真空成型如图 16.28 所示。首先把塑料板紧固在凹模框上加热，如图 16.28（a）所示；然后在塑料板软化后将加热器移开，一方面凸模缓慢下移并且通过凸模吹入压缩空气，另一方面在凹模框抽真空使塑料板鼓起，如图 16.28（b）所示；最后凸模向下插入鼓起的塑料板中并且从中抽真空，同时凹模框通入压缩空气，使塑料板紧紧贴附在凸模的外表面而成型，如图 16.28（c）所示。这种成型方法由于将软化了的塑料板吹鼓，使板材延伸后再成型，故壁厚比较均匀，可用于成型深型腔塑件。凹凸模先后抽真空成型的实质，还是凸模抽真空成型。

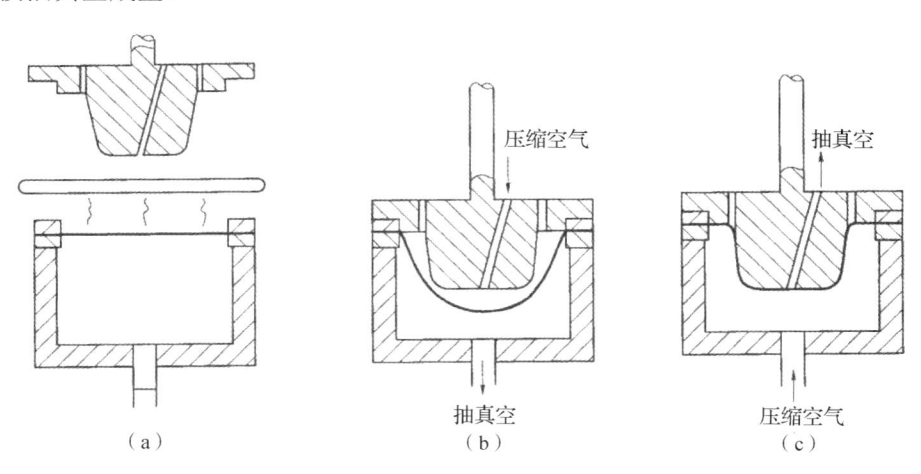

图 16.28　凹凸模先后抽真空成型

4）吹泡抽真空成型

吹泡抽真空成型如图 16.29 所示。首先将塑料板紧固在模框上，并用加热器对其加热，如图 16.29（a）所示；待塑料板加热软化后移开加热器，压缩空气通过凸模吹入，使塑料板鼓起后将凸模顶起来，如图 16.29（b）所示；停止吹气，凸模抽真空，塑料板贴附在凸模上成型，如图 16.29（c）所示。这种成型方法的特点与凹凸模先后抽真空成型基本类似，故可用于成型壁厚比较均匀的深型腔塑件。

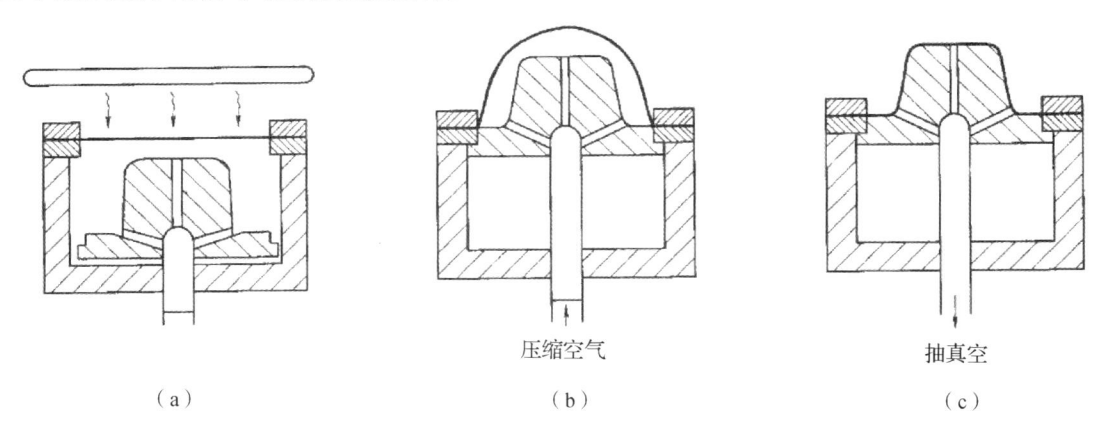

图 16.29　吹泡抽真空成型

5）柱塞下推式抽真空成型

柱塞下推式抽真空成型如图 16.30 所示。首先将固定于凹模中的塑料板加热至软化，如

图 16.30（a）所示；接着移开加热器，用柱塞将塑料板下推，这时凹模里的空气被压缩，软化的塑料板由于柱塞的推力和型腔内封闭的空气移动而延伸，如图 16.30（b）所示；然后凹模抽真空而成型，如图 16.30（c）所示。此成型方法使塑料板在成型前先进行拉伸，因此壁厚变形均匀，主要用于成型深型腔塑件。此方法的缺点是在塑件上残留有柱塞痕迹。柱塞下推式抽真空成型方法实际上是软化的塑料板先用柱塞下推后得到的一种凹模抽真空成型。

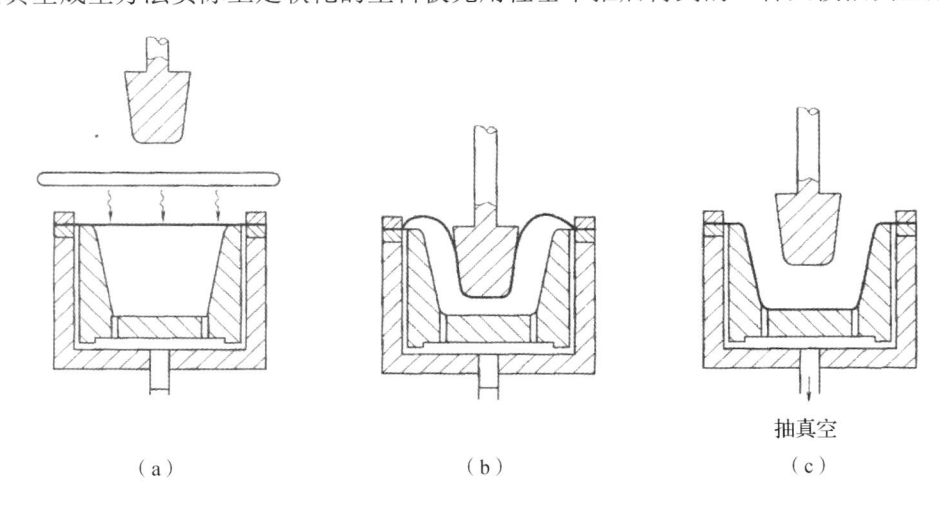

图 16.30　柱塞下推式抽真空成型

16.2.2　抽真空成型塑件设计

抽真空成型对塑件的几何形状、尺寸精度、引伸比、圆角、脱模斜度、加强肋、塑件坯材大小等都有具体要求。

1）塑件的几何形状和尺寸精度

用抽真空成型方法成型塑件，塑料处于高弹态，成型冷却后收缩率较大，很难得到较高的尺寸精度。塑件通常也不应有过多的凸起和深的沟槽，因为这些地方成型后会使壁厚太薄而影响强度。

2）引伸比

塑件深度与宽度（或直径）之比称为引伸比。引伸比在很大程度上反映了塑件成型的难易程度。引伸比越大，成型越难；引伸比越小，则成型越容易。塑件的引伸比和塑件的最小壁厚、几何形状、塑料品种有关,成型方法对引伸比也有很大影响。

引伸比大，要用厚板坯材成型塑件，同时要求采用拉伸性大的塑料成型，并且要求塑件具有较大的脱模斜度。引伸比过大，在成型中会出现塑件起皱、破裂等现象。极限引伸比就是在成型条件下，在成型中出现塑件起皱、破裂等现象之前的最大引伸比。通常是在极限引伸比以下进行抽真空成型，采用的引伸比为 0.5～1，最大也不超过 1.5。

3）圆角

抽真空成型塑件的转角部分应以圆角过渡，并且圆弧半径应尽可能大，最小不能小于板材的厚度，否则塑件在转角处容易发生厚度减薄及应力集中现象。

4）脱模斜度

和一般塑件一样，抽真空成型塑件也需要有脱模斜度，斜度范围为1°～4°，斜度大不仅脱模容易，而且可使壁厚的不均匀程度得到改善。

5）加强肋

抽真空成型件通常是大面积的敞开形塑件，坯料板材的厚度不可能太厚。在成型过程中板材还要受到引伸作用，底角部分变薄，因此为了保证塑件的刚度，应在塑件的适当部位设计加强肋。

6）塑件坯料大小

为了把塑料片材夹持到模具上，塑料板材应在所有方向上都留有余量。在片材的某一方向上的线性尺寸为：

$$L = \frac{l}{1-s} + 2B \tag{16.2}$$

式中，L——片材某一方向所需的尺寸，单位为mm；

l——塑件某一方向的线性尺寸，单位为mm；

s——成型塑料的收缩率；

B——夹持余量，单位为mm。

16.2.3　抽真空成型模具设计

1．模具的结构设计

设计抽真空成型模具时，要合理选择抽真空成型的方法和设备；正确确定模具的形状和尺寸；根据塑料的成型性能和生产批量选择合适的模具材料等。图16.31为鸡蛋托吸塑成型铝模模具。

图16.31　鸡蛋托吸塑成型铝模模具

1）抽气孔的设计

抽真空成型的抽气孔设计是模具设计的关键，抽气孔的位置应位于片材最后贴模的地方，如凹模成型时在凹模底部四周及有凹陷的地方，凸模成型时的凸模的底部四周等，具体情况要视成型塑件的形状和大小而定。对于轮廓复杂的塑件，抽气孔应集中，对于大的平面塑件，抽气孔需要均布。孔间距可视塑件大小而定，对于小型塑件，孔间距可在20～30mm之间选取，大型塑件应适当增加距离。

成型塑料流动性好，成型温度高，则抽气孔小些；坯料板材厚度大，则抽气孔大些；坯料板材厚度小，则抽气孔小些。总之，对抽气孔大小的要求是既能在短时间内把坯材与模具成型面之间的空气抽出，又不在塑件上留下抽气孔的痕迹。一般抽气孔的直径是0.5～1mm，以最大抽气孔直径尺寸不超过片材厚度的50%为宜，但对于小于0.2mm的板材，过分小的抽气孔就无法加工。

2）型腔尺寸

抽真空成型模具的型腔尺寸同样应考虑塑料的收缩率，其计算方法与注射模型腔尺寸计算相同。抽真空成型塑件的收缩量大约有50%是塑件脱模后产生的，25%是脱模后保持在室温下1h内产生的，其余的25%是在以后的8～24h内产生的。用凹模成型的塑件比用凸模成型的塑件的收缩量要大25%～50%。影响塑件尺寸精度的因素很多，除了型腔的尺寸精度，还有成型温度、模具温度和塑件品种等，因此要预先精确确定收缩率是很困难的。如果生产批量比较大，尺寸精度要求又较高，最好先用石膏制造模具试制出产品，测得其收缩率，以此为设计模具型腔的依据。

3）型腔表面粗糙度

一般抽真空成型的模具都没有顶出装置，成型后靠压缩空气脱模。抽真空成型模具的表面粗糙度太低对抽真空成型后的脱模很不利，塑件易黏附于模具成形表面不易脱模，即使有顶出装置可以顶出，脱模之后仍容易变形。因此抽真空成型模具的表面粗糙度较高。其表面加工后，最好进行喷砂处理。

4）边缘密封装置

在抽真空成型时，为了使型腔外面的空气不进入真空室，要在塑料片材与模具接触的边缘设置密封装置。对平直分型面，将塑料片材与模具接触面进行密封比较容易，而对于曲面或折面分型面，密封有一定难度。

5）加热和冷却装置

抽真空成型时对塑料片材的加热通常采用电阻丝或红外线。电阻丝温度为350～450℃，对于不同塑料板材所需不同的成型温度，一般是通过调节加热器和板材之间的距离来实现，通常采用的距离为80～120mm。

模具温度对塑件的质量及生产率都有影响。如果模温太低，塑料板和型腔一接触就会产生冷斑或内应力以致产生裂纹；而模温太高时，塑料片材可能黏附在型腔上，塑料脱模时会变形，而且延长了生产周期。因此，模温应控制在一定范围内，一般在50℃左右。模具温度的控制一般有依靠塑料与模具接触之后的自然冷却、增设风冷装置加速冷却（风冷设备很简单，只要压缩空气喷即可）和水冷等方法，在模内开冷却水道是控制模具温度最有效且最常用的方法，冷却水道应距型腔表面 8mm 以上，以避免产生冷斑。开设冷却水道有不同的方法，可以将铜管或钢管铸入模具内，也可在模具上打孔或铣槽，用铣槽的方法时必须使用密封元件并加盖板。

2．模具材料

抽真空成型和其他成型方法相比，其主要特点是成型压力极低，通常压缩空气的压力为 $0.3 \sim 0.4 \text{MPa}$，故模具材料的选择范围较宽，既可选择金属材料，又可选择非金属材料，但必须根据成型的塑料片材的厚度、材质、成型方法、生产批量大小、模具成本等进行比较，选择合适的模具材料。

1）非金属材料

对于试制或小批量生产，可选用木材或石膏作为模具材料。木材易于加工，缺点是易变形，表面粗糙度差，一般常用桦木、槭木等木纹较细的木材。石膏制作方便，价格便宜，但其强度较差，为提高石膏模具的强度，可在其中混入 10%～30%的水泥。用环氧树脂制作抽真空成型模具，有加工容易、生产周期短、修整方便等特点，而且强度较高，相对于木材和石膏而言，它适合数量较多的塑件生产。

非金属材料导热性差，对于塑件质量而言，可以防止出现冷斑，但散热慢，所需冷却时间长，生产效率低，而且模具寿命短，不适合大批量生产。

2）金属材料

适用于大批量高效率生产的抽真空模具是金属材料。目前作为抽真空成型模具材料的金属材料有铝合金、锌合金等。铜虽有导热性好、易加工、强度高、耐腐蚀等诸多优点，但由于其成本高，一般不采用。铝的导热性好、容易加工、耐用、成本低、耐腐蚀性较好，故抽真空成型模具多用铝合金制造。

思考题

1．中空吹塑成型有哪几种形式？分别述其成型工艺过程，并绘出简图。

2．在吹塑成型工艺参数中，何谓吹胀比与拉伸比？如何选取？用简图表示出挤出吹塑模的夹料区，并注上典型的尺寸。

3．用简图说明凹模抽真空成型、凸模抽真空成型、吹泡抽真空成型及压缩空气成型的工艺过程。

扩展阅读：中国塑料工业砥砺前行 72 年

72 年筚路蓝缕，72 年风雨兼程。72 年来，在中国共产党的正确领导下，中国塑料工业已跻身于世界塑料先进大国的行列。

1．初创阶段（1949 年—1957 年）

1949 年，我国合成树脂产量不足 300 吨，塑料制品仅有千吨，且合成树脂的原料单一，主要是乙醇和煤焦油，树脂品种主要是热固性酚醛树脂。塑料加工制品也仅是一些电器开关、文教用品和塑料玩具等，工厂多集中在上海、天津、广州等地，规模都很小基本无塑料助剂生产，少量工厂生产塑料机械和一些简单的模具。1956 年，塑料工业被纳入计划，塑料产量逐年上升，但产量依然很少，截至 1957 年，我国合成树脂产量为 1.3 万吨，塑料制品产量为 1.4 万吨。

2. 发展阶段（1958 年—1979 年）

1958 年，PVC 树脂在锦西投产，标志着我国塑料工业进入新的发展进程。树脂品种也逐步由热固性树脂向热塑性树脂转变。生产的原料开始向石油转变。生产基地新增了北京、上海、辽宁三大石化基地，截至 1978 年，我国年产合成树脂量达 67.85 万吨，塑料制品产量达 92.26 万吨。这时我国可以生产一些通用的塑料助剂，如增塑剂邻苯二甲酸、稳定剂三盐基硫酸铅、发泡剂偶氮二甲酰。国内也有了专业的生产塑料模具工厂，这个阶段初步奠定了我国塑料工业的基础。

3. 高速发展阶段（1979 年—2000 年）

在此阶段形成了甘肃兰州、上海金山、上海高桥、北京燕山、辽宁辽阳、吉林、黑龙江大庆、山东齐鲁、南京扬子等十大石化基地。国内塑料制品产量以每年 12% 的增速高速增长，截至 1996 年，我国塑料制品产量超过 1 500 万吨，跃居世界第二位。这个阶段，国内塑料加工业通过引进国外先进的化加工设备和生产线，提高了加工能力、机械化水平及塑料制品质量档次，增加了制品的开发能力。

4. 跨越式发展阶段（2001 年—2010 年）

十年间塑料制品产量实现了翻两番的增长，2010 年塑料制品出口量及出口额分别达到和超过 1 462 万吨和 359 亿美元。2000 年—2005 年，我国合成树脂年均增长 11.8%，约为世界年均增长的 3 倍。塑料制品业规模以上企业工业总产值从 2006 年的 6 853.36 亿元增长到 2010 年的 1.42 万亿元，年均增长 20.06%；塑料制品产量从 2006 年的 2 801 万吨增长到 2010 年的 5 830.38 万吨，年均增长 20.1%。

5. 战略发展阶段（2011 年至今）

自党的十八大以来，我国塑料工业开始从量的高速增长期向质的飞跃期过渡，进入调整优化结构、转变发展方式、提升产业素质的战略性调整阶段。塑料行业生产逐步向绿色低碳化、环境友好化、规模化、规范化方向转变，塑料产品向可降解、无害化方向转变。近几年，我国发布了多项塑料行业的法律法规，例如，2017 年的"国门利剑""限塑令"，2018 年的环保税、《废塑料综合利用行业规范条件》，以及 2019 年海南省的"禁塑令"，上海强制垃圾分类正式施行与"无废城市"试点工作的开展等。

通过 72 年的不断努力，中国塑料工业已跻身于世界塑料先进大国的行列。中国塑料工业以智能、绿色、生态、功能、轻量为发展要素，结合新技术、新产业和新业态，加大开发推广可循环回收可降解的替代品，以寻求在制品、原料、助剂、塑料加工设备、塑料加工模具等领域的全新突破。（如图 16.32 所示。）

图 16.32　塑料在各行各业的应用

附录A 塑料模用材料

零件类别	零件名称	材料牌号	热处理方法	硬　度	说　　明
成型零件	凸模 凹模 型芯 螺纹型芯 螺纹型环 成型镶件 成型推杆	T8A、T10A	淬火	52～56HRC	适用于形状简单的小型芯、型腔
		CrWMn 9Mn2V Cr2Mn2SiWMoV Cr12 Cr4W2Mv	淬火	52～56HRC	适用于形状复杂、要求热处理变形小的型腔、型芯或镶块和增强型塑料的成型模具
		20CrMnMo 20CrMnTi	渗碳、淬火		
		5CrMnMo 40CrMoV	渗碳、淬火	52～56HRC	适用于高耐磨、高强度和高韧性大型型腔、型芯等
		3Cr2W8V 38CrMoAl	调质、渗氮	1000HV	适用于形状复杂、要求耐腐蚀的高精度型腔、型芯等
		P20	预硬化	36～38 HRC	适用于中小型热塑性塑料注射模
		5NiSCa、SM1	预硬化	35～45 HRC	适用于大中型热塑性塑料注射模
		SM2、PMS	预硬化后 时效硬化	40～45 HRC	适用于长寿命而尺寸精度高的热塑性塑料中小型注射模
		06NiCnMoVTiAl 06Ni7Ti2Cr	精加工后480 ～520℃时效	50～57 HRC	
		PMS、8CrMn	淬火空冷	42～60 HRC	
		25CrNi3MoAl	调质、渗氮	1100HV	
		PCR	淬火空冷	42～53 HRC	
		4Cr5MoSiVS	淬火空冷、 二次回火	43～46 HRC	
		65Nb、LD2 CG-2、012Al			
		45	调质	22～26HRC	
			淬火	43～48 HRC	
		20、15	渗碳、淬火	54～58 HRC	
支承零件	动、定模板 动、定模座板 垫板	45	调质	28～32 HRC	
	浇口板 模套	45	调质	28～32 HRC	
	固定板	45	调质	28～32 HRC	
		Q235			

续表

零件类别	零件名称	材料牌号	热处理方法	硬 度	说 明
支承零件	推件板	T8A、T10A	淬火	54～58HRC	
		45	调质	28～32HRC	
浇注系统零件	浇口套 拉料杆 拉料套 分流锥	T8A、T10A	淬火	50～54HRC	
导向零件	导柱	20	渗碳、淬火	56～60HRC	
		T8A、T10A	淬火	50～54HRC	
	导套 限位导柱 推板导柱 导钉	T8A、T10A	淬火	50～54HRC	
抽芯机构零件	斜导柱 滑块 斜滑块	T8A、T10A	淬火	54～58HRC	
	楔紧块	T8A、T10A	淬火	54～58HRC	
		45		40～44HRC	
推出机构零件	推杆 推管 复位杆	T8A、T10A	淬火	50～54HRC	
	挡板	45	调质	28～32HRC	
	推杆固定板 推板	45、Q235			
定位零件	圆锥定位件	T10A	淬火	56～60HRC	
	定位圈	45			
	定距螺钉 限位块 限位钉	45	淬火	40～44HRC	
支承零件	支承柱	45	淬火	40～44HRC	
	垫块	45、Q235			
其他零件	加料圈 柱塞	T8A、T10A	淬火	54～58HRC	
	手柄 套筒	Q235			
	喷嘴 水嘴	45、黄铜			
	吊钩	45 Q235			

附录 B 注射成型塑件成型缺陷分析

序号	成型缺陷	产生原因	解决措施
1	制件形状欠缺	料筒及喷嘴温度偏低	提高模具温度
		模具温度太低	增加加料
		加料量不足	提高注射压力
		注射压力低	调节进料速度
		进料速度慢	增加锁模力
		锁模力不够	增加排气措施
		模腔无适当排气	增加注射时间
		注射时间太短,柱塞或螺杆回退时间太早	清理喷嘴
		杂物堵塞喷嘴	正确设计浇注系统
		流道、浇口太小、太薄、太长	降低注射压力
2	制件溢边	注射压力太大	调节锁模力
		锁模力过小或单向受力	修理模具
		模具碰损或磨损	擦净模具
		模具间落入杂物	降低模温
		料温太高	调整模具或磨平
		模具变形或分型面不平	提高料温
3	熔接纹明显	料温过低	提高模温
		模温低	少喷脱模剂
		脱模剂喷得太多	提高注射压力
		注射压力低	加快注射压力
		注射速度小	加足料
		加料不足	改善排气
		模具排气不良	降低料温
4	黑点及条纹	料温高,并分解	修理接合处,除去死角
		料筒或喷嘴接合不严	改善模具排气
		模具排气不良	重新染色
		染色不均匀	将物料中深色物去除
		物料中混有深色物	适当降低料温
5	银丝、斑纹	料温过高,料分解物进入模腔	原料进行预热或干燥
		原料含水分高,成型时气化	原料进行预热干燥
		物料含有容易挥发物	加长冷却时间
6	塑件变形	冷却时间短	改变顶出位置
		推出受力不均匀	降低模温
		模温太高	消除内应力

附录 B　注射成型塑件成型缺陷分析

续表

序号	成型缺陷	产生原因	解决措施
6	塑件变形	塑件内应力太大	改变模具冷却水道
		通水不良，冷却不均匀	正确设计塑件和模具
		塑件厚薄不均匀	净化处理原料
7	塑件脱皮、分层	原料不纯	使用同级别或同牌号塑料
		同一塑料不同级别或不同牌号相混	减少润滑剂用量
		润滑剂过量	增加塑化能力
		塑化不均匀	消除异物
		混入异物气疵严重	加大浇口
		进料口太小，摩擦力大	适当延长保压时间
		保压时间过短	调整模具温度
8	裂纹	模具太冷	降低冷却时间
		冷却时间太长	将金属嵌件预热
		塑料和金属嵌件收缩率不一样	调整顶出装置或合理安排推杆数量及位置
		顶出装置倾斜或不平衡，推出截面积小或分布不当	正确设计脱模斜度
		脱模斜度不够，脱模难	提高料温
9	塑件表面有波纹	物料温度低，黏度大	料温高可减小注射压力，反之则加大注射压力
		注射压力不适合	提高模具温度或增大注射压力
		模具温度低	提高注射速度
		注射速度太小	适当扩大浇口
		浇口太小	降低料温，控制物料在料筒内停留时间
10	塑件性脆确度下降	料温太高，塑料分解	预热嵌件，保证嵌件周围有一点厚度的塑料
		塑料和嵌件处内应力过大	控制回收料配比
		回收料用得过多	预热干燥原材料
		塑料含有水分较多	改进推出装置结构
11	脱模困难	模具推出装置结构不良	正确设计模具的脱模斜度
		型腔脱模斜度不够	适当控制模温
		模腔温度不合适	清理模具
		模腔有接缝或存料	适当控制注射周期
		成型周期太短或太长	修改模具
		模具型芯无进气孔	修理电路或油路系统
12	塑件尺寸不稳定	注射机电路或油路系统不稳定	控制成型周期一致
		成型周期不一致	调节，控制基本一致
		模腔温度、时间、压力有变化	使用均一塑料
		塑料颗粒大小不一	控制混合比例，使得均匀
		回收料和新料混合比例不均	控制加料，使得均匀
		加料不均	提高料筒及喷嘴温度

参考文献

[1] 屈华昌．塑料成型工艺与模具设计[M]．4 版．北京：高等教育出版社，2018．

[2] 王雷刚．塑料成型工艺与模具设计[M]．2 版．北京：清华大学出版社，2020．

[3] 李德群，唐志玉．中国模具设计大典：第 2 卷[M]．南昌：江西科学技术出版社，2003．

[4] 伍先明，潘平盛．塑料模具设计指导[M]．北京：机械工业出版社，2020．

[5] 塑料模具技术手册编委会．塑料模具技术手册 [M]．北京：机械工业出版社，2004．

[6] 刘朝福．注塑成型实用手册[M]．北京：中国轻工业出版社，2013．

[7] 申树义．塑料模具设计实用结构图册[M]．北京：机械工业出版社，2019．

[8] 黄乃愉，万仁芳，潘宪曾．中国模具设计大典 [M]．南昌：江西科学技术出版社，2003．

[9] 翁云宣．生物分解塑料与生物基塑料[M]．北京：化学工业出版社，2010．

[10] 陈剑鹤，吴云飞．模具设计基础[M]．北京：机械工业出版社，2009．

[11] 申开智．塑料成型模具[M]．3 版．北京：中国轻工业出版社，2013．

[12] 王华山．注射成型技术及实例[M]．北京：化学工业出版社，2015．

[13] 乌尔夫·布鲁德．塑料使用指南[M]．北京：化学工业出版社，2019．

[14] 文根保．注塑模优化设计及成型缺陷解析 [M]．北京：化学工业出版社，2018．

[15] 黄虹．塑料成型加工与模具[M]．2 版．北京：化学工业出版社，2009．

[16] 周殿明．塑料成型技术[M]．北京：机械工业出版社，2014．

[17] 加里·席勒．科学注塑实战指南[M]．北京：化学工业出版社，2020．

[18] 奚永生．塑料橡胶成型模具设计手册[M]．北京：中国轻工业出版社，2000．

[19] 骆俊廷．塑料注射成型模具图册[M]．北京：国防工业出版社，2010．

[20] R. C. N. Barbosa, R. D. S. G. Campilho, F. J. G. Silva. Injection mold design for a plastic component with blowing agent[J]. Procedia Manufacturing, 2018,10（128）：774-782.

[21] 张玉龙．塑料注射成型技术[M]．北京：机械工业出版社，2013．

[22] 刘西文，刘浩．挤塑成型设备操作与疑难处理实例解答[M]．北京：化学工业出版社，2017．

[23] Dong-Mi Kim, Ho-Sang Lee. Experimental Study on the Processing Conditions of In-Mold Coating for Injection-Molded Plates[J]. International Journal Of Precision Engineering And Manufacturing, 2016, 17(10): 1333-1338.